Nr. 49 1952
S. 7761—7920 3. Dezember

Chemisches Zentralblatt

Vollständiges Repertorium für alle Zweige der reinen und angewandten Chemie

Im Auftrage der Deutschen Akademie der Wissenschaften zu Berlin, der Akademie der Wissenschaften zu Göttingen und der Gesellschaft Deutscher Chemiker
herausgegeben von
Prof. Dr. **Maximilian Pflücke**

Chefredakteure: Dr. Eugen Klever und Prof. Dr. Maximilian Pflücke

123. Jahrgang

1952

Akademie-Verlag GmbH., Berlin — Verlag Chemie, GmbH., Weinheim/Bergstr.

Inhalt

Geschichte. Unterricht 7761
A. Allgemeine und physikalische Chemie 7762
A_1 Kernphysik und Kernchemie 7762
A_2 Optisches Verhalten der Materie 7769
A_3 Elektrizität. Magnetism. Elektrochem. 7771
A_4 Thermodynamik. Thermochemie 7777
A_5 Grenzschichtforschung. Kolloidchem. 7778
A_6 Strukturforschung 7779
A_7 Gleichgewichte. Kinetik 7781
B. Anorganische Chemie 7783
C. Mineralogische und geologische Chemie 7785
D. Organische Chemie 7786
D_1 Allgem. u. theoretische organ. Chemie 7786
D_2 Präparat. organ. Chemie. Naturstoffe 7794
Mono- und Oligosaccharide. Glykoside 7820
Alkaloide 7822
Natürliche Farbstoffe .... —
Terpene. Sapogenine 7826
Sterine. Gallensäuren 7826
Hormone. Vitamine. Enzyme 7827
Antibiotica 2827
Andere Naturstoffe 7828
D_3 Makromolekulare Chemie 7828
E. Biologische Chemie. Physiologie. Medizin 7831
E_1 Allgemeine Biologie und Biochemie. 7831
E_2 Enzymologie. Gärung 7832
E_3 Mikrobiolog. Bakteriolog. Immunolog. 7835
E_4 Pflanzenchemie. Pflanzenphysiologie. Pflanzenpathologie 7839
E_5 Tierchemie. Tierphysiologie. Tierpathologie 7840
E_6 Pharmakologie. Therapie. Toxikologie. Hygiene 7848
F. Pharmazie. Desinfektion 7858
G. Analyse. Laboratorium 7863
H. Angewandte Chemie 7870
I. Allgemeine chemische Technologie .. 7870
II. Feuerschutz. Rettungswesen .... —
III. Elektrotechnik 7871
IV. Wasser. Abwasser 7872
V. Anorganische Industrie 7873
VI. Silicatchemie. Baustoffe 7875
VII. Agrikulturchemie. Schädlingsbekämpfung 7877
VIII. Metallurgie. Metallographie. Metallverarbeitung 7880
IX. Organische Industrie 7887
X. Färberei. Organische Farbstoffe .. 7893
XI. a) Farben. Anstriche. Lacke. Naturharze 7895
b) Plaste (Kunstharze, Plastische Massen) 7897
XII. Kautschuk. Guttapercha. Balata .. 7900
XIII. Ätherische Öle. Parfümerie. Kosmetik 7904
XIV. Zucker. Kohlenhydrate. Stärke ... 7905
XV. Gärungsindustrie 7906
XVI. Nahrungs-, Genuß- und Futtermittel 7907
XVII. Fette. Seifen. Wasch- u. Reinigungsmittel. Wachse. Bohnermassen usw. 7911
XVIII. a) Holz. Cellulose. Zellstoff. Papier. Papierdruck. Celluloid. Linoleum 7914
b) Textilfasern 7916
XIX. Brennstoffe. Erdöl. Mineralöle 7919
XX. Schieß- u. Sprengstoffe. Zündmittel —
XXI. Leder. Gerbstoffe —
XXII. Leim. Klebstoffe usw. .... —
XXIII. Tinte. Hektographenmassen u. a. Spezialpräparate .... —
XXIV. Photographie .... —

Bibliographien: 7761. 7762. 7769. 7777. 7778. 7781. 7784. 7786. 7831. 7840. 7848. 7858. 7863. 7870. 7880. 7887. 7897. 7907. 7914. 7919.

Namenregister

Abel 7781.
Abell 7775.
Abraham 7777.
Acierno 7855.
Adam 7842.
Administration-Séquestre des „Röchling'sche Eisen- und Stahlwerke G.m.b.H." 7885.
Agarwala 7834.
Akkoyunlu 7908.
Aksu 7908.
Aktiebolaget Linderoths Patenter 7870.
Aktiengesellschaft Cilander 7918.
Akt.-Ges. für Stickstoffdünger Knapsack Bez. Köln 7874.
Aktieselkabet Dansk Gaerings-Industri 7907.
Albanese 7869.
Albertson 7816. 7818.
Albrecht 7882.
Alburger 7766.
Alexander 7769.
Alexenko 7905.
Allen 7767.
Allfrey 7834.
Aluminum Co. of America 7896.
Alvarez Querol 7864.
Amalgamated Research & Development Co., Ltd. 7876.
American Cyanamid Co. 7892. 7915. 7918.
American Research Associates, Inc. 7879.
American Steel and Wire Co. of New Jersey 7886.
Amfiteatrowa 7781.
Ammossow 7919.
Anders 7831.
Andres 7905.
Andrews 7832.
Angelis, de 7846.
Ans, D' 7808.
Anselmi 7912.
Appleman 7832.
Argus Chemical Laboratory 7899.
Arlman 7828.
Armbruster 7912.
Arnold 7890.
Aronoff 7833.
Aschaffenburger Zellstoffwerke Akt.-Ges. 7915.
Ashkin 7762.
Aspden 7863.
Atlantic Refining Co. 7871.
Audas & Thompson Ltd. 7870.
Aust 7849.
Aynsley 7783.
Azevedo 7834.
Badische Anilin- & Soda-Fabrik 7871. 7874. 7880. 7888. 7889. 7891. 7913. 7918.
Baertich 7908.
Bailey 7882.
Baker, R.H. 7901.
Baker, S.B. 7820.
Baker Castor Oil Co. 7902.
Balenović 7819.
Ball 7868.
Ballard 7799. 7800. 7801. 7802. 7803.
Ballay [7887].
Bamford 7790.
Banchetti 7826.
Barile 7773.
Barkley 7868.
Barnett 7840.
Baron 7876.
Barrett 7771.
Bartenew 7901.
Baschin 7909.
Basslawskaja 7878.
Bates 7788.
Bauer 7874.
Baum 7879.
Bavin 7854.
Beach, A.L. 7781.
Beach, A.S. 7854.
Beattie 7764. 7770.
Beau 7908.
Beck 7898.
Becker 7905.
Beckman 7855.
Beemer 7851.
Beiler 7835.
Belcher 7867.
Belikow 7867.
Bell, J.F.W. 7863.
Bell, P.R. 7767.
Bénard [7887].
Benedetti, de 7767.
Benezra, R. 7841.
Benkeser 7807.
Bentley 7822. 7823. 7825.
Bentov 7829.
Bereshnoi 7784.
Berg 7849.
Bergmann 7808.
Bergwein 7904.
Bergwerksverband zur Verwertung von Schutzrechten der Kohlentechnik G.m.b.H. 7890.
Berkowitz 7779.
Berlie 7791.
Bernat, H. 7910.
Bernat, R. 7910.
Besson 7776. 7777.
Betechtin 7785.
Bethe [7769].
Bethlehem Steel Co. 7884.
Bickford 7911.
Biefer 7909.
Biggins 7905.
Biltz [7870].
Blacet 7865.
Black 7839.
Blanchette 7813.
Blankenburg 7774.
Blears 7865.
Bleier 7856.
Blinn 7868.
Bljumenfeld 7844.
Blom 7870.
Blomberg 7780.
Blomquist 7792.
Blum 7895.
Boehringer, C.H., Sohn 7892.
Böttcher 7877.
Böttger 7774.
Boggust 7868.
Bolle 7842.
Bollman 7845.
Bonifas 7836.
Bontsch-Brujewitsch 7762.
Boorse 7777.
Borchers [7887].
Bordwell 7788.
Borodajewskaja 7786.
Borowkow 7771.
Bosch 7761.
Boulanger 7848.
Bourdu 7839.
Bower 7788.
Brauner 7768.
Bridge 7850.
Brinkley [7762].
Brockhaus [7762].
Brophy 7848.
Brown, A. 7777.
Brown, E.V. 7813.
Brown, J.K. 7787.
Brown, L. 7790.
Brown, R.D. 7790.
Browne 7767.
Brownlow 7901.
Brycel Ltd. 7897.
Buchanan 7793.
Buchholz 7896.
Buchta 7813.
Budd 7835.
Buechner 7766.
Bunin 7781.
Bunn 7851.
Burkhalter 7864.
Burkhard 7789.
Burno 7855.
Burns 7782.
Burstein 7855.
Buselli 7792.
Butler 7849.
Byrum 7857.
Cabot, Godfrey L., Inc. 7874.
Caldas 7835.
Caldwell 7851.
Calvert 7865.
Carborundum Co. 7876.
Careri 7864.
Carmichael 7769.
Carrère 7844.
Carroll 7853.
Cartier 7848.
Carvalho da Silva 7846.
Cassella Farbwerke Mainkur 7899.
Causeret 7848.
Celmer 7827.
Cennamo 7787.
Cesari 7912.
Chabot 7906.
Chabrier 7892.
Chakravarti 7844.
Chambionnat 7896.
Chanal 7856.
Chandrasekhar 7777.
Chang 7764.
Chao 7776. 7777.
Châtelain 7904.
Chaudhuri 7788.
Chaudron [7887].
Chemische Fabrik Joh. A. Benckiser G.m.b.H. 7913.
Chemische Werke Hüls G.m.b.H. 7903.
Chen 7855.
Chew 7762.
Chodakow 7772.
Chou 7849.
Chrétien 7776.
Ciba Akt.-Ges. 7894. 7897.
Ciba Soc. An. 7894.
Cilag Akt.-Ges. 7860.
Cilento 7826.
Clack 7872.
Clar 7790.
Clark, D.L. 7763.
Clark, H.F. 7873.
Clarke 7879.
Clarkson 7876.
Clement 7777.
Clendenin 7762.
Clybourne 7856.
Cochran 7779. 7790.
Coletsos 7836.
Collins 7765.
Columbian Carbon Co. 7875.
Commonwealth Engineering Co. of Ohio 7887.
Comp. de Produits Chimiques & Électrométallurgiques Alais, Froges & Camargue 7886.
Comptoir Général de Vente de Matières Premières 7914.
Concha 7868.
Contet 7907.
Cook, B.B. 7830.
Cook, C.S. 7764.
Cookson 7814.
Cooper 7788.
Corbet 7857.
Cornforth 7814.
Corn Products Refining Co. 7905.
Cosmos Dental Products, Inc. 7899.
Cournand 7853.
Courtaulds Ltd. 7918. 7919.
Craig 7901.
Cremer 7864.
Crick 7790.
Crittenden jr. 7863.
Cron 7821.
Cross jr. 7851.
Crozier 7897.
Cruess 7906.
Csürös 7793. 7794.
Curreri 7847.
Curtis 7788.
Daeves 7881.
Dainton 7782.
Danby 7793.
Danner [7761].
Danos 7765.
Darmois 7775.
Dartnall 7840.
Dauthheribes 7844.
Davenport 7827.
David [7840].
Davidson, J.P. 7765.
Davidson, W.L. 7901.
Dawson 7854.
Degering 7820.
Demay 7785.
Denizot 7878.
Dennison 7789.
Deom 7879.
Depocas 7767.
Dériberé 7897.
Dérobert 7857. 7858.
Derr 7771.
Desbordes 7838.
Descy 7884.
Deutsche Gold- u. Silber-Scheideanstalt vormals Roessler 7874.
Deutsches Hydrierwerk Rodleben VEB 7900.
Deutsche Rhodiaceta Akt.-Ges. 7915.
Dexter 7773.
Dibeler 7786.
Dick 7881.
Dijkwel 7761.
Di Lorenzo 7853.
Dionessow 7843.
Dirkx 7838.
Distillers Co. Ltd. 7889.
Dlouhý 7873.
Dmitrijewski 7785.
Doadrio 7911.
Dobischek 7773.
Dolgopolow 7839.
Dolguschewa 7846.
Dombrowskaja 7839.
Doorselaer, Van 7866.
Dormer 7851.
Dorph-Petersen 7878.
Dortan, de 7905.
Dow Chemical Co. 7899.
Dow Corning Corp. 7915.
Dowling 7851.
Dragstedt 7843.
Duckworth 7765.
Duflot [7887].
Dunlop Rubber Co., Ltd. 7903.
Dunn 7878.
Du Pont de Nemours, E.I., & Co. 7874.
Dutton 7773.
Dyson 7762.
Earle 7771.
Ebel [7914].
Ecker 7771.
Eckey 7899.
Ecusta Paper Corp. 7915.
Edwards, P.D. 7770.
Edwards, W.N. 7761.
Egéma G.m.b.H. 7862.
Eggers Doering, von 7826.
Ei 7779.
Ekblad 7843.
Elder jr. 7765.
Elliott 7790.
Elvidge 7804. 7805.
Elvehjem 7834.
Endt 7766.
English jr. 7821.
English Clays Lovering Pochin Co. Ltd. 7902.
Enge 7766.
Engfeldt 7840.
Engström 7840.
Enkvist 7914.
Ercoli 7860.
Erdey-Grúz 7794.
Erlacher 7852.
Esat-Kadaster 7909.
Essen 7856.
Établissements Skoda 7886.
Eucken [7762].
Evans 7852.
Evrard 7884.
Exner 7786.
Eyles 7761.
Falconer 7854.
Falkowitsch 7906.
Falk-Vairant 7767.
Farbenfabriken Bayer 7863. 7880. 7890. 7891. 7903.
Farbwerke Hoechst, vormals Meister Lucius & Brüning, 7862. 7871. 7889.
Farmer 7849.
Fasstow 7781.
Fazi, de 7826.
Fearon 7868.
Fedulow [7762].
Feldmühle Papier- und Zellstoffwerke Akt.-Ges. 7902.
Fellenberg, v. 7909.
Ferré-Pouget, de [7858.]
Fettes 7828.
Finkelstein 7869.
Finnegan 7856.
Firestone Tire & Rubber Co. 7902. 7903.
Fitzhugh 7897.
Fliss 7914.
Fodor 7819.
Förch 7865.
Foster 7778.
Fournier 7838.
Fox 7864.
Fraenkel-Conrat 7830.
Frank 7848.
Frary 7910.
Frazer 7863.
Freeman 7841.
Freier 7764.
Freire 7835.
Fried 7846.
Friedmann 7854.
Fritzsche 7774.
Fühner 7851.
Führer 7904.
Fukuchi 7858.
Fukuoka 7831.
Fulda 7882.
Gale 7847.
Galen 7853.
Gallitelli [7786].
Ganguly 7788.
Gannon 7828.
Garcia 7841.
Garcia Arocha 7847.
Garcis 7875.
Garwin 7763.
Gavard 7837.
Géczy 7793. 7794.
Geiger 7765.
Geltman 7762.
Genaud 7849.
General Aniline & Film Corp. 7889. 7894. 7895.
General Electric Co. Ltd. 7872.
George 7870.
Gerassimowa 7847.
Gerber 7885.
Geretsch 7819.
Germain 7826.
Gershbein 7843.
Gillis 7866.
Gindin 7883. 7884.
Giuseppe, de 7860.
Glenn 7768. 7769.
Glinka [7762].
Glockler 7787.
Godan 7879.
Goldberg 7769.
Goldschmiedt 7904.
Goldstein 7847.
Gombás 7764.
Goodman, D.H. 7771.
Goodman, L.S. 7854.
Goodrich, B.F., Co. 7898.
Gori 7879.
Gotaas 7872.
Gould 7853.
Graham 7787.
Grant 7843.
Greenberg 7872.
Greenwood 7883.
Greifinger 7768.
Grigoriadi 7761.
Grob 7843.
Groetzinger 7773.
Grove 7864.
Grüne 7908.
Gruenhagen 7878.
Grunwald 7781.
Guareschi 7873.
Gunther 7868.
Gustafsson 7914.
Gutina 7905.
Guzman 7843.
Hadorn 7907. 7909. 7910.
Haehn [7907].
Hahn 7851.
Hald 7859.
Hales 7763.
Haller 7872.
Halsted 7765.
Hamburger 7854.
Hamilton 7815.
Hanby 7790.
Handley 7855.
Harkavy 7842.
Harkness 7830.
Harris 7868.
Harrison 7909.
Hartley 7848.
Hartman 7845.
Hartmann 7770.
Harvey 7767.
Hass 7855.
Hastings 7848.
Haszeldine 7797.
Hauser 7828.
Hausknost 7858.
Hay 7901.
Heel, van 7761.
Helander 7840.
Heller, W. 7773.
Heller, W.R. 7773.
Hellmann 7846.
Henderson 7793.
Henkel & Cie G.m.b.H. 7880. 7913.
Hennig 7906.
Heraeus, W.C., G.m.b.H. 7886.

Hercules Powder Co. 7903.
Hereford 7764.
Hérenguel 7883.
Herrarte 7832.
Hester 7879.
Heusinkveld 7764.
Hewitt 7834.
Heyden Chemical Corp. 7896.
Heyman 7852.
Hiatt 7838.
Hickam 7864.
Higgons 7869.
Higuchi 7868.
Hildebrand 7763.
Hildebrandt 7853.
Hiller [7781].
Himmele 7828.
Himmelstein 7853.
Hindman 7784.
Hine 7764.
Hipple 7769.
Hirada 7831.
Hiscox 7909.
Höfert [7897].
Högl 7909.
Hoen 7852.
Hoffmann-La Roche, F., & Co., Akt.-Ges. 7860. 7863.
Hoffstein 7853.
Hofmann 7850.
Hogg 7765.
Holleman [7784].
Holler 7866.
Holmes 7847.
Hood 7909.
Horando 7847.
Hoste 7866.
Howard 7920.
Hoyaux 7768.
Hoyos 7909.
Hudimac 7863.
Hückel 7790.
Hurni 7850.
Ijak 7895.
Ikeda 7783.
Ilse 7770.
Immendörfer 7896.
Imperial Chemical Industries Ltd. 7861. 7891.
Interchemical Corp. 7894.
International General Electric Co., Inc. 7871. 7872. 7891.
Ioffe 7840.
Ipatieff 7826.
Irmann 7882.
Issakow 7866.
Iversen 7878.
Iwatsuru 7831.
Jackson 7879.
Jacobs 7773.
Jacobsohn 7834.
Jacquin 7907.
Jaeger 7862.
Jakob [7870].
Jakobson 7763.
Jampolski 7781.
Janke 7852.
Jansen [7919].
Jastrow 7766.
Jaumot jr. 7780.
Jellinghaus [7777].
Jenkner 7783.
Jennings 7767.
Jensen, H.L. 7878.
Jensen, R. 7836.
Johnson, W.A. 7841.
Johnson jr. W. H. 7765.
Johnson & Johnson 7877.
Jones, A. 7845.
Jones, R.W. 7863.
Jong, de 7789.
Joyner 7787.
Jungkunz 7907. 7909. 7910.
Juve 7901.
Kabler 7873.
Kafitz 7771.
Kaiser Aluminum & Chemical Corp. 7876.
Kallert 7813.
Kamihara 7783.
Kanagawa 7831.
Kanewski 7778.
Karjakin 7784.
Kassel 7774.
Katchalsky 7829.
Kato 7831.
Kaye 7789.
Keasby & Mattison Co. 7877.
Keil 7883.
Keipert 7793.
Kellett 7875.
Kellner [7848].
Kelly, B.I. 7884.
Kelly jr. F.B. 7855.
Kern 7781.
Kidd 7806.
King, F.E. 7806.
King, T.B. 7875.
Kirejew [7762].
Kischsch 7819.
Kitamoto 7836.
Kitchen 7852.
Kjeldaas jr. 7864.
Klages [7831].
Klamerth 7814.
Klar 7871.
Klarback 7913.
Kleber 7906.
Klein, D. 7807.
Klein, H. 7858.
Klema 7767.
Klenk 7906.
Klinckostroem, von 7912.
Klinedinst 7853.
Klinkenberg 7866.
Knable 7763.
Knapp 7875.
Knight 7775.
Knutson 7845.
Koblenz-Miscke 7878.
Kodak Ltd. 7876.
Köchl 7908.
Koenig 7794.
Kohman 7766.
Kohr jr. 7895.
Kolbezen 7868.
Kollonitsch 7819.
Kolonja 7855.
Kondratjewa 7847.
Koppers Co., Inc. 7899.
Korsh 7771.
Kowatsch 7819.
Krämer [7887].
Krassowitzkaja 7844.
Krause 7790.
Kretschmer 7791.
Kreuziger 7853.
Krevelen, Van 7919.
Krotow 7785.
Krüger 7841.
Krup 7843.
Kühnau [7848].
Kulebjakin 7909.
Kunitz 7833.
Kuramoto 7868.
LaBoccetta 7854.
Lacey 7789.
Lacombe [7887].
Ladefoged 7840.
Lademann 7828.
Ladislas 7845.
Laevosan-Gesellschaft Chem. Pharm. Ind. Franck & Dr. Freudl 7905.
Lafoucrière 7768.
Lamo, de 7911.
Lander 7781.
Land Württemberg-Baden 7872.
Landy 7852.
Lang 7915.
Langeron 7848.
Lanthony [7887].
Latarjet 7835.
Laturaze 7837.
Laughlin 7764. 7770.
Lawton 7847.
Le Breton 7857. 7858.
Le Chanoine Pinte 7917.
Leclercq 7867.
Ledermann 7857.
Lee 7831.
Lee, F.H., Co. 7918.
Lehmann 7911.
Leitch 7799.
Lenz 7878.
Lepper 7851.
LeRoy 7791.
Letters 7896.
Levaditi 7837.
Levedahl 7920.
Lever Brothers & Unilever Ltd. 7912.
Levine 7849.
Levy 7780.
Lewis 7851.
Libby 7766.
Liberman 7897.
Lichtin 7857.
Liefooghe 7848.
Linden 7880.
Lindh 7914.
Lindner 7858.
Linstead 7804. 7805.
Liptschina 7832.
Livingston 7864.
Loasby 7917.
Lodge 7764.
Lohman 7775.
LoJacono 7857.
Lomas 7883.
Louyot 7848.
Lovell 7784.
Lowe 7848.
Luckner 7845.
Lütje 7858.
Luke 7762.
Lumpkin 7865.
Lundy 7845.
Luzzatto 7885.
McCasland 7799.
McClement 7853.
McDiarmid 7769.
MacDonald, D.K.C. 7778.
McDonald, R.E. 7765.
McElvain 7791.
McGeer 7788.
McGowan 7767.
McHenry 7777.
Mack 7911.
McKee 7919.
MacKenzie 7872.
McLaren 7830.
Macleod 7853.
Magnéli 7780.
Magun 7845.
Mandò 7763.
Manners 7869.
Manthey 7910.
Marchetti 7768.
Marmell 7853.
Marshak 7767.
Marshall 7843.
Martin, D.F. 7767.
Martin, G.J. 7835.
Martin, R. 7857.
Martin-Dupont 7836.
Marx, J. 7863.
Marx, R. 7845.
Masin, F. 7844.
Masin, M. 7844.
Massart 7835.
Masslow 7769.
Mathé 7867.
Mathieu 7878.
Matteucci 7853.
Matthews 7785.
Mattil 7911.
Maurer 7773.
Maxwell 7774.
May, C.D. 7848.
May, F. 7852.
May & Baker Ltd. 7860. 7892.
Mecheels 7917.
Medwedew 7762.
Meier, E. 7897.
Meier, K. 7896.
Méjane 7907.
Menzel 7879.
Merck [7863].
Merck & Co. 7862.
Merk 7893.
Messiah 7762.
Meyer 7841.
Meyerott 7762.
Miekk-oja 7881.
Mikulski 7840.
Mikusch, von 7895.
Milazzo 7787.
Milhaud 7837.
Miller, G.H. 7778.
Miller, I. 7829.
Miller, R.G. 7788.
Milligan 7786.
Mills 7835.
Milner 7865.
Minjajewa 7878.
Minkina 7846.
Minnesota Mining & Mfg. Co. 7890.
Minoura 7783.
Minton 7767.
Miropolskaja 7785.
Miropolski 7785.
Mirsky 7834.
Mitchell 7839.
Mitscherlich [7880].
Mndshojan 7906.
Mohler 7786.
Molière 7762.
Moll 7903.
Monaghan 7864.
Moncrieff 7916.
Mongar 7829. 7830.
Monsanto Chemical Co. 7880. 7898. 7899. 7916.
Montigny 7909.
Montu 7900.
Mooi 7782.
Moore, G.E. 7849.
Moore, H. 7875.
Moore, R.N. 7911.
Morgan 7830.
Morris 7845.
Moseley 7864.
Moser 7842.
Mossberg 7847.
Motz 7766.
Moubasher 7806.
Moussalli 7892.
Moyer, B.J. 7763.
Moyer, J.H. 7855.
Müller, H.R. 7780.
Müller, R. 7864.
Müller, R.V. 7872.
Müller, R.W. 7880.
Murray 7904.
Myrvik 7834.
N.V. de Bataafsche Petroleum Mij. 7888.
N.V. Organon 7891.
N.V. Philips' Gloeilampenfabrieken 7871. 7872.
N.V.W.A. Scholten's Chemische Fabrieken 7918.
Nagel 7796.
Nakahara 7831.
Nance 7864.
Narvall 7913.
Nederbragt 7789.
Nestelberger 7893.
Neudorffer 7813.
Neuhaus 7856.
Neybergh 7884.
Niedelman 7853.
Nier 7765.
Niesen 7896.
Nikolski 7786.
Nitschké 7907.
Nix 7780.
Nógrádi 7794.
Norris 7911.
Norton 7799. 7800. 7801. 7803.
Nowossilzew 7772.
Nyrop 7910.
Oberbauer 7852.
Oberhelman jr. 7843.
Oberly 7773.
Oberstar 7789.
Oddoux 7838.
Österreichisch-Alpine Montan-Gesellschaft 7885.
O'Flynn 7853.
Oldham & Sohn Ltd. 7871.
O'Neal 7906.
Osborne 7777.
Osteux 7837.
Otting [7870].
Oudot 7855.
Oughton 7780.
Ovadia 7764. 7770.
Paget 7848.
Palma 7855.
Papapetrou 7762.
Paraf 7838.
Parke, Devis & Co. 7860.
Patai 7829.
Patter, van 7766.
Patton 7854.
Paul 7793.
Pawlowa 7883. 7884.
Payne 7883.
Peabody 7851.
Peacock 7783.
Peacocke 7831.
Pecjak 7767.
Pecker 7765.
Pelikan 7854.
Pelloja 7855.
Peltola 7909.
Pepinsky 7779.
Pepper 7905.
Perelman 7761.
Perkinson jr. 7835.
Perkow 7879.
Perlstein 7914.
Perrot 7856.
Perschin 7846.
Petersen 7908.
Peterson 7780.
Petro 7843.
Petschek 7767.
Peyton 7849.
Philippi 7908.
Phillips 7787.
Phrix-Werke Akt.-Ges. 7918.
Picha 7827.
Pied 7908.
Pierce jr. 7853.
Pierce, J.B., Foundation 7891.
Piliego 7859.
Pines 7826.
Pitts jr. 7865.
Pizzi 7826.
Pöhm 7806.
Poirier 7857.
Polonovski 7848.
Polster 7873.
Pomerantschuk 7763.
Pontowitsch 7838.
Poole 7785.
Popow 7866.
Poppell 7843.
Portevin [7887].
Porzellanfabrik C. M. Hutschenreuther Akt.-Ges. 7877.
Potier 7779.
Potter 7832.
Povaszkéchemické Závody, Narodní Podnik 7900.
Prévot 7837.
Prigot 7853.
Primavesi 7885.
Procter & Gamble Co. 7913.
Propers 7851.
Proštenik 7819.
Pürschel 7841.
Pupke 7917.
Purdue Research Foundation 7888.
Quentin 7905.
Quillet 7839.
Quinnell 7777.
Quiring 7769.
Racah 7762.
Ragatz 7920.
Ramírez-Muñoz 7866.
Ramsey 7765.
Randoin 7848.
Rasmussen 7767.
Rath 7893. [7919].
Rathmann 7788.
Rau 7777.
Ravina 7850.
Rawson 7843.
Reamer 7789.
Régie Nationale des Usines Renault 7885.
Reichart 7878.
Reichmann 7829.
Reif 7832.
Reiffel 7768.
Rein 7852.
Reiser 7854.
Renaud 7799.
Renzetti jr. 7853.
Reynolds 7775.
Richardson Co. 7871.
Ridenour 7912.
Rider 7851.
Riedel-de Haën Akt.-Ges. 7892.
Rist 7836.
Rivière 7908.
Roberts, A. 7763.
Roberts, J.E. 7766.
Robinson, C.R. 7850.
Robinson, H. M. 7854.
Robinson jr., H.M. 7854.
Robinson, P.L. 7783.
Robinson, R. 7822. 7823.
Robinson R.C.V. 7853.
Rochas 7917.
Rodier 7857.
Roecker 7853.
Röhm & Haas Co. 7915.
Roettig 7854.
Rogier 7808. 7810. 7811. 7812. 7813.
Romano 7857.
Ronchi jr. 7763.
Rosenberg 7898.
Rosnay, de 7836.
Roth, A. 7882.
Roth, W.A. [7778].
Rothemann 7904.
Rothstein 7838.
Rowen 7830.
Roy 7850.
Ruban 7839.
Ruckensteiner 7849.
Rühenbeck 7882.
Ruhrchemie Akt.-Ges. 7888. 7892.
Ruzicka 7907.
Ryan 7916.
Sabine 7786.
Saetren 7833.
Sage 7789.
St. Regis Paper Co. 7915.
Salfelder 7848.
Salgado 7878.
Salkovitz 7780.
Saltzstein 7843.
Sánchez Cabello 7781.
Sandoz Akt.-Ges. 7895.
Sanz García 7781.
Saridse 7785.
Sasagi 7761.
Satten 7779.
Sauralow 7839.
Sauter 7762.
Schaaber 7881.
Schachman 7833.
Schayer 7814.
Schein 7779.
Scheinberg 7842.
Schelhorn, von 7907.
Schenk 7887.
Schering Corp. 7861.
Schirokow 7762.
Schläfer 7770.
Schmeißer 7783.
Schmidt, E. 7873.
Schmidt, O.Th. 7828.
Schmitt 7772.
Schneider 7837.
Schoch 7794.
Schönberg 7806.
Schoenrich 7843.
Schoon 7835.
Schotten 7832.
Schroeder, H. [7848].
Schröder, W. 7850.
Schrödinger 7762.
Schröter 7914.
Schubart 7774.
Schuller 7821.
Schulman 7772.
Schulz, A.G. 7763.
Schusterius 7877.
Schwabe 7791.
Schwerdt 7914.
Segur 7789.
Seiler 7907.

Sell 7868.
Selwood 7782.
Semon 7901.
,,Semperit" Österreichisch-Amerikanische Gummiwerke Akt.-Ges. 7903.
Serebro 7850.
Serfaty 7857.
Serin 7775.
Severson 7807.
Seyffarth 7893.
Sharp 7882.
Shaw 7873.
Sheldon 7852.
Shell Development Co. 7898. 7899. 7913.
Sheppard 7787.
Sherwood 7919.
Sidi 7857.
Siebel 7883.
Sieber 7791.
Siefert 7856.
Siegert 7856.
Sikorski 7850.
Silbereisen 7906.
Silva, de 7875.
Silvestri 7768.
Simon 7868.
Sims 7804. 7805.
Slater 7771.
Sloan 7771.
Smirnow 7788.
Smith, C. A. 7843.
Smith, C. W. 7799. 7800. 7801. 7803.
Smith, D. A. 7799.
Smith, E. R. 7788.
Smith, K. N. 7909.
Smith, L. I. 7808. 7810. 7811. 7812. 7813.
Smolenski 7772.
Smyth 7788.
Snock 7909.
Soc. An. Comp. Continentale d'Importation (France) 7910.
Soc. An. des Manufactures des Glaces & Produits Chimiques de St. Gobain, Chauny & Cirey 7891.
Soc. An. de Matières Colorantes et Produits Chimiques Francolor 7894.
Soc. Le Carbone-Lorraine 7886.
Soc. d'Électro-Chimie, d'Électro-Métallurgie & des Aciéries Électriques d'Ugine 7913.
Soc. Française des Charbonnages du Tonkin 7885.
Soc. Générale d'Applications Therapeutiques ,,Theraplix" 7862.
Soc. Nouvelle de Métallisation 7887.
Soc. Organico 7890.
Soc. Rhodiaceta 7900.
Sofer 7828.
Soffer 7832.
Soldi 7859.
Solomons 7827.
Sommer 7769. 7916.
Soos 7858.
Soubiran 7892.
Spensley 7858.
Sperduto 7766.
Spies 7851.
Springer 7908.
Ssalli 7781.
Ssaukow 7761.
Sserdjutschenko 7785.
Ssinegubowa 7772.
Ssinjakow 7772.
Ssominski 7761.
Stackelberg, v. 7780.
Stafitschuk 7772.
Stalinsky 7901.
Standard Dyewood Co. 7897.
Standard Oil Development Co. 7880. 7888. 7914.
Stanford 7765.
Stanley, B. G. 7904.
Stanley, E. L. 7879.
Stanworth 7875.
Starobinetz 7779.
Stather 7894.
Steinborn 7903.
Steinholzwerk L. Stoss & Co. 7877.
Steinkohlenbergwerk Rheinpreußen, Chemische Werke 7890.
Stephanson 7869.
Stephen 7808.
Stepp [7848].
Stern 7834.
Stock 7895.
Stone 7768.
Stonehill 7789.
Stora Kopparbergs Bergslags Aktiebolag 7886.
Storer 7843.
Stoup 7881.
Strough 7863.
Struppler 7849.
Suhrmann [7762].
Sullivan, C. P. 7849.
Sullivan, W. B. 7849.
Summers 7852.
Sun 7767.
Sundman 7914.
Sun Oil Co. 7899.
Surls 7767.
Suttor 7908.
Swim 7772.
Swinyhard 7854.
Szabó 7794.
Taborda, A. R. 7834.
Taborda, L. C. 7834.
Tamaki 7831.
Taniguchi 7831.
Tanz 7848.
Tardent 7909.
Tate 7791.
Tatlow 7867.
Tauber 7808.
Tavasci 7876.
Tavernier 7907.
Taylor 7855.
Teillac 7767.
Tenhaeff 7794.
Thews 7881.
Thibaud 7768.
Thiel 7910.
Thomas, A. 7896.
Thomas, B. W. 7865.
Thomas, E. W. 7852.
Thomas, H. A. 7863.
Thompson, D. C. 7901.
Thompson, W. W. 7826.
Thomsen 7783.
Thouvenot 7837.
Tichvinsky 7881.
Tilemans 7878.
Tobelsky 7828.
Torda 7843.
Toussaint [7887].
Trachtman 7866.
Trautmann 7920.
Trief 7877.
Tripathi 7918.
Trotter 7790.
Trounce 7856.
Tscharnyi 7844.
Tscherkassow 7866.
Tschernyi 7772.
Tschisstjakowa 7878.
Twight 7879.
Twomey 7777.
Udalowa 7878.
Ulbricht [7880].
United States of America 7871. 7888.
Unna 7854.
Urussowa 7916.
Utermohlen jr. 7916.
Vanhook 7905.
Vaughn 7844.
Venanzi, de 7844.
Vereinigte Glanzstoff-Fabriken A.-G. 7900.
Vereinigte Kaliwerke Salzdefurth Akt.-Ges. 7874.
Vestal 7869.
Vignolo 7912.
Vila 7896.
Visco Products Co. 7920.
Vlk 7886.
Vogel 7877.
Vogl 7806.
Vorst, van 7875.
Wacker, Dr. Alexander, Gesellschaft für elektrochemische Industrie G.m.b.H. 7897.
Waeser 7895.
Wain 7823. 7825.
Walker 7853.
Walram Hartmetallwerk und Hartmetallwerkzeugfabrik Mentsch, Voigtländer & Co. 7886.
Wander, Dr. A., A.-G. 7893.
Warrington 7883.
Wassermann 7829. 7830.
Weaver 7854.
Weber 7838.
Wehner 7784.
Wein 7819.
Weinstock 7777.
Weiser 7834.
Weller 7868.
Werner 7863.
Westfälische Union Akt.-Ges. für Eisen- u. Drahtindustrie 7887.
Westfalenhütte Dortmund A.-G. 7885.
Westinghouse Electric Corp. 7887.
Weygand 7821.
Whetnall 7853.
Whetstone 7802.
Whitaker 7853.
White 7763.
Whitmore jr. 7843.
Wiberg 7874.
Wick 7762.
Wiebe 7791.
Wiggall 7851.
Wilbaux 7884.
Williams, K. 7870.
Williams jr., J. N. 7834.
Wilson, J. E. 7820.
Wilson, R. 7763.
Wilton 7840.
Wingfoot Corp. 7898.
Winkenwerder 7843.
Winkler 7849.
Winter, H. 7908.
Winter, R. G. 7767.
Wiss 7846.
Wittenberger 7904.
Wittig, F. E. 7778.
Wittig, G. 7794.
Wittmann 7873.
Wlassenko 7839.
Wöger 7906.
Wolf, A. P. 7826.
Wolf, J. Z. 7909.
Wolf, P. A. 7878.
Wolff, C. J. de 7859.
Wolff, H. G. 7843.
Wolfgang 7766.
Wolfrom 7821.
Wolz 7821.
Wond 7910.
Wood 7835.
Woodward, E. R. 7843.
Woodward, J. W. 7874.
Wright 7853.
Wu 7815.
Yafet 7775.
Yager 7838.
Yamaoka 7914.
Yamazaki 7785.
Yatsu 7794.
Yegian 7835.
Young, D. O. 7916.
Young, S. J. 7919.
Yutani 7831.
Yuval 7852.
Zelst, van 7916.
Zemansky 7777.
Zetterström 7840.
Zimmer 7808.
Zondek 7869.
Zucker 7778.

Chemisches Zentralblatt

1952 Nr. 49 3. Dezember

Geschichte. Unterricht.

A. C. S. van Heel, *H. B. Dorgelo fünfundzwanzig Jahre Hochschullehrer.* Würdigung der Verdienste von Prof. HENDRIK BEREND DORGELO, geb. 9/2. 1894, auf dem Gebiete der Gasentladungen, Röntgenstrahlen u. Elektronenmikroskopie. (Nederl. Tijdschr. Natuurkunde **18.** 26—30. Febr. 1952.) WESLY. 1

A. A. Ssaukow und A. I. Perelman, *Boris Borissowitsch Polynow.* Würdigung der Arbeiten des am 16/3. 1952 verstorbenen Akademiemitgliedes auf den Gebieten der Bodenkunde, Geochemie u. Geographie. — Bild. (Известия Академии Наук СССР, Серия Геологическая [Nachr. Akad. Wiss. UdSSR, geol. Ser.] **1952.** Nr. 3. 3—5. Mai/Juni.) LEBTAG. 1

W. N. Edwards, *William Nicol und Henry Clifton Sorby.* Die Behauptung EYLES' (Nature [London] **168.** [1951.] 98), NICOL habe lediglich die ersten Dünnschliffe aus fossilem Holz, nicht aber solche von Gesteinen hergestellt, wird dahingehend ergänzt, daß man in der im Brit. Museum aufbewahrten Sammlung NICOLscher Präpp. auch Dünnschliffe von versteinerten Pflanzen, Kohlearten, Flint u. anderen Gesteinen fand. (Nature [London] **168.** 566—67. 29/9. 1951. London, Brit. Mus., Dep. of Geol.) ZEDLITZ. 1

Joan M. Eyles, *William Nicol und Henry Clifton Sorby.* Es wird darauf hingewiesen, daß es nicht darauf ankam, daran zu erinnern, wer die ersten Dünnschliffe überhaupt herstellte, sondern wer diese ersten Proben aus Gesteinsmaterial zur Unters. im polarisierten Licht heranzog. Außer NICOL u. SORBY haben auch BRYSON, PHILLIPS u. WILLIAMSON Anteil an der Entw. dieser Methode. (Nature [London] **168.** 567. 29/9. 1951. London.) ZEDLITZ. 1

M. Ss. Ssominski, *A. G. Stoletow und die Kaiserliche Akademie.* Die Arbeiten des Professors der Moskauer Univ. ALEXANDER GRIGORJEWITSCH STOLETOW über den äußeren Photoeffekt (1888—90), den Magnetismus weicher Stähle u. die Ausdehnung verschied. Gase werden an Hand eines ausgedehnten Briefwechsels erläutert. (Журнал Технической Физики [J. techn. Physik] **22.** 342—52. Febr. 1952.) A. KUNZE. 1

Shinji Sasagi, *Stellung des Chemieunterrichts im Hochschullehrplan.* (Chem. and chem. Ind. [Kagaku to Kogyo] **4.** 269—74. Juli 1951. [Orig.: japan.]) SCHULER. 6

N. Dijkwel, *Einige Verfahren zur objektiven Sichtbarmachung von Erscheinungen.* Ein in Spiralen gewundener Fe-Draht ist mit einer Glühlampe in Serie geschaltet. Durch Erhitzen der Spirale nimmt die Helligkeit der Lampe ab. Konstantandraht ändert bei Erwärmung seinen Widerstand nicht; ein Becherglas mit Cu-Elektroden in einer $CuSO_4$-Lsg. zeigt eine Widerstandsabnahme. — Man erhitzt ferromagnet. Stoffe über den CURIE-Punkt u. läßt sie in der Nähe eines Magneten abkühlen. In einem bestimmten Augenblick findet Anziehung statt; Fe ist oberhalb 760°, Ni oberhalb 360° paramagnetisch. — Ferner werden rein physikal. Verss. beschrieben. (Nederl. Tijdschr. Natuurkunde **18.** 45—48. Febr. 1952. Hilversum, Het Nieuwe Lyceum.) WESLY. 6

P. Bosch, *Versuch zum Nachweis von Lorentzschen Kräften in Elektrolyten.* Man hängt 2 Cu-Elektroden in eine konz. $CuSO_4$-Lsg., die sich in einer Kristallisierschale befindet, streut etwas Sägemehl auf die Lsg. u. hält einen Stabmagneten bei einer Elektrode über die Lsg., worauf das Sägemehl in kreisende Bewegung gerät. Derselbe Magnetpol bewirkt, an die andere Elektrode gebracht, eine Hemmung der Bewegung; diese wird durch den entgegengesetzten Pol wieder hervorgerufen. Ein Hufeisenmagnet eignet sich zur Ausführung des Vers. noch besser, bes. wenn man unter die Schale einen Fe-Streifen in der Richtung von Pol zu Pol legt. (Nederl. Tijdschr. Natuurkunde **18.** 44—45. Febr. 1952. Amsterdam, 1. Gemeente Hogere Burgerschool.) WESLY. 6

P. K. Grigoriadi, *Elektrolyse mit einer Quecksilberkathode.* Beschreibung eines einfachen Vers. zur Elektrolyse einer gesätt. *NaCl*-Lsg. über Hg, bei welchem das gebildete Amalgam in ein anderes Gefäß übergeführt wird, so daß Cl_2 u. NaOH in verschied. Gefäßen nachgewiesen werden. (Химия в Школе [Chem. Schule] **1952.** Nr. 1. 60—61. Jan./Febr. Leningrad.) V. WILPERT. 6

Heinrich Danner, Leitfaden der Pharmaziegeschichte. Hamburg: Govi-Verl. 1951. (67 S.) 8°. DM 3,65.

A. Allgemeine und physikalische Chemie.

Stuart Robert Brinkley, Principles of general chemistry. 4th ed. New York: Macmillan. 1951. (713 S. m. Abb. u. Diagr.) $ 5,—.

Brockhaus' ABC der Naturwissenschaft und Technik. Mathematik, Physik, Chemie, Geologie, Mineralogie, Astronomie, Meteorologie, Technik. 2. neubearb. u. erw. Aufl. Leipzig: F. A. Brockhaus. 1952. (719 S. m. über 1800 Abb. im Text u. auf 42 einfarb. u. 2 bunten Taf.-Seiten sowie Tab. u. Übersichten.) DM 12,50.

Arnold Eucken und **Rudolf Suhrmann**, Physikalisch-chemische Praktikumsaufgaben. 3. neubearb. Aufl. Leipzig: Akademische Verl. Ges. 1952. (XII + 329 S. m. 118 Fig.) gr. 8°. DM 15,—.

I. F. Fedulow und **W. A. Kirejew**, Lehrbuch der physikalischen Chemie. 3. umgearbeitete und ergänzte Aufl. Moskau-Leningrad: Gosschimisdat. 1952. (440 S. m. Abb.) 9 Rbl. 55 Kop. [russ.]

N. L. Glinka, Aufgaben und Experimente zur allgemeinen Chemie. 5. Aufl. Moskau-Leningrad: Gosschimisdat. 1952. (224 S.) 4 Rbl. 60 Kop. [russ.]

A_1. Kernphysik und Kernchemie.

A. Papapetrou und **E. Schrödinger**, *Die Punktladung in der nichtsymmetrischen Feldtheorie.* Die von BANDYOPADHYAY (Nature [London] **167.** [1951.] 648) angegebene kugelsymm. stat. Lösung kann sich nicht auf eine elektr. Ladung im Mittelpunkt, sondern nur auf einen isolierten Magnetpol beziehen. Einige Lücken bzgl. der Symmetrie elektr. u. magnet. Größen werden durch die neue Theorie geschlossen, die selbst in ihrer strengsten Form elektr. geladene Massenpunkte zuläßt. (Nature [London] **168.** 40—41. 7/7. 1951. Manchester, Univ., Physic. Labors.; Dublin, Inst. for Adv. Stud.) G. SCHMIDT. 80

R. E. Meyerott, P. J. Luke, W. W. Clendenin und **S. Geltman**, *Eine numerische Variationsmethode.* Ausführliche Darst. der C. **1952.** 2117 referierten Arbeit. (Physic. Rev. [2] **85.** 393—400. 1/2. 1952. New Haven, Conn., Yale Univ.) SPEER. 80

W. L. Bontsch-Brujewitsch und **B. W. Medwedew**, *Zum invarianten Aufbau der Quantentheorie des Feldes.* 2. Mitt. Am Beispiel der skalaren Felder wird gezeigt, daß die vier Grundvoraussetzungen der Quantenfeldtheorie (relativist. Invarianz, korpuskulare Erscheinungsweise des Feldes, HAMILTONsche Form der Bewegungsgleichungen, vollständige Lokalisierbarkeit) in einem inneren Widerspruch zueinander stehen u. nicht gleichzeitig erfüllbar sind. (**Журнал Экспериментальной и Теоретической Физики** [J. exp. theoret. Physik] **22.** 425—35. April 1952. Inst. für chem. Physik der Akad. der Wiss. der UdSSR.) KIRSCHSTEIN. 80

F. J. Dyson, *Divergenz der Störungstheorie in der Quantenelektrodynamik.* Theoret. Unterss. des Vf. lassen vermuten, daß grundsätzlich alle Potenzreihenentwicklungen in der Quantenelektrodynamik nach der Renormalisierung von M. u. Ladung divergent sind. (Physic. Rev. [2] **85.** 631—32. 15/2. 1952. Ithaca, N. Y., Cornell Univ., Labor. of Nucl. Sci.) SPEER. 80

Ju. M. Schirokow, *Relativistische Theorie von freien dreidimensionalen Teilchen.* Nach Vf. führt die Forderung der relativist. Invarianz entgegen der herrschenden Auffassung zu keinen Schwierigkeiten in der Theorie freier dreidimensionaler Teilchen. (**Журнал Экспериментальной и Теоретической Физики** [J. exp. theoret. Physik] **22.** 539—43. Mai 1952. Moskau, Univ.) AMBERGER. 90

Geoffrey F. Chew und **Gian Carlo Wick**, *Die Impulsapproximation.* (Vgl. C. **1951.** I. 2994.) Ausführliche Darst. der C. **1952.** 1440 referierten Arbeit. (Physic. Rev. [2] **85.** 636—42. 15/2. 1952. Urbana, Ill., Univ.; Upton, N. Y., Brookhaven Nat. Labor.; Pittsburgh, Pa., Carnegie Inst. of Technol.) SPEER. 90

J. Ashkin und **G. C. Wick**, *Bemerkung zur „Impulsapproximation".* (Vgl. vorst. Ref.) Formale Erweiterung der von CHEW u. WICK entwickelten Impulsapproximation. (Physic. Rev. [2] **85.** 686. 15/2. 1952. Pittsburgh, Pa., Carnegie Inst. of Technol.) SPEER. 90

Giulio Racah, *Richtungskorrelation sukzessiver Kernstrahlungen.* Ausführliche Darst. der C. **1952.** 634 referierten Arbeit. (Physic. Rev. [2] **84.** 910—12. 1/12. 1951. Princeton, N. J., Inst. for Adv. Stud.) WEIGEL. 90

G. Molière und **F. Sauter**, *Zur Theorie der Vielfachstreuung geladener Teilchen.* Einige ergänzende Bemerkungen zu der Arbeit von SAUTER u. WANKE (vgl. C. **1952.** 6004). (Z. Naturforsch. **7a.** 280—82. März/April 1952. Göttingen, Max-Planck-Inst. für Phys. u. Univ., Inst. für theoret. Phys.) SPEER. 90

Albert Messiah, *Über die Streuung der „langsamen" Neutronen durch den isotropen harmonischen Oscillator.* Vf. untersucht das Verh. des totalen Streuquerschnittes eines langsamen Neutrons durch einen isotropen harmon. Oscillator im Grundzustand für den allg. Fall, daß die M. des Oscillators von derjenigen des Neutrons verschieden ist. Die Energie E des auftreffenden Neutrons ist in diesem Falle groß im Verhältnis zur

Trennung der Schwingungsniveaus. Sind im entgegengesetzten Falle die Massen von Oscillator u. Neutron gleich, so verschwinden die Schwankungen mit 1/E bei der asymptot. Entwicklung. (J. Physique Radium **12.** 670—72. Juni 1951. Princeton, N. J., Inst. for Adv. Stud.) G. SCHMIDT. 90

I. Ja. Pomerantschuk, *Austauschzusammenstöße schneller Nucleonen mit Deuteronen.* 2. Mitt. (1. vgl. C. **1952.** 5843.) Vf. leitet den Wirkungsquerschnitt für Austauschzusammenstöße schneller Nucleonen mit Deuteronen ab, wobei die Impulse der nach dem Stoß gebremsten Nucleonen als gegeben angesehen werden. (Журнал Экспериментальной и Теоретической Физики [J. exp. theoret. Physik] **22.** 624—27. Mai 1952.) AMBERGER. 90

R. Stephen White, Mark J. Jakobson und Alvin G. Schulz, *Photomesonen aus Deuterium.* (Sitzungsbericht.) Durch Beschuß von H u. D bei hohem Druck u. niedriger Temp. mit Photonen aus dem Synchrotron wurden geladene Mesonen erzeugt, die teils mit trans-Stilben-Scintillationskristallen (π^+-Mesonen) durch Zählung von $\pi\,\mu$-, $\pi\,\beta$- oder $\pi\,\mu\,\beta$-Koinzidenzen, teils mit Kernemulsionen (π^+ u. π^-) nachgewiesen wurden. Das π^-/π^+-Verhältnis betrug in Winkeln von 135 ± 16^0, 90 ± 16^0 u. 45 ± 16^0 zur Strahlrichtung $1{,}21 \pm 0{,}17$ bzw. $1{,}07 \pm 0{,}13$ bzw. $0{,}96 \pm 0{,}11$. Für die Energieverteilung der π^+-Mesonen aus H u. D wurden die Absolutwerte pro Proton, pro Quantenäquivalent, pro MeV u. pro Raumwinkel gemessen u. die differentiellen u. totalen Wirkungsquerschnitte bestimmt. Die Verhältnisse der Wirkungsquerschnitte in H u. D im Laborsyst. für jeden gemessenen Winkel sind in einer Tabelle angegeben. (Physic. Rev. [2] **85.** 770—71. 15/2. 1952.; Bull. Amer. physic. Soc. **26.** Nr. 8. 22. 27/12. 1951. Berkeley, Calif., Univ.) CONRAD. 90

Donald L. Clark, Arthur Roberts und Richard Wilson, *Zertrümmerung des Deuterons durch π^+-Mesonen und der Spin des π^+-Mesons.* Ausführliche Darst. der C. **1952.** 3600 referierten Arbeit. (Physic. Rev. [2] **85.** 523—29. 15/2. 1952. Rochester, N. Y., Univ.) KIRSCHSTEIN. 90

M. Mandò und L. Ronchi jr., *Über den Energieverlust schneller Mesonen durch Paarbildung.* Vff. berechnen den Energieverlust, den μ-Mesonen durch Paarbldg. erleiden, indem sie von einer von RACAH (C. **1938.** I. 821) für den differentiellen Wirkungsquerschnitt angegebenen Formel ausgehen. Unter Benutzung einer halbempir. Gleichung von NISHINA, TOMONAGA u. KOBAYASI (Sci. Pap. Inst. physic. chem. Res. [Tokyo] **27.** [1935.] 137) für stufenweise Energieverluste u. unter Anwendung geeigneter numer. Integrationsmethoden wird ein Ausdruck für den Gesamtenergieverlust erhalten, der jedoch nur eine obere Grenze darstellt. Während der von HAYAKAWA u. TOMONAGA (C. **1949.** E. 4.) auf anderem Wege gefundene Wert von $1{,}6 \cdot 10^{-6}\,g^{-1} \cdot cm^2$ für den relativen Energieverlust — $(d\,E/d\,x)_p/E$ von μ-Mesonen im Energiebereich 100—500 GeV im Gestein einen brauchbaren Mittelwert darstellt, wird die Energieabhängigkeit von — $(d\,E/d\,x)_p/E$ durch den von Vff. gefundenen Ausdruck gegeben. (Nuovo Cimento [9] **9.** 105—15. 1/2. 1952. Firenze, Univ., Ist. di Fis.) CONRAD. 90

Richard L. Garwin, *Ein Test für die Hypothese der Ladungssymmetrie.* Es wird vorgeschlagen, die Rkk. $p + d \rightarrow d + n + \pi^+$ u. $p + d \rightarrow d + p + \pi^0$ zur Best. der Isotopenspins der Nucleonen bei gleichzeitiger Messung der π-Mesonen- u. Mesonenwechselwrkg. heranzuziehen. (Physic. Rev. [2] **85.** 1045. 15/3. 1952. Chicago, Ill., Univ., Inst. Nucl. Stud.) KIRSCHSTEIN. 90

R. W. Hales, R. H. Hildebrand, N. Knable und B. J. Moyer, *Die Ausbeute neutraler Mesonen beim Beschuß leichter Kerne mit Protonen.* Die Wirkungsquerschnitte für die Bldg. von π^0-Mesonen beim Beschuß leichter Kerne mit 340 MeV-Protonen werden durch Aufnahme der Photonenemission unter 135° zum Protonenstrahl (Messung der durch Vielfachstreuung getrennten Elektronenpaare durch Scintillationszähler in Koinzidenzschaltung) bestimmt, wobei durch Verwendung dicker Phosphore nur Photonen mit einer Energie > 20 MeV Koinzidenzzählung bewirken. Es ergaben sich die folgenden relativen Wirkungsquerschnitte (der für $^{12}C = 6$ gesetzt): ^1H $0{,}07 \pm 0{,}06$, ^2H $0{,}85 \pm 0{,}20$; ^9Be $5{,}01 \pm 0{,}12$; ^{10}B $4{,}99 \pm 0{,}11$, ^{11}B $5{,}95 \pm 0{,}13$; ^{12}C $6{,}00 \pm 0{,}16$; ^{16}O $7{,}46 \pm 0{,}28$. Aus den Wertepaaren für (^9Be, ^{10}B) u. (^{11}B, ^{12}C) kann geschlossen werden, daß bei leichten Kernen wesentlich nur die Neutronen zur Bldg. von π^0-Mesonen beitragen. (Physic. Rev. [2] **85.** 373—74. 15/1. 1952. Berkeley, Calif., Univ., Dep. of Phys., Radiat. Labor.) WERNER SCHULZ. 90

Richard Wilson, *Protonenbremsstrahlung bei 140 MeV.* Die an verschied. Elementen, z. B. Be, durch Beschuß mit 140 MeV-Protonen erzeugte hochenerget. γ-Strahlung wird mit Scintillationszählern in Koinzidenzschaltung durch Messung der Sekundärelektronen untersucht. Die Winkelverteilung entspricht einer angenähert isotropen

Verteilung im Schwerpunktssyst., bei der die Bremsstrahlung durch (p–n)-Zusammenstöße im Kern entsteht. Das widerspricht einer phänomenolog. Potentialbehandlung der (p–n)-Kraft u. der Theorie des skalaren Mesons. Die Form des Spektr. entspricht dem d ν/ν-Typ u. der Abhängigkeit von Z in stärkerem Maße, als für einen undurchlässigen Kern mit ausschließlichem Neutronenbeitrag zur Bremsstrahlung erwartet wird. (Physic. Rev. [2] **85.** 563—69. 15/2. 1952. Rochester, N. Y., Univ.) WERNER SCHULZ. 90

M. Heusinkveld und **George Freier,** *Die Erzeugung polarisierter Protonen und die Inversion von Energieniveaus des $P_{3/2}$–$P_{1/2}$-Dubletts beim $^5Li^*$.* Eine Spin-Bahnkopplung bei der Streuung von Protonen an *He* sollte eine Polarisation des gestreuten Protonenbündels bedingen. Vff. bestätigen diesen Effekt durch den Vers. einer zweifachen Streuung von Protonen in einer Polarisator–Analysator-Anordnung u. Messung des Polarisationsgrades. Führt man eine Phasenanalyse von Messungen des differentiellen Streuquerschnitts im Falle der Einfachstreuung aus, so lassen sich die Ergebnisse durch Annahme einer Inversion der $P_{3/2}$- u. $P_{1/2}$-Niveaus beim Zwischenkern $^5Li^*$ deuten. (Physic. Rev. [2] **85.** 80—84. 1/1. 1952. Minneapolis, Minn., Univ.) WEIGEL. 90

John I. Lodge und **Frank L. Hereford,** *Der Energieverlust monoenergetischer Elektronen in Kohlenstoff und Wasser.* (Sitzungsbericht.) Frühere Vergleichsmessungen des Bremsvermögens von W. u. C gegenüber 1—10 MeV-Elektronen (vgl. HEREFORD, Physic. Rev. [2] **74.** [1948.] 574) werden mit einem homogenen, γ-freien Elektronenstrahl aus ^{32}P u. einer größeren Genauigkeit bei der Best. der Probendicke wiederholt. Das Ausbeuteverhältnis der 0,75 MeV-Elektronen für W. u. C von 1,12±0,62 stimmt mit den Berechnungen von WICK überein, während die früheren Messungen mehr für die Berechnungen von HALPERN-HALL sprachen. (Physic. Rev. [2] **85.** 725. 15/2. 1952; Bull. Amer. physic. Soc. **26.** Nr. 6. 29. 24/10. 1951.) WERNER SCHULZ. 90

J. Ovadia, J. W. Beattie und **J. S. Laughlin,** *Reichweiten energiereicher Elektronen in Wasser.* (Sitzungsbericht.) Die Ionisationsverteilung in W. bei Einfall gebündelter Elektronenstrahlen mit verschied. Querschnitt u. stetig von 5—22 MeV variierter Energie wird mit einer kleinen Ionisationskammer (0,381 cm³) gemessen. Aus der Ionisationsverteilung in Abhängigkeit von der Elektronenenergie wird die Abhängigkeit der Elektronenzahl von der Reichweite abgeleitet. Die extrapolierten experimentellen Reichweiten werden mit den theoret. verglichen, wobei die theoret. Reichweiten, die Dichteeffekte berücksichtigen, besser mit den experimentellen übereinstimmen. (Physic. Rev. [2] **85.** **725.** 15/2. 1952; Bull. Amer. physic. Soc. **26.** Nr. 6. 29. 24/10. 1951. Univ. of Illinois.) WERNER SCHULZ. 90

Chiahua Chang und **C. Sharp Cook,** *Messungen der relativen Durchlässigkeit der Fenster von Geiger-Müller-Zählern für β-Teilchen.* (Sitzungsbericht.) Die relative Durchlässigkeit für Elektronen aus ^{32}P u. Positronen aus ^{61}Cu wird an 2 elektr. verschied. Fenstersubstanzen, *Al* (7,2 mg/cm²) u. *Glimmer* (5,9 mg/cm²), gemessen. Al zeigt für beide Teilchenarten die gleiche Durchlässigkeitskurve mit Ausnahme des Bereiches geringer Energie, Glimmer dagegen im gesamten Energiebereich eine deutlich geringere Durchlässigkeit für Positronen. (Physic. Rev. [2] **85.** 724—25. 15/2. 1952; Bull. Amer. physic. Soc. **26.** Nr. 6. 28—29. 24/10. 1951. Washington Univ.) WERNER SCHULZ. 90

G. J. Hine, *Die „effektiven" Kernladungszahlen von Substanzen für verschiedene γ-Strahlwechselwirkungen.* (Sitzungsbericht.) Die „effektive" Kernladungszahl $\overline{Z}$ von aus mehreren Elementen zusammengesetzten Substanzen wird für die verschied. Wechselwirkungen zwischen γ-Strahlen u. Materie gesondert bestimmt. Für die photoelektr. Absorption von γ-Strahlen wird $\overline{Z}$ durch den Ausdruck $(\sum_i p_i Z_i^{3,1})^{1/3,1}$ wiedergegeben. Dabei bedeutet für $2 \leq Z \leq 20$ p_i den Gewichtsanteil jedes Elements des Materials. Für Paarbldg. ist das entsprechende $\overline{Z} = \sum_i p_i Z_i$, für die Rückwärtsstreuung von Sekundärelektronen ist $\overline{Z} = \prod_i (Z_i + 1)^{p_i} - 1$. Für aus verschied. Elementen zusammengesetzte Substanzen ist das $\overline{Z}$ für Rückwärtsstreuung stets kleiner als das für Paarbildung. Für Knochen wird ein experimenteller Wert von 11,5±0,5 für die Rückwärtsstreuung angegeben. (Physic. Rev. [2] **85.** 725. 15/2. 1952; Bull. Amer. physic. Soc. **26.** Nr. 6. 29. 24/10. 1951. MIT.) WERNER SCHULZ. 95

P. Gombás, *Über die statistische Theorie der Atomkerne.* Berechnung der Bindungsenergien der Kerne sowie der Lage der stabilen Isobare auf Grund der statist. Theorie u. der Annahme eines skalaren YUKAWAschen Anziehungspotentials zwischen den Nucleonen aus dem allg. Prinzip der Minimumsforderung der Energie mit Hilfe des RITZschen Verfahrens. (Ann. Physik [6] **10.** 253—64. 1952. Budapest, Univ. für Techn. Wiss., Physikal. Inst.) SPEER. 95

Jack P. Davidson, *Magnetische Momente von gerade-ungeraden Kernen.* Die Abweichungen der magnet. Kernmomente von den nach der SCHMIDTschen Theorie erwarteten Werten sind für N oder Z <53 regelmäßig genug, um die magnet. Momente einiger Kerne mit ungerader Neutronenzahl zu berechnen. (Physic. Rev. [2] **85.** 432—34. 1/2. 1952. St. Louis, Mo., Washington Univ., Phys. Dep.) KIRSCHSTEIN. 95

Jean-Claude Pecker, *Die Kernmomente und die Kernstruktur.* Zusammenfassender Bericht über den Beitrag neuerer spektroskop. Arbeiten im Radiofrequenzbereich zur Unters. der Kernstruktur u. der Theorie der Kernschalen. Für die Best. magnet. Dipole u. elektr. Quadrupole sowie für die Anordnung der Protonen u. Neutronen in den Kernschalen erweist sich eine starke Spin-Bahn-Kopplung als erforderlich, um nach der Theorie die beobachtete Reihenfolge der Energieniveaus wiederzufinden. Diese Theorie geht von der Tatsache aus, daß einige Kernkonfigurationen bes. stabil sind. (J. Physique Radium **12.** 682—93. Juni 1951. Paris, Inst. d'Astrophys.) G. SCHMIDT. 95

Norman F. Ramsey, *Theorie des molekularen Wasserstoffs und Deuteriums in Magnetfeldern.* Vf. diskutiert die HAMILTON-Funktion eines 2atomigen Mol. mit gleichen Kernen bei Ggw. eines Magnetfeldes. Folgende Effekte werden berücksichtigt: Wechselwrkg. von Kernmoment u. magnet. Moment der Rotation mit dem äußeren Magnetfeld, magnet. Spinwechselwrkg. der beiden Kerne, Wechselwrkg. der beiden Kernmomente mit dem äußeren Magnetfeld bei Rotation u. gegenseitige Wechselwrkg. der elektr. Kernquadrupolmomente. Es werden störungstheoret. Ausdrücke für die Energien von H_2 u. D_2 im 1. Rotationszustand für den Fall starker u. schwacher Feldbegrenzungen abgeleitet. (Physic. Rev. [2] **85.** 60—65. 1/1. 1952. Cambridge, Mass., Harvard Univ.) WEIGEL. 95

Michael Danos, *Zur Hydrodynamik der Multipolschwingungen des Atomkerns.* (Vgl. C. **1952.** 4564.) Vf. ergänzt die Unterss. über die aus dem Tröpfchenmodell des Atomkerns folgenden γ-Resonanzen dadurch, daß die Annahme einer über das Kernvol. konstanten Nucleonendichte fallengelassen wird u. daß der Einfl. der endlichen Größe der Lichtwellenlänge auf den Wirkungsquerschnitt berücksichtigt wird. Es ergibt sich, daß der Wert des Wirkungsquerschnitts der Dipolgrundschwingung prakt. gleich dem ist, der sich unter der Annahme einer gegen den Kernradius großen Lichtwellenlänge ergeben hatte. Von den Schwingungen höherer Ordnung hat nur die Quadrupolschwingung mit 8% der Dipolgrundschwingung einen merklichen Wirkungsquerschnitt. (Ann. Physik [6] **10.** 265—81. 1952. Heidelberg, Univ., Inst. für theoret. Phys.) SPEER. 95

F. K. Elder jr. und R. E. McDonald, *Verteilung der Komponenten einer ternären Isotopenmischung längs einer Clusius-Dickel-Kolonne.* Vff. untersuchen die Verteilung der 3 Komponenten von spektroskop. reinem *Ne* (89,90% ^{20}Ne, 0,28% ^{21}Ne u. 9,82% ^{22}Ne) längs einer CLUSIUS-DICKEL-Kolonne von 3 m Länge während der Einstellung des Gleichgewichts (ca. 5 Std.) u. bei einem Druck von 61 cm Hg durch massenspektrometr. Analyse von Gasproben mit einem Consolidated-Massenspektrometer. Die Ergebnisse sind als Kurven wiedergegeben, die für jedes Isotop den %-Geh. im Gemisch als Funktion des Abstandes vom Boden der Kolonne darstellen. Die Kurven für ^{20}Ne u. ^{22}Ne verlaufen spiegelbildlich glatt u. monoton, während sich bei ^{21}Ne die Überlagerung der Trennung von ^{20}Ne einerseits u. von ^{22}Ne andererseits durch einen Buckel im Verlauf der Kurve bemerkbar macht. (Physic. Rev. [2] **85.** 500—01. 1/2. 1952. Laramie, Wyo., Univ., Phys. Dep.) CONRAD. 100

T. L. Collins, A. O. Nier und W. H. Johnson jr., *Atommassen von Titan, Vanadium und Chrom.* (Sitzungsbericht.) (Vgl. C. **1952.** 2460.) Folgende Packungsanteile wurden mit einem doppelt fokussierenden Massenspektrometer durch Vgl. mit KW-stoffbruchstücken gemessen: ^{46}Ti 7,18 ± 0,01, ^{47}Ti 7,09 ± 0,02, ^{48}Ti 7,68 ± 0,01, ^{49}Ti 7,43 ± 0,01, ^{50}Ti 7,85 ± 0,01; ^{51}V 7,74 ± 0,01; ^{50}Cr 7,58 ± 0,01, ^{52}Cr 8,26 ± 0,02, ^{53}Cr 7,98 ± 0,02 u. ^{54}Cr 8,09 ± 0,04. (Physic. Rev. [2] **85.** 726. 15/2. 1952; Bull. Amer. physic. Soc. **26.** Nr. 6. 30. 24/10. 1951. Univ. of Minnesota.) KIRSCHSTEIN. 100

R. E. Halsted, *Atommassen von Xenon, Jod und einigen Zinnisotopen.* (Vgl. vorst. Ref.) (Sitzungsbericht.) Mit dem NIERschen Massenspektrometer erhielt Vf. folgende (negativen) Packungsanteile: ^{136}Xe 3,64 ± 0,01, ^{134}Xe 3,88 ± 0,02, ^{132}Xe 4,08 ± 0,01, ^{131}Xe 4,06 ± 0,05, ^{130}Xe 4,25, ^{129}Xe 4,18 ± 0,02, ^{128}Xe 4,34 ± 0,01, ^{126}Xe 4,38 ± 0,02, ^{124}Xe 4,36 ± 0,02; ^{127}J 4,30; ^{124}Sn 4,45 ± 0,02, ^{122}Sn 4,71 ± 0,03, ^{120}Sn 4,95 ± 0,03, ^{119}Sn 4,94 ± 0,02, ^{118}Sn 5,10 ± 0,03, ^{117}Sn 5,09 ± 0,02, ^{116}Sn 5,25 u. ^{115}Sn 5,20 ± 0,03. (Physic. Rev. [2] **85.** 726. 15/2. 1952; Bull. Amer. physic. Soc. **26.** Nr. 6. 30. 24/10. 1951. Univ. of Minnesota.) KIRSCHSTEIN. 100

George S. Stanford, Henry E. Duckworth, Benjamin G. Hogg und James S. Geiger, *Die Massen von ^{208}Pb, ^{232}Th, ^{234}U, ^{235}U und ^{238}U.* Die Massen von ^{207}Pb, ^{208}Pb, ^{232}Th, ^{234}U u. ^{238}U wurden massenspektrograph. bestimmt. ^{207}Pb ergab im Dublett $^{207}Pb^{3+}$–

$^{138}Ba^{2+}$ die Packungsanteildifferenz $\Delta f = 5{,}62 \pm 0{,}05 \cdot 10^{-4}$ u. daraus ^{207}Pb = 207,0429 ± 16 Masseneinheiten. Die durch Kern-Rk. bestimmte Differenz ^{208}Pb-^{207}Pb u. das massenspektrograph. bestimmte Dublett $^{208}Pb^{2+}$-$^{104}Pd^{+}$ ergeben übereinstimmende Werte für ^{208}Pb. Zur Best. von ^{232}Th wurden die Dubletts $^{232}Th^{2+}$-$^{116}Sn^{+}$ u. $^{232}Th^{2+}$-$^{58}Fe^{+}$ massenspektrograph. vermessen ($\Delta f = 10{,}058 \pm 0{,}03$ bzw. $13{,}17 \pm 0{,}05 \cdot 10^{-4}$). Die M. von ^{116}Sn wird über verschied. bekannte Dubletts auf die M. ^{28}Si zurückgeführt u. in ähnlicher Weise ^{58}Fe auf ^{59}Co, ^{60}Ni u. ^{58}Co unter Angabe der Zwischenstufen. ^{234}U wurde durch das Dublett $^{234}U^{2+}$-$^{117}Sn^{+}$ ($\Delta f = 10{,}008 \pm 0{,}025 \cdot 10^{-4}$) festgelegt. ^{238}U ergibt sich aus $^{238}U^{2+}$-$^{119}Sn^{+}$ ($\Delta f = 10{,}187 \pm 0{,}025 \cdot 10^{-4}$), wobei ^{119}Sn aus dem Schwellenwert der Rk. $^{119}Sn(\gamma, n)^{118}Sn$ erhalten wird. Die Massen von ^{208}Pb, ^{232}Th, ^{234}U u. ^{238}U wurden so korr., daß sie den Bedingungen ^{238}U-^{208}Pb = 30,0834 ± 15, ^{238}U-^{232}Th = 6,0148 ± 6 u. ^{238}U-^{234}U = 4,0112 ± 2 Masseneinheiten genügten. Das ergab die Werte ^{208}Pb = 208,0416 ± 10; ^{232}Th = 232,1093 ± 10; ^{234}U = 234,1129 ± 10 u. ^{238}U = 238,1241 ± 10 Masseneinheiten. Aus dem Wert für ^{232}Th folgt für ^{235}U = 235,1156 ± 10 Masseneinheiten. (Physic. Rev. [2] **85**. 1039. 15/3. 1952. Middletown, Conn., Wesleyan Univ.; Hamilton, Ontario, Can., McMaster Univ.) CONRAD. 100

Truman P. Kohman, *Der Paarungseffekt in Kernen und die β-labilen Elemente.* Ausführliche Darst. des C. **1951**. II. 2835 referierten Sitzungsberichtes. (Physic. Rev. [2] **85**. 530—31. 15/2. 1952. Pittsburgh, Pa., Carnegie Inst. of Technol., Dep. of Chem.) KIRSCHSTEIN. 103

R. Jastrow und J. E. Roberts, *Kernwirkungsquerschnitte für energiereiche Neutronen und Protonen.* (Sitzungsbericht.) (Vgl. C. **1952**. 800.) Die Verss. über die Kernquerschnitte für Neutronen bei Energien bis zu 270 MeV wurden fortgesetzt, wobei die Nucleonendichte im Kern innerhalb eines Bereiches, dessen Radius $\sim A^{1/3}$ zunimmt, gleichmäßig ist. Außerhalb dieses Zentralkerns wird ein diffuser Bereich angenommen, in dem die Nucleonendichte in einer Entfernung von der Größenordnung der Reichweite der Kernkräfte abfällt. In den leichten Kernen ist der diffuse Bereich mit dem Zentralkern konstanter D. vergleichbar, er ist jedoch klein im Vgl. zu dem Zentralkern bei schweren Elementen. Die Zunahme des Gesamtquerschnittes ist relativ größer für die leichten Elemente als für die schweren Elemente u. bringt die berechneten Neutronenwirkungsquerschnitte in bessere Übereinstimmung mit den beobachteten Werten bei Energien zwischen 14 u. 40 MeV. (Physic. Rev. [2] **85**. 757. 15/2. 1952; Bull. Amer. physic. Soc. **26**. Nr. 8. 9. 27/12. 1951. Berkeley, Calif., Univ.) G. SCHMIDT. 103

Richard L. Wolfgang und W. F. Libby, *Absolute Anregungsfunktion der $^{9}Be(d,t)$-Reaktion.* Die Rk. $^{9}Be(d,t)$ wird an dicken u. dünnen Be-Targets beim Beschuß mit 350 keV-7,7 MeV-Deuteronen mittels einer absol. Gaszählmeth. (vgl. GROSSE u. Mitarbeiter, Science [New York] **113**. [1951.] 1) untersucht. Der Reaktionsquerschnitt in Abhängigkeit von der Deuteronenenergie steigt bei ca. 1,5 MeV sehr steil an u. hat danach bis 7,7 MeV den nahezu konstanten Wert von (0,23 ± 0,01) barn. Die Ergiebigkeit für Tritium- u. Neutronenerzeugung scheint ungefähr gleich zu sein. (Physic. Rev. [2] **85**. 437—40. 1/2. 1952. Chicago, Ill., Univ., Dep. of Chem., u. Inst. for Nucl. Stud.) WERNER SCHULZ. 103

Henry T. Motz und David E. Alburger, *β- und γ-Strahlung von ^{28}Al.* ^{28}Al, teils durch (n, γ)-, teils durch (d,p)-Rk. auf Al hergestellt, emittiert γ-Quanten von 1,782 ± 0,010 MeV u. hat ein erlaubtes β-Spektr. mit der Maximalenergie 2,865 ± 0,010 MeV. Die Gesamtzerfallsenergie stimmt mit den Reaktionsenergien der Reaktionsfolgen $^{28}Si(d,p)^{29}Si(d,\alpha)^{27}Al(d,p)^{28}Al$ u. $^{28}Si(d,p)^{29}Si(d,p)^{30}Si(d,\alpha)^{28}Al$ überein. Mit diesen Werten ergibt sich für ^{27}Al entgegen dem massenspektrometr. Wert die M. 26,990140 ± 0,000035. (Physic. Rev. [2] **86**. 165—67. 15/4. 1952. Upton, N. Y., Brookhaven Nat. Labor.) KIRSCHSTEIN. 103

D. M. van Patter, A. Sperduto, P. M. Endt, W. W. Buechner und H. A. Enge, *Kernreaktionsenergien.* In Fortsetzung der Unterss. über die Reaktionsenergien leichter Kerne (C. **1951**. II. 2694) werden die Q-Werte für weitere Rkk. im Bereich von ^{20}Ne bis ^{31}P angegeben. Die Wechselbeziehungen zwischen den einzelnen Q-Werten lassen sich durch Kreisprozesse stützen; die so berechneten Werte stimmen gut mit den Beobachtungsergebnissen überein. Unter Zuhilfenahme der Massendifferenzen ($2\,^{2}D$—^{4}He) = 23,834 ± 0,007 MeV u. ($2\,^{1}H$—^{2}D) = 1,443 ± 0,002 MeV werden die folgenden Zertrümmerungsenergien berechnet: $^{24}Na \rightarrow {}^{24}Mg$ 5,544 ± 0,022 MeV; $^{27}Mg \rightarrow {}^{27}Al$ 2,610 ± 0,020 MeV; $^{28}Al \rightarrow {}^{28}Si$ 4,647 ± 0,020 MeV u. $^{31}Si \rightarrow {}^{31}P$ 1,482 ± 0,021 MeV (vgl. auch C. **1952**. 2461). (Physic. Rev. [2] **85**. 142—43. 1/1. 1952. Cambridge, Mass., MIT, Phys. Dep., u. Labor. for Nucl. Sci. and Engng.) WEIGEL. 103

Charles I. Browne, John O. Rasmussen, Joseph P. Surls und Donald F. Martin, *Die Zerfallsreihe ^{140}Nd-^{140}Pr-^{140}Ce.* Durch Beschuß von Pr mit 19 MeV-Deuteronen wurde ^{140}Nd erzeugt, das durch Elektroneneinfang (74% K- u. 26% L-Einfang) in ^{140}Pr übergeht. Dieses zerfällt zu 58% durch β^+-Emission (E_{max} = 2,23 ± 0,02 MeV), 37% durch K-Einfang u. 5% durch L-Einfang. Die bei diesen Ergebnissen möglichen Zustände des ^{140}Pr-Kerns werden diskutiert. (Physic. Rev. [2] **85.** 146—47. 1/1. 1952. Berkeley, Calif., Univ., Radiat. Labor., u. Dep. of Chem.) KIRSCHSTEIN. 103

Rolf G. Winter, *Suche nach dem doppelten β-Zerfall in Palladium.* Von einer 248,5 g schweren Pd-Probe natürlicher Zus., die in eine Nebelkammer gebracht wurde, wurden 10097 Aufnahmen gemacht. Nur auf einer waren zwei von demselben Punkt ausgehende Elektronenbahnen zu beobachten, die Energien von 0,8—1,1 bzw. 1,4—2,12 MeV entsprachen. Dieses Ereignis braucht kein Beweis für den doppelten β-Zerfall zu sein, dessen Halbwertszeit bei ^{108}Pd mindestens $1,1 \cdot 10^{18}$ Jahre u. bei ^{110}Pd mindestens $0,6 \cdot 10^{18}$ Jahre betragen müßte, sondern kann durch ein Höhlenstrahl-γ-Quant ausgelöst sein. (Physic. Rev. [2] **85.** 687. 15/2. 1952. Cleveland, O., Western Reserve Univ.) KIRSCHSTEIN. 103

F. K. McGowan, E. D. Klema und P. R. Bell, *Klassifizierung der γ-Strahlung von ^{177}Hf.* Mit Anthracenzählern in Koinzidenzschaltung wurde die Richtungsbeziehung zwischen den aufeinanderfolgenden γ-Quanten von 206 u. 112 keV gemessen. Die Ergebnisse zeigen, daß der Grundzustand u. die beiden Anregungszustände bei 112 u. 318 keV die Spins 3/2, 7/2 u. 5/2 haben. Aus der Größe der Konversionskoeffizienten folgt, daß beide Übergänge reine elektr. Multipolstrahlungen sind. Das Intensitätsverhältnis des cross over-Überganges zum 206 keV-Übergang ist 4,5 ± 0,5%, 80 mal geringer als nach der aus dem Kernschalenmodell abgeleiteten Übergangswahrscheinlichkeit zu erwarten war. Auch die Paritäten der Anregungszustände u. die Tatsache, daß vom 318 keV-Niveau 2 elektr. Dipolstrahlungen ausgehen, sind mit dem Kernschalenmodell nicht vereinbar. (Physic. Rev. [2] **85.** 152—53. 1/1. 1952. Oak Ridge, Tenn., Nat. Labor.) KIRSCHSTEIN. 103

K.-H. Sun, F. A. Pecjak, B. Jennings und A. J. Allen, *Neue α-Strahler mittlerer Masse.* (Sitzungsbericht.) Beim Beschuß von *Ru* mit 30 MeV-α-Teilchen wurden zwei α-Strahler von ca. 4 Min. u. ca. 4 Std. Halbwertszeit gefunden. Einen weiteren α-Strahler (ca. 8 Std.) erhielten Vff., als sie *Pt* ebenfalls mit 30 MeV-α-Teilchen beschossen. (Physic. Rev. [2] **85.** 726. 15/2. 1952; Bull. Amer. physic. Soc. **26.** Nr. 6. 30. 24/10. 1951. Westinghouse Res. Labors., u. Univ. of Pittsburgh.) KIRSCHSTEIN. 103

S. de Benedetti und G. H. Minton, *Über die Feinstruktur der α-Teilchen von ^{210}Po.* (Sitzungsbericht.) Durch Koinzidenzverss. wurden gleichzeitig α- u. γ-Strahlen von ^{210}Po untersucht. Die Differenz zwischen der Energie dieser α-Teilchen u. derjenigen der Hauptgruppe entspricht der γ-Strahlenergie. Der Anregungszustand hat eine Halbwertszeit von höchstens 10^{-9} Sekunden. (Physic. Rev. [2] **85.** 726. 15/2. 1952; Bull. Amer. physic. Soc. **26.** Nr. 6. 30. 24/10. 1951. Carnegie Inst. of Technol.) KIRSCHSTEIN. 103

A. G. Petschek und R. E. Marshak, *Der β-Zerfall von Radium E und die pseudoskalare Wechselwirkung.* Unter der Voraussetzung, daß das β-Spektr. von RaE einfach ist u. für die Paritätsverhältnisse das Schalenmodell als gültig angesehen werden kann, ist die lineare Kombination von tensorieller u. pseudoskalarer Wechselwrkg. die einzige, die zur Deutung experimenteller Daten ausreicht. (Physic. Rev. [2] **85.** 698—99. 15/2. 1952. Rochester, N. Y., Univ.) KIRSCHSTEIN. 103

F. Depocas und B. G. Harvey, *Herstellung von ^{229}Ra und ^{229}Ac.* Die β-Zerfallsenergien des bisher nicht beobachteten ^{229}Ra u. ^{229}Ac wurden nach der Meth. der Zerfallscyclen zu 2 bzw. 0,9 MeV berechnet, was Halbwertszeiten von ca. 1 Min. bis 1 Std. erwarten läßt. Es erschien daher möglich, ^{229}Ac durch kurze Bestrahlung von ^{228}Ra ($MsTh_1$) mit Neutronen u. schnelle Abtrennung des Ac zu erhalten. Von ^{228}Ac befreites ^{228}Ra wurde 30—60 Min. einem kräftigen Strahl therm. Neutronen ($5 \cdot 10^{13}$ Neutronen/$cm^2 \cdot$ Sek.) ausgesetzt u. das aus dem gebildeten ^{229}Ra durch β-Zerfall entstandene ^{229}Ac zusammen mit dem während der Bestrahlung neu entstandenen ^{228}Ac sofort extrahiert u. gereinigt. Das Präp. ergab Halbwertszeiten von 66 ± 5 Min. bzw. ca. 6,1 Std., die ^{229}Ac u. ^{228}Ac zugeschrieben wurden. Die Möglichkeit, daß die 66 Min.-Aktivität einem Spaltprod. aus Verunreinigungen durch U oder Seltene Erden zuzuschreiben wäre, konnte ausgeschlossen werden. Eine zweite Ac-Extraktion des bestrahlten ^{228}Ra nach 10 Min. ergab die erwartete Menge ^{228}Ac, doch kein ^{229}Ac, was mit der angenommenen kurzen Halbwertszeit von ^{229}Ra verträglich ist. (Physic. Rev. [2] **85.** 499—500. 1/2. 1952. Chalk River, Ontario, Can., AEP, Nat. Res. Counc. of Can.) CONRAD. 103

P. Falk-Vairant und **J. Teillac,** *Untersuchung der inneren Konversionsstrahlung von Ionium.* Nach der Meth. der gekreuzten Zähler werden die Koinzidenzen von α-Teilchen u. Konversionselektronen aufgenommen. Die Messungen zeigen, daß beim Übergang des 68 keV-Niveaus zum Grundzustand von *Ra* 22 Konversionselektronen auf 100 Zerfallsprozesse von I_0 kommen. Dieser Wert stimmt mit den Ergebnissen der Unters. der α-Feinstruktur u. der γ-Strahlung überein. Absorptionsmessungen der Elektronen u. α-Teilchen in *Al* u. *Au* ermöglichen keine genaue Aussage darüber, ob die auftretenden Koinzidenzen von einer Elektronenstrahlung herrühren. Die beobachtete Differenz zwischen der symm. u. asymm. Absorption läßt sich durch die Rückstreuung erklären, wobei der Grad der Rückstreuung wesentlich von der Foliendichte abhängt. (J. Physique Radium **12.** 659—64. Juni 1951. Paris, Inst. du Radium, Labor. Curie.) G. SCHMIDT. 103

P. S. Greifinger, *Stabilitätsgrenzen der schweren Elemente und die Wirkungen der Kernschalenstruktur.* Das Gebiet der β-Stabilität, das in einem N-Z-Diagramm auf einen schmalen Streifen beschränkt ist, wird bis Z = 100 extrapoliert. In ähnlicher Weise werden die Kurven gleicher Halbwertszeit für den α-Zerfall verlängert. Aus den bekannten Daten über die spontane Spaltung läßt sich schließen, daß diese Zerfallsart bei keinem Kern mit Z < 100 die wahrscheinlichste ist. Ferner werden als Folgen der Schalenstruktur die Tatsachen abgeleitet, daß mit Z = 84 die Radioaktivität beginnt u. daß es stabile *Th-* u. *U*-Isotope gibt (^{232}Th u. ^{238}U). Für einige Transuranisotope werden die Halbwertszeiten für den α-Zerfall abgeschätzt. (Physic. Rev. [2] **85.** 253—56. 15/1. 1952. Ithaca, N. Y., Cornell Univ.) KIRSCHSTEIN. 103

C. Marchetti und **M. Silvestri,** *Die ideale Vorrichtung zur Isotopentrennung.* Es wird eine Gleichung aufgestellt, die die Vorgänge in einer idealen kaskadenförmigen Isotopentrennanlage beschreibt. Aus ihr läßt sich der für eine gewünschte Isotopenanreicherung im Idealfall notwendige Energieaufwand entnehmen u. auf diese Weise der Wirkungsgrad einer realen Trennanlage durch Vgl. mit der idealen bestimmen. (Nuovo Cimento [9] **9.** 97—104. 1/2. 1952. Milano, Labor. CISE.) CONRAD. 112

L. Reiffel, C. A. Stone und **A. R. Brauner,** *Ermüdungserscheinungen bei Scintillationszählern.* Die durch die Ermüdung der photoempfindlichen u. Sekundärelektronen emittierenden Oberflächen beeinträchtigte Stabilität von Scintillationszählern wurde durch Messung der Zählgeschwindigkeit als Funktion der Zeit bei verschied. Strahlungsintensitäten untersucht. Damit die Zählgeschwindigkeit konstant bleibt, muß der Anodenstrom bei 5819-Photomultiplierröhren $< 10^{-7}$ A gehalten werden. (Nucleonics **9.** Nr. 6. 13—15. Dez. 1951. Chicago, Ill., Inst. of Technol., Armour Res. Found.) H. HAUSWALD. 112

William E. Glenn, *Ein Analysator der Impulshöhenverteilung.* Der 20 Kanal-Impulshöhenanalysator benutzt als Diskriminator eine Kathodenstrahlröhre, an deren Schirmende eine Reihe von Kollektorplatten angebracht ist. Die Schaltung des Hauptverstärkers besteht aus vier Stufen mit negativer Rückkopplung. (Nucleonics **9.** Nr. 6. 24—28. Dez. 1951. Berkeley, Calif., Univ., Radiat. Labor.) H. HAUSWALD. 112

Max Hoyaux, *Die Fokussierungsprinzipien bei Beschleunigern für Teilchen hoher Energie.* 2. Mitt. *Magnetfeldbeschleuniger.* Es wird die Fokussierung eines Teilchenstrahls hoher Energie in dem Magnetfeld eines Beschleunigers durch laterale Kräfte mathemat. behandelt. Die vertikalen u. radialen Schwingungen im Cyclotron, Betatron u. Synchrocyclotron werden diskutiert. (Atomics **2.** 310—19. Nov. 1951. Charleroi, Ateliers de Constr. Electr., Nucl. Res. Labors.) H. HAUSWALD. 112

J. Thibaud und **J. Lafoucrière,** *Anwendung der Asymptotenbahnen auf stationäre Bahnen zur Trennung monokinetischer Teilchengruppen mit erhöhtem Impuls.* Durch Trennung der verschied. Gruppen von Elektronenbahnen nach der Trochoidenmeth. wird allg. gezeigt, daß bestimmte Asymptotenbahnen bei den stationären Bahnen eine charakterist. Mittellinie liefern. Diese Meth. der trochoidalen Aufrollung der Bahnen ermöglicht die Trennung der Elektronen des β-Spektr. von anderen geladenen Teilchen. Um reproduzierbare Ergebnisse zu erhalten, ist die Verwendung starker Strahlenquellen erforderlich. Beispiele für die mit *RaB* + *C* u. ^{32}P aufgenommenen Pfeilspuren werden angeführt. (J. Physique Radium **12.** 642—51. Juni 1951. Lyon, Univ., Inst. de Phys. atomique.) G. SCHMIDT. 112

J. Lafoucrière, *Die Anwendung der Trochoidenmethode auf β-Spektren. Ein Fokussierungsverfahren im inhomogenen Magnetfeld.* (Vgl. vorst. Ref.) Theoret. Unterss. über den Verlauf der Bahnen geladener Teilchen in starken inhomogenen Magnetfeldern u. Erweiterung der Trochoidenmeth. auf die kontinuierlichen Spektren. Die Überlegungen führen zu einer Beschreibung des Verlaufs eines intensiven β-Strahls in der Umgebung der Polschuhe. Durch Einschaltung von Absorberfolien u. durch Veränderung der magnet. Feldstärke lassen sich die Dichteveränderungen sowie Streuverhältnisse des β-Strahlenbündels wiedergeben. Auf den Unterschied zwischen der vom Vf. beschriebenen Fokussierungsmeth. u. dem SIEGBAHNschen Verf. wird hingewiesen. (Ann. Physique [12] 6. 610—61. Juli/Aug. 1951. Lyon, Fac. des Sci.) G. SCHMIDT. 112

J. A. Hipple und **H. Sommer**, *Eine Kombination von Massenspektrometer mit gekreuzten Feldern und Flugzeitmassenspektrometer.* (Sitzungsbericht.) Ionen aus einem Massenspektrometer mit gekreuzten Feldern, die auf einer trochoidalen Bahn mehrfache Cyclen durchlaufen, passieren bei ihrem Eintritt u. nach n Cyclen jeweils ein schmales, im Hochfrequenzrhythmus pulsierendes Ablenkfeld. Nur solche Ionen, die beide Ablenkfelder beim Nulldurchgang der Ablenkspannung durchlaufen (Cyclotronfrequenzbedingung), gelangen auf den Auffänger. (Physic. Rev. [2] 85. 712—13. 15/2. 1952; Bull. Amer. physic. Soc. 26. Nr. 6. 16—17. 24/10. 1951. Nat. Bur. of Stand.) CONRAD. 112

William E. Glenn, *Konstruktion und Arbeitsweise eines elektrostatischen Flugzeit-Massenspektrographen hoher Geometrie.* (Sitzungsbericht.) Beschreibung eines Massenspektrographen, der e/m durch Flugzeitmessung der elektrostat. beschleunigten u. gebündelten Ionen, ähnlich dem „Isotron" von SMYTH u. WILSON, bestimmt. Die Massenskala ist stabil u. innerhalb $<^1/_{10}$ Masseneinheit genau linear. Der App. ist fähig, ca. 30% der Ionen eines bestimmten Isotops zu sammeln. (Physic. Rev. [2] 85. 763. 15/2. 1952; Bull. Amer. physic. Soc. 26. Nr. 8. 15. 27/12. 1951. Berkeley, Calif., Univ., Dep. of Electr. Engng., u. Radiat. Labor.) CONRAD. 112

I. B. McDiarmid, *Vielfachstreuungs- und Korndichtemessungen an Elektronenbahnen in G5-Emulsionen.* ILFORD G5-Platten wurden mit Röntgenstrahlen aus einem 70 MeV-Synchrotron exponiert u. die Bahnen der in der Emulsion gebildeten Paare mit einer Gesamtlänge von 13 cm untersucht. Durch Abänderung der FOWLERschen Koordinatenmeth. ergibt sich eine bessere Abhängigkeit des gemessenen Streuwinkels von der Zellenlänge. Die Kornzählungen ergaben eine Zunahme der Korndichte um 7% im Bereich von E/μ (kinet. Energie/Ruhenergie) = 7—50. (Physic. Rev. [2] 84. 851—52. 15/11. 1951. Kingston, Ontario, Can., Queen's Univ., Dep. of Phys.) EICHHOFF. 112

Hans Albrecht Bethe, Teoria elementare del nucleo. (Elementary nuclear theory). Breve esposizione di alcuni argomenti scelti di fisica nucleare. Trad. di Tito Franzini. Torino: Edizioni scientifiche Einaudi. 1951. (232 S.) L. 1500,—.

A₂. Optisches Verhalten der Materie.

H. Quiring, *Entstehung der Erdatmosphäre.* Vf. diskutiert Möglichkeiten der Entstehung der Erdatmosphäre (NH_3- u. CH_4-Atmosphäre, CO_2-Atmosphäre, H_2O- u. CO_2-Atmosphäre, Gegenwartsatmosphäre) u. zeigt, wie sich die übrigen Planeten in eine den geolog. Zeiten korrelate Reihe bringen lassen. (Meteorol. Rdsch. 4. 172—75. Sept./Okt. 1951.) HILLER. 113

Leo Goldberg, *Die Menge und die vertikale Verteilung des Methans in der Erdatmosphäre.* Aus Beobachtungen des infraroten *Sonnen*-Spektr. an sechs weit voneinander entfernten Punkten der Erdoberfläche wurde auf die Ggw. von CH_4 in der Erdatmosphäre geschlossen. Die Beobachtungen erstrecken sich über 10 Jahre, so daß CH_4 ein dauernder Bestandteil der Atmosphäre zu sein scheint. Vf. beschäftigt sich mit der theoret. Analyse der Intensitäten der 0—1-, 5—6- u. 10—11-Linien des positiven Zweigs der $2\nu_3$-Bande des CH_4 bei 1,666 μ. Aus Beobachtungen in Lake Angelus u. Mount Wilson wird die Gesamtanzahl der CH_4-Moll. pro cm² durch den Zenit zu $3{,}2\cdot10^{19}$ bzw. $2{,}6\cdot10^{19}$ gefunden. Das Verhältnis der Mengen liegt sehr nahe an dem, welches zu erwarten wäre, wenn die Verteilung des CH_4 gleichmäßig wäre u. exponentiell abnehmen würde. (Astrophysic. J. 113. 567—82. Mai 1951. Pontiac, Mich., Univ. of Michigan, McMath-Hulbert Observatory.) D. HAHN. 113

P. G. Masslow, *Lösungsmethode homogener linearer Gleichungssysteme bei der Berechnung der Schwingungen vielatomiger Moleküle.* Vf. schlägt eine Lösungsmeth. für homogene lineare Gleichungssysteme $(G\lambda - A)r = 0$ vor, die die Wurzeln für die λ u. die Eigenvektoren r liefert u. außerdem die Entw. der Frequenzen nach den durch die einzelnen Parameter bedingten Anteilen ermöglicht. (Журнал Экспериментальной и Теоретической Физики [J. exp. theoret. Physik] 22. 276—83. März 1952. Leningrad.) AMBERGER. 114

James D. Alexander und **Griffin Carmichael**, *Berechnungen über Verteilungen von Gitterschwingungsfrequenzen.* (Sitzungsbericht.) Es wurden die Frequenzverteilungen von Gitterschwingungen in einer „vierten Dimension" für Wechselwirkungen nächster Nachbarn in einfach, flächenzentriert u. raumzentriert kub. Gittern berechnet. Die Ergebnisse stehen in engem Zusammenhang mit den MOTTschen Resultaten für die Verteilung von Elektronenniveaus in schmalen Bändern für einfache u. raumzentrierte

Gitter. Für einfach kub. Gitter wurde noch der Einfl. auf die Verteilung bei Wechselwrkg. zwischen zweit- u. drittnächsten Nachbarn untersucht. Die aus den Verteilungen dieser Typen resultierende „effektive DEBYE-Temp." nimmt mit der Temp. ab. (Physic. Rev. [2] **83**. 488. 15/7. 1951. Univ. of North Carolina.) GOTTFRIED. 114

J. S. Laughlin und J. W. Beattie, *Calorimetrische Bestimmung des Energieflusses von 22,5 MeV-Röntgenstrahlen.* Vff. beschreiben ein calorimetr. Intensitätsmeßverf. für Röntgenstrahlen beliebiger Härte u. berichten über Versuchsergebnisse mit der 22 MeV-Strahlung des Betatrons. Das Calorimeter, in das der zu messende Strahl eingeleitet wird, besteht aus einer evakuierten *Masonit*-Box, die in ein Ölbad versenkt ist. Die Box enthält 2 zylindr. Pb-Klötze (Durchmesser 4,2 cm, Länge 3,0 cm), in die je ein Thermistor u. (für die Eichung) eine Konstantanspule eingebaut sind. Beide Thermistoren sind in je einen Zweig einer WHEATSTONE-Brücke geschaltet. Gemessen wird die Widerstandsänderung bei einer Einstrahlung von 5 Min. Dauer. Kontrollmessungen mit einer Ionisationskammer ergaben für den im *Pb* aufgenommenen Energiefluß den Wert 4580 ± 95 Erg/m^2 pro el. stat. Einh./cm^3 bzw. 4630 Erg/cm^2 pro 1 Röntgeneinheit. (Rev. sci. Instruments **22**. 572—74. Aug. 1951. Chicago, Ill., Univ. of Illinois, Coll. of Med., Dep. of Radiol.) REUSSE. 116

J. S. Laughlin, J. W. Beattie und J. Ovadia, *Calorimetrische Bestimmung der Röntgenzahl für 400 kV-Röntgenstrahlen.* (Sitzungsbericht.) Da die Best. des Energieflusses von Röntgengeneratoren aus der Röntgenzahl schwierig ist, weil sie die genaue Kenntnis der spektralen Verteilung u. der Absorptionsverhältnisse erfordert, wird gezeigt, wie der Energiefluß eines 400 kV-Röntgengenerators mit einer für 22,5 MeV-Röntgenstrahlen erprobten Meth. calorimetr. bestimmt werden kann. (Physic. Rev. [2] **85**. 725. 15/2. 1952; Bull. Amer. physic. Soc. **26**. Nr. 6. 29. 24/10. 1951. Univ. of Illinois.) WERNER SCHULZ. 116

P. D. Edwards, *Calorimetrische Eichung eines Sekundärstandards für 150 bis 317 MeV-Bremsstrahlung.* (Sitzungsbericht.) Die calorimetr. Eichung einer als Sekundärstandard verwendeten Ionisationskammer wird beschrieben. Die Absoluteichung wurde mit einem verbesserten Pb-Block-Calorimeter durchgeführt. (Physic. Rev [2] **85**. 725. 15/2. 1952; Bull. Amer. physic. Soc. **26**. Nr. 6. 29. 24/10. 1951. Univ. of Illinois.) WERNER SCHULZ. 116

Friedrich Ernst Ilse und Hermann Hartmann, *Das Termsystem eines Ions mit zwei d-Außenelektronen in einem Feld oktaedrischer Symmetrie. Farbe und Konstitution von Komplexverbindungen.* 3. Mitt. (2. vgl. Z. physik. Chem. **197**. [1951.] 116; 1. vgl. C. **1952**. **4567**.) Es wird die Frage untersucht, welche Verschiebungen u. Aufspaltungen die Terme eines Ions mit 2 d-Außenelektronen erleiden, wenn dieses in den Einfl. eines Feldes der Symmetrie O_h gerät, wie das etwa bei dem Ion V^{3+} in dem Komplex $[V(H_2O)_6]^{3+}$ der Fall ist. Die mathemat. Durchführung dieser Unters., die sich einerseits der Gruppentheorie u. andererseits der Störungsrechnung bedient, wird ausführlich dargestellt. Die Ergebnisse werden im Hinblick auf das Absorptionsspektr. der beiden Komplexionen $[V(H_2O)_6]^{3+}$ u. $[VF_6]^{3+}$ diskutiert. (Z. Naturforsch. **6a**. 751—54. Dez. 1951. Frankfurt/M., Univ., Inst. für physikal. Chem.) LEVI. 118

Hermann Hartmann und Hans Ludwig Schläfer, *Über die Lichtabsorption komplexer Ionen des dreiwertigen Vanadins mit oktaedrischer Symmetrie. Farbe und Konstitution von Komplexverbindungen.* 4. Mitt. (3. vgl. vorst. Ref.) Vff. beschreiben die Darst. von wasserfreiem VCl_3, $NH_4V(SO_4)_2 \cdot 12H_2O$, $CsV(SO_4)_2 \cdot 12H_2O$ u. krist. $[V(CH_3OH)_6]Cl_3$. Es werden die Absorptionsspektren von VCl_3, gelöst in CH_3OH, C_2H_5OH u. Isobutanol, sowie von krist. $NH_4V(SO_4)_2 \cdot 12H_2O$ u. $CsV(SO_4)_2 \cdot 12H_2O$ gemessen. Die grüne Farbe schwach angesäuerter wss. VCl_3-Lsgg. wird auf das durch Hydrolyse entstandene $[V(H_2O)_5OH]^{2+}$-Ion zurückgeführt. Das Spektr. des blauvioletten reinen $[V(H_2O)_6]^{3+}$-Ions konnte durch Unters. stark saurer $V(ClO_4)_3$-Lsgg. ermittelt werden. Lsgg. von VCl_3 in niederen einwertigen Alkoholen zeigen ebenfalls grüne Farbe. Aus der Analogie der Absorptionsspektren dieser Lsgg. u. der Lsgg. von $[V(H_2O)_6]^{3+}$ schließen Vff. auf das Vorliegen von $[V(CH_3OH)_6]^{3+}$-Ionen. Nur bei CH_3OH gelang es, krist. Hexaalkoholat zu erhalten. Bei den verschied. Alkoholen treten bis zur Erreichung der endgültigen grünen Farbe verschied. Zwischenfarben auf, die auf Zwischenprodd., die bei der Komplexbldg. entstehen, zurückgeführt werden. Auch die krist. V(III)-Alaune zeigen ein ähnliches Absorptionsspektr. wie das freie Hexaquoion. Alle Ergebnisse sind in guter Übereinstimmung mit den theoret. Erwartungen. (Z. Naturforsch. **6a**. 754—59. Dez. 1951.) LEVI. 118

Hermann Hartmann und Hans Ludwig Schläfer, *Über die Absorptionsspektren elektrostatischer Komplexionen dreiwertiger Übergangselemente mit oktaedrischer Symmetrie. Farbe und Konstitution von Komplexverbindungen.* 5. Mitt. (4. vgl. vorst. Ref.)

Vff. untersuchen den langwelligen Teil der Absorptionsspektren der oktaedr. elektrostat. Komplexionen mit den Zentralionen Ti^{3+}, V^{3+}, Cr^{3+}, Mn^{3+} u. Fe^{3+}. Dazu werden zunächst die Termaufspaltungen qualitativ erörtert, die die Zentralionen im Komplex erleiden. Es gibt hier zwei prinzipielle Möglichkeiten, die man mit Hilfe des magnet. Verh. der Verbb. unterscheiden kann. Die in dieser Arbeit betrachteten Ionen bzw. Verbb. $[Ti(H_2O)_6]^{3+}$, $CsTi(SO_4)_2 \cdot 12 H_2O$, $[V(H_2O)_6]^{3+}$, $CsV(SO_4)_2 \cdot 12 H_2O$, $NH_4V(SO_4)_2 \cdot 12 H_2O$, $[V(C_2H_5OH)_6]^{3+}$, $[V(CH_3OH)_6]^{3+}$, $[V(iso\text{-}C_4H_9OH)_6]^{3+}$, $[Cr(H_2O)_6]^{3+}$, $CsMn \cdot (SO_4)_2 \cdot 12 H_2O$ u. $Fe(ClO_4)_3$ in $HClO_4$ zeigen sämtlich n. magnet. Verh., was darauf schließen läßt, daß der Grundterm des Komplexions aus dem Grundterm des freien Ions hervorgeht, also ein Aufspaltungsprod. dieses Terms ist. Es wird gezeigt, daß elektrostat. Komplexionen der Ionen Ti^{3+} bis Mn^{3+} mit oktaedr. Symmetrie eine langwellige Absorptionsbande aufweisen sollten, wenn der Grundterm des freien Ions ein D-Term ist, u. zwei, wenn er ein F-Term ist. Diese theoret. Erwartungen werden durch zahlreiche Unterss. verschied. Autoren bestätigt. (Z. Naturforsch. **6a.** 760—63. Dez. 1951.) LEVI. 118

J. C. Slater, *Die Wirkungen von Strahlung auf Materie.* Zusammenfassender Bericht über 1. das Verh. der Kristalle; 2. die Natur der Strahlungseinw. u. 3. die Einw. auf Metalle, Halbleiter, Ionenleiter, Keramik u. Molekülverbindungen. (J. appl. Physics **22.** 237—56. März 1951. Cambridge, Mass., Inst. of Technol., Dep. of Phys.) STEIL. 122

Günter Ecker, *Theorie der Polarisation des Kanalstrahllichtes.* 2. Mitt. *Berechnung der Polarisationswerte und Vergleich mit den Messungen* (1. vgl. C. **1951.** II. 9.) Unter Verwendung der in der 1. Mitt. (l. c.) berechneten Besetzungswahrscheinlichkeiten lassen sich die Polarisationswerte für die experimentell untersuchten Serien der Alkalimetalle (Na u. Li), des H u. des He als Funktionen tabellierter Größen ausdrücken. Die Unterss. werden jeweils für vier charakterist. Störungsvorgänge durchgeführt, die einen Vgl. mit den Verss. gestatten. Die beobachteten Gangerscheinungen entsprechen den theoret. Erwartungen. Die quantitative Übereinstimmung ist innerhalb des Gültigkeitsbereiches der Berechnungen befriedigend. (Z. Physik **129.** 161—89. 1951. Bonn, Inst. für theoret. Physik.) v. HARLEM. 122

A₃. Elektrizität. Magnetismus. Elektrochemie.

W. W. Borowkow und **P. D. Korsh,** *Über Oxydations- und Übertragungsprozesse an metallischen Elektroden im Gleichstrombogen.* Bei der Unters. der Gleichstrombogenentladung zwischen *Stahl*-Elektroden verschied. Zus. ergaben sich zwei Arten der Metallelektrodenoxydation: 1. Oxydation mit Überwiegen der Molekulardiffusion u. 2. Oxydation mit vorzugsweise konvektiver Diffusion der reagierenden Substanzen. Die zweite Art wird durch die Menge des Kohlenstoffs u. die Geschwindigkeit der Metalloxydation bestimmt, die von der Temp. der Elektrodenoberfläche abhängt. Durch die Stromstärke u. die Elektrodenabmessung ist diese Temp. bestimmt. Diesen beiden Arten entsprechen auch zwei Arten der Materialübertragung an den Elektroden. Im ersten Fall ergibt sich ein Vorgang analog dem bei der Glimmentladung, im zweiten erfolgt die Übertragung im Sinne eines Spritzvorganges unabhängig von der Polarität. (Журнал Технической Физики [J. techn. Physik] **22.** 227—37. Febr. 1952.) A. KUNZE. 131

P. H. Kafitz, D. H. Goodman und **D. H. Sloan,** *Die Anwendung einer Bogenkathode als Emissionsquelle für Hochleistungsröhren.* (Sitzungsbericht.) Ein Metalldampfbogen eignet sich gut als Elektronenquelle für Hochfrequenz-Hochleistungsröhren. Hierfür werden die Elektronen durch ein positives Gitter aus dem Plasma abgesaugt u. in einen Hochvakuumraum hinein beschleunigt. An der Pumpe erreichte ein Rohr im Impulsbetrieb 100 kW bei 100 MHz. (Physic. Rev. [2] **84.** 1072. 1/12. 1951. Berkeley, Univ. of California.) PIEPLOW. 131

John H. Barrett, *Die Dielektrische Konstante von Kristallen vom Perowskittyp.* Erweiterung der SLATERschen Theorie der DK. von $BaTiO_3$ (vgl. C. **1951.** I. 161) durch eine quantenmechan. Behandlung der Ionenpolarisierbarkeit an Stelle des klass. Verfahrens. Der für die DK. gewonnene Ausdruck stimmt bei allen Tempp. gut mit den Experimenten überein u. weicht bei niedrigen Tempp. vom CURIE-WEISSschen Gesetz ab. Die Theorie wird auf $SrTiO_3$ u. $KTaO_3$ oberhalb des Übergangspunktes bei 13,2 °K angewendet. (Physic. Rev. [2] **86.** 118—20. 1/4. 1952. Houston, Tex., Rice Inst.) SPEER. 132

V. E. Derr und **M. D. Earle,** *Eigenschaften von pulverförmigem $BaTiO_3$.* Pulverisiertes $BaTiO_3$ wurde hydraul. zwischen die Platten eines Kondensators gepreßt; dieser wurde bei 45 V aufgeladen u. kurzzeitig kurzgeschlossen. Nach Öffnung des Stromkreises fand sich eine Spannung von ca. 1 V, die innerhalb von 40 Min. auf 0,1 V absank. Der Kurvenverlauf ist in geringem Maße von der Ladungsdauer abhängig. Die im Kondensator aufgespeicherte Ladung ist größer, als es der Gleichung $Q = C \cdot V$ entspricht. Das Material der Kondensatorplatten blieb ohne Einfluß. (Physic. Rev. [2] 85. 384—85. 15/1. 1952. Baltimore, Md., Johns Hopkins Univ., Radiation Labor.) SPEER. 132

Je. W. Ssinjakow, Je. A. Stafitschuk und B. K. Tschernyi, *Dynamik des Polarisationsprozesses von Bariumtitanat.* Mit kurzen Gleichstromimpulsen (10^{-5}—10^{-6} Sek.) wurde die Abhängigkeit der DK. von $BaTiO_3$ von der Temp. gemessen; sie hat ein Maximum bei ca. 100°. Die Abhängigkeit der DK. von der Feldstärke E zeigte ein Maximum, das je nach Temp. u. Impulsdauer zwischen 8 u. 12 kV/cm liegt; bei 165° ist die DK. fast konstant. Endlich wurde gefunden, daß die Geschwindigkeit der Polarisation ein Maximum dicht oberhalb 100° hat; die Abhängigkeit von E läßt sich unterhalb des CURIE-Punktes T_c durch die Gleichung $I = A \cdot e^{\alpha\sqrt{E}}$ wiedergeben, oberhalb von T_c ist I linear von E abhängig. Diese Ergebnisse lassen sich nach den bisherigen Vorstellungen über die Polarisation von $BaTiO_3$ nicht erklären. Vff. nehmen daher an, daß Verunreinigungen zum Teil als Ionen in das $BaTiO_3$-Gitter eingebaut werden u. dadurch Ba-Ionen freimachen. Diese verursachen eine Deformation in ihrer Umgebung u. führen zur Bldg. eines elektr. Dipolmoments, womit ein spontan polarisiertes Gebiet entsteht. Nimmt man ferner an, daß auch die rund um die „spontanen" Gebiete lokalisierten, schwach gebundenen Elektronen eine Polarisation verursachen, so lassen sich aus dem Zusammenwirken der beiden Anteile der Polarisation die beobachteten Gesetzmäßigkeiten qualitativ erklären. (**Журнал Экспериментальной и Теоретической Физики** [J. exp. theoret. Physik] **21.** 610—17. Mai 1951. Dnepropetrowsk, Univ.)
KIRSCHSTEIN. 132

N. Ss. Nowossilzew, A. L. Chodakow und M. Ss. Schulman, *Metastabile Zustände von $BaTiO_3$.* Vff. untersuchen die „Alterung", bes. die zeitliche Abnahme der Kapazität (ε) u. tg δ einer festen Lsg. von $BaTiO_3$ (60 %) u. $SrTiO_3$ (40 %). Im Vgl. zu den am ersten Tag nach der Herst. der Proben durchgeführten Messungen verringerte sich bei Versuchsende (bis 200 Tage) die Kapazität auf 60 %, tg δ um mehr als das 25fache. Die schnellste Abnahme erfolgte in den ersten Tagen. Vff. beobachteten ähnliche Hystereseerscheinungen wie ROI (Доклады Академии Наук [Ber. Akad. Wiss. UdSSR] [N. S.] **81.** [1951.] 545). (Доклады Академии Наук СССР [Ber. Akad. Wiss. UdSSR] [N. S.] **83.** 829—31. 21/4. 1952. Rostow/Don, Molotow-Univ., Physikal.-Mathemat. Inst.) AMBERGER. 132

Je. W. Ssinjakow, Je. A. Stafitschuk und L. Ss. Ssinegubowa, *Einfluß eines sich verschiebenden Feldes auf die Größe der dielektrischen Permeabilität und der dielektrischen Verluste in $BaTiO_3$.* Vff. untersuchen die Temperaturabhängigkeit der DK. u. der dielektr. Verluste in $BaTiO_3$ u. zeigen, daß unter der Wrkg. des Verschiebungsfeldes eine Verschiebung des CURIE-Punktes in Richtung höherer Tempp. stattfindet. Vff. beobachten bei Anlegung eines starken Verschiebungsfeldes eine starke Verringerung von tg δ u. eine Verflachung seines charakterist. Maximums als Funktion der Temperatur. Das Verschiebungsfeld führt zu einer Deformation der Hystereseschleifen, ähnlich wie unter der Wrkg. einer konstanten mechan. Belastung. Eine Verringerung von ε u. tg δ tritt auch in einem starken Wechselfeld ein. Vff. untersuchen ferner die zeitliche Abhängigkeit dieser beiden Größen u. die Nachwrkg. unter dem Einfl. des Verschiebungsfeldes. (**Журнал Экспериментальной и Теоретической Физики** [J. exp. theoret. Physik] **21.** 1396—1402. Dez. 1951. Dnepropetrowsk, Univ.) AMBERGER. 132

R. W. Schmitt und R. T. Swim, *Adiabatische thermische Änderungen in Keramiken aus Bariumtitanat und Strontiumtitanat bei tiefen Temperaturen.* (Sitzungsbericht.) Wird an Keramiken aus $BaTiO_3$ ein elektr. Feld angelegt, so tritt bei adiabat. Messung bei 4° K eine Erwärmung auf (vgl. C. **1952.** 2467). Als Erklärung wird angenommen, daß der Polarisationsvorgang thermodynam. irreversibel ist. Auch die starke Temperaturabhängigkeit der DK. bei 4° K kann als Ergebnis der thermodynam. irreversiblen Polarisation verstanden werden. Messungen an Strontiumtitanatkeramiken, deren DK. eine vom $BaTiO_3$ verschied. Temperaturabhängigkeit zeigt, ergaben ähnliche Effekte. (Physic. Rev. [2] **85.** 743. 15/2. 1952; Bull. Amer. physic. Soc. **26.** Nr. 7. 9. 30/11. 1951. Rice Inst.) v. HARLEM. 132

G. A. Smolenski, *Elektrostriktionserscheinungen in keramischen Seignetteelektrika.* Es wurde die Temperaturabhängigkeit des Koeff. der linearen Ausdehnung polykrist. Proben von $BaTiO_3$, $PbTiO_3$ u. $PbZrO_3$ ermittelt. Die Titanate zeigten eine beträchtliche spontane Elektrostriktion bei räumlicher Zunahme, das Zirkonat eine negative. Die DK. der Seignetteelektrika ist um so größer, je kleiner ihre Elektrostriktion ist. Phasengänge bei tiefen Tempp. wurden bei —30° für $PbTiO_3$ beobachtet, bis —160° trat ein solcher bei $PbZrO_3$ nicht auf. (**Журнал Технической Физики** [J. techn. Physik] **21.** 1045—49. Sept. 1951.) A. KUNZE. 132

Harold Jacobs und **Dietrich Dobischek**, *Wechselwirkung zwischen langsamen Elektronen und Oberflächenfilmen von Ionenkristallen.* Die Wechselwrkg. zwischen langsamen Elektronen u. *KCl*-Kristallen wird in einer Diode mit einer rotierenden Anode, einer Oxydkathode u. einer KCl-Quelle untersucht. Das KCl dampft auf die Anode u. gelangt durch deren Drehung über die Kathode. Gemessen wird die Änderung des Kathodenstroms durch Ladungen in KCl. In KCl gebundene Elektronen werden durch den Beschuß mit Elektronen einer krit. Energie frei gemacht, die nahezu gleich der Energie ist, die nach Unterss. über absorbierende Zentren (F'-Zentrum) Photonen in KCl zum Freisetzen gebundener Elektronen benötigen. Die Elektronenaffinität der aufgedampften KCl-Filme muß danach sehr klein ($<0,5$ eV) sein. Weiter trat durch den Elektronenbeschuß eine Dissoziation des auf die Anode aufgedampften KCl bei einer krit., der Bildungswärme von KCl äquivalenten Energie ein. Das gleiche Ergebnis hatten frühere Messungen an Oxyden. (Physic. Rev. [2] **81.** 1019—22. 15/3. 1951. Belmar, N. J., Evans Signal Labor., Thermionics Branch.) WERNER SCHULZ. 135

D. L. Dexter und **W. R. Heller**, *Einfang- und Stoßprozesse für Excitonen in Alkalihalogeniden.* Nach APKER u. TAFT (C. **1952.** 1952 u. früher) können Excitonen (erzeugt durch Lichtabsorption in der 1. Fundamentalbande) F-Zentren in Alkalihalogeniden erzeugen u. vernichten. Unter Verwendung der von DEXTER (C. **1952.** 2465) erhaltenen Ergebnisse wird eine halbquantitative Deutung dieser Vorgänge gegeben. Die Erzeugungswahrscheinlichkeit der F-Zentren im *NaCl* wird zu 10^{13} Sek.$^{-1}$ u. die Vernichtungswahrscheinlichkeit (durch Stoßvorgänge) zu 10^{12} Sek.$^{-1}$ abgeschätzt. Der Übergang eines Excitons von einem Ion zu einem anderen beträgt höchstens 10^{-13} Sekunden. Die von APKER u. TAFT (l. c.) gefundene verstärkte photoelektr. Emission aus F-Zentren durch den Einfl. der Excitionen kann so ebenfalls qualitativ verstanden werden. (Physic. Rev. [2] **84.** 377—78. 15/10. 1951. Urbana, Ill., Univ.) FUCHS. 135

Gerhart Groetzinger und **Sam Barile**, *Die in belichteten Alkalihalogenidkristallen durch einen Gradienten der Farbzentrendichte verursachte elektromotorische Kraft.* (Sitzungsbericht.) Mittels Röntgenbestrahlung bzw. der Punktkathodenmeth. wurde in kleinen ($1 \times 1 \times 0,5$ cm) *NaCl* u. *KBr*-Kristallen ein Dichtegradient der Farbzentren in Richtung der kleinsten Dimension erzeugt. Bei Bestrahlung mit weißem Licht ergaben sich Potentialdifferenzen von ca. $^1/_{10}$ V, wobei der stärker gefärbte Teil positiv war. Die Ursache liegt in Konzentrations- u./oder Beweglichkeitsdifferenzen der Leitfähigkeitselektronen u. -löcher. (Physic. Rev. [2] **83.** 227. 1/7.; Bull. Amer. physic. Soc. **26.** Nr. 3. 36. 26/4. 1951. Lewis Labor., NACA.) SPEER. 135

J. J. Oberly, *Photoleitfähigkeit von eingefangenen Elektronen in KBr-Kristallen bei Raumtemperatur.* Weiche Röntgenstrahlen erzeugen bei der Einw. auf KBr-Kristalle ein F-Absorptionsband u. ein viel schwächeres M-Absorptionsband, die beide Photoleitung zeigen. Bei sehr kurzer Bestrahlungsdauer t geht das Verhältnis v (= Photostrom/einfallende Energie) für das M-Band in Abhängigkeit von der Wellenlänge durch ein Maximum, das 500 mal kleiner ist als das für das F-Band. Bei längerem t nehmen die v-Kurven u. die Absorptionskurven zu. Die v-Kurven des F-Bandes zeigen 2 Maxima, da die F-Zentren ungleichmäßig verteilt sind; bei Verwendung von harten Röntgenstrahlen tritt jedoch nur ein Maximum auf. Beim Belichten (bis zu 23 Min.) mit F-Licht (6250 Å) nimmt v der F-Banden stark u. die Absorption nur wenig ab, gleichzeitig entstehen die R-, N- u. L-Banden. Auch das Prod. $\eta \cdot w$ (= Quantenausbeute · Elektronenreichweite) nimmt durch das Belichten ab (nicht jedoch im L-Bereich). v der M-Banden nimmt unter der Einw. von F-Licht zunächst zu, dann ab. Die Erscheinungen werden auf das Vorliegen von je 2 Arten von F- u. M-Zentren („harte" u. „weiche" Zentren) zurückgeführt. v des N-Bereiches nimmt durch die Belichtung mit F-Licht etwas zu, v des R-Bereiches bleibt unverändert. (Physic Rev. [2] **84.** 1257—58. 15/12.; kurze Mitt. dazu Physic. Rev. [2] **83.** 228. 1/7.; Bull. Amer. physic. Soc. **26.** Nr. 3. 37. 26/4. 1951. Washington, D. C.; Naval Res. Labor., Metallurgy Div., Crystal Branch.) FUCHS. 135

David Dutton, **William Heller** und **Robert Maurer**, *Thermische Zerstörung von V_1-Zentren in Kaliumchlorid.* Die von den Vff. an KCl durchgeführten Verss. bestätigen die Vermutung von SEITZ (C. **1951.** II. 1546), daß das V_1-Absorptionsband bedingt wird durch Zentren, die durch das Einfangen einer positiven Leerstelle durch eine positive Ionenfehlstelle entstehen, bes. ergibt sich, daß die therm. Aktivierungsenergie für die Freigabe einer positiven Leerstelle aus einer positiven Ionenfehlstelle $\sim {}^1/_{10}$ der opt. Aktivierungsenergie beträgt. KCl-Kristalle wurden bei der Temp. des fl. N_2 mit Röntgenstrahlen bestrahlt. Darauf wurde ein Feld von 500 V/cm angelegt u. die Temp. erhöht.

Die bei —132° auftretende Stromspitze zeigt die therm. Loslösung einer eingefangenen Ladung im Kristall an u. fällt zusammen mit dem Verschwinden des V_1-Bandes, gleichzeitig nimmt das F-Band an Höhe ab. Es verschwindet gleichzeitig annähernd ein V_1-Zentrum bei jedem zerstörten F-Zentrum. Die bei —70° beobachtete Stromspitze ist das Ergebnis einer therm. Freigabe von Elektronen aus F'-Zentren. Bei der Temp. des fl. He bestrahlte Kristalle zeigen eine Spitze in der Nähe der Temp. des fl. N_2, bedingt durch Freigabe von Ladungen unbekannter Bindung. Die Freigabe von Ladungen aus V_1-Zentren bei höheren Tempp. wird ebenfalls beobachtet. F''-Zentren scheinen durch Bestrahlung bei der Temp. des fl. He nicht zu entstehen. Ein bei der Temp. des fl. N_2 bestrahlter Kristall zeigt Phosphorescenz u. bei Erwärmung plötzliches Auftreten von Luminescenz, begleitet von dem Verschwinden von V_1-Zentren. Eine weitere, wesentlich breitere Leuchterscheinung tritt mit einem Maximum bei 0° auf u. scheint in Verbindung mit dem geringen Verschwinden von F-Zentren in der Nähe dieser Temp. zu stehen. (Physic. Rev. [2] **84**. 363. 15/10. 1951. Urbana, Ill., Univ. of Illinois, Phys. Dep.) v. HARLEM. 135

G. Blankenburg und K. Kassel, *Über die Halbleitereigenschaften des Kupferoxyduls.* 1. Mitt. *Das Herstellungsverfahren unter Berücksichtigung der Stabilitätsbedingungen.* Detaillierte Darst. des Verf. zur Gewinnung von Cu_2O definierter Reinheit durch Oxydation von massivem Cu. Es werden Ergebnisse mkr. Unterss. über etwaige Einschlüsse von Cu oder CuO mitgeteilt. (Ann. Physik [6] **10**. 201—10. 1952. Halle, Martin-Luther-Univ., II. Physikal. Inst.) SPEER. 135

K. Kassel, *Über die Halbleitereigenschaften des Kupferoxyduls.* 2. Mitt. *Der Einfluß der Fehlordnung auf die optische Absorption.* (1. vgl. vorst. Ref.) Messung der opt. Absorption von Cu_2O im langwelligen Ausläufer der Grundgitterabsorption. Die Absorption sinkt mit abnehmendem Temperungsdruck. Bei den kleinsten O_2-Partialdrucken ($\leqq 10^{-2}$ Torr) findet ein Wiederanstieg der Absorption statt. Beim Lagern an Luft wurde eine Verminderung der Absorption des Cu_2O beobachtet. (Ann. Physik [6] **10**. 211—16. 1952.) SPEER. 135

G. Blankenburg, C. Fritzsche und G. Schubart, *Über die Halbleitereigenschaften des Kupferoxyduls.* 3. Mitt. *Die Abhängigkeit der spezifischen elektrischen Leitfähigkeit bei tiefer Temperatur vom Sauerstoffdruck einer vorhergehenden Temperung.* (2. vgl. vorst. Ref.) Unters. der Abhängigkeit der elektr. Leitfähigkeit von Cu_2O vom O_2-Druck der vorangehenden Temperung bei 960° für Tempp. unterhalb 0°. Die Verschiedenheit der Ergebnisse wird auf unterschiedliche Abkühlungsverhältnisse zurückgeführt. Die Zeit, die nötig ist, um eine Cu_2O-Probe bei hoher Temp. ins Gleichgewicht mit der umgebenden Atmosphäre zu bringen, ist vom O_2-Partialdruck abhängig. Nach längerer Lagerung der Proben bei Zimmertemp. wird eine Änderung der Eigg. des Cu_2O beobachtet, die von der durch Temperung u. Abkühlung hervorgerufenen grundsätzlich abweicht. (Ann. Physik [6] 10. 217—31. 1952.) SPEER. 135

O. Böttger, *Über die Halbleitereigenschaften des Kupferoxyduls.* 4. Mitt. *Leitfähigkeitsmessungen bei hohen Temperaturen.* (3. vgl. vorst. Ref.) Leitfähigkeitsmessungen an Cu_2O innerhalb des Existenzgebietes. Die früher gefundene Gesetzmäßigkeit für die spezif. Leitfähigkeit $\varkappa \sim p_{O_2}^{1/7}$ gilt nur für O_2-Drucke größer als ca. 10^{-2} Torr. Die bei tiefen Drucken beobachteten Abweichungen werden auf eine Eigenleitung in den Proben zurückgeführt, die bei höheren Drucken durch die Störstellenleitung verdeckt wird. (Ann. Physik [6] **10**. 232—40. 1952.) SPEER. 135

G. Blankenburg und O. Böttger, *Über die Halbleitereigenschaften des Kupferoxyduls.* 5. Mitt. *Zur Deutung der Temperungsdruckabhängigkeiten der elektrischen Leitfähigkeit bei tiefen Temperaturen.* (4. vgl. vorst. Ref.) Qualitative Deutung der Leitfähigkeitsabhängigkeit vom O_2-Partialdruck während der Temperung. Es wird zwischen trägheitslosen Leitfähigkeitsänderungen u. solchen, die sich erst nach endlicher Zeit einstellen, unterschieden. Es werden mehrere Diagramme angegeben, aus denen sich die in den vorstehenden Mitteilungen beobachteten Temperungsdruckabhängigkeiten direkt ablesen lassen. (Ann. Physik [6] **10**. 241—52. 1952.) SPEER. 135

E. Maxwell, *Supraleitfähigkeit der Zinnisotope.* **Mit einer ausführlich beschriebenen** Versuchsapp. wurden mehrere monokristalline Sn-Proben mit verschied. Isotopenzus. zwischen 1,4 u. 3,8° untersucht. Zwischen der Übergangstemp. u. der Isotopenmasse besteht die Beziehung $T_k \cdot M^{0,505} = \text{const.}$ Die Temperaturabhängigkeit der krit. Feldstärke wurde für Proben mit den mittleren At.-Geww. 113,58, 118,05 u. 123,01 aufgenommen; es ergaben sich 3 geometr. ähnliche Kurven, die sich durch Gleichungen von der Form $H_k = H_0 - AT^2 + BT^3$ darstellen lassen. Danach muß H_0/T_k von der Isotopenzus. unabhängig sein, so daß die FRÖHLICHsche Theorie bestätigt wird, daß die Supraleitung mit der Wechselwrkg. zwischen den Elektronen u. den Nullpunkts-

schwingungen des Gitters eng verbunden ist. Abschließend werden die Entropie u. die Differenz der spezif. Wärmen im n. u. im supraleitenden Zustand erörtert. (Physic. Rev. [2] 86. 235—42. 15/4. 1952. Washington, D. C., Nat. Bur. of Standards.)
KIRSCHSTEIN. 136

B. Serin, C. A. Reynolds und C. Lohman, *Der Isotopeneffekt bei der Supraleitfähigkeit.* 2. Mitt. *Zinn und Blei.* (1. vgl. C. 1952. 4728.) Außer natürlichem Sn wurden Proben vom At.-Gew. M = 113,6 u. M = 123,8 zwischen 1,27 u. 3,80° K untersucht. Die krit. Temp. T_k ist gegeben durch $T_k \cdot M^{0,46}$ = const. Die krit. Feldstärke H_k war unterhalb 2° K proportional T^2 u. läßt sich für den ganzen Temperaturbereich u. für alle Isotope durch $H_k/H_0 = 1{,}000 - 1{,}083\, t^2 - 0{,}0659\, t^4 + 0{,}349\, t^6 - 0{,}216\, t^8$ mit $t = T/T_k$ darstellen. Die an Pb erhaltenen Ergebnisse waren weniger genau, doch erlaubt die Beobachtung, daß der H_k-Wert für natürliches Pb zwischen 1,6 u. 4,2° K konstant 5,1 ± 0,5 Oe kleiner war als für Pb mit M = 206,15, den Schluß, daß auch in Pb ein Isotopeneffekt vorhanden ist. (Physic. Rev. [2] 86. 162—64. 15/4. 1952. New Brunswick, N. J., Rutgers Univ., Phys. Dep.)
KIRSCHSTEIN. 136

Y. Yafet, *Über den g-Faktor von metallischem Natrium.* (Sitzungsbericht.) Vf. berechnete den g-Faktor für metall. Na, wie man ihn bei Mikrowellenverss. beobachtet. Um die starke Kopplung zwischen den Elektronenspins zu berücksichtigen, wird angenommen, daß bei den meisten Übergängen nur die Komponente des Gesamtspins in Richtung des angelegten Feldes sich ändert. Die Leitungslektronen an der Spitze des FERMI-Bandes sind prakt. frei, so daß ein g-Wert nahezu gleich g_{spin} zu erwarten ist. Abweichungen hiervon können durch Spin–Bahn- u. Spin–Kern-Kopplungseffekte auftreten. Letztere sind nur bei ca. 1° K u. tiefer infolge Kernausrichtung zu erwarten. Der Spin–Bahn-Effekt wurde durch eine Störungsrechnung berücksichtigt. Der Drehimpuls ist ausgelöscht, solange Spin–Bahn-Wechselwirkungen nicht in Frage kommen. Das durch die Spin–Bahn-Wechselwrkg. hinzukommende Glied hängt ab von dem Winkel Θ_0 zwischen dem Fortschreitungsvektor u. dem angelegten Feld u. ergibt ein $\Delta g = 3{,}7 \cdot 10^{-4} \sin^2 \Theta_0$. Die entsprechende Linienverbreiterung ist von der gleichen Größenordnung wie die Relaxationslinienbreite. (Physic. Rev. [2] 85. 762. 15/2. 1952; Bull. Amer. physic. Soc. 26. Nr. 8. 14. 27/12. 1951. Berkeley, Univ. of California.)
V. HARLEM. 137

D. F. Abell und W. D. Knight, *Magnetische Kernresonanz in metallischem Rb und Cs.* (Sitzungsbericht.) Eine Prüfung der Gültigkeit der Formel von TOWNES, HERRING u. KNIGHT (C. 1950. II. 2528) für die Verschiebung der magnet. Kernresonanzfrequenz in Metallen läßt sich an Hand von Verss. an einfachen Metallen durchführen. Vff. vergleichen die Ergebnisse für Rb u. Cs mit denen an *Li* u. *Na*. Die allg. Übereinstimmung ist gut, obgleich zuverlässige unabhängige Werte für die Spinsusceptibilität χ_p u. das Verhältnis der Quadrate der Wellenfunktionen — mit Ausnahme vielleicht des Na — nicht vorliegen. Die gemessenen Werte für $\Delta H/H$ sind für Li, Na, Rb u. Cs bei ca. 25° 0,02; 0,1; 0,6 u. 1%. Das Prod. aus χ_p u. dem erwähnten Verhältnis gibt eine mit der Ordnungszahl leicht fallende Funktion, sehr ähnlich dem Diagramm der Formel von PAULI für χ_p. (Physic. Rev. [2] 85. 762. 15/2. 1952. Bull. Amer. physic. Soc. 26. Nr. 8. 14. 27/12. 1951. Berkeley, Univ. of California.)
V. HARLEM. 137

W. D. Knight, *Eigenschaften der Übergangsmetalle V und Nb bei der magnetischen Kernresonanz.* (Sitzungsbericht.) Vf. berichtet über die Linienverschiebung u. -breite der magnet. Kernresonanzabsorptionssignale von V u. Nb. Das Prod. aus χ_p (vgl. vorst. Ref.) u. dem Verhältnis der Quadrate der Wellenfunktionen beträgt $0{,}28 \cdot 10^{-6}$ bzw. $0{,}22 \cdot 10^{-6}$ cgs/g für V u. Nb. Unter Annahme eines Wertes für χ_p, wie er sich nach PAULI für ein s-Elektron pro Atom ergibt, beträgt das erwähnte Verhältnis ca. 2,5 bzw. 2,2. Dies steht in Übereinstimmung mit der Vorstellung einer Kontraktion der s-Wellenfunktion, wenn freie Atome zum metall. Zustand kondensieren. Diese Werte sind jedoch nur Näherungswerte, da die zur Auswertung benutzte Formel nicht genau bekannte Faktoren der Hyperfeinstruktur für den atomaren s-Zustand enthält. Die Linienbreite zwischen zwei Punkten maximaler Neigung beträgt 16 bzw. 12 Gauß für V u. Nb, d. h. ist 2 Größenordnungen größer, als nach einfacher magnet. Kerndipolkopplung zu erwarten wäre, wahrscheinlich bedingt durch Quadrupolkopplung mit dem Kristallfeld u. Anisotropie der Linienverschiebung infolge Gitterspannungen an der Oberfläche der pulverförmigen Proben. (Physic. Rev. [2] 85. 762. 15/2. 1952; Bull. Amer. physic. Soc. 26. Nr. 8. 14. 27/12. 1951.)
V. HARLEM. 137

E. Darmois, *Zur Existenz des $(H_3O)^+$-Ions.* Für eine unendlich verd. wss. Lsg. ist die Beweglichkeit eines H^+ in H_2O bei 25° zu 340 u. für D^+ in D_2O zu 242,5 gemessen worden. Das H^+-Ion hat demnach eine 1,4mal so hohe Beweglichkeit als das D^+-Ion. Um dies zu erklären, entwickelten Vf. u. SUTRA eine Protonengastheorie, analog der Elektronengasvorstellung bei Metallen nach DRUDE u. LORENTZ. Aus kinet. Ansätzen ergibt sich für die Beweglichkeit $U = e \cdot \lambda/\sqrt{12mkT}$, wo e die elektr. Einheitsladung, k die BOLTZMANN-Konstante u. m die M. ist. Aus dieser Beziehung ist nunmehr leicht das Verhältnis $U_H/:U_D = 1,4$ zu erklären, da H_2O u. D_2O gleiche Dimensionen haben. Mittels dieser Formel kann λ zu $2,07 \cdot 10^{-9}$ cm berechnet werden. U ist ja aus Messungen bekannt. Vf. nimmt eine symm. Strukturanordnung der H_2O-Moll. um das Proton herum, z. B. tetraedr., an. Diese Anordnung stellt einen Käfig mit der Dimension 10 Å dar, etwa in derselben Größenanordnung wie λ. Daher muß das Proton zu den Alkalien, wie Na, K u. a., die um sich herum die Struktur des H_2O verzerren, gerechnet werden, aber mit dem Unterschied, daß die Na^+-Ionen die H_2O-Moll. berühren, während das prakt. dimensionslose Proton im Strukturkäfig frei beweglich ist. Diese Anschauung erklärt auch die große Hydratationswärme von 250 kcal des H^+ gegenüber 80 kcal des K^+. Wie MAGAT u. Mitarbeiter weiterhin gezeigt haben, konnte bisher selbst bei sehr konz. HCl-Lsgg. kein RAMAN-Spektr. des $(H_3O)^+$ erhalten werden. Vf. glaubt nicht an die Existenz eines $(H_3O)^+$-Ions im H_2O. (Bull. Soc. chim. France, Mém. [5] **18.** 609. Sept./Okt. 1951.) SURAWSKI. 139

André Chrétien, *Anorganische ionisierte und ionisierende wasseranaloge Lösungsmittel als Reaktionsmedien und als Reaktionskomponenten.* Zusammenfassender Bericht über das Verh. von Substanzen in nichtwss. Lösungsmitteln (HF, H_2S, NH_3, N_2H_4, SO_2, $COCl_2$, HCN, N_2O_4, HNO_3 u. J_2) nach den Arbeiten bes. von JANDER u. FREDENHAGEN. Es werden dabei behandelt: neutralisationsanaloge Rkk., Solvolyse, das Verh. amphoter-analoger Verbb. u. doppelte Umsetzungen zwischen Salzen. Abschließend wird auf die Möglichkeit der Synth. neuer Verbb. durch Verwendung nichtwss. Lösungsmittel hingewiesen. (Bull. Soc. chim. France, Mém. [5] **19.** 17—23. Jan./Febr. 1952.) NIEMITZ. 139

Jean Besson und Chu Yung Chao, *Untersuchungen über die anodische Oxydation von Ferrochrom.* 1. Mitt. *Allgemeines. Oxydation in natriumhydroxydhaltiger Lösung.* Vff. beschreiben eine Versuchsanordnung zur elektrolyt. Oxydation von Ferrochrom zu Chromat in NaOH-haltiger Lösung. Unter der Stromausbeute η wird das Verhältnis von prakt. zu theoret. Ausbeute an Chromat bei gleicher Strommenge verstanden. Eine 100 %ig. Stromausbeute ist prakt. niemals zu erreichen, da ein Teil des elektr. Stromes für die Oxydation des Fe bzw. Si u. andere Neben-Rkk. verbraucht wird. Aus der Spannung E des Bades u. der Stromausbeute η errechnet sich die für die Oxydation von 1 kg Na_2CrO_4 notwendige Energie W in kWh zu $W = 99,25 \cdot E/\eta$. Vff. untersuchen den Einfl. der Alkalikonz. sowie die Änderungen von W u. η in Abhängigkeit von der Stromdichte auf die anod. Chromatoxydation u. stellen ferner fest, daß bei kleiner Stromdichte η fast temperaturabhängig ist, während bei hoher Stromdichte (18,7 A/dm²) η mit steigender Temp. stetig zunimmt. Daher kann die elektr. Energie von 6 kWh/kg Chromausbeute bei 20° auf 3 kWh/kg bei 80° gesenkt werden. (Bull. Soc. chim. France, Mém. [5] **18.** 510—15. Juli/Aug. 1951. Paris, Fac. des Sci., Labor. de Chim. Minér.) SURAWSKI. 141

Jean Besson und Chu Yung Chao, *Untersuchungen über die anodische Oxydation von Ferrochrom.* 2. Mitt. *Oxydation in kaliumhydroxydhaltiger Lösung.* (1. vgl. vorst. Ref.) Das von den Vff. verwendete Ferrochrom bestand zu 20,3 % aus Fe, zu 66,5 % aus Cr u. zu 11,2 % aus Kohlenstoff. Es wird die Ausbeute η in Abhängigkeit von der K-Konz. untersucht u. festgestellt, daß unter analogen Bedingungen in KOH-haltiger Lsg. eine höhere Stromausbeute als in NaOH-haltiger Lsg. zu erreichen ist. Für K-Konz. zwischen 4—7 n bleibt die Ausbeute sowie die spezif. Leitfähigkeit unverändert, während bei höheren K-Konzz. eine stetige Zunahme bis zu einem Maximum von 8—9,5 n, dann ein rapides Absinken der Stromausbeute η festzustellen ist. Vff. zeigen, daß eine anod. Oxydation des Fe^{III} zu Fe^{VI} in KOH-haltiger viel leichter als in NaOH-haltiger Lsg. vonstatten geht. Diese Tatsache würde wohl ein Absinken der theoret. Ausbeute von 72 % auf einen Wert von 66,5 % verständlich machen, vermag jedoch nicht, ein bei den Verss. beobachtetes Fallen auf 25 % zu erklären. Vff. nehmen deshalb weiterhin an, daß unter den Versuchsbedingungen das Ferrat noch so stabil ist, daß es zur Kathode diffundieren kann, wo es dann zu Ferrit red. wird. Dieses Ferrit wird an der Anode wieder zu Ferrat oxydiert u. bedingt somit einen zusätzlichen Stromverlust. Diese Annahme wird durch die Untersuchungsergebnisse von GRUBE u. GMELIN (Z. Elektrochem. angew. physik. Chem. **26.** [1920.] 153) bestätigt. Ferner untersuchen Vff. die Änderung der Ausbeute η u. der Energie W in Abhängigkeit von der Stromdichte sowie den Einfl. der Oberfläche des Ferrochroms auf den Oxydationsmechanismus, die Temperaturabhängigkeit der Stromausbeute η u. der elektr. Energie W. (Bull. Soc. chim. France, Mém. [5] **18.** 763—68. Sept./Okt. 1951.) SURAWSKI. 141

Chu Yung Chao und **Jean Besson,** *Untersuchungen über die anodische Oxydation von Ferrochrom. 3. Mitt. Oxydation in carbonat-, bicarbonat- und alkalichromathaltigen Lösungen.* (2. vgl. vorst. Ref.) Bei der anod. Oxydation in carbonathaltiger Lsg. ist der Oxydationsmechanismus sehr kompliziert, da die durch Hydrolyse gebildeten CO_3^{--}-, HCO_3^- u. OH^--Ionen miteinander im Gleichgewicht stehen. Vff. nehmen an, daß in konz. Lsgg. die Oxydation über Percarbonate als Zwischenprodd. nach folgendem Schema verläuft: $2CO_3^{--} \rightarrow C_2O_6^{--} + 2e$ u. $C_2O_6^{--} + 2H_2O \rightarrow 2HCO_3^- + H_2O_2$. Diese Annahme wird durch die Arbeiten von FOERSTER (Elektrochemie wss. Lsgg. [1923], S. 853), in denen dieser zeigt, daß Perborate sich nur in Ggw. von Carbonationen elektrolyt. darstellen lassen, unterstützt. In $KHCO_3$-haltiger Lsg. ist die Ausbeute konzentrationsunabhängig. Für die Darst. von 1 kg Chromat müssen 4—5 kWh aufgewendet werden. Vff. diskutieren die bei Oxydation des Ferrochroms in alkal. Chromatlsg. auftretenden Phänomene. (Bull. Soc. chim. France, Mém. [5] **18.** 768—72. Sept./Okt. 1951.) SURAWSKI. 141

Werner Jellinghaus, Magnetische Messungen an ferromagnetischen Stoffen. Berlin: de Gruyter. 1952. (163 S. m. 103 Abb.) 8°. DM 18,—.

A_4. Thermodynamik. Thermochemie.

J. J. McHenry und **S. Twomey,** *Durch ultraviolettes Licht gebildete Kondensationskerne.* Licht von Wellenlängen unterhalb eines krit. Wertes führt in feuchter Luft u. anderen Gasen zur Bldg. von Kondensationskernen. Die krit. Wellenlänge liegt zwischen 2345 u. 2399 Å u. wahrscheinlich auch zwischen 2345 u. 2378 Å. In N_2 werden mehr Kerne gebildet als in Luft, durch Zugabe geringer NH_3-Mengen kann die Kernbldg. in Luft jedoch auf das 10fache gesteigert werden, ohne daß sich die krit. Wellenlänge verschiebt. Vff. vermuten daher, daß die Bldg. von Kondensationskeimen in Luft u. Bombenstickstoff auf die Ggw. geringer NH_3-Mengen zurückgeführt werden kann u. daß ein angeregtes NH_3-Mol. auf Grund eines großen Dipolmoments 10—20 H_2O-Moll. zusammenzuhalten vermag. (Research **4.** 487—88. Okt. 1951. Cork Univ. Coll., Phys. Dep.) WOELK. 147

Walter Rau, *Eiskeimbildung durch dielektrische Polarisation.* Die durch ein elektr. Feld hervorgerufene Eiskeimbldg. in unterkühlten Wassertropfen hängt von der Temp. u. Reinheit des W. ab. Geringe Unterkühlung erfordert höhere Feldstärken. Die zu Unters. verwendeten Elektrodenanordnungen u. die Impfung von unterkühlten Tropfen mit trockenen Kernen werden beschrieben. Die elektr. Eisbldg. kann bei hohen Feldstärken auch ohne Gefrierkerne in der Atmosphäre vorkommen. Auch das Zerblasen von Wassertropfen führt bei Unterkühlung zur Eisbildung. (Z. Naturforsch. **6a.** 649—57. Nov. 1951. Weißenau, Max-Planck-Ges., Forschungsstelle für Phys. der Stratosphäre.) A. KUNZE. 147

B. S. Chandrasekhar, *Transportgeschwindigkeiten von Helium II auf Lucit- und Perspexoberflächen.* Die Transportgeschwindigkeit von He II als Funktion der Temp. wird (je nach der Polierungsmeth.) durch verschied. Kurven dargestellt, die im Bereich von 1,5—1,7° K ein Maximum haben, allerdings nicht ein so ausgeprägtes, wie es DASH u. BOORSE (vgl. C. **1952.** 1130) bei Lucit beobachtet hatten. Die Strömung besteht wahrscheinlich aus zwei Anteilen, von denen einer mit fallender Temp. stärker wird, während der andere abnimmt. (Physic. Rev. [2] **86.** 414—15. 1/5. 1952. Oxford, Clarendon Labor.) KIRSCHSTEIN. 149

D. W. Osborne, B. M. Abraham und **B. Weinstock,** *Die Schmelzkurve von ^3He.* Kurze Mitt. zu der C. **1952.** 16 referierten Arbeit. (Physic. Rev. [2] **85.** 715. 15/2. 1952; Bull. Amer. physic. Soc. **26.** Nr. 6. 19. 24/10. 1951.) KIRSCHSTEIN. 149

A. Brown, M. W. Zemansky und **H. A. Boorse,** *Verhalten der Wärmekapazität von supraleitendem Niob unterhalb 4,5° K.* In einem adiabat. Vakuumcalorimeter wurde an zylindr. Nb-Proben die spezif. Wärme C_v als Funktion der Temp. T gemessen. Sie läßt sich für die supraleitende Phase im allg. durch die Gleichung $C_{vs} = 464 \cdot (T/161)^3$ darstellen; für $T < 4{,}5°$ liegen die Meßpunkte allerdings unterhalb der Kurve. Für die n. Phase ergibt sich die Formel $C_{vn} = 0{,}0021\ T + 464 \cdot (T/254)^3$, die unterhalb 12° sehr gut erfüllt ist; bei höheren Tempp. wächst die DEBYE-Temp. allmählich von 254 auf 268° (20° K). Das krit. Magnetfeld ist durch $H = H_0 (1 - T^2/T_0^2)$ mit $T_0 = 8{,}7°$ u. $H_0 = 1960$ Gauß gegeben. (Physic. Rev. [2] **86.** 134—35. 1/4. 1952. New York, N. Y., Columbia Univ., Pupin Phys. Labor.) KIRSCHSTEIN. 151

J. R. Clement und **E. H. Quinnell,** *Die Atomwärme von Blei im Bereich seines Übergangs zur Supraleitung.* Im Bereich von 6,75—7,23° K wurde die Differenz der Atomwärmen im n. u. im supraleitenden Zustand gemessen; sie beträgt 0,0104, 0,0117 u. 0,0126 bei 6,75, 7,00 u. 7,25°; der Fehler ist $4—5 \cdot 10^{-4}$. (Physic. Rev. [2] **85.** 502—03. 1/2. 1952. Washington, D. C., Naval Res. Labor.) KIRSCHSTEIN. 155

Franz Eberhard Wittig, *Die Schmelzwärme des Aluminiums und des Germaniums.* Die mittels eines verbesserten Kompensationsverf. gemessene Schmelzwärme von Al lag bei 91,7 cal/g. Als Mittelwert aller vorliegenden Bestimmungen ergibt sich: L_s = 2,51 kcal/Grammatom. Die Schmelzwärme von Ge wird erstmalig zu L_s = 7,13 kcal/Grammatom bestimmt, was in Übereinstimmung mit thermodynam. Rechnungen steht. (Z. Metallkunde **43.** 158—61. Mai 1952. Stuttgart, TH.) HOCHSTEIN. 155

Je. A. Kanewski, *Hydratationsenergie von Ionen.* 2. Mitt. *Berechnung der Summe der Standardhydratationsenergie von Ionenpaaren.* (1. vgl. Журнал Физической Химии [J. physik. Chem.] **23.** [1949.] 723.) Es wird gezeigt, daß für die Berechnung der freien Hydratationsenergie von Ionenpaaren die absol. Entropien der hydratierten Ionen nicht gegeben sein müssen, wenn aus den vom Vf. (Журнал Физической Химии [J. physik. Chem.] **25.** [1951.] 854) abgeleiteten Formeln für die absol. Elektrodenpotentiale u. dem vorliegenden Versuchsmaterial die Gleichungen für die Summe der freien Standardhydratationsenergien von Ionenpaaren mit Einschluß von Anionen u. Kationen abgeleitet werden. Die Berechnung wird für 20 Ionenpaare durchgeführt, die Li^+, Na^+, K^+, Rb^+, Cs^+, F^-, Cl^-, Br^-, u. J^- enthalten. Für 15 Ionenpaare mit Cl^-, Br^-, J^- beträgt die Genauigkeit $\pm$1,5 kcal/Mol, für die 5 Ionenpaare mit F^- $\pm$3 kcal je Mol. (Журнал Физической Химии [J. physik. Chem.] **25.** 1092—97. Sept. 1951. Moskau.) LEBTAG. 155

Walter Adolf Roth, Thermochemie. 2. verb. Aufl. Neudr. Berlin: de Gruyter. 1952. (109 S. m. 16 Fig.) kl. 8° = Sammlung Göschen. Bd. 1057. DM 2,40.

A₅. Grenzschichtforschung. Kolloidchemie.

D. K. C. MacDonald, *Die Geschwindigkeit der Brownschen Bewegung.* Kurze Stellungnahme zu den Ausführungen von FÜRTH (C. **1951.** II. 1097) zu der Philos. Mag. [6] **41.** [1950.] 814. **1255** erschienenen Arbeit des Verfassers. (Philos. Mag. [7] **42.** 219—20. Febr. 1951. Oxford, Clarendon Labor.) GOTTFRIED. 160

Donald Zucker, Joseph F. Foster und Glenn H. Miller, *Aufbau und Leistung einer photoelektrischen Schaltung zur Messung von Strömungsdoppelbrechung und -dichroismus.* Das Gerät besitzt als Strahlungsempfänger einen Photomultiplier, dessen Hochspannungsversorgung, Vorverstärker u. abgestimmter Hauptverstärker genau beschrieben werden. Die Schaltung erlaubt die Messung der Winkel für maximale u. minimale Lichtabsorption bei dem Strömungsdichroismus verd. Lsgg. ($<$0,002 %) des Jod-Amylase-Komplexes unter Bedingungen, bei welchen eine visuelle Messung unmöglich ist. Im Fall geringer Strömungsdoppelbrechung ist die Messung mit der beschriebenen Anordnung der visuellen Beobachtung vorzuziehen. (J. physic. Chem. **56.** 166—70. Febr. 952. Ames, Iowa Agricult. Exp. Station.) EICHHOFF. 162

Joseph F. Foster und Donald Zucker, *Länge des Jod-Amylose-Komplexes bestimmt durch Strömungsdichroismus.* Mit einer photoelektr. Anordnung (vgl. vorst. Ref.) wurde der Strömungsdichroismus des Jod-Amylose-Komplexes in 0,001—0,002 %ig. Lsgg. quantitativ untersucht. In wss. Lsgg. ist die Aggregation erheblich. Diese ist zu vermeiden durch Herst. des Komplexes in 15 %ig. wss. Pyridinlösung. Die Länge des Komplexes (680—850 Å) ist kleiner als sie nach dem angegebenen Mol.-Gew. zu erwarten war. Die Systeme erscheinen hinsichtlich ihrer Länge stark polydispers, eine gleiche angenommene Mol.-Gew.-Verteilung erfüllt aber die gemessenen Daten für Orientierungswinkel u. Stärke des Dichroismus. Resultate von 5 Amylosefraktionen zeigen eine deutliche, jedoch überraschend kleine Abhängigkeit der Komplexlänge von der Viscosität der Amylose. (J. physic. Chem. **56.** 170—73. Febr. 1952.) EICHHOFF. 162

Joseph F. Foster und Donald Zucker, *Verhalten der Strömungsdoppelbrechung einiger unterfraktionierter Amylosepräparate.* (Vgl. vorst. Ref.) An 13 unterfraktionierten Amylosepräpp. mit bis um den Faktor 4 verschied. Viscositäten, von denen 12 mit beträchtlichen Mengen von Amylopektin verunreinigt waren, wurden Messungen der Strömungsdoppelbrechung über einen weiten Gradientenbereich ausgeführt. Die bei verschied. Gradienten gemessenen mittleren Längen stimmen innerhalb 6—20 % mit den Längen der Jodkomplexe entsprechender Präpp., die durch Strömungsdichroismus (vgl. l. c.) gemessen wurden, überein. In den verwendeten Lösungsmitteln, Glycerin mit Äthylendiamin u. wss. KOH, ist die Gestalt eher eine schraubenförmige als ein statist. Knäuel. Das Prod. aus Rotationsdiffusionskonstante u. Viscosität ist bei den verschied. Fraktionen innerhalb der Versuchsfehler konstant. Der Grad der Doppelbrechung bei konstanten Versuchsbedingungen ist direkt proportional der Viscosität der Präparate. Der lineare Anstieg der Doppelbrechung über einen ausgedehnten Gradientenbereich u. für eine Streckung der Moll. bei höheren Gradienten kann durch die für starre Moll. entwickelte Theorie nicht erklärt werden. (J. physic. Chem. **56.** 174—77. Febr. 1952.) Eichhoff. 162

G. L. Starobinetz, *Über die Ursachen der Schaumbildung in binären Gemischen organischer Substanzen. (Zu den Arbeiten von B. Ja. Teitelbaum, Ss. G. Ganelina und T. A. Gortalowa).* Durch Vgl. der Ergebnisse von Teitelbaum u. Mitarbeitern (C. **1952.** 6017) an Alkoholen-Bzl. oder Mesitylen u. der Ergebnisse von Vf. u. Mitarbeitern (Журнал Физической Химии [J. physik. Chem.] **25.** [1951.] 1186.) über die Adsorption an der Grenze Lsg.-Luft u. dielektr. Polarisation von Alkohol-Bzl. wird gezeigt, daß für die Schaumstabilität im Syst. polare Substanz-unpolares oder schwachpolares Lösungsm. nicht die von Teitelbaum behauptete Oberflächenentmischung verantwortlich ist, sondern die Eigg. der Adsorptionsschichten an der Grenze Lsg.-Luft. Die niederen Alkohole besitzen eine hohe Oberflächenaktivität gegen Bzl. u. die anderen un- u. schwachpolaren Lösungsmittel bei mittlerer Konz. u. werden an der Grenze Lsg.-Luft hauptsächlich als Molekulargruppen adsorbiert. Jedes Mol. ist durch eine H-Bindung an die Nachbargruppen gebunden. Die durch die Quasikristallstruktur der Lsgg. bedingten Horizontalabschnitte der Kurven Oberflächenspannung-Zus. u. Aktivität-Zus. sind kein experimenteller Beweis für die Oberflächenentmischung. (Коллоидный Журнал [Kolloid-J.] **13.** 397—400. Sept./Okt. 1951. Weißruss. Lenin-Univ., Labor. für physik. Chem.) Lebtag. 166

Takao Ei, *Bestimmungsmethode für an Pulveroberflächen adsorbierte Gase.* Es wird an Hand von 8 Abbildungen die Meth. von Brunauer, Emmet u. Teller erläutert. (Chem. and chem. Ind. [Kagaku to Kogyo] **3.** 387—92. Dez. 1950. Hokkaido-Univ. [Orig.: japan.]) Schuler. 176

N. Berkowitz und H. G. Schein, *Berechnung von Oberflächen aus Adsorptionsisothermen bei Raumtemperatur.* Untersucht wird die Adsorption von *Methanol* an trockene, aschefreie *Kohlen* (Lignite) bei 25°. Es wird auf den großen Unterschied der Σ-Werte nach Brunauer-Emmett-Teller u. nach anderen, formell ident. Methoden, hingewiesen. Es wird festgestellt, daß die B.-E.-T.-Meth. nur zuverlässige Werte bei sehr niedrigen Tempp. u. in solchen Fällen, wo die Neigung des linearen Teiles einer s-förmigen Isothermen mit Temp. zunimmt, liefert. (Nature [London] **169.** 373. 1/3. 1952. London, Powell Duffryn Techn. Services.) Boye. 176

A₆. Strukturforschung.

Ray Pepinsky und William Cochran, *Neue Methoden der Phasenbestimmung in der Röntgenstrahlenkristallanalyse.* (Sitzungsbericht.) Prüfung von zwei neuen Methoden der Phasenbest. in der Röntgenstrahlanalyse. Beide Methoden gehen von bekannten Bindungsverhältnissen u. einer angenommenen Form der Dichtefunktion aus. Im ersteren Fall wird die Zahl der auftretenden Koeffizienten mittels temperaturkorr. Fourier-Koeffizienten red., während den Ausgangspunkt im zweiten Fall eine noch unveröffentlichte Meth. von Sayre bildet. (Physic. Rev. [2] **83.** 226. 1/7.; Bull. Amer. physic. Soc. **26.** Nr. 3. 35. 26/4. 1951. Pennsylvania State Coll.) Speer. 181

Robert A. Satten, *Eigenfunktionen und Landésche Intervallfaktoren für Terme von f^3-Elektronen. Auf Bromate Seltener Erden anwendbare Auswahlregeln.* (Sitzungsbericht.) Die den Russel-Saunders-Termen der f^3-Elektronen entsprechenden Eigenfunktionen wurden als lineare Kombinationen der Prodd. aus den Eigenfunktionen der einzelnen Elektronen berechnet. Entsprechend geht die Berechnung der Landéschen Intervallfaktoren ebenfalls von der Spin-Bahn-Wechselwrkg. des einzelnen Elektrons aus. Die für ein elektr. Feld der Symmetrie C_{3v} für elektr. u. magnet. Dipol- u. elektr. Quadrupolstrahlung abgeleiteten Auswahlregeln stimmen mit den von Hellwege (C. **1949.** I. 1207) angegebenen nicht überein, lassen sich jedoch auf die Bromate der Seltenen Erden anwenden. (Physic. Rev. [2] **85.** 775. 15/2. 1952; Bull. Amer. physic. Soc. **26.** Nr. 8. 27. 27/12. 1951. Los Angeles, Univ. of California.) Speer. 182

A. Potier, *Strukturvergleiche von Isosteren wie CO_2 und NO_2^+.* Nach der erweiterten Molekülbahntheorie (L. C. A. O.) werden die Molekularstrukturen von Isosteren des CO_2, nämlich BO_2^-, NO_2^+, N_3^-; AlO_2^-, SiO_2, PO_2^+; CS_2; SiS_2, PS_2^+, P_3^- u. $SiSe_2$ berechnet. Es wird so für NO_2^+, N_3^-, CO_2 u. CS_2 ein gestreckter, monomerer Bau gefunden, während die Ergebnisse für BO_2^-, AlO_2^- u. SiO_2 eine monomere Struktur ausschließen; das Metaaluminat- u. Metaboration sind ähnlich wie das SiO_2 räumlich nach nebenst. Formel gebaut. Neben einigen Werten für die zugehörigen Coulomb-Integrale mit β-Werten von —1 u. 1,5 werden noch Atomabstände nach Gordy (C. **1948.** II. 926) berechnet; sie betragen für N_3^- 1,16₂, NO_2^+ 1,15₂, CO_2 1,16₄,

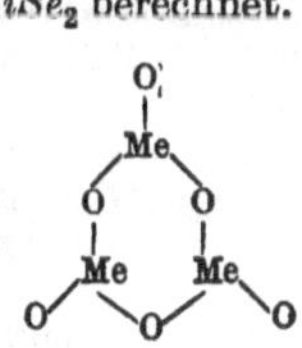

BO_2^- 1,22₈, CS_2 1,54₀, PO_2^+ 1,50₈, SiO_2 1,59₂, AlO_2^- 1,65₆, P_3^- 1,94₃, PS_2^+ 1,93₂, SiS_2 1,95₇, $SiSe_2$ 2,10₄ Å. Die Werte stimmen mit experimentell durch Elektronenbeugung u. Spektroskopie ermittelten überein. Weiterhin werden die Bindungsenergien von CO_2, NO_2^+ u. N_3^- sowie solche für die Schwingungskraftkonstanten von BO_2^-, CO_2, NO_2^+, N_3^- u. CS_2 angegeben. (J. chim. physique Physico-Chim. biol. **48**. 285—95. Juli/Aug. 1951. Toulouse, Inst. du Génie chimique.) ZIMMER. 182

W. O. Milligan, H. A. Levy und S. W. Peterson, *Neutronenbeugungsuntersuchungen an glasiger Kieselsäure.* (Sitzungsbericht.) Aufnahme der Neutronenbeugungsmuster von durchsichtigen glasigen SiO_2-Plättchen mittels eines Neutronenkristallspektrometers nach WOLLAN u. SHULL bei den Wellenlängen 1,21 u. 0,764 Å. Es wurden 6 ausgeprägte Beugungsmaxima gefunden, während in der Radialverteilung 5 gut aufgelöste Maxima bei 1,58, 2,56, 3,02, 4,0 u. 5,1 Å sowie 5 schlechter aufgelöste bei 5,9, 6,6, 7,4, 9,0 u. 9,7 Å in guter Übereinstimmung mit den Ergebnissen von WARREN bestimmt wurden. (Physic. Rev. [2] **83**. 226—27. 1/7; Bull. Amer. physic. Soc. **26**. Nr. 3. 35—36. 26/4. 1951. Rice Inst., u. Oak Ridge, Nat. Labor.) SPEER. 188

E. I. Salkovitz, *Energieabsorption während der Zwillingsbildung von Zinkeinkristallen.* (Vgl. C. **1951**. I. 3464.) Messung der für die Zwillingsbldg. aus Zn-Einkristallen verbrauchten Energie bei verschied. Temperaturen. Die Züchtung der Zn-Einkristalle erfolgte in einem BRIDGEMAN-Ofen. Zur Erzeugung von Zwillingen sind spezielle Orientierungsbedingungen einzuhalten, die in früheren Arbeiten nicht genügend beachtet worden sind. Bei Raumtemp. ist die absorbierte Energie um so geringer, je mehr sich der Winkel zwischen Basisebene u. Kristallachse einem rechten nähert. Bei abnehmender Temp. scheint die zur Zwillingsbldg. absorbierte Energie zu wachsen. (Physic. Rev. [2] **85**. 1046—47. 15/3. 1952. Washington, D. C., Naval Res. Labor, Metall. Div., Electric and Magnetic Alloys Branch.) SPEER. 190

M. v. Stackelberg und H. R. Müller, *Zur Struktur der Gashydrate.* Die früher vorgeschlagene Struktur der Gashydrate (V. STACKELBERG, Naturwiss. **36**. [1949.] 327, 359) ist unbefriedigend, da sie mit experimentellen Meßergebnissen bisher nicht zu vereinen war. Für die „Flüssigkeitshydrate" geben Vff. kub. Struktur an mit einer Gitterkonstanten von ca. 17 Å. Die Größen u. Koordinationszahlen der Hohlräume sowie die Möglichkeiten des Einbaus kleinerer Moll. werden untersucht. Ein Gittermodell wird angegeben, u. auf ähnliche Ergebnisse von CLAUSSEN (C. **1951**. II. 2015) bei der Betrachtung von Gashydraten wird hingewiesen. (Vgl. hierzu **1952**. 1785. **4548**.) (Naturwissenschaften **38**. 456. Okt. 1951. Bonn, Univ., Inst. für Physikal. Chemie.) V. SCHIESZL. 195

Arne Magnéli und Beryl M. Oughton, *Untersuchungen über das System Vanadium(V)-oxyd-Molybdän(VI)-oxyd.* 1. Mitt. *Die Beziehung zwischen den Kristallstrukturen der beiden Oxyde.* Zwischen der Struktur des V_2O_5 (vgl. BYSTRÖM u. Mitarbeiter, C. **1951**. II. 2846) u. der des MoO_3 (vgl. ANDERSSON u. MAGNÉLI, Acta chem. scand. **4**. [1950.] 793) besteht eine deutliche Verwandtschaft, die sich in einer beträchtlichen Löslichkeit von MoO_3 in der V_2O_5-Phase äußert. So können bei 700° 17 % der V-Atome substituiert werden, wobei ein Teil der Plätze aus Gründen der Elektroneutralität unbesetzt bleiben muß. Die dabei beobachtete Änderung der Gitterkonstanten zeigt, daß sich die Metall-Sauerstoffpolyeder der V_2O_5-Phase, die als dreiseitige Bipyramiden MeO_5 mit einem zusätzlichen, entfernteren O-Atom oder als stark verzerrte MoO_6-Oktaeder aufgefaßt werden können, allmählich in Richtung auf eine regelmäßige oktaedr. Anordnung abwandeln. (Acta chem. scand. **5**. 581—84. 1951. Uppsala, Univ., Inst. of Chem.) B. REUTER. 195

Arne Magnéli und Birgitta Blomberg, *Untersuchungen über das System Vanadium(V)-oxyd-Molybdän(VI)-oxyd.* 2. Mitt. *Phasenanalyse.* (1. vgl. vorst. Ref.) Eine Phasenanalyse des Syst. V_2O_5-MoO_3 wird mit Hilfe von Röntgenpulveraufnahmen von Präpp., die bei 650—700° hergestellt werden, durchgeführt. Dabei zeigt sich, daß V_2O_5 einen breiten Homogenitätsbereich hat (vgl. l. c.). Die Zus. der festen Lsgg. kann durch die Formel $V_{2(1-x)}Mo_{5x/3}O_5$ dargestellt werden, wobei x einen Wert von maximal 0,17 annehmen kann. Weiter existiert eine intermediäre Phase der wahrscheinlichen Zus. V_2MoO_8 mit offenbar recht schmalem Homogenitätsbereich. Für eine Löslichkeit von V_2O_5 in MoO_3 bestehen keine Anzeichen. Dies ist auch nicht zu erwarten, da beim Einbau von V_2O_5 in das MoO_3-Gitter entweder Atome auf Zwischengitterplätzen oder Leerstellen im O-Gitter erforderlich wären, was wenig wahrscheinlich ist. (Acta chem. scand. **5**. 585—89. 1951.) B. REUTER. 195

Foster C. Nix und Frank E. Jaumot jr., *Experimenteller Beweis für den Leerstellenmechanismus der Diffusion in Metallen und Legierungen.* (Sitzungsbericht.) Inhaltlich ident. mit der C. **1952**. 3782 referierten Arbeit. (Physic. Rev. [2] **85**. 709. 15/2. 1952; Bull. Amer. physic. Soc. **26**. Nr. 6. 13. 24/10. 1951. Univ. of Pennsylvania.) SPEER. 197

K. P. Bunin und I. W. Ssalli, *Über die Kinetik der Graphitisierung des Gußeisens.* An weiß erstarrten Plättchen aus Gußeisen mit 4,0 % C; 0,1 % Mn u. 0,5 % Si, die bei 950° im Vakuum geglüht wurden, wird gezeigt, daß die Graphitisierung an der Oberfläche einsetzt, während im Inneren die Struktur des weißen Gußeisens zunächst noch erhalten bleibt. In Verbindung mit der Beobachtung, daß Hohlräume, Mikrolunker, Risse usw. ebenfalls Orte bevorzugter Graphitisierung sind, wird hierin die experimentelle Bestätigung der früher ausgesprochenen Ansicht gesehen, daß der Eigendiffusion der Fe-Atome im Prozeß der Graphitausscheidung eine entscheidende Bedeutung zukommt. (Доклады Академии Наук СССР [Ber. Akad. Wiss. UdSSR] [N. S.] **83.** 841—42. 21/4. 1952. Dnepropetrowsk, Metallurg. Stalin-Inst.) EHMCKE. 197

J. J. Lander, H. E. Kern und A. L. Beach, *Die Löslichkeit und der Diffusionskoeffizient von Kohlenstoff in Nickel.* (Sitzungsbericht.) Die Löslichkeit von C in Ni beträgt bei 780° 0,041 u. bei 1030° 0,245 Gew.-%. Der Diffusionskoeff. beträgt bei 727° $4{,}0 \cdot 10^{-9}$ u. bei 1020° $4{,}1 \cdot 10^{-7}$ cm²/Sekunde. Der Diffusionskoeff. wurde auf neuartige Weise durch die entstehenden gasförmigen Reaktionsprodd. gemessen, wobei eine Ni-Platte auf der einen Seite mit C, auf der anderen Seite mit NiO bedeckt war. (Physic. Rev. [2] **85.** 389. 15/1. 1952. Bell Telephone Labors.) SPEER. 197

T. A. Amfiteatrowa und B. Ja. Jampolski, *Der Einfluß oberflächenaktiver Substanzen auf das plastische Fließen polykristalliner Metalle.* Ziehverss. mit *Cu*- u. *Al*-Draht in oberflächenakt. Medien (Lsgg. von *Alkoholen, Oleinsäure, Butylstearat* u. *Na-Dioctylsulfosuccinat* in nichtpolarem Kerosin) lassen eine bedeutende Erhöhung der Verformungsgeschwindigkeit des Metalls unter dem Einfl. derselben (V_a) im Vgl. zu der in nichtakt. Medien (V_o) erkennen. Als Maß für diesen „Adsorptionseffekt" wird das Verhältnis V_a/V_o angesehen. Auf Grund der experimentellen Ergebnisse werden die Beziehungen zwischen dieser Größe u. der Art u. Konz. der akt. Substanz, dem Verformungsgrad u. der Ziehspannung näher besprochen. (Доклады Академии Наук СССР [Ber. Akad. Wiss. UdSSR] [N. S.] **84.** 305—08. 11/5. 1952. Moskau, Lomonossow-Univ.) EHMCKE. 200

N. Ss. Fasstow, *Wärmeentwicklung bei der plastischen Verformung.* Erfahrungsgemäß wird die Arbeit von außen angesetzter Kräfte bei der plast. Verformung fast ganz in Wärme umgesetzt u. nur zu geringem Teil in die sogenannte „Energie der Restspannungen" bzw. die im Verfestigungsprozeß aufgebrauchte Energie übergeführt. Theoret. mathemat. Ableitungen ergeben, daß die maximale „Energie der Restspannungen" im wesentlichen nicht durch den Grad der Verfestigung, wie bisher angenommen, sondern durch den Streckgrenzenwert u. den Schubmodul bestimmt wird. (Доклады Академии Наук СССР [Ber. Akad. Wiss. UdSSR] [N. S.] **83.** 851—54. 21/4. 1952.) EHMCKE. 200

Johannes-Erich Hiller, Grundriß der Kristallchemie. Berlin: de Gruyter. 1952. (VII + 307 S. m. 209 Fig. u. 72 Tab.) gr. 8°. DM 36,—.

A₇. Gleichgewichte. Kinetik.

Ernest Grunwald, *Die Lösungsmittelabhängigkeit von spezifischen Reaktionsgeschwindigkeiten, behandelt als ein Problem der Aktivitätskoeffizienten.* Zusammenfassender Bericht über neuere Arbeiten auf dem Gebiet der Lösungsmittelabhängigkeit spezif. Reaktionsgeschwindigkeiten unter besonderer Berücksichtigung der modernen Theorie der Aktivitätskoeffizienten. Als neu ergibt sich u. a., daß nach demnächst zu veröffentlichenden Verss. des Vf. mit Hilfe einer modifizierten Gleichung die Lösungsmittelabhängigkeit der Dissoziationskonstanten für Carbonsäuren u. Säuren vom Ammoniumtyp mit einem wahrscheinlichen Fehler von nur 0,03 für pK_A vorausgesagt werden kann. (J. physic. Colloid Chem. **55.** 881—84. Juni 1951. Tallahassee, Fla., Florida State Univ., Dep. of Chem.) NIEMITZ. 225

E. Abel, *Über die augenscheinliche Fähigkeit von Sauerstoffsäuren zu Elektronenaustauschreaktionen.* Unter Berücksichtigung der letzten Veröffentlichungen wird ein Mechanismus entwickelt, nach dem Sauerstoffsäureanionen XO_m^{n-} als Partner von Redox-Rkk. zu reagieren scheinen. Vf. diskutiert den Mechanismus $XO_m^{n-} \rightleftharpoons XO_{m-p}^{(2p-n)+} + pO^{2-}$; $2p > n$ oder $XO_m^{n-} + 2pH^+ \rightleftharpoons XO_{m-p}^{(2p-n)+} + pH_2O$. Unter dieser Annahme kommt als geschwindigkeitsbestimmender Schritt nur eine bimol. Rk. in Frage. (J. Chim. physique Physico-Chim. biol. **48.** C23—26. Sept./Okt. 1951.) SURAWSKI. 225

A. Sánchez Cabello und H. Sanz García, *Vorläufige Notiz zur Kinetik der Reaktion zwischen Kaliumpermanganat und Weinsäure.* Die Rk. zwischen $KMnO_4$ u. *Weinsäure* (I) verläuft autokatalytisch. Ihre Geschwindigkeit nimmt mit der I-Konz. zu. Als Zwischenstufe entsteht ein gelber Komplex, der KJ oxydiert. Durch Mn^{2+} wird die Induktionsperiode verkürzt, bei genügender Mn-Konz. ganz unterdrückt. Dagegen wird durch Mn^{2+} die Endphase der Rk., der Zerfall der Zwischenstufe, verlangsamt. Die Dauer der Gesamt-Rk. wird durch kleine Mn^{2+}-Konzz. verkürzt, durch große verlängert, so daß bei mittlerer Konz. die Reaktionsdauer ein Minimum hat. Somit beschleunigt Mn^{2+} die Red. des Mn(VII) zur Zwischenstufe u. verzögert deren weiteren Zerfall. Säuren haben die gegenteilige Wrkg.: sie verlängern die Induktionsperiode u. verkürzen den Zerfall der gelben Zwischenstufe. (An. Real Soc. españ. Física Quím., Ser. B **48**. 281—85. März 1952. Valladolid, Univ., Labor. Cinetoquím., u. Cons. super Investig. cie., Inst. „A. de G. Rocasolano".) METZENER. 225

W. G. Burns und F. S. Dainton, *Die Bestimmung der Gleichgewichts- und Geschwindigkeitskonstanten der Kettenfortpflanzungs- und Endreaktionen bei der photochemischen Bildung von Phosgen.* Vff. berichten über die Veränderung der Geschwindigkeit der photochem. Bldg. von Phosgen in kontinuierlichem Licht unter dem Einfl. von Lichtintensität, Temp. u. CO- u. Cl_2-Drucken. Die Ergebnisse der Unters. des Syst. in intermittierendem Licht werden verwendet, um daraus die Laufzeit der Reaktionskette unter verschied. Bedingungen abzuleiten. Die Gleichgewichtskonstante K der Rk. $COCl \rightleftharpoons CO + Cl$ beträgt $10^{2,806}$ exp (— 6310 cal/RT) Mol·Liter^{-1}. Die Geschwindigkeitskonstante der Rk. $COCl + Cl_2 \rightarrow COCl_2 + Cl$ ergibt sich zu $10^{9,4}$exp (— 2960 cal/RT) Liter·Mol^{-1} sec^{-1} u. die der Rk. $COCl + Cl \rightarrow CO + Cl_2$ $10^{11,6}$exp (— 830 cal/RT) Liter·Mol^{-1}·sec^{-1}. Die Resultate bestätigen den Mechanismus von BODENSTEIN. Vff. ziehen den Schluß, daß die Dissoziationsenergie der C–Cl-Bindung im Phosgen viel größer als im COCl-Radikal ist. Dies ist in Übereinstimmung mit der hohen Reorganisationsenergie des Prozesses $\rangle C = O \rightarrow {}^1\Sigma\, CO$. (Trans. Faraday Soc. **48**. 39—52. Jan. 1952. Cambridge, Univ., Dep. of Phys. Chem.) E. JAHN. 226

W. G. Burns und F. S. Dainton, *Die Geschwindigkeitskonstanten der Reaktionen von Nitrosylchlorid mit Chloratomen und COCl-Radikalen.* (Vgl. vorst. Ref.) Es wird die Kinetik der photochem. Bldg. von Phosgen im Licht der Wellenlänge 3660 Å in Ggw. von geringen Mengen Nitrosylchlorid bei 25, 40 u. 55° untersucht. Die Rk. verläuft nach folgendem Gesetz: $d[COCl_2]/dt = J_{abs}[CO][Cl_2]/[NOCl](B[CO] + C)$, wobei B u. C Konstanten sind. Dieses Verh. ist in Übereinstimmung mit dem von DAINTON (C. **1948**. I. 1272) angenommenen Reaktionsschema $Cl_2 + h\nu \rightarrow 2Cl$; $Cl + CO \rightleftharpoons COCl$; $COCl + Cl_2 \rightarrow COCl_2 + Cl$; $Cl + NOCl \xrightarrow{k_6} NO + Cl_2$; $COCl + NOCl \xrightarrow{k_7} Cl_2 + CO + NO$ (oder $COCl_2 + NO$). Die Messungen werden mit den Ergebnissen der vorst. Arbeit in Verbindung gebracht. Daraus ergeben sich die Werte für k_6 zu $10^{10,06}$exp(—1,06 kcal/RT) u. für k_7 zu $10^{10,68}$exp(—1,14 kcal/RT)Liter·Mol^{-1} sec^{-1}. Das Potential-Energie-Diagramm für die Rk. 6 wird unter folgenden Annahmen berechnet: 1. NO kann als ein einzelnes Atom betrachtet werden. 2. 20 % der Bindung haben COULOMB-Charakter. 3. Das Problem kann als ein 3 S-Elektronenproblem behandelt werden. Es ergibt sich so eine Relation, die zeigt, daß die Aktivierungsenergie krit. von dem willkürlich gewählten Wert des COULOMBschen Bindungsanteils abhängt. Unter der Annahme, daß der Transmissionskoeff. 1 beträgt, ergibt sich der theoret. Wert von $k_6^{25°}$ zu $10^{12,52}$exp·(—2,02 kcal/RT). Die Geschwindigkeitskonstante der Rk. $Cl + JCl \rightarrow J + Cl_2$ wird nach ähnlichen Methoden berechnet u. ergibt den Wert $x \cdot 10^{10,2}$exp(—2,35 kcal/RT), wobei x der unbekannte Transmissionskoeff. ist. Die Unterss. zeigen, daß JCl die photochem. Bldg. von Phosgen hemmt, aber weniger wirksam als Nitrosylchlorid ist. (Trans. Faraday Soc. **48**. 52—62. Jan. 1952.) E. JAHN. 226

John Mooi und P. W. Selwood, *Katalytische Aktivität von Manganoxyden auf Trägerstoffen bei der Zersetzung von Wasserstoffperoxyd.* Vff. untersuchten die katalyt. Zers. von H_2O_2 in verd. wss. Lsg. durch verschied. Manganoxyde, die auf Trägerstoffen niedergeschlagen waren. Als Trägerstoffe dienten *Al-Oxyde*, *Na_2O-haltiges Al_2O_3* u. *Rutil.* Sie wurden mit *$Mn(NO_3)_2$*-Lsg. getränkt u. zur Zers. des Nitrats auf 200 bzw. 600° erhitzt. Durch Variieren der Mn-Konz. der $Mn(NO_3)_2$-Lsg. wurden Proben mit verschied. Mn-Geh. hergestellt. Die Oxydationsstufe des Mn variierte zwischen 3 u. 4. Die Aktivität dieser Katalysatoren ist von der Konz. des Mn auf dem Träger abhängig. Sie steigt mit fallender Mn-Konzentration. Werden die Mn-Konzz. sehr klein, so fällt dagegen die Aktivität plötzlich. Ferner wurde der Einfl. des p_H, der Oxydationsstufe des Mn, Änderung des Trägers u. der Temp. untersucht. Vff. nehmen als Mechanismus der katalyt. Zers. des H_2O_2 gleichzeitige Oxydation u. Red. des Mn durch H_2O_2 an, wobei 3-u. 4wertiges Mn teilnehmen. $Mn_2O_3 + H_2O_2 = 2\,MnO_2 + H_2O$ u. $2MnO_2 + H_2O_2 = O_2 + Mn_2O_3 + H_2O$. Die Anschauung von BROUGHTON u. WENTWORTH (C. **1948**. I.

1168), wonach als Zwischenprod. $Mn(OH)_2$ auftreten soll, lehnen Vff. ab. Die geringe Wirksamkeit der Proben mit sehr kleinem Mn-Geh. führen Vff. auf Stabilisierung der verschied. Wertigkeitsstufen des Mn durch die Trägersubstanz zurück. Al_2O_3 stabilisiert das Mn_2O_3 u. TiO_2 das MnO_2. (J. Amer. chem. Soc. **74.** 1750—54. 5/4. 1952. Northwestern Univ., Chem. Labor.) R. MATTNER. 227

B. Anorganische Chemie.

Kamihara, Ikeda, Yamazaki und **Minoura,** *Neuere Literatur über die Chemie des Schwefels.* Systemat. Bibliographie über Rkk. des S, ^{35}S, H_2S u. Analytisches. (Chem. and chem. Ind. [Kagaku to Kogyo] **3.** 133—36. Mai 1950. [Orig.: japan.].) SCHULER. 253

E. E. Aynsley, R. D. Peacock und **P. L. Robinson,** *Die Darstellung und Eigenschaften von Selentetrafluorid und Selenoxyfluorid.* Durch Überleiten von mit N_2 verd. F_2 über SeO_2 u. Fraktionierung des Prod. im Vakuum wurde mit bis zu 80%ig. Ausbeute *$SeOF_2$* dargestellt; daneben entsteht gasförmiges *SeF_6*. $SeOF_2$ bildet sich ferner bei der Verbrennung von Se in einem 60% O_2 enthaltenden F_2-Strom. Bei der Einw. von mit N_2 1:1 verd. F_2 auf Se bei 0° entsteht *SeF_4*; bei 100° oder mit höheren F_2-Konzz. bildet sich **SeF_6** als Hauptprodukt. — SeF_4 wird durch W. heftig zers. u. greift (ebenso wie $SeOF_2$) P an. Mit H_2SO_4, A., Ae. u. JF_5 ist es in jedem Verhältnis mischbar. Es vermag beträchtliche Mengen CCl_4, Chlf., Br_2, J_2, S u. Se zu lösen u. reagiert mit allen K-Halogeniden u. mit einigen höheren Oxyden, wie P_2O_5, V_2O_5 u. CrO_3. Die Fluoride von Na, K, Rb u. Cs löst SeF_4 unter Bldg. von Selenofluoriden der Zus. $MeSeF_5$, welche einen erheblichen SeF_4-Dampfdruck besitzen u. im Vakuum bereits bei Raumtemp. langsam dissoziieren. Durch W. werden sie sofort zersetzt. Einen ähnlichen Komplex bildet TlF. Der mit AgF entstehende Komplex ist sehr unbeständig. Mit BaF_2 entsteht ein Prod. mit der Zus. 1,40 $BaF_2 \cdot 1\ SeF_4$.

Versuche: *Selenoxyfluorid,* $SeOF_2$, Kp. 126,0°, F. 15,0°, $D.^{20}$ 2,800, Oberflächenspannung 42,2 Dyn/cm bei 25°, Parachor 121. — *Selentetrafluorid,* SeF_4, Kp. 106°, F. —9,5°, $D.^{25}$ 2,72, Oberflächenspannung 34,3 Dyn/cm bei 25°, Parachor 137,2. — *$NaSeF_5$*, durch Auflösen von 0,02 g NaF in 6 g sd. SeF_4, Abkühlen u. Entfernung des überschüssigen SeF_4 bei 25°; in W. unter Zers. u. Wärmeentw. löslich. Auf gleiche Weise wurden *$KSeF_5$* u. *$TlSeF_5$* dargestellt. LiF, RbF u. CsF lösen sich bereits in kaltem SeF_4 zu *$LiSeF_5$*, *$RbSeF_5$* u. *$CsSeF_5$*. (J. chem. Soc. [London] **1952.** 1231—34. April. Durham, Univ.) FORCHE. 254

Martin Schmeißer und **Herbert Jenkner,** *Zur Kenntnis anorganischer Säurefluoride.* 1. Mitt. *Über Reaktionen des Siliciumtetrafluorids (bzw. des Natriumsilicofluorids).* *SiF_4* setzt sich mit $AlCl_3$ bei 180—190° prakt. quantitativ zu *$SiCl_4$*, *$SiCl_3F$*, *$SiCl_2F_2$* u. *$SiClF_3$* um; durch Temperaturerhöhung läßt sich die ausschließliche Bldg. von $SiCl_4$ erzwingen. Dieselben Prodd. entstehen aus *Na_2SiF_6* u. $AlCl_3$ bei 200°. Ebenso wie $AlCl_3$ wirkt Al + Cl_2. Mit $AlBr_3$ setzten sich SiF_4 u. Na_2SiF_6 bei 260° zu *SiF_3Br*, *SiF_2Br_2*, *$SiFBr_3$* u. *$SiBr_4$* um; mit Al + Br_2 entstehen unterhalb 400° die gemischten Si-F-Bromide. Mit AlJ_3 bilden sich bei 280—300° *SiF_3J*, *SiF_2J_2*, *$SiFJ_3$* u. *SiJ_4*. SiF_3J erleidet bei Zimmertemp. teilweise Zers. unter J_2-Abscheidung; die anderen Verbb. sind beständig. — Die Umsetzung von $SiCl_4$, $SiBr_4$ oder SiJ_4 mit Alkoholen zu Kieselsäureestern gelingt mit SiF_4 nicht. Aber mit *Al-Äthylat* (I) läßt sich SiF_4 bei 260—300° zu *Siliciumtetraäthylat* umsetzen. Ein einfacheres Verf. besteht darin, daß man ein Gemisch aus Na_2SiF_6 u. I trocken auf 260—270° erhitzt, wobei der *Kieselsäureäthylester* in nahezu quantitativer Ausbeute abdestilliert. Man kann auch Al mit einem Alkohol oder Phenol zum Al-Alkoholat bzw. -Phenolat umsetzen u. mit Na_2SiF_6 versetzen. Auf diese Weise wurden ferner *Siliciumtetraisopropylat, Siliciumtetraphenolat, Siliciumtetra-o-, -m-* u. *-p-kresolat* dargestellt. (Z. Naturforsch. **7b.** 191—92. März 1952. München, Univ., Inst. für anorg. Chemie.) FORCHE. 261

S. Milton Thomsen, *Siliciumreiche Fluorkieselsäuren. Spezifische Reaktionen und das Gleichgewicht mit Siliciumdioxyd.* (Vgl. C. **1951.** I. 1572.) Si-reiche Fluorkieselsäuren, die mehr Si enthalten, als der Formel H_2SiF_6 entspricht, erhält man in gewünschter Zus. durch Auflösen von Kieselsäurehydrat in HF oder durch Vermischen von HF mit an SiO_2 gesätt. H_2SiF_6. Derartige Si-reiche Säuren werden charakterisiert durch die H_2SiF_6-Konz. C u. die Kieselsäurezahl S, welche die auf 6 Mol HF vorliegende Molzahl SiO_2 angibt. Eine der Formel H_2SiF_6 entsprechende Säure hat S = 1; eine mit SiO_2 gesätt. Fluorkieselsäure hat S $\approx$ 1,18 u. entspricht annähernd der *Fluordikieselsäure* *$H_2SiF_6 \cdot SiF_4$*. Die beim Auflösen von überschüssiger SiO_2 in H_2SiF_6 gemäß der exothermen Rk. $4H^+ + 5SiF_6^{--} + SiO_2 \rightarrow 3[SiF_6 \cdot SiF_4]^{--} + 2H_2O$ aufgenommene SiO_2

liegt also vermutlich in dieser Form vor. Die Analyse von Si-reichen Fluorkieselsäuren erfolgt durch Doppeltitration in Ggw. von NaF (vgl. THOMSEN, C. **1952**. 3057). Aus den Si-reichen Säuren fällt NaCl-Lsg. sofort das der Formel H_2SiF_6 entsprechende Si als *Na_2SiF_6* u. erst im Laufe einiger Std. das überschüssige Si als SiO_2. Sowohl die der Formel H_2SiF_6 entsprechenden als auch die Si-reichen Säuren greifen entgegen der üblichen Auffassung gewöhnliches Glas an. Gegenüber der Si-gesätt. Säure ist Pyrexglas beständig. (J. Amer. chem. Soc. **74**. 1690—93. 5/4. 1952. Princeton, N. J., Radio Corp. of America, RCA Labor.) FORCHE. 261

A. Ss. Bereshnoi und **L. I. Karjakin**, *Über den Aufbau und die Eigenschaften des Systems MgO-ZrO_2-SiO_2.* 2. Mitt. *Reaktionen in der festen Phase und die Sinterung im System MgO-ZrO_2-SiO_2. Allgemeine Resultate der Untersuchung.* (1. vgl. C. **1952**. 5383.) Folgende Rkk. wurden untersucht: $2MgO + SiO_2 \rightarrow Mg_2SiO_4$. Die Rk. beginnt langsam bei 650°, verläuft von 1100° an schneller u. ist bei 1600° beendet. Sinterung beginnt bei 1400°. — $2MgO + 3ZrO_2 \rightarrow Mg_2Zr_3O_8$. Die Bldg. einer festen Lsg. konnte nicht festgestellt werden. — $8MgO + 3ZrSiO_4 \rightarrow 3Mg_2SiO_4 + Mg_2Zr_3O_8$. Bis 1100° verläuft die Rk. wie bei der nachfolgenden Reaktion. Von 1500° an erfolgt langsame Bldg. einer festen Lsg. von $Mg_2Zr_3O_8$. Sinterung von 1300° an. — $2MgO + ZrSiO_4 \rightarrow Mg_2SiO_4 + ZrO_2$. Sinterung von 1300° an. — $2MgSiO_3 + ZrO_2 \rightarrow Mg_2SiO_4 + ZrSiO_4$. Beginn bei 1050°. Von 1200° an Bldg. von 10% Mg_2SiO_4. — $ZrO_2 + SiO_2 \rightarrow ZrSiO_4$. Beginn bei 1100°, bei 1200° geht Quarz in amorphe Form (Glas) über, bei 1600° konnte noch keine Bldg. einer krist. Modifikation des SiO_2 beobachtet werden. (Огнеупоры [Feuerfeste Mater.] **17**. 211—21. Mai 1952. Charkow, Inst. für feuerfeste Mater.) v. SCHROEDER. 322

G. H. B. Lovell, *Die Ausdehnungstendenz fester Lösungen und andere Eigenschaften einiger Vanadiumspinelle.* Vf. beschreibt die Herst. u. Eigg. (bes. die unterschiedliche Gitterstruktur u. das Verh. bei therm. Behandlung im Gemisch mit anderen Spinellen u. Oxyden) von Spinellen des $RO \cdot R_2O_3$-Typs ($R_2O_3 = V_2O_3$). Es wird die in Abhängigkeit der Erhitzungstemp. sich ergebende Reaktionsausdehnung bestimmt u. als eine Funktion der angewendeten Oxyde der beigemengten Verunreinigungen u. der granulometr. Zus. erkannt. Die röntgenograph. Strukturanalyse zeigt, daß es sich bei den „Vanaditen" *$MgO \cdot V_2O_3$, $MnO \cdot V_2O_3$, $FeO \cdot V_2O_3$* u. *$ZnO \cdot V_2O_3$* um echte Spinelle handelt, was durch Best. der D. (im Pyknometer), deren Werte mit den theoret. errechneten übereinstimmen, ergänzend bestätigt wird. Beim Erhitzen von Vanaditgemischen wird keine Ausdehnung beobachtet, während analoge Unterss. für Gemische anderer Spinelle mit Vanaditen stets eine merkliche Längenzunahme in fester Lsg., in Abhängigkeit der angewendeten Oxyde (für Cr_2O_3 am deutlichsten), zeigen. Vf. nimmt an, daß zwischen dem F. der Spinellsgg. u. ihrer Ausdehnung eine Beziehung besteht. — Tabellar. Zusammenstellung der Untersuchungsergebnisse. (Trans. Brit. ceram. Soc. **50**. 315—27. Aug. 1951.) ANIKA. 330

Philip Wehner und **J. C. Hindman**, *Die Chlorokomplexe von Ruthenium(IV).* (Vgl. C. **1951**. I. 3016.) Vff. untersuchten Perchloratlsgg. der Chlorokomplexe des Ru(IV) spektrophotometr. u. stellten Gleichgewichts- u. kinet. Studien an. Die Komplexbldg. ist durch Farbänderung der Lsg. von Rot ([Ru(IV)] → Gelb → Violett → Gelb verfolgbar. Bei kleinen Chloridkonzz. $[Cl] < 0{,}05$ mol. u. $[H^+] = 1$ mol. findet keine Rk. oder nur sehr langsame Bldg. des violetten Komplexes II statt. Bei höheren Cl^-- u. H^+-Konzz. konnte auf Grund von Absorptionsbanden die sehr schnelle Bldg. dreier gelber Komplexe festgestellt werden, welche wahrscheinlich vom Typ *$[(OH)_3ClRu—OH—RuCl(OH)_3]$* (**Ia**) u. *$[(OH)_2ClRu—OH—RuCl(OH)_2]^+$* (**Ib**) waren u. gemäß $[(OH)_2ClRu—OH—RuCl \cdot (OH)_2]^+ + H^+ \rightarrow 2[Ru(OH)_2Cl]^+$ (**Ic**) $+ H_2O$ reagieren können. Mit Cl^- bildet **Ic** den violetten *Dihydroxodichloro*-Komplex *$[Ru(H_2O)_2(OH)_2Cl_2]$* (II). Dieser lagert unter der katalyt. Wrkg. von H^+ weitere Cl^- gemäß $[Ru(H_2O)_2(OH)_2Cl_2] + Cl^- \rightleftharpoons [Ru(H_2O) \cdot (OH)_2Cl_3]^-$ (III) $+ H_2O$ an, wobei die Farbe der Lsg. in Gelb umschlägt. Dann folgt das Gleichgewicht $[Ru(H_2O)(OH)_2Cl_3]^- + Cl^- \rightleftharpoons [Ru(OH)_2Cl_4]^{--}$ (IV) $+ H_2O$, wobei IV wahrscheinlich in geringem Maße mit $[Ru(OH)Cl_5]^{--}$ im Gleichgewicht steht. Die Rk. **III** ⇌ **IV** ist bei $[H^+]$ unter 1,00 mol. nur von der $[Cl^-]$ abhängig, wird jedoch von H^+ katalyt. beschleunigt. Die bei $[H^+]$ über 1,00 mol. zu bemerkende Abhängigkeit von der $[Cl^-]$ u. $[H^+]$ wird nach Vff. durch die wahrscheinliche Bldg. von $[RuCl_6]^{--}$ erklärt. Über das Gleichgewicht **III** ⇌ **IV** wurden kinet. Betrachtungen angestellt. (J. physic. Chem. **56**. 10—15. Jan. 1952. Chicago, Ill., Argonne Nat. Labor., Chem. Div.) PLUST. 363

Arnold Frederik Holleman, Lehrbuch der Chemie. T. 1.: Anorganische Chemie. Von **Egon Wiberg**. 28. u. 29. sorgfältig durchges., verb. u. erw. Auflage. Berlin: de Gruyter. 1951. (XXIV+635 S. m. 166 Fig.) gr 8°. DM 28,—.

C. Mineralogische und geologische Chemie.

A. G. Betechtin, *Über das Grundgesetz der Geochemie.* Auf Grund der Struktur der Atome u. Ionen, bes. der Schwermetalle, werden die Gesetzmäßigkeiten in den paragenet. Beziehungen der Mineralien erklärt, die bei der mineralog. Unters. der Erze auftreten. Hierbei werden die Ionisationspotentiale bes. berücksichtigt. Vf. kommt zur Ansicht, daß das Grundgesetz der Geochemie über die Abhängigkeit des Auftretens der Elemente in der Erdrinde vom Atombau der Elemente weitgehende Gültigkeit hat. (Известия Академии Наук СССР, Серия Геологическая [Nachr. Akad. Wiss. UdSSR, geol. Ser.] **1952.** Nr. 3. 6—26. Mai/Juni.) LEBTAG. 378

G. M. Saridse, *Über das Problem der Granitgenesis.* Aus der Unters. der Granitgenesis in der GrusSSR geht hervor, daß die Granitoide ihre Zus. der Einw. des magmat. Gesteins verdanken. Die chem. Austausch-Rkk. zwischen der injizierten Substanz (vorwiegend Si, K, Na) u. dem Material des Nebengesteins bewirken eine intensive Metasomatose. Bei geringen Mengen an zugeführten Stoffen bleibt der ursprüngliche Charakter des Gesteins makroskop. u. mkr. fast völlig erhalten. Bei intensivem Prozeß entstehen gewöhnliche Granitoide mit einer hypidiomorph-körnigen Struktur. (Известия Академии Наук СССР, Серия Геологическая [Nachr. Akad. Wiss. UdSSR. geol. Ser.] **1952.** Nr. 3. 139—40. Mai/Juni.) LEBTAG. 378

W. Ss. Dmitrijewski, *Über die Formierung einiger junger Granite von Zentral-Kasachstan.* Das petrogenet. Tatsachenmaterial der letzten 10—15 Jahre widerlegt die führende Rolle der magmat. u. Kristallisationsdifferentiation sowie der Liquation. Die strukturellen Eigg. der Granite erklärt Vf. mit der Wrkg. der Gaslösungen u. der Umkristallisation der Gesteine. (Известия Академии Наук СССР, Серия Геологическая [Nachr. Akad. Wiss. UdSSR, geol. Ser.] **1952.** Nr. 3. 47—69. Mai/Juni.) LEBTAG. 378

André Demay, *Über die Verteilung von Uran und Thorium im Granit von Quintin in der Bretagne und besonders über den thoriumhaltigen Allanit dieses Granits.* Nach Messungen u. Autoradiographien ist die Radioaktivität der im Granit enthaltenen schweren Minerale über 50 mal so groß wie die von Granit. Der Geh. des Granits an aus dem opt. Verh. (Doppelbrechung, Pleochroismus) u. Röntgendiagrammen bestimmtem Allanit (Kristallgröße maximal 0,4—1 mm) beträgt ca. 0,04‰. Nur 1 bis 2% Th des Granits sind in Allanitkristallen enthalten, 98—99% Th u. wahrscheinlich ca. 100% U sind in wohl ultramkr. kleinen Einschlüssen enthalten. (C. R. hebd. Séances Acad. Sci. **232.** 338—40. 22/1. 1951.) WERNER SCHULZ. 378

J. H. J. Poole und C. M. E. Matthews, *Verwendung von Kernplatten zur Bestimmung des Uran- und Thoriumgehaltes radioaktiver Erze.* Zur Best. des U/Th-Verhältnisses wird die Beziehung $3{,}6/(n_1/n_2 - 2{,}15)$ angegeben. Hierbei bedeuten n_1 Anzahl der horizontal verlaufenden α-Spuren mit einer Reichweite > maximale Reichweite von RaC'—α-Teilchen, n_2 Anzahl der horizontal verlaufenden α-Spuren mit Reichweiten, welche zwischen den maximalen Reichweiten der α-Teilchen von RaC' u. ThA liegen. (Nature [London] **169.** 408—09. 8/3. 1952. Dublin, Trinity Coll.) EICHHOFF. 378

D. P. Sserdjutschenko, *Calciumjarosit.* Beschreibung eines an den äußeren Rändern verwitterter Serpentingänge im Nordkaukasus vorgefundenen Jarosits. Die Zus. analysierter Proben schwankte von 42,86—49,8 (%) Fe_2O_3, 2,04—0,0 Al_2O_3, 3,18 bis 0,0 FeO, 1,58—5,8 CaO, 1,86—0,0 $Na_2O + K_2O$, 32,74—33,2 SO_3, 11,2—11,36 H_2O^+, 0,0—3,25 H_2O^-. (Доклады Академии Наук СССР [Ber. Akad. Wiss. UdSSR] [N. S.] **78.** 347—50. 11/5. 1951.) v. MICKWITZ 380

L. M. Miropolski und G. L. Miropolskaja, *Neue Daten über den Galenit in devonischen Sedimenten im südöstlichen Tatarien.* Neben dem früher (Доклады Академии Наук СССР [Ber. Akad. Wiss. UdSSR] [N. S.] **78.** [1951.] 757) mitgeteilten Fund von *Galenit* (I) im Südosten Tatariens werden weitere 5 I-Vorkk. beschrieben, die als sek. Gebilde angesehen werden. Hier tritt I immer in konsolidierten Gesteinen u. im Reduktionsmedium auf. Die Ausfällung von I u. seiner Begleitmineralien erfolgte aus wandernden wss. Lösungen. Dies wird bestätigt durch das Auftreten in Poren, Spalten u. in organ. Substanz enthaltenden Gebilden. Die wss. Lsgg., aus denen I ausgeschieden wurde, waren offenbar hydrothermal. Die I-Menge ist im Vgl. zu Sphalerit u. Chalkopyrit gering. Bisher waren I-Vorkk. im Devon der Russ. Plattform nur im Baltikum bekannt. (Доклады Академии Наук СССР [Ber. Akad. Wiss. UdSSR] [N. S.] **83.** 903—05. 21/4. 1952.) LEBTAG. 380

W. Ss. Krotow, *Biotit-Granit von Kislowodsk.* Der in Kislowodsk vorkommende *biotit. Granit* (I) enthält als Hauptkomponenten: *Albit* oder *Oligoklas, Orthoklas, Quarz* u. *Biotit* (II), accessor.: *Zirkon, Sphen, Titanmagnetit,* sek.: ton- u. Fe-haltige Prodd.,

Chlorit u. *Calcit.* Die Zus. des II-reichen u. II-armen ( ) I entspricht (in %) 35,16 (38,40) Albit, 21,66 (21,15) Orthoklas, 37,06 (34,61) Quarz, 5,46 (1,72) II, 0,56 (0,12) Calcit. (Доклады Академии Наук СССР [Ber. Akad. Wiss. UdSSR] [N. S.] **84.** 789—91. 1/6. 1952. Molotowsk, Gorki-Univ.) LEBTAG. 385

M. B. Borodajewskaja, *Kontakterscheinungen im Zusammenhang mit Ganggranitoiden im Beresowsk-Gebiet des mittleren Urals.* Forschungsarbeiten über Kontakterscheinungen in Verbindung mit Ganggesteinen im Gebiet von Beresowsk im Mittleren Ural erwiesen die große Bedeutung von Assimilationsvorgängen bei der Entstehung verschied. Gangserien in diesem Gebiet u. der gleichzeitig auftretenden Desilifikation. Abschließend werden verschied. Überlegungen über den Ursprung von alkal. Gesteinsarten erörtert. (Известия Академии Наук СССР, Серия Геологическая [Nachr. Akad. Wiss. UdSSR, geol. Ser.] **1951.** Nr. 1. 87—103. Jan./Febr.) V. MIÇKWITZ. 385

P. A. Sabine, *Der Ledmoritgang von Achmelvich, bei Lochinver, Sutherland.* Geolog. u. petrograph. Beschreibung eines den Lewisiangneis durchsetzenden Ganges in Nordwestschottland. Das Gestein wurde früher als Nephelinsyenit kartiert. Unter dem Mikroskop erweist es sich als hypidiomorphes Aggregat von *Alkalifeldspat*-Tafeln mit reichlich nadeligem *Ägirin* u. viel *Melanit*, im Feldspat noch *Natrolith*. Es ist als Ledmorit zu bezeichnen, wenn nach der vom Vf. vorgeschlagenen Nomenklatur unter *Borolanit* ein Gestein verstanden wird, das aus *Orthoklas* u. Melanit besteht mit *Biotit*, *Pyroxen*, *Nephelin* oder *Sodalith*, *Sphen* u. *Apatit* u. das durch sein weiß-geflecktes Aussehen charakterisiert ist. Ohne dies gefleckte Aussehen soll es Ledmorit genannt werden. Von dem Gang wird angenommen, daß er postkambr., aber vor dem assynt. Magmenaufstieg gebildet wurde. (Mineralog. Mag. J. mineralog. Soc. **29.** 827—32. März 1952. London, Geol. Survey and Museum.) HILLER. 385

Christof Exner, *Mikroklinporphyroblasten mit helizitischen Einschlußzügen bei Badgastein. Beiträge zur Kenntnis der Zentralgneisfazies.* 5. Mitt. (4. vgl. Geol. Bu. An. Jb. **94.** [1951.]; vgl. auch C. **1951.** I. 836, 3161.) Vf. beschreibt bis zu 3 cm große Mikroklinporphyroblasten mit helizit. Einschlüssen in Glimmerschiefer- u. Kalkmarmorlagen in granit. Gneis der Hohen Tauern bei Badgastein. (Tschermaks mineralog. petrogr. Mitt. [3] **2.** 355—74. 1951. Badgastein, Forschungsinst. Gastein.) GOTTFRIED. 385

A. P. Nikolski, *Über Talkschiefer und Serpentinite des Nordteiles des Saksagan-Gebietes von Kriwoi Rog.* Charakterist. für die Talkschiefer des Kriwoi Rog-Beckens ist die den ultrabas. Gesteinen nahe konstante chem. Zus., die starke Verbreitung der Serpentinite, die ständige Ggw. der accessor. Sulfide, Chromite, des Cl-haltigen Chlorits, Glimmers u. der seltenen magmat. Reliktstrukturen. Die Talkschiefer dieses Gebietes gehören deshalb zu den Gebilden, die durch Metamorphose der ultrabas. magmat. Gesteine entstanden sind. Es ist ihre Entstehung aus Effusivgesteinen als möglich anzunehmen. Nicht ausgeschlossen ist auch der intrusive Charakter des prim. Gesteins. In den Serpentiniten sind die Reliktstrukturen weitgehend erhalten. Sie enthalten etwas weniger Tonerde als die Talkschiefer. Die *Grünsteine* gehören zu einer der Entstehungsperioden der vorpaläzoischen Geosynklinalen von Kriwoi Rog, deren weitere Entw. zusammen mit den magmat. Prozessen zur Bldg. der ultrabas. Gesteine führte. Die letzteren gingen dann in Talkschiefer über. (Известия Академии Наук СССР, Серия Геологическая [Nachr. Akad. Wiss. UdSSR, geol. Ser.] **1952.** Nr. 3. 130—35. Mai/Juni.) LEBTAG. 385

Paolo Gallitelli, Elementi di mineralogia. Pisa: Ed. Nistri-Lischi. 1951. (XVI + 575 S. m. 455 Abb. im Text u. 14 Taf.) L. 4000,—.

D. Organische Chemie.

D_1. Allgemeine und theoretische organische Chemie.

Vernon H. Dibeler und Fred L. Mohler, *Massenspektren einiger organischer Blei- und Quecksilberverbindungen.* Mit einem Consolidated 21—102 Massenspektrometer, dessen Auflösungsvermögen auf ca. 1 : 350 gesteigert worden war, wurden die Massenspektren von *Tetramethyl-* (I) u. *Tetraäthylblei* (II) sowie von *Dimethyl-* (III), *Diäthyl-* (IV u. *Di-n-butylquecksilber* (V) aufgenommen. Aus den bzgl. ^{13}C korr. experimentellen Werten wurden die monoisotop. Massenspektren berechnet, wobei die Isotopenhäufigkeit aus dem aufgenommenen Massenspektr. selbst entnommen wurde, diese Spektren sind in ihren hauptsächlichen Teilen tabellar. wiedergegeben. Die Genauigkeit in der Best. der Isotopenhäufigkeit betrug $\pm 1\%$ bei den Hauptisotopen, $\pm 5\%$ bei den selteneren Pb- u. $\pm 10\%$ bei den selteneren Hg-Isotopen. Die mit I bzw. II erhaltenen Isotopenhäufigkeiten weichen etwas voneinander ab, was der verschied. Herkunft der verwendeten Pb-Sorten zugeschrieben wird. Die Massenspektren der Pb-Alkyle sind einander qualitativ ähnlich. Der Hauptanteil der totalen Ionisation wird durch die Dissoziation von einer u. von drei Alkylgruppen verursacht. Durch Abtrennung eines oder mehrerer H-Atome entstandene Ionen ebenso wie KW-stoffionen sind selten. Hydride u. KW-stoffionen aus intramol. Umlagerungen werden beobachtet. Bei den Hg-Alkylen wird der Hauptteil der totalen Ionisation durch KW-stoffionen gestellt, Hydride u. andere Umlagerungsproddd. werden beobachtet. Ein vorläufiger Vers. mit einem gebleiten Bzn. zeigte, daß die Empfindlichkeit genügt, um einige Hundertstel eines Mol.-% II mit einer Genauigkeit von ca. 2% des Wertes zu bestimmen. (J. Res. nat. Bur. Standards **47.** 337—42. Nov. 1951. Washington.) CONRAD. D 100

Francesco Cennamo, *Die Beugung von Röntgenstrahlen in Benzol bei Veränderung der Temperatur.* (Vgl. C. **1951.** II. 1106; Atti Accad. naz. Lincei, Rend., Cl. Sci. fisiche, mat. natur. [8] **10.** [1951.] 310.) Unterss. bei 6—66° ergeben bei steigender Temp. eine Verschiebung des Beugungsmaximums nach kleineren Winkeln entsprechend einer Zunahme der Gitterabstände, eine Abnahme der Intensität u. eine Zunahme der Bandenbreite im Röntgenbeugungsspektr. des Benzols. Diese Befunde stehen in Einklang mit der statist. Theorie, die jedoch die intramol. Beugung vernachlässigt u. nichts über die Anordnung der Moll. aussagt. (Atti Accad. naz. Lincei, Rend., Cl. Sci. fisiche, mat. natur. [8] **10.** 475—78. Juni 1951. Neapel, Univ., Ist. di Fis. sperimentale.)
R. K. MÜLLER. D 116

Giulio Milazzo, *Zuordnungskriterium für die Schwingungsbanden von Ultraviolett-absorptionsspektren.* Vf. zeigt, daß für das Absorptionsspektr. mehratomiger Moll. auf Grund der prozentualen Veränderung der Schwingungsenergie zwischen Grund- u. angeregtem Zustand eine Zuordnung der experimentell gefundenen Schwingungsfrequenzen des angeregten Zustandes zu bestimmten Schwingungsfrequenzen des Grundzustandes möglich ist. Ferner gibt die prozentuale Änderung der Schwingungsenergie zusammen mit der Schärfe der Banden eine Möglichkeit zur Beurteilung der Stabilität der angeregten Zustände. Als Beispiel werden Bandenzugehörigkeit u. prozentuale Schwingungsenergieänderung für *Pyrrol, N-Deuteropyrrol, N-Methylpyrrol* u. *tert.-Butyljodid* mitgeteilt. (Naturwissenschaften **39.** 81—82. Febr. 1952. Rom, Ist. Superiori di Sanita.) RUDOLPH. D 118

Arthur P. Phillips und Phoebe Lee Graham, *Absorptionsspektren und Struktur einiger 4-Arylpyridine, die durch die Hantzsche Pyridinsynthese dargestellt wurden.* Vgll. der UV-Absorptionsspektren einiger 4-Aryl-2.6-lutidine, mit oder ohne 3.5-Dicarbäthoxygruppen im Pyridinring, geben Aufschluß über die Konfiguration der Verbindungen. Wenn die 4-Arylgruppe = C_6H_5 ist, blockiert die Ggw. von 3.5-Carbäthoxygruppen internucleare Resonanz oder Konjugation. Konjugation u. damit vermutlich Koplanarität scheint vorzuliegen bei *4-Phenyl-2.6-lutidin* (I⟷II).

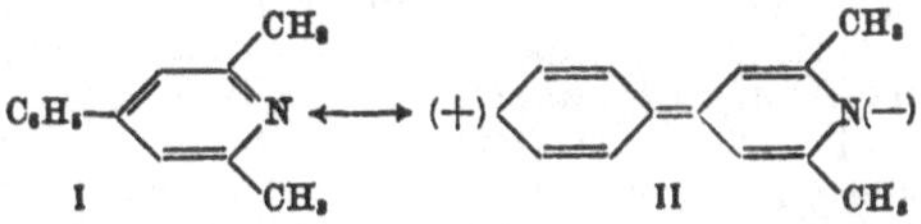

Ist die 4-Stellung durch einen Chinolylrest besetzt, so scheint keine ausgesprochene Resonanzwrkg. zwischen Chinolin- u. Pyridinring in Ggw. von 2 $COOC_2H_5$ aufzutreten, Absorptionsspektren der Chinolinderivv. zeigen auch wenig oder keine Konjugation zwischen beiden Ringen, auch wenn keine $COOC_2H_5$ in 3- u. 5-Stellung vorliegen. — Abb. der UV-Spektren in 95%ig. A. (c = 10 mg/Liter) von *3.5-Dicarbäthoxy-2.6-lutidin, 4-Phenyl-2.6-lutidin, 3.5-Dicarbäthoxy-4-phenyl-2.6-lutidin, Chinolin, 4-[4'-Chinolyl]-2.6-lutidin* u. *3.5-Dicarbäthoxy-4-[4'-chinolyl]-2.6-lutidin.* (J. Amer. chem. Soc. **74.** 1552—54. 20/3. 1952. Tuckahoe, N. Y., Wellcome Res. Labors.) GOEBEL. D 118

J. K. Brown und N. Sheppard, *Ultrarotspektroskopische Untersuchung der Rotationsisomerie.* 1. Mitt. *Die Zuordnung der Grundschwingungen einiger Äthylendihalogenide.* Von *1.2-Dichlor-, 1.2-Dibrom-* u. *1-Chlor-2-bromäthan* wurden in fl. u. festem Zustand die Ultrarotspektren zwischen 500 u. 1500 cm^{-1} aufgenommen. Mit diesen Daten u. den entsprechenden der RAMAN-Spektroskopie wird für diese Verbb. eine vollständige Zuordnung der Frequenzen zu den Grundschwingungen für die trans-Form u. die cis-Form auf Lücke (gauche-Form) vorgenommen. (Trans. Faraday Soc. **48.** 128—37. Febr. 1952. Cambridge, Free School Lane, Dep. of Colloid Sci.) GOUBEAU. D 120

Powell Joyner und George Glockler, *Der Raman-Effekt des Vinylidenchlorids.* Auf Grund des neuvermessenen RAMAN-Spektr. mit Depolarisationsfaktoren einer sorgfältig vorbereiteten Probe von *Vinylidenchlorid* wird eine Zuordnung aller RAMAN-Linien u. Ultrarotbanden zu den Grundschwingungen, Ober- u. Kombinationstönen vorgenommen unter Zuhilfenahme der spektralen Daten von $CH_2=CF_2$, $CH_2=CBr_2$, $CHD=CBr_2$ u. $CD_2=CBr_2$. Weiterhin wird eine Meth. zur genauen Markierung sehr schwacher RAMAN-Linien mittels eines Ducofadens beschrieben. Die damit erzielbare Genauigkeit beträgt bei wiederholter Messung $\pm 3\ cm^{-1}$. (J. chem. Physics **20.** 302—06. Febr. 1952. Iowa City, State Univ., Dep. of Chem. and Chem. Engng.) GOUBEAU. D 120

L. W. Smirnow, *Anisotrope Lichtabsorption und Orientierung der Elektronenoscillatoren in Farbstoffmolekülen.* Von 35 Farbstoffen, deren Lsgg. — mit Polyvinylalkohollsgg. vermischt — filmartig ausgebreitet wurden, wurden die polarisierten Absorptionsspektren aufgenommen, die nach der Zahl der Banden zwischen 220 u. 1000 mμ, der Lage der Banden sowie nach Größe u. Vorzeichen des Dichroismus d geordnet wurden. Die Spektren von *Kongorot, Methylenblau* u. *Kristallviolett* als typ. Vertreter von Azo-, Azin- u. Triphenylmethanfarbstoffen u. das Spektr. von *Lucigenin* sind in Diagrammen wiedergegeben. Aus den Ergebnissen wird geschlossen, daß die Orientierung des Elektronenoscillators, der der Grundbande entspricht, durch die Richtung der längsten Kette konjugierter Bindungen bestimmt wird, während die Orientierung der Oscillatoren der π-Elektronensysteme von der Lage u. der Art der Substituenten abhängt. Die relative Verteilung der Oscillatoren ist aus dem Vorzeichen von d zu bestimmen, aus dem unter Umständen auch die Orientierung der Moll. relativ zur Achse des netzartigen Polymerenmol. abgeleitet werden kann. (Доклады Академии Наук СССР [Ber. Akad. Wiss. UdSSR] [N. S.] **82.** 237—40. 11/1. 1952. Inst. für hochmol. Verbb. der Akad. der Wiss. der UdSSR.) KIRSCHSTEIN. D 122

S. C. Ganguly und N. K. Chaudhuri, *Richtungsabhängige Eigenschaften von Anthraceneinkristallen bei Fluorescenzphänomenen.* Es wurde untersucht, inwieweit sich die bekannte Anisotropie des *Anthracen* (I)-Mol. auf Absorption u. Fluorescenz auswirkt. Dazu wurde die Polarisation des Fluorescenzlichts eines I-Einkristalles bei Bestrahlung mit polarisiertem 3650 Å-Hg-Licht gemessen, die Meßmeth. ist genau beschrieben. Sowohl bei Einfall in Richtung der a- als auch der b-Achse des Kristalls wurde gefunden, daß die b-Schwingungen der Fluorescenz intensiver als die a-Schwingungen sind u. daß das Verhältnis beider Intensitäten für beliebige Richtung der erregenden Schwingung das gleiche ist. Daraus wird geschlossen, daß das Intensitätsverhältnis beider Richtungen zueinander unabhängig von der Richtung des Vektors des Einfallslichtes u. deshalb der Oscillator ein linearer ist. Die Oscillatorrichtungen entsprechen nahezu den Molekülebenen. (J. chem. Physics **19.** 617—18. Mai 1951. Calcutta, Bangabasi Coll., Res. Labor.) THURLEY. D 125

A. J. Curtis, P. L. McGeer, G. B. Rathmann und C. P. Smyth, *Mikrowellenabsorption und Molekularstruktur in Flüssigkeiten.* 7. Mitt. *Einfluß der Viscosität und der Dipol-Dipol-Kräfte.* (6. vgl. FRANKLIN, J. Amer. chem. Soc. **72.** [1950.] 3447.) Vff. bestimmten bei Tempp. von 4—60° u. bei Wellenlängen von 1,3 u. 10 cm die DKK. u. Verluste folgender Lsgg.: *tert.-Butylchlorid* (I), *Methylchloroform, n-Tetradecylbromid* (II) u. *α-Chlornaphthalin* in n-Heptan bzw. in einem viscosen Paraffinöl, sowie von I u. II in CCl_4. Die Neigungen der Abhängigkeit dieser Größen von der Konz. werden benutzt, um genügend genaue Eichkurven für jedes Syst. zu erstellen u. die krit. Wellenlänge u. die Verbreiterung der Relaxationszeiten zu berechnen. Die Resultate zeigen in Verbindung mit früher veröffentlichten Daten, daß die krit. Wellenlänge bzw. die Relaxationszeiten von kugel- oder annähernd kugelförmigen Moll. viel weniger von der Viscosität des Mediums abhängen als die von asymm. Moll., deren Rotation die Entfernung der sie umgebenden Moll. erforderlich macht. Es zeigt sich, daß Dipol-Dipol-Kräfte eine wesentliche Rolle spielen bei der Hinderung mol. Rotation. Die Verbreiterung der Relaxationszeiten neigt dazu, mit wachsender Viscosität anzuwachsen, u. wird beeinflußt durch die Mol.-Größe u. -Form. (J. Amer. chem. Soc. **74.** 644—48. 5/2. 1952. Princeton, N. J., Univ., Frick Chem. Labor.) NIEMITZ. D 132

Roger G. Bates, Vincent E. Bower, Richard G. Miller und Edgar R. Smith, *p_H-Werte von Lösungen des Kaliumhydrogen-d-tartrats innerhalb des Temperaturbereiches von 0—60°.* Vff. führten an einer großen Reihe von Mischlsgg. von Kaliumhydrogen-d-tartrat (I) u. NaCl (30 Serien) Messungen der EMK. innerhalb des Temperaturbereiches 0—60° durch unter Verwendung der H_2-AgCl-Zellen ohne Flüssigkeitsverbindung. Als p_H-Standardlsg. schlagen sie gesätt. I-Lsg. vor mit einem p_H von 3,56, wobei die Herstellungstemp. infolge der geringen Änderung der Löslichkeit von I mit der Temp. prakt. unwesentlich ist. Weitere vorgeschlagene Lsgg. sind 0,03; 0,02 u. 0,01 molar. Es werden ausführliche prakt. Anweisungen für Darst. u. Aufbewahrung der Tartratpufferstandardlsgg. gegeben. (J. Res. nat. Bur. Standards **47.** 433—38. Dez. 1951. Washington.) NIEMITZ. D 139

F. G. Bordwell und Glenn D. Cooper, *Konjugationseffekte der Methylsulfonyl- und Methylmercaptogruppierungen.* Vff. bestimmten den Einfl. der m- u. p-CH_3SO_2- bzw. CH_3S-Gruppen auf die sauren Dissoziationskonstanten der *Benzoesäure* (I), des *Phe-*

nols (II) u. des Aniliniumions (III). Sie zeigen, daß es notwendig ist, größere HAMMETT-σ-Konstanten zu benutzen, wenn man den Einfl. der p-CH_3SO_2-Gruppen auf die Acidität von I u. II ausdrücken will, als auf III. Das kann auf einen abschätzbaren Resonanzeffekt zurückgeführt werden, der zur Bldg. von Zehnelektronenstrukturen führt. Die CH_3S-Gruppen ähneln den CH_3O-Gruppen, indem sie die Acidität von I erhöhen, wenn sie in m-Stellung substituieren, während sie sie erniedrigen bei Substitution in p-Stellung. Das läßt auf einen ähnlichen Resonanzeffekt für CH_3S-Gruppen schließen, jedoch von etwas geringerer Größe wie für die CH_3O-Gruppen. Einzelergebnisse bei I-Derivv. in 50 %ig. A. bei 25°, pK_A: (Substituent) H 5,73; m-CH_3S 5,53; p-CH_3S 5,74; m-CH_3SO_2 4,78; p-CH_3SO_2 4,68; m-CH_3CO 5,21 u. p-CH_3CO 5,10. Bei II-Derivv. in W. bei 25°: H 9,98; m-CH_3O 9,65; p-CH_3O 10,20; p-Br 9,34; m-Cl 9,08; p-Cl 9,42; m-NO_2 8,38; p-NO_2 7,16; m-CH_3 10,08; p-CH_3 10,25; m-CH_3CO 9,19; p-CH_3CO 8,05; m-CH_3S 9,53; p-CH_3S 9,53; m-CH_3SO_2 9,33; p-CH_3SO_2 7,83. Bei III-Derivv. in verd. H_2SO_4 bei 25° (Best. spektrophotometr.): p-NO_2 1,11; m-CH_3SO_2 2,681; p-CH_3SO_2 1,484; m-CH_3S 4,05 u. p-CH_3S 4,40. — *p-Methylsulfonylbenzoesäure*, F. 264—265° (Eisessig), aus Methyl-p-tolylsulfid mit alkal. $KMnO_4$-Lsg. beim Kp.; (Ausbeute) 62 %. — *m-Methylsulfonylbenzoesäure*, F. 234—235°, analog vorst. Verb. aus Methyl-m-tolylsulfid; 72 %. — *p-Methylsulfonylphenol*, F. 95,5—96,5° (Bzl.), aus p-Methylsulfonylanisol mit 48 %ig. HBr; 40 %. — *m-Methylsulfonylphenol*, F. 84—85° (Bzl.), durch Diazotieren u. Verkochen von m-Methylsulfonylanilin; 40 %. (J. Amer. chem. Soc. **74**. 1058—60. 20/2. 1952. Evanston, Ill., Northwestern Univ., Chem. Labor.) NIEMITZ. D 139

R. C. Kaye und **H. I. Stonehill**, *Polarographische Untersuchung der Elektroreduktion des Acridins.* Vff. untersuchten die Red. des *Acridins* (I) an der Hg-Tropfelektrode im p_H-Bereich 0—14. In wss. Lsg. werden anomale komplexe Polarogramme erhalten. Diese Anomalien verschwinden, wenn die Lsgg. mehr als 50 % A. enthalten. Es werden dann zwei Einelektronenschritte beobachtet, die thermodynam. irreversibel sind, u. deren Diffusionsströme der Konz. an I im Bereich 10^{-3} bis 10^{-4} mol. proportional sind. Die Anomalien in wss. Lsg. können befriedigend erklärt werden durch BRDIČKA's Theorie als Folge einer Adsorption des I, vorwiegend im red. Semichinonzustand, an der Hg-Elektrode. Ein überzeugender Beweis für diese Adsorption ließ sich durch eine Kathodenstrahloscillographunters. der Strom-Zeit-Beziehung während der Bldg. eines Tropfens an der Elektrode erbringen. Es zeigt sich, daß I einer zweistufigen Elektrored. unterworfen ist, sowohl in wss. als auch in alkoh. Lsg., unter Bldg. eines intermediären Semichinonradikals, dessen augenscheinlich große Stabilität dem Vorliegen von Resonanz zugeschrieben wird. (J. chem. Soc. [London] **1951**. 27—38. Jan. Bradford, Yorks., Techn. Coll., Dep. of Pharm., u. Gillingham, Ky., Medway Techn. Coll., Dep. of Sci.) NIEMITZ D 142

H. H. Reamer, B. H. Sage und **W. N. Lacey**, *Phasengleichgewichte in Kohlenwasserstoffsystemen. Volumetrisches und Phasenverhalten des Systems Methan-n-Butan-Decan.* Vff. geben sehr umfangreiches Zahlenmaterial über den Zusammenhang zwischen Temp., Druck, Vol. u. den Gleichgewichtskonzz. der koexistierenden Gas- u. Flüssigkeitsphase des Syst. *Methan-n-Butan-Decan.* (Ind. Engng. Chem. **43**. 1436—44. Juni 1951. Pasadena, Calif., Inst. of Technol.) v. SCHIESZL. D 148

G. W. Nederbragt und **J. J. de Jong**, *Gas-Flüssigkeits-Gleichgewichte bei Mischungen aus n-Alkanen.* Vff. bestimmen die Zus. der gasförmigen u. der fl. Phase von bin. Mischungen aus *n-Pentan* (n_D^{20} 1,3580) mit *n-Hexa-* (F. 17,98°, n_D^{20} 1,4345) u. *n-Octadecan* ($Kp._{23}$ 147—149°, F. 27,1—27,9°, n_D^{40} 1,4316), *n-Dokosan*, ($Kp._8$ 201°, F. 43,6°, n_D^{70} 1,4261) u. *n-Tetrakosan* ($Kp._8$ 222,5°, F. 50,5°, n_D^{70} 1,4289) sowie von *n-Heptan* (n_D^{20} 1,3878) mit *n-Nonadecan* ($Kp._{23}$ 154°, F. 30,8—31,6°, n_D^{40} 1,4331) u. *n-Trikosan* ($Kp._8$ 212,5°, F. 37,35°, n_D^{70} 1,4273) [Die Druckangaben sind in millibar] bei Tempp. von 245, 306 u. 357° unter Drucken von 10—60 bar. Völlige Reinheit der höheren Glieder war nicht zu erreichen. — Ausführliche Tabellen über Dichten, Fugazitäten u. Zus. von Gas bzw. Fl., sowie über die Eigg. von *Methan, Äthan* u. *Propan.* (Appl. sci. Res. **A 3**. 125—43. 1951. Amsterdam, Kgl. Shell Labor.) WERNER SCHULZE. D 150

J. B. Segur und **Helen E. Oberstar**, *Die Viscosität von Glycerin und seinen wässerigen Lösungen.* Die Viscositäten wss. *Glycerin*-Lsgg. mit 0—100 % Glycerin werden für das Temperaturgebiet zwischen 0 u. 100° unter Benutzung des gleichen Viscosimetertyps (verbessertes OSTWALD-Viscosimeter nach CANNON u. FENSKE) neu bestimmt u. mit den Ergebnissen früherer Autoren verglichen. Zur Kalibrierung der Viscosimeter werden Rohrzuckerlsgg. sowie Standard-Mineralöle benutzt. (Ind. Engng. Chem. **43**. 2117—20. Sept. 1951. Chicago, Ill., Miner Labors.) HENTSCHEL. D 172

Donald G. Burkhard und **David M. Dennison**, *Die Molekülstruktur des Methylalkohols.* Vff. geben eine ausführliche Diskussion des Spektr. des *Methylalkohols* (I) im nahen u. fernen Ultrarot. Die Spektren lassen sich durch ein Modell, bestehend aus einer starren CH_3-Gruppe u. einer ebensolchen OH-Gruppe, deuten. Diese beiden Gruppen führen eine gehinderte gegenseitige Drehung um die CH_3-Symmetrieachse durch (ausführliche mathemat. Behandlung dieses Modells s. Original). Als Trägheitsmomente u. -prod. von I werden angegeben: A 34,28·10^{-40} gcm², C_1 1,236·10^{-40} gcm² u. D —0,107·10^{-40} gcm². Die beiden Komponenten des Dipolmomentes werden zu $\mu_{\parallel}$ 0,893·10^{-18} u. $\mu_{\perp}$ 1,435·10^{-19} e. s. E. bestimmt. Der OH-Abstand hat denselben Wert wie im W., 0,958 Å, der C—O-Abstand beträgt 1,421 Å. Der COH-Bindungswinkel beträgt 110° 15′ u. ist um 5° 44′ größer als der Spitzenwinkel im W.; die Symmetrieachse der Methylgruppe liegt zwischen dem O- u. dem H-Atom mit einer O-Verschiebung von 0,084 Å. Für den C—H-Abstand ergeben sich so 1,093 Å u. für den Winkel HCH 109° 28′. Für die Rotationsenergieniveaus wird eine Formel abgeleitet. (Physic. Rev. [2] **84.** 408—17. 1/11. 1951. Ann Arbor, Mich., Univ., Harrison M. Randall Labor. of Phys.) ZIMMER. D 182

E. Hückel und B. Krause, *Über die relative Stabilität von Methylacenen und Methylendihydroacenen.* (Vgl. C. **1951.** II. 3145.) Nach CLAR haben Vff. die von ihm gegebene Deutung seiner experimentellen Befunde u. Berechnung der Resonanzenergie (RE.) nicht richtig wiedergegeben. Vff. stellen demgegenüber fest, daß man zur Berechnung der RE. das aromat. ungesätt. Syst. als Ganzes behandeln müsse u. daß sich die Berechnung der RE. bei den Dihydroacenen als Summe eines aromat. u. (angenähert konstanten) aliphat. Anteils nicht begründen ließe. Es bliebe daher keine andere Deutungsmöglichkeit der CLARschen experimentellen Befunde als die, daß außer dem Einfl. der Differenz der RE. auf das Tautomeriegleichgewicht noch ein anderer Einfl. (Energiedifferenz der Einfachbindungen) Bedeutung haben muß. (Z. Naturforsch. **6a.** 514—15. Sept. 1951. Marburg, Univ., Phys. Inst., theoret. Abt.) NOWOTNY. D 184

Eric Clar, *Bemerkung zu voranstehendem Nachtrag von E. Hückel und B. Krause.* (Vgl. vorst. Ref.) Beim *Methylpentacen,* das nur in der Methylenform beständig ist, steht die Lage des Gleichgewichts zwischen dem Methylen- u. dem Methylderiv. in Widerspruch zu einer quantenmechan. Voraussage von SSIRKIN u. DJATKINA (Bull. Acad. Sci. URSS Sér. Chim. **1946.** 153), wonach sich das Gleichgewicht in der Acenreihe mit unendlicher Ringzahl einem Verhältnis von 50 : 50 nähern soll. Aus diesem Grunde wurde bei der Berechnung die Betrachtungsweise von PAULING vorgezogen. Die von HÜCKEL u. KRAUSE angenommene Energiedifferenz in der Einfachbindung von 0,1 γ = 4,4 kcal ließ sich nicht voraussagen u. könnte ebensogut ein umgekehrtes Vorzeichen haben. (Z. Naturforsch. **6a.** 515. Sept. 1951. Glasgow, Univ., Chem. Dep.) NOWOTNY. D 184

W. Cochran und F. H. C. Crick, *Nachweis der Pauling-Corey'schen α-Schraubenstruktur in synthetischen Polypeptiden.* Es wurde die FOURIER-Transformation eines Atoms berechnet, das sich in regelmäßigen Intervallen auf einer unendlichen Schraube wiederholt. Die Eigg. der Transformation sind derart, daß es gewöhnlich möglich sein wird, den allg. Charakter der Röntgenstrahlstreuung durch irgendeine Struktur vorherzusagen, die auf einer regelmäßigen Folge ähnlicher Gruppen von Atomen basiert, die in einer schraubenförmigen Art angeordnet sind. Auch der Typ der Röntgenbeugung des synthet. Polypeptids *Poly-L-glutaminsäure-γ-methylester* (vgl. nachst. Ref.) läßt sich auf diese Weise erklären, so daß kein Zweifel besteht, daß in diesem synthet. Polypeptid die PAULING-COREYsche α-Schraube (Proc. Nat. Acad. Sci. **USA 37.** [1951.] 241) vorhanden ist. PAULING u. COREY hatten dies bereits in der Äquatorialebene nachgewiesen; Vff. zeigen, daß sich diese Korrespondenz über das gesamte Beugungsbild erstreckt. Die Struktur des Poly-L-glutaminsäure-γ-methylesters beruht auf einer Schraube von 18 Resten in 5 Drehungen u. 27 Å. (Nature [London] **169.** 234—35. 9/2. 1952. Cambridge, England, Cavendish Labor., Crystallographic Labor., u. Med. Res. Counc. Unit. for the Study of the Mol. Struct. of Biol. Syst.) GOTTFRIED. D 195

C. H. Bamford, L. Brown, A. Elliott, W. E. Hanby und I. F. Trotter, *Struktur von synthetischen Polypeptiden.* (Vgl. vorst. Ref.) An einem neuen Präp. der α-Form von *Poly-L-glutaminsäure-γ-methylester* wurden Röntgenaufnahmen hergestellt. Die Röntgenaufnahmen führten auf eine hexagonale Zelle mit den Dimensionen a = 11,95 Å, c = 27,0 Å. Die FOURIER-analyt. Unterss. führten zu einer Bestätigung der von PAULING u. COREY vorgeschlagenen Struktur für die α-Form synthet. Polypeptide. Nach vorläufigen Unterss. scheint auch *Poly-L-glutaminsäure-γ-benzylester* die gleiche Struktur zu besitzen. (Nature [London] **169.** 357—58. 1/3. 1952. Maidenhead u. Coventry, Courtaulds, Ltd., Res. Labor.) GOTTFRIED. D 195

R. D. Brown, *Eine theoretische Behandlung der Diels-Alder-Reaktion.* **3. Mitt.** *Gleichgewichte für aromatische Kohlenwasserstoffe.* (2. vgl. C. **1952. 4908.** Vf. wendet die in der 1. u. 2. Mitt. entwickelte Theorie der „Lokalisationsenergie" auf das Gleichgewicht an, das sich bei der Rk. zwischen Anthracenderivv. u. *Maleinsäureanhydrid* einstellt. Es wird gezeigt, daß die Gleichgewichte für starre, konjugierte Systeme fast quantitativ vorausberechnet werden können. Die von BACHMANN u. KLOETZEL (J. Amer. chem. Soc. **60.** [1938.] 481) experimentell ermittelten Gleichgewichtsdaten werden unter der zutreffenden, vereinfachenden Annahme geprüft, daß die Aktivierungsentropie von der eingesetzten Substanz unabhängig ist. Unterschiede in der Freien Energie der Rk. sind bes. für Substanzen mit ähnlicher Struktur auf Unterschiede in den Reaktionsenthalpiewerten zurückzuführen, diese wiederum können den Differenzen in den — nach der LCAO-Meth. berechneten — p-Lokalisationsenergien der aromat. Systeme gleichgesetzt werden. Nach Angabe der BACHMANNschen Gleichgewichtswerte u. des Wertes d(lnK)/dx (x = Molenbruch des Adduktes im Gleichgewicht) werden die so berechneten x-Werte den experimentell ermittelten gegenübergestellt. Untersucht wurden die Verbb. *Anthracen, Benzanthracen, 1.2; 5.6-Dibenzanthracen, 1.2; 7.8-Dibenzanthracen 1.2; 3.4-Dibenzanthracen* u. *Naphthalin.* Die nur etwa quantitative Übereinstimmung geht darauf zurück, daß die Theorie des Vf. nicht zwischen endo- u. exo-Form des Maleinsäureanhydridadduktes unterscheidet. Es wirken wahrscheinlich Induktionskräfte, die für das überwiegende Entstehen der endo- oder exo-Form verantwortlich sind. Eine Abschätzung dieser Kräfte, die infolge geringer Reichweite für viele cycl. Systeme die gleichen sind, würde eine genauere Vorausbest. des Reaktionsgleichgewichtes ermöglichen. (J. chem. Soc. [London] **1951.** 1612—14. Juni. London, Kings Coll., Dep. of Theoret. Phys.) HALDER. D 221

Carl B. Kretschmer und **Richard Wiebe,** *Die Löslichkeit gasförmiger Paraffine in Methanol und Isopropylalkohol.* Im Temperaturbereich von 0—50° werden die Löslichkeiten von *Propan, n-Butan* u. *Isobutan* in Methanol u. Isopropylalkohol sowie die Dampfdrucke der Lsgg. gemessen. Weiter wird eine für die Löslichkeit der gleichen Paraffine in A. aufgestellte Gleichung (C. **1952.** 3960) auch hier angewendet u. die entsprechenden Koeffizienten sowie die partiellen mol. thermodynam. Funktionen angegeben. (J. Amer. chem. Soc. **74.** 1276—77. 5/3. 1952. Peoria, Ill., Northern Regional Res. Labor.) V. SCHIESZL. D 224

K. Schwabe und **H. Sieber,** *Über die gegenseitige Löslichkeitsbeeinflussung der isomeren Hexachlorcyclohexane.* Durch Löslichkeitsunterss. bei den 4 isomeren *Hexachlorcyclohexanen* (I) (in CCl_4, Aceton u. Bzl. bei 25°) wurde gefunden, daß sich die einzelnen Isomeren unabhängig davon, ob die Lösungsmittel bereits an den anderen Isomeren gesätt. oder rein sind, in gleichem Umfang lösen. So kann man mit einer gesätt. Lsg., z. B. von γ-I, aus einem Isomerengemisch die anderen Isomeren extrahieren, wobei das γ-Isomere des Gemisches als Rückstand hinterbleibt. Aus techn. Gemischen kann γ-I mit wenigem Aufwand an Lösungsmitteln u. rascher gewonnen werden als durch fraktionierte Extraktion u. Kristallisation. (Chem. Techn. **3.** 3—4. Jan. 1951. Dresden.) PÖHLS. D 224

M. R. Berlie und **D. J. Le Roy,** *Die Reaktion von atomarem Wasserstoff mit Äthan.* Vff. umgehen die Schwierigkeiten, die der Ermittlung der durch v = K[H][RH] gegebenen Geschwindigkeit einer Rk. $H + RH \rightarrow H_2 + R$(1) entgegenstehen, indem sie die Meth. von DINGLE u. LE ROY (C. **1952.** 4581) zur Herst. u. Best. von atomarem H auf die Rk. von C_2H_6 mit atomarem H anwenden. Die Absolutwerte von [H] u. [C_2H_6] werden in Abhängigkeit von der Zeit ermittelt, aus dem Verbrauch von C_2H_6 u. H auf das Ausmaß der Rk. $R + H(+ M) = RH(+ M)$ geschlossen u. mit den erhaltenen Werten R u. damit K für Tempp. zwischen 80 u. 163° berechnet. Die Aktivierungsenergie der Rk. (1) ergibt sich zu 6,2 ± 0,1 kcal pro mol., der ster. Faktor zu $3{,}3 \cdot 10^{-3}$. (J. chem. Physics **20.** 200—01. Jan. 1952. Toronto, Can., Univ., Dep. of Chem.) WOELK. D 225

S. M. McElvain und **Bryce E. Tate,** *Thermische Zersetzung von Iminoestersalzen und die Spaltung von Orthoestern durch diese Salze.* Als Neben-Rk. bei der Alkoholyse von *Iminoesterhydrochloriden* u. *-hydrobromiden* zu Orthoestern tritt Zers. der Verbb. zu Säureamiden u. Alkylhalogeniden ein. Iminoester von Säuren mit unsubstituierter KW-stoffkette u. einfachsubstituierten Ketten ergeben nur geringe Ausbeuten an Amiden. Bei 2 Substituenten in α- oder β-Stellung treten hingegen bis zu 50% Amide als Nebenprodd. der Alkoholyse auf (vgl. C. **1947.** E. 39). Diese Zers. wurde nun durch Best. des Cl^- bei 60 u. 35° in $CHCl_3$ u. tert.-Butylalkohol untersucht, in tert.-Butylalkohol verläuft die Rk. schneller. Die Rk. ist erster Ordnung. Die Halbwertszeiten betragen bei 60° in Min. bei *Essigsäureiminomethylester·HCl* —, 19; *-äthylester·HCl* (I) 1770, 317; *-äthylester·HBr* 607, 87; *-isopropylester·HCl* —, 1000; *Isobuttersäureiminoäthylester*·HCl (II) —, 200; *Phenylessigsäureiminoäthylester·HCl* (III) —, 118 u. *Carbäth-*

oxyessigsäureiminoäthylester·HCl (IV) —, 34. Diskutiert werden zwei Reaktionsmechanismen: (1) Innermol. Zers. u. (2a) $RC(OR)NH_2Cl \rightleftharpoons R{-}C\langle^{NH_2}_{O^+R} \leftrightarrow R{-}C\langle^{N^+H_2}_{OR}$ + Cl′, (2b) → $RCONH_2$ + RCl. Auch (2) ergibt eine Rk. erster Ordnung, wenn man nur geringe Dissoziation nach (2a) annimmt. Die Änderungen der Reaktionsgeschwindigkeiten bei Variation entsprechen einem S_N2-Mechanismus u. damit (2b). Elektronegative Gruppen als Substituenten an R erhöhen den elektropositiven Charakter der Amidgruppe u. erhöhen damit die Zersetzungsgeschwindigkeit zum Amid. Die Amidbldg., die über Ionen verläuft, wird im unpolaren Lösungsm. zurückgedrängt; in sd. Ae. erhält man daher maximale Ausbeuten an Orthoester bei der Alkoholyse. — Als weitere Rk. wurde die Spaltung von Orthoestern durch Iminoestersalze untersucht. Die Rk. verläuft nach (3) $R'C(OR)_3 + R''C(OR''') = NH_2X) \rightarrow R'COOR + RX + ROH$. Die als Konkurrenz-Rk. auftretende Zers. in Amide war dabei gering. Auch der bei (3) auftretende Alkohol hat keinen Einfl. auf die Rk., da er durch Alkoholyse der Iminoester verbraucht wird, wie eine geringe Ausscheidung von NH_4Cl zeigt. Substituenten in der α-Stellung haben keinen Einfl. auf die Spaltung, die Geschwindigkeit von (3) nimmt mit der Acidität der Iminoestersalze zu. Methylorthoester werden leichter gespalten als Äthylorthoester. Vff. nehmen folgenden Spaltungsmechanismus an: (4a) $R'C\cdot(OR)_3 + R''C(OR''') = NH_2X \rightleftharpoons R''C(OR''') = NH + R'C(OR)_2ORH^+ + X^-$; (b) $R'C(OR)_2ORH^+ + X^- \rightarrow R'COOR + RX + ROH$. Untersucht wurde die Geschwindigkeit der Spaltung folgender Orthoester in Chlf. bei 25°: *Phenylessigsäureorthoäthylester* (V) + III, *Äthylorthoacetat* (VI) + III, VI + I, V + I, VI + II, VI + *Phenylessigsäureiminomethylester·HCl* (VII), VI + IV, *Methylorthoacetat* (VIII) + III, VII + VIII. — In alkoh. Lsg., in der die Darst. von Orthoestern vorgenommen wird, besitzt (4) nur in seltenen Fällen Bedeutung. Ätherbldg. aus der konjugierten Säure des Orthoesters spielt keine Rolle, wie Vff. durch Rk. von V mit *Malonsäurediiminodiäthylester*·HCl ($C_7H_{15}O_2N_2Cl$, F. 102—104°) zeigten: hier ist die Spaltung des Esters vor der Alkoholyse des Iminoesters begünstigt, in alkoh. Lsg. werden bei 25%ig. Umsatz 85% Ausbeute an C_2H_5Cl erhalten. — *Essigsäureiminoäthylesterhydrobromid*, $C_4H_{10}ONBr$, F. 112—113° (Zers.); *Essigsäureiminoisopropylesterhydrochlorid*, $C_5H_{12}ONCl$, F. 88—91°. (J. Amer. chem. Soc. 73. 2233—38. Mai 1951. Madison, Wis., Univ., Labor. of organ. Chem.)

KLEINWÄCHTER. D 225

A. T. Blomquist und A. J. Buselli, *Die Zersetzung von symmetrisch substituierten Benzoylperoxyden*. Die Zers. von *Benzoylperoxyd* (I) verläuft auf zwei verschied. Wegen, nach einer Rk. 1. Ordnung u. nach einer Ketten-Rk. (2. Ordnung), die zweite Rk. wird durch Lösungsmittelradikale oder die bei der Zers. aus I entstehenden Radikale induziert. Die Rk. 2. Ordnung kann unterdrückt werden durch Verwendung eines geeigneten Lösungsm., als solches erwies sich Acetophenon, von dem Vff. annehmen, daß auf Grund seiner Struktur eine Teilnahme an der Ketten-Rk. auszuschalten ist. In Acetophenon wurde daher bei 80° die Zers. von I u. 15 verschied. symm. substituierten Benzoylperoxyden untersucht, gefunden wurde immer eine Rk. 1. Ordnung. Die Aktivierungsenergien u. -entropien wurden berechnet, die Werte der Geschwindigkeitskonstanten mit den HAMMETTschen σ-Werten verglichen. Es zeigte sich, daß die Werte bei m- u. p-substituierten Benzoylperoxyden nicht sehr unterschiedlich sind. Dagegen ist die Aktivierungsentropie bei o-Verbb. im allg. größer, die Aktivierungsenergie im allg. kleiner als bei den entsprechenden p-Verbindungen. Vff. nehmen an, daß die Benzoylperoxyde Dipole darstellen, bei denen die negative Ladung in den Carboxylgruppen lokalisiert ist. Die Zers. erfolgt nun infolge der abstoßenden COULOMB-Kräfte zwischen den Carboxylgruppen, eingeführte Substituenten verändern die Größe dieser COULOMB-Kräfte. Bei den o-Verbb. wirken neben den COULOMB-Kräften zwischen den beiden Carboxylgruppen noch die COULOMB-Kräfte der beiden o-Substituenten gegeneinander. Daraus erklären sich die oben genannten Unterschiede in den Aktivierungsenergien u. -entropien. Die Darst. der Peroxyde erfolgte nach bekannten Verfahren. *Benzoylperoxyd* (I), F. 106—107° (Chlf.-Methanol), $k^{70°}$ $0{,}691\cdot10^{-3}$, $k^{80°}$ $2{,}59\cdot10^{-3}$, $k^{94{,}5°}$ $13{,}8\cdot10^{-3}$ $Min.^{-1}$, ΔE 30,2 kcal/Mol, ΔS 4,5 cal $Grad^{-1}\cdot Mol^{-1}$. — *Bis-[p-methoxybenzoyl]-peroxyd*, F. 128° (Toluol); 65,5% (Ausbeute), k_1 zwischen 72,44 u. 86,64° $4{,}08—21{,}5\cdot10^{-3}$ $Min.^{-1}$; ΔE 28,7; ΔS 3,0. — *Bis-[p-nitrobenzoyl]-peroxyd*, F. 157—158° (Toluol); 56%; k_1 zwischen 80,0 u. 97,26° $2{,}60—19{,}2\cdot10^{-3}$; ΔE 30,3; ΔS 4,8. — *Bis-[p-chlorbenzoyl]-peroxyd*, F. 140° (Bzl.-Cyclohexan); 70,5%; k_1 zwischen 80 u. 102,9° $2{,}30—33{,}6\cdot10^{-3}$; ΔE 30,4; ΔS 5,2. — *Bis-[m-nitrobenzoyl]-peroxyd*, F. 137° (Bzl.); 38,5%; k_1 zwischen 80 u. 100,76° $2{,}28—23{,}8\cdot10^{-3}$; ΔE 30,2; ΔS 4,2. — *Bis-[p-methylbenzoyl]-peroxyd*, F. 136° (Bzl.-Cyclohexan); 70%; k_1 zwischen 73,36 u. 94,92° 16,80 bis $21{,}60\cdot10^{-3}$; ΔE 29,9; ΔS 4,3. — *Bis-[m-methoxybenzoyl]-peroxyd*, F. 82—83° (Bzl.-

Cyclohexan), 67 %; k_1 zwischen 72,99 u. 89,79° 1,69 u. $11{,}95 \cdot 10^{-3}$; ΔE 28,9; ΔS 2,0. — *Bis-[m-chlorbenzoyl]-peroxyd*, F. 123° (Bzl.-Cyclohexan); k_1 zwischen 80 u. 98,07° 1,71—$14{,}3 \cdot 10^{-3}$; ΔE 30,7; ΔS 5,3. — *Bis-[m-methylbenzoyl]-peroxyd*, F. 54° (Cyclohexan), 57 %; k_1 zwischen 80 u. 94,92° 2,82—$17{,}10 \cdot 10^{-3}$; ΔE 30,2; ΔS 4,7. — *Bis-[3.5-Dinitrobenzoyl]-peroxyd*, F. 161—162° ($CHCl_3$-CH_3OH); 37 %; k_1 zwischen 80 u. 94,64° 1,12—$11{,}74 \cdot 10^{-3}$; ΔE 31,2; ΔS 5,8. — *Bis-[o-chlorbenzoyl]-peroxyd*, F. 95° (Bzl.-Cyclohexan); 75 %; k_1 zwischen 60,43 u. 86,84° 2,04—$54{,}2 \cdot 10^{-3}$; ΔE 29,4; ΔS 6,7. — *Bis-[o-nitrobenzoyl]-peroxyd*, F. 145° (Acetophenon); k_1 zwischen 56,26 u. 80,0° 3,48 bis $80{,}6 \cdot 10^{-3}$; ΔE 28,6; ΔS 6,9. — *Bis-[o-methylbenzoyl]-peroxyd*, F. 52,5—53,5° (Ligroin); 63 %; k_1 zwischen 62,01 u. 80° 1,87—$18{,}8 \cdot 10^{-3}$; ΔE 30,2; ΔS 8,7. — *Bis-[o-methoxybenzoyl]-peroxyd*, F. 85—86° (Ae.-PAe.); 77,1 %; k_1 zwischen 50,08 u. 80,0° 3,60—$129 \cdot 10^{-3}$; ΔE 27,2; ΔS 3,8. — *Bis-[o-phenoxybenzoyl]-peroxyd*, F. 66—67° (Ae.-PAe.); 88 %; k_1 zwischen 57,53 u. 80° 1,87—$30{,}0 \cdot 10^{-3}$; ΔE 29,0; ΔS 6,0. — *Bis-[p-cyanbenzoyl]-peroxyd*, F. 187°; 35 %; k_1 zwischen 80,0 u. 97,81° 1,46—$12{,}6 \cdot 10^{-3}$; ΔE 31,2; ΔS 6,4. (J. Amer. chem. Soc. **73.** 3883—88. Aug. 1951. Ithaka, N. Y., Cornell Univ., Baker Labor. of Chem.) KLEINWÄCHTER. D 225

Raymond Paul, *Molekulare Umlagerungen einiger trizentrischer Systeme der Hydrofuran- und Hydropyranreihe.* In dieser Literaturübersicht betrachtet der Vf. weniger bekannte Rkk. in der Hydrofuran- u. Hydropyranreihe, bei denen intermediär Umlagerungen anzunehmen sind, unter dem Gesichtspunkt der Anionotropie u. Kationotropie. Bes. eingegangen wird auf Rkk. der Halogenverbb. mit Alkalimetallen oder Mg unter Ringöffnung u. Bldg. von β- oder γ-Äthylenalkoholen, sowie umgekehrt deren Ringschluß zu Hydrofuran- u. Hydropyranderivv., schließlich auch auf Ringverschiebungen bei Epoxyverbindungen. Die noch hypothet. intermediären Vorgänge werden diskutiert, während das Literaturverzeichnis auf die experimentellen Bedingungen verweist. Mit guter Ausbeute sollen durch diese Umlagerungen β- u. γ-Äthylenalkohole sowie auch *Pentin-(4)-ol-(1)* zugänglich werden. In die Betrachtung fügt sich auch die Bldg. von *3.5-Dioxypiperidin* aus *1.2, 4.5-Bisepoxypentan* ein. (Bull. Soc. chim. France, Mém. [5] **18.** C 109—15. März/April 1951. Montpellier, Internationales Colloquium.) DU MONT. D 225

C. J. Danby, A. S. Buchanan und I. H. S. Henderson, *Die Kinetik der Photolyse von Acetaldehyd.* 1. Mitt. *Die Bestimmung von Äthan und Wasserstoff in den Reaktionsprodukten mit Hilfe eines Massenspektrometers.* Bei 300° gibt die UV-Photolyse von *Acetaldehyd* (Lichtquelle: 500 Watt-Hg-Lampe, die hauptsächlich 360 mμ ausstrahlte) Äthan u. Wasserstoff, die mit einem Massenspektrometer bestimmt werden. Zur Ionisation wurden 70 eV angewendet. Die Einflüsse des Druckes u. der Temp. werden studiert. Die Möglichkeit der folgenden Rkk. wird diskutiert: $CH_3CHO + h\nu \rightarrow CH_4 + CO$; $CH_3CHO + h\nu \rightarrow CH_3\cdot + \cdot CHO$; $CH_3\cdot + CH_3CHO \rightarrow CH_3\cdot + CH_4 + CO$; $CH_3\cdot + CH_3\cdot \rightarrow C_2H_6$; $\cdot CHO + CH_3CHO \rightarrow CH_4 + CO + \cdot CHO$; $CH_3\cdot + \cdot CHO \rightarrow CH_3CHO$; $\cdot CHO \rightarrow H + CO$; $H + CH_3CHO \rightarrow CH_4 + CO + H$; $H + CH_3CHO \rightarrow CH_3\cdot + CO + H_2$; $H + H \rightarrow H_2$. Die Konzz. der entstandenen Prodd. sind abhängig von dem Anfangsdruck u. der Temp. des Aldehyds. Die Menge an C_2H_6 wächst mit abnehmender Temp. bis herab zu 200° bei gleichem Druck. Bei tieferen Tempp. wird ein anderer Reaktionsmechanismus vorherrschend. Mit steigendem CH_3CHO-Druck sinkt das Verhältnis von C_2H_6 zu CH_4. Wenn H_2 im Reaktionsprod. in etwa gleicher Menge wie C_2H_6 vorliegt, scheinen Rkk. des Formylradikals eine wichtige Rolle zu spielen. (J. chem. Soc. [London] **1951.** 1426—30. Juni.) KELLERMANN. D 226

Zoltán Csürös, István Géczy und Miklós Keipert, *Untersuchungen mit Katalysatoren.* 6. Mitt. *Über Mechanismus und Kinetik der Hydrierung stereoisomerer Äthylencarbonsäuren.* (5. vgl. Acta chim. Acad. Sci. hung. **1.** [1949.] 45.) Vff. untersuchten den Mechanismus u. die Kinetik der Hydrierung von *Maleinsäure, Fumarsäure* u. *Zimtsäure* mit H_2, wobei Pd-Tierkohle als Katalysator diente. Es wurde in A. als Lösungsm. gearbeitet. Bei der Erforschung des Grundes, weshalb die Hydrierungsgeschwindigkeit mit der Menge des Katalysators ein Maximum u. ein Minimum durchläuft, wurde mit Hilfe einer neuartigen Bestimmungsmeth. der Reaktionsordnung gefunden, daß sich außer der Geschwindigkeit auch die Reaktionsordnung selbst ändert, u. zwar zwischen Null u. einer Bruchzahl. Diese Änderung ist der Katalysatormenge nicht proportional, sondern zeigt ebenfalls ein Minimum u. ein Maximum. Die Geschwindigkeitskonstante ist dort am größten, wo sich die Reaktionsordnung der Null am meisten nähert. Bei fallender Substanzkonz. steigen die Geschwindigkeitskonstanten. Das Reaktionsprod., z. B. Bernsteinsäure, hat auf die Hydrierung eine verzögernde Wirkung. Es ändert außerdem den Mechanismus der Reaktion. Das Reaktionsprod. drängt nicht nur die Adsorption der Substanz, sondern auch die des Wasserstoffs zurück. Die Differenzen zwischen den Hydrierungsgeschwindigkeiten der Äthylencarbonsäuren führen Vff. auf Unterschiede in ihrer Adsorption zurück. (Acta chim. Acad. Sci. hung. **1.** 22—45. 1951. Budapest, TH, Organ.-Chem. Technol. Inst.) R. MATTNER. D 227

Zoltán Csűrös, István Géczy und Tamás Nógrádi, *Untersuchungen mit Katalysatoren.* 7. Mitt. *Die Rolle des Wasserstoffdrucks in der Kinetik und dem Mechanismus katalytischer Hydrierungen.* (6. vgl. vorst. Ref.) Es werden Kinetik u. Mechanismus der katalyt. Hydrierung von Äthylendoppelbindungen im Hinblick auf die Rolle des Wasserstoffs untersucht. Beim Hydrieren von *Maleinsäure* (I) u. *Fumarsäure* in A. im mol. Verhältnis von Substrat zu $H_2 = 1:1$ variieren Reaktionsordnung u. Geschwindigkeitskonstante als Funktionen der Katalysatormenge entsprechend von Maximum-Minimum-Kurven. Die Werte der Reaktionsordnung variieren zwischen 1,0 u. 1,6, wenn die Katalysatormengen nicht zu klein sind. Die Reaktionsordnung bzgl. H_2 wurde durch Hydrieren von 6,7 Moll. I mit 1 Mol H_2 bestimmt, wobei die Werte mit denen der früheren Verss. übereinstimmten. Bei einem Verhältnis von Substrat zu $H_2 = 13{,}4:1$ wuchs der Wert für die Reaktionsordnung auf 1,9. Die letzten für die Reaktionsordnung bzgl. H_2 erhaltenen Werte streben gegen 2, wodurch bewiesen wird, daß mindestens 1,5, wahrscheinlich 2 Moll. H_2 an der Rk. teilnehmen. Daraus folgern Vff., daß die Rk. über freie Radikale verläuft. Bei Hydrieren von *Octen-(2)* ohne Verwendung eines Lösungsm. tritt statt der Minimum-Maximum-Kurve eine gleichmäßige Abhängigkeit auf. Vff. schließen daraus, daß die Minimum-Maximum-Kurve den Adsorptionsverhältnissen zugeschrieben werden kann, die durch die Ggw. des Lösungsm. entstehen. (Acta. chim. Acad. Sci. hung. **1.** 168—81. 1951.) R. MATTNER. D 227

T. Erdey-Grúz und J. Szabó, *Über den Zusammenhang der Hydrierungsgeschwindigkeit mit der Menge des Katalysators.* (Vgl. vorst. Reff.) Es wurde die Hydrierung der *Crotonsäure* u. *Zimtsäure* in Lsg. in Ggw. von feinverteiltem, auf $BaSO_4$ niedergeschlagenem Pd vom reaktionskinet. Gesichtspunkt aus untersucht. Die Rk. wird durch das Hydrierungsprod. autokatalyt. beschleunigt. Die Hydrierungsgeschwindigkeit in Abhängigkeit von der Menge des Katalysators zeigt ein Maximum u. ein Minimum. Konz. der Lsg., Ggw. von fremden Ionen u. Veränderung des Verhältnisses zwischen Oberfläche u. Vol. der Lsg. beeinflussen wesentlich die Form der Geschwindigkeitskurve, unter entsprechenden Bedingungen verschwindet das Maximum u. Minimum. Es kann sogar vorkommen, daß die Geschwindigkeit der Rk. in weitem Intervall unabhängig von der Menge des Katalysators ist. Ist die Oberfläche der Lsg. im Verhältnis zum Vol. sehr groß, so ist die Geschwindigkeit der Hydrierung proportional der Menge an Katalysator. Die Versuchsergebnisse werden unter der Berücksichtigung der Tatsache, daß die Rk. an der Oberfläche u. im Innern der Lsg. mit verschied. Geschwindigkeit vor sich geht, als eine Folge der verschied. Konz. des H_2 an verschied. Stellen der Lsg. erklärt. Die verwendete Versuchsapp. ist angegeben. (Acta chim. Acad. Sci. hung. **1.** 46—65. 1951. Budapest, Univ., Inst. für physikal. Chem. u. Radiologie.)
R. MATTNER. D 227

D₂. Präparative organische Chemie. Naturstoffe.

Takizaburo Yatsu, *Schwefelsäure in der organischen Chemie.* Zusammenstellung der neueren Erkenntnisse über das Verh. von H_2SO_4 gegen organ. Verbindungen. Als Beispiele werden erörtert die Nitrierung aromat. Stoffe, die Methylierung mit Dimethylsulfat, die Ätherbldg. u. Dimerisierung von Isobutylen. — 31 Literaturhinweise. (Chem. and chem. Ind. [Kagaku to Kogyo] **3.** 231—37. Aug. 1950. Kyodai, Chem. Dep. [Orig.: japan.]) SCHULER. 450

Georg Wittig, Horst Tenhaeff, Walter Schoch und Günter Koenig, *Einige Synthesen über Ylide.* Vff. wollen die frühere Feststellung (vgl. Liebigs Ann. Chem. **555.** [1944.] 133), daß *Ylide* mit beweglichen Gruppen am N zur Isomerisation neigen, für synthet. Zwecke ausnutzen. — Die von THOMSON u. STEVENS (vgl. C. **1932.** II. 1774) beschriebene Umwandlung des *Dimethyldibenzylammoniumchlorids* (I) mit $NaOCH_3$ in *Dimethyl-[1.2-diphenyläthyl]-amin* (II) wird sicher über das *Benzylid* $C_6H_5\bar{C}H—\overset{+}{N}(CH_3)_2—CH_2\cdot C_6H_5$ (III) verlaufen, das eine bewegliche Benzylgruppe enthält u. daher isomerisiert wird. Wird statt Alkoholat C_6H_5Li verwendet, dessen anion. Phenylrest ein stärkerer Protonenacceptor ist als RO^-, entsteht aus dem I entsprechenden Bromid ein Amingemisch, bestehend aus einem Amin vom F. 193—194°, dessen Konst. nicht ermittelt werden konnte, da es in zu geringer Menge anfiel, II (neben aus II u. C_6H_5Li entstandenem *Stilben*) u. *Dimethyl-[o-methylbenzhydryl]-amin*, welches durch SOMMELETsche Umlagerung über III entsteht; die Konst. ist bewiesen durch die Darst. aus der I entsprechenden quartären Base u. P_2O_5 unter den Bedingungen der SOMMELET-Umlagerung u. die Gewinnung aus o-Methylbenzhydrylchlorid u. $(CH_3)_2NH$. — Ebenso beweglich wie die Benzylgruppe erwies sich auch die Fluorenylgruppe: *Dimethyldifluorenylammoniumbromid* gibt mit C_6H_5Li das braunrote *Fluorenylid* **IV**, welches *Dimethylaminodibiphenylenäthan* (**V**) bildet, dessen Konst. durch unabhängige Synth. bewiesen wurde. **V** konnte allerdings im Gegensatz zu den Angaben von PINCK u. HILBERT (C. **1936**. I. 2079) nicht aus Dibiphenylenäthen (**VI**) u. $(CH_3)_2NH$ gewonnen werden. Neben **V** wurde bei der C_6H_5Li-Rk. durch Sekundär-Rkk. entstandenes **VI** isoliert. — *Di-o-xylylenammoniumbromid* (**XI**) bildet mit C_6H_5Li das Ylid **VII**, daraus entstehen 2 infolge ihrer verschied. Basizität leicht trennbare Amine, *o-Xylylendihydroisoindol* (**X**) u. das *Isoindol* **IX**; dem wenig bas. Amin kommt nicht die erwartete Konst. **VIII**, sondern **IX** zu. Daß bei der therm. Zers. von quartären Ammoniumhydroxyden ebenfalls Ylide als Zwischenprodd. auftreten, wurde dadurch gezeigt, daß die trockene Dest. der **XI** entsprechenden Base ebenfalls **IX** u. **X** liefert; auch HO^- kann also bei geeigneter Konst. des Ammoniumkations Protonen aufnehmen. **X** gibt 2 Brommethylate (**XIII a** u. **b**), die infolge der cis-trans-Verknüpfung der beiden Ringe Diastereomere sind u. mit KJ die entsprechenden Jodide bilden; alle Halogenide liefern beim HOFMANNschen Abbau *N-Methyl-1-aza-3.4;7.8-dibenzocyclononatrien-(3.5.7)* (**XII**), das als einziges Reaktionsprod. auch aus der den Halogeniden entsprechenden Base gebildet wird; der Mechanismus der Rk. wird diskutiert. **XIII a** u. **b** liefern mit C_6H_5Li als Hauptprod. das zu **XII** isomere Amin **XIV**, welches durch STEVENSsche Umlagerung entsteht u. synthet. auf unabhängigem Wege aus N-Methyl-1-benzyl-1.2-dihydroisochinolin (**XV**) erhalten wurde. Der HOFMANNsche Abbau des **XV**-Jodmethylats liefert *4-Dimethylamino-1.2; 5.6-dibenzocyclooctatrien-(1.5.7)* (**XVI**), das auch aus dem **XII**-Brommethylat u. C_6H_5Li entsteht, was mit einer Benzylverschiebung aus dem Ylidring heraus zu erklären ist. Die therm. Zers. des Methylhydroxyds von **XVI** gibt neben etwas **XVI** *Dibenzocyclooctatetraen*; aus dem **XVI**-Brommethylat u. C_6H_5Li konnte es nicht erhalten werden. — Wird **XV** nicht mit überschüssiger H_3PO_4, sondern im Verhältnis 1:1 kondensiert, entsteht nicht **XIV**, sondern als Hauptprod. durch Disproportionierung *1-Benzyl-N-methyl-1.2.3.4-tetrahydroisochinolin*, das nach HOFMANN stufenweise zum *o-Vinyldibenzyl* abgebaut wurde. — *N.N-Dimethylisoindoliniumbromid* (**XX**) gibt mit C_6H_5Li nicht das erwartete Amin **XVII**, sondern über das Ylid unter Abspaltung von CH_4 *N-Methylisoindol* (**XVIII**), dessen Konst. durch seine Eigg., durch die positive

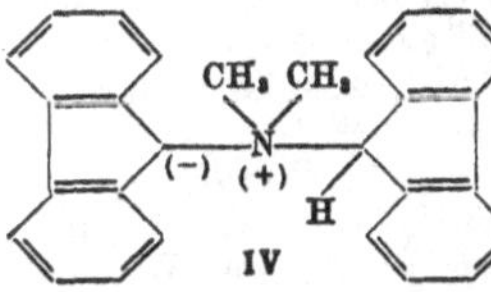

IV

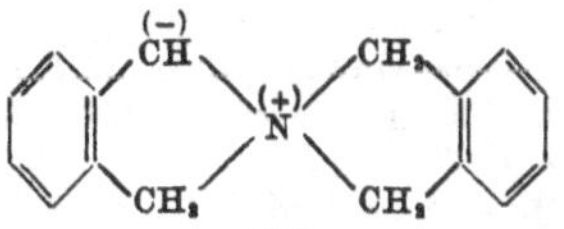

VII

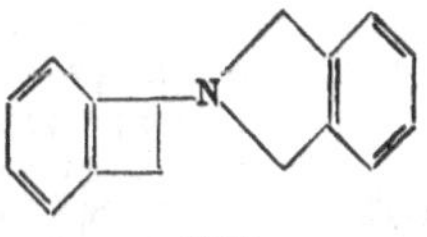

VIII

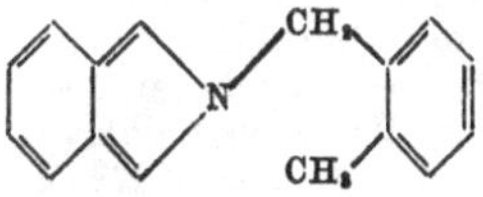

IX

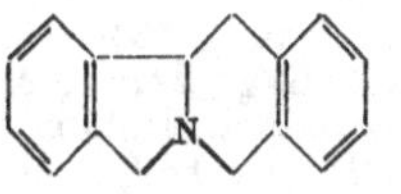

X

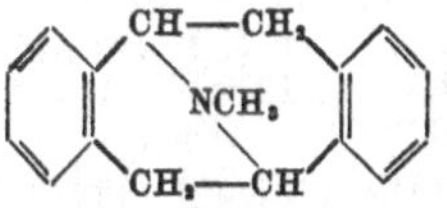

XIV

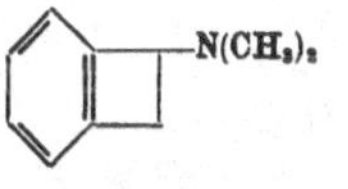

XVII

EHRLICH- u. Fichtenspan-Rk. u. durch katalyt. Hydrierung sichergestellt wurde. Maleinsäureanhydrid lagert sich an **XVIII** an unter Bldg. des Adduktes **XIX**; daß nicht die beiden anderen theoret. möglichen Addukte vorliegen, konnte durch die negative EHRLICH-Rk., die ausbleibende Br_2-Addition, die Passivität gegenüber katalyt. erregtem H_2 u. durch die

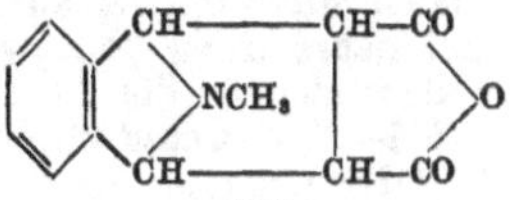

XIX

$KMnO_4$-Oxydation (Bldg. von *N-Methylphthalimid*) bewiesen werden; die CH_3NH_2-Abspaltung (Bldg. von Naphthalin-2.3-dicarbonsäureanhydrid) gelang nicht. Daß bei der Dien-Rk. das spannungsreiche Addukt entsteht, wird auf die große Aromatisierungstendenz des Cyclohexadiensyst. zurückgeführt. Die Bldg. von **XVIII** aus **XX** u. C_6H_5Li bringt auch die Erklärung dafür, daß aus **XI** bzw. **VII** neben **X** das Isoindolderiv. **IX** gebildet wird, das sich ganz analog verhält wie **XVIII**.

V e r s u c h e: Nach 3 std. Schütteln von Dimethyldibenzylammoniumbromid mit 1n C_6H_5Li-Lsg. in Ae., Zers. mit W. (1% Ausgangsverb. wird als *Jodid*, F. 184—185°, aus der wss. Lsg. mit KJ zurückgewonnen) u. Abdampfen scheidet sich aus dem erhaltenen Öl eine geringe Menge eines *Amins* vom F. 193—194° (A.) ab. Lösen des Öls in 2n H_2SO_4, Ausäthern von wenig *Stilben* (F. 116—117°), Zugabe von HCl u. Alkalisieren des ausgefallenen Hydrochlorids führt zu *Dimethyl-[o-methylbenzhydryl]-amin*, $C_{16}H_{19}N$, F. 50—51°; 36% (Ausbeute). *Pikrat*, $C_{22}H_{22}O_7N_4$, hellgelbe Nädelchen aus

CH_3OH-A., F. 174,5—175°. Die nach Entfernung des Hydrochlorids verbliebene Lsg. liefert nach Alkalisieren u. Ausäthern weitere Mengen des unbekannten Amins u. *Dimethyl-[1.2-diphenyläthyl]-amin* (II); 52 %. *Pikrat*, $C_{22}H_{22}O_7N_4$, aus CH_3OH gelbe Blättchen, F. 155—155,5°. — Wird krist. Dimethyldibenzylammoniumhydroxyd (aus dem Bromid, W. u. Ag_2O durch 2std. Schütteln u. Trocknen) 2 Tage mit P_2O_5 im Sonnenlicht behandelt, W. zugesetzt u. ausgeäthert, werden dieselben Amine erhalten wie vorstehend. — Rk. von Dimethyldifluorenyl-(9.9')-ammoniumbromid mit C_6H_5Li (unter Mitarbeit von **Konrad Nagel**): Das Bromid, $C_{28}H_{24}NBr$, F. 154—155° (Zers.), wird aus 9-Dimethylaminofluoren (F. 50°) u. 9-Bromfluoren in CH_3NO_2 gewonnen; 46 %. — *Dimethylaminodibiphenylenäthan* (V), $C_{28}H_{23}N$, F. 214—215° (Bzl. u. A.), aus vorst. Bromid u. C_6H_5Li in Ae. u. Zers. mit verd. HCl; 60 %. Aus der äther. Schicht etwas *Dibiphenylenäthen* (VI), F. 187°. **V** entsteht auch aus 9-Dimethylaminofluoren mit C_6H_5Li in Ae. bei nachheriger Zugabe von 9-Bromfluoren; 40 %. — Nach mehrstd. Schütteln von Di-o-xylylenammoniumbromid (XI) (F. 295° [A.], aus o-Xylylendibromid u. NH_3 in Bzl.) mit C_6H_5Li in Ae., Zers. mit W. (aus der wss. Lsg. 5 % **XI** zurück), Ausziehen mit nH_2SO_4 u. Zugabe von NaOH scheidet sich *o-Xylylen-1.2-dihydroisoindol* (X), $C_{16}H_{15}N$, F. 109—110° (Cyclohexan), ab; Reinigung zunächst durch Lösen in HCl u. Umkristallisation des Hydrochlorids aus CH_3OH + Ae.; 41 %. Aus der äther. Lsg. *o-Xylylisoindol* (IX), $C_{16}H_{15}N$, F. 80—80,5° (CH_3OH); Kp.$_{0,05}$ 144—146°; 8 %. Wird **XI** (193 g) in W. mit Ag_2O (150 g) 10 Std. geschüttelt, das Filtrat eingedampft, die Base bei 170° zers., W. abgesaugt, bei 143—159°/0,02 mm dest., ausgeäthert u. mit nH_2SO_4 extrahiert, verbleibt **IX** im Ae.; 18 %. Nach Zugabe von NaOH zur sauren Lsg., Lösen in CH_3OH, mehrtägigem Stehen u. manueller Trennung wurde **X** in hellgrünen Nadeln erhalten (43 g) u. *[o-Oxymethylbenzyl]-1.2-dihydroisoindol*, $C_{16}H_{17}ON$, in Form von farblosen groben Kristallen; F. 114—114,5° (PAe.); 14 g. Konstitutionsbeweis durch 16std. Erhitzen mit Eisessig + Br_2 im Rohr auf 130° unter Bldg. von **XI**. — *Brommethylate* (XIII) *von* **X**, $C_{17}H_{18}NBr$, aus 56 g **X** u. 118 g CH_3Br in Ae. durch 3std. Erwärmen auf 45° im Rohr, Waschen mit Aceton, Lösen in wenig CH_3OH, Zugabe der 3fachen Menge Aceton (**XIIIa**, F. 242—242,5°, aus Butanol; 20 g), Einengen der Mutterlauge, Zugabe von Aceton, dann von Ae. (**XIIIb**, große kub. Kristalle aus A.-Aceton 1:1, F. 122—124°; 33 g). *Jodmethylat* **a**, aus **XIIIa** in W. u. KJ; aus W. trikline Zwillinge mit starker Lichtbrechung, F. 228—228,5° (leichte Zers.). *Jodmethylat* **b**, aus **XIIIb**; aus W. trikline Kristalle mit starker Lichtbrechung, F. 182—185° (leichte Zers.). — *N-Methyl-1-aza-3.4;7.8-dibenzocyclononatrien-(3.5.7)* (XII), F. 59—61°, aus **XIIIa** oder **b** durch Schütteln mit Ag_2O in W., Eindampfen des Filtrats, Zers. der Base bei 140°, Abdest. des W. bei 15 mm u. Dest. bei 0,01 mm; 70 %; hygroskopisch. *Pikrat*, $C_{23}H_{20}O_7N_4$, F. 188—189° (Aceton). *Brommethylat*, $C_{18}H_{20}NBr$, aus Chlf. + A. (10:1) grobe Kristalle, F. 254° (Zers.); 65 %. *Jodmethylat*, $C_{18}H_{20}NJ$, aus vorst. Deriv.; aus W. glasklare rechteckige Kristalle, F. 244—245° (Zers.). — *N-Methyl-1(CH_2).3-[o-benzylen]-1.2.3.4-tetrahydroisochinolin* (XIV), $C_{17}H_{17}N$, Kp.$_{0,04}$ 131—135°, aus 10 g **XIIIa** oder **b** in Ae. durch Zugabe von 40 cm³ 1,15nC_6H_5Li-Lsg., Zers. mit W., Dest. der äther. Lsg. (132—138°/0,04 mm), Lösen des Öls (5,1 g) in Ae., Fällung von 9 Fraktionen Pikrat, Vereinigung der Fraktionen mit gleichem F. (1 g hellgelbes Pikrat, F. 220—222°, u. 6,2 g grünliches Pikrat, F. 140—162°), Überschichten der wss. Lsg. der Pikrate mit Ae. u. Zers. mit NH_4OH; aus dem höherschm. Pikrat 0,4 g Kristalle, F. 96—98°, die noch nicht näher untersucht wurden; aus dem niedrigerschm. Pikrat 3 g rohes **XIV**. **XIV** oxydiert sich an der Luft zum *Aminoxyd*, F. 179—181°. **XIV**-*Jodmethylat*, $C_{18}H_{20}NJ$, F. 305—306° unter starker Zers. (CH_3OH). **XIV**-*Pikrat*, $C_{23}H_{20}O_7N_4$, F. 214—216° (CH_3OH), aus dem Jodmethylat durch Erhitzen auf 280—290° Badtemp. im Rohr bei 0,01 mm u. Fällung mit Pikrinsäure. — *1-Benzyl-N-methyl-1.2-dihydroisochinolin* (XV), $C_{17}H_{17}N$, F. 44—45°, aus Isochinolinjodmethylat in Ae. durch Zugabe von äther. $C_6H_5CH_2MgCl$ unter N_2, Zers. mit NH_4Cl-Lsg., Ausziehen mit 20 %ig. HCl u. Zugabe zu 25 %ig. NH_4OH + Ae.; Kp.$_{0,01}$ 127—128°; 86 %; aus CH_3OH Nädelchen, die unter N_2 in Ampullen haltbar sind. — Nach 2tägigem Erhitzen von 10 g **XV** mit 200 g H_3PO_4 (D. 1,7) unter N_2 auf 150°, Eingießen in W. + Ae., Alkalisieren mit 24 %ig. NaOH u. Ausäthern entstehen 9,3 g Öl, von denen nur 2 g bei der Hochvakuumdest. übergehen; aus dem Destillat **XIV**-*Jodmethylat*; 1,1 g. Wenn das Rohöl ohne Dest. mit CH_3J in Ae. umgesetzt wird, verdoppelt sich die Ausbeute. Aus dem äther. Filtrat vom Jodmethylat mit CH_3J durch 2 std. Kochen 0,8 g *Jodmethylat*, $C_{17}H_{18}NJ$, F. 165—166° (CH_3OH), dessen Konst. nicht aufgeklärt wurde. — *4-Dimethylamino-1.2;5.6-dibenzocyclooctatrien-(1.5.7)* (XVI), a) aus **XIV**-Jodmethylat durch 15std. Schütteln mit Ag_2O in W., Zers. der Base bei 130°, Abdest. des Öls (Kp.$_{0,03}$ 110—122°) u. Rk. mit Pikrinsäure in Ae. als *Pikrat*, $C_{24}H_{22}O_7N_4$, F. 210—211° (CH_3OH); *Brommethylat*, $C_{19}H_{22}NBr$, aus dem rohen Amin mit CH_3Br in Ae.; F. 188—189°; b) aus der vorst. erwähnten quartären

Base durch Zugabe von HBr, Rk. von 0,5 g des so entstandenen XIV-*Brommethylats* ($C_{18}H_{20}NBr$, F. 294—297°) in Ae. mit 1,4 cm³ 1,23nC_6H_5Li-Lsg., Zers. mit W. u. Überführung in das Pikrat; 0,37 g; c) aus XII-Brommethylat u. C_6H_5Li-Lsg. durch 24std. Schütteln, Zers. mit W., Ausziehen mit 2nH_2SO_4, Alkalisieren u. Ausäthern; Kp.$_{0,01}$ 115—128°; d) aus XII-Brommethylat durch 12std. Schütteln mit Ag_2O in W., Eindampfen, Zers. der Base bei 150°, Abdest. von W., Dest. bei 135—145°/0,03 mm u. Überführung in das Pikrat oder Brommethylat. — *1.2; 5.6-Dibenzocyclooctatetraen*, F. 108,5—109,2° (A.), aus XVI-Brommethylat u. Ag_2O in W. durch 12std. Schütteln, Zers. der Base bei 130°, Abdest. von W., Dest. bei 125—155°/0,01 mm, Aufnehmen in Ae. u. Reinigen mit verd. HCl; 44%. — *1-Benzyl-N-methyl-1.2.3.4-tetrahydroisochinolin*, Kp.$_{0,02}$ 113—115°; a) aus 10 g XV durch 2tägiges Erhitzen mit 10 g H_3PO_4 (D. 1,74) unter N_2 auf 160°, Eingießen in W. + Ae., Zugabe von 3nNaOH u. dann von CH_3J zur äther. Lsg. als *Jodmethylat*, $C_{18}H_{22}NJ$, F. 241—243° unter Zers. (CH_3OH); 2,8 g; b) aus XV in Butanol durch Hydrierung mit RANEY-Ni. — *o-[β-Dimethylaminoäthyl]-stilben*, Kp.$_{0,01}$ 115—127°, aus 2 g vorst. Jodmethylat in W. durch 15std. Schütteln mit Ag_2O u. Zers. des Hydroxyds bei 140—150°; 0,9 g. *Pikrat*, $C_{24}H_{24}O_7N_4$, F. 155,5 bis 157,5° (CH_3OH). — *o-[β-Dimethylaminoäthyl]-dibenzyl*, Kp.$_{0,15}$ 124—127°, aus 14 g vorst. Verb. in Butanol durch RANEY-Ni-Hydrierung; 1,1 g. *Pikrat*, $C_{24}H_{26}O_7N_4$, F. 107—108° (CH_3OH). *Jodmethylat*, $C_{19}H_{26}NJ$, F. 155—155,5° (CH_3OH). — *o-Vinyldibenzyl*, $C_{16}H_{16}$, Kp.$_{0,15}$ 107—108°, aus 2 g vorst. Jodmethylats durch 6std. Schütteln mit Ag_2O + W. u. Zers. der Base bei 150°; 0,6 g. Oxydation von 0,4 g mit 1,1 g $KMnO_4$ in Aceton, Abdest. des Acetons aus dem Filtrat, Ausäthern u. Ausschütteln mit $NaHCO_3$ gibt bei Fällung mit HCl *Dibenzyl-o-carbonsäure*, $C_{15}H_{14}O_2$, F. 130—131° (A.); 0,15 g. — *o-Äthyldibenzyl*, $C_{16}H_{18}$, Kp.$_{0,02}$ 88—89°, aus 0,39 g Vinylverb. durch Hydrierung mit RANEY-Ni in Butanol; 0,33 g. — *N.N-Dimethylisoindoliniumbromid* (XX), $C_{10}H_{14}NBr$, F. 242—242,5° (Amylalkohol), aus CH_3NH_2 in A. durch 2tägiges Zutropfen von o-Xylylendibromid (F. 95—96°) in A., Abdest., Addition von NaOH, Erwärmen auf 80°, Ausäthern, Ausziehen mit verd. HCl, Alkalisieren, Ausäthern (*N-Methylisoindolin*, Kp.$_{18}$ 86—87°; 56%; nur unter N_2 beständig) u. Rk. mit CH_3Br in Ae.; 95%. — *N-Methylisoindol* (XVIII), C_9H_9N, F. 90—91°, aus XX in Ae. durch Zutropfen von C_6H_5Li-Lsg., Zers. mit W. unter N_2, Abdest. u. Sublimation bei 80° im Hochvakuum; lange Nadeln; 74%. Mit p-Dimethylaminobenzaldehyd in sehr verd. HCl dunkelblau. RANEY-Ni-Hydrierung von XVIII in Butanol, Abdest., Ausäthern u. Rk. mit CH_3J gibt das mit dem aus XX gewonnenen ident. *N.N-Dimethylisoindoliniumjodid*, $C_{10}H_{14}$·NJ, F. 244—245°. *N-Methylisoindolinpikrat*, F. 126° (A.). — *1.4-Endo-N-methylimino-1.2.3.4-tetrahydronaphthalin-2.3-dicarbonsäureanhydrid* (XIX), $C_{13}H_{11}O_3N$, F. 117—119°, aus XVIII u. Maleinsäureanhydrid (F. 55—56°) in Ae. unter N_2; aus Bzl. lange, zu Büscheln verwachsene Nadeln; 72%. — *N-Methylphthalimid*, aus XIX durch 2tägige Rk. mit $KMnO_4$ in Aceton, Kochen mit CH_3OH u. Einengen des Filtrats, F. 131—133°.— *N-o-Xylylisoindolin*, Kp.$_{0,05}$ 150—152°; a) aus IX durch Hydrierung in Butanol mit RANEY-Ni bei 25°; 77%; *Pikrat*, F. 119—121° (CH_3OH); *Brommethylat*, $C_{17}H_{20}NBr$, F. 197—198° (Amylalkohol); b) aus o-Xylylamin in wenig absol. Ae. durch Zugabe von C_6H_5Li-Lsg. (Bldg. der dunkelroten Lsg. des N-Lithiumxylylamids), langsame Zugabe der Lsg. zu o-Xylylendibromid in Ae., Durchschütteln mit W., Ausziehen der äther. Lsg. mit verd. HCl, Aufnehmen der in Freiheit gesetzten Amine in Ae. u. Hochvakuumdest., F. 20—21°. — *1.4-Endo-N-[o-xylylimino]-1.2.3.4-tetrahydronaphthalin-2.3-dicarbonsäureanhydrid*, $C_{20}H_{17}O_3N$, F. 137—138° (Bzl.), aus IX wie bei XIX; 62%. (Liebigs Ann. Chem. 572. 1—22. 13/3. 1951. Tübingen, Univ., Chem. Inst.) NITZSCHKE. 450

R. N. Haszeldine, *Die Anlagerung freier Radikale an ungesättigte Systeme.* 1. Mitt. *Die Richtung der Radikalanlagerung an 3.3.3-Trifluorpropylen.* HBr lagert sich an *3.3.3-Trifluorpropylen* (I) im Dunkeln nicht, bei Belichtung schnell unter Bldg. von *3-Brom-1.1.1-trifluorpropan* (II) an. Mit CF_3J in großem Überschuß bildet I unter dem Einfl. von UV-Licht nahezu quantitativ das 1:1-Addukt *1.1.1.4.4.4-Hexafluor-2-jodbutan* (III); im Dunkeln tritt keine Rk. ein. Mit mäßigem CF_3J-Überschuß entstehen neben III geringe Mengen des 1:2-Addukts *1.1.1.6.6.6-Hexafluor-2-jod-4-trifluormethylhexan* (V), *Fluoroform*, *1.1.1.4.4.4-Hexafluorbutan* (IV) u. Spuren höherer Polymerer. Ein ähnliches Gemisch bildet sich, wenn I mit mäßigem CF_3J-Überschuß im Dunkeln erhitzt wird, wobei auch das 1:3-Addukt *1.1.1.8.8.8-Hexafluor-2-jod-4.6-bis-[trifluormethyl]-octan* u. *trans-1.1.1.4.4.4-Hexafluorbuten-(2)* (VI) auftreten. Der Reaktionsmechanismus wird diskutiert. Die Entstehung von CHF_3 ist auf die Umsetzung eines CF_3-Radikals mit einem H-Atom zurückzuführen. Die in diesem Zusammenhang untersuchte Hydrierung von CF_3J führt bei Abwesenheit von Licht bei 250° zu CHF_3. Die photochem. Hydrierung verläuft bei Zimmertemp. langsam, wird aber durch Hg beschleunigt, welches das frei werdende J abfängt u. dadurch seine Wiedervereinigung mit dem CF_3-Radikal unterbindet. — Die Struktur von **III** u. damit die Orientierung der Anlagerung von CF_3J an **I** wird bewiesen durch die Umsetzung von **III** mit alkoh. KOH zu **VI**, dessen trans-Konfiguration aus seinem Ultrarotspektr. gefolgert wird. Zum Vgl. wurde auch das cis-Isomere **XII** durch Hydrierung von *Hexafluorbutin-(2)* (**XI**) dargestellt. Beide Isomeren lassen sich zu **IV** hydrieren u. zu Trifluoressigsäure oxydieren. Weitere Strukturbeweise für **III** u. **VI** ergeben sich aus zahlreichen durchgeführten Chlorierungen, Bromierungen, Halogen- u. Halogenwasserstoffabspaltungen u. Hydrierungen dieser Verb. u. ihrer Umwandlungsprodukte. Das J-Atom von **III** läßt sich mit Br_2 oder Cl_2 im UV-Licht gegen Br bzw. Cl austauschen. Die so entstandenen Verbb. *2-Brom-* bzw. *2-Chlor-1.1.1.4.4.4-hexafluorbutan* (**XIII** bzw. **XIV**) gehen bei der Behandlung mit alkoh. KOH in **VI** über. Die Anlagerung von Br_2 bzw. Cl_2 an **VI** u. anschließende Behandlung mit alkoh. KOH liefert *2-Brom-* bzw. *2-Chlor-1.1.1.4.4.4-hexafluorbuten-(2)* (**VII** bzw. **VIII**), wobei auch geringe Mengen **XI** auftreten. **XI** wurde durch energ. Behandlung von **VII** u. **VIII** mit festem KOH in großem Überschuß u. noch besser durch Behandlung von *2.3-Dibrom-1.1.1.4.4.4-hexafluorbuten-(2)* (**IX**) oder *2.3-Dichlor-1.1.1.4.4.4-hexafluorbuten-(2)* (**X**) mit Zn dargestellt. — Die stufenweise Hydrierung von **XI** führt über *cis-Hexafluorbuten-(2)* (**XII**) zu **IV**. — Die Ultrarotspektren von **II**, **III**, **VI**, **XI** u. **XII** wurden aufgenommen u. diskutiert.

Versuche: *3.3.3-Trifluorpropylen* (**I**), durch Halogenwasserstoffabspaltung aus 1.1.1-Trifluor-3-jodpropan (vgl. C. **1952**. 6037), 1.1.1-Trifluor-3-chlorpropan oder **II** in über 90%ig. Ausbeute. Die beiden letztgenannten Verbb. wurden bei der Fluorierung von 1.1.1-Trichlor-3-brompropan mit SbF_3 erhalten. — *1.1.1-Trifluorpropan*, Kp. —13°, durch Hydrierung von **I** mit H_2 bei 30° u. 10 at Druck in Ggw. von RANEY-Ni mit prakt. quantitativer Ausbeute. — Die Hydrierung von CF_3J mit H_2 in geringem Überschuß liefert im Pyrexrohr bei 170° in Ggw. von Hg u. unter UV-Bestrahlung in 24 Std. 81%, bei 250° im Dunkeln in 48 Std. 89% *CHF_3*. — *3-Brom-1.1.1-trifluorpropan* (**II**), $C_3H_4BrF_3$, Kp. 62—62,5°, n_D^{25} 1,358; durch 18 std. UV-Bestrahlung eines Gemisches aus 3,20 g **I** u. 5,40 g trockenem HBr im Quarzrohr bei Raumtemp.; 97%. — *1.1.1.4.4.4-Hexafluor-2-jodbutan* (**III**), $C_4H_3JF_6$, Kp. 87,5—88,0°, n_D^{25} 1,371; durch 3 tägige UV-Belichtung von 4,8 g **I** u. 29,4 g CF_3J im Quarzrohr; 98%. — Wenn 9,60 g **I** u. 29,4 g CF_3J im Quarzrohr 5 Tage lang bei Raumtemp. mit UV-Licht bestrahlt werden, erhält man 0,30 g CHF_3 (Kp. ca. —80°), 13,8 g CF_3J, 1,82 g **I**, 0,46 g *1.1.1.4.4.4-Hexafluorbutan* (**IV**, $C_4H_4F_6$, Kp. 24—25°), 19,1 g **III**, 0,99 g *1.1.1.6.6.6-Hexafluor-2-jod-4-trifluormethylhexan* (**V**, $C_7H_8JF_9$, Kp.$_{75}$ 76—78°) u. 0,2 g höhere Polymere. — Erhitzt man 4,80 g **I** u. 14,7 g CF_3J im CARIUS-Rohr bei Abwesenheit von Licht 36 Std. auf 225°, so erhält man 0,05 g CHF_3, 5,9 g CF_3J, 0,2 g **I**, 0,12 g **IV**, 9,93 g **III**, 1,07 g **V**, 0,32 g *1.1.1.8.8.8-Hexafluor-2-jod-4.6-bis-[trifluormethyl]-octan* ($C_{10}H_9JF_{12}$, Kp.$_5$ 90°), 0,1 g **VI** u. 0,2 g höhere Polymere. — *trans-1.1.1.4.4.4-Hexafluorbuten-(2)* (**VI**), $C_4H_2F_6$, Kp. 8,5°; durch Versetzen einer Lsg. von 2,91 g **III** in 5 cm³ A. mit 10%ig. alkoh. KOH (10% Überschuß) bei 10°, Erwärmen auf 25°, Zugabe von überschüssiger 20%ig. HCl u. Vakuumdest. der flüchtigen Prodd.; 95%. Ferner auf analoge Weise aus **XIII** (88%) oder **XIV** (85%). — *2.3-Dibrom-1.1.1.4.4.4-hexafluorbutan*, $C_4H_2Br_2F_6$, Kp.$_{120}$ 60°, Kp.$_{760}$ ca. 118°; aus **VI** mit Br_2 im CARIUS-Rohr unter UV-Belichtung; 82%. — *2-Brom-1.1.1.4.4.4-hexafluorbuten-(2)* (**VII**), C_4HBrF_6, Kp. 55°; aus vorst. Verb. mit alkoh. KOH; 58%. — *2.2.3-Tribrom-1.1.1.4.4.4-hexafluorbutan*, $C_4HBr_3F_6$, Kp.$_{45}$ 79°, Kp.$_{760}$ ca. 163°; aus **VII** mit Br_2 im UV-Licht. — *2.3-Dibrom-1.1.1.4.4.4-hexafluorbuten-(2)* (**IX**), $C_4Br_2F_6$, Kp. 106°, n_D^{25} 1,396; aus vorst. Tribromverb. mit alkoh. KOH; 78%. — *2.3-Dichlor-1.1.1.4.4.4-hexafluorbutan*, $C_4H_2Cl_2F_6$, Kp. 78°; aus **VI** mit Cl_2; 79%. — *2-Chlor-1.1.1.4.4.4-hexafluorbuten-(2)* (**VIII**), C_4HClF_6, Kp. 34,5—35,5°, n_D^{25} 1,298; aus vorst. Verb. mit alkoh. KOH; 80%. — *2.2.3-Trichlor-1.1.1.4.4.4-hexafluorbutan*, Kp. 104°; aus **VIII** mit Cl_2 im UV-Licht; 92%. — *2.3-Dichlor-1.1.1.4.4.4-hexafluorbuten-(2)* (**X**), $C_4Cl_2F_6$, Kp. 68°, n_D^{25} 1,344; aus vorst. Trichlorverb. mit alkoh. KOH bei 20°; 87%. — *1.1.1.4.4.4-Hexafluorbutin-(2)* (**XI**), C_4F_6, Kp. —24°; aus **VII** oder **VIII** mit pulverisiertem KOH in 300%ig. Überschuß, 68 bzw. 36%; oder aus **IX** mit Zn in absol. A., 90%; oder aus **X** mit Zn in Eisessig; 70%; ferner als Nebenprod. bei der Darst. von **VII** u. **VIII**. — Die Bromierung von **XI** im UV-Licht liefert 98% **IX**, die Chlorierung quantitativ **X**. — *cis-1.1.1.4.4.4-Hexafluorbuten-(2)* (**XII**), Kp. 33—33,5°; durch Hydrierung von **XI** mit H_2 bei 15 at in Ggw. von RANEY-Ni bei 60°; 91%. Daneben bildet sich wenig **IV**, welches mit nahezu quantitativer Ausbeute bei der Weiterhydrierung von **XII** bei 20 at u. 50° sowie bei der Hydrierung des trans-Isomeren **VI** bei 10 at u. 80° entsteht. — *2-Brom-1.1.1.4.4.4-hexafluorbutan* (**XIII**), $C_4H_3BrF_6$, Kp. 70°; aus **III** mit Br_2 im UV-Licht; 81%. — *2-Chlor-1.1.1.4.4.4-hexafluorbutan* (**XIV**), $C_4H_3ClF_6$, Kp. 51°, n_D^{25} 1,298; aus **III** mit Cl_2 im UV-Licht; 76%. (J. chem. Soc. [London] **1952**. 2504—13. Juli. Cambridge, Univ., Chem. Labor.) FORCHE. 520

L. C. Leitch und **R. Renaud,** *Synthese von organischen Deuteriumverbindungen.* 2. Mitt. *Propin-3-d_3 und Propin-d_4. Propin-d_4* (**Ia**) läßt sich bequem aus Mg_2C_3, für das ein Darstellungsverf. in Mengen bis zu 300 g entwickelt wird, u. D_2O darstellen u. als *Dipropinylquecksilber* charakterisieren; aus letzterem ist *Propin-3-d_3* (**Ib**), CD_3—C≡CH, durch Hydrolyse erhältlich. Die Dampfdrucke von **Ia** u. **Ib** zwischen —25 u. —64° wurden bestimmt u. mit denjenigen des n. Propins verglichen. Das Infrarotspektr. von **Ia** zeigt eine starke Bande zwischen 1000 u. 1150 cm^{-1} (CD_3-Gruppe) sowie bei 2548 cm^{-1} (DC≡-Gruppe), letztere fehlt bei **Ib.**

V e r s u c h e: *Mg_2C_3*, durch Umsetzung von Mg-Pulver mit Pentan bei 630° in einem Stahlrohr (Abb.) in 76%ig. Reinheit. — *Propin-d_4* (**Ia**), durch Zutropfen von D_2O + Dioxan zu mit Dioxan angefeuchtetem Mg_2C_3 in einem mit einer auf —78° gekühlten Vorlage verbundenen Kolben unter Selbsterwärmung, 1 std. Kochen unter Durchleiten von Ar, Dest. über P_2O_5 u. fraktionierte Dest. bei —40°; 95% (Ausbeute). — *Dipropinylquecksilber-d_6*, C_6D_6Hg, F. 202—204°, durch langsames Einleiten von gasförmigem **Ia** in eine alkal. K_2HgJ_4-Lsg. unter Rühren u. Extraktion aus dem Nd. mit Aceton im SOXHLET; ~100%; gibt durch Zers. mit DBr in D_2O reinstes **Ia**. — *Propin-3-d_3* (**Ib**), durch Zers. vorst. Hg-Verb. mit 6nHCl; 78%. (Canad. J. Chem. **30.** 79—83. Febr. 1952. Ottawa, Can., Nat. Res. Council, Div. of Chem. [Appl.]) SPAETH. 530

G. E. McCasland und **Donald Arthur Smith,** *Neue Ester des Pentaerythrits. Pentaerythrittetrachloracetat*, $C_{13}H_{16}O_8Cl_4$, F. 94,5—96°, aus Pentaerythrit (I) durch 45 Min. Erhitzen mit Chloracetylchlorid, aus A. Blättchen; 83% (Ausbeute); oder aus I mit Chloressigsäureanhydrid u. $ZnCl_2$ durch Kochen bei 20 mm bis zum Aufhören der Rk. u. 3 std. Erhitzen auf dem Wasserbad, Eingießen in W., aus absol. A., F. 100,5 bis 101°; 16%. — Beim Erhitzen von *α-[p-Nitrophenyl]-butyrylchlorid* (aus dl-α-[p-Nitrophenyl]-buttersäure mit PCl_5, $Kp._{10}$ 172—174°, n_D^{26} 1,5505; 86%) mit I auf 150° entsteht ein nicht weiter untersuchtes Gemisch, F. 130—150°; Mol.-Gew. 810. — *dl-Pentaerythrittetrakis-[2-(carbo-2-methylbutoxy)-6-nitrobenzoat]*, $C_{57}H_{64}O_{24}N_4$, aus I mit d-[2-Methylbutyl]-2-chlorformyl-3-nitrobenzoat (aus d-2-Methylbutyl]-2-carboxy-3-nitrobenzoat [im Original: -6-nitrobenzoat] mit $SOCl_2$, F. 61—62°; $[\alpha]_D^{25}$ +0,69° [c = 17,3 in Äthylacetat]) in trockenem Pyridin, nach 17 Std. bei 25° Zugabe von 10%ig. H_2SO_4 bei 0°; aus A. Nadeln, F. 113—115°; Ausbeute 86%. (J. Amer. chem. Soc. **74.** 564—65. 20/1. 1952. Toronto, Can., Univ., Dep. of Chem.) ROSSOW. 580

Curtis W. Smith, Douglas G. Norton und **Seaver A. Ballard,** *Reaktionen von Acrolein und verwandten Verbindungen.* 1. Mitt. *Addition von Vinyläthern.* Vinylalkyläther reagieren schnell u. mit sehr guten Ausbeuten mit *Acrolein* (**I**), *Crotonaldehyd* (**XI**) u. *Methylvinylketon* bei 180° unter Bldg. von *2-Alkoxy-3.4-dihydro-2H-pyranen* (**II**). *Divinyläther* (**III**), *Phenylvinyläther* (**IV**) u. *Phenylvinylsulfid* reagieren ähnlich mit **I.** Durch Hydrolyse der **II** wurden Glutaraldehyd (**IX**) u. substituierte Glutaraldehyde erhalten. Durch Hydrierung u. anschließende Hydrolyse wurden *δ-Oxyvaleraldehyd* oder substituierte δ-Oxyvaleraldehyde isoliert. *Methylvinyläther* (**VI**) konnte durch Umsetzung im Autoklaven zu 82% in *2-Methoxy-3.4-dihydro-2H-pyran* übergeführt werden. Der Strukturbeweis von *2-Isobutoxy-3.4-dihydro-2H-pyran* (**VII**) konnte durch Infrarotspektr. (Anwesenheit einer olefin. Bindung u. Abwesenheit einer Aldehydgruppe) u. Hydrierung erbracht werden. Die Red. in Ggw. von RANEY-Ni lieferte *2-Isobutoxytetrahydropyran*, das in das 2.4-Dinitrophenylhydrazon des δ-Oxyvaleraldehyds übergeführt werden konnte. Die Umwandlung von **VII** in das **IX**-Dioxim bestätigte die Lage der Doppelbindung in 5.6-Stellung u. die Lage der Isobutoxygruppe in 2-Stellung, denn nur Dihydropyranringe, die eine Vinyläther- u. eine Acetalbindung besitzen, sind fähig, bei der Hydrolyse Aldehydverbb. zu bilden. Die Isolierung des **IX**-Bis-2.4-dinitrophenylhydrazons (**X**) aus den Addukten von **I** an **VI, IV** u. **V** bestätigte die Struktur der Verbb. als *2-Methoxy-, 2-Phenoxy-* u. *2-Phenylmercapto-3.4-dihydro-2H-pyrane.* Bei der Addition von **I** an **III** wurden zwei Addukte erhalten, die beide **X** ergaben u. denen die untenst. Strukturen **A** u. **B** zugeschrieben werden. Ähnliche Addukte wurden durch Anlagerung von Vinyläthern an Methacrolein u. **XI** erhalten, die die Bis-2.4-dinitrophenylhydrazone des α-Methylglutaraldehyds u. des β-Methylglutaraldehyds ergaben. Durch Rk. von 2 Mol **I** mit 1 Mol **VI** oder *Isobutylvinyläther* (**VIII**) konnten in geringer Ausbeute Addukte isoliert werden, deren Struktur wahrscheinlich den Formeln **C** u. **D** entspricht. Die wahrscheinlichere Formel scheint **C** zu sein, da bei der Addition von 2 Mol **I** u. 1 Mol Styrol eine ähnliche Verb. erhalten wurde. Außerdem wurde eine ähnliche Struktur für das Trimere von **I** angenommen. Die Additions-Rk. ist erst bei höheren Tempp. im Vakuum reversibel. **VII** zers. sich bei 400° im Vakuum unter Bldg. von 47% **I** u. 94% **VIII.** Dies stimmt

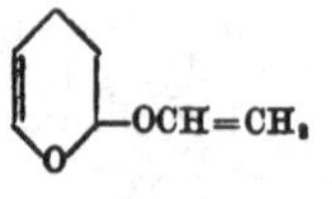
A

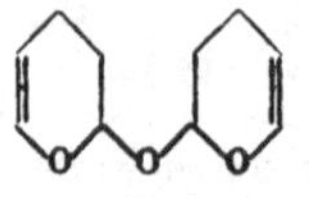
B

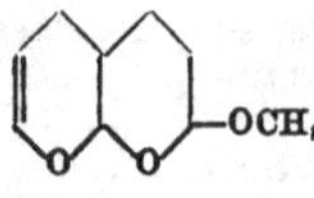
C

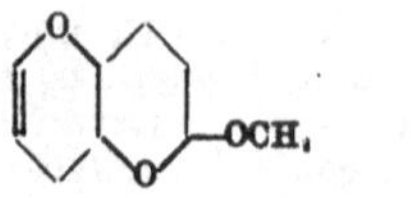
D

überein mit der therm. Spaltung von Bindungen in β-Stellung zu einer olefin. Doppelbindung u. entspricht der katalyt. Pyrolyse von Dihydropyran über Al-Silicat bei 400—500°.

Versuche: *2-Isobutoxy-3.4-dihydro-2H-pyran* (VII), $Kp._{100}$ 109°, durch 1std. Erhitzen von I u. VIII im Druckgefäß u. Dest., n_D^{20} 1,4374, $D.^{20}$ 0,9225; 86% (Ausbeute). Daneben unveränderte Ausgangsmaterialien, I-Dimeres u. ein Rückstand, aus dem nach Dest. ein hochsd. Öl isoliert wurde, $Kp._{760}$ 177°; 0,5%. Beide Addukte liefern IX-*Bis-2.4-dinitrophenylhydrazon* (X), $C_{17}H_{16}O_8N_8$, F. 193,7—194,7°. — *2-Isobutoxytetrahydropyran*, $Kp._{100}$ 111°, durch Hydrierung von VII in absol. A. in Ggw. von RANEY-Ni bei 25° u. 130 lbs./sq.in., n_D^{20} 1,4298, $D.^{20}$ 0,9114; 90%. Gibt mit 2.4-Dinitrophenylhydrazin das *δ-Oxyvaleraldehyd-2.4-dinitrophenylhydrazon*, $C_{11}H_{14}O_5N_4$, F. 110,3—111,3°. — Nach Durchleiten von VII durch ein Stahlrohr bei 400° u. Dest. wurden 47% I, Kp. 52—54°, 96% VIII, Kp. 78—83°, u. unumgesetztes VII isoliert. — *2-Methoxy-5-methyl-3.4-dihydro-2H-pyran*, $C_7H_{12}O_2$, $Kp._{100}$ 85,5°, durch 2std. Erhitzen von 8 Mol Methacrolein mit 9 Mol VI im Rohr auf 190°, n_D^{20} 1,4462, $D.^{20}$ 0,9784; 21%. Daneben unverändertes Ausgangsprod. u. *2-[2.5-Dimethyl-3.4-dihydro-2H-pyran]-carboxaldehyd*, $Kp._{100}$ 100—105°, n_D^{20} 1,4521. — *2-Methoxy-3.4-dihydro-2H-pyran*, $Kp._{760}$ 127,6°, aus I u. VI, 2 Std. (Reaktionszeit), 180° (Reaktionstemp.), n_D^{20} 1,4423, $D.^{20}$ 1,0013; 84%. Bei 1 Std., 180°, 82%. Bei ½ Std., 180°, 67%. Gibt X. Daneben *Verb.* $C_9H_{14}O_3$, $Kp._{10}$ 98—100°, aus 2 Mol I u. 1 Mol VI, n_D^{20} 1,4180; 0,5%. — *2-Äthoxy-3.4-dihydro-2H-pyran*, $Kp._{760}$ 132—132,3°, aus I u. Äthylvinyläther, 1 Std., 190°, n_D^{20} 1,4410, $D.^{20}$ 0,9712; 89%. — *2-[2-Äthylhexyloxy]-3.4-dihydro-2H-pyran*, $Kp._{10}$ 110,5°, aus I u. [2-Äthylhexyl]-vinyläther, 2 Std., 190°, n_D^{20} 1,4504, $D.^{20}$ 0,9123; 73%. — *2-Phenoxy-3.4-dihydro-2H-pyran*, $Kp._3$ 90—96°, aus I u. IV, 1 Std., 200°, n_D^{20} 1,5322, $D.^{20}$ 1,1364; 51%; gibt X. — *2-Phenylmercapto-3.4-dihydro-2H-pyran*, $Kp._5$ 125°, aus I u. Phenylvinylsulfid, 1 Std., 200°, n_D^{20} 1,5844, $D.^{20}$ 1,1178; 77%; gibt X. — *Bis-[3.4-dihydro-2H-pyranyl-(2)]-äther*, $Kp._{10}$ 95—100°, aus I u. III, 2 Std., 185°, n_D^{20} 1,4846, $D.^{20}$ 1,1063; 45%; gibt X. Daneben *2-Vinoxy-3.4-dihydro-2H-pyran*, $Kp._{50}$ 68—70°, n_D^{20} 1,4659 (unrein); 30%; gibt X. — *2-n-Butoxy-5-methyl-3.4-dihydro-2-H-pyran*, $Kp._{50}$ 107°, aus Methacrolein u. n-Butylvinyläther, 2 Std., 195°, n_D^{20} 1,4448, $D.^{20}$ 0,9165; 31%; gibt *α-Methylglutaraldehyd-bis-2.4-dinitrophenylhydrazon*, $C_{18}H_{18}O_8N_8$, F. 198—198,5°. — *2-Methoxy-4-methyl-3.4-dihydro-2H-pyran*, $Kp._{100}$ 79—80°, aus XI u. VI, 3 Std., 225°, n_D^{20} 1,4400, $D.^{20}$ 0,9629; 64%. Daraus *β-Methylglutaraldehyd-bis-2.4-dinitrophenylhydrazon*, $C_{18}H_{18}O_8N_8$, F. 202,2—202,7° (Essigester). — *2-Isobutoxy-4-methyl-3.4-dihydro-2H-pyran*, $Kp._{10}$ 122°, aus XI u. VIII, 2 Std., 185°, n_D^{20} 1,4370, $D.^{20}$ 0,9090; 40%. Bei 6 Std., 130°; 8%; wird mit 1% Hydrochinon oder 5% Di-tert.-butylperoxyd stabilisiert. — *2-Isobutoxy-6-methyl-3.4-dihydro-2H-pyran*, $Kp._{100}$ 117 bis 119°, aus Methylvinylketon u. VIII, 0,5 Std., 190°, n_D^{20} 1,4387, $D.^{20}$ 0,9155; > 20%. (J. Amer. chem. Soc. 73. 5267—70. Nov. 1951. Emeryville, Calif., Shell Development Comp.) HORST BAGANZ. 670

Curtis W. Smith, Douglas G. Norton und Seaver A. Ballard, *Reaktionen von Acrolein und verwandten Verbindungen.* 2. Mitt. *Addition von ungesättigten Estern und Methacrylnitril.* (1. vgl. vorst. Ref.) Die Anlagerung von ungesätt. Estern u. *Methacrylnitril* (V) an ungesätt. Carbonylverbb. verlief unter ähnlichen Bedingungen wie die Anlagerung von Vinyläthern. Als Neben-Rkk. wurden Dimerisation des Aldehyds, Polymerisation einer oder beider Komponenten oder Addition von Aldehyd an das prim. gebildete Additionsprod. beobachtet. Durch Rk. von *Acrolein* (I) mit Methylacrylat wurde *2-Carbomethoxy-3.4-dihydro-2H-pyran* (VI) erhalten, das mit konz. NH_4OH *3.4-Dihydro-2H-pyran-2-carbonsäureamid* lieferte. Aus I u. *Methylmethacrylat* (II) wurde *2-Carbomethoxy-2-methyl-3.4-dihydro-2H-pyran* u. aus I u. V *2-Cyan-2-methyl-3.4-dihydro-2H-pyran* erhalten. Beide Additionsprodd. liefern das gleiche Amid. II u. Methacrolein ergaben *2-Carbomethoxy-2.5-dimethyl-3.4-dihydro-2H-pyran*, das durch Hydrolyse in die entsprechende Säure übergeführt wurde. Durch Addition von Vinylacetat an I wurde *2-Acetoxy-3.4-dihydro-2H-pyran* dargestellt, aus dem das Bis-2.4-dinitrophenylhydrazon des Glutaraldehyds erhalten wurde. Bei der Addition von I u. Methallylalkohol wurden zwei isomere Verbb. erhalten, die als *2-Methyl-3.4-dihydro-2H-pyranyl-(2)-methanol* (III) u. *4-Methyl-2.8-dioxabicyclo-[3.2.1]-octan* (IV) angesehen werden. IV, das einen niedrigen OH-Wert u. eine geringe Bromzahl aufweist, besitzt wahrscheinlich eine cycl. Acetalstruktur u. ist vermutlich durch Anlagerung der OH-Gruppe von III an die Doppelbindung entstanden. III lieferte ein Acetat, das auch durch Anlagerung von Methallylacetat an I erhalten wurde.

Versuche: *2-Carbomethoxy-2-methyl-3.4-dihydro-2H-pyran* (VI), $C_8H_{12}O_3$, Kp.$_1$ 119—120°, durch 1std. Erhitzen von I u. II u. wenig Hydrochinon im Druckgefäß auf 180° u. Dest. neben Ausgangsmaterial u. I-Dimerem, n_D^{20} 1,4549; 40% (Ausbeute). — *2-Methyl-3.4-dihydro-2H-pyran-2-carboxamid*, $C_7H_{11}O_2N$, F. 86,4—87,4°, durch Rk. von VI mit konz. NH_4OH bei Raumtemp. u. Extraktion mit Chlf., Kristalle aus Isooctan. — *2-Carbomethoxy-3.4-dihydro-2H-pyran*, Kp.$_{25}$ 91°, durch 1std. Rk. von I u. Methylacrylat bei 195°; 3%. — *3.4-Dihydro-2H-pyran-2-carboxamid*, F. 112,5°, durch kurzes Erwärmen der vorst. Verb. mit konz. NH_4OH u. Stehen über Nacht. — *2-Cyan-2-methyl-3.4-dihydro-2H-pyran*, Kp.$_{100}$ 113°, durch 2std. Rk. von I mit V bei 190°, n_D^{20} 1,4508; 5%. — *2-Methyl-3.4-dihydro-2H-pyran-2-carboxamid*, F. 86,2—87,2°, durch Kochen der vorst. Verb. mit 10%ig. Soda u. Extraktion der Lsg. mit Chlf., Kristalle aus Isooctan. — *2-Carbomethoxy-2.5-dimethyl-3.4-dihydro-2H-pyran*, Kp.$_{50}$ 114 bis 115°, durch 1std. Rk. von Methacrolein u. II bei 150—170°, n_D^{20} 1,4550, $D.^{20}_4$ 1,0430; 16%. — *2.5-Dimethyl-3.4-dihydro-2H-pyran-2-carbonsäure*, F. 62,7—63,5° (PAe.), durch ½std. Kochen der vorst. Verb. mit 40%ig. NaOH u. Ansäuern (Methylrot). — *2-Acetoxy-3.4-dihydro-2H-pyran*, $C_7H_{10}O_3$, Kp.$_{20}$ 77—78°, durch 2std. Rk. von I u. Vinylacetat bei 180°, n_D^{20} 1,4596, $D.^{20}_4$ 1,1178; 9%. — *2-Methyl-3.4-dihydro-2H-pyranyl-(2)-methylacetat*, $C_9H_{14}O_3$, Kp.$_1$ 60—63°, a) durch 1½std. Rk. von I u. Methallylacetat bei 200°, n_D^{20} 1,4574; 9%; b) durch 3tägiges Stehen von III mit Essigsäureanhydrid u. etwas Na-Acetat, $D.^{20}_4$ 1,0487. — *4-Methyl-2.8-dioxabicyclo-[3.2.1]-octan* (IV), Kp.$_{100}$ 87,5—89,5°, durch 1std. Rk. von I u. Methallylalkohol bei 200°, n_D^{20} 1,4500, $D.^{20}_4$ 1,0446; 21%. Daneben *2-Methyl-3.4-dihydro-2H-pyranyl-(2)-methanol* (III), $C_7H_{12}O_2$, Kp.$_1$ 63—66°, n_D^{20} 1,4700; 11%. — *2-Carbomethoxy-2.4-dimethyl-3.4-dihydro-2H-pyran*, Kp.$_{50}$ 115°, durch 4std. Rk. von Crotonaldehyd u. II bei 200°, n_D^{20} 1,4459; 7%. (J. Amer. chem. Soc. 73. 5270—72. Nov. 1951.)

HORST BAGANZ. 670

Curtis W. Smith, Douglas G. Norton und Seaver A. Ballard, *Reaktionen von Acrolein und verwandten Verbindungen.* 3. Mitt. *Addition von Olefinen und Diskussion des Mechanismus.* (2. vgl. vorst. Ref.) *Isobutylen* (I), *Diisobutylen*, *Hexen-(1)* (II), *Styrol* (III) u. *α-Methylstyrol* reagierten mit *Acrolein* (IV), *Methacrolein*, *Crotonaldehyd* u. *Methylvinylketon* bei 180—200° unter Bldg. von substituierten *Dihydropyranen* als Hauptprodd. mit Ausbeuten von 10—25%. Bei der Addition von III an IV wurde *2-Phenyl-3.4-dihydro-2H-pyran* (V) erhalten, das durch Hydrolyse in *δ-Phenyl-δ-oxyvaleraldehyd* (IX) übergeführt wurde. Durch Oxydation von IX wurde *γ-Benzoylbuttersäure* erhalten, während V bei unmittelbarer Oxydation *β-Benzoylpropionsäure* u. CO_2 ergibt. Katalyt. Hydrierung von V in Ggw. von RANEY-Ni lieferte *2-Phenyltetrahydropyran*. Neben V entstand durch Rk. von 2 Mol IV mit 1 Mol III *2-Phenyl-2.3.4.4a.5.8a-hexahydro-1.8-dioxanaphthalin* (VI), aus dem ein Mono- u. Bis-2.4-dinitrophenylhydrazon erhalten wurden. Durch das Infrarotspektr. des Monohydrazons wurde die Anwesenheit einer Aldehydgruppe nachgewiesen. Aus *2-n-Butyl-3.4-dihydro-2H-pyran* (VII), das aus II u. IV entstand, wurde durch Hydrierung *2-n-Butyltetrahydropyran* erhalten, das auch durch HBr-Anlagerung an Dihydropyran u. Rk. mit n-Butyl-MgBr dargestellt wurde. Aus I u. IV entstand *2.2-Dimethyl-3.4-dihydro-2H-pyran* (VIII). Hydrierung lieferte *2.2-Dimethyltetrahydropyran* (VIIIa), das mit trockenem HBr in *2.6-Dibrom-2-methylhexan* (X) übergeführt wurde. Beim Erhitzen von X mit einer Spur konz. HBr fand HBr-Abspaltung statt unter Bldg. eines Gemisches olefin. Verbb. (XI) des Typs $R_2C{=}CH_2$ oder $RCH{=}CR_2$, was durch Infrarotspektr. nachgewiesen wurde. Durch Hydrolyse von V u. 2.4-Dimethyl-2-phenyl-3.4-dihydro-2H-pyran mit 10%ig. H_2SO_4 wurden IX u. *δ-Phenyl-β-methyl-δ-oxycapronaldehyd* erhalten. — Bei diesen Rkk. fand immer ein Angriff der substituierten Äthylenkomponente am O der konjugierten Carbonylverb. statt. Auch bei Verbb. mit elektropositiven u. elektronegativen Substituenten u. bei Aromaten mit Substituenten I. u. II. Ordnung wurde die Addition immer in der gleichen Richtung dirigiert, was im Gegensatz zu einem polaren Mechanismus steht, wie er für die ähnliche DIELS-ALDER-Rk. im allg. angenommen wird. Unterschiede zeigten sich jedoch bei der Addition verschied. Olefine an IV in der Ausbeute u. Reaktionsgeschwindigkeit. Während Vinyläther u. Phenylvinylsulfide mit elektronenreichen Doppelbindungen hohe Ausbeuten lieferten, wurden mit Acrylaten u. Methacrylnitril, die elektronenarme Doppelbindungen besitzen, niedrige Ausbeuten erzielt. Weiterhin wurde beobachtet, daß eine Substitution des β-C-Atoms der Carbonylverb. die Anlagerung der olefin. Verb. behindert. Waren beide β-ständigen H-Atome sub-.

stituiert, so erfolgte überhaupt keine Addition mehr. Als Erklärung für die bei der Rk. auftretende Orientierung wird die intermediäre Bldg. von Diradikalen angenommen, die stabil genug sind, um die Richtung der Addition zu bestimmen. Die zunächst gebildeten 1.4- oder 1.2-Diradikale können an eine ungesätt. Bindung einer Dien- oder Äthylenverb. addiert werden unter Bldg. von 1.6-Diradikalen, aus denen durch Ringschluß die substituierten Dihydropyrane entstehen.

Versuche: *2-Phenyl-3.4-dihydro-2H-pyran* (V), $Kp._{3,5}$ 87°, durch 1,5std. Erhitzen von IV u. III u. wenig Hydrochinon im Rohr auf 155°, n_D^{20} 1,4519; 15% (Ausbeute). Daneben *2-Phenyl-2.3.4.4a.5.8a-hexahydro-1.8-dioxanaphthalin* (VI), $Kp._{0,02}$ 140 bis 142°; 15%. Daraus *4-Formyl-7-oxy-7-phenylheptanalmono-2.4-dinitrophenylhydrazon*, $C_{20}H_{22}O_6N_4$, F. 85,4—85,7°. *Bis-2.4-dinitrophenylhydrazon*, $C_{26}H_{26}O_9N_8$, F. 111,5 bis 113,5°. — *δ-Phenyl-δ-oxyvaleraldehyd* (IX), $C_{11}H_{14}O_2$, F. 63,5—64°, durch 2std. Erhitzen von V mit 10%ig. H_2SO_4 auf dem Dampfbad, Extraktion mit PAe. u. Dest., $Kp._{0,06}$ 106—108°, Kristalle aus Bzl.-PAe.; 49%. *2.4-Dinitrophenylhydrazon*, $C_{17}H_{18}$·O_5N_4, F. 97—98°. — *γ-Benzoylbuttersäure*, $C_{11}H_{12}O_3$, F. 126,5—127°, durch Suspendieren der vorst. Verb. in W. u. zwei Tropfen 10%ig. NaOH, Zugabe von gesätt. $KMnO_4$-Lsg., Ansäuern mit H_2SO_4 u. Zugabe von 30%ig. $NaHSO_3$, Kristalle aus Bzl.; 90%. — *β-Benzoylpropionsäure*, $C_{10}H_{10}O_3$, F. 116,6° (Bzl.-PAe.), durch Oxydation von V in H_2SO_4 mit $KMnO_4$, kurzes Erwärmen auf dem Dampfbad, Zugabe von $NaHSO_3$, Aufnehmen des Nd. in 1nKOH u. Ansäuern. — *2-Phenyltetrahydropyran*, $C_{11}H_{14}O$, $Kp._{10}$ 105—106°, durch 24std. Hydrierung von V in Ae. in Ggw. von Raney-Ni bei 40 lbs./sq.in., n_D^{10} 1,5273, $D.^{20}$ 1,0145. — *2-n-Butyltetrahydropyran*, $C_9H_{18}O$, $Kp._{14}$ 63 bis 65°, a) durch Hydrierung von VII in A. in Ggw. von Raney-Ni bei 1500 lbs./sq.in., n_D^{20} 1,4368; daneben *Tetrahydropyranyl-(2)-methanol*, $Kp._{14}$ 80°; b) aus 2-Bromtetrahydropyran. — *2.2-Dimethyl-3.4-dihydro-2H-pyran* (VIII), $Kp._{100}$ 52—58°, durch 2std. Rk. von IV u. I bei 220°, n_D^{20} 1,4371; 11%. Daraus *δ-Oxy-δ-methylcapronaldehyd-2.4-dinitrophenylhydrazon*, $C_{13}H_{18}O_5N_4$, F. 100,6—101,6°. — *2.2-Dimethyltetrahydropyran* (VIIIa), $C_7H_{14}O$, Kp. 118—120°, durch 16std. Hydrierung von VIII in PAe. bei 1400 lbs./sq.in. u. 75° in Ggw. von Raney-Ni, n_D^{20} 1,4300. — *2.6-Dibrom-2-methylhexan* (X), $C_7H_{14}Br_2$, $Kp._{0,5}$ 85—86°, durch 2std. Behandlung von VIIIa mit HBr bei 70°, Aufnehmen in Ae., Ausziehen mit $NaHCO_3$ u. Aufarbeitung der äther. Lsg., n_D^{20} 1,5060; gibt durch Erhitzen mit einem Tropfen konz. HBr auf 190° u. Dest. ein Gemisch von *6-Brom-2-methylhexen-(1)* u. *-(2)*, $C_7H_{13}Br$, $Kp._{100}$ 104—109°, n_D^{20} 1,4475. — *2.5-Dimethyl-2-phenyl-3.4-dihydro-2H-pyran*, $Kp._1$ 72—74°, durch 1std. Rk. von Methacrolein mit α-Methylstyrol bei 175°, n_D^{20} 1,5332, $D.^{20}_4$ 1,0280; 12%. — *2.5-Dimethyl-2-phenyltetrahydropyran*, $C_{13}H_{18}O$, $Kp._1$ 60—61°, durch Hydrierung der vorst. Verb. bei 25 lbs./sq.in. in Ggw. von Raney-Ni, n_D^{20} 1,5270, $D.^{20}$ 1,0083. — *2.4-Dimethyl-2-phenyl-3.4-dihydro-2H-pyran*, $Kp._1$ 69—71°, durch 1,5std. Rk. von Crotonaldehyd u. α-Methylstyrol bei 216°, $Kp._{10}$ 113—115°, n_D^{20} 1,5252, $D.^{10}_4$ 1,0031; 17%. — *3-Methyl-5-oxy-5-phenylhexanal*, $C_{13}H_{18}O_2$, $Kp._{0,3}$ 115—120°, durch 2std. Erhitzen der vorst. Verb. mit 10%ig. H_2SO_4 in Dioxan, Aufnehmen der öligen Phase in PAe. u. Aufarbeitung der organ. Lsg., n_D^{20} 1,4290; 36,8%. — *2-Methyl-2-neopentyl-3.4-dihydro-2H-pyran*, $Kp._{50}$ 106—109°, durch 2½std. Erhitzen von IV u. Diisobutylen bei 200°, n_D^{20} 1,4549; 9%. Daraus das *5-Oxy-5.7.7-trimethyloctanal-2.4-dinitrophenylhydrazon*, $C_{17}H_{26}O_5N_4$, F. 98—100°. — *2-Methyl-2-phenyl-3.4-dihydro-2H-pyran*, $Kp._{1,5}$ 70°, durch 1std. Erhitzen von IV u. α-Methylstyrol auf 180°, n_D^{20} 1,5332, $D.^{20}_4$ 1,0280; 23%. Daraus *δ-Phenyl-δ-oxycapronaldehyd-2.4-dinitrophenylhydrazon*, $C_{18}H_{20}O_5N_4$, F. 91,5 bis 93,5°. — *2.6-Dimethyl-2-phenyl-3.4-dihydro-2H-pyran*, $Kp._1$ 103—106°, durch 1std. Erhitzen von Methylvinylketon u. α-Methylstyrol auf 180°, n_D^{20} 1,5330, $D.^{20}_4$ 0,9980; 5%. — *2-n-Butyl-3.4-dihydro-2H-pyran* (VII), durch 3std. Erhitzen von IV u. II auf 180—210°; 6%. (J. Amer. chem. Soc. **73**. 5273—80. Nov. 1951.)

Horst Baganz. 670

Richard R. Whetstone und Seaver A. Ballard, *Reaktionen von Acrolein und verwandten Verbindungen.* 4. Mitt. *Darstellung eines neuen Lactons, 7-Oxo-6.8-dioxabicyclo-[3.2.1]-octan, aus Acroleindimerem und seine Umwandlung in Lysin.* (3. vgl. vorst. Ref.) *Dimeres Acrolein* (I) wurde mit trockenem Ag_2O in Ae. oder Bzl. oxydiert, das dabei gebildete Ag-Salz der entsprechenden Säure ohne Isolierung mit C_2H_5J umgesetzt u. *3.4-Dihydro-2H-pyran-2-carbonsäure* (II)-*äthylester* mit 71,5% Ausbeute erhalten. Durch Hydrolyse von II-Äthylester mit wss. NaOH bei Raumtemp. wurde die freie Säure erhalten, die mit NH_4OH unter milden Bedingungen in das Amid übergeführt werden konnte. Verss., II selbst zu isolieren, mißlangen, da bei der Hydrolyse des Äthylesters mit wss. HCl oder beim Ansäuern des Ag-Salzes Hydratation u. hydrolyt. Spaltung des Dihydropyranringes erfolgte. Als Reaktionsprodd. wurden dabei wahrscheinlich *6-Oxytetrahydropyran-2-carbonsäure* (III), *δ-Formyl-α-oxyvaleriansäure* oder ein Gemisch von beiden erhalten, das nach Oxydation mit H_2O_2 Glutarsäure lieferte. Das unbeständige Säuregemisch verharzt beim Stehen, geht aber bei sofortiger Vakuumdest. in *7-Oxo-6.8-dioxabicyclo-[3.2.1]-octan* (IV) über. Es ist möglich, daß die Lactonbldg. aus III durch eine Spur noch anwesender HCl begünstigt wurde. In einer analogen Rk. konnte jedoch die Lactonbldg. durch Dest. der reinen *2.5-Dimethyl-3.4-dihydro-2H-pyran-2-carbonsäure*, dargestellt aus Methacroleindimerem, zu *1.4-Dimethyl-7-oxo-6.8-dioxabicyclo-[3.2.1]-octan* erreicht werden. Das Infrarotspektr. von IV zeigt die Abwesenheit von Doppelbindungen, Aldehyd-, Oxy- u. Carboxylgruppen an. IV, das ein Ester eines inneren Halbacetals ist, ist in Abwesenheit von Feuchtigkeit stabil, in W. bei Raumtemp. unlösl., hydrolysiert darin nur langsam, löst sich aber rasch in wss. Basen. Hydrierung in NH_4OH, verstärkt mit NH_3, lieferte *6-Amino-2-oxyhexanamid* (V) mit 90 %ig. Ausbeute, das leicht zur entsprechenden Säure hydrolysiert. Aus Benzoylchlorid u. V wurde *6-Benzoylamino-2-oxyhexanamid* (VI), aus V u. Essigsäureanhydrid in Ae. die entsprechende *N-Acetylverb.* erhalten. Mit 40 %ig. HBr in Eisessig bei 110° ergab VI *6-Benzoylamino-2-bromhexansäure*, die mit NH_4OH in *N-Benzoyllysin* übergeführt wurde.

Versuche: *3.4-Dihydro-2H-pyran-2-carbonsäure* (II)*-äthylester*, $C_8H_{12}O_3$, Kp.$_{10}$ 84—84,2°, durch Zugabe von 1,25 Mol I zu 1,79 Mol Ag_2O in sd. Bzl., 2std. Kochen, Aufnehmen des Ag-Salzes in sd. Bzl., Zugabe von C_2H_5J, 2std. Kochen u. Dest. des Filtrats, n_D^{20} 1,4555; 71,5% (Ausbeute). — *3.4-Dihydro-2H-pyran-2-carboxamid*, $C_6H_9O_2N$, F. 112—122,5°, durch Erwärmen u. Schütteln des vorst. Esters mit konz. NH_4OH; 100%. — *Äthyltetrahydropyran-2-carboxylat*, $C_8H_{14}O_3$, Kp.$_{10-9}$ 89,8—89,4°, durch ½std. Hydrierung des Esters bei 1000 lbs./sq.in. H_2 in Ggw. von RANEY-Ni, n_D^{20} 1,4439; 94%. *Freie Säure*, Kp.$_5$ 110,5°, n_D^{20} 1,4665. — *7-Oxo-6.8-dioxabicyclo-[3.2.1]-octan* (IV), $C_6H_8O_3$, Kp.$_3$ 62—64°, durch Rühren des Esters mit 2,5nNaOH, Eindampfen des W. im Vakuum, Ansäuern mit HCl (1 : 1), Extraktion mit Ae., Waschen der äther. Lsg. mit Salzlsg. u. Dest., Kp.$_{14}$ 91—92°, n_D^{20} 1,4587; 79%; wasserunlösl.; entfärbt nicht Br_2 in CCl_4. Das im Ätherauszug vorliegende Säuregemisch wird auf Grund der Titration mit Base u. Hydroxylamin als ein Gemisch von *δ-Formyl-α-oxy-valeriansäure* u. *6-Oxytetrahydropyran-2-carbonsäure* (III) angesehen, das nach Oxydation mit H_2O_2 in Ae. in Glutarsäure, F. 96—98°, 60%, übergeführt wurde. — *6-Amino-2-oxyhexanamid* (V), $C_6H_{14}O_2N_2$, F. 111—113°, durch Lösen von IV in konz. NH_4OH, Zugabe von NH_3 u. Hydrierung bei 80—118° u. 1200 lbs./sq.in. H_2 in Ggw. von RANEY-Ni, Kristalle aus A. u. dann Ae.; 55%. *Freie Säure*, $C_6H_{13}O_3N$, F. 220—225° (Zers.), durch Erwärmen von V in absol. A. u. Zugabe von Wasser. *6-Acetylverb.*, $C_8H_{16}O_3N_2$, F. 155—156°, durch Zugabe von Essigsäureanhydrid in Ae. zu V in Ae., aus A.; 74%. *6-Benzoylderiv.* (VI), $C_{13}H_{18}O_3N_2$, F. 161,5—162,0° (A.), durch Rk. von IV mit NH_4OH, Hydrierung, Eindampfen im Vakuum bei 60°, Aufnehmen in W., Zugabe von 20%ig. NaOH u. Benzoylchlorid; 60%. — *6-Benzoylamino-2-bromhexansäure*, $C_{13}H_{16}O_3NBr$, F. 156—160° (A.), durch 5std. Erhitzen von VI mit wasserfreiem HBr in Eisessig im Rohr auf 110°, Abdampfen des Lösungsm. u. Zugabe zu W.; 61%. — *dl-N$^\varepsilon$-Benzoyllysin*, $C_{13}H_{18}O_3N_2$, F. zwischen 225 u. 265°, durch Rk. der vorst. Verb. mit NH_4OH; 58%. *Dibenzoat*, F. 141—143°, durch Rk. mit Benzoylchlorid u. 10%ig. NaOH. (J. Amer. chem. Soc. 73. 5280—82. Nov. 1951.) HORST BAGANZ. 670

Curtis W. Smith, Douglas G. Norton und Seaver A. Ballard, ***Reaktionen von Acrolein und verwandten Verbindungen.*** 5. Mitt. *Isomerisation von 3.3-Diacyloxypropenen.* (4. vgl. vorst. Ref.) *3.3-Diacetoxypropen* (I) wurde durch Zugabe von Acrolein (II) zu Essigsäureanhydrid (III), das H_2SO_4 als Kontakt enthielt, mit 93% Ausbeute dargestellt. Entgegen der Angabe von KIRRMANN (Bull. Soc. chim. France, Mém. [5] 4. [1937.] 502) war es notwendig, die H_2SO_4 vor der Dest. von I zu neutralisieren, da sonst vollständige Rückbldg. von II u. III erfolgte. Die beiden Isomeren I u. *1.3-Diacetoxypropen* (IV) stehen miteinander im Gleichgewicht: $CH_2{=}CH{-}CHO + (CH_3CO)_2O \overset{H^+}{\rightleftharpoons} CH_2{=}CH{-}CH(OCOCH_3)_2 \overset{H^+}{\rightleftharpoons} CH_3COOCH{=}CHCH_2OCOCH_3$. Dieses Gleichgewicht stellte sich nach 2std. Erhitzen von I auf 110° ein. Bei längerem Erhitzen machte sich Polymerisation bemerkbar, bei höheren Tempp. dagegen wurde das Gleichgewicht zugunsten von II, III u. IV auf Kosten von I verschoben. Lange Reaktionszeiten u. Tempp. über 50° mußten also bei der Darst. von I zur Verminderung der Isomerisation u. Polymerisation vermieden werden. Das Infrarotspektr. von I wird erörtert. Hydrierung von IV ergab *1.3-Diacetoxypropan* (VII). Eine Reihe weiterer Diacyloxypropene wurde dargestellt. Im allg. sd. die 1.3-Isomeren ungefähr 20° höher als die 3.3-Isomeren. Aus I oder IV u. KCN wurde *α-Acetoxyglutarsäuredinitril* (V) erhalten. Durch Rk. von I mit KCN wurde als erste Stufe durch Allylumlagerung *1-Acetoxy-3-cyanpropen* u. daraus durch HCN-Anlagerung an die Doppelbindung V erhalten. Bei IV findet zunächst ein Platzwechsel der Allylacetoxygruppe mit einer CN-Gruppe statt u. dann HCN-Anlagerung an die Doppelbindung. Durch Rk. von I mit Essigsäure u. H_2SO_4 als Kontakt bei 50° wurde *1.1.3-Triacetoxypropan* (VI) erhalten. VI gab mit 2.4-Dinitrophenylhydrazin das II-*2.4-Dinitrophenylhydrazon*. Hydrogenolyse von VI mit RANEY-Ni bei 150° liefert VII.

Versuche: *3.3-Diacetoxypropen* (I), $C_7H_{10}O_4$, Kp.$_{760}$ 184°, durch Zugabe von 5 Mol II zu 5,5 Mol III u. 0,021 Mol H_2SO_4 bei 50°, Zugabe von wasserfreiem Na-Acetat u. Dest., Kp.$_{40}$ 90—100°, Kp.$_{10}$ 75°, n_D^{20} 1,4203; 93 % (Ausbeute). Daneben *1.3-Diacetoxypropen* (IV), $C_7H_{10}O_4$, Kp.$_{10}$ 91—92°; 4,3 %. — 2std. Erhitzen von I in III u. wenig H_2SO_4 auf 110°, Neutralisation mit Na-Acetat u. Dest. lieferte IV, n_D^{20} 1,4384; 78 %. — *1.3-Diacetoxypropan* (VII), Kp.$_{10}$ 88—90°, durch Hydrierung von IV in Ggw. von HARSHAW-Ni bei 30 lbs./sq.in. H_2, n_D^{20} 1,4184; 74 %. — *1.1.3-Triacetoxypropan* (VI) $C_9H_{14}O_6$, Kp.$_{0,8}$ 100—101°, durch 18std. Erhitzen von I mit CH_3COOH u. wenig H_2SO_4 im Rohr auf 50°, Zugabe von Na-Acetat u. Dest., n_D^{20} 1,4270. Behandlung mit 2.4-Dinitrophenylhydrazin lieferte II-*2.4-Dinitrophenylhydrazon*, F. 165°. 4std. Hydrierung von VI in Ggw. von RANEY-Ni bei 150° u. 1500 lbs./sq.in. lieferte 55 % VII. — *α-Acetoxyglutaronitril* (V), $C_7H_8O_2N_2$, Kp.$_{0,3-0,5}$ 120—125°, a) durch Rk. von I mit KCN bei 110°, 1std. Erhitzen auf dem Dampfbad u. Extraktion mit Chlf., n_D^{20} 1,4418, D^{20}_4 1,130; 38 %; b) durch Rk. von IV mit KCN, Kp.$_{0,12}$ 112—114°. — *3.3-Dibutyroxypropen*, $C_{11}H_{18}O_4$, Kp.$_1$ 65—66°, 90 Min. (Reaktionszeit), 35° (Temp.), n_D^{20} 1,4280; 88 %. — *1.3-Dibutyroxypropen*, $C_{11}H_{18}O_4$, Kp.$_1$ 81°, 240 Min., 110°, n_D^{20} 1,4448; 62 %. — *3.3-Diacetoxy-2-methylpropen*, $C_8H_{12}O_4$, Kp.$_{10}$ 87°, 240 Min., 70°, n_D^{20} 1,4250; 92 %. — *1.3-Diacetoxy-2-methylpropen*, $C_8H_{12}O_4$, Kp.$_2$ 74—79°, 120 Min., 150°, n_D^{20} 1,4450; 50 %. — *3.3-Dipropionoxy-2-neopentylpropen*, $C_{14}H_{24}O_4$, Kp.$_{0,5}$ 71,2°, 60 Min., 40—45°, n_D^{20} 1,4370; 81 %. — *1.3-Dipropionoxy-2-neopentylpropen*, $C_{14}H_{24}O_4$, Kp.$_{0,5}$ 90°, 240 Min., 110°, n_D^{20} 1,4509; 95 %. (J. Amer. chem. Soc. **73**. 5282—85. Nov. 1951.)

HORST BAGANZ. 670

J. A. Elvidge, R. P. Linstead und Peter Sims, *Polyensäuren. 2. Mitt. Die Stereochemie der β-Methylmuconsäuren.* (1. vgl. C. **1951**. II. 514.) Vff. kommen auf Grund der nachfolgenden Rkk., der krit. Durchsicht der Literatur u. theoret. Überlegungen u. Berechnungen zu dem Ergebnis, daß die von PAULY, GILMOUR u. WILL (Liebigs Ann. Chem. **403**. [1914.] 119. **416**. [1918.] 1) beschriebene *β-Methylmuconsäure* (F. 170 bis 171°) die cis-trans- (IV) u. die bei 230° schm. *β-Methylmuconsäure* die trans-trans-Konfiguration (XVII) besitzt. — Die Einw. von H_2SO_4 auf 3-Nitro-p-kresol ergibt *γ-Carboxymethyl-β-methyl-Δ^α-butenolid* [*3-Oxy-3-carboxymethyl-2-methylbuten-(1)-carbonsäurelacton*] (I), das leicht in den Ester *γ-Carbomethoxymethyl-β-methyl-Δ^α-butenolid* (II) übergeht. II isomerisiert sich mit methanol. CH_3ONa zu *β-Methyl-cis-trans-muconsäure-(δ)-methylester* [*4-Carbomethoxy-2-methyl-cis-trans-butadien-(1.3)-carbonsäure-(1)*] (III), der durch Hydrolyse in *β-Methyl-cis-trans-muconsäure* (IV) (F. 170—171°) übergeht. (Bei den Konfigurationsbezeichnungen bezieht sich jeweils die 1. Bezeichnung auf die α–β-, die zweite auf die γ–δ-Doppelbindung.) F. von IV ist von der Geschwindigkeit der Temperatursteigerung abhängig. Wahrscheinlich tritt Lactonisierung ein. IV u. III geben mit CH_2N_2 den gleichen *β-Methyl-cis-trans-muconsäuredimethylester* (V). Die Umwandlung von IV in V ist reversibel. IV wird in Ggw. von Pt zu *β-Methyladipinsäure* (VI) u. mit Na-Amalgam zu *trans-Δ^β-Dihydro-β-methylmuconsäure* [*trans-2-Methylbuten-(2)-1.4-dicarbonsäure*] (VII) hydriert. Die partielle Veresterung von IV liefert III. — Teilweise Hydrolyse von V mit $Ba(OH)_2$ führt zu dem isomeren Halbester *β-Methyl-cis-trans-muconsäure-(α)-methylester* [*1-Carbomethoxy-2-methyl-cis-trans-butadien-(1.3)-4-carbonsäure*] (VIII), der mit CH_2N_2 wieder V, mit NaOH IV u. nach Red. in Ggw. von Pt mit NaOH VI gibt. VIII entsteht auch aus V mit wss. methanol. NH_3 neben *β-Methyl-cis-trans-muconsäure-(α)-methylester-(δ)-amid* (IX). Längere Behandlung von V mit wss.-methanol. NH_3 liefert *β-Methyl-cis-trans-muconsäurediamid* (X), das mit HNO_2 in IV übergeht. IX wird durch HNO_2 in VIII umgewandelt u. damit in der Struktur festgelegt. Der zu IX stellungsisomere *β-Methyl-cis-trans-muconsäure-(α)-amid-(δ)-methylester* (XI) entsteht aus III über das Säurechlorid mit NH_3. XI wird vorsichtig zu *β-Methyl-cis-trans-muconsäure-(α)-amid* (XII) hydrolysiert. Das isomere *β-Methyl-cis-trans-muconsäure-(δ)-amid* (XIII) bildet sich leicht aus III mit NH_3. XII u. XIII reagieren mit HNO_2 zu IV. — Die Lactonisierung von IV liefert das ursprüngliche I. III bildet leicht das Lacton II zurück, jedoch ließ sich der isomere Halbester VIII nur mit 75 %ig. H_2SO_4 auf Grund der eintretenden Hydrolyse in I umwandeln. Analog geht XIII leicht in das *Amid* von I (XIV) über, XII nicht. Die Struktur von XIV wird durch Überführung in I u. die Synth. aus I u. II festgelegt. — VII setzt sich unter Einw. von 75 %ig. H_2SO_4 zu *γ-Carboxymethyl-γ-methylbutanolid* (XV) um. Die Struktur wird durch Spaltung des Methylesters von XV mit CH_3ONa u. Verseifung zu *trans-*

Δ^α-Dihydro-β-methylmuconsäure [*2-Methyl-trans-buten-(1)-dicarbonsäure-(1.4)*; XVI], Hydrierung von XVI in Ggw. von Pt zu VI u. Oxydation von XVI zu Oxalsäure u. Lävulinsäure bestimmt. Das andere gesätt. Lacton, *γ-Carboxymethyl-β-methylbutanolid*, das aus I durch Hydrierung in Ggw. von Pt entsteht, wird über den Methylester analog zu *trans-Δ^γ-Dihydro-β-methylmuconsäure* [*3-Methyl-trans-buten-(1)-dicarbonsäure-(1.4)*] umgesetzt, die bei Red. in Ggw. von Pt VI u. bei Oxydation Oxalsäure u. Methylbernsteinsäure ergab. — Die Oxydation von p-Kresol mit Peressigsäure liefert IV u. I, die von *Homobrenzcatechin* (3-Oxy-p-kresol) hauptsächlich I u. wenig IV. Die Bromierung von VI mit anschließender Abspaltung von 2 Mol. HBr gibt die *β-Methyl-trans-trans-muconsäure* (XVII) (F. 230°). XVII bildet reversible *Dimethylester* u. *Diamide*, läßt sich in Ggw. von Pt zu VI u. mit Na-Amalgam zu VII hydrieren. XVII entsteht auch durch Erhitzen von IV mit 20%ig. wss. NaOH oder konz. HBr nach einigen Std., jedoch nicht durch Bestrahlung in Ggw. von Jod. (Angaben über Spektren s. Original.)

Versuche: *γ-Carboxymethyl-β-methyl-Δ^α-butenolid* (I), $C_7H_8O_4$, aus 3-Nitro- oder 3-Oxy-p-kresol mit konz. H_2SO_4; Prismen aus Essigester, F. 129—130°; 83% (Ausbeute). *Methylester* (II), F. 34—35°, Nadeln. 63%. — *β-Methyl-cis-trans-muconsäure-(δ)-methylester* (III), $C_8H_{10}O_4$, F. 126—127° (Bzl.), aus II mit methanol. CH_3ONa u. nachfolgender Zers. mit 10%ig. H_2SO_4; Nadeln; 83%. — *β-Methyl-cis-trans-muconsäure* (IV), $C_7H_8O_4$, F. ≈170° oder 178—179° (A.), aus III mit 10%ig. wss. NaOH bei Zimmertemp. nach 30 Min.; Nadeln; 90%. — *β-Methyl-cis-trans-muconsäuredimethylester* (V), $C_9H_{12}O_4$, F. 38—38,5° (wss. Methanol), aus III mit 5%ig. salzsaurem Methanol oder mit äther. CH_2N_2; auch aus IV mit äther. CH_2N_2. — *β-Methyladipinsäure* (VI), F. 96—98°, aus IV durch Hydrierung in Ggw. von Pt in Alkohol. — *trans-Δ^β-Dihydro-β-methylmuconsäure* (VII), F. 139—140° (W.), aus IV mit 10%ig. wss. NaOH u. 2,5%ig. Na-Amalgam, Nadeln. — *β-Methyl-cis-trans-muconsäure-(α)-methylester* (VIII), $C_8H_{10}O_4$, F. 170° (wss. Methanol), aus V mit methanol. $Ba(OH)_2$; Nadeln; 81%. — *β-Methyl-cis-trans-muconsäure-(α)-methylester-(δ)-amid* (IX), $C_8H_{11}O_3N$, F. 162 bis 163° (A.), aus V mit wss. methanol. NH_3 nach 4 Tagen bei 0° neben VIII; Prismen. — *β-Methyl-cis-trans-muconsäurediamid* (X), $C_7H_{10}O_2N_2$, F. 215—216° (W.), aus V mit wss.-methanol. NH_3 nach 10 Tagen bei Zimmertemp.; Nadeln; 83%. — *β-Methyl-cis-trans-muconsäure-(α)-amid-(δ)-methylester* (XI), $C_8H_{11}O_3N$, F. 141° (A.), aus III mit $SOCl_2$ u. NH_3; Prismen; 69%. — *β-Methyl-cis-trans-muconsäure-(α)-amid* (XII), $C_7H_9O_3N$, F. 210—211° (W.), aus XI mit methanol. $Ba(OH)_2$ nach 30 Min. bei Zimmertemp.; Nadeln; 52%. — *β-Methyl-cis-trans-muconsäure-(δ)-amid* (XIII), $C_7H_9O_3N$, F. 146—147° (Methanol), aus III mit wss. NH_3 nach 2 Tagen; Nadeln; 49%. — *Amid von γ-Carboxymethyl-β-methyl-Δ^α-butenolid* (XIV), F. 150—151°, aus XIII durch Erhitzen am Rückfluß mit W., 2 Std.; Nadeln; 90%. — *γ-Carboxymethyl-γ-methylbutanolid* (XV), $C_7H_{10}O_4$, F. 60—63° (Bzn.), aus VII mit 75%ig. H_2SO_4 nach 48 Std. bei Zimmertemp.; Nadeln; 76%. *Methylester*, $C_8H_{12}O_4$, Kp.$_{10}$ 142°; n_D^{16} 1,4573; 73%. — *trans-Δ^α-Dihydro-β-methylmuconsäure-(α)-methylester*, $C_8H_{12}O_4$, aus vorst. Verb. mit methanol. CH_3ONa. — *trans-Δ^α-Dihydro-β-methylmuconsäure* [*2-Methyl-trans-buten-(1)-1.4-dicarbonsäure*; XVI], $C_7H_{10}O_4$, F. 158—161° (Essigester), aus vorst. Verb. durch Erhitzen am Rückfluß in 10%ig. wss. NaOH 15 Min.; Nadeln; 31%. — *Lävulinsäure-2.4-dinitrophenylhydrazon*, F. 204—205°, aus vorst. Verb. durch Oxydation u. Rk. mit 2.4-Dinitrophenylhydrazin. — *Lävulinsäuresemicarbazon*, F. 184°, entsprechend. — *γ-Carboxymethyl-β-methylbutanolid*, $C_7H_{10}O_4$, F. 90—91° (Bzn.-Ae.), aus I durch Hydrierung in Ggw. von Pt; Prismen; 93%. — *γ-Carbomethoxymethyl-β-methylbutanolid*, $C_8H_{12}O_4$, Kp.$_{10}$ 154°, aus vorst. Verb. mit äther. CH_2N_2; n_D^{15} 1,4576; 74%. — *trans-Δ^γ-Dihydro-β-methylmuconsäure* [*3-Methyl-trans-buten-(1)-dicarbonsäure-(1.4)*], $C_7H_{10}O_4$, F. 129° (W.), aus vorst. Verb. mit methanol. CH_3ONa u. anschließender Hydrolyse; Nadeln; 54%. — *Methylbernsteinsäure*, F. 106—107°, aus vorst. Verb. durch Oxydation mit $KMnO_4$ neben *Oxalsäure*. — *β-Methyl-trans-trans-muconsäure* (XVII), $C_7H_8O_4$, F. 229 bis 231° (W.), aus *β-Methyladipinsäuredichlorid* u. Br_2 mit anschließender Abspaltung von HBr u. Verseifung, Nadeln. *Dimethylester*, $C_9H_{12}O_4$, F. 56° (Bzn.), aus vorst. Verb. mit CH_2N_2; Nadeln. *Diamid*, $C_7H_{10}O_2N_2$, F. 230—231°, aus vorst. Verb. mit wss. methanol. NH_3 nach 7 Tagen; Nadeln; 29%. (J. chem. Soc. [London] **1951**. 3386—98. Dez. London, Imp. Coll. of Sci. and Technol.) L. FISCHER. 820

J. A. Elvidge, R. P. Linstead und Peter Sims, *Polyensäuren*. 3. Mitt. *Wiedererforschung von Karrers β-Methylmuconsäure*. (2. vgl. vorst. Ref.) Vff. untersuchen noch einmal die Darst. des *β-Methyl-cis-cis-muconsäureanhydrids* (I) u. dessen Rkk. nach KARRER, SCHWYZER u. NEUWIRTH (C. **1949**. II. 641). Es ergibt sich einwandfrei, daß bei Ringöffnung von I im Gegensatz zu KARRER stets Verbb. mit cis-trans-Konfiguration entstehen. Die Oxydation von *4-Methyl-1.2-benzochinon* mit Monoperphthalsäure liefert I, das nach Hydrolyse durch Hydrierung in *β-Methyladipinsäure* übergeht.

I selbst läßt sich katalyt. nicht hydrieren. I setzt sich bei allen Hydrolyseverff. stets zu *β-Methylmuconsäure* (II) um, die ident. mit der auf andere Art dargestellten *β-Methyl-cis-trans-muconsäure* ist. I reagiert mit CH_3OH zu *β-Methyl-cis-trans-muconsäure-(α)- u. -(δ)-methylester* (III u. IV); bei längerer Einw. von CH_3OH auf I entsteht neben IV das Lacton von IV, *γ-Carbomethoxymethyl-β-methyl-Δ^α-butenolid.* I läßt sich nach Verseifung mit $Ba(OH)_2$ in CH_3OH u. Zers. mit H_2SO_4 in CH_3OH mit Diazomethan in den *Dimethylester von* II überführen. I gibt mit trockenem NH_3 in Bzl. hauptsächlich das *Amid des γ-Carboxymethyl-β-methyl-Δ^α-butenolids* neben den isomeren Halbamiden *β-Methyl-cis-trans-muconsäure-(δ)-amid* (V) u. *-(α)-amid* (VI). Aus dem Gemisch von V u. VI wird bei Behandlung mit Diazomethan durch fraktionierte Kristallisation der V entsprechende (α)-Methylester gewonnen, während der (δ)-Ester von VI sich nach Abtrennen von V durch Lactonisierung nach der Einw. von Diazomethan isolieren läßt.

Versuche: *β-Methylmuconsäureanhydrid* (I), $C_7H_6O_3$, F. 73—74° (Ae.), aus 4-Methyl-1.2-benzochinon in Ae. durch Zugeben von Monoperphthalsäure bei 0°; nach Stehen über Nacht bei Zimmertemp. wird filtriert, Lösungsm. verdampft, mit Bzl. extrahiert u. nach Verdampfen nochmals mit Bzn. ausgezogen; Nadeln; 61 % (Ausbeute). — *β-Methyl-cis-trans-muconsäure* (II), aus I mit kochendem W. 1 Min. (F. 173 bis 174° [W.]; 57 %), mit W. bei 0° 1 Std. (F. 178—179° [A.]; 66 %), mit Wasserdampf 24 Std., mit wss. gesätt. $NaHCO_3$-Lsg. (F. 178—179°; 57 %), mit $Ba(OH)_2$ in W. (F. 177—178°; 66 %), mit 2n wss. NH_3 (F. 177—178°). — *β-Methyl-cis-trans-muconsäuredimethylester*, aus II mit Diazomethan in Ae., F. 37—38°. — *β-Methyl-cis-trans-muconsäure-(α)-methylester* (III), F. 168—169°, aus I in wasserfreiem CH_3OH als 1. Fraktion; 40 %. — *β-Methyl-cis-trans-muconsäure-(δ)-methylester* (IV), F. 125—126°, aus I in wasserfreiem CH_3OH als 2. Fraktion; 32 %. — *γ-Carbomethoxymethyl-β-methyl-Δ^α-butenolid*, F. 34—35°, aus I wie vorst. nach 48 Std. unter Lichtausschluß neben III; Nadeln; 14 %. — *Amid von γ-Carboxymethyl-β-methyl-Δ^α-butenolid*, F. 148—149°, aus I in trockenem Bzl. mit trockenem NH_3; nach Verdampfung des Bzl. Extraktion mit absol. A.; Nadeln; 25 %. — Gemisch von *β-Methyl-cis-trans-muconsäure-(δ)-amid* (V) u. *β-Methyl-cis-trans-muconsäure-(α)-amid* (VI), F. 140—175°, aus I bei Darst. vorst. Verb. im Rückstand; 58 %. — *β-Methyl-cis-trans-muconsäure-(α)-methylester-(δ)-amid*, F. 160—161° (Methanol), aus vorst. Gemisch durch Einw. von überschüssigem äther. Diazomethan. — *β-Methyl-cis-trans-muconsäure-(α)-amid* (VI), F. 210—211°, aus Gemisch von V u. VI durch Kochen in W. am Rückfluß, 3 Std.; 60 %. — *β-Methyl-cis-trans-muconsäure-(α)-amid-(δ)-methylester*, F. 141°, aus vorst. Verb. mit Diazomethan. (J. chem. Soc. [London] **1951**. 3398—3402. Dez.) L. FISCHER. 820

O. Vogl und M. Pöhm, *Reduktion von Aminosäuren zu Aminoalkoholen mittels Lithiumaluminiumhydrids. L-Alanin, DL-Valin, L-Leucin, DL-Prolin* u. *DL-Phenylalanin*, aber nicht Glycin, lassen sich durch $LiAlH_4$ in Tetrahydrofuran als Lösungsm. mit guten Ausbeuten zu den entsprechenden Aminoalkoholen reduzieren.

Versuche: Zu einer 5 %ig. Lsg. von $LiAlH_4$ in trockenem Tetrahydrofuran wird die trockene Aminosäure unter Kühlung zugegeben (2,2—2,5 Mol $LiAlH_4$ für 1 Mol Aminosäure) u. dann einige Std. zum Sieden erhitzt; nach Verdünnen mit Ae. wird mit W. zers., vom $Al(OH)_3$ abfiltriert u. der Nd. mit CH_3OH oder A. ausgekocht. Der Aminoalkohol wird im Vakuum destilliert. *L-(+)-Alaninol*, C_3H_9ON, $Kp._{10}$ 85° (Luftbad), $[\alpha]_D^{17}$ +20,3° (c = 6,1 in A.); 75 % (Ausbeute); *saures Oxalat*, aus CH_3OH, F. 141 bis 142°; *neutrales Oxalat*, Blättchen aus CH_3OH, F. 165—167°. — *DL-Valinol*, $Kp._{10}$ 95 bis 100° (Luftbad); 83 %; *saures Oxalat*, $C_5H_{13}ON \cdot C_2H_2O_4$, aus CH_3OH, F. 155° (Zers.). — *L-(+)-Leucinol*, $Kp._{10}$ 100—105° (Luftbad), $[\alpha]_D^{17}$ +4,15° (c = 10,6 in A.); 79 %; *saures Oxalat*, aus CH_3OH, F. 186—187°; *neutrales Oxalat*, aus CH_3OH, F. 211—212°. — *DL-Prolinol*, $Kp._{10}$ 105—110 (Luftbad); 81 %; *neutrales Oxalat*, $2C_5H_{11}ON \cdot C_2H_2O_4$, aus CH_3OH, F. 150—151°. — *DL-Phenylalaninol*, $Kp._{0,1}$ 115° (Luftbad), aus Ae., F. 68°; 74 %. (Mh. Chem. **83**. 541—43. 15/4. 1952. Wien, Univ., II. Chem. Labor., u. Pharmakognost. Inst.) K. F. MÜLLER. 920

Alexander Schönberg und Radwan Moubasher, *Der Streckersche Abbau von α-Aminosäuren.* Übersichtsbericht unter besonderer Berücksichtigung der Arbeiten der Vff. (mit 53 Literaturangaben). Unter „STRECKERschem Abbau" wird jeglicher Abbau von α-Aminosäuren zum 1 C-Atom ärmeren Aldehyden u. Ketonen verstanden. Der Bericht umfaßt STRECKERsche Abbau-Rkk. durch anorgan. (z. B. OsO_4, H_2O_2, Ag_2O, Persulfate) u. organ. (Ketone u. Aldehyde) Agentien sowie katalyt. Abbaureaktionen. (Chem. Reviews 50. 261—77. April 1952. Cairo, Fouad I. Univ., Fac. of Sci., Dep. of Chem.) K. F. MÜLLER. 950

F. E. King und D. A. A. Kidd, *Synthesen aus Phthalimidosäuren.* 3. Mitt. *Die Darstellung von DL- und L-Asparagin aus Phthalyl-DL- und L-asparaginsäure-*

anhydrid. (2. vgl. C. **1951.** II. 208.) Durch Einw. von NH_3 auf *Phthalyl-DL-* bzw. *L-asparaginsäureanhydrid* (**IIIa** bzw. **IIIb**) werden die *β-Amide* (**IVa** bzw. **IVb**) gebildet, aus denen durch hydrolyt. Abspaltung der Phthalylgruppen mittels N_2H_4 *DL-* bzw. *L-Asparagin* erhalten werden. Die Phthalylasparaginsäureanhydride ähneln in dieser Beziehung den Phthalylglutaminsäureanhydriden, die ausschließlich γ-Derivv. liefern, während im allg. die Anhydroverbb. der anderen bekannten Acylasparagin- u. -glutaminsäuren hauptsächlich oder ausschließlich α-substituierte Verbb. liefern.

Versuche: *Phthalyl-DL-asparaginsäure* (I), durch Erhitzen eines Gemisches von Phthalsäureanhydrid (II) u. L-Asparagin auf 140—145°, aus W., F. u. Misch-F. 220—223°; 68 % (Ausbeute). — *Phthalyl-DL-asparaginsäureanhydrid*(**IIIa**), $C_{12}H_7O_5N$, durch 1½ Std. Kochen von **II** u. DL-Asparaginsäure in Pyridin, Entfernung des Pyridins im Vakuum u. 5 Min. Erhitzen des Rückstandes mit Acetanhydrid, Prismen aus Dioxan, F. 220—221° (Zers.); 66 %. — *Phthalyl-DL-asparaginsäure* (I), $C_{12}H_9O_6N$, beim Abkühlen einer heißen, wss. Lsg. von **IIIa**, Nadelrosetten, F. 225°. — *Phthalyl-DL-asparagin* (**IVa**), $C_{12}H_{10}O_5N_2$, durch Behandlung einer unterkühlten Lsg. von **IIIa** in Dioxan mit überschüssigem äther. NH_3 u. Ansäuern der wss. Lsg., kleine Prismen aus wss. A., F. 217 bis 218° (Zers.); 91 %. — *DL-Asparagin*, $C_4H_8O_3N_2$, durch 12 std. Einw. von 50 %ig. N_2H_4 auf eine Lsg. von **IVa** in wss. Sodalsg. bei Raumtemp., Ansäuern mit HCl u. Entfernung des Phthalylhydrazids, Neutralstellen des Filtrats mit NH_4OH, Einengen u. Zugabe von A.; *Hydrat*, $C_4H_8O_3N_2 \cdot H_2O$, rhomb. Prismen aus wss. A., Zers. bei 280 bis 290° nach Sintern ab 210°. — *Phthalyl-L-asparaginsäurediäthylester* (V), $C_{16}H_{17}O_6N$, aus L-Asparaginsäurediäthylester in Ae. u. **II**, Extraktion mit $NaHCO_3$-Lsg., Ansäuern u. Cyclisierung der gebildeten Phthalaminsäure mit $SOCl_2$ bei Raumtemp., Sirup, $Kp._{0,05}$ 180—190°, n_D^{17} 1,5263; 78 %. — *Phthalyl-L-asparaginsäureanhydrid* (**IIIb**), $C_{12}H_7O_5N$, durch 1 std. Erhitzen am Rückfluß von **V** mit Eisessig-konz. HCl, Entfernung der Lösungsmittel im Vakuum u. 2—3 Min. Erhitzen des Rückstands mit Acetanhydrid, Nadeln aus Essigester, F. 209—211°. — *Phthalyl-L-asparaginsäure*, $C_{12}H_9O_6N$, Nädelchen durch Auflösen von **IIIb** in heißem W. u. Abkühlen auf 2°, F. 193°, $[\alpha]_D^{20}$ —59,5° (in A.). — *Phthalyl-L-asparagin* (**IVb**), $C_{12}H_{10}O_5N_2$, wie **IVa**, Prismen aus wss. A., F. 200—201° (nach Sintern ab 172—173°). — *L-Asparagin*, $C_4H_8O_3N_2$, aus **IVb** in 20 %ig. N_2H_4 bei Raumtemp. (48 Std.), Nadeln aus wss. Aceton oder rechteckige Prismen aus W.; *Monohydrat*, $[\alpha]_D^{20}$ +32,6° (in n/10-HCl). — *Phthalyl-L-asparaginsäure-β-anilid* (**VI**), $C_{18}H_{14}O_5N_2$, aus **IIIb** mit äther. Anilinlsg.; *Monohydrat*, $C_{18}H_{14}O_5N_2 \cdot H_2O$, mkr. Prismen aus W.; F. 98—99°. — *L-Asparaginsäure-β-anilid*, $C_{10}H_{12}O_3N_2$, aus **VI** mit 10 %ig. N_2H_4, Prismen aus W. + Aceton, F. 251—252° (Zers.). (J. chem. Soc. [London] **1951.** 2976—78. Nov. Nottingham, Univ.) K. F. MÜLLER. 950

Robert A. Benkeser und Roland G. Severson, *Darstellung von o-Brombenzotrifluorid.* Die durch Umsetzung von Benzotrifluorid (I) mit n-Butyllithium (II) entstehende o-Li-Verb. (vgl. ROBERTS u. CURTIN, J. Amer. chem. Soc. **68.** [1946.] 1658) geht bei der Behandlung mit Br_2-Dampf in *o-Brombenzotrifluorid* (**III**) über. Das Br-Atom von **III** ist mit **II** gegen Li austauschbar, aber nicht mit metall. Li. Die Carboxylierung der Li-Verb. liefert *o-Trifluormethylbenzoesäure.*

Versuche: Zu **II** (aus n-Butylchlorid u. Li) in wasserfreiem Ae. wurde **I** gegeben. Nach Aufhören der Butanentw. wurde das Gemisch 12 Std. gekocht. Dann wurde Br_2 in Dampfform mittels eines N_2-Stromes eingeleitet. Das Prod. wurde in W. eingerührt, mit verd. NaOH, $Na_2S_2O_3$-Lsg. u. W. gewaschen u. mit Wasserdampf destilliert. Die Fraktionierung des Destillats lieferte neben 30 % unumgesetztem **I** (Kp. 100 bis 101°) *o-Brombenzotrifluorid* (**III**), Kp. 167—168°, n_D^{25} 1,4806; 28 % (Ausbeute). — **III** wurde mit einer Ätherlsg. von **II** versetzt, das Gemisch 30 Min. lang gerührt, mit Trockeneis carboxyliert u. das Prod. aus PAe. umkrist.: *o-Trifluormethylbenzoesäure*, F. 108—109,5°; 70 %. (J. Amer. chem. Soc. **73.** 1353—54. März 1951. Lafayette, Ind., Purdue Univ., Dep. of Chem.) FORCHE. 1010

Dieter Klein, *Modellversuche zur Spaltung der Samandiole mit Blei(IV)-acetat.* p-Tolyl-l-arabinamin (I), p-Tolyl-d-mannamin (II) u. p-Anisyl-d-mannamin (III) lieferten bei der Oxydation mit Pb-Tetraacetat (**IV**) 1,81 bzw. 1,73 bzw. 1,84 Mol Formaldehyd (**V**) bei einem Verbrauch von 11 bzw. 12 bzw. 14 Mol **IV**/Mol. Das eine Mol **V** stammt aus dem Ende der Kohlenhydratkette, das andere aus der Hydrolyse der sich intermediär bildenden N-Methylenverb. des aromat. Amins $R \cdot C_6H_4 \cdot N = CH_2$. Durch diese Modellverss. wird die Annahme über die Herkunft des **V** bestätigt, der bei der Spaltung von Phenyl- u. Methylsamandiol mit **IV** entsteht (vgl. SCHÖPF u. Mitarbeiter, C. **1951.** I. 2009) u. die Beweisführung für die Formulierung des Oxazolinringes im Samandarin gestützt. — Es wurde festgestellt, daß unter den gleichen Bedingungen der **IV**-Oxydation p-Toluidin knapp 3 Mol, p-Anisidin fast 4,5 Mol **IV** verbrauchte, so daß unter Berücksichtigung der Weiteroxydation der sich bildenden Ameisensäure zu CO_2 der hohe Verbrauch an IV durch I, II u. III erklärlich ist. (Chem. Ber. **85.** 253 bis 256. 1952. Darmstadt, TH, Inst. für Organ. Chemie.) WILLENBERG. 1320

Henry Tauber, ***Phenylalanylphenylalaninäthylestersynthese durch Chymotrypsin.*** L-Phenylalaninäthylester (I) wird durch *Chymotrypsin* (II) in den wasserunlösl. *Phenylalanylphenylalaninäthylester* (III) umgewandelt. Cysteinäthylester, Glycinäthylester u. Argininmethylester ergaben mit II, Trypsin u. Carboxypeptidase mit I keine unlösl. Verbindungen.

Versuche: 3 g I-Hydrochlorid werden in 12 ml W. mit 2nNaOH auf p_H 8,8 eingestellt, eine Lsg. von 12 mg II in 1 ml W. wird zugegeben u. das Vol. zu 24 ml ergänzt; bei 37° scheidet sich nach 10 Min. ein Nd. ab; durch Zugabe von NaOH hält man während der nächsten 30 Min. das p_H über 8,6. *Dipeptidester* III, $C_{20}H_{24}O_3N_2$, durch Aufarbeitung vorst. Nd. (Zentrifugieren, Acetonextraktion), mkr. Nadeln, F. 188—190° (Zers.); lösl. in Eisessig u. Aceton, unlösl. in W., 2,5nNaOH, 2,5nH_2SO_4; wird durch Schimmelpeptidase bei p_H 7,7 u. 37° enzymat. gespalten. (J. Amer. chem. Soc. **74.** 847—48. 5/2. 1952. Chapel Hill, N. C., Univ. of North Carolina, School of Public Health, Veneral Disease Exp. Labor.) K. F. MÜLLER. 1350

Jean D'Ans, Hans Zimmer und Helmut Bergmann, *Notiz über eine Synthese des Diphenylquecksilbers unter Vermeidung der Bildung von Phenylquecksilberhalogeniden.* Die Herst. von *Diphenylquecksilber* (I) aus $HgCl_2$ u. Phenyl-MgBr konnte durch Zugabe von Xylol zum Reaktionsgemisch u. dadurch bedingte Temperatursteigerung auf ca. 75° sowie durch schonende Zers. mittels eiskalter, sehr verd. HCl so verbessert werden, daß Ausbeuten von ca. 85% an bereits reinem I erhalten wurden. Das bei der bisher üblichen Herstellungsmeth. als Nebenprod. entstehende Phenylquecksilberhalogenid wurde als isomorphe Mischung von *Phenyl-HgCl* (II) u. *Phenyl-HgBr* (III) (Schmelzdiagramm s. Original) erkannt. Es wird auch am Beispiel des Phenyl-HgJ gezeigt, daß die Phenyl-Hg-Halogenide in der Lage sind, trotz ihrer sehr geringen Löslichkeit ihr Halogen auszutauschen. Dieses bisher unbekannte Vert. erklärt die Diskrepanz der Literaturangaben der FF. von II u. III; der F. von II bzw. III wird mit 251° bzw. 274° angegeben.

Versuche (alle Rkk. bis zur Zers. unter N_2): *Diphenylquecksilber* (I), F. 125° (Methanol). Eine GRIGNARD-Lsg. aus Brombenzol u. Mg wurde von nicht umgesetztem Mg abfiltriert u. im Verlauf von 30 Min. $HgCl_2$ portionsweise eingetragen; danach wurde auf dem Wasserbade unter guter Rührung erwärmt u. der durch den N_2-Strom mitgerissene Ae. durch Zugabe von Xylol ersetzt u. insgesamt 6 Std. auf 90° (Badtemp.) unter Vermeidung jeglicher — auch örtlicher Überhitzung — erwärmt, danach wurde die Ae.-Xylollsg. vom Rückstand abgesaugt, dieser mit Xylol erschöpfend ausgezogen; nach Zers. mit sehr verd. eiskalter HCl wurde wie üblich aufgearbeitet; 85% (Ausbeute). Das zur Aufnahme des Schmelzdiagramms benötigte reine *Phenyl-HgCl* u. *Phenyl-HgBr* wurde durch Umsetzung von reinstem I mit reinstem $HgCl_2$ bzw. $HgBr_2$ in sd. Methanol erhalten. (Chem. Ber. **85.** 583—85. 1952. Berlin-Charlottenburg, Techn. Univ., Lehrstuhl für allg. u. techn. Chemie.) ZIMMER. 1380

Alistair M. Stephen, ***Perjodatoxydation von Pinit.*** Der Verlauf der Oxydation von Pinit, (+)-Inosit u. Mesoinosit mit Na-Perjodat wird verglichen. Nach 25 Std. bei 26° sind 6,21 bzw. 6,75 bzw. 6,74 Mol Perjodat/Mol verbraucht. Die in Freiheit gesetzte Säuremenge beträgt nach 120 Min. 3,40 bzw. 5,28 bzw. 5,16 Äquivalente/Mol. Beim 20—40 Min. Erhitzen der Cyclite auf dem Wasserbad steigt der Säurewert für Pinit auf 3,95 u. bleibt für die beiden anderen Verbb. unverändert. — Der Oxydationsverlauf von Pinit u. des isomeren Sesquoyits ist sehr ähnlich. Die Lokalisierung der Methoxylgruppe an $C_{(2)}$ oder $C_{(3)}$ bzw. $C_{(5)}$ oder $C_{(6)}$ wird diskutiert. Wegen des Anstiegs der Säureentw. beim Erhitzen kann auch die Stellung $C_{(1)}$ oder $C_{(4)}$ nicht ganz außer Betracht gelassen werden. — *Pinit,* $C_7H_{14}O_6$, F. 184—186°, aus Acacia molissima, $[\alpha]_D^{25}$ +62° (c = 2,06 in W.). *Pentaacetat,* F. 96—98° (Äthylacetat/Isohexan), $[\alpha]_D^{28}$ +6,6° (c = 2,12 in A.). — *(+)-Inosit,* F. 244°, aus Pinit durch Demethylierung mit HJ; $[\alpha]^{29}$ 66,2°. — *Mesoinosit,* F. 220°. *Hexaacetat,* F. 215—216°. (J. chem. Soc. [London] **1952.** 738—39. Febr. Pretoria, South Africa, Nat. Chem. Res. Labor.)
ROSSOW. 1860

Lee Irvin Smith und Edgar R. Rogier, ***Cyclopropane.*** **5. Mitt.** ***Cyclopropylnitrocyclopropylketone und ihr Verhalten gegen Alkalien.*** (4. vgl. C. 1952. 5086.) Da Nitrocyclopropylketone mit Alkalien in **1.3**-Diketone umgewandelt werden, sollte untersucht werden, ob bei Verbb. des nebenst. Typs, wobei R oder R′ ein weiterer Cyclopropanring ist, unter den gleichen Bedingungen auch der zweite Cyclopropanring gespalten wird. Die Synth. von *Cyclopropyl-[2-nitro-3-phenylcyclopropyl-(1)]-keton* (I) ging aus vom Styrylcyclopropylketon, das mit 88%

Ausbeute durch Kondensation von Benzaldehyd mit Methylcyclopropylketon (III) in Ggw. von alkoh. NaOH dargestellt wurde. Addition von Nitromethan lieferte *4-Nitro-3-phenyl-1-cyclopropylbutanon-(1)*, dessen Bromderiv. durch Kochen mit wasserfreiem K-Acetat in I übergeführt wurde. Die so erhaltene Verb. konnte durch fraktionierte Kristallisation in zwei der vier möglichen rac. Formen gespalten werden, die bei 75° (**Ia**) bzw. 63° (**Ib**) schmolzen. Beide Verbb. waren reaktionsträge gegen $KMnO_4$, reagierten nicht mit Br_2 u. gaben Ndd. mit $FeSO_4$ u. Alkali (Nachweis für Nitrogruppe). **Ib** bildet ein Oxim u. Semicarbazon, wogegen **Ia** nur ein Oxim bildet. Durch gesätt. methanol. NH_3 gelang Umlagerung von **Ib** in **Ia**. Diese Eigg. schließen eine andere Struktur mit Doppelbindung aus. Die Infrarotspektren der beiden Verbb. sind fast gleich. Behandlung von **Ia** oder **Ib** mit Na-Methylat in CH_3OH lieferte neben $NaNO_2$ *4-Phenyl-3-methoxy-1-cyclopropylbuten-(2)-on-(1)*, das mit $KMnO_4$ u. Br_2 reagierte, durch Ozonolyse in *Methylphenylacetat*, u. durch methanol. HCl in *4-Phenyl-1-cyclopropylbutandion-(1.3)* (II) übergeführt wurde. II, das auch aus Äthylphenylacetat u. III dargestellt wurde, lieferte mit Dinitrophenylhydrazon die entsprechenden Pyrazole, mit HOBr Phenylessigsäure u. Cyclopropancarbonsäure. Dadurch wurde bewiesen, daß die unsubstituierte Cyclopropylgruppe von Alkali nicht angegriffen wird. — *2-Nitro-3-cyclopropyl-1-benzoylcyclopropan* (IV) wurde aus *3-Cyclopropyl-1-phenylpropen-(2)-on-(1)* (V) dargestellt. V wurde durch Kondensation von Cyclopropancarboxaldehyd (VI) mit Acetophenon oder durch Überführung von β-Cyclopropylacrylsäure, aus VI u. Malonsäure, in das Säurechlorid u. Rk. desselben mit Diphenyl-Cd erhalten. Addition von Nitromethan an V, Bromierung in alkal. Lsg. u. HBr-Abspaltung lieferte IV. Bromierung in neutralem Medium führte zu *β-Cyclopropyl-γ-brom-γ-nitrobutyrophenon* (IX) aus dem durch Rk. mit K-Acetat das niedrigschm. Isomere (F. 53°) von IV erhalten wurde. Aus dem rohen IV, das auf übliche Weise dargestellt wurde, wurden durch fraktionierte Kristallisation die Isomeren **IVa** (F. 77°) u. **IVb** (F. 53°) erhalten. Sie zeigten das gleiche chem. Verh. wie das Isomerenpaar **Ia** u. **Ib**. Auch ihre Infrarotspektren glichen sich fast. Einw. von Na-Methylat in CH_3OH auf IV lieferte *4-Cyclopropyl-3-methoxy-1-phenylbuten-(2)-on-(1)* (VII), das $KMnO_4$ u. Br_2 entfärbt, durch Ozonolyse in Methylcyclopropylacetat u. Benzoesäure u. durch methanol. HCl in *4-Cyclopropyl-1-phenylbutandion-(1.3)* übergeführt wurde. Diese Verb. gab ein Cu-Deriv., lieferte die erwarteten Pyrazole u. wurde durch Alkali in Acetophenon, Cyclopropylaceton, Cyclopropylessigsäure u. Benzoesäure gespalten. Auch in diesem Fall blieb der zweite Cyclopropanring erhalten.

Versuche: *Styrylcyclopropylketon*, $C_{12}H_{12}O$, Kp.$_{0,15}$ 142—148°, durch Zugabe von alkoh. KOH zu Benzaldehyd u. III unterhalb 30°, 5std. Rühren u. Zugabe von W., F. 53—53,5°, Plättchen aus CH_3OH; 88% (Ausbeute). *2.4-Dinitrophenylhydrazon*, $C_{18}H_{16}O_4N_4$, F. 209—210°, lange orange Nadeln u. kleine dunkelrote Prismen aus Essigester. — *4-Nitro-3-phenyl-1-cyclopropylbutanon-(1)*, $C_{13}H_{15}O_3N$, F. 65—65,5°, durch Zugabe von Na-Methylat in CH_3OH zu der vorst. Verb. u. Nitromethan (Kp. 100—101°) in absol. CH_3OH bei 35—40°, Ansäuern mit CH_3COOH bei 10—15° u. Eingießen in viel W., Nadeln aus CH_3OH; 52%. — *4-Brom-4-nitro-3-phenyl-1-cyclopropylbutanon-(1)*, $C_{13}H_{14}O_3NBr$, F. 109—110°, durch Zugabe von Na-Methylat in CH_3OH zu der vorst. Verb. in trockenem Chlf. bei —5 bis 0°, Zugabe zu Br_2 in Chlf. u. Entfernung des Lösungsm. im Vakuum, aus A., 59%; ohne Umkristallisation betrug die Ausbeute an Rohprod. 96%. — *Cyclopropyl-[3-phenyl-2-nitrocyclopropyl-(1)]-keton* (I), $C_{13}H_{13}O_3N$, Kp.$_{0,01-0,1}$ 141—145°, durch 48std. Kochen der vorst. Verb. mit K-Acetat in trockenem CH_3OH, Eindampfen des Filtrats im Vakuum, Mischen mit W. u. Ausäthern, gelbes, viscoses Öl; 60%. Durch fraktionierte Kristallisation aus CH_3OH wurden aus 13,5 g Rohprod. 4,5 g **Ia**, 2 g **Ib** u. 6,5 g Öl, das nicht weiter gespalten werden konnte, erhalten. **Ib**-*Semicarbazon*, $C_{14}H_{16}O_3N_4$, F. 176,5—177,5° (Zers.), aus A. Prismen. **Ib**-*Oxim*, $C_{13}H_{14}O_3N_2$, F. 141—142°, durch 2std. Erhitzen mit Hydroxylamin in Pyridin u. absol. A., Nadeln aus wss. CH_3OH; 75%. **Ia**-*Oxim*, $C_{13}H_{14}O_3N_2$, F. 128—129°, aus CH_3OH Prismen. Durch mehrstd. Stehen von **Ib** in gesätt. methanol. NH_3 bei 0° wurden 0,27 g **Ia** erhalten. — *4-Phenyl-3-methoxy-1-cyclopropylbuten-(2)-on-(1)*, $C_{14}H_{16}O_2$, F. 71,5 bis 72°, durch Zugabe von Na-Methylat in CH_3OH zu **Ib** in absol. CH_3OH, Eingießen in Eiswasser nach 1std. Rühren u. Extraktion mit Ae., aus Skellysolve u. PAe.; 37%. Aus **Ia** wurden 41% erhalten. Ozonisierung in Äthylbromid, Einengen im Vakuum, Zutropfen zu sd. W., das Zn-Staub, wenig Hydrochinon u. $AgNO_3$ enthielt, 30 Min. langes Kochen, Extraktion mit Ae., 4std. Erwärmen des Ätherrückstandes mit 10%ig. NaOH, Ausziehen mit Ae. u. Ansäuern der wss. Schicht lieferte Phenylessigsäure, F. 76—77°. — *4-Phenyl-1-cyclopropylbutandion-(1.3)* (II), $C_{13}H_{14}O_2$, Kp.$_{0,5}$ 130—133°, a) durch 1½std. Kochen der vorst. Verb. mit methanol. HCl, Verdünnen mit W. u. Extraktion mit Ae.; b) nach ZELLARS u. LEVINE (C. 1949. II. 403) aus III, Äthylphenylacetat u. $LiNH_2$, $n_D^{24,5}$ 1,5621; 24%. *Cu-Deriv.*, $C_{26}H_{26}O_4Cu$, F. 187—187,5° (Zers.), aus CH_3OH. *1-[2.4-Dinitrophenyl]-3-cyclopropyl-5-benzylpyrazol* u. *1-[2.4-Dinitrophenyl]-3-benzyl-5-cyclopropylpyrazol*, $C_{19}H_{16}O_4N_4$, durch Zugabe der vorst. Verb. zu 2.4-Dinitrophenylhydrazin in A. + wenig H_2SO_4, *schwerer lösl. Verb.*, F. 125,5 bis 126°, blaßgelbe Prismen aus A.; *leichter lösl. Verb.*, F. 111—111,2°, lange, blaßgelbe Nadeln aus A.; daneben wurde einmal eine dritte Verb. der gleichen Zus. erhalten, F. 113,5—114°, aus A. blaßgelbe Prismen. — *Cyclopropancarbonsäure*, F. 170—175°, durch Zugabe des Diketons zu NaOBr in W., 1std. Rühren mit Dioxan bei 5°, 3std. Rühren bei Raumtemp., Wasserdampfdest., Ansäuern des Rückstandes bei 0° mit verd. H_2SO_4 u. Extraktion des Filtrats mit Ae.; 51%. *p-Bromphenacylester*, $C_{13}H_{11}O_3Br$, F. 71,5—72°, aus wss. CH_3OH. — *β-Cyclopropylacrylsäure*, $C_6H_8O_2$, F. 68,3—69°, durch 4std. Kochen von **VI** mit Malonsäure u. trockenem Pyridin u. Ansäuern mit verd. H_2SO_4, aus Skellysolve u. PAe. Nadeln; 56%. *Anilid*, $C_{12}H_{13}ON$, F. 100,5—101,5° (A.), aus dem Säurechlorid. *Chlorid*, C_6H_7OCl, Kp.$_{30}$ 96°, durch Zugabe der Säure zu $SOCl_2$, 1std. Rühren bei 40°. — *3-Cyclopropyl-1-phenylpropen-(2)-on-(1)* (**V**), $C_{12}H_{12}O$, F. 23—24°, a) durch Zugabe des Chlorids bei 10° in Bzl. zu Diphenyl-Cd in Bzl., aus Brombenzol, Mg u. wasserfreiem $CdCl_2$, 2,5std. Rühren bei Raumtemp., Gießen in eiskalte verd. H_2SO_4 u. Aufarbeitung der organ. Schicht, Kp.$_{0,05}$ 116—120°, lange Nadeln aus Skellysolve A; 20%; b) durch 3std. Rühren von **VI** mit Acetophenon u. alkoh. KOH bei höchstens 40°, Zugabe von Weinsäure u. Extraktion mit Ae.; bei einer Reaktionstemp. von 45° wurde neben **V** eine Verb. erhalten, die $KMnO_4$ in Aceton nicht, dagegen Br_2 in CCl_4 rasch entfärbt, Kp.$_{0,1}$ 190—200°, F. 49—49,5 (CH_3OH). — *β-Cyclopropyl-γ-nitrobutyrophenon* (**VIII**), $C_{13}H_{15}O_3N$, F. 48,5—49,5°, durch Zugabe von Na-Methylat in CH_3OH zu **V** u. Nitromethan in absol. CH_3OH unterhalb 40°, Zugabe von CH_3COOH bei —5° unter Rühren, Prismen aus CH_3OH; 71%. — *β-Cyclopropyl-γ-brom-γ-nitrobutyrophenon* (**IX**), $C_{13}H_{14}O_3NBr$, F. 54,5—55°, durch Zugabe von Na-Methylat zu **VIII** in Chlf. bei —10° bis —15°, Zugabe der Lsg. zu Br_2 in Chlf. bei —10°, feine Kristalle aus absol. A. oder Skellysolve B; 20—30%. — *β-Cyclopropyl-α-brom-γ-nitrobutyrophenon* (**X**), $C_{13}H_{14}O_3NBr$, F. 69,5—70,5°, durch Zugabe von Br_2 zu **VIII** in trockenem Chlf., Zugabe eines Tropfens Aceton, UV-Bestrahlung u. 4,5std. Stehen aus CH_3·OH; 84%. — *1-Benzoyl-2-nitro-3-cyclopropylcyclopropan* (**IV**), $C_{13}H_{13}O_3N$, a) durch 42std. Kochen von **IX** mit K-Acetat in absol. CH_3OH, Entfernung des Lösungsm., Zugabe von W. u. Extraktion mit Ae., Kp.$_{1-1,5}$ 169—174°; *leichter lösl. Stereoisomere* (**IVa**), F. 76,3—77°, Plättchen aus CH_3OH; 70%. Aus der Mutterlauge wurde die *schwerer lösl. isomere Verb.* (**IVb**) erhalten, F. 52—53°, Prismen aus Skellysolve B. Aus 0,5 g **IVb** wurden nach Stehen mit methanol. NH_3 0,06 g **IVa** erhalten; b) **IVb** durch Zugabe von **X** zu K-Acetat in absol. CH_3OH, 1,5std. Kochen des Filtrats, Eindampfen, Zugabe von W. u. Extraktion mit Ae.. Kp.$_{0,8-1,2}$ 155—177°, F. 53—54°; 33%. — *4-Cyclopropyl-3-methoxy-1-phenylbuten-(2)-on-(1)* (**VII**) $C_{14}H_{16}O_2$, durch Zugabe von **IV** zu Na-Methylat unter Rühren, Eingießen in Eiswasser u. Extraktion mit Ae.; Fraktion A, Kp.$_{0,1}$ 127°, $n_D^{24,3}$ 1,5585; Fraktion B: Kp.$_{0,1}$ 129—132°, $n_D^{24,3}$ 1,5595; Gesamtausbeute 53%. Die Verb. wurde in Äthylbromid ozonisiert, ein Teil des Gemisches abdest., der Rückstand filtriert u. nach Kühlen Benzoesäure erhalten. Das Destillat wurde ausgeäthert u. Methylcyclopropylacetat, Kp.$_{748}$ 128—132°, n_D^{23} 1,4195; 39% erhalten, das verseift u. in den *p-Bromphenacylester* (F. 85,5—86° aus A.) übergeführt wurde. Rk. von **IVa** mit Na-Methylat lieferte 43% **VII**, Kp.$_{0,4}$ 132°, $n_D^{23,5}$ 1,5583. Rk. von **IVb** mit Na-Methylat 51%, Kp.$_{0,8}$ 143°, $n_D^{24,3}$ 1,5595. — *4-Cyclopropyl-1-phenylbutandion-(1.3)-Cu-Deriv.*, $C_{26}H_{26}O_4Cu$, F. 158,5—159°, durch kurzes Erhitzen von **VII** mit methanol. HCl, Eingießen in Eiswasser, Extraktion mit Ae., Aufnehmen des Rückstandes in CH_3OH u. Eingießen in gesätt. wss. Cu-Acetat; olivgrüne Nadeln aus CH_3OH; 83%. *Freies Dion*, $C_{13}H_{14}O_2$, Kp.$_{0,15}$ 119—119,5°, durch Schütteln der Cu-Verb. in Ae. mit H_2SO_4, $n_D^{20,5}$ 1,5866; 41%. — *1-[2.4-Dinitrophenyl]-3(5)-phenyl-5(3)-cyclopropylmethylpyrazol*, $C_{19}H_{16}O_4N_4$, F. 108—108,5°, blaßgelbe Prismen aus CH_3OH. Kochen des Diketons mit 10%ig. NaOH u. Extraktion mit Ae. lieferte zwei Fraktionen: *A*) Kp. 127—130°, u. *B*) Kp. 180°. *A* wurde als *Cyclopropylaceton* identifiziert, *2.4-Dinitrophenylhydrazon*, $C_{12}H_{14}O_4N_4$, F. 152,5—153°, aus A. orange Plättchen oder Nadeln. *B* erwies sich als *Acetophenon* (*2.4-Dinitrophenylhydrazon*, F. 239—241°, orangerote Nadeln aus Essigester). Die wss. alkal. Lsg. lieferte nach Ansäuern Benzoesäure u. das Filtrat nach Ätherextraktion *Cyclopropylessigsäure*, die als *p-Bromphenacylester* nachgewiesen wurde. (J. Amer. chem. Soc. **73**. 3831—37. Aug. 1951. Minneapolis, Minn., Univ. of Minnesota, School of Chem.) HILDEGARD BAGANZ. 1960

Lee Irvin Smith und Edgar R. Rogier, *Cyclopropane.* 6. Mitt. *Die Konfiguration und Reduktion der Stereoisomeren des Cyclopropyl-[3-phenyl-2-nitrocyclopropyl-(1)]-ketons.* (5. vgl. vorst. Ref.) Zur Klärung der Konfiguration der im vorst. Ref. dargestellten beiden rac. Formen des *Cyclopropyl-[3-phenyl-2-nitrocyclopropyl-(1)]-ketons*, **Ia** (F. 75°) u. **Ib** (F. 63°) sollten diese in die entsprechenden Aminoalkohole übergeführt werden. Es wurde erwartet, daß die Verb. mit NO_2- u. Carbonylgruppe in cis-Stellung zueinander, nach der Red. Ringverbb. liefern würde. Bei der Red. von **Ia** nach MEERWEIN-PONNDORF wurde nur der eine der beiden möglichen Nitroalkohole erhalten (**IIa**). Die Verb. reagierte nicht mit $KMnO_4$ u. Br_2 u. gab einen positiven Test für die Nitrogruppe. Dagegen wurde bei der gleichen Red. von **Ib** ein Gemisch der beiden Alkohole (**IIb**) isoliert. Die Infrarotspektren von **IIa** in CCl_4 u. **IIb** ohne Verdünnungsmittel waren gleich. Bei der Red. von **IIa** mit RANEY-Ni wurde der entsprechende Aminoalkohol (**IIIa**) als viscose Fl. erhalten, von dem weder durch Salzbldg., Benzoylierung oder Acetylierung u. Rk. mit Phosgen krist. Prodd. isoliert werden konnten. Die gleichen Ergebnisse wurden mit **IIb** erzielt. Die Infrarotspektren beider Verbb. wurden verglichen. Hydrierung von **Ia** u. **Ib** mit RANEY-Ni lieferte *2-Cyclopropyl-4-phenylpyrrolin-(2)* (**IV**), das auch durch Red. von 4-Nitro-3-phenyl-1-cyclopropylbutanon-(1) erhalten wurde, neben wenig *2-Cyclopropyl-4-phenylpyrrolidin*.

(cyclo C_3H_5)·CO·CH_2·CH(C_6H_5)·CH_2·NHR

V R = —SO_2·C_6H_5

VII R = —CO·C_6H_5

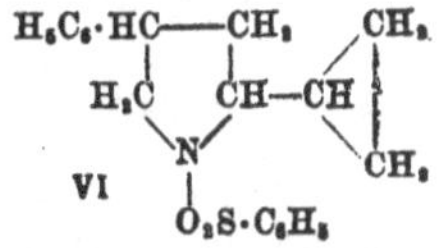

VI

Schütteln des Rohprod. von **IV** mit Benzolsulfonylchlorid u. Alkali lieferte eine alkalilösl. (**V**) u. eine alkaliunlösl. (**VI**) Benzolsulfonylverb., was im Einklang mit der Pyrrolin- bzw. Pyrrolidinstruktur steht.

V e r s u c h e: *Cyclopropyl-[3-phenyl-2-nitrocyclopropyl-(1)]-carbinol* (**IIa**), $C_{13}H_{15}$·O_3N, F. 83—83,5°, durch Kochen von **Ia** mit Al-Isopropylat in Isopropylalkohol unter gelegentlicher Zugabe von frischem Isopropylalkohol bis das Destillat acetonfrei war, Einengen im Vakuum, Zugabe von verd. HCl u. Extraktion mit Ae., lange Nadeln aus Skellysolve + Bzl.; 95 % (Ausbeute). *p-Nitrobenzoat*, $C_{20}H_{18}O_6N_2$, F. 159,5—160,5°, aus A. lange Nadeln. **IIb**, $C_{13}H_{15}O_3N$, Kp.$_{0,2}$ 170—172°, aus **Ib**, viscose Fl.; 71 %. *p-Nitrobenzoat*, $C_{20}H_{18}O_6N_2$, F. 118—120°, kleine Prismen aus Alkohol. — *Cyclopropyl-[3-phenyl-2-aminocyclopropyl-(1)]-carbinol* (**IIIa**), $C_{13}H_{17}ON$, Kp.$_{0,08}$ 150—155°, durch Schütteln von **IIa** unter H_2 bei 25° u. Normaldruck in Ggw. von RANEY-Ni, viscose Fl.; 46 %. Hydrochlorid, Hydrobromid, Oxalat, Benzoyl- u. Acetylderiv. waren gummiartige Prodd., die nicht krist. erhalten werden konnten. Durch 4std. Rühren von **IIIa** in Bzl. u. Pyridin mit Phosgen, Eindampfen, Aufnehmen in Ae. u. Zugabe von PAe. fiel eine verschwindend kleine Menge Nd. aus. **IIIb**, $C_{13}H_{17}ON$, Kp.$_{0,3-0,4}$ 150 bis 153°, analog aus **IIb**; 31 %. Salze konnten nicht krist. erhalten werden. — *2-Cyclopropyl-4-phenylpyrrolin-(2)* (**IV**), $C_{13}H_{15}N$, Kp.$_{0,15}$ 104°, a) durch 40std. Schütteln von **Ia** in A. mit H_2 bei 25° u. 40 lbs. in Ggw. von RANEY-Ni, $n_D^{22,7}$ 1,5520; 47 %. *Hydrochlorid*, $C_{13}H_{16}NCl$, F. 129,5 (im Capillarrohr), Platten aus Ae. + CH_3OH. *Hydrobromid*, $C_{13}H_{16}NBr$, F. 129,5°. *Pikrat*, $C_{19}H_{18}O_7N_4$, F. 159,5—160°, aus absol. A. flache gelbe Kristalle. *N-Benzolsulfonylverb.* (**VI**), $C_{19}H_{21}O_2NS$, F. 62,5—63,5°, durch Schütteln mit 10 %ig. NaOH u. Benzolsulfochlorid u. Erwärmen auf dem Dampfbad, aus wss. A. Prismen; alkaliunlöslich. Durch Ansäuern der Mutterlauge wurde die *alkalilösl. N-Benzolsulfonylverb.* (**V**), F. 117—117,5°, erhalten. *N-Benzoylverb.* (**VII**), $C_{20}H_{21}O_2N$, F. 141—142°, durch Erwärmen mit Benzoylchlorid in Bzl. u. Pyridin u. Aufarbeitung der benzol. Schicht, aus wss. A. Nadeln; b) durch Red. von **Ib**; 46 %. *Hydrochlorid*, F. 135°. *N-Benzolsulfonylverb.* (**V**), $C_{19}H_{21}O_3NS$, F. 117—117,5°, aus wss. Alkohol. c) Durch 3std. Schütteln von 4-Nitro-3-phenyl-1-cyclopropylbutanon-(1) mit H_2 bei 25° u. 20 lbs. in Ggw. von RANEY-Ni. — Durch vorzeitig abgebrochene Red. von **Ia** wurden keine Zwischenprodd. erhalten, sondern lediglich **Ia** zurückgewonnen u. wenig **IV** isoliert. (J. Amer. chem. Soc. 73. 3837—40. Aug. 1951.)

HILDEGARD BAGANZ. 1960

Lee Irvin Smith und Edgar R. Rogier, ***Cyclopropane*. 7. Mitt. *2-Phenylbicyclopropyl*.** (6. vgl. vorst. Ref.) *2-Phenylbicyclopropyl* (**I**) wurde aus Styrylcyclopropylketon über *3-Cyclopropyl-5-phenylpyrazolin-(2)* dargestellt. Das UV- u. Infrarotspektr. von **I** wurde mit denen von Phenylcyclopropan verglichen u. große Ähnlichkeiten beobachtet. Ein Konjugationseffekt konnte bei **I** nicht festgestellt werden, da es nicht mit Maleinsäureanhydrid reagiert. — Auf gleiche Weise sollte Bicyclopropyl dargestellt werden. Durch Kondensation von Methylcyclopropylketon (**II**), CH_2O u. Dimethylaminhydrochlorid wurde *Cyclopropyl-[2-dimethylaminoäthyl]-keton* erhalten, aus dem jedoch nicht das gewünschte Vinylcyclopropylketon dargestellt werden konnte. Es wurde daher versucht, *4-Methyl-1-cyclopropylpenten-(2)-on-(1)* (**III**) darzustellen. Jedoch lieferte die Kondensation von Isobutyraldehyd mit **II** ein Gemisch von **III** mit dem Ketol $(CH_3)_2CHCHOHCH_2CO$-cyclo-C_3H_5 (**IV**). **IV** konnte nur mit Schwierigkeiten dehydratisiert werden. Unter anderen Reaktionsbedingungen wurde eine ungesätt. *Verb.* $C_{18}H_{28}O_2$ erhalten.

Versuche: *3-Cyclopropyl-5-phenylpyrazolin-(2)*, $C_{12}H_{14}N_2$, Kp.$_1$ 164°, durch Zugabe von Styrylketon zu wss. Hydrazin in 95%ig. A. u. 1std. Erwärmen; 86%. *Phenylthioharnstoffderiv.*, $C_{19}H_{19}N_3S$, F. 107,5—108,5°, aus A. Platten. — *2-Phenylbicyclopropyl* (I), $C_{12}H_{14}$, Kp.$_{0,12}$ 57°, durch Zugabe der vorst. Verb. zu KOH u. Pt-Asbest im Bad von 220° u. Dest. nach beendeter N_2-Entw.; n_D^{20} 1,5352, D.$^{20}_4$ 0,9587, Mol.-Refr. 51,40; 74%. Reagiert in der Wärme mit Br_2 in CCl_4. Reagiert nicht mit Maleinsäureanhydrid auf dem Dampfbad bei 150 u. 200°. — *Cyclopropyl-[2-dimethylaminoäthyl]-keton*, $C_8H_{15}ON$, Kp.$_1$ 63—66°, durch 8std. Kochen von II, Paraformaldehyd, Dimethylaminhydrochlorid u. Isopropylalkohol, Eindampfen im Vakuum, Zugabe von 50%ig. NaOH, u. Dest. der oberen Schicht, $n_D^{27,6}$ 1,4545; 60%. *Pikrat*, $C_{14}H_{18}O_8N_4$, F. 124—124,5°, aus A. gelbe Nadeln. Lösen in Diphenyläther, Zugabe der berechneten Menge HCl, Zugabe der Suspension zu Diphenyläther bei 160° u. Erhöhung der Temp. auf 220° lieferte nur ein glasiges Material. Auch durch 4std. Erhitzen mit 85%ig. Hydrazinhydrat wurde unter Entw. von Dimethylamin nur eine geringe Menge einer bei 39—96°/20 mm sd. Fl. erhalten. — Durch Zugabe von Isobutyraldehyd zu II in alkoh. KOH bei 35—40°, Zugabe von Weinsäure u. Dest. des Filtrats wurden 4 Fraktionen erhalten, von denen die zwischen 103—110° sd. Anteile erneut dest. wurden. Die Analyse der so erhaltenen höchsten Fraktion stimmte mit den für IV berechneten Werten überein, $C_9H_{16}O_2$, Kp. 117—122°, $n_D^{27,2}$ 1,4611. Liefert mit 2.4-Dinitrophenylhydrazin das III-*2.4-Dinitrophenylhydrazon*, $C_{15}H_{18}O_4N_4$, F. 159,5—160°, aus A. rote Platten. Das zurückbleibende Gemisch von III u. IV wurde über J_2 dest. u. im Vakuum fraktioniert. III, $C_9H_{14}O$, Kp. 47—49°, n_D^{28} 1,4717. — Durch Rk. der Komponenten bei 45° wurde die *Verb.* $C_{18}H_{28}O_2$, Kp.$_1$ 140—147°, F. 58,5—58,7°, aus CH_3OH erhalten. Sie ist unlösl. in verd. HCl u. NaOH, lösl. in H_2SO_4; ungesätt. gegen $KMnO_4$ u. Br_2. *2.4-Dinitrophenylhydrazon*, $C_{24}H_{32}O_5N_4$, F. 222—223° (Zers.), orange Nadeln aus Benzol. (J. Amer. chem. Soc. **73**. 3840—42. Aug. 1951.) HILDEGARD BAGANZ. 1960

Lee Irvin Smith und Edgar R. Rogier, *Cyclopropane*. 8. Mitt. *Cyclopropancarboxaldehyd*. (7. vgl. vorst. Ref.) Da größere Mengen *Cyclopropancarboxaldehyd* (I) benötigt wurden u. die bekannte Darstellungsweise nur unbefriedigend war, wurde versucht, I durch OPPENAUER-Oxydation des Cyclopropylcarbinols darzustellen, was jedoch nicht gelang. Ebensowenig hatte es Erfolg, Cyclopropylglyoxal in Cyclopropylglykolsäure umzulagern u. diese mit Pb-Tetraacetat in I zu überführen, da die Ausbeute der ersten zwei Stufen zu gering war. Dagegen gelang es, Cyclopropylcyanid (II) oder Cyclopropancarboxpiperidid (III) mit $LiAlH_4$ zu red. u. I mit 48 bzw. 19%ig. Ausbeute zu erhalten.

Versuche: *γ-Chlorbutyronitril*, aus Trimethylenchlorbromid, 49—51% (Ausbeute). — *Cyclopropylcyanid* (II), Kp.$_{54}$ 58—59°, aus vorst. Verb.; 60%. — *Cyclopropancarbonsäure*, aus vorst. Verb. nach MCCLOSEY u. COLEMAN (C. 1946. I. 1216); 79%. *Chlorid*, Kp. 114—119°, durch Zugabe der Säure zu $SOCl_2$ unter Rühren u. 1std. Erwärmen auf 60—70°; 95%. — *Cyclopropancarboxpiperidid* (III), $C_9H_{15}ON$, Kp.$_{1,5-2,5}$ 105—108°, aus Piperidin in Ae. mit wasserfreiem Soda u. dem Säurechlorid; 78%. — *Cyclopropancarboxaldehyd* (I), Kp. 97—99°, a) durch Zugabe von $LiAlH_4$ in Ae. zu III in Ae. bei —15° unter Rühren, Zugabe von W. u. verd. H_2SO_4 bis zur schwachsauren Rk. u. Aufarbeitung der äther. Schicht; 20%. b) Durch Zugabe von $LiAlH_4$ zu II in Ae. unter Trockeneiskühlung, Zugabe von wenig Hydrochinon u. 10%ig. H_2SO_4 u. Aufarbeitung wie vorher; 48%. *2.4-Dinitrophenylhydrazon*, F. 185,5—186,5°. *p-Nitrophenylhydrazon*, F. 142,5—143°. *Dimedonderiv.*, F. 166—166,5°, Prismen aus CH_3OH. *Semicarbazon*, F. 139—139,5° (PAe.). — *Cyclopropylcarbinol*, Kp. 122—123°, durch Red. von Äthylcyclopropancarboxylat mit $LiAlH_4$, $n_D^{25,2}$ 1,426; 58%. Reagiert nicht mit $KMnO_4$ oder Br_2. *Phenylurethan*, F. 75,5—76°, Nadeln aus Bzl.-PAe., oder aus wss. A. Platten. 6std. Erwärmen des Carbinols mit Benzil u. Al-tert.-butylat in Bzl., Zugabe von W., Extraktion mit $NaHSO_3$ u. Aufarbeitung des wss. Auszugs lieferte keinen I. — *Cyclopropylglyoxal*, $C_5H_6O_2$, Kp.$_{10}$ 40—41°, durch Erhitzen von CH_3COOH, W., Dioxan u. SeO_2, Zugabe von Methylcyclopropylketon, 5std. Erhitzen, gelbgrüne Fl., n_D^{20} 1,481. *2.4-Dinitrophenylhydrazon*, $C_{11}H_{10}O_5N_4$. F. 173—173,5° aus A. orangerote Nadeln. — *Cyclopropylglykolsäure*, $C_5H_8O_3$, F. 77,5—78,5°, durch Zugabe von NaOH zu der wss. Lsg. der vorst. Verb., 3std. Stehen bei 0°, Einengen nach 18std. Stehen bei Raumtemp. im Vakuum, Ansäuern mit verd. H_2SO_4 u. Aufnehmen in Ae., aus Chlf.-PAe. Nadeln. *p-Bromphenacylester*, $C_{13}H_{13}O_4Br$, F. 93—93,5°, aus wss. A. Nadeln, Oxydation mit $KMnO_4$ lieferte *Cyclopropancarbonsäure*, die als *p-Bromphenacylester*, F. 71—72°, nachgewiesen wurde. (J. Amer. chem. Soc. **73**. 4047—49. Aug. 1951.)

HILDEGARD BAGANZ. 1960

Lee Irvin Smith und Edgar R. Rogier, *Cyclopropane.* 9. Mitt. *Methylcyclopropylketon.* (8. vgl. vorst. Ref.) *Methylcyclopropylketon* (II) wurde aus α-Acetobutyrolacton über *5-Chlorpentanon-(2)* (I) dargestellt. — *5-Chlorpentanon-(2)* (I), $Kp._8$ 50—51°, durch Schütteln von α-Acetobutyrolacton mit 38 %ig. HCl, bis homogene Lsg. entstand, u. 4—5 std. Kochen unter gleichzeitigem Abdest. der gebildeten Verbindung. — *Methylcyclopropylketon* (II), durch abwechselnde Zugabe der vorst. Verb. u. W. zu gepulvertem KOH bei 65—75°, Zugabe von W. unter Eiskühlung, Neutralisation mit verd. H_2SO_4 u. Extraktion der Ketonschicht mit Ae.; 74—78 %. Bei Anwendung von I u. KOH in 50 %ig. Lsg. wurden 44 %, mit $LiNH_2$ in sd. Ae. Spuren, mit $LiNH_2$ in sd. Bzl. u. Kollidin bei 140° wurde kein II erhalten. 5-Brompentanon-(2) lieferte mit wss. KOH 46 % II; mit trockenem KOH oder Na-Methylat entsteht kein II. (J. Amer. chem. Soc. **73.** 4049—50. Aug. 1951.) HILDEGARD BAGANZ. 1960

Emil Buchta und Wilhelm Kallert, *Seitenkettenabspaltung bei einer Selendehydrierung.* Unterss. über die Rolle des Se bei der Seitenkettenabspaltung von *6-Methoxy-1-[β-phenäthyl]-3.4-dihydronaphthalin* (I). Dabei entstehen neben dem zu erwartenden *6-Methoxy-1-[β-phenäthyl]-naphthalin* (II) *6-Methoxy-1-methylnaphthalin* (III) sowie *Toluol* (IV). Nach dem formellen Ablauf $C_{19}H_{20}O$ (I) → $C_{12}H_{12}O$ (III) + C_7H_8 (IV) findet jedoch keine H-Abspaltung statt. Vff. setzten deshalb I ohne Se-Zugabe denselben Temperaturbedingungen aus, um auf diese Weise dessen Wrkg. zu klären. Sie erhielten dabei neben II u. IV *6-Methoxy-1-methyl-3.4-dihydronaphthalin* (V). In einer früheren Arbeit (Liebigs Ann. Chem. **573.** [1951.] 220) berichten Vff. über die Disproportionierung von I in II u. *6-Methoxy-1-[β-phenäthyl]-1.2.3.4-tetrahydronaphthalin* (VI) bei Ggw. von $SnCl_4$ bei Raumtemperatur. Sie nehmen nun an, daß diese Disproportionierung bei ca. 300° auch ohne Ggw. von $SnCl_4$ stattfindet u. das gebildete VI weiter zerfällt zu IV u. V. Bei Ggw. von Se läuft nun neben der Disproportionierung von I die Dehydrierung zu II. Dadurch wird die Bldg. von VI zurückgedrängt, welches außerdem neben der therm. Spaltung eine Selendehydrierung zu II erfahren kann.

V e r s u c h e: A. D e h y d r i e r u n g m i t S e durch Erhitzen (2½ Std. bei 300—310°, 2½ Std. bei 330—340°, 2 Std. bei 350—360°) im CARIUS-Rohr ergab folgende Fraktionen: 1. *Toluol* (IV) 14,3 %. 2. *6-Methoxy-1-methylnaphthalin* (III), $C_{12}H_{12}O$, F. 48—49°, aus Methanol u. sublimiert; 17 %. 3. *6-Methoxy-1-[β-phenäthyl]-naphthalin* (II), $Kp._{1,5}$ 194—200°; dickes, gelbliches Öl, allmählich kristallisierend; nach Umkristallisieren aus A. identifiziert; 64 %. B. T h e r m. S p a l t u n g: wie unter A, jedoch ohne Se. Dest. ergab: 1. IV; 9,8 %. 2. *6-Methoxy-1-methyl-3.4-dihydronaphthalin* (V), $C_{12}H_{14}O$, $Kp._{18-19}$ 140—143°; dünnfl., farblos; 30,4 %; ergab bei Dehydrierung mit *S* III. 3. Öl, $Kp._{1,5}$ 191—194°; nicht untersucht; 16 %. 4. II, $C_{19}H_{18}O$, F. 48,5—49,5°, aus A.; 40,2 %. — *6-Methoxy-1-[β-phenäthyl]-1.2.3.4-tetrahydronaphthalin* (VI), $C_{19}H_{22}O$, $Kp._{0,8}$ 191°, durch Hydrieren von I, Öl; 69 %; therm. Zers., wie oben, ergab 1. IV sowie 2. eine Fraktion $Kp._{13}$ 126—130°; hieraus durch Dehydrierung III. (Liebigs Ann. Chem. **576.** 1—6. 24/3. 1952. Erlangen, Univ., Chem. Labor.) LÜTKE. 2700

Jean Neudorffer, *Über die Fluorierung des Thiophens.* Die bei der Fluorierung von Thiophen (I) mit mit N_2 verd. F_2 außer den gasförmigen Prodd. (SF_6 u. gesätt. Fluorkohlenstoffe von CF_4 bis C_4F_{10} (vgl. C. R. hebd. Séances Acad. Sci. **232.** [1951.] 2102 u. früher) in geringer Menge gebildete Fl. trennt sich in 2 Schichten, von denen die obere aus unverändertem I besteht; die untere wurde von gelöstem I durch Filtration nach Abkühlen auf —80° befreit u. durch fraktionierte Dest. in 3 S-freie Fraktionen zerlegt, von denen die größte (Kp. 18,4°, F. —93°, $D.^0_4$ 1,72) der Zus. $(CF_2)_4$ entsprach, kein Br_2 addiert, wahrscheinlich cycl. ist, aber in ihren Eigg. nicht mit den in der Literatur beschriebenen Angaben für Perfluorcyclobutan u. Perfluormethylcyclopropan übereinstimmt. In den beiden anderen Fraktionen fand sich eine Verb. der Zus. $(CF_2)_8$. Die Einw. von F_2 auf I dürfte sich demnach so abspielen, daß zunächst das S-Atom in Form von SF_6 abgetrennt wird u. dann die verbleibende C-Kette fluoriert wird, wobei fl. Prodd., darunter $(CF_2)_4$, u. gesätt. gasförmige *Fluorkohlenstoffe* CF_4 *bis* C_4F_{10} entstehen. (C. R. hebd. Séances Acad. Sci. **234.** 1983—84. 12/5. 1952.) SPAETH. 3071

Joseph A. Blanchette und Ellis V. Brown, *Alkylierung während der Transmetallierung von 3-Methylthiophen.* Bei der Metallierung von 3-Methylthiophen (I) mit Na in Ggw. von C_2H_5Br (II) oder C_4H_9Br (IIa) u. nachfolgender Carbonisierung wurde die gewünschte *4-Methylthiophencarbonsäure-(2)* (III) nur mit 10 bzw. 21 % Ausbeute erhalten; außer zurückgewonnenem I wurden durch fraktionierte Dest. noch höhersd. organ. Rückstände abgetrennt. Im Falle des II bestand dieser Rückstand aus *2-Äthyl-4-methylthiophen* (V) (durch WURTZ-FITTIG-Synth. aus I u. II entstanden), wie durch Acetylierung zu *2-Äthyl-4-methyl-5-acetylthiophen* (IV), das sich von dem bekannten 2-Äthyl-3-methyl-5-acetylthiophen als verschieden erwies, gezeigt wurde. Das mit IIa außer

III erhaltene Prod. dürfte in Analogie hierzu *2-n-Butyl-4-methylthiophen* sein. Durch WILLGERODT-Rk. wurde aus V *2-Äthyl-4-methylthienyl-(5)-acetamid* dargestellt.

Versuche: *4-Methylthiophencarbonsäure-(2)* (III), F. 119—120°, durch tropfenweise Zugabe von IIa in Ae. zur sd. Mischung von Na-Sand u. I in Ae. unter Rühren, weiteres 2std. Kochen nach beendeter Zugabe, Carbonisierung mit Trockeneis, Zugabe von W. u. Ansäuern der alkal.-wss. Schicht; 21% (Ausbeute); aus der äther. Schicht wurde außer I *2-n-Butyl-4-methylthiophen* (Kp. 198—202°; 60%) isoliert. — *2-Äthyl-4-methylthiophen* (V), Kp. 164—166°, Kp.$_{13}$ 46—48°, bei der Darst. von III (10%) wie vorst. mit II; 40%. — *2-Äthyl-4-methyl-5-acetylthiophen* (IV), Kp.$_{15}$ 125—126°, durch Acetylierung von V mit Acetanhydrid in Ggw. von $SnCl_4$; 70%. *Semicarbazon*, $C_{10}H_{15}$·ON_3S, F. 185—186° (A.). — *2-Äthyl-4-methylthienyl-(5)-acetamid*, $C_9H_{13}ONS$, F. 98 bis 99°, aus IV durch WILLGERODT-Rk.; 35%. — *2-Äthyl-4-methylthienylessigsäure*, durch Hydrolyse vorst. Verb.; Öl. *p-Bromphenacylester*, $C_{17}H_{17}O_3BrS$, F. 95—97°. (J. Amer. chem. Soc. **74**. 1848—49. 5/4. 1952. New York, N. Y., Fordham Univ., Dep. of Chem.) SPAETH. 3071

Olaf Klamerth, *Notiz über ein N-substituiertes Pyrrol. N-[β-Phthalimidoäthyl]-pyrrol* (I) erleidet unter der Einw. von Hydrazinhydrat bzw. Alkalihydroxyd hydrolyt. Spaltung am N des Pyrrolringes unter Bldg. von *Pyrrol* u. *Äthanolamin* (III) bzw. dessen Kondensationsprod. II mit Hydrazin u. Phthalsäure (IV).

II

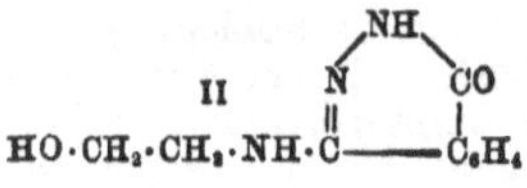

Versuche: *N [β-Phthalimidoäthyl]-pyrrol* (I), C_{14}·$H_{12}O_2N_2$, F. 158—159°, aus Pyrrol-K (aus 4,43 g K, gepulvert unter absol. Toluol, u. 30 cm³ frisch dest. Pyrrol bei 110—120° unter N_2, 50 cm³ Toluol zusetzen u. bei 10 Torr zur Trockne dampfen) mit 31,14 g α-Brom-β-phthalimidoäthan (F. 80—82°) in Toluol bei 24std. Erhitzen auf 125°, dann mit Bzl. verdünnen, vom KBr abfiltrieren, mit PAe. (45—50°) fällen u. aus Methanol umlösen. Die Methanollsg. enthält noch I, Kp.$_1$ 170—180° (Badtemp.); Nadeln; 17,85 g (Ausbeute). Daneben Fraktion Kp.$_1$ 130—140° (Badtemp.): *Phthalimidoäthylen*, $C_{10}H_7O_2N$, F. 80—82°, aus Ae./PAe. lange Nadeln. — II, $C_{10}H_{11}O_2N_3$, F. 250—252°, durch Spaltung von I in A. mit Hydrazinhydrat im Rohr bei 160—180° unter N_2; schwachviolette Nadeln aus Methanol (daneben *Pyrrol*). *Hydrochlorid*, $C_{10}H_{11}O_2N_3$·HCl, F. 190—200°, Nadeln. — II liefert bei Hydrolyse im Rohr mit 48%ig. HBr (einige Std. 160—170°) *Phthalsäureanhydrid* u. *Äthanolamin* (III), isoliert als *Pikrat*, $C_2H_7ON·C_6H_3O_7N_3$, F. 159—161°, gelbe Plättchen aus Methanol. — Spaltung von I mit methanol. KOH (12 Std. Erwärmen) liefert III u. *Phthalsäure* (IV), F. 194—196°. — Hydrolyse mit 8n HCl im Rohr (einige Std. 180°) ergibt IV neben N_2H_4·2 HCl, F. 200 bis 202°. (Chem. Ber. **84**. 254—57. 1951. Heidelberg, Univ., Physiol.-Chem. Inst.) GOEBEL. 3031

Richard W. Schayer, *Synthese von $^{14}C_{(2\text{-}Imidazol)}$-Histamin. Radioakt. L-Histidin* (II) wurde durch Histidindecarboxylase aus *Lactobacillus*-Stämmen zu *radioakt. Histamin* (III), das als Dipikrat isoliert wurde, decarboxyliert.

Versuche: *Thiol-L-$^{14}C_{(2\text{-}Imidazol)}$-histidin* (I), aus α,δ-Diamino-γ-ketovaleriansäure u. $NaS^{14}CN$ (aus $Na^{14}CN$), F. > 300°. — *L-$^{14}C_{(2\text{-}Imidazol)}$-Histidin* (II), durch Oxydation von I mit Ferrisulfat, Überführung ins *Diflavianat* (F. 245—247°); daraus II, F. 294°, $[\alpha]_D^{20}$ —35,5° (2%ig in W.). — *L-$^{14}C_{(2\text{-}Imidazol)}$-Histamin (III)-dipikrat*, $C_5H_9N_3·(C_6H_3O_7N_3)_2$, aus 18,4 mg II u. Histidindecarboxylase (durch 6 Std. Inkubation von 50 mg Acetonpulver aus *Lactobacillo* bei p_H 4,8) bei 30° (65 Min.) in WARBURG-App. bis zur Beendigung der CO_2-Entw., Extraktion der alkal. Lsg. mit n-Amylalkohol u. Versetzen der wss. Lsg. des Trockenrückstands mit wss. Pikrinsäurelsg., F. 238—242°; 65% (Ausbeute). Chromatogramm in Butanol–NH_4OH zeigt nur einen radioakt. Fleck, R_F-Wert 0,80 (R_F-Wert von II 0,15). III-Hydrochlorid erzeugt die gleiche Kontraktion des Meerschweinchenuterus wie das nichtradioakt. Produkt. (J. Amer. chem. Soc. **74**. 2440—41. 5/5. 1952. Chicago, Ill., Northwestern Univ., Med. School, Rheumatic Fever Res. Inst.) K. F. MÜLLER. 3122

J. W. Cornforth und E. Cookson, *Einige Reaktionen von Oxazolcarbonsäuren-(4).* Durch Umlagerung von 4-Oxyalkylidenoxazolon-(5) werden 2-substituierte Oxazolcarbonsäuren-(4) dargestellt, die zum Teil in Glyoxaline übergeführt werden konnten. Die Einw. von Pb-Tetraacetat auf *2-Phenyloxazolcarbonsäure-(4)* (II)-*Methylester* u. nachfolgende Hydrolyse führte zu *5-Methyl-2-phenyloxazolcarbonsäure-(4)* (I), Kernmethylierungen dieser Art wurden bis jetzt bei Heterocyclen noch nicht beobachtet, während sie bei Naphthochinonen u. verschied. Benzolderivv. bekannt sind. I wurde durch Red. des Säurechlorids nach ROSENMUND in *5-Methyl-2-phenyloxazolaldehyd-(4)* (III) übergeführt. III gab bei Hydrolyse in der Kälte mit verd. NaOH *2-Benz-*

amido-3-ketobutyraldehyd, kräftigere Reaktionsbedingungen führten zur Zersetzung. Der Vers. der Darst. von *4-Aminooxazol* durch CURTIUS-Abbau von II war erfolglos. Hydrolyse des Isocyanats mit rauchender HCl gab *O-Benzoylglykolamidin*, das zum Vgl. aus Benzoylnitril dargestellt wurde.

Versuche: *4-Äthoxymethylen-2-styryloxazolon-(5)*, F. 102—103°, durch Umsetzen von 4 g Cinnamoylglycin mit einer sd. Mischung aus 5,5 cm³ Äthylorthoformiat, Acetanhydrid u. Xylol, 25 Min. Erwärmen, Extrahieren mit PAe. (Kp. 80—100°), hellgelbe Kristalle; 2,2 g (Ausbeute); *Na-Salz* des *4-Oxymethylen-7-styryloxazolons-(5)* (IV), aus 2,2 g vorst. Verb. mit 0,8nNaOH; 2,1 g. — *4-[1'-Oxyäthyliden]-2-styryloxazolon-(5)* (V), F. 218—219°, durch Umsetzen von 19 g Na-Salz von Cinnamoylglycin in Acetanhydrid u. trockenem Pyridin unter Ausschluß von Feuchtigkeit mit 17 cm³ A. bei 30—35°, Ansäuern bis zur Kongorot-Rk., Lösen der rohen gelben M. in 2nNaOH u. Ansäuern; aus Essigester gelbe Platten; 10 g. — *2-Phenyloxazolcarbonsäure-(4)* (II), F. 210°. 20 g 4-Äthoxymethylen-2-phenyloxazolon-(5) wurden mit 2nNaOH während 2 Std. in das Na-Salz von *4-Oxymethylen-2-phenyloxazolon-(5)*, $C_{10}H_6O_3NNa \cdot H_2O$, F. 254—255° (A.), Platten; 12 g, übergeführt u. 2 g davon mit 1 g Na-Acetat 5 Min. auf 290—300° erhitzt; 1,4 g II, feine Nadeln. — *2-Styryloxazolcarbonsäure-(4)* (VI), $C_{12}H_9O_3N$, F. 199,5—200,5°, aus 2,15 g IV durch Umlagerung bei 280° in fl. Paraffin bis zur negativen $FeCl_3$-Rk.; Behandeln mit verd. HCl u. Ae.-Chlf., Extrahieren mit NH_3; aus Essigester Blättchen; 1,255 g. — *5-Methyl-2-styryloxazolcarbonsäure-(4)* (VII), $C_{13}H_{11}O_3N$, F. 183—185°. V wurde einige Min. mit alkoh. KOH gerührt, der A. verdampft u. der Rückstand mit K-Acetat auf 290° erhitzt, nach 5 Min. $FeCl_3$-Test negativ; Ansäuern mit verd. HCl; aus Bzl. Nadeln. — *2-Phenylglyoxalin*, $C_9H_8N_2$, F. 149—150°, durch 8std. Erhitzen von II in NH_3 auf 200°; aus wss. A. Platten; 45%. — *2-Styrylglyoxalin*, $C_{11}H_{10}N_2$, F. 178—179°, durch 24std. Erhitzen von VI in NH_3 auf 190°, nach Sublimation bei 180°/0,05 mm aus Bzl. Nadeln; 20%. — *4-Methyl-2-styrylglyoxalin*, $C_{12}H_{12}N_2$, F. 232—233°, durch 9std. Erhitzen von VII auf 240° in NH_3; Nadeln aus Essigester; 25%. — II-*Methylester*, $C_{11}H_9O_3N$, F. 85—87°, aus 3,25 g II; seidige Nadeln aus PAe. (Kp. 40—60°); 3,25 g. — *5-Methyl-2-phenyloxazolcarbonsäure-(4)* (I), $C_{11}H_9O_3N$, F. 179—180° (A., Bzl.), durch Behandeln des vorst. Esters mit Pb-Tetraacetat in Essigsäure, Erhitzen auf 105°, Verdünnen mit W. u. Extraktion mit Ae., Verdampfen u. 15 Min. Erhitzen mit 2nNaOH u. wenig Alkohol. — *5-Methyl-2-phenyloxazolaldehyd-(4)* (III), $C_{11}H_9O_2N$, F. 90,5—91,5°, durch Red. des I-*Chlorids* (Prismen, F. 133—135°) in Xylol mit Pd/$BaSO_4$; aus A. Nadeln. *Dimedonderiv.*, $C_{27}H_{29} \cdot O_4N$, F. 263—264°, wahrscheinlich Anhydroform. — *2-Benzamido-3-ketobutyraldehyd*, $C_{11}H_{11}O_3N$, F. 86°, durch Schütteln von 132 mg vorst. Aldehyds über Nacht mit 0,5nNaOH, nochmaliges Schütteln des Alkaliunlöslichen über Nacht, Ansäuern u. Ausäthern; aus PAe. (60—80°) + Ae., prismat. Nadeln; 10 mg. — CURTIUS-Abbau des II über das II-*Chlorid*, das rohe *Azid* (F. 120—121° [Zers.]) u. das *Carbamat* VIII. Zers. von VIII mit NaOH in Ae. gab *O-Benzoylglykolamidin*, $C_9H_{10}O_2N_2$, F. 88°, Prismen, das auch aus Benzoyloxyacetonitril über das *Iminoätherhydrochlorid* erhältlich ist. *Pikrat*, $C_9H_{10}O_2N_2 \cdot C_6H_3O_7N_3$, F. 215—216° (Zers.). — *4-Carbäthoxyamino-2-phenyloxazol* (VIII), $C_{12}H_{12}O_3N_2$, F. 105°, durch 3std. Kochen von 1 g rohem Azid mit A., aus Cyclohexan Prismen; 0,58 g. (J. chem. Soc. [London] **1952**. 1085—88. März. London, Nat. Inst. for Med. Res., u. Oxford, Univ., Dyson Perrins Labor.) ROSDORFF. 3132

Yao-Hua Wu und Cliff S. Hamilton, ***Arsenverbindungen mit Chinolin- und Chinazolinkernen.*** Eine Anzahl *6-Amino-4-oxychinoline* bzw. *-chinazoline*, dargestellt durch Red. der entsprechenden 6-Nitroverbb., wird durch Diazotieren u. anschließende Kupplung mit Na_3AsO_3 in die entsprechenden *Arsonsäuren* verwandelt. Einige von ihnen werden durch SO_2 u. HJ zu den entsprechenden Arsenosoderivv. reduziert. Substituierte 4-Chlorchinolin- bzw. -chinazolinverbb. reagieren mit p-Arsanilsäure zu den entsprechenden *4-[4'-Arsonoanilino]-chinolinen* bzw. *-chinazolinen*.

Versuche: *6-Amino-4-oxychinolin*, nach ALBERT, BROWN u. DUEWELL (J. chem. Soc. [London] **1948**. 1284). — *6-Amino-4-oxy-2-methylchinolin*, nach KERMACK u. WEATHERLEAD (J. chem. Soc. [London] **1939**. 563). — Nachst. *Amino-4-oxychinazoline*, durch Zufügen der entsprechenden Nitro-4-oxychinazoline zu warmer $SnCl_2$ + konz. HCl, nach 1std. Kochen Verdünnen mit W. u. Neutralisieren mit $CaCO_3$; *5-Amino-*, F. 236° (76,4% [Ausbeute]); *6-Amino-*, F. 316° (67%); *7-Amino-*, $C_8H_7ON_3$, F. 315° (53,7%). — Nachst. Verbb. durch Diazotieren vorst. Amine bei 5° in 2nHCl, Gießen der Diazoniumverb. in eine Lsg. aus Na_3AsO_3, NaOH, einigen $CuSO_4$-Kristallen u. W.; nach 2std. Rühren u. 12std. Stehen kurzes Erwärmen auf 80°, Filtrieren, Neutralisieren mit HCl, Filtrieren u. Ansäuern gegen Kongorot: *4-Oxychinolinarsonsäure-(6)*, $C_9H_8O_4NAs$, F. $>$320°; 29,7%. — *4-Oxy-2-methylchinolinarsonsäure-(6)*,

$C_{10}H_{10}O_4NAs$, F. >320°; 31,6%. — *4-Oxychinazolinarsonsäure-(5)*, $C_8H_7O_4N_2As$, F. >320°; 48,3%. — *4-Oxychinazolinarsonsäure-(6)*, $C_8H_7O_4N_2As$, F. >320°; 22,2%. — *4-Oxychinazolinarsonsäure-(7)*, $C_8H_7O_4N_2As$, F. >320°; 42,2%. — Nachst. *Arsenosoverbb.*, durch Sättigen einer Lsg. vorst. Arsonsäuren in 1,5n HCl + etwas KJ im Eisbad mit SO_2, nach 12std. Stehen in der Kälte Neutralisieren mit konz. NH_3, Filtrieren, Aufnehmen des Nd. in 1n NaOH u. Einleiten von CO_2: *6-Arsenoso-4-oxychinolin*, $C_9H_6O_2NAs \cdot H_2O$, F. 317°; 53,2%. — *6-Arsenoso-4-oxy-2-methylchinolin*, $C_{10}H_8O_2NAs \cdot H_2O$, F. 310°; 75,1%. — *7-Arsenoso-4-oxychinazolin*, $C_8H_5O_2N_2As \cdot H_2O$, F. 295°; 69,1%. — Nachst. Kondensationsprodd., durch Auflösen von 4-Chlorchinolinen bzw. -chinazolinen u. p-Arsanilsäure in Dimethylformamid bei 50° u. 3—4std. Erwärmen auf 80—90°: *4-[4'-Arsonoanilino]-8-nitrochinolin*, $C_{15}H_{12}O_5N_3As$, F. 288°, gelbe Kristalle; 30,2%. — *4-[4'-Arsonoanilino]-2-methylchinolin*, $C_{16}H_{15}O_3N_2As$, F. 285°, hellgraue Kristalle; 33,2%. — *4-[4'-Arsonoanilino]-2-methyl-6-nitrochinolin*, $C_{16}H_{14}O_5N_3As$, F. 288°, gelbe Kristalle; 50,1%. — *4-[4'-Arsonoanilino]-chinazolin*, $C_{14}H_{12}O_3N_3As$, F. >320°, hellgraue Kristalle; 58%. (J. Amer. chem. Soc. **74**. 1863—64. 5/4. 1952. Lincoln, Nebr., Univ., Avery Labor.) LEHWALD. 3200

Noel F. Albertson, ***Piperidin- und Azabicycloverbindungen. 1. Mitt. Via Michael-Kondensationen.*** Kondensation von Acrylnitril (I) mit Acetessigester ergibt *2-[2-Cyanäthyl]-acetessigsäureäthylester* (II), der durch wss. Carbonatlsg. in *5-Ketocapronitril* verwandelt wird. Durch partielle Hydrierung entsteht aus **II** wahrscheinlich *5-Carbäthoxy-6-methyltetrahydropyronimin-(2)*, da sich beim Sieden mit HCl NH_4Cl abspaltet. Vollständige Hydrierung von II ergibt *2-Methylpiperidincarbonsäure-(3)*. Analog reagieren Derivv. von II mit einem 2. Substituenten in 2-Stellung. So entsteht u. a. aus Cyclopentanoncarbonsäure-(2)-ester u. I u. anschließender Red. *4a-Carbäthoxy-oktahydro-1-pyrindin* (XI), aus Acetobutyrolacton u. I nach Red. *1-Methyl-2-aza-8-oxaspiro-(5.4)-decanon-(7)* (XII). Bei Verwendung von 2-[2-Carbomethoxyäthyl]-acetessigester bildet sich mit I über *2-[2-Cyanäthyl]-2-[2-carbomethoxyäthyl]-acetessigester* (III) durch Red. *3-Carbomethoxyäthyl-2-methylpiperidincarbonsäure-(3)-äthylester* (IV) u. daneben *5-Carbäthoxy-9-methyl-2-keto-1-azabicyclo-(3.3.1)-nonan* (V), das aus IV auch beim Stehen durch CH_3OH-Abspaltung gebildet wird. Wird das III entsprechende Carbäthoxyderiv. red., entstehen nur 4% V (vgl. jedoch nachst. Ref.!). — Hydrierung von 1-[Pyridyl-(2)]-pentanon-(4) führt zu *4-Methylchinolizidin*. Im Gegensatz zu der Hydrierung von **II** u. analogen Derivv., bei denen Piperidinderivv. entstehen, ergibt die Red. von 2-[2-(Pyridyl-[2])-äthyl]-acetessigsäureäthylester mit RANEY-Ni *4-Methylchinolizidin-carbonsäure-(3)-äthylester* u. *3-[1-Oxyäthyl]-chinolizidin-(4)*, wobei der „Piperidon"-Ringschluß überwiegt. — Abschließend stellt Vf. analog der Meth. von RUPE u. HECKENDORN (Helv. chim. Acta **9**. [1926.] 980) einige weitere substituierte *Piperidincarbonsäure-(3)-derivv.* dar. — Einige der gewonnenen Verbb. zeigen schwach analget. Wirksamkeit. — Vf. bezieht sich verschiedentlich berichtigend u. ergänzend auf die Arbeiten von HENECKA (Chem. Ber. **82**. [1949.] 104).

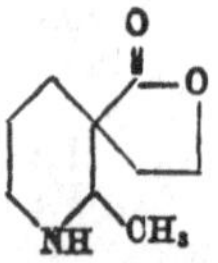
XII

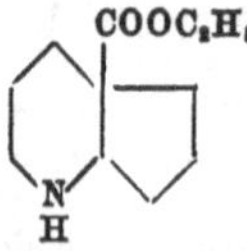
XI

$R_1—CO—C(R_2, R_3)—CH_2—CH_2—CN$

A

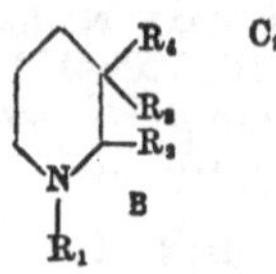
B

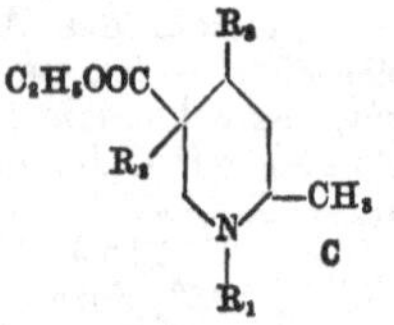
C

Versuche (R = H, wenn nicht bes. vermerkt): *[2-Cyanäthyl]-acetessigsäureäthylester* (II), Kp.$_2$ 121°, durch Zufügen von Acetessigsäureäthylester zu Na u. A., dann von I nicht über 45° u. Dest.; n_D^{25} 1,4446; 63% (Ausbeute). Als Nebenprod. aus dem Rückstand *Bis-[2-cyanäthyl]-acetessigsäureäthylester.* — *5-Oxocapronitril*, C_6H_9ON, Kp.$_{5,2}$ 86,5°, durch 4std. Kochen von II in Sodalsg. u. Ausäthern nach Aussalzen; n_D^{25} 1,4790; 71%. *Dinitrophenylhydrazon*, $C_{12}H_{13}O_4N_5$, F. 154—155°. — *[2-Carbomethoxyäthyl]-[2-cyanäthyl]-acetessigsäureäthylester* (III), Kp.$_{1,7}$ 166°; n_D^{25} 1,4510; 100%. — **A** ($R_1 = CH_3$, $R_3 = CH_2CH_2COOCH_3$, $R_2 = COOC_2H_5$), Kp.$_{0,8}$ 168°; n_D^{25} 1,4578; 82%. — *Benzyl-[2-cyanäthyl]-acetessigsäureäthylester* (IX), $C_{16}H_{19}O_3N$, Kp.$_{1,5}$ 172°, aus I u. Benzylacetessigsäureäthylester wie bei II; n_D^{25} 1,5068; 68%. — *2-[2-Cyanoäthyl]-3-phenylpropionsäureäthylester*, $C_{14}H_{17}O_2N$, Kp.$_2$ 152°, bei vorst. Rk. unter Verwendung kommerziellen A.; n_D^{25} 1,5002. — **A** ($R_1 = CH_3$, $R_2 = C_6H_5CH_2$, $R_3 = COOCH_3$), Kp.$_{0,2}$ 163°; n_D^{25} 1,5158; 56%. — *[2-Cyanäthyl]-methylacetessigsäureäthylester*, Kp.$_{0,8}$ 109°; durch 16std. Methylieren einer Na enthaltenden

Lsg. von II in A. mit CH_3J bei Zimmertemp.; n_D^{25} 1,4461; 77 %. Daneben *4-Cyan-2-methylbuttersäureäthylester*, $C_8H_{13}O_2N$, Kp.$_{0,8}$ 74—80°; n_D^{25} 1,4270. — **A** ($R_1 = CH_3$, $R_2 = CH_2—OH$, $R_3 = COOC_2H_5$), n_D^{25} 1,4585; 94 %. — **A** ($R_1 = CH_3$, $R_2 = n\text{-}C_6H_{13}$, $R_3 = COOC_2H_5$), Kp.$_{2,9}$ 157°; n_D^{25} 1,4511; 73 %. — **A** ($R_{1,3}$ *wie vorst.*, $R_2 = n\text{-}C_7H_{15}$), Kp.$_{0,9}$ 145°; n_D^{25} 1,4505; 81 %. — *2-Aceto-2-[2-cyanäthyl]-butyrolacton* (XIII), $C_9H_{11}O_3N$, Kp.$_{1,5}$ 162°, F. 44—46° (Methanol), durch Zufügen von I zu einer Na enthaltenden alkoh. Lsg. von 2-Acetobutyrolacton unter Rühren u. 2tägiges Stehen; n_D^{25} 1,4790; 89 %. — *4-[2-Oxyäthyl]-5-oxocapronitril* (?), Kp.$_{3,5}$ 115—145°, durch Kochen von XIII mit Soda u. Aussalzen. *2.4-Dinitrophenylhydrazon*, $C_{14}H_{17}O_5N_5$, F. 159° (Essigester). — *2-[2-Oxyäthyl]-glutarsäurelacton*, $C_7H_{10}O_4$, Kp.$_1$ 163—166°, durch Verseifen von 40 g XIII mit wss.-alkoh. KOH; 2,2 g. — *[2-Cyanäthyl]-benzoylessigsäureäthylester* (XIV), Kp.$_{0,7}$ 176°; n_D^{25} 1,5131; 86 %. — *4-Benzoylbutyronitril*, Kp.$_{0,1}$ 125°, a) aus vorst. Verb. durch Kochen mit Soda; n_D^{25} 1,5326; 52 %; b) durch Kondensation von I mit Benzoylacetessigsäureäthylester u. Hydrolyse mit Soda. — *4-Benzoylbutyramid*, F. 140—141° (W.), als Destillatrückstand bei vorst. a). — *[2-Cyanäthyl]-isopropylacetessigsäureäthylester*, $C_{12}H_{19}O_3N$, Kp.$_{0,1}$ 121°; n_D^{25} 1,4542; 37 %. — **A** ($R_1 = CH_3$, $R_2 = iso\text{-}C_4H_9$, $R_3 = COOC_2H_5$), Kp.$_{0,1}$ 125°; n_D^{25} 1,4528; 37 %. — **A** ($R_1 = CH_3$, $R_{2+3} = —CH_2—CH(CH_2—Cl)—O—CO—$), Kp.$_{1,6}$ 199°; n_D^{25} 1,4982; 61 %. — *2-[2-Cyanäthyl]-cyclopentanoncarbonsäure-(2)-äthylester* (X), Kp.$_{1,5}$ 145°; n_D^{25} 1,4663; 82 %. — *Verb. $C_9H_{13}O_4N$*, Nadeln aus W., F. 149—151°, durch Hydrolyse vorst. Verb. u. Extraktion der angesäuerten Lsg. mit Essigester; löst sich in NH_4Cl. — *5-Carbäthoxy-9-methyl-2-oxo-1-azabicyclo-[3.3.1]-nonan* (V), $C_{12}H_{19}O_3N$, F. 170,4—171,3° (korr.) (A.), durch Hydrierung von 93 g III in A. bei 100°/500 lbs. Anfangsdruck mit RANEY-Ni (6 Std.), Abdampfen, Verdünnen mit Ae. u. Filtrieren; 26,1 g. — Als Nebenprod. 37,9 g *3-[2-Carbomethoxyäthyl]-2-methylnipecotinsäureäthylester* (IV), $C_{13}H_{23}O_4N$, Kp.$_{1,4}$ 139°; n_D^{25} 1,4740; 43 %; bildet nach mehrmonatigem Stehen V. — *3-Benzyl-2-methylnipecotinsäureäthylester*, $C_{16}H_{23}O_2N$, Kp.$_{1,4}$ 137°, durch 5std. Hydrierung von IX wie vorst.; n_D^{25} 1,5262; 85 %. — *4a-Carbäthoxyoktahydro-1-pyrindin* (XI), $C_{11}H_{19}O_2N$, Kp.$_{0,6}$ 87°, aus X; n_D^{25} 1,4799; 87 %. Daneben *Verb. $C_{11}H_{17}O_3N$*, F. 52,9—54,8° (korr.) (Ae.); Kp.$_{0,4}$ 153—209°; n_D^{25} 1,4852—58. — *1-Methyl-2-aza-8-oxaspiro-(5.4)-decanon-(7)* (XII)-*Hydrochlorid*, $C_9H_{15}O_2N \cdot HCl$, F. 265—266,4° (korr.) (A.), aus XIII; 30 %. — *1.2-Dimethylnipecotinsäureäthylester*, Kp.$_{0,2}$ 73°, durch Hydrierung von 2-Methylnipecotinsäureäthylester + 37 %ig. Formalin bei Ggw. von Pd-Kohle (3/4 Std. bei Raumtemp. u. 400 lbs.); n_D^{25} 1,4557; 98 %. *Methojodid*, $C_{11}H_{22}O_2NJ$, F. 185—186,4° (korr.). — **B** ($R_2 = CH_3$), Kp.$_{760}$ 117°; n_D^{25} 1,4444; 85 %. — **B** ($R_2 = CH_3$, $R_4 = COOC_2H_5$), Kp.$_{0,5}$ 59°; n_D^{25} 1,4557; 86 %. *1-Carbanilinoderiv.*, $C_{16}H_{22}O_3N_2$, F. 134,6—136° (korr.). — **B** ($R_{1,2} = CH_3$, $R_4 = COOH$), *Hydrochlorid*, $C_8H_{15}O_2N \cdot HCl$, F. 185,5—188° (korr.). — **B** ($R_{2,3} = CH_3$, $R_4 = COOC_2H_5$), Kp.$_{0,1}$ 63°; n_D^{25} 1,4581; 89 %. *Hydrochlorid*, $C_{10}H_{19}O_2N \cdot HCl$, F. 164,4—165° (korr.). — **B** ($R_{1,2,3} = CH_3$, $R_4 = COOC_2H_5$), Kp.$_{0,9}$ 67°; n_D^{25} 1,4592; 58 %. — **B** ($R_2 = CH_3$, $R_3 = iso\text{-}C_3H_7$, $R_4 = COOC_2H_5$), $C_{12}H_{23}O_2N$, Kp.$_{0,3}$ 91°; n_D^{25} 1,4666; 84 %. — **B** ($R_{1,2} = CH_3$, $R_3 = iso\text{-}C_3H_7$, $R_4 = COOC_2H_5$), Kp.$_{0,6}$ 92°; n_D^{25} 1,4642; 82 %. — **B** ($R_2 = CH_3$, $R_3 = iso\text{-}C_4H_9$, $R_4 = COOC_2H_5$), Kp.$_{0,3}$ 98°; n_D^{25} 1,4658; 91 %. — **B** ($R_{1,2} = CH_3$, $R_3 = iso\text{-}C_4H_9$, $R_4 = COOC_2H_5$), Kp.$_{0,9}$ 95°; n_D^{25} 1,4612; 84 %. — **B** ($R_2 = CH_3$, $R_3 = n\text{-}C_6H_{13}$, $R_4 = COOC_2H_5$), Kp.$_{0,2}$ 106°; n_D^{25} 1,4627; 85 %. — **B** ($R_{1,2} = CH_3$, $R_3 = n\text{-}C_6H_{13}$, $R_4 = COOC_2H_5$), Kp.$_{1,9}$ 130°; n_D^{25} 1,4609; 80 %. — **B** ($R_2 = CH_3$, $R_3 = n\text{-}C_7H_{15}$, $R_4 = COOC_2H_5$), Kp.$_{0,7}$ 120°; n_D^{25} 1,4665; 63 %. — **B** ($R_{1,2} = CH_3$, $R_3 = n\text{-}C_7H_{15}$, $R_4 = COOC_2H_5$), Kp.$_{1,5}$ 136°; n_D^{25} 1,4638; 33 %. — **B** ($R_{1,2} = CH_3$, $R_3 = C_6H_5CH_2$, $R_4 = COOC_2H_5$), Kp.$_{0,2}$ 134°; n_D^{25} 1,5110; 81 %. — **B** ($R_2 = CH_3$, $R_3 = C_6H_5CH_2$, $R_4 = COOCH_3$), Kp.$_{0,6}$ 137°; n_D^{25} 1,5335; 78 %. — **B** ($R_{1,2} = CH_3$, $R_3 = C_6H_5CH_2$, $R_4 = COOCH_3$), Kp.$_{0,8}$ 132°; n_D^{25} 1,5223; 75 %. — **B** ($R_2 = CH_3$, $R_3 = C_6H_5$, $R_4 = COOC_2H_5$), $C_{15}H_{21}O_2N$, Kp.$_{0,3}$ 131°; n_D^{25} 1,5323; 57 %. Daneben H_2O-lösl. neutrales Nebenprod., Kp.$_{0,1}$ 210°; F. 166—167° (Isopropanol). — **B** ($R_{1,2} = CH_3$, $R_{3+4} = —CH_2—CH_2—O—CO—$), *Hydrochlorid*, $C_{10}H_{17}O_2N \cdot HCl$, F. 72—75°; 70 %. — **B** ($R_1 = CH_3$, $R_{2+3} = —(CH_2)_3—$, $R_4 = COOC_2H_5$), $C_{12}H_{21}O_2N$, Kp.$_{1,0}$ 83°; n_D^{25} 1,4755; 85 %. — **B** ($R_2 = CH_3$, $R_3 = CH_2CH_2COOC_2H_5$, $R_4 = COOC_2H_5$), $C_{14}H_{25}O_4N$, Kp.$_{0,9}$ 133°; n_D^{25} 1,4740; 65 %. — **B** ($R_{1,2} = CH_3$, $R_{3,4}$ *wie vorst.*), $C_{15}H_{27}O_4N$, Kp.$_1$ 128°; n_D^{25} 1,4726; 86 %. — **B** ($R_2 = CH_3$, $R_3 = —(CH_2)_3—NH_2$, $R_4 = CH_3$), Kp.$_{1,2}$ 80°; Kp. 250—255°; n_D^{25} 1,5031; 77 %. *Dihydrochlorid*, $C_{10}H_{22}N_2 \cdot 2\,HCl$, F. 243—246°. *Monopikrat*, $C_{10}H_{22}N_2 \cdot C_6H_2OH(NO_2)_3$, F. 194—195°. — **B** ($R_2 = C_6H_5$), Kp.$_{0,2}$ 80°; n_D^{25} 1,5232; 80 %; gibt krist. Hydrat. — *5-Carbäthoxy-6-methyltetrahydropyronimin-(2)*, $C_9H_{15}O_3N$, Kp.$_{0,9}$ 103—106°; durch 3std. RANEY-Hydrierung von II in A. bei 60°/600 lbs. (1 Mol H_2-Aufnahme); n_D^{25} 1,5350 (unterkühlt); 89—93 %; wird bei Zimmertemp. fest. — *5-Carbäthoxy-6-phenyltetrahydropyronimin-(2)*, $C_{14}H_{17}O_3N$, F. 106,2—108,4° (korr.) (Isopropanol); durch RANEY-

Hydrierung von 165 g XIV in A. (1 Std. bei 115°/700 lbs.) u. Dest.; ≈9 g. Daneben *2-Phenylnipecotinsäureäthylester*, Kp.$_{0,08}$ 113°; n_D^{25} 1,5227; 73 %. *Hydrochlorid*, $C_{14}H_{19}O_2N \cdot HCl$, F. 202,2—203,4° (korr.). *Phosphat*, $C_{14}H_{19}O_2N \cdot H_3PO_4$, F. 183,3—184,9° (korr.). — **B** ($R_1 = CH_3$, $R_2 = C_6H_5$, $R_4 = COOC_2H_5$), Kp.$_{0,1}$ 116°; n_D^{25} 1,5178; 94 %. — *4-[2.3-Dimethoxyphenyl]-buten-(3)-on-(2)* (VIII), $C_{12}H_{14}O_3$, Kp.$_{1,1}$ 135—139°, aus 2.3-Dimethoxybenzaldehyd u. Aceton; n_D^{25} 1,5810; 70 %. — *2-Cyano-5-oxo-3-phenylhexansäureäthylester*, $C_{15}H_{17}O_3N$, Kp.$_{0,8}$ 160—165°; n_D^{25} 1,5102. — *2-Cyano-2-äthyl-5-oxo-3-phenylhexansäureäthylester*, $C_{17}H_{21}O_3N$, Kp.$_{1,4}$ 153—161°, aus Äthylcyanessigsäureäthylester u. Benzalaceton; n_D^{25} 1,5050; 23 %. — *2-Cyan-2-äthyl-3-[2.3-dimethoxyphenyl]-5-oxohexansäureäthylester*, $C_{19}H_{25}O_5N$, Kp.$_{1,5-2,4}$ 160—197°, F. 91—94° (A.); durch 2½ std. Erwärmen einer mit Na-Äthylat schwach alkalisierten Lsg. aus 103 g VIII u. 71 g Äthylcyanessigester in A. auf dem Wasserbad, Ansäuern u. Dest.; 95,6 g. — *4-Methylchinolizidinhydrochlorid*, $C_{10}H_{19}N \cdot HCl$, F. <360°, durch RANEY-Hydrierung von 1-[Pyridyl-(2)]-pentanon-(4) bei 150°/250 lbs. Daneben *1-[Piperidyl-(2')]-pentanol-(4)*. — *3-Acetyl-1-[pyridyl-(2)]-pentanon-(4)*, Kp.$_1$ 118—119°, durch 7 std. Kochen von 50 g Acetylaceton + 1,5 g Na u. 108 g 2-Vinylpyridin; 37,4 g. — Nachst. Derivv. von **C** wurden durch RANEY-Hydrierung der entsprechenden Ketonitrile oder reduktive Methylierung der Piperidine mit Formalin bei Ggw. von Pd-Kohle wie oben gewonnen: **C** ($R_3 = C_6H_5$), Kp.$_1$ 130°; n_D^{25} 1,5172. — **C** ($R_1 = CH_3$, $R_3 = C_6H_5$), $C_{16}H_{23}O_2N$, Kp.$_{1,5}$ 127°; n_D^{25} 1,5104. — **C** ($R_2 = C_2H_5$, $R_3 = C_6H_5$), Kp.$_{1,6}$ 131°; n_D^{25} 1,5148. — **C** ($R_1 = CH_3$, $R_2 = C_2H_5$, $R_3 = C_6H_5$), $C_{18}H_{27}O_2N$, Kp.$_{0,6}$ 118°; n_D^{25} 1,5105. — **C** ($R_2 = C_2H_5$, $R_3 = 2.3\text{-}(CH_3O)_2\text{—}C_6H_3$), Kp.$_{0,8}$ 158°; n_D^{25} 1,5194. — **C** ($R_1 = CH_3$, $R_2 = C_2H_5$, $R_3 = 2.3\text{-}(CH_3O)_2\text{—}C_6H_3$), Kp.$_{0,9}$ 153°; n_D^{25} 1,5152. (J. Amer. chem. Soc. 72. 2594—99. Juni 1950. Rensselaer, N. Y., Sterling-Winthrop Res. Inst.) LEHWALD. 3231

Noel F. Albertson, *Sogenanntes 5-Carbäthoxy-9-methyl-2-oxo-1-azabicyclo-[3.3.1]-nonan. Eine Berichtigung.* (Vgl. vorst. Ref.) Red. von [2-Carbomethoxyäthyl]-[2-cyanäthyl]-acetessigsäureäthylester (I) mit RANEY-Ni soll nach vorst. Arbeit *3-[2-Carbomethoxyäthyl]-2-methylnipecotinsäureäthylester* (II) u. *5-Carbäthoxy-9-methyl-2-oxo-1-azabicyclo-[3.3.1]-nonan* (III) liefern. Für III wurden zu niedrige H-Analysenwerte ge-

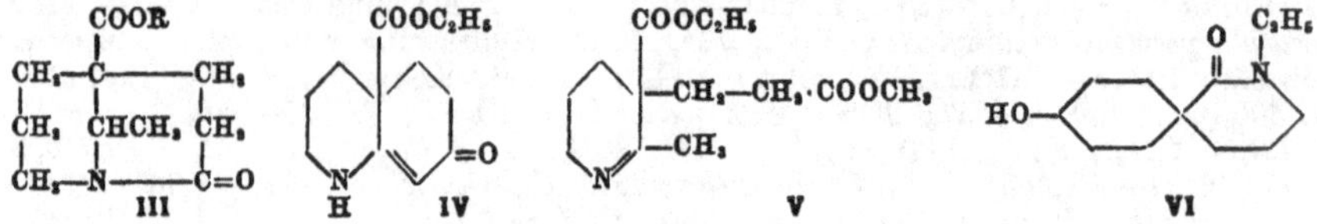

III IV V VI

funden, außerdem weist das UV-Absorptionsspektr. auf eine konjugierte Doppelbindung hin; die Verb. addiert Br_2 u. nimmt bei der katalyt. Red. 2 Mol H_2 auf; dies spricht dafür, daß es sich nicht um III, sondern um *4a-Carbäthoxy-1.2.3.4.4a.5.6.7-oktahydrochinolon-(7)* (IV) handelt. II wandelt sich also nicht in III um, sondern enthält als Verunreinigung **V**. **IV** kann verseift werden zum Vinylogen eines *β*-Ketoesters, der leicht CO_2 abspaltet; beim Erhitzen des Decarboxylierungsprod. **VII** mit S entstand *7-Oxychinolin*. **VII** wurde auch bei Red. von **I**-Benzylester erhalten. **IV** bildet unter den üblichen Bedingungen kein Dinitrophenylhydrazon oder Semicarbazon. Red. mit Pd in Essigsäure liefert *4a-Carbäthoxydekahydro-7-oxychinolin*, das mit $SOCl_2$ die *7-Chlorverb.* gibt; Red. mit RANEY-Ni in A. bei 110° ergibt in stark exothermer Rk. ein neutrales Prod. $C_{12}H_{21}O_2N$, das die Eigg. von *2-Äthyl-9-oxy-2-azaspiro-[5.5]-hendecanon* (VI) besitzt. Daraus entstand mit $LiAlH_4$ der entsprechende Alkohol. *2-Azaspiro-[5.5]-hendecandion-(1.7)* entstand ebenso aus 1-[2-Cyanoäthyl]-cyclohexanon-(2)-carbonsäureäthylesterglykolacetal. — *Dekahydro-7-oxychinolin* entstand aus **IV** mit Na u. 2-Methylpentanol-(4). — Bei der in vorst. Arbeit durch Hydrolyse von 2-[2-Cyanäthyl]-cyclopentanoncarbonsäure-(2)-äthylester dargestellten Verb. $C_9H_{13}O_4N$ handelt es sich um *3-[3-Carboxypropyl]-glutarimid*. — Das Nebenprod. bei der Darst. von 4a-Carbäthoxyoktahydro-1-pyrindin ist *3-[3-Carbäthoxypropyl]-piperidon-(2)*; beide Verbb. wurden dargestellt aus Cyclopentanoncarbonsäure-(2) (**VIII**)-Estern u. Acrylnitril (**IX**) in A. mit $NaOC_2H_5$; je nach Reaktionstemp. kann dabei *2-[2-Cyanoäthyl]-adipinsäurediester* entstehen.

Versuche (FF. korr.): *4a-Carbäthoxy-1.2.3.4.4a.5.6.7-oktahydrochinolon-(7)* (IV), $C_{12}H_{17}O_3N$, aus I mit RANEY-Ni/H_2 in A. bei 100°; λ_{max} 303 mμ (ε = 30215) λ_{min} 250 mμ (ε = 471); Infrarotspektr.: Banden bei 5,83 u. 6,15 μ. — *4a-Carbäthoxydekahydro-7-oxychinolin*, $C_{12}H_{21}O_3N$, F. 101,6—104,4° (W.), aus vorst. Verb. bei Druckhydrierung mit Pd-Kohle in Essigsäure (50°) oder mit PtO_2 (ADAMS) in A. bei 50°. — Daraus mit $SOCl_2$ *4a-Carbäthoxy-7-chlordekahydrochinolinhydrochlorid*, $C_{12}H_{20}O_2NCl \cdot$

HCl, F. 199—199,4° (Ae./Isopropanol). — *Oktahydrochinolon-(7)* (VII), $C_9H_{13}ON$, F. 182,2—184,2° (Essigester), aus IV mit methanol. KOH bei 13 std. Kochen u. Ansäuern; Lage der Doppelbindung nicht bekannt. — *[2-Carbomethoxyäthyl]-[2-cyanäthyl]-acetessigsäurebenzylester*, aus IX u. [2-Carbomethoxyäthyl]-acetessigsäurebenzylester in Ggw. von methanol. KOH. — Daraus VII in geringer Ausbeute durch RANEY-Ni-Red. in CH_3OH (85°, 1900 lbs. Anfangsdruck, 6 Std.). — *[2-Carbomethoxyäthyl]-acetessigsäurebenzylester*, $C_{15}H_{18}O_5$, Kp.$_{1,8}$ 165—168°, durch Umesterung aus dem Äthylester; 61 % (Ausbeute). — *7-Oxychinolin*, sintert bei 226°, Zers. bei 231°, aus VII mit S bei 230—240°; lange Nadeln; sublimiert. — *2-Äthyl-9-oxy-2-azaspiro-[5.5]-hendecanon* (VI), $C_{12}H_{21}O_2N$, F. 114—115,5° (Essigester), aus IV in A. durch Hydrierung mit RANEY-Ni (110°, 980 lbs. H_2, Selbsterwärmung auf 155°), Ausziehen mit Bzl., Einengen u. Zugabe von Skellisolve B. — *2-Methyl-2-azaspiro-[5.5]-hendecanol-(9)*, $C_{11}H_{21}ON$, Kp.$_{0,7}$ 110 bis 120°, viscoser gelber Sirup, wird erhalten, wenn bei vorst. Hydrierung in CH_3OH statt A. gearbeitet wird; das rohe Reduktionsprod. wurde mit $LiAlH_4$ weiterreduziert. — *Dekahydro-7-oxychinolin*, $C_9H_{17}ON$, F. 170,3—171,4° (Essigester), aus 45,1 g IV, 39 g Na u. 87,6 g 2-Methylpentanol-(4) in Toluol nach Digerieren des Öls mit Ae.; 12 g. — *2-[2-Cyanäthyl]-cyclohexanoncarbonsäure-(2)-äthylesteräthylenglykolacetal*, $C_{14}H_{21}O_4N$, Kp.$_{0,07}$ 110—139°, aus 22,3 g Ester mit 38 g Äthylenglykol u. Toluolsulfonsäuremonohydrat beim Kochen in Bzl.; n_D^{25} 1,4818; 22,5 g. — *2-Azaspiro-[5.5]-hendecandion-(1.7)*, $C_{10}H_{15}O_2N$, F. 226,5—228,5° (Ae./Isopropanol), aus 21 g vorst. Verb. mit RANEY-Ni/H_2 bei 60° in A.; 11,3 g; daneben *4a-Carbäthoxydekahydrochinolin*, Kp.$_{0,09}$ 82—84°, *Pikrat*, $C_{12}H_{21}O_2N \cdot C_6H_3O_7N_3$, F. 181,7—183,2° (A.). — *2-[2-Cyanäthyl]-adipinsäuremethyläthylester* (X), $C_{12}H_{19}O_4N$, Kp.$_{0,6}$ 137—156°, aus 38 g VIII-Methylester u. 20 cm³ IX in Ggw. von $NaOC_2H_5$ bei höchstens 75°; 45,4 g. *Diäthylester* (XI), $C_{13}H_{21}O_4N$, Kp.$_{0,2}$ 158—162°, aus 105 g VIII-Äthylester; n_D^{25} 1,4442; 148 g. — *3-[3-Carbäthoxypropyl]-piperidon-(2)*, $C_{11}H_{19}O_3N$, F. 54—56°, aus X oder XI mit RANEY-Ni unter Druck bei 80°. — *3-[3-Carboxypropyl]-glutarimid*, F. 149—151,5° (W.), aus X mit Soda beim Kochen in H_2O. (J. Amer. chem. Soc. 74. 249—51. 5/1. 1952.)

GOEBEL. 3231

M. Proštenik und **K. Balenović**, ***Über die Reaktion von 2.3-Dichlor-1.4-dioxan mit Mercaptanen.*** Bei dem Vers., aus 2.3-Dichlor-1.4-dioxan (I) u. Äthandithiol-(1.2) (III) die dem Naphthodioxan analoge Verb. II zu erhalten, entstand *Glyoxaldiäthylenmercaptal*, ebenso bildete sich aus I u. Propandithiol-(1.3) *Glyoxal-bis-trimethylenmercaptal.* Die Frage, ob den genannten Mercaptalen die Struktur A oder B (n = 2 bzw. 3) zukommt, konnte auch bei dieser Bildungsweise nicht entschieden werden; wahrscheinlich wird I während der Rk. mit den Mercaptalen zu Glyoxal hydrolysiert, das dann n. weiter reagiert. Mit Benzylmercaptan entsteht analog *Glyoxaltetrabenzylmercaptal.*

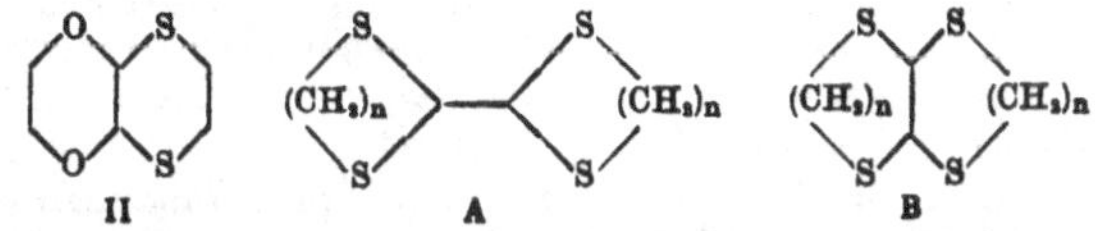

II A B

Versuche: *Glyoxaldiäthylenmercaptal*, $C_6H_{10}S_4$, F. 135,5°, durch 40 std. Kochen von I u. III in wasserfreiem Bzl. u. Abdampfen des Bzl. bei 30° unter vermindertem Druck. — *Glyoxal-bis-trimethylenmercaptal*, $C_8H_{14}S_4$, F. 140—141° (Bzl.), analog. — *Glyoxaltetrabenzylmercaptal*, $C_{30}H_{30}S_4$, F. 67—68° (A.). (J. org. Chemistry 17. 379—80. März 1952. Zagreb, Yugoslavia, Univ., Fac. of Sci., Chem. Inst., u. Inst. for Med. Chem.)

SPAETH. 3252

G. Fodor, A. Geretsch, I. Kischsch, Ja. Kollonitsch, Ja. Wein und **E. Kowatsch**, *Modifizierte Synthese von 2-Methyl-4-amino-5-äthoxymethylpyrimidin.* Eine Abänderung des Verf. von TSCHELINTZEW (vgl. C. **1948**. II. 1287) erlaubt, durch Kondensation von α-Methoxymethylen (I)- bzw. α-Äthoxymethylen-β-äthoxypropionitril (II) mit 1 Mol Acetamidin (III) in einer Operation zu *2-Methyl-4-amino-5-äthoxymethylpyrimidin* (IV) zu gelangen. I entsteht in der cis- u. trans-Form durch Einw. von $(CH_3)_2SO_4$ auf die Na-Verb. der Enolform von α-Formyl-β-äthoxypropionitril (V). Nur die höher sd. Form lieferte IV. II entsteht durch Einw. von Orthoameisensäureäthylester auf V. Die Enolform von V gab nur ein krist. *p-Nitrobenzoylderiv.*, obgleich eine cis- u. trans-Form, eine von ihnen wahrscheinlich fl., zu erwarten waren. Verss., aus 1-Brom-2-äthoxypropionaldehyddiäthylacetal mit NaCN, KCN oder CuCN oder durch Wasserabspaltung aus 1.3-Diäthoxypropanon-(2)-cyanhydrin zu II zu gelangen, mißglückten.

Versuche: *cis- + trans-α-Methoxymethylen-β-äthoxypropionitril* (I), $C_7H_{11}O_2N$. Man läßt zu 23 g Na-Draht in 500 cm³ Bzl. ein Gemisch aus 83 g β-Äthoxypropionitril u. 90 g Äthylformiat bei 8—10° zutropfen u. 3 Tage bei 15° einwirken. Die Na-Verb. der Enolform von V scheidet sich aus. Zu dem Gemisch werden 125 g $(CH_3)_2SO_4$ tropfenweise hinzugefügt, wobei die Temp. auf 55° steigt. Man hält noch 3 Std. bei dieser

Temp. u. fraktioniert das Reaktionsprodukt. Die Ausbeute beträgt 30 g, Kp.$_1$ 64—71°; 17,6 g, Kp.$_1$ 71—92° u. 32,3 g, Kp.$_1$ 92—95°. — *α-Äthoxymethylen-β-äthoxypropionitril* (II), $C_8H_{13}O_2N$. 4,5 g der Enolform von V (aus der Na-Verb. durch Freimachen mit H_2SO_4 unter Ae.) werden mit 4,7 g $HC(OC_2H_5)_3$ u. 1,2 g völlig trockner Benzolsulfonsäure auf 44° erwärmt. Die Fraktionierung des Reaktionsprod. wurde nicht durchgeführt; 5,33 g. — *α-[p-Nitrobenzoyloxymethylen]-β-äthoxypropionitril*, $C_{13}H_{12}O_5N_2$, F. 109—110°; aus der vorst. Na-Verb. u. p-Nitrobenzoylchlorid in Bzl.; gelbe Kristalle aus Bzl.; 38 %. — *2-Methyl-4-amino-5-äthoxymethylpyrimidin* (IV), F. 90°. a) Aus I (Fraktion vom Kp.$_1$ 92—95°) u. III (1:1 Mol) oder I, III-Hydrochlorid u. C_2H_5ONa (1:1:1 Mol) in absol. A. bei 24 std. Einw. bei Zimmertemp.; man dampft im Vakuum ein u. fällt mit heißer Pikrinsäurelsg. das Pikrat oder aus äther. Lsg. mit HCl in Ae. das Hydrochlorid; 61—66 %. b) Aus II u. III (1:1 Mol) in absol. A.; 2,83 g Pikrat aus 1,624 g II. *Hydrochlorid*, $C_8H_{14}ON_3Cl$, F. 209°; aus Butanol. *Pikrat*, F. 181—183°. — *1.3-Diäthoxypropanon-(2)*, Kp.$_{20}$ 95—100°, durch Oxydation von 1.3-Diäthoxypropanol-(2) mit $Na_2Cr_2O_7$ in verd. H_2SO_4; 200 g aus 340 g. — *1.3-Diäthoxy-2-oxy-2-cyanpropan*, aus vorst. Verb. mit Alkalicyanid in Bisulfitlsg.; 73 %. — *1.3-Diäthoxy-2-acetoxy-2-cyanpropan*, $C_{10}H_{17}O_4N$, Kp.$_5$ 104—106°; aus vorst. Cyanhydrin u. $(CH_3CO)_2O$ bei 1 std. Kochen; 4,9 g aus dem aus 14 g 1.3-Diäthoxypropanon-(2) entstehenden Cyanhydrin. (Журнал Общей Химии [J. allg. Chem.] 21. (83.) 1897—1902. Okt. 1951. Szeged, Univ., Inst. für organ. Chemie u. Wiss. Forschungslabor. der Fabrik „Chinon".)

QUECK. 3272

Ed. F. Degering und James E. Wilson, *Derivate des Sulfamids*. Für das nach GLENN u. DEGERING (vgl. Diss. GLENN, Purdue Univ., 1949) aus mol. Mengen Pentandion-(2.4) (II) u. Sulfamid erhältliche *3.5-Dimethyl-1.2.6(4H)-thiadiazin-1.1-dioxyd* (I) wird von den möglichen Formeln **Ia**, **Ib** u. **Ic** letztere als vorherrschend angesehen, da I stark sauer ist, ein durch Alkylgruppen nicht ersetzbares saures H-Atom besitzt (Verss. zur Umsetzung des Na-Salzes von I mit Alkylhalogeniden waren ergebnislos) u. ein ebenfalls stark saures *Acetylderiv.* liefert, was sich nur mit einer Acetylierung an $C_{(4)}$ von **Ic** erklären läßt. Vff. schlagen für die Bldg. von **Ic** in Ggw. von trockenem HCl oder anderen Katalysatoren den nachst. Mechanismus vor: $CH_3CO{\cdot}CH{:}C(OH)CH_3$ (II) + $HN{:}S(\rightarrow O){\cdot}(OH)NH_2 \rightarrow CH_3CO{\cdot}CH{:}C(CH_3){\cdot}N{:}S(\rightarrow O)(OH){\cdot}NH_2 \rightarrow$ **Ic**.

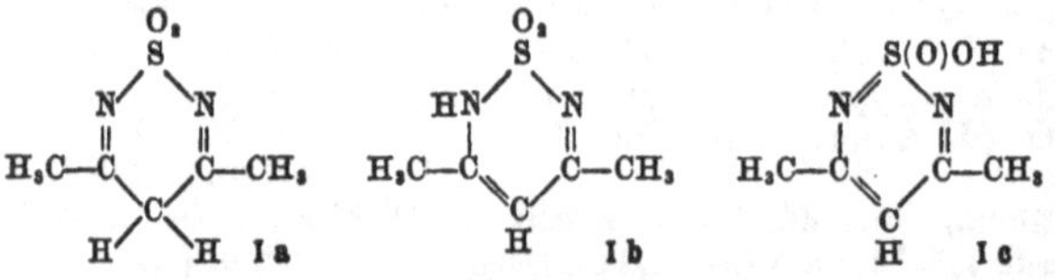

Versuche: *3.5-Dimethyl-1.2.6(4H)-thiadiazin-1.1-dioxyd* (I), F. 147° (korr.), nach GLENN u. DEGERING (l. c.), aber mit überschüssigem II an Stelle von A. als Lösungsmittel. *Ag-Salz*, $C_5H_7O_2N_2SAg$, F. 234° (Zers.), aus I u. 5 %ig. wss. $AgNO_3$-Lösung. *Na-Salz*, $C_5H_7O_2N_2SNa$, F. 314° (Zers.), durch Neutralisation einer alkoh. Lsg. von I mit alkoh. NaOH gegen Phenolphthalein u. Zugabe von heißem Bzl.; reagiert nicht mit C_2H_5Br in Aceton oder n-C_4H_9Br oder Benzylchlorid in C_2H_5OH. — *4-Acetyl-3.5-dimethyl-1.2.6(4H)-thiadiazin-1.1-dioxyd*, F. 142—144° (Bzl.), durch Kochen von I-Na-Salz mit Acetylchlorid (5—10 Min.), Filtration, Eindampfen, Aufnehmen in A. u. Eindampfen; 22 % Ausbeute. (J. org. Chemistry **17**. 339—41. März 1952.)

SPAETH. 3333

S. B. Baker, *Kohlenhydratthioacetale. 1. Mitt. Bleitetraacetatoxydation von* D-*Arabinosederivaten*. Der Oxydationsverlauf von Arabinosethioacetalderivv. mit Pb-Tetraacetat ist davon abhängig, in welcher Stellung relativ zur Thioacetalgruppe sich die Glykolgruppe befindet. *4.5-Isopropyliden-*D*-arabinosedibenzylthioacetal* (I) u. *2.3-Dibenzoyl-*D*-arabinosedibenzylthioacetal* (II) werden hergestellt u. der Oxydation unterworfen. Bei der Oxydation von I mit 1 Mol Pb-Tetraacetat wird *Isopropyliden-*D*-glycerinaldehyd* in guter Ausbeute gewonnen, während bei II das 1. Mol Pb-Tetraacetat zur Oxydation eines S-Atoms verbraucht wird u. erst mit dem 2. Mol etwa 1 Äquivalent HCHO gebildet wird.

Versuche: D-*Arabinosedibenzylthioacetal*, F. 148—149°, aus D-Arabinose durch Schütteln mit Benzylmercaptan in kalter konz. HCl; aus Propylalkohol/PAe. (3:1), $[\alpha]_D^{21}$ +18,3° (c = 2,6 in Pyridin); 80 % (Ausbeute). — *4.5-Isopropyliden-*D*-arabinosedibenzylthioacetal* (I), $C_{22}H_{28}O_4S_2$, F. 100—100,5°, aus vorst. Verb. mit wasserfreiem Aceton u. $CuSO_4$ durch 7 tägiges Schütteln; aus sd. PAe., $[\alpha]_D^{24}$ —56,5° (c = 1,7 in Chlf.); 90 %. — Die Oxydation von 6,07 g I mit Pb-Tetraacetat ergab 1,6 g *Isopropyliden-*D*-glycerinaldehyd*, Kp.$_{13}$ 42—44°, n_D^{21} 1,4559, $[\alpha]_D^{22}$ +68,1° (c = 0,45 in Bzl.). *2.4-Dinitrophenylhydrazon*, F. 147—148°. — *2.3-Dibenzoyl-4.5-isopropyliden-*D*-arabinose-*

dibenzylthioacetal, $C_{36}H_{36}S_2O_6$, F. 103,5—104°, aus I in wasserfreiem Pyridin durch Zutropfen von Benzoylchlorid bei —15° u. 48std. Stehen bei Raumtemp.; aus CH_3OH, $[\alpha]_D^{22}$ +81,5° (c = 1,9 in Chlf.); 91 %. — *Monobenzoyl-D-arabinosedibenzylthioacetal*, $C_{26}H_{28}S_2O_5$, F. 112—112,5°, aus vorst. Verb. in A. durch 1std. Erhitzen mit 5 %ig. HCl; aus absol. A. mit 10 % PAe., $[\alpha]_D^{23}$ —25,4° (c = 2,1 in Chlf.); 71 %. — *2.3-Dibenzoyl-D-arabinosedibenzylthioacetal* (II), $C_{33}H_{32}S_2O_6$, aus vorst. Dibenzoylverb. durch 1std. Erhitzen mit 80 %ig. Essigsäure; Sirup, der über P_2O_5 zu einer glasigen M. erstarrt, $[\alpha]_D^{26}$ +56,5° (c = 1,7 in Chlf.); 93 %. — Bei der Oxydation von II mit Pb-Tetraacetat Verbrauch von 4,9 Äquivalenten in 48 Std.; bei Verwendung von 1 Mol Pb-Tetraacetat keine HCHO-Bldg.; bei 2 Mol Pb-Tetraacetat Bldg. von *HCHO* (*Dimedonderiv.*, F. 188 bis 190°; 93 %). (J. Amer. chem. Soc. **74.** 827—28. 5/2. 1952. Montreal, Can., Gen. Hosp., Res. Inst.) ROSSOW. 3400

Friedrich Weygand und Hans Wolz, *2-Desoxy-d-xylose aus d-Glucose über 3-Desoxy-d-galaktose.* Die Lage der Doppelbindung in dem aus *1.2; 5.6-Diisopropyliden-3-tosyl-d-glucose* (I) hergestellten *1.2;5.6-Diisopropyliden-3-desoxyglucoseen-(3)* (II) (vgl. FREUDENBERG u. BRAUNS, Ber. dtsch. chem. Ges. **55.** [1922.] 3233) wurde folgendermaßen bewiesen: II gibt bei der Ozonisierung *Glucose*, *3-Desoxy-d-galaktose* (IV) u. *Redukton*, letzteres kann sich nur bei Vorliegen einer 3.4-Doppelbindung bilden. Beim Hydrieren gibt II *1.2;5.6-Diisopropyliden-3-desoxy-d-galaktose* (III).

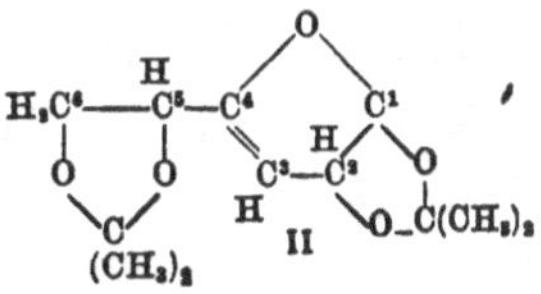

Daraus wurde über IV u. dessen *Oxim* (V) die *2-Desoxy-d-xylose* (VI) dargestellt. Beim Vorliegen einer 2.3-Doppelbindung im II wäre dagegen dieser Abbau zu 2-Desoxy-d-ribose gegangen.

Versuche: *1.2;5.6-Diisopropyliden-3-desoxy-d-glucoseen-(3)* (II), $C_{12}H_{18}O_5$, F. 51° (Ae.), durch Erhitzen von I mit Natronkalk 24 Std. bei 140°/3 Torr (II sublimiert aus der Reaktionszone), $[\alpha]_D^{20}$ +19,8 ± 1°, $[\alpha]^{20}_{578}$ +21,12 ± 1° (c = 3,03 in absol. A.); 67,4 % (Ausbeute). — *Redukton* (*Enoltartronaldehyd*), durch Ozonisation von II in Essigester bei —70° (125 Min.) u. Hydrierung in Ggw. von Pd/$CaCO_3$; papierchromatograph. Nachw. neben Glucose u. IV. *Kondensationsprod. des Reduktons mit N-Methyl-p-aminobenzoesäure*, F. 230° (50 %ig. CH_3COOH). — *1.2; 5.6-Diisopropyliden-3-desoxy-d-galaktose* (III), $C_{12}H_{20}O_5$, F. 81,5°, aus II durch Hydrieren in Essigester in Ggw. von RANEY-Ni, $[\alpha]_D^{20}$ —52,5 ± 1° (c = 0,642 in W.), $[\alpha]_D^{20}$ —31,8°, $[\alpha]^{20}_{578}$ —34,7° (c = 4,11 in absol. A.); 97,5 %. — *3-Desoxy-d-galaktose* (IV), aus III durch 1std. Hydrolyse mit 0,4n H_2SO_4 auf dem sd. Wasserbad; Sirup, $[\alpha]_D^{22}$ + 6,59 ± 2° (c = 2,427 in W.), R_F 0,276 in wassergesätt. n-Butanol, 0,64 in wassergesätt. Phenol, 0,26 in n-Butanol/Eisessig/W. (10:2:3 Vol.); 99 %. — *3-Desoxy-d-galaktoseoxim* (V), aus IV mit freiem Hydroxylamin in A. bei 70°, Sirup. — *2-Desoxy-d-xylose* (VI), durch 2³/₄std. Umsetzung von V mit 4-Fluor-1.3-dinitrobenzol in Methanol/Propanol/W. in Ggw. von $NaHCO_3$ bei 65° u. Ausziehen des Reaktionsgemisches mit n-Butanol u. Ae.; R_F 0,16 mit n-Butanol/W., daneben im bei der Rk. entstandenen Sirup IV, V u. Spuren Glucose u. Arabinose. — *2-Desoxy-d-xyloseanilid*, F. 139°, aus durch Verteilungschromatographie an Cellulose gereinigter VI durch Erhitzen mit Anilin in C_2H_5OH. — *2-Desoxy-d-xylose-[α-benzylphenylhydrazon]*, $C_{18}H_{22}O_3N_2$, F. 115°, aus dem ungereinigten VI-Sirup mit α-Benzylphenylhydrazin in Isopropanol; $[\alpha]_D^{20}$ + 13,56 ± 1° (c = 1,81 in Pyridin). (Chem. Ber. **85.** 256—60. 1952. Heidelberg, Univ., Chem. Inst.) WILLENBERG. 3400

James English jr. und Walter Harry Schuller, *6-p-Toluolsulfonyldiisopropyliden-D-galaktose. 6-p-Toluolsulfonyldiisopropyliden-D-galaktosediäthylmercaptal*, $C_{23}H_{36}O_7S_3$, F. 53°, aus 6-Tosyl-D-galaktosediäthylmercaptal durch 50std. Schütteln in Aceton mit 2 % H_2SO_4 u. wasserfreiem $CuSO_4$, nach Filtrieren u. Zugabe von wasserfreiem Na_2CO_3 9 Std. Schütteln, Aufarbeiten; aus PAe. flache Plättchen, $[\alpha]_D^{28}$ —36,4° (c = 3,06 in Chlf.); 39 % (Ausbeute). — *1-Brom-2.3-isopropylidenglycerin*, $C_6H_{11}O_2Br$, $Kp._4$ 45°, aus 1-Tosyl-2.3-isopropylidenglycerin mit wasserfreiem LiBr in Aceton durch kurzes Erhitzen, n_D^{25} 1,4601; F. —23°; 14 %. (J. Amer. chem. Soc. **74.** 1361. 5/3. 1952. New Haven, Conn., Yale Univ., Sterling Chem. Labor.) ROSSOW. 3400

M. L. Wolfrom und M. J. Cron, *Acylderivate der D-Glucosaminsäure.* Mittels eines verbesserten Verf. aus Chitin dargestellte *D-Glucosaminsäure* (II) wurde zu *Tetra-O-benzoyl-D-glucosaminsäure* benzoyliert. Aus II wurde durch Behandlung mit Essigsäureanhydrid u. Alkali (Zwischenprod. vermutlich *N-Acetyl-D-glucosaminsäure-γ-lacton*) u. weiter mit fl. NH_3 (Zwischenprod. vermutlich *N-Acetyl-D-glucosaminsäureamid*) u. nachfolgende Acetylierung *2.3.4.5.6-Pentaacetyl-D-glucosaminsäureamid* (III) dargestellt u. daraus durch Desaminierung *Pentaacetyl-D-glucosaminsäure.*

Versuche: *D-Glucosamin* (I), aus 400 g Krabbenschalen durch je 24std. Mazeration mit 10 %ig. HCl u. dann mit gesätt. HCl, 3std. Kochen, Reinigung über Celite,

Konzentrierung u. Ausfällung mit A.; $[\alpha]_D^{25}$ $+72^0$ (c = 1,0 in W.); 50 g (Ausbeute). — *D-Glucosaminsäure* (II), aus I mittels einer Abwandlung der Meth. von PRINGSHEIM u. RUSCHMANN (Ber. dtsch. chem. Ges. **48**. [1915.] 680); $[\alpha]_D^{25}$ $-14,8^0$ (c = 4 in 2,5%ig. HCl); 62%. — *Tetra-O-benzoyl-D-glucosaminsäure*, $C_{34}H_{29}O_{10}N$, F. 172—173° (A.), durch 4std. Umsetzung von II mit Benzoylchlorid u. NaOH bei 0°; $[\alpha]_D^{22}$ $+42,5^0$ (c = 1,0 in Aceton); 4,1%. — *2.3.4.5.6-Pentaacetyl-D-glucosaminsäureamid* (III), $C_{16}H_{24}O_{10}N_2$, F. 167—168°, aus 20 g II durch 3std. Rühren mit konz. NaOH u. Essigsäureanhydrid in der Kälte, Ansäuern auf p_H 3, Eindampfen u. 3std. Erhitzen im Vakuum auf dem sd. Wasserbad, aus der alkoh. Lsg. des Rückstandes mit Ae. 19,5 g amorpher Nd.; gelöst in 100 ml fl. NH_3; daraus nach Verdampfen des NH_3 u. Fällen der methanol. Lsg. des Rückstandes mit Ae. 20,4 g amorpher Nd.; davon 3,4 g 24 Std. im Eisbad mit Essigsäureanhydrid u. Pyridin zu 0,55 g III umgesetzt; $[\alpha]_D^{29}$ $+9,6^0$ (c = 1,0 in W.). — *2.3.4.5.6-Pentaacetyl-D-glucosaminsäure*, $C_{16}H_{23}O_{11}N$, F. 154—156° (Chlf.-PAe.), aus 1,7 g III durch 20std. Umsetzung mit NOCl in Chlf. bei Zimmertemp.; $[\alpha]_D^{22}$ $+4,6^0$ (c = 1,1 in Methanol); 1,31 g. (J. Amer. chem. Soc. **74**. 1715—16. 5/4. 1952. Columbus, O., State Univ., Dep. of Chem.) WILLENBERG. 3400

K. W. Bentley und Robert Robinson, ***Die Struktur des Phenyldihydrothebains.*** (Vorl. Mitt. vgl. C. **1952**. 1494.) Die für Phenyldihydrothebain (I) aufgestellte Formel (vgl. C. **1948**. I. 1013) wird durch oxydativen u. HOFMANNschen Abbau bewiesen. Bei der Oxydation von I mit $KMnO_4$ werden *Benzaldehyd*, *Benzoesäure*, *4-Methoxyphthalsäure* ($C_9H_8O_5$, F. ~ 170°; *Anhydrid*, $C_9H_6O_4$, F. 94°, *Methylimid*, $C_{10}H_9O_3N$, F. 156°) u. eine als *Cu-Salz* ($C_{20}H_{19}O_6NCuH_2O + H_2O$, Zers. >250°) isolierte *Aminosäure* der wahrscheinlichen Konst. III erhalten. Der HOFMANNsche Abbau von (+)-α-I-*Methyläther* (aus (+)-α-I u. Dimethylsulfat in CH_3OH; *Perchlorat*, $C_{26}H_{19}O_3N\cdot HClO_4$, F. 205°, $[\alpha]_D^{21}$ $+9,26^0$ [W.]; *Jodmethylat*, $C_{27}H_{32}O_3NJ$, F. 205°) nach FREUND (Ber. dtsch. chem. Ges. **38**. .1905.] 3252) führt zu (+)-*3.4-Dimethoxy-2-[5-methoxy-2-vinyl-*

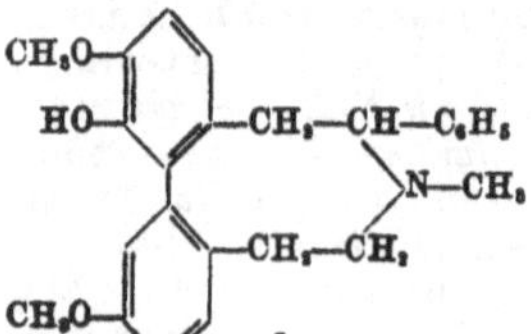
I

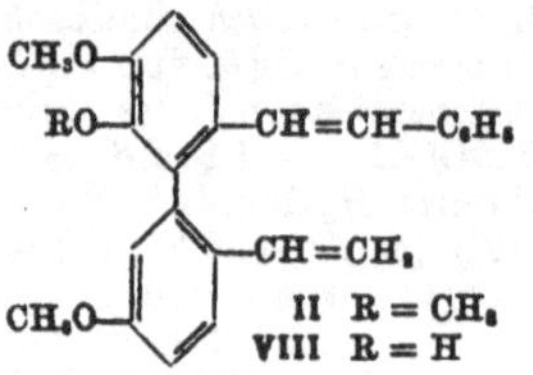
II R = CH₃ VIII R = H

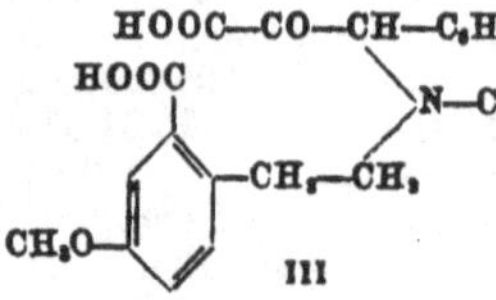
III

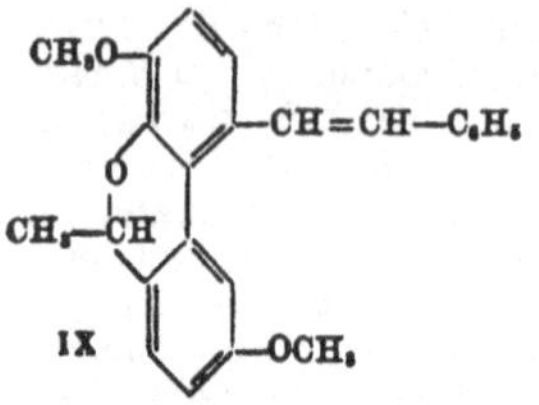
IX

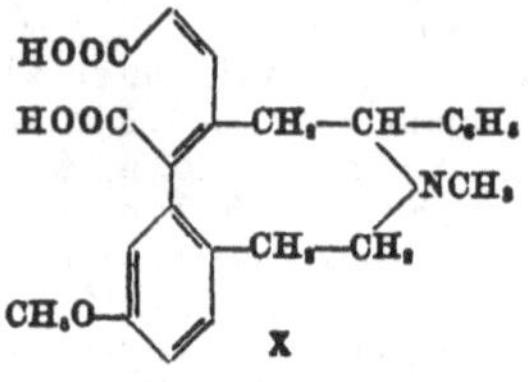
X

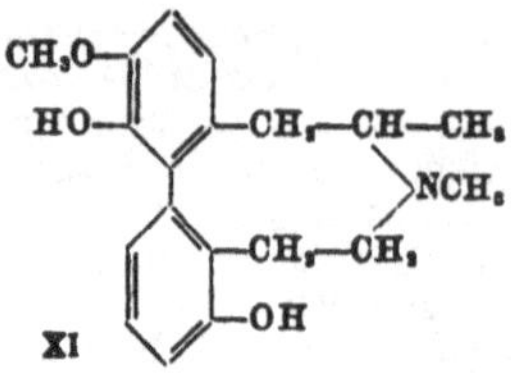
XI

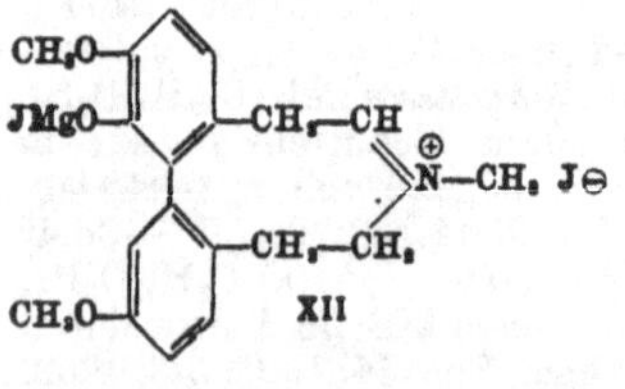
XII

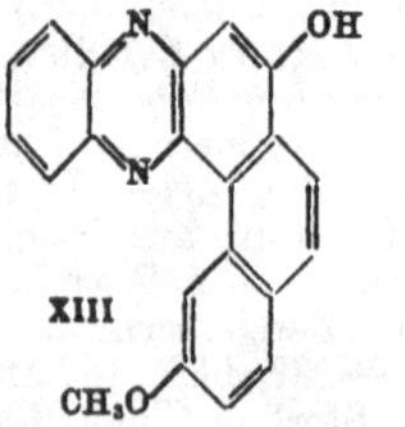
XIII

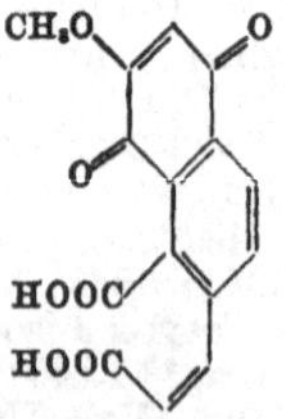
XIV

phenyl]-stilben (II, $C_{25}H_{24}O_3$, F. 115°, $[\alpha]_D^{18}$ $+59^0$ [Aceton]), das beim Erhitzen racemisiert wird. Durch Hydrierung mit RANEY-Ni in Äthylacetat (3 at) geht II in (+)-*2-[2-Äthyl-5-methoxyphenyl]-3.4-dimethoxydibenzyl* ($C_{25}H_{28}O_3$, Kp.$_{0,1}$ 220°, $[\alpha]_D^{18}$ $+3,5^0$ [A.]) über, während es bei der Oxydation mit $KMnO_4$ in Aceton *2.2'-Diformyl-5.6.5'-trimethoxydiphenyl* (IV; $C_{17}H_{16}O_5$, Kp.$_{0,03}$ 215—219°; *2.4-Dinitrophenylhydrazon*, $C_{29}H_{24}O_{11}N_8$, orangerot, F. 277°) u. die auch aus diesem durch Oxydation erhältliche *5.6.5'-Trimethoxydiphensäure* (V; $C_{17}H_{16}O_7$, F. 215°) liefert, die durch Erhitzen mit konz. H_2SO_4 (50°) in *1.5.6-Trimethoxyfluorenoncarbonsäure-(4)* ($C_{17}H_{14}O_6$, gelb, F. 256°; *2.4-Dinitrophenylhydrazon*, $C_{23}H_{18}O_9N_4$, amorph, dunkelrot, F. 286°) umgewandelt wird. IV entsteht neben Benzaldehyd auch bei der Ozonolyse von II. Zur Synth. von V wird Acetylthebaolchinon (4-Acetoxy-3.6-dimethoxyphenanthrenchinon), aus Acetylthebaol u. CrO_3, vgl. FREUND u. GÖBEL [1897.], mit 30%ig. H_2O_2 in Eisessig (70—100°) zu *6-Acetoxy-5.5'-dimethoxydiphensäure* (VI; $C_{18}H_{16}O_8$ + 0,5 H_2O, F. 229°) oxydiert, diese mit 20%ig. NaOH zu *6-Oxy-5.5'-dimethoxydiphensäure* (VII; $C_{16}H_{14}O_7$, F. 172 u. 235°) hydrolysiert u. die letztere mit Dimethylsulfat + 20%ig. NaOH methyliert. VI u. VII werden durch Erwärmen mit konz. H_2SO_4 (50°) in *8.3'-Dimethoxy-3.4-benzocumarin* ($C_{15}H_{12}O_4$, F. 148—149°) umgewandelt. Bei der H_2O_2-Oxydation von Acetylthebaolchinon entsteht als Nebenprod. *4'-Acetoxy-6.3'-dimethoxy-3.4-benzocumarin* ($C_{17}H_{14}O_6$, hellbraun, F. 192°), welches durch Hydrolyse mit alkoh. KOH in *4'-Oxy-6.3'-dimethoxy-3.4-benzocumarin* ($C_{15}H_{12}O_5$, F. 172°) u. weiter durch Erhitzen mit 10%ig. KOH u. Dimethylsulfat in *5.6.2'.5'-Tetramethoxydiphenylcarbonsäure-(2)* ($C_{17}H_{18}O_6$, F. 162,5°) übergeht; das aus der letzteren mit $SOCl_2$ oder PCl_5 erhältliche *Säurechlorid* wird durch $SnCl_4$ in Bzl. zu *1.4.5.6-Tetramethoxyfluorenon* ($C_{17}H_{16}O_5$, hellgelb, F. 183°; *2.4-Dinitrophenylhydrazon*, $C_{23}H_{20}O_8N_4$, hellrot, F. 290°) u. wenig *1.6-Dioxy-4.5-dimethoxyfluorenon* ($C_{15}H_{12}O_5$, F. 147°; *2.4-Dinitrophenylhydrazon*, $C_{21}H_{16}O_8N_4$, F. 285°), durch $AlCl_3$ nur zu dem letzteren cyclisiert. Aus der somit gesicherten Konst. des I läßt sich die seiner Abbauprodd. (vgl. SMALL u. Mitarbeiter, C. **1948**. II. 731) zwanglos ableiten. Das aus VIII durch Red. erhaltene „Äthylphenylhexahydrothebaol" ist sicher eine Tetrahydroverb., während das „Phenyl-6-methoxythebenan" als Oktahydroderiv. von IX (mit hydrierter Phenylgruppe u. abgesättigter Doppelbindung) angesehen werden muß. Das aus Dibromphenyldihydrothebain dargestellte „Phenyltetrahydrothebain" (FREUND u. HOLTOFF, Ber. dtsch. chem. Ges. **49**. [1916.] 1287) ist wahrscheinlich ident. mit (+)-α-I; für die Säure $C_{24}H_{25}O_5N$ aus I u. H_2O_2 wird die Konst. X vorgeschlagen. Die Formel des Methyldihydropseudokodeinons (LUTZ u. SMALL, C. **1936**. I. 2561) ist in XI abzuändern, u. wahrscheinlich sind auch die für Phenyldihydrodesoxykodein-C (SMALL u. YUEN, C. **1936**. II. 1177) u. Methyldihydropseudokodeinmethyläther (SMALL u. Mitarbeiter, C. **1939**. II. 104) aufgestellten Formeln revisionsbedürftig. — Thebain wird durch wasserfreies MgJ_2 in sd. Bzl. + Ae. in eine feuchtigkeitsempfindliche Substanz der wahrscheinlichen Konst. XII übergeführt, deren mit sd. 15%ig. HCl erhaltenes Hydrolyseprod. bei der Methylierung mit Dimethylsulfat + Alkali keine identifizierbare Verb. liefert, während Thebenin unter diesen Bedingungen in *N.N-Dimethylthebeniumdimethyläthermethylsulfat* ($C_{22}H_{29}O_3N \cdot CH_3SO_4$, F. 280°) übergeht. Die Red. von XII mit $LiAlH_4$ in Ae. führt unter CH_4-Entw. anscheinend zu einem (nichtkrist.) phenol. sek. Amin, die Red. mit Na in fl. NH_3 zu einer nicht verwertbaren Phenolbase. Bei der Umsetzung von XII mit Phenylmagnesiumbromid in Bzl. entsteht I; daher wird das XII entsprechende Bromid als Zwischenprod. bei der Bldg. von I u. C_6H_5MgBr angenommen. — 3.4.6-Trimethoxyphenanthren liefert bei der CrO_3-Oxydation an Stelle des erwarteten 9.10-Chinons *3.6-Dimethoxyphenanthrenchinon-(1.4)* (XV; $C_{16}H_{12}O_4$, orange, F. 223°), identifiziert durch Kondensation mit o-Phenylendiamin zu *3-Oxy-7'-methoxynaphtho-[1'.2': 1.2]-phenazin* (XIII; $C_{21}H_{14}O_2N_2$, orange, F. 295—297°, alkalilösl.), durch Oxydation mit H_2O_2 in Essigsäure zu *8-Carboxy-7.2'-carboxyvinyl-2-methoxynaphthochinon-(1.4)* (XIV; $C_{15}H_{10}O_7$ + 0,5 H_2O, hellgelb, F. 273—275°, Zers.), u. durch Oxydation mit $KMnO_4$ in alkal. Lsg. zu *Benzoltetracarbonsäure-(1.2.3.4)* ($C_{10}H_6O_8$, F. 242—245°; *Tetramethylester*, $C_{14}H_{14}O_8$, F. 133°). XV wird auch aus Thebaol durch Oxydation mit CrO_3 erhalten. (J. chem. Soc. [London] **1952**. 947—57. März. Oxford, Univ., Dyson Perrins Labor.) BOIT. 3500

K. W. Bentley, Robert Robinson und A. E. Wain, *Die Reduktion von Thebain und Dihydrothebain durch Natrium in Ammoniak.* (Vgl. vorst. Ref. u. C. **1952**. 1494.) Thebain wird durch Na in fl. NH_3 mit 90% Ausbeute zu *Dihydrothebain-φ* (I, neue Bezeichnung für phenol. Dihydrothebain, vgl. SMALL u. BROWNING, C. **1939**. II. 1872; STORK, C. **1951**. II. 3593) red., während Dihydrothebain unter denselben Bedingungen *Dihydrothebainon-Δ⁵-enolmethyläther* (III; vgl. STORK, l. c.) liefert, der auch aus I durch katalyt. Hydrierung entsteht u. wahrscheinlich Zwischenprod. bei der Red. von Dihydrothebain zu Dihydrothebainon durch Na u. Amylalkohol ist (FREUND u. Mitarbeiter, Ber. dtsch. chem. Ges. **53**. [1920.] 2250). I-Jodmethylat wird durch Alkali unter Verschiebung der Doppelbindung aus der 5.6- in die 6.7-Lage zu einer als *β-Dihydrothebainmethin* bezeichneten Methinbase (II) abgebaut, die bei der Hydrierung ein Gemisch nicht krist. Tetrahydroverbb. (*β-Hexahydrothebainmethine*) liefert. Bei der Hydrolyse von II, aber auch von I-Jodmethylat oder von Thebainon-B-jodmethylat (vgl. nachst. Ref.) mit Mineralsäure entsteht *Thebainon-B-methin* (IV), welches spektral dem *β-Codeimethin* (neue Bezeichnung für *β-Methylmorphimethin*), nicht aber dem *α-Codeimethin* (*α-Methylmorphimethin*) ähnelt u. durch Hydrierung in *β-Dihydrothebainondihydromethin* (V), identifiziert durch seine Umwandlung in *β-Thebenon* (VI; vgl. SMALL

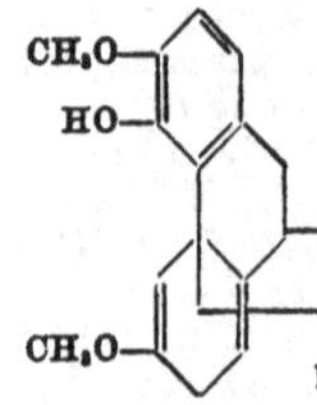

I

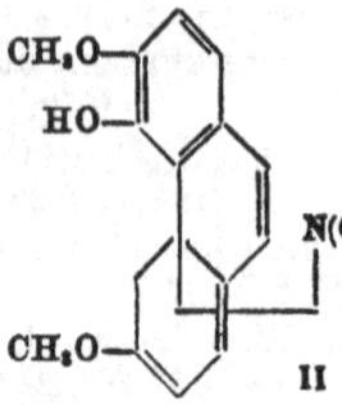

II

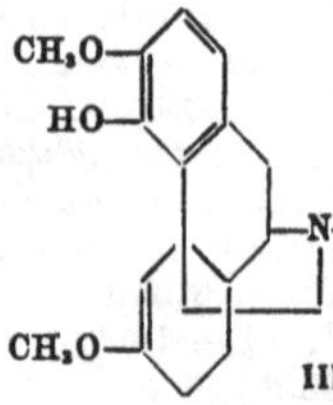

III

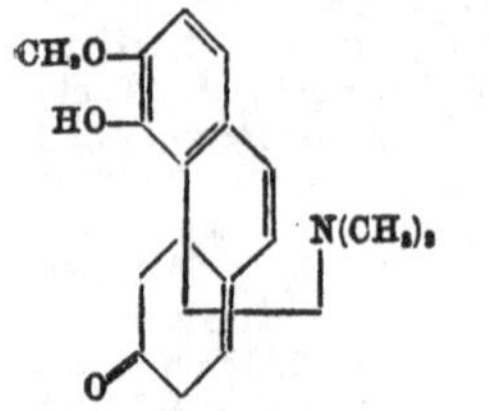

IV

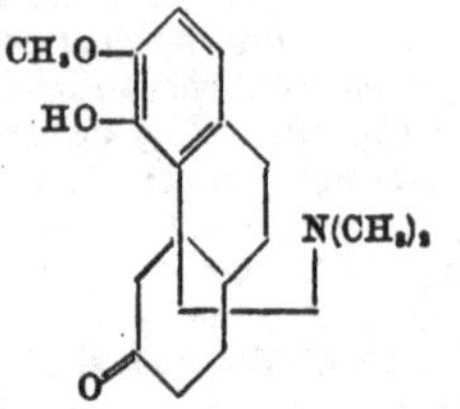

V

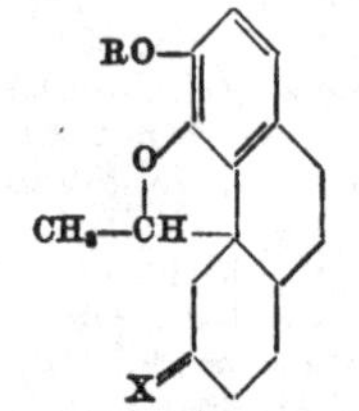

VI R = CH₃, X = O
IX, X R = H, X = H₂

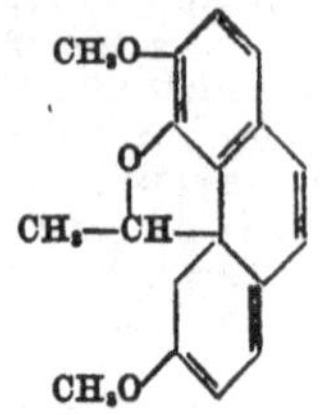

VII

u. BROWNING l. c.), übergeht. Entsprechend werden I-Methyläther-jodmethylat u. das aus ihm durch HOFMANNschen Abbau entstehende *β-Dihydrothebainmethyläthermethin* (XI) zu *O-Methylthebainon-B-methin* hydrolysiert. II liefert beim HOFMANNschen Abbau *6-Methoxythebentrien* [VII, hydrolysierbar zu *Thebendien-8(14).9-on-6* (VIII)], während XI unter diesen Bedingungen die Seitenkette unter Bldg. von 3.4.6-Trimethoxyphenanthren abstößt. Thebenon u. das bzgl. $C_{(14)}$ epimere VI werden durch WOLFF-KISHNER-Red. nach HUANG-MINLON (C. **1948.** I. **49**) in *Morphoran* (IX) bzw. *β-Morphoran* (X) übergeführt. Bei der Red. der roten Lsg. von Thebain in konz. HCl (vgl. ROBINSON, C. **1948.** I. 1013) mit Zn entsteht eine phenol. dimol. Verb. unbekannter Konstitution.

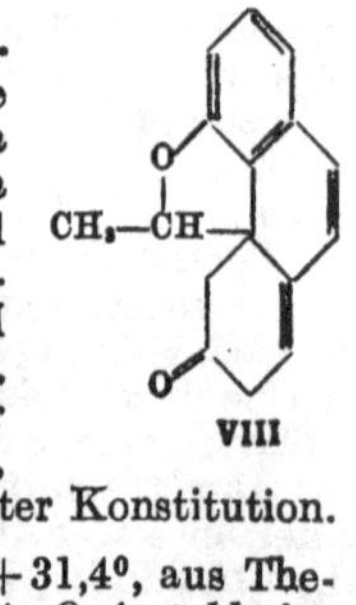

VIII

Versuche: *Dihydrothebain-φ* (I), $C_{19}H_{23}O_3N$, F. 154°, $[\alpha]_D^{18}$ +31,4°, aus Thebain in fl. NH_3-Suspension u. Na; *Pikrat*, $C_{25}H_{26}O_{10}N_4$, F. 176° (Zers.); *O-Acetylderiv.*, $C_{21}H_{25}O_4N$, F. 139°; *Pikrat* des O-Acetylderiv., $C_{27}H_{28}O_{11}N_4$, F. 180° (Zers.). — *Thebainchinonjodmethylat*, $C_{26}H_{28}O_5NJ$, orange, F. 205° (Zers.), aus Thebainjodmethylat u. Benzochinon in Chlf., wird durch Umkristallisieren aus Cyclohexanon gespalten unter Rückbldg. von *Thebainjodmethylat*, $C_{20}H_{24}O_3NJ$, F. 224°. I u. I-Jodmethylat werden durch Benzochinon oxydiert, liefern aber ebensowenig wie I-Methyläther Addukte. — *β-Dihydrothebainmethin* (II), $C_{20}H_{25}O_3N$, hellgelb, F. 99°, aus I-Jodmethylat durch Kochen mit wss. KOH unter N_2; *Methylperchlorat*, $C_{21}H_{28}O_7NCl$, apfelgrün, F. 134°; *Pikrat*, $C_{26}H_{28}O_{10}N_4$, scharlachrot, F. 159°. — *β-Hexahydrothebainmethin*, $C_{20}H_{29}O_3N$, Öl, Kp.$_{0,04}$ 200°, aus II durch Hydrierung mit Pd–$SrCO_3$ in A. — *Thebainon-B-methin* (IV) $C_{19}H_{23}O_3N \cdot 0,25\ C_2H_5OH$, F. 184°, an der Luft violett werdend, a) aus II durch Erwärmen mit 3n HBr, b) aus I-Jodmethylat u. SO_2 in sd. W., c) aus I-Jodmethylat u. 5n HCl, d) aus Thebainon-B durch Umsetzung mit CH_3J u. Erwärmen des Jodmethylats mit 5n HCl; *Hydrobromid*, $C_{19}H_{23}O_3N \cdot HBr$, F. 234° (Zers.); *Hydrojodid*, $C_{19}H_{23}O_3N \cdot HJ$, F. 214°; *Perchlorat*, $C_{19}H_{23}O_3N \cdot HClO_4 \cdot 0,5\ H_2O$, F. 230°; *Jodmethylat*, $C_{20}H_{26}O_3NJ \cdot 0,5\ H_2O$, F. 210°, an der Luft blau werdend; *Piperonylidenderiv.*, $C_{27}H_{27}O_5N$, braungelb, F. 192—193°. — *β-Dihydrothebainondihydromethin* (V), F. 179°, aus IV durch Hydrierung mit Pd–$SrCO_3$ in A. — *β-Thebenon* (VI), F. 188°, aus V nach SMALL u. BROWNING (l. c.); *Piperonylidenderiv.*, $C_{25}H_{24}O_5$, goldgelb, F. 189°. — *β-Dihydrothebainmethyläthermethin* (XI), Harz, aus I-Methylätherjodmethylat durch HOFMANNschen Abbau unter N_2. — *O-Methylthebainon-B-methin*, aus XI oder I-Methylätherjodmethylat in heißem W. + $HClO_4$; *Perchlorat*, $C_{20}H_{25}O_3N \cdot HClO_4$, F. 169°. — *6-Methoxythebentrien* (VII) $C_{18}H_{18}O_3$, gelb, F. 88°, aus II durch Umsetzung mit CH_3J in A. u. Behandlung des Jodmethylats mit heißem wss. KOH. — *Thebendien-8(14).9-on-6* (VIII), $C_{17}H_{16}O_3$, F. 248°, aus VII u. konz. HCl in Alkohol. — *Thebenon*, F. 135°, aus Dihydrothebainondihydromethin (WIELAND u. KOTAKE, Liebigs Ann. Chem. **444.** [1925.] 69); *2.4-Dinitrophenylhydrazon*, $C_{23}H_{24}O_6N_4$, orange, F. 225°. — *Morphoran* (IX), $C_{16}H_{20}O_2$, F. 103°, aus vorst. Verb. durch Kochen mit $N_2H_4 \cdot H_2O$ in einer Lsg. von Na in Äthylenglykol; als Nebenprod. wird bei einem Vers. *IX-Methyläther*, $C_{17}H_{22}O_2$ + 0,25 H_2O, F. 86°, $[\alpha]_D$ 0,0° (CH_3OH), erhalten. — *β-Morphoran* (X), $C_{16}H_{20}O_2$, F. 148°, aus VI analog. —

Verss., I durch $AgNO_3$ zu einer dimol. Verb. zu oxydieren, sind erfolglos. — *Dihydrothebainon-Δ⁵-enolmethyläther* (III), $C_{19}H_{25}O_3N$, F. 145—146°, $[\alpha]_D$ —61,5° (A.), a) aus Dihydrothebain durch Red. mit Na in fl. NH_3, b) aus I durch Hydrierung mit Pd-$SrCO_3$ in A.; *Jodmethylat*, $C_{19}H_{25}O_3N \cdot CH_3J$, F. 153°. — *Dihydrothebainon*, F. 146—150°, aus III u. warmer 2n HCl. (J. chem. Soc. [London] **1952**. 958—66. März.) BOIT. 3500

K. W. Bentley und **A. E. Wain**, *Alkaloide der Morphin-Thebain-Gruppe.* **1. Mitt.** *Die Isomerie der Thebainone.* Durch Hydrolyse von *Dihydrothebain-φ* (**V**; vgl. vorst. Ref.) mit alkoh. HBr oder wss. HCl wird ein neues *Thebainon-B* (III; nicht krist.; *Hydrobromid*, $C_{18}H_{21}O_3N \cdot HBr$, F. 205—207°, $[\alpha]_D^{20}$ +15,84° [W.]; *Pikrat*, $C_{24}H_{24}O_{10}N_4$, gelb, F. 183°) erhalten, welches bei der Hydrierung (als Hydrobromid in W. bei 80°, Pd-Kohle-Katalysator) das gleiche *Dihydrothebainon* (F. 148—150°) liefert wie das jetzt als *Thebainon-A* bezeichnete *Thebainon* (I; *Perchlorat*, $C_{18}H_{21}O_3N \cdot HClO_4$, F. 149—150°, $[\alpha]_D^{21}$ —28,2° [50%ig. A.]; vgl. SCHÖPF u. HIRSCH, Liebigs Ann. Chem. **489**. [1931.] 224). Es läßt sich im Gegensatz zu I durch Behandlung mit $KHSO_4$-Lsg. in das mit I bzgl. $C_{(14)}$ epimere *β-Thebainon-A* (**II**; neue Bezeichnung für *β-Thebainon*; $C_{18}H_{21}O_3N \cdot H_2O$, F. 99—100°, $[\alpha]_D^{21}$ +112° [Aceton]; *Perchlorat*, F. 122—124°, wahrscheinlich dimorph; vgl. SMALL u. BROWNING, C. **1939**. II. 1872) überführen u. ist offenbar

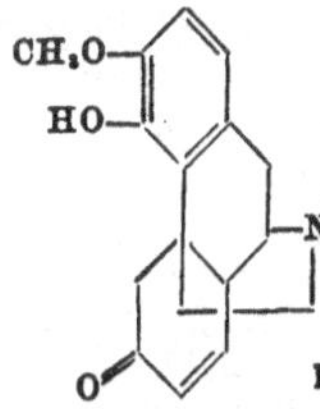

I, II

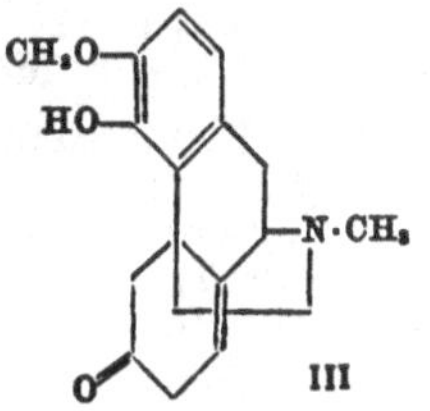

III

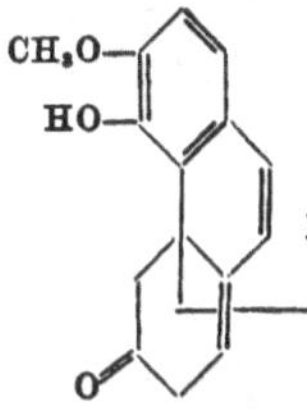

IV

Zwischenprod. bei dessen Bldg. aus **V**. Während **I** u. **II** nach Ausweis der Infrarotspektren α.β-ungesätt. Ketone sind, enthalten **III** u. *Thebainon-C* (**IV**; neue Bezeichnung für *α-Thebainon*; F. 186—187°; *Perchlorat*, $C_{18}H_{21}O_3N \cdot HClO_4$, F. 200° [Zers.]; vgl. SMALL u. BROWNING, l. c.) keine zur CO-Gruppe konjugierte Doppelbindung. Die Absorption im UV zeigt bei **I**, **II** u. **III** lediglich einen Guajacolkern an, bei **IV** jedoch 2 mit diesem konjugierte Doppelbindungen. Damit sind für **III** u. **IV** die vorst. Konstitutionsformeln sichergestellt. (J. chem. Soc. [London] **1952**. 967—71. März.) BOIT. 3500

K. W. Bentley und **A. E. Wain**, *Alkaloide der Morphin-Thebain-Gruppe.* **2. Mitt.** *Reduktion einiger quartärer Salze.* (1. vgl. vorst. Ref.) Durch Na in fl. NH_3 werden Thebainjodmethylat u. Dihydrothebain-φ-jodmethylat (I) zu *Dihydrothebain-φ-dihydromethin* (II; $C_{20}H_{27}O_3N$, F. 88—89°, $[\alpha]_D^{17}$ +94,5° [A.]); *Methoperchlorat*, $C_{20}H_{27}O_3N \cdot CH_3ClO_4$ + 0,5 H_2O, F. 253°), Dihydrothebain-φ-methylätherjodmethylat zu II-*Methyläther* ($C_{21}H_{29}O_3N$, Kp.$_{0,04}$ 63°) red.; II-Jodmethylat geht unter diesen Bedingungen in das zersetzliche *4-Oxy-3.6-dimethoxy-13-äthyl-7.9.10 13-tetrahydrophenanthren* (III; $C_{18}H_{22}O_3$, Kp.$_{0,05}$ 150—155°) über, während es durch KOH zu *6-Methoxythebendien-(5.8)* (IV; $C_{18}H_{20}O_3$, Kp.$_8$ 255—265°) abgebaut wird. Bei der Hydrierung von II mit Pd-$SrCO_3$

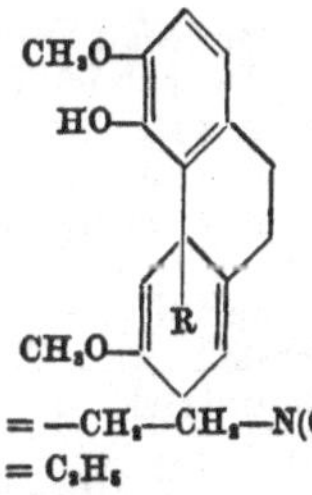

II R = —CH₂—CH₂—N(CH₃)₂
III R = C₂H₅

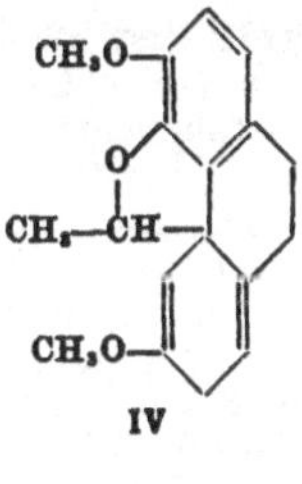

IV

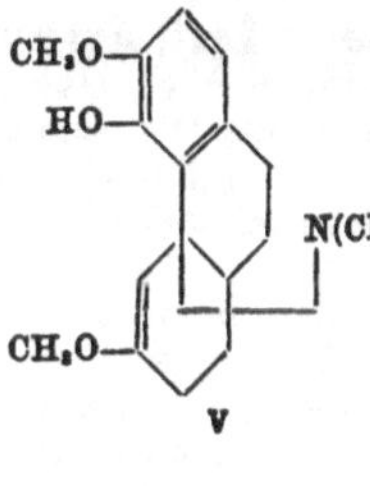

V

in A. erfolgt erst bei 70° H_2-Aufnahme unter Bldg. einer als *Dihydrothebainondihydromethin-Δ⁵-enolmethyläther* (*Δ⁵-Tetrahydrothebaindihydromethin*; **V**) anzusehenden Verb. ($C_{20}H_{29}O_3N$, Kp.$_{0,025}$ 185°), die bei der Hydrolyse wahrscheinlich die tiefschm. Form des *Dihydrothebainondihydromethins* (F. 140°; vgl. CANN, J. chem. Soc. [London] **1926**. 2570) liefert. Die Hydrolyse von **II** mit n HCl führt zu *Thebainon-B-dihydromethin* (**VI**; $C_{19}H_{25}O_3N$, F. 164°; *Perchlorat*, $C_{19}H_{25}O_3N \cdot HClO_4$, F. 244—246°; *Hydrobromid*, $C_{19}H_{25} \cdot O_3N \cdot HBr$, F. 256 bis 257°; *Pikrat*, $C_{19}H_{25} \cdot O_3N \cdot C_6H_3O_7N_3$, F. 178 bis 180°; *Oxim*, $C_{19}H_{26}O_3N_2$, F. 186—187°), dessen *Jodmethylat* ($C_{19}H_{25}O_3N \cdot CH_3J$ + 0,5 H_2O, F. 238°) durch sd. wss. KOH zu einem Gemisch von $Δ^{8,14}$- (**VII**) u. $Δ^{7,8}$-*Dehydro-*

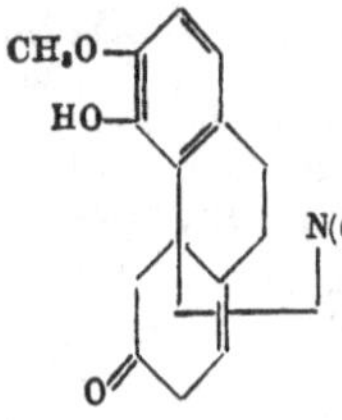

VI

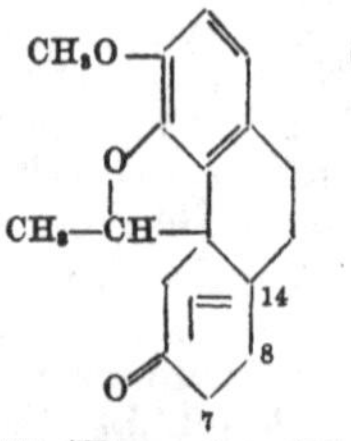

VII |= von 8 nach 14
VIII |= von 7 nach 8

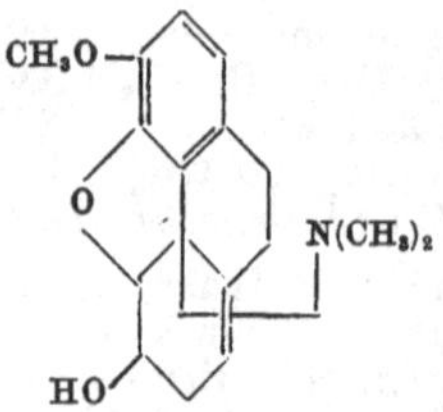

IX

thebenon (VIII) ($C_{17}H_{18}$·O_3, Kp.$_{0,075}$ 200—210°) abgebaut wird. Dihydrothebainjodmethylat liefert bei der Red. mit Na in fl. NH_3 ein nichttrennbares Basengemisch, während aus Dihydrothebainon-Δ^5-enolmethylätherjodmethylat (vgl. zweitvorst. Ref.) lediglich CH_3J abgespalten wird. Bei der analogen Red. von Neopinjodmethylat entsteht *Neopindihydromethin* (IX; *Perchlorat*, $C_{19}H_{25}O_3N \cdot HClO_4$, F. 216—217°, $[\alpha]_D^{20}$ —27,7° [50 %ig. A.]), ident. mit dem aus α-Codeimethin u. Na + A. oder aus β-Codeimethin u. Na-Amalgam (oder katalyt. erregtem H) erhaltenen Prod., dessen *Jodmethylat* ($C_{19}H_{25}O_3N \cdot CH_3J + H_2O$, F. 263°, $[\alpha]_D^{19}$ —31,3° [W.]) gegen sd. wss. KOH bemerkenswert beständig ist. Die Verss. zeigen, daß der N-haltige Ring von quartären Salzen der Morphinalkaloide leicht reduktiv aufgespalten wird, sofern diese Allylaminstruktur besitzen. (J. chem. Soc. [London] **1952**. 972—76. März.) BOIT. 3500

V. N. Ipatieff, J. W. Germain, W. W. Thompson und Herman Pines, *Untersuchungen in der Terpenreihe, cyclische Isomerisation von Limonen. Strukturbeweis.* Vff. beweisen die Struktur des aus Limonen beim Überleiten über Silicophosphorsäure (200°) durch Cycloisomerisation entstandenen *2.6-Dimethylbicyclo-[3.2.1]-octens-(2)* (I; vgl. C. **1948.** I. 1122) durch Abbau zum *6-Methylbicyclo-[3.2.1]-octan* (II), C_9H_{16}, sowie durch dessen Synth. aus m-Bromtoluol (III). Abbau: 2-CH_3-Gruppe von I + O_2 → CHO-Gruppe + H_2 → CH_2OH-Gruppe + H_2 → II. Synth.: III + $Cu_2(CN)_2$ → *m-Tolunitril* + Br_2 → *m-Cyanbenzylbromid* + *KCN* → *m-Cyanbenzylcyanid* + H_2O → *Homoisophthalsäure* + H_2 → *Hexahydrohomoisophthalsäure* (Cyclisierung) → *6-Ketobicyclo-[3.2.1]-octan* + CH_3MgBr → *6-Methyl-6-oxybicyclo-[3.2.1]-octan* + H_2 → II. Eigg. u. Infrarotspektren der nach beiden Methoden erhaltenen Verb. II sind identisch. (Perfum. essent. Oil Rec. **42**. 415. Dez. 1951.) LINDENBERG. 3600

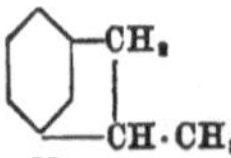

II

William von Eggers Doering und Alfred P. Wolf, *Die Fenchol-β-Fenchen-Umlagerung.* Unter Ggw. von O-Deuterofenchol u. Kaliumdeuterosulfat erhielten Vff. die Fenchene im Verhältnis α > cycl. > β > γ, wobei etwa doppelt soviel α wie γ u. wenig oder kein δ-Fenchen erhalten wurde. Der D-Geh. war in β > cycl. > γ > α. Chem. Abbau bei α-, β- u. γ-Fenchen zeigte das meiste D in der Doppelbindung u. der α-Methylengruppe. Vff. zeigten, daß Cyclofenchen unter den Versuchsbedingungen keine Ringöffnung erleidet, u. deuten die β- u. γ-Fenchenbldg. nach BARTLETT-CONDON-SCHNEIDER durch H-Wanderung vom $C_{(6)}$- zum $C_{(2)}$-Atom des Fenchols mit anschließend n. WAGNER-MEERWEIN-Umlagerung. (Perfum. essent. Oil Rec. **42**. 414—15. Dez. 1951.) LINDENBERG. 3600

Remo de Fazi, Augusto Banchetti und Francesco Pizzi, *Über die Thermolyse des Cholesterins.* 19. Mitt. *Über Cholesterin.* (18. vgl. C. **1950**. I. 984.) Die bei der Thermolyse des Cholesterins (I) erhaltenen Kristalle vom F. 78—79° lassen sich in 2 Fraktionen zerlegen, eine reine vom F. 78—80° (ca. 10 %) u. eine unreine von niedrigerem F.; beide, linksdrehend mit $[\alpha]_D^{25}$ —75°, sind also als *Cholesterylen*, nicht als Pseudocholesten anzusprechen. Die Fraktionen vom F. 195—196° (ca. 2 %) u. F. 202—203° (ca. 3 %) sind beide *Dicholesteryläther*, der je nach dem bei der Kristallisation verwendeten Lösungsm. (Ae. oder Chlf.-A.) in zwei Formen auftreten kann. Eine in sehr geringer Menge erhaltene Fraktion (F. ca. 140°; ca. 0,5 %) könnte Δ^5-Androsten-3-ol enthalten. (Gazz. chim. ital. **82**. 123—29. Febr. 1951. Pisa, Univ., Ist. di Chim. farmaceut.) R. K. MÜLLER. 3700

G. Cilento, *Molekülverbindungen von Aminoazofarbstoffen mit Gallensäuren.* 2. Mitt. (1. vgl. C. **1951**. II. 3594.) *m'-Methyl-p-dimethylaminoazobenzol* (I), *m.o'-Dimethyl-p-aminoazobenzol* (*o-Aminoazotoluol*; II) u. *p-Diäthylaminoazobenzol* (III) bilden mit *Desoxycholsäure* schwerlösl. Choleinsäuren, u. zwar *Tetracholeinsäuren*, außerdem bilden I u. III unstabile Molekülverbb. mit Desoxycholsäure im Verhältnis 1 : 2, wie sich durch Schmelzdiagramme belegen ließ. Es wurden außerdem die UV-Spektren der 3 Farbstoffe in A., Na-Desoxycholat u. Na-Cholat untersucht. I u. III zeigen in den beiden letzteren Lsgg. sehr verschied. Absorption.

Versuche: Die *Choleinsäuren* wurden dargestellt durch Zusammengeben der heißen alkoh. Lsgg. des Farbstoffs u. der Desoxycholsäure, dabei fielen die entsprechenden Choleinsäuren aus u. konnten aus absol. A. umkrist. werden. Choleinsäure von I, F. 203—207,5°, von II, F. 196—198°, u. von III, 193—194°. (J. Amer. chem. Soc. **74**. 968—70. 20/2. 1952. Sao Paolo, Univ., Fac. de Med., Fundação A. e V. Matarazzo.)
H. SCHEURLEN. 3700

George M. Picha, *Die Oxydation von Isoequileninacetat mit Peressigsäure*. Bei der Oxydation von *Isoequileninacetat* (I) mit Peressigsäure fand Vf. nach Verseifung u. Lactonisierung *Isobisdehydroöstrollacton* (II), das durch verschied. Derivv. charakterisiert wurde. Vf. formuliert das Lacton als II aus Analogiegründen zu anderen 17-Ketosteroiden u. weil das *Acetat* (III), das *Propionat* (IV) u. der *Methyläther* (V) in verd. NaOH sich erst nach mehrstd. Erwärmen lösen unter Bldg. der *Isobisdehydroöstrolsäure* (VI). Die unnatürliche cis-Verknüpfung von Ring C u. D bewirkt eine Senkung der Ausbeute im Gegensatz zu trans-Verbb., die fast quantitativ oxydiert werden.

Versuche (FF. korr.): *Oxydation von Isoequileninacetat* (I): eine Lsg. von 10,05 g I, Peressigsäure u. etwas p-Toluolsulfonsäure wurde in Eisessig 185 Std. bei 8—10° stehengelassen, dann mit W. verdünnt. Der Nd. wurde mit 2%ig. NaOH verseift, mit CO_2 nicht umgesetztes I u. mit Säure *Isobisdehydroöstrollacton* (II, 5,7 g Rohausbeute) ausgefällt. *Acetat* (III), $C_{20}H_{20}O_4$, aus II mit Pyridin/Essigsäureanhydrid (2 Std. auf dem Wasserbad), Kristalle aus A., A.-Aceton u. Bzl., F. 187—188°. — *Isobisdehydroöstrollacton* (II), $C_{18}H_{18}O_3$, aus III durch Verseifung mit 2%ig. NaOH; krist. aus Äthylenglykolmonoäthyläther, F. 258—260°. *Propionat* (IV), $C_{21}H_{22}O_4$, mit Pyridin/Propionsäureanhydrid; aus A., F. 118—119°. *Methyläther* (V), $C_{19}H_{20}O_3$, aus II mit Dimethylsulfat in NaOH bei 50°; krist. aus A., F. 189—191°. — *Derivv. der Isobisdehydroöstrolsäure* (VI). III wurde verseift u. methyliert u. das Methoxylacton (V) mit 2%ig. NaOH verseift. Nach Einengen fällt das *Na-Salz* aus; nach Lösen in warmem W. u. Zusatz von verd. $AgNO_3$-Lsg. wird das *Ag-Salz* $C_{19}H_{21}O_4Ag \cdot 2\,H_2O$ erhalten. Es ist unlösl. in W., organ. Lösungsmitteln u. NaOH-Lsg., lösl. in wss. NH_3. F. 176° (Zers.). *Methylester* (?), aus dem Ag-Salz mit Methyljodid (20 Std. bei 25°), F. 107—108°. (J. Amer. chem. Soc. **74**. 703—05. 5/2. 1952. Chicago, Ill., Searle and Co. Res. Labor.)
H. SCHEURLEN. 3750

H. E. Davenport, *Die reduktive Spaltung von Cytochrom c*. Durch Schütteln von 7 ml einer $3 \cdot 10^{-4}$mol. Lsg. von *Cytochrom c* mit 1,5 ml verd. Na-Amalgam in evakuierten THUNBERG-Röhrchen tritt in 3 Min. Entfärbung ein. Nach Überführung in einen Schütteltrichter u. Zusatz eines Eisessig-Ae.-Gemisches (1 : 7) erfolgt in 3 Std. Reoxydation von *Porphyrinogen*, worauf das gebildete *Porphyrin* (I) ausgeäthert wird. In der Lsg. kann das Absorptionsspektr. von neutralem I u. Chlor nachgewiesen werden. Es wurde außerdem durch SZ. u. unlösl. Na-Salz als *Mesoporphyrin* nachgewiesen. *Protohämatin* ergibt unter ähnlichen Bedingungen nur *Protoporphyrin* mit Chlorspuren, woraus hervorgeht, daß unmodifizierte Vinylgruppen durch Na-Amalgam nicht red. werden. *Hämatohämatin* bildet andererseits unter Sättigung der α-Oxyäthylseitenketten *Mesoporphyrin*. Aus Pferdeleber-*Katalase* wurde nur *Protoporphyrin* u. aus *Hämoglobin Proto-* u. *Mesoporphyrine* (15 : 1) erhalten. Die Beobachtungen stützen die THEORELLsche Ansicht, daß bei der Häm-Protein-Bindung die Seitenketten 2 u. 4 des Häms von *Cytochrom c* beteiligt sind u. daß diese Seitenketten durch Na-Amalgam reduktiv abgespalten werden, wobei gleichzeitig Fe entfernt wird. (Nature [London] **169**. 75. 12/1. 1952. Cambridge, Agric. Res. Counc., Unit of Plant Biochem., Biochem. Labor.)
LOCH. 3850

Walter D. Celmer und I. A. Solomons, *Mycomycin*. 1. Mitt. *Isolierung, Kristallisation und chemische Charakterisierung*. Das von *Norcardia acidophilus* gebildete Antibioticum *Mycomycin* (I) ist in vitro gegen zahlreiche Mikroorganismen, einschließlich streptomycinempfindliche u. -resistente *M. tuberculosis*-Stämme u. verschied. pathogene Pilze, wirksam. 1 E. ist die das Wachstum von *Bacillus mesentericus* in Tryptose-Phosphat-Bouillon 16 Std. bei 37° eben hemmende I-Menge. Isolierung: Kultur-Fl. (360 E./cm³) filtrieren, bei 5° u. p_H 2,5 mit Hexan im PODBIELNIAK-Extraktor extrahieren, aus Hexanauszug bei 2° mit 0,5%ig. Na-Phosphatpuffer (p_H 7,5) I extrahieren (Ausbeute 55%). Eine 8stufige Gegenstromverteilung einer verd. I-Lsg. zwischen $CHCl_3$ u. 2%ig. Phosphat (p_H 7,0) bei 5° ergab die berechnete Verteilungskurve. Zur Darst. von krist. I wurde eine wss. Pufferlsg. bei 5° mit Methylenchlorid gerührt, mit 10%ig. H_3PO_4 auf p_H 2 gestellt, der getrocknete CH_2Cl_2-Extrakt mit Tierkohle entfärbt, in festem CO_2-Aceton gekühlt (N_2-Atmosphäre), auskrist. I (30000 E./mg) abgetrennt (Ausbeute 72%) u. aus CH_2Cl_2 umkrist. (50000 E./mg). I, $C_{13}H_{10}O_2$, Nadeln, bei 75° explosionsartige Zers., $[\alpha]_D^{25}$ —130° (c = 0,4%, absol. A.), λ_{max} 281 (ε = 67000) u. 267 mμ (ε = 61000); das Infrarotspektr. deutet auf Ggw. von Acetylen

(2210 cm^{-1})- u. Allen (1930 cm^{-1})-Gruppierungen hin. I ist O_2-empfindlich u. therm. instabil, „Halbwertszeit" 3 Std. bei 27° in N_2 oder Vakuum. Bei der Inaktivierung (Raumtemp., Luft) von I entsteht ein in organ. Solventien, starken Säuren u. Alkalien unlösl., schwer oxydierbares braunes Produkt. I liefert mit Oxydationsmitteln dunkle, harzige Prodd., mit alkoh. $AgNO_3$ einen Nd., der dunkelt. Beim Lösen von I in fl. NH_3 erfolgen Farb-Rkk.: gelb, grün, blau, purpur, rot. Hydrierung von I (Äthylacetat, 27°, PtO_2) führt unter Aufnahme von 8 Mol H_2 zu *n-Tridecansäure.* I ist eine einbas. Säure. *I-Methylester* (II), $C_{14}H_{12}O_2$, F. 44° (Zers.), Kristalle (Hexan), $[\alpha]_D^{25}$ —120° (c = 0,1 % CH_3OH), λ_{max} 281 u. 267 mμ (ε jeweils 70000); aus äther. l-Lsg. mit CH_2N_2. II ist mikrobiol. wirksam u. gibt bei der katalyt. Hydrierung *n-Tridecansäuremethylester.* II bildet mit methanol. $AgNO_3$ ein instabiles, unlösl. Ag-Salz, das auf eine endständige Acetylengruppierung hindeutet. (J. Amer. chem. Soc. **74.** 2245—48. 5/5. 1952. Brooklyn, N. Y., Chas. Pfizer & Co., Inc., Res. Labors.) K. MAIER. 3900

Otto Th. Schmidt, Rudolf Lademann und Walter Himmele, *Notiz über die Spaltsäure $C_{14}H_{12}O_{11}$ aus Chebulin- und Chebulagsäure.* 11. Mitt. *über natürliche Gerbstoffe.* (10. vgl. C. **1951.** II. 2049.) Für die *Spaltsäure $C_{14}H_{12}O_{11}$* aus Chebulin- u. Chebulagsäure schlagen Vff. den spezifischeren Namen *Chebulsäure* vor. Sie beschreiben zwei neue Abkömmlinge dieser Säure. — *Chebulsäuretriäthylester,* $C_{20}H_{24}O_{11}$, F. 188°, durch Veresterung der Chebulsäure mit absol. A./HCl; aus CH_3OH/W. Nadeln, aus Essigester Prismen; $[\alpha]_D^{20}$ +21,2 ± 1,5° (absol. A., c = 1). Methylierung des Esters mit CH_2N_2 führte zum sirupösen *Trimethylchebulsäuretriäthylester,* der mit methanol. NH_3 *Trimethylchebulsäuretriamid,* F. 254°, $[\alpha]_D$ +49,5 ± 1° gab. *Triacetylchebulsäuretriäthylester,* $C_{26}H_{30}O_{14}$, F. 139—141°, aus dem Ester mit Pyridin/Acetanhydrid; aus absol. A. Prismen; $[\alpha]_D^{20}$ +26,5 ± 2° (absol. CH_3OH, c = 1). (Chem. Ber. **85.** 408. 20/5. 1952. Heidelberg, Univ., Chem. Inst.) NEZEL. 3950

D_3. Makromolekulare Chemie.

E. J. Arlman, *Verteilung der Polymeren in Polymerisationsprodukten.* Vf. gibt eine Übersicht über die Verteilung der Mol.-Geww. in Polymerisationsprodukten. Die Verteilung wird für den Fall einer isotherm. Polymerisation bei niedrigem Konvertierungsgrad unter der Annahme eines stationären Zustandes abgeleitet. (Chem. Weekbl. **48.** 237—42. 19/4. 1952. Amsterdam, Koninklijke Shell-Labor.) WESLY. 4000

George A. Sofer und Ernst A. Hauser, *Neues Instrument zur Bestimmung des Polymerisationsgrades härtbarer Polymere.* Vff. untersuchen den Wechsel von Dämpfung u. Geschwindigkeit longitudinaler Ultraschallwellen mit fortschreitender Polymerisation an drei Materialtypen, a) *Polyester Laminac,* b) *Resorcin-Formaldehydharz Penacolite,* c) *Phenol-Formaldehydharz Resinox.* Bei allen Verss. lagen die Frequenzen zwischen 2,2 u. 2,4 mc/sec, bei einem Meßbereich des im einzelnen beschriebenen Instrumentes von 0,4—4,3 mc/sec. Die Kurven zeigen deutlich Geschwindigkeit u. Energieverlust der Ultraschallwellen als Funktion der Zeit u. erhärten den Beweis einer zukünftig möglichen Anwendung dieser neuen Meth. zur Unters. von Polymerisationsreaktionen. (J. Polymer Sci. **8.** 611—20. Juni 1952. Massachusetts Inst. of Technol.) E. W. HAAS. 4000

J. A. Gannon, E. M. Fettes und A. V. Tobolsky, *Kettenübertragung bei Styrol mit verschiedenen Dihaliden und Darstellung von Polystyroldihaliden.* An Hand des von GREGG u. MAYO (C. **1948.** E. 416 u. früher) berichteten Verf. untersuchen Vff. bei 60°, seltener bei 80° die Styrolpolymerisation in Ggw. zahlreicher Dihalide als Vermittler für Kettenübertragung, um deren Übertragungskonstanten nahe 1 auszuwählen. Ergebnisse: 1. Bei obiger Meth. ist es ratsam, Polymere bei sehr geringem Umsatz zu erzeugen, 2. die Ergebnisse sind unabhängig von der Anregungsform, 3. erhebliche Polymerisationsverspätung entstand bei Anwendung großer Mengen aktivster Dihalide, 4. die bei symm. Dihaliden als Übertragungsagens zu erwartende Mol.-Gew.-Verteilung ist verschieden von dem einfacheren Fall, wenn ein Halogenatom sehr akt. zur Kettenübertragung u. das andere relativ träge ist. 5. Werden Dichloride als Übertragungsagens verwendet, so werden sehr oft eher H- als Cl-Atome abgespalten. Kommen aber Dibromide oder Dijodide zur Anwendung, bilden sich Polystyrolmoll. mit einem Br- u. J-Atom an jedem Ende. 6. Die Konz. an Polymeren mit Halogenatomen nur an einem Molekülende ist klein bei akt. Kettenübertragungsagens in starken Konzentrationen. 7. Bei hohem Umsatz findet namhafte Übertragung sowohl mit dem endhalogenierten Polymer, als auch mit den ursprünglichen Dihalidenmoll. statt. — Jodide sind aktiver als Bromide u. letztere aktiver als Chloride. Allyl- oder Benzylhalide sowie Säurehalide sind äußerst aktiv. Untersucht wurden: *Bis-[chloräthyl]-formal, Methylenchlorid, Äthylenchlorid, 1.4-Dichlorbuten-(2), Chloracetylchlorid, Methylenbromid, p-Xylylenbromid, Styroldibromid, Stilbendibromid, Bromessigsäure, Acetylbromid* u. *Methylenjodid.* (J. Amer. chem. Soc. **74.** 1854—55. 5/4. 1952.) E. W. HAAS. 4010

A. Katchalsky und **I. Miller**, *Die Oberflächenaktivität von polymeren Säuren in wässerigen Lösungen.* Vff. messen die Oberflächenspannung (σ) der Lsg. von *Polymethacrylsäure* (P 500—8000) in Abhängigkeit von der Konz., dem p_H u. dem Salzgehalt. Bei gleicher mol. Konz. ist $\Delta\sigma = k/\sqrt{P}$ (P = Polymerisationsgrad). Die Dicke der Adsorptionsschicht ist von der Größenordnung des Durchmessers der statist. geknäulten Moleküle. (J. physic. Colloid Chem. **55.** 1182—94. Okt. 1951. Rehovot, Israel, Weizmann Inst.) MOLL. 4010

S. Patai, M. Bentov und **M. E. Reichmann**, *Darstellung und Polymerisation von Arylmethacrylaten und N-Arylmethacrylamiden.* Arylmethacrylate wurden durch Rk. von Methacrylylchlorid (I) mit den entsprechenden Na-Phenolaten hergestellt. Aus vermutlich ster. Gründen versagte diese Rk. bei 2.6-disubstituierten Phenolen; diese Ester konnten auch nicht durch Rk. von Na-Methacrylat u. 2.4-Dinitro- bzw. 2.4.6-Trinitrochlorbenzol dargestellt werden. Aromat. Amine mit freier o-Stellung reagieren mit I langsam, o-substituierte Arylamine überhaupt nicht. Diamine ergeben mit I nur die entsprechenden Diamide. p-Aminophenol liefert nur den Amidester. — Die Block- u. Lösungspolymerisation der hergestellten Ester u. Amide wurden untersucht u. die Viscositätszahlen der Polymerisate ermittelt. Es wird gezeigt, daß die Multiplikation der Viscositätszahlen mit dem Faktor 10^5 annähernd die Mol.-Gew. der Polymeren ergibt.

V e r s u c h e: *Methacrylylchlorid* (I), aus Methacrylsäure u. Benzoylchlorid, $Kp._{760}$ 93—94°. — Je 0,04 Mol Phenolverb. u. I wurden in Ggw. überschüssiger NaOH unter Eiskühlung zur Rk. gebracht. Nach dieser Meth. wurden folgende *Methacrylsäureester* dargestellt: *4-Chlorphenyl-* (II), $Kp._{23}$ 142—140°, *2.4-Dichlorphenyl-* (III), F. 56°, *2-Nitrophenyl-* (IV), $Kp._{15}$ 169—171° (geringe Verunreinigung durch 2-Nitrophenol), *4-Nitrophenyl-* (V), F. 93—94°, *2-Naphthyl-* (VI), F. 66°, *4-Biphenylyl-* (VII), F. 110°, *4-Phenylazophenyl-* (VIII), F. 113°. — Nach der gleichen Meth. wurde aus 4-Aminophenol u. I *4-Methacrylylamidophenylmethacrylat*, $C_{14}H_{15}O_3N$, F. 126—127°, erhalten. — Je 0,04 Mol I u. Aminoverb. wurden in Ae. oder Bzl. bei Raumtemp. miteinander zur Rk. gebracht; auf diese Weise wurden folgende *N-Arylmethacrylamide* bzw. *Bismethacrylylarylendiamine* dargestellt: *N-Phenyl-* (IX), F. 85°, *N-[2-Tolyl]-* (X), F. 94—95°, *N-[3-Tolyl]-* (XI), F. 76°, *N-[4-Tolyl]-* (XII), F. 87°, *N-[4-Anisyl]-* (XIII), F. 89—90°, *N-[3-Nitrophenyl]-* (XIV), F. 111—112°, *N-[4-Nitrophenyl]-* (XV), F. 148°, *N-[2-Methyl-5-nitrophenyl]-* (XVI), F. 127°, *N-[1-Naphthyl]-* (XVII), F. 111—112°, *N-[2-Naphthyl]-* (XVIII), F. 138—139°, *N-[4-Phenylazophenyl]-* (XIX), F. 139—143°, *N-[o-Phenylen]-* (XX), F. 120 bis 122°, *N-[p-Phenylen]-* (XXI), F. 249—251°, *N-[4.4'-Biphenylen]-* (XXII), F. 270—271°. — 2 Moll. XIV ergaben mit 1 Mol. 3-Nitranilin eine *Verb.* $C_{26}H_{26}O_8N_6$, F. 95°. — 1 Mol. **XVI** reagierte mit 1 Mol. 2-Methyl-5-nitranilin zu *Verb.* $C_{18}H_{20}O_5N_4$, F. 84°. — Die Lösungspolymerisationen wurden durchweg bei 60° in 12—**15** Std. mit verschied. Mengen Benzoylperoxyd (**XXIII**) durchgeführt u. ergaben folgende Viscositätszahlen: **II** 10%ig. in Bzl. mit 1% **XXIII** bei 64% Umsatz: 0,27 (**III** bis zu 3% **XXIII** keine Polymerisation); **IV** 35%ig. in Toluol mit 3% **XXIII** bei 42% Umsatz: 0,07; **V** 20%ig. in Cyclohexanon mit 2% **XXIII** bei 90% Umsatz: 0,33; **VI** 10%ig. in Toluol mit 0,3% **XXIII** bei 92% Umsatz: 0,35; **VII** 10%ig. in Toluol mit 0,3% **XXIII** bei 85% Umsatz: 0,14; **VIII** 10%ig. in Toluol mit 0,3% **XXIII** bei 65% Umsatz: 0,10; **IX** 25%ig. in Bzl. mit 1% **XXIII** bei 84% Umsatz: 0,24; (**X** u. **XI** ergaben bis zu 3% **XXIII** keine Polymerisation); **XII** 10%ig. in Cyclohexanon mit 5% **XXIII** bei 50% Umsatz: 0,06; **XIII** 10%ig. in Cyclohexanon mit 5% **XXIII** bei 50% Umsatz: 0,42; **XIV** 10%ig. in Cyclohexanon mit 1% **XXIII** bei 40% Umsatz: 0,32; **XV** 10%ig. in Methyläthylketon mit 2% **XXIII** bei 27% Umsatz: 0,16; **XVI** 10%ig. in Cyclohexanon mit 2% **XXIII** bei 30% Umsatz: 0,17; (**XVII**, **XXI** u. **XXII** ergaben mit bis zu 3% **XXIII** keine Polymerisation); **XVIII** 20%ig. in Cyclohexanon mit 0,6% **XXIII** bei 50% Umsatz: 0,09; **XIX** 10%ig. in Bzl. mit 1% **XXIII** bei 62% Umsatz: 0,25; **XX** 7%ig. in Bzl. mit 1% **XXIII** bei 86% Umsatz: 0,14. — Blockpolymerisate mit verschied. Mengen **XXIII** u. bei Tempp. im Bereich von 60—290° ergaben folgende Verbb.: **II, III, IV, V, VI, VII, VIII, IX, X, XI, XII, XIV, XV, XVI, XIX, XX, XXI, XXII.** (J. Amer. chem. Soc. **74.** 845—47. 5/2. 1952. Jerusalem, Israel. Minist. of Defense, Labors. of Sci. Dep., u. Hebr. Univ., Dep. Organ. Chem.) SCHÄFF. 4010

J. L. Mongar und **Albert Wassermann**, *Absorption von Elektrolyten durch Alginatgele ohne und mit Kationenaustausch.* Bei Unterss. über die Absorption einfacher Elektrolyte (NaCl, NaOH, HCl u. a.) an vollkommen gequollene faserige Alginate (Alginsäure u. Al-, Ba-, Ca-, Cu-, Mg-, Ag-, Na-, Na-Ca- bzw. Na-Cu-Alginate) stellten Vff. verschied. stöchiometr. Beziehungen fest, welche die Wechselwrkg. zwischen den Elektrolyten u. den Alginaten charakterisieren. Die Herst. der zylindr. Gele u. die Best. ihrer Faserdurchmesser werden beschrieben. Es wird gezeigt, daß diese Gele Kationenaustauscheffekte aufweisen. Gleichgewichtskonzentrationskoeffizienten K der Rk. zwischen Ca-Alginatgelen u. NaCl-Lsgg. bei 20° wurden ermittelt (Werte von K zwischen 60 ± 10 u. 10 ± 3, abhängig von der Elektrolytkonz.; K nimmt mit steigender Temp. ab). (J. chem. Soc. [London] **1952.** 492—97. Febr. London, Ramsay and Forster Labors.; Univ. Coll., Biophysics Res. Unit.) SCHÄFF. 4050

M. L. R. Harkness und Albert Wassermann, *Die Viscositätszahl von Natriumalginat.* (Vgl. vorst. Ref.) Die Viscositätszahl [η] von Na-Alginat (Zahlenmittel-Mol.-Gew. $9{,}6 \cdot 10^4$) in Lsgg. einfacher Elektrolyte (Na-Acetat, -Sulfat, -Phosphat, -Oxalat, NaF, NaCl, NaOH u. Na_2CO_3) wurde bestimmt, um den durchschnittlichen Abstand $2R_s$ der Alginatkettenenden ($2R_s$ entspricht nahezu der Quadratwurzel aus dem mittleren Abstandsquadrat, vgl. DEBYE u. BUECHE, J. chem. Physics **16.** [1948.] 573) zu ermitteln. In 0,1n Elektrolytlsgg. wird der Abstand nicht wesentlich durch die Art des Anions beeinflußt, wogegen bei konzentrierteren Lsgg. ein deutlicher Anioneneffekt beobachtet wird. Es wird gezeigt, daß die Alginatketten in diesen Lsgg. nicht vollkommen gestreckt sind. Wenn bei Zugrundelegung der Gleichung $[\eta] = 10^{-2,5\pm1} \cdot M^B$ (M = Mol.-Gew.) B = 1 ist, dann wird gefunden: 1nNaCl: $[\eta] = 870 \pm 20$, $2R_s = 3{,}6$ ($\cdot 10^{-6}$ cm); 1nNaOH: $[\eta] = 920 \pm 100$, $2R_s = 3{,}7$; 1nNa-Acetat: $[\eta] = 940 \pm 50$, $2R_s = 3{,}8$; 1nNa_2CO_3: $[\eta] = 410 \pm 50$, $2R_s = 2{,}5$; 1nNa_2SO_4: $[\eta] = 690 \pm 50$, $2R_s = 3{,}2$; 1nNa_3PO_4: $[\eta] = 620 \pm 40$, $2R_s = 3{,}1$; 0,5n$Na_2C_2O_4$: $[\eta] = 620 \pm 30$, $2R_s = 3{,}1$; 0,6nNaF: $[\eta] = 500 \pm 40$, $2R_s = 2{,}7$; 0,1nNaCl: $[\eta] = 870 \pm 40$, $2R_s = 3{,}6$; 0,1nNaOH: $[\eta] = 850 \pm 50$, $2R_s = 3{,}6$; 0,1nNa-Acetat: $[\eta] = 870 \pm 50$, $2R_s = 3{,}6$; 0,1nNa_2CO_3: $[\eta] = 690 \pm 50$, $2R_s = 3{,}2$. Wenn in obiger Gleichung $B < 1$ ist, dann werden in gleicher Reihenfolge folgende $2R_s$-Werte gefunden: 7,6, 7,8, 7,8, 5,9, 7,0, 6,8, 6,8, 6,3, 7,6, 7,6, 7,6, 7,0. (J. chem. Soc. [London] **1952.** 497—99. Febr.) SCHÄFF. 4050

J. L. Mongar und A. Wassermann, *Der Einfluß des Ionenaustausches auf die optischen Eigenschaften, die Form und die Elastizität von vollkommen gequollenen Alginatfasern.* (Vgl. vorst. Ref.) Bei der Behandlung vollkommen gequollener, gestreckter u. opt. anisotroper Ca-Alginatfasern mit Na-Ionen-haltigen Lsgg. findet ein Kationenaustausch statt u. gleichzeitig treten eine Zunahme des Vol. u. der Transparenz des Gels, ein Verlust der Doppelbrechung, eine Kontraktion in Achsenrichtung u. eine Elastizitätszunahme auf. Eine Unters. über den Mechanismus der elast. Deformation der Na-Alginatfäden wurde durchgeführt, u. es wird gezeigt, daß eine Verkürzung der gedehnten Proben eine Entropiezunahme verursacht. Die Art des Kationenaustausches, der die axiale Kontraktion u. die gleichzeitige radiale Quellung verschied. Alginatfasern verursacht, wurde untersucht. In gleicher Weise, wie Na-Alginate, verhalten sich NH_4-, K- u. Mg-Alginate (Mg verhält sich hier wie ein einwertiges Ion); dem Ca-Alginat sind Ba-, Cu-, Al- u. Ag-Alginate analog. Vff. versuchen eine Deutung der Beobachtungen auf Grund von Formänderungen (Knäuelung) der kettenförmigen Alginatmoleküle. Die vorausgesetzte innere Beweglichkeit der Makromoll. u. der Einfl. einfacher Elektrolyte auf den Knäuelungsgrad der Moll. stimmen mit den früher aus Viscositätsmessungen gezogenen Schlüssen überein. (J. chem. Soc. [London] **1952.** 500—10. Febr.) SCHÄFF. 4050

J. L. Mongar und A. Wassermann, *Wärmeeffekte bei der Absorption einfacher Elektrolyte durch vollkommen gequollene Alginat- und Cellulosegele. Eine neuartige mikrocalorimetrische Methode.* (Vgl. vorst. Ref.) Vff. beschreiben eine neue mikrocalorimetr. Meth. zur Best. kleiner Wärmeeffekte bei der Wechselwrkg. zwischen vollkommen gequollenen Gelen u. Lsgg. eindringender Elektrolyte. Die Versuchsergebnisse gestatten einen Vgl. zwischen der Quellungswärme von Alginat- oder Cellulosegelen in W. u. der Quellungswärme der gleichen Gele in NaCl- bzw. $CaCl_2$-Lösungen. Die untersuchten thermochem. Rkk. stellen typ. Beispiele für die Art der energet. Bedingungen dar, die entweder ein Aussalzen oder ein In-Lösung-bringen durch Salze von Kolloiden durch Zugabe einfacher Elektrolyte bewirken. (J. chem. Soc. [London] **1952.** 510—13. Febr.) SCHÄFF. 4050

A. D. McLaren und John W. Rowen, *Sorption von Wasserdampf durch Proteine und Polymere. Eine Übersicht.* Kurze Beschreibung der wichtigsten Meßmethoden: Angabe von Sorptionsisothermen. Diskussion der modernen Sorptionstheorien. Vers. der Herausarbeitung einer Stöchiometrie der Wechselwrkg. zwischen Protein bzw. Polymeren u. Wasser. Thermodynamik der Wasserdampfsorption an Proteinen u. anderen Polymeren. (J. Polymer Sci. **7.** 289—324. Aug./Sept. 1951.) HEYNS. 4070

Jane Fraenkel-Conrat, Bessie B. Cook und Agnes Fay Morgan, *Die Bestimmung einiger Eigenschaften des β-Lactoglobulins und seiner Lactosederivate.* Durch Umsetzung von krist. *β-Lactoglobulin* (I) mit *Lactose* (II) in 0,5 mol. Phosphatpuffer (p_H 7,6) bei 53° (24 Std.) wurden je nach dem Mol.-Verhältnis I : II (1 : 0,3 bzw. 1 : 2) II-Derivv. des I mit 4,5 bzw. 8,3 % II-Resten erhalten. Die Rk. ist mit der Bldg. fluorescierender Prodd. verbunden; durch Extinktionsmessungen (bei 385 mμ) wurde die Bildungsgeschwindigkeit von gefärbten Reaktionsprodd. verfolgt. Mit den Änderungen der physikal. Eigg. ist eine Abnahme der freien NH_2- u. der bas. Gruppen u. eine Resistenz gegen enzymat. Verdauung, bes. in Hinblick auf das Freiwerden von Lysin, verbunden. Krist. I enthält nach der p-Chlormercuribenzoatmeth. 0,50 —SH-Gruppen/10^4 g, d. h. 2 —SH-Gruppen je Mol. Ein Verlust an —SH-Gruppen tritt bei der Rk. zwischen I u. II nicht ein. — Bei der Acetylierung mit Acetanhydrid nimmt I ca. 6 % Acetylgruppen auf; der Geh. an freien NH_2- u. an bas. Gruppen nimmt durch die Acetylierung um ca. $^2/_3$ ab. Die Rk. zwischen acetyliertem I u. II kann zu einer Aufnahme von 1,3 % II führen; der Geh. an NH_2-N nimmt dabei ab, dagegen nicht der Geh. an bas. Gruppen. (Arch. Biochem. Biophysics. **35.** 157—70. Jan. 1952. Berkeley, Calif., Univ., Dep. of Home Economics.) K. F. Müller. 4070

Yoshimasa Hirada, *Neuere Literatur über Nucleinsäuren und deren Konstitution.* Systemat. Bibliographie für 1942—1949. (Chem. and chem. Ind. [Kagaku to Kogyo] **3.** 354—56. Nov. 1950. [Orig.: japan.].) Schuler. 4090

W. A. Lee und A. R. Peacocke, *Die Wechselwirkung zwischen Schiffschem Reagens und Desoxyribonucleinsäuren.* Wss. Lsgg. von *Desoxyribonucleinsäuren* (I; aus Heringssperma, Kalbsthymus, Weizenkeimlingen u. Mäusesarkomen), die bei Raumtemp. mit verd. Alkali oder Säure behandelt wurden, gaben mit Schiffschem Reagens eine stärkere Färbung als die nicht behandelten I. Die Wirkungen des Alkalis u. der Säure waren annähernd gleich. Trocknen der I (aus Heringsrogen) über P_2O_5 bei 110° u. 0,01 mm Hg vor der Alkali- oder Säurebehandlung setzte die Zunahme der Farbintensität auf die Hälfte herab. Ultraschallbestrahlung wirkte ähnlich. Die Schnelligkeit, mit der die Veränderung der I durch die Alkali- oder Säurebehandlung vor sich geht (7—12 Sek.), u. die Spezifität des Reagens gegenüber der Aldehydgruppe machen es wahrscheinlich, daß Bindungen zwischen dem $C_{(1)}$ eines Zuckers u. Phosphat, deren Vorhandensein in I von Stacey, Li u. Overend (Nature [London] **163.** [1949.] 538) angenommen wird, hydrolyt. gespalten werden. (J. chem. Soc. [London] **1952.** 130—33. Jan. Birmingham, Univ., Chem. Dep.) K. F. Müller. 4090

Friedrich Klages, Lehrbuch der organischen Chemie. In 3 Bdn. Bd. 1: Systematische organische Chemie. Hälfte 1: Kohlenwasserstoffe, Halogenverbindungen, Sauerstoffverbindungen. Berlin: de Gruyter 1952. (XV + 531 S. m. 12 Abb. u. 25 Tab.) gr. 8°. DM 68,—.

E. Biologische Chemie. Physiologie. Medizin.

E_1. Allgemeine Biologie und Biochemie.

Heinz Anders, *Die Adenylsäure im Nucleinsäuresystem.* Überblick über Gewinnung, Chemismus, Wirkungsmodus u. Indikation. (Pharmazie **6.** 661—63. Dez. 1951. Grünheide bei Berlin.) M.-D. Velder. 4150

Ryuzo Iwatsuru, Isao Kato, Susumu Taniguchi, Haruhiko Tamaki, Isao Yutani und Yorio Kanagawa, *Untersuchungen über die Natur des K. I. K.-Faktors des Magensaftes von Patienten mit Magencarcinom.* Vff. untersuchen den sogenannten *K. I. K.-Faktor* des Magensaftes von Patienten mit Magencarcinom, der bei Kaninchen nach intravenöser Applikation einen starken Abfall der Erythrocytenzahl bewirkt (vgl. Gann, Japan. J. Cancer Res. **42.** [1951.] 51). Der nichtdialysierbare, thermostabile Faktor ist nicht lösl. in Äther. Er ist durch Sulfosalicylsäure, HPO_3 oder $(NH_4)_2SO_4$-Lsg. (halb- oder ganzgesätt.) fällbar u. wird in saurer Lsg. von Kaolin adsorbiert, in alkal. eluiert u. durch Pankreatin inaktiviert. (Gann, Japan. J. Cancer Res. **43.** 49—53. April 1952. Wakayama Med Coll., Internal Med. Clinic. [Orig.: engl.]) Reiss. 4160

Fumiko Fukuoka und Waro Nakahara, *Toxohormon und Thymusinvolution bei tumortragenden Tieren. Eine 4. Untersuchung über das Toxohormon, eine charakteristische, durch Krebsgewebe erzeugte toxische Substanz.* Best. des Gewichtes der Nebennieren u. des Thymus von 15—20 g schweren Albinomäusen mit u. ohne Tumor (transplantiertes Fibrosarkom). Das Gewicht des Thymus ist bei Tumortieren bedeutend erniedrigt (um 60 %), das der Nebennieren bleibt unverändert. Intraperitoneale Injektion von 20 mg der von Fukuoka u. Nakahara (Gann, Japan. J. Cancer Res. **42.** [1951.] 105) isolierten Toxohormonfraktion bewirkt nach 48 Std. eine beachtliche Gewichtsabnahme des Thymus. Mit anderen Tumorfraktionen bzw. mit der gleichen Fraktion von n. Gewebe wird keine Wrkg. erzielt. (Gann, Japan. J. Cancer Res. **43.** 55—62. April 1952. Tokyo, Sci. Res., u. Japanese Found. of Cancer Res., Cancer Inst. [Orig.: engl.]) Reiss. 4160

L. P. Liptschina, *Histochemische Untersuchung des Glykogengehaltes in Arachnoidendotheliomen.* Es wurde die Abhängigkeit des Glykogen (I)-Geh. vom Wachstum des Geschwulstgewebes u. der Kohlenhydratkonz. der Kultur-Fl. untersucht. Vf. fand, daß der I-Geh. des Geschwulstgewebes vom Tempo des klin. Verlaufes der Erkrankung u. nicht von der histolog. Struktur des Gewebes bestimmt wird. Langsam wachsende Endotheliome sind arm an I, rasch wachsende reich. Vf. unterscheidet 2 Typen der I-Ablagerung; 1. Aufbau des Gewebes, verbunden mit energet., mitot. u. amitot. Teilung, Ausbldg. mehrkerniger Zellen u. Assimilationsvorgängen; 2. Zerfall des Gewebes, verbunden mit Dissimilationsvorgängen. Bei Unters. des I-Geh. von Gewebe in Nährlsg. fand Vf. bei Typ 1 (Aufbau) einen Rhythmus (Maximum der Ablagerung am 7. Tag der Kultivierung) u. Ansteigen der I-Menge sowie Ausbreitung der Wachstumszone mit steigender Glucosekonz. in der Nährlösung. Typ 2 (Abbau) zeigte keine derartige Abhängigkeit. (Вопросы Нейрохирургии [Fragen Neurochirurg.] **16.** Nr. 3. 30—35. Mai/Juni 1952. Burdenko-Inst. für Neurochirurg. der Akad. der Med. Wiss. der UdSSR.) Wörffel. 4160

W. Schotten, *Milchsäure, Glykolyse und Lactobakterien.* Aus der Tatsache, daß alle krebsgefährdeten Stellen des Organismus solche sind, auf denen Milchsäurebakterien ständig siedeln u. aus der Tatsache, daß letztere je nach Umweltbedingungen ihre äußere Form u. ihren benignen Charakter zu ändern vermögen, wird die Vermutung abgeleitet, daß 1. zwischen der Krebsgenese u. den Lactobakterien mit ihren Fermenten u. Stoffwechselprodd. ein enger, für die Krebsgenese vielleicht wichtiger Zusammenhang besteht u. daß 2. bei Anerkennung des Vorausgesagten wegen der Wandlungsfähigkeit der Lactobakterien ein spezif. Krebserreger im Sinne Robert Kochs naturgemäß nie gefunden werden kann. Es müßte möglich sein, die zum Pathogenwerden der Lactobakterien notwendigen Vorbedingungen zu erkennen, diese im Organismus auszuschließen u. so die Krebsentw. zu verhüten. (Pharmazie **6.** 663—66. Dez. 1951. Berlin-Wilmersdorf.) M.-D. Velder. 4160

Alfred Soffer, *Falsche positive Reaktion mit dem Piperoxanhydrochloridtest für Phäochromocytom.* Ausführliche Beschreibung der Krankengeschichte einer 57jährigen Frau, bei der, ohne Vorliegen eines Phäochromocytoms, eine positive Piperoxanhydrochlorid-Rk. erhalten wurde. (J. Amer. med. Assoc. **148.** 538—41. 16/2. 1952. Rochester, N. Y., Genesee Hosp.) Reiss. 4160

E₂. Enzymologie. Gärung.

David Appleman, *Manometrische Bestimmung der Katalaseaktivität. Apparat und Methode.* Nur wenige der Methoden zur Best. der *Katalase* (I)-Aktivität in biol. Material berücksichtigen die zerstörende Wrkg. des Substrats (H_2O_2) auf I. Es wird eine Meth. unter Verwendung einer App. beschrieben, die erlaubt, die Geschwindigkeit der O_2-Entw. am Anfang der Rk., meist zwischen 10 u. 30 Sek. nach Beginn, zu bestimmen, wobei ca. 5—10 Meßpunkte erhalten werden. (Analytic. Chem. **23.** 1627—32. Nov. 1951. Los Angeles, Calif., Univ. of California, Coll. of Agriculture.) K. Maier. 4210

James C. Andrews und Enrique Herrarte, *Untersuchungen über Phytin.* Aus einem Handelspräp. (Ca-Mg-Salz) von *Phytin* wurde ein rekrist. *Hexabariumphytat* hergestellt u. analysiert u. dieses in das Na-Salz (I) u. freie *Phytinsäure* (II) übergeführt. Unter Verwendung einer Leeds u. Northrup-Glaselektrode wurden mit 0,1nNaOH die Titrationskurve von II u. die Lage der beiden Hauptgruppen von je 6 ionisierbaren H-Atomen auf der p_K-Skala ermittelt. Eine I-Lsg. diente als Substrat zur Best. der *Phytase*-Aktivität von 24 Mikroorganismen aus Luft, Boden u. Verdauungstrakt. *E. coli, Aerobacter aerogenes, Sch. dysenteriae, Sch. sonnei, Sch. paradysenteriae, Vibrio metchnikovi* (für Geflügel pathogener Keim), *Ps. fluorescens* u. *St. citreus* vermochten in gewissem Umfang I zu hydrolysieren. (J. Elisha Mitchell sci. Soc. **67.** 45—53. Juni 1951. Chapel Hill, N. C., Univ. of North Carolina, School of Med., Dep. of Biol. Chem. and Nutrition.) K. Maier. 4210

Van R. Potter und Arnold E. Reif, *Die Hemmung einer elektronentransportierenden Komponente durch Antimycin A.* Die O_2-Aufnahme eines *Succinoxydase* (I)-Syst. (Gewebe: Rattenleber; Meth.: Schneider, C. **1945.** II. 1192) wird durch *Antimycin A* (II) (Ahmad, C. **1951.** I. 2598) gehemmt. Um 50% Hemmung hervorzurufen, sind 2,2 γ/g Leber nötig. Sie steigt mit dem Verhältnis II/Lebergewebe. Statt mit Leber wurden noch mit acht anderen Geweben einschließlich Tumorgewebe Verss. durchgeführt, die qualitativ das gleiche Bild boten. Bei Lebergewebe wurde mit fortschreitender Zeit ein leichtes Absinken der hemmenden Wrkg. beobachtet, das auf enzymat. Inaktivierung von II hindeutet. Weitere Unterss. wurden mit dem vollständigen Krebs-Cyclus-Syst. (Potter, J. biol. Chem. **176.** [1948.] 1075) durchgeführt. Es wurde festgestellt, daß

Succinodehydrogenase, Cytochrom b, Cytochrom c, Cytochromoxydase, Diphosphopyridinnucleotidsyst. oder gekuppelte Dehydrogenasen (Glykolyse) nicht durch II gehemmt werden. Daher wird angenommen, daß der Angriffspunkt von II im SLATER-Faktor (Biochemic. J. **45.** [1949.] 14) zu suchen ist. (J. biol. Chemistry **194.** 287—97. Jan. 1952. Madison, Univ. of Wisconsin, Med. School, McArdle Memor. Labor.) IOCH. 4210

S. Aronoff, *Die Wirkung von Saccharasepräparaten.* Bei chromatograph. untersuchter Spaltung von *Saccharose,* die aus Photosynth. mit $^{14}CO_2$ stammte, mittels *Saccharase* (WALLERSTEINS „Blue Label" Invertase) wurde gezeigt, daß nur *Glucose* u. *Fructose,* nicht aber das von BACON u. EDELMAN (C. **1951.** I. 3055) bzw. BLANCHARD u. ALBON (C. **1951.** II. 379) als Zwischenprod. angegebene Trisaccharid gebildet werden. Eine im Chromatogramm sich zeigende, weiter als Fructose wandernde Substanz (geringe Radioaktivität) konnte nicht identifiziert werden. (Arch. Biochem. Biophysics **34.** 484—86. Dez. 1951. Ames, Iowa, Iowa State Coll., Inst. of Atomic Res., u. Dep. of Botany.) HESSE. 4210

H. K. Schachman, *Ultrazentrifugale, elektrophoretische und Viscositätsuntersuchungen an kristalliner Pyrophosphatase.* Vf. bestimmt das Mol.-Gew. der krist. *anorgan. Pyrophosphatase* (Diffusion, Viscosität, Ultrazentrifuge) zu 60000. Das Präp. besteht zu 90% aus einer einzigen Hauptkomponente. (J. gen. Physiol. **35.** 451—54. 20/1. 1952. Berkeley, Univ. of Calif., Virus Labor.) REISS. 4210

M. Kunitz, *Aus Bäckerhefe isolierte kristalline anorganische Pyrophosphatase.* Isolierung einer anorgan. *Pyrophosphatase* (I) aus Bäckerhefe. Ca. 5,5 kg Hefe mit 3 Liter warmem Toluol übergießen, bei 38—40° bis zur CO_2-Entw. halten. Anschließend 3 Std. bei 20—25° halten, auf 10° abkühlen. Die Emulsion halbieren, jede Hälfte mit 3 Liter W. von 5° versetzen, 18—20 Std. bei 5° stehenlassen, filtrieren, mit W. waschen. Filtrate vereinigen, $(NH_4)_2SO_4$ (II) zugeben (50%ig. Sättigung), filtrieren. Erneute Zugabe von II (70%ig. Sättigung), 16—18 Std. bei 5—10° halten, filtrieren. 200 g des Nd. in 1000 ml W. bei 5° suspendieren, mit 0,5n H_2SO_4 auf p_H 5,35 bringen. 8 Tage bei 50° halten. Zusatz von 472,4 g II, filtrieren. Nd. in 210 ml W. (3—5°) suspendieren, 210 ml gesätt. II-Lsg. (20—25°) zufügen. 1 Std. bei 10° halten, filtrieren. 50 g des Nd. in 1000 ml W. suspendieren, 250 ml $Ca_3(PO_4)_2$-Gel zusetzen, filtrieren, waschen, Filtrate vereinigen, mit 0,5n H_2SO_4 auf p_H 5,2 bringen u. mit II versetzen (Sättigung 0,7), filtrieren. $Ca_3(PO_4)_2$-Adsorption wiederholen. Nd. (12 g) in 60 ml W. suspendieren, 18—20 Std. lang bei 5° gegen 20 Liter W. dialysieren. Lsg. auf 100 ml bringen, bei 2° u. p_H 5,2 10 ml 95%ig. A. zufügen, zentrifugieren, überstehende Fl. mit 1n NaOH auf p_H 6,5 bringen, erneut zentrifugieren. Überstehende Fl. mit 20 ml 95%ig. A. versetzen, bei p_H 5,2 u. —8° 5 Tage lang stehenlassen. I krist. aus. Zweimal umkristallisieren. Ausbeute: 10—15 mg I aus 450 g Hefe. I ist ein P-freies Protein (Albumin) von folgender Zus.: 54,46% C, 7,36% H, 16,25% N, 0,14% S, 0,36% Asche. Der isoelektr. Punkt liegt bei p_H 4,8. I enthält 6,1% *Tyrosin* u. 3,6% *Tryptophan.* I hydrolysiert spezif. Pyrophosphat zu Orthophosphat, jedoch nur in Ggw. von *Mg-, Co-* oder *Mn*-Ionen. Optimale Hydrolyse wird unter folgenden Bedingungen erhalten: 40°, p_H 7,0, 3—4·10^{-3} Mol $Na_4P_2O_7$ u. eine äquivalente Menge eines Mg-Salzes. (J. gen. Physiol. **35.** 423—50. 20/1. 1952. Rockefeller Inst. for Med. Res.) REISS. 4210

V. Allfrey, H. Stern, A. E. Mirsky und H. Saetren, *Die Isolierung von Zellkernen in nichtwässerigem Medium.* Isolierung von Zellkernen aus Erythrocyten, Leber, Nieren, Pankreas, Thymus u. Intestinalschleimhaut verschied. Tiere unter Verwendung einer modifizierten BEHRENS-Technik (Z. physiol. Chem. **209.** [1932.] 59). Die Vorteile gegenüber der Homogenisierungsmeth. werden beschrieben. Die Ergebnisse der Reinheitsprüfungen (immunolog. u. enzymolog. [Best. von *Katalase, Arginase, Urease, Amylase, Lipase, alkal. Phosphatase* u. Desoxyribonucleinsäure]) sind zufriedenstellend. (J. gen. Physiol. **35.** 529—58. 20/1. 1952. Rockefeller Inst. for Med. Res.) REISS. 4210

H. Stern, V. Allfrey, A. E. Mirsky und H. Saetren, *Einige Enzyme isolierter Zellkerne.* (Vgl. vorst. Ref.) Best. der Aktivitäten verschied. Fermente in Zellsuspensionen u. isolierten Zellkernen mehrerer Tiere. *Katalase* (I) wurde nur in Zellkernen der Leber, nicht aber in denen der Nieren gefunden, obgleich Nierengewebe ebenfalls I enthält. Die gleichen Verhältnisse fanden sich z. B. bei *Arginase. Lipase, Amylase, Urease* u. *alkal. Phosphatase* konnten in Kernen nicht nachgewiesen werden. *Nucleotidphosphatase* u. *β-Glucuronidase* lagen in den Kernen in schwacher, *Esterase* in wechselnder, *Adenosindesaminase, Nucleosidphosphorylase* u. *Guanase* in hoher Konz. vor. In moribunden oder hungernden Zellen fand sich eine geringere Kernfermentaktivität als in normalen. Vff. schließen aus dem Vorliegen spezieller Fermente auf einen differenzierten Stoffwechsel in den Kernen. (J. gen. Physiol. **35.** 559—78. 20/1. 1952.) REISS. 4210

V. Allfrey, H. Stern und A. E. Mirsky, *Einige Enzyme isolierter Zellkerne.* (Vgl. vorst. Ref.) Zellkerne verschied. Gewebe konnten nach Gefriertrocknung u. Zerkleinerung durch Sedimentation in organ. Lösungsmitteln in einer für enzymolog. Unterss. geeigneten Form isoliert werden. Physiol. Zustand u. Alter des Gewebes bestimmen Geh. u. Zus. der Enzyme der Zellkerne. Die meisten Kerne enthalten kaum *alkal. Phosphatase, Adenosintriphosphatase* oder andere spezif. Nucleotidphosphatasen, dagegen *Nucleosidphosphorylase, Adenosindesaminase* u. *Guanase,* Enzyme, die beim Stoffwechsel des Kerns beteiligt sind. Es sind begründete Anzeichen vorhanden, daß der Kern möglicherweise für die Bldg. der Di- u. Triphosphopyridinnucleotidcoenzyme eine Rolle spielt. (Nature [London] **169.** 128—29. 26/1. 1952. New York, Rockefeller Inst. for Med. Res.) ITZEROTT. 4210

Quentin Myrvik und Russell S. Weiser, *Eine tuberkulostatische Serumsubstanz, die lysozymähnliche Eigenschaften besitzt.* Serum von Kaninchen, die mit abgetöteten Tuberkelbacillen immunisiert wurden, besitzt starke tuberkulostat. Wirksamkeit. Die Eigg. in bezug auf Hitzestabilität, Absorptionsfähigkeit, Hemmung durch Salze, Dialysierbarkeit u. antibakterielles Spektr. sind denen des Lysozyms von Eiweiß analog. (Amer. Rev. Tubercul. **64.** 669—74. Dez. 1951. Seattle, Wash., Univ., Dep. of Microbiol.) RUTKOWSKI. 4210

Kurt P. Jacobsohn und M. Deodata Azevedo, *Gibt es mehrere Thiaminasen?* Die von WESWIG (J. biol. Chemistry **165.** [1946.] 737) beobachtete Zerstörung von *Thiamin* (I) durch eine „tox." Substanz gewisser Farnkräuter wurde von Vff. (Arch. portug. Sci. biol. **10.** [1949.] 67 u. 89 Suppl.) als enzymat. Hydrolyse von I unter Bldg. von *4-Methyl-5-oxäthylthiazol* u. *2-Methyl-4-aminooxymethylpyrimidin* erkannt. Veranlaßt durch Beobachtungen von SOMOGYI (C. **1950.** I. 1749), der die Aktivität dieser Thiaminase nur während 1 Min. nachweisen konnte, haben Vff. folgende Quellen auf Thiaminase untersucht: Extrakt aus Farnkraut Cyrtomium falcatum J. Sm. (**II**); Extrakt aus den Eingeweiden des Goldfisches (Carassius auratus; **III**); Organe von Kaninchen (**IV**) u. menschlichem Blut (**V**). Die Rk. wurde verfolgt durch fluoroskop. Best. des aus dem unverbrauchten I durch Oxydation in alkal. Lsg. gebildeten Thiochroms. Tatsächlich zeigt sich die Wrkg. in **IV** nur in der ersten halben Std.; von **III** wird I in 24 Std. völlig abgebaut; **V** hat überhaupt keine Wrkg.; mit II erfolgt ebenfalls allmählicher Abbau. Vff. halten, namentlich in Hinblick auf Unterss. von AZEVEDO (C. R. Séances Soc. Biol. Filiales **144.** [1950.] 1579), die Existenz von mehreren Thiaminasen für möglich. (C. R. Séances Soc. Biol. Filiales **145.** 1736—38. Nov. 1951. Lissabon, Inst. Rocha Cabral.) HESSE. 4210

Armando R. Taborda, Laura C. Taborda, J. N. Williams jr. und C. A. Elvehjem, *Untersuchung über die Ribonucleaseaktivität von Schlangengiften.* Vff. untersuchten die *Ribonuclease*(I)-Aktivität verschied. Schlangengifte, bes. bei den Arten Bothrops u. Crotalus. Es ist möglich, daß dieses Enzym die Giftigkeit dadurch mit verursacht, daß es die hydrolyt. Wrkg. der in den Giften vorkommenden Proteasen, Lipasen u. Phosphatasen ergänzt. Es besteht eine auffallende Übereinstimmung zwischen I-Wrkg. u. Toxizität. Die Gifte mit der größten Toxizität von C. terrificus terrificus u. B. jararacussu haben auch die höchste I-Wirkung. Hitze, Bothrops-*Antiserum, Formaldehyd, Cystein, Cyanide* u. Cu^{2+} hemmen das Enzym vollständig. *ACTH,* das klin. eine mögliche Abschwächung der Toxizität zeigt, hat ebenso wie *Cortison* keine Einw. auf die I-Aktivität. (J. biol. Chemistry **194.** 227—33. Jan. 1952. Madison, Wis., Univ. of Wisconsin, Coll. of Agric., Dep. of Biochem.) BÖHM. 4210

E. J. Hewitt und S. C. Agarwala, *Die Reduktion von Triphenyltetrazoliumchlorid durch Pflanzengewebsschnitte und ihre Beziehung zum Molybdängehalt.* In Pflanzengewebsschnitten wird *Triphenyltetrazoliumchlorid* an den Stellen enzymat. Red. durch Bldg. des roten unlösl. Farbstoffes *Formazan* charakterist. gefärbt. Die Färbung ist intensiv im Siebteil, im Cambium u. im Gefäßbündelparenchym, sie ist schwach in Rinde u. Epidermis u. fehlt völlig im Holzteil u. im halblignifizierten Gewebe. Die Reduktionsaktivität im Pflanzengewebe ist bei einem p_H-Wert unter 3,5 gleich Null, steigt aber schnell bei höherem p_H-Wert. Bei einem p_H-Wert über 8,5 reduzieren Glucose, Ascorbinsäure u. SH-Verbb. ohne Ggw. von Enzymen. Im günstigen p_H-Bereich 4,1 bis 7,0 (Phosphatpuffer) wird die enzymat. Reduktionsaktivität durch Dämpfung, Homogenisierung des Pflanzenmaterials, durch mol./100 Säure, mol./100 Cyanid u. mol./300 Jodessigsäure zerstört. Gewebe von Molybdänmangelpflanzen haben nur eine schwache Reduktionsaktivität, verglichen mit n. Pflanzengewebe. Die Verteilung von Mo in der Pflanze entspricht der Formazanbldg. in Gewebe. Mo befindet sich bes. im Siebteil der Gefäßbündel. Der Effekt von Mo auf die enzymat. Reduktionsaktivität wird durch Anwesenheit von Nitrit gemindert und damit die Formazanbldg.

verhindert. (Nature [London] **169.** 545—46. 29/3. 1952. Bristol, Univ., Long Ashton Res. Stat.) GRÜTZ. 4230

Gustav J. Martin und J. M. Beiler, ***Wirkung des phosphorylierten Hesperidins, eines Hyaluronidaseinhibitors, auf die Fertilität bei der Ratte.*** Vorläufige Mitteilung. 20 mg/kg Ratte intraperitoneal oder 100 mg/kg oral gegebenes *phosphoryliertes Hesperidin* (C. **1949.** II. 431) verhindert bei 80 % von 54 ♀ Tieren die Konzeption, was als Hemmung der *Spermahyaluronidase* gedeutet wird. Applikation bei ♂ war erfolglos. (Science [Washington] **115.** 402. 11/4. 1952. Philadelphia, Pa., Nat. Drug. Co., Res. Labor.) GIBIAN. 4230

J. Roberto C. Freire, ***Histochemie der alkalischen Phosphatase und des Vitamins D.*** In Verss. mit weißen Mäusen wird eine Verminderung der *Phosphatase*-Aktivität in der Niere bei Verabreichung großer Dosen *Vitamin D* (I) festgestellt, die als Folge der zunehmenden Absorption von P u. Ca erklärt wird. Die Erscheinungen sind bes. ausgeprägt bei Zufuhr von I in alkoh. Lsg., offenbar wegen verstärkter Absorption im Darm. Die mkr. Befunde u. die Unters. der Ca-Abscheidungen (auf einer basalen hyalinen Schicht der Tubuli) lassen darauf schließen, daß der Veränderung des Nierenparenchyms eine Gefäßschädigung vorausgeht. (An. Acad. brasil. Ci. **23.** 333—40. 30/9.1951.) R. K. MÜLLER. 4230

L. Massart und J. Schoon, ***Der Einfluß von Hexadecyltrimethylammoniumbromid auf die durch Metallionen hervorgerufene Atmungshemmung von Hefen.*** *Hexadecyltrimethylammoniumbromid* (I) aktiviert in niedriger Konz. die Atmung von Hefen u. hemmt sie in höherer. Vff. untersuchten den Einfl. nichttox. Dosen von I auf die durch Ag^+, Hg^{++}, Cu^{++}, UO_2^{++} u. Th^{4+} bewirkte Atmungshemmung von Hefe. I-Zusatz vor Zugabe von UO_2^{++} u. Th^{4+} schützt gegen die durch diese bewirkte Blockierung der Atmung. Nachträglicher I-Zusatz vermindert die Hemmung u. hebt sie unter zweckmäßig gewählten Bedingungen auf. Die Verss. zeigten, daß die Hefen UO_2^{++} u. Th^{4+} gegen I-Ionen austauschen können. UO_2^{++} sowie Th^{4+} u. I-Ionen treten in Wettbewerb um die gleichen negativ geladenen Gruppen der Zelle. I-Zusatz vor oder nach Zugabe von Hg^{++} u. Cu^{++} bewirkt eine Steigerung der durch diese Ionen hervorgerufenen Atmungshemmung. In diesem Falle erfolgt kein Ionenaustausch. I-Zusatz vor Zugabe von Ag^+ schützt gegen deren Hemmwrkg., während in umgekehrter Reihenfolge I unwirksam bleibt. (Recueil Trav. chim. Pays-Bas **71.** 33—42. Jan. 1952. Gand, Univ., Labor. de Biochim.) K. MAIER. 4270

John L. Wood und Jesse D. Perkinson jr., ***Biosynthese von radioaktiven Schwefelverbindungen mit Hefe.*** Mit ^{35}S markierte Hefe wurde unter Verwendung des synthet. Mediums von SCHULTZ u. MCMANUS (C. **1951.** II. 3182) gezüchtet. Die in geschüttelten 500 cm^3-ERLENMEYER-Kolben wachsende Hefe nahm ^{35}S-Sulfat quantitativ auf. Die Proteinfraktion der radioakt. Hefe enthielt 95 % der Radioaktivität. Bestimmungen der Radioaktivität im Blut, in der Leber u. Niere, im Muskel u. im Urin von Ratten, deren Diät die radioakt. Hefe enthielt, zeigten den Stoffwechsel der S-Verbb. an. Radioakt. *L-Methionin* u. *L-Cystin* wurden aus dem Hefehydrolysat isoliert (vgl. folgendes Ref.). (J. Amer. chem. Soc. **74.** 2444—45. 5/5. 1952.) K. F. MÜLLER. 4270

John L. Wood und Gordon C. Mills, ***Darstellung von L-^{35}S-Methionin und L-^{35}S-Cystin aus radioaktiver Hefe.*** Aus mit ^{35}S markierter Hefe (vgl. vorst. Ref.) wurden *L-^{35}S-Methionin* (I) u. *L-^{35}S-Cystin* (II) dargestellt. Das Hefeprotein wurde von den Kohlenhydraten nach ALBANESE u. Mitarbeitern (Analytic. Chem. **16.** [1944.] 609) abgetrennt u. mit HCl-HCOOH hydrolysiert. Die S-haltigen Aminosäuren wurden an Dowex-50 getrennt. Aus 4 g Hefe ($1{,}5 \cdot 10^9$ Impulse/Min.) wurden 161 mg I ($1{,}6 \cdot 10^6$ Impulse/Min./mg) u. 158 mg II ($3{,}7 \cdot 10^5$ Impulse/Min./mg) erhalten. (J. Amer. chem. Soc. **74.** 2445. 5/5. 1952. Memphis, Tenn., Univ., Dep. of Chem.) K. F. MÜLLER. 4270

E₃. Mikrobiologie. Bakteriologie. Immunologie.

Raymond Latarjet und Luis Renato Caldas, ***Wiederherstellung bestrahlter Mikroorganismen durch Katalase.*** Vff. zeigen, daß eine wesentlich größere Zahl von Bakterien (Escherichia coli, B. megatherium) eine intensive UV-Bestrahlung überlebt, wenn sie anschließend mit *Katalase* (I) behandelt werden. Sichtbares Licht unterstützt die I-Wirkung. In einem mit T2-Phagen infizierten, bestrahlten Colistamm verstärkt I die Phagenvermehrung. (J. gen. Physiol. **35.** 455—70. 20/1. 1952. Paris, Inst. of Radium, Labor Pasteur.) REISS. 4300

Diran Yegian und Vera Budd, ***Wachstum und Zählung von Mycobakterien in transparentem Agar-Medium.*** Die Tiefkultur von *Mycobakterien* in einer Agargußplatte hatte gegen die übliche Oberflächenkultur gewisse Vorteile, da sie u. a. eine Keimzählung ermöglicht. Der verwendete Agar hatte folgende Zus.: (g) KH_2PO_4 1,0, $Na_2HPO_4 \cdot 12 H_2O$

6,3, Asparagin 2,0, Ferriammoncitrat 0,05, Natriumcitrat 0,13, $MgSO_4 \cdot 7 H_2O$ 0,05, Brunnenwasser 200 cm³, Aqua dest. 750 cm³, Agar 1,5 %, p_H 7,2. Zu 900 cm³ des sterilisierten Agars werden bei 45° 10 cm³ Ölsäure-Albumin-Glucose-Komplex zugegeben (0,12 cm³ Ölsäure, 10 cm³ n/20 NaOH lösen; 5 cm³ davon werden mit 95 cm³ neutraler 5 %ig. Lsg. von Rinderplasma Frakt. V in physiol. NaCl-Lsg., die 5 % Glucose enthält, vermischt, Sterilisation durch SEITZ-Filtration). 1 cm³ der verd. Bakterienkultur wird in eine Petrischale gebracht u. ca. 25 cm³ des Nährbodens zugegeben u. umgeschwenkt. Bebrütung 30—35 Tage. (Amer. Rev. Tubercul. **64.** 81—86. Juli 1951. New York, Ray Brook Tuberculosis Hosp.) IRRGANG. 4310

Ch. Dulong de Rosnay, Cl. Martin-Dupont und R. Jensen, *Untersuchung einer antibiotischen Substanz: Mycoin C. Mycoin C* (I), ein bereits von LEMBKE (Zbl. Bakteriol., Parasitenkunde, Infektionskrankh. Hyg., Abt. I, Orig. **152.** [1947.] 22, 231) aus *Penicillium expansum* isoliertes Antibioticum, wird als Ae.-lösl., farbloses, krist. Prod. erhalten (Formel: $C_7H_6O_4$, Mol.-Gew. 150, F. 111°). Seine wss. Lsgg. (p_H 7,2) verfärben sich unter Wirkungsverlust langsam dunkel. Das Wirkungsoptimum liegt bei p_H 6, bei p_H 8 ist keine Wrkg. mehr vorhanden. I gibt ein Phenylhydrazon, red. ammoniakal. $AgNO_3$-Lsg. u. FEHLINGsche Lsg., gibt eine positive LEGALsche Rk. u. eine Rotfärbung mit Soda u. Eisenperchlorat, die zur colorimetr. Best. dienen kann. Vff. glauben, daß I auf Grund der chem. Ähnlichkeit mit *Patulin* (II) der II-Gruppe zuzuordnen ist u. damit ebenfalls ein Abkömmling der *Anhydro-3-oxymethylentetrahydro-γ-pyron-2-carbonsäure* vorliegt. Im Verdünnungstest liegt die Wirksamkeit in vitro gegen grampositive Bakterien zwischen 10 u. 25 γ/cm³, gegen gramnegative zwischen 6 u. 10 γ/cm³, gegen Mycobact. tuberculosis in YOUMANs Nährlsg. zwischen 4,7 u. 75 γ/cm³. Bact. pyocyanus, Bacillus von Withmore u. Pseudomonas aeruginosa werden kaum beeinflußt. Kombination von I mit *Streptomycin* (III) verlangsamt das Auftreten der III-Resistenz. Zugabe von 10 % Ascitesserum vermindert die Wrkg. auf $^1/_2$—$^1/_5$. Zusatz von $^1/_{16}$ Pferdeserum vermindert die Wrkg. auf die Hälfte, bei $^1/_4$ Serum keine Wirkung. Meerschweinchen von 400—600 g vertragen intracardial 4 mg I. 10 mg sind tödlich. Bei einer Maus (20 g) ist die tödliche Dosis 0,5 mg subcutan. Histolog. Veränderungen werden besprochen. Die therapeut. Dosis beim Menschen liegt bei 100 mg/Tag intravenös, die in 500 cm³ physiol. Kochsalzlsg. gut verträglich sind. Die klin. Erprobung von I bei verschied. Krankheiten läßt nur geringe therapeut. Erfolge erkennen. (J. Méd. Bordeaux Sud-Ouest **129.** 189—99. März 1952. Clinique des Maladies infectieuses, u. Labor. de contrôle de la Sécurité sociale.) RUTKOWSKI. 4340

O. Kitamoto und N. Rist, *Über den Wirkungsmechanismus der Kombination PAS-Streptomycin.* (*Bakteriologische Untersuchung in vitro*). Die Unters. *Streptomycin* (I)-resistenter Tuberkelbakterien (Stamm *H37 Rv*) in YOUMANs-Medium ergab, daß deren Entw. durch *PAS* je nach der Konz. verlangsamt oder verhindert wird. Diese Beeinflussung ist auf 2 Wirkungsprinzipien zurückführbar: 1. bei schwach I-resistenten Keimen (1—4 γ/cm³), die sich in einer gegenüber 0,5 γ I empfindlichen Bakterienpopulation befinden, vermindern sehr schwache *PAS*-Konzz. (0,025—0,1 γ/cm³) die I-Resistenz der Erreger u. machen diese für Konzz. von 0,5—1 γ I/cm³ empfindlich. Stark I-resistente Tb-Bakterien (≧10 γ) werden durch diese PAS-Mengen zwar etwas empfindlicher, ohne jedoch in den Wirkungsbereich der niedrigen I-Konzz. zu kommen. In diesen Fällen sind hohe *PAS*-Konzz. (1 γ) zur Hemmung der Entw. erforderlich. Gleichzeitig gegen *PAS* u. I resistente Keime, die in einer Bakterienpopulation, die niemals die Einw. von Antibiotica erfuhr, sehr selten sind, müssen durch die natürlichen Abwehrkräfte des Organismus oder ein anderes Antibioticum, z. B. *Viomycin, Neomycin,* oder durch *Tb I* u. *Sulfon* bekämpft werden. Ähnliche Verhältnisse wie in den Kulturen wird man bei den tuberkulösen Prozessen anzunehmen haben. Nur sind für die klin. Praxis die bei den Verss. benutzten Dosen von I u. *PAS* zu vergrößern (ca. das 5fache für I u. 50fache für *PAS*). (Rev. Tuberculose [Ser. 5.] **15.** 950—56. 1951. Paris.) K. MAIER. 4340

V. Bonifas, *Über die Bestimmung der synergistischen Wirkung von Antibioticis und Sulfonamiden.* Vf. beschreibt eine Meth. zur Prüfung der Wrkg. von Kombinationen verschied. bakteriostat. Stoffe unter Laboratoriumsbedingungen. Gleichzeitig ist sie ein Testverf. zur Best. der Empfindlichkeit von Mikroorganismen gegenüber Antibioticis u. Sulfonamiden. Schmale Filtrierpapierstreifen werden nach dem vom Vf. angegebenen Schema auf die Petrischale mit der Bakterienkultur gelegt. Dabei zeigt sich an den Kreuzungsstellen, ob die Kombination der angewandten Stoffe zu einer Verstärkung der Einzelwrkg. beiträgt. (Experientia [Basel] **8.** 234—35. 15/6. 1952. Genf, Univ., Hyg.-Bakt. Inst.) BERGER. 4340

Coletsos, *Die synergistische in vitro-Wirkung von 11 Kombinationen von Streptomycin-PAS-Viomycin-Neomycin auf Mycobacterium tuberculosis.* 11 Kombinationen von *Streptomycin* (I), *PAS*, *Viomycin* (II) u. *Neomycin*, 6mal je 2, 4mal je 3 sowie alle 4 Substanzen zusammen, wurden in vitro auf etwa vorhandene synergist. Effekte gegenüber 4 Tuberkelbakterienstämmen, *H 37 Rv*, *H 37 Rv*-I-resistent, *Brévannes* u. *Brévannes*-I-resistent, auf LÖWENSTEIN-JENSEN-Nährboden jeweils in 3 Verdünnungen untersucht. Die günstigsten Kombinationstypen waren I-*PAS*, I-II, *PAS*-II, während sich die Kombination dieser 3 Verbb. als unzweckmäßig erwies. (Rev. Tuberculose [Ser. 5] **15.** 957—65. 1951. Paris.) K. MAIER. 4340

Roger Osteux und Jean Laturaze, ***Die Wirkungsweise der Antibiotica: Antagonismus zwischen der Gruppe Aureomycin–Chloromycetin–Terramycin und Biotin bei Clostridium welchii.*** Die *Brenztraubensäurehydrogenlyase* (I) von *Cl. welchii SR12*, die Brenztraubensäure nach $CH_3COCOOH + H_2O \rightarrow CH_3COOH + H_2 + CO_2$ spaltet, wird durch *Aureomycin* (II), *Chloromycetin* (III), *Terramycin* (IV) (Totalhemmung: 20 mg/Röhrchen), *Penicillin* (V) (20 mg), *NaF* (0,1 mol.), *8-Oxychinolin* (VI)(0,02 mol.), *2.4-Dinitrophenol* (VII) (0,02 mol.) stark gehemmt. *Streptomycin* (VIII) u. *Dihydrostreptomycin* sind ohne Wirkung. In niedrigen Konzz. zeigt bes. II gute Hemmwrkg. (20 mg — 93 %, 1,0 — 72, 0,1 — 27). Die Glutaminsäure- u. Glutamindecarboxylase- sowie Glutaminasewrkg. von *Cl. welchii* bleibt in Ggw. der Inhibitoren erhalten. Die Hemmbarkeit der Enzymwrkg. entspricht der Empfindlichkeit von *Cl. welchii*, dessen Vermehrung durch folgende Grenzkonzz. verhindert wird: 0,2 γ II/cm³, 5 III, 0,1 IV, 0,5 E. V; 20 VIII unwirksam. Die I-Hemmung durch II, III u. IV kann durch zunehmende Konzz. von *Biotin* in steigendem Maße aufgehoben werden, nicht dagegen die Hemmung durch V, NaF, VI u. VII. (C. R. hebd. Séances Acad. Sci. **234.** 677—79. 4/2. 1952.) K. MAIER. 4340

C. Levaditi, ***Ehrlichine, ein nicht bakteriostatisches und nicht mikrobicides, aber sicher virulicides Antibioticum.*** Vf. berichtet über ein neues Antibioticum, das von amerikan. Autoren untersucht wurde. Es handelt sich um einen Extrakt aus *Streptomyces lavendulae*, der *Ehrlichine* benannt wurde. Es hat sich als wirksam gegen folgende Virusarten gezeigt: Newcastle-Krankheit, Influenza Typ A u. B. Wenn auch die Wrkg. noch sehr begrenzt ist, so scheint dem Vf. die Möglichkeit der Bekämpfung von Viruskrankheiten als ein neuer aussichtsreicher Weg. (Presse méd. **60.** 761—63. 21/5. 1952. Paris, Inst. Alfred Fournier.) BERGER. 4340

R. Gavard und G. Milhaud, ***Über ein aus Clostridium butyricum isoliertes Polysaccharid.*** Nach Extraktion u. Reinigung der Polysaccharid(I) Fraktion aus *Clostridium butyricum* fand sich ein einheitliches I mit einem Polymerisierungsgrad über 1100 (Mol.-Gew. über 180000) von linearem u. zugleich verzweigtem Typ. Es wird bis 90 % durch β-Amylase angegriffen, bildet mit Jod einen Komplex mit einer rotvioletten Farbe, die der des Amylopektins ähnelt. Von α-Amylase wird es nur schwach angegriffen, so daß es sich als eine Zwischenstufe von Amylose u. Amylopektin erweist. (Ann. Inst. Pasteur **82.** 471—82. April 1952. Inst. Pasteur, Serv. des Ferm.; Genf, Univ., Labor. de Chim. organ. et inorg.) KLINGMÜLLER. 4350

Morris D. Schneider, ***Darstellung eines Polynucleotidkomplexes aus Salmonella typhosa.*** Zellen von *S. typhosa*, Stamm $T_{29}O$, wurden durch Einw. einer Lsg. von 0,1 mol. Na-Citrat u. 0,2 %ig. Na-Desoxycholatlsg. bei 60—65° zerstört, aus der Mischung mit 3 Voll. 95 %ig. A. ein *Nucleoprotein* gefällt, dieses abgetrennt, in 1 mol. NaCl-Lsg. gelöst u. mit 0,5 Voll. $CHCl_3$-Isoamylalkohol (4:1) geschüttelt, wodurch das Protein entfernt wurde, während die *Nucleinsäuren* (I, *Polynucleotidkomplex*) in Lsg. verblieben. Die Prozedur wurde nach Fällung von I mit A. u. Lösen des faserigen I-Materials in Citratdesoxycholatlsg. bzw. mol. NaCl-Lsg. mehrmals wiederholt. I bildeten hochviscose wss. Lsgg., die stark mit Diphenylaminreagens nach DISCHE reagierten u. positive Pentose-Rkk. gaben. Die I-Ausbeute betrug 5,27—12,4 % des Bakterientrockengewichtes. I bestand, da bei der Reinigung die im rohen Nucleoprotein vorhandene *Ribonucleinsäure* (III) zu ca. 67 % verloren geht, hauptsächlich aus *Desoxypentosenucleinsäure* (II), die in 2 Fraktionen (6 u. 94 %) mit ident. UV-Absorptionsspektr. zerlegbar war. Der III-Geh. eines I-Präp. nahm bei Einw. krist. *Ribonuclease* (IV) in 0,075 mol. $MgCl_2$- u. 0,1 mol. NaCl-Lsg. von 15,25 auf 4 % ab, wobei der Verlust teils durch IV u. teils durch die Salzlsgg. bewirkt wurde. Die während der einzelnen Reinigungsstufen aufgenommenen I-UV-Absorptionskurven sind für II typisch. Ein großer Anteil von I besteht aus N- u. P-freiem Material. I enthält 2 % Cu-reduzierende Substanzen, die bei längerer Säurehydrolyse nicht zunehmen. (J. Bacteriol. **63.** 495—504. April 1952. Chicago, Quartermaster Food and Container Inst. for the Armed Forces, Stability Div.) K. MAIER. 4350

A.-R. Prévot und H. Thouvenot, ***Neue Untersuchungen über das Phänomen der Gewöhnung von Anaerobiern an die Thermoresistenz.*** *Cl. valerianicum* (Stamm 682 A) ist resistent gegen Aufkochen (10 Min. langes Aufkochen) u. zeigt nach einem Kontakt

von 2½ Std. mit *Cl. Strassbourgiensis* (Stamm 682 B), der selber eine Thermoresistenz von 4 Std. zeigt, eine Resistenzerhöhung auf 40 Min., nach 4 Std. auf 90 Minuten. Die dieses Phänomen hervorrufende Substanz ist mit $(NH_4)_2SO_4$ u. A. fällbar. Die Resistenzerhöhung ist nicht immer zu beobachten. Von 3 Verss. mit 90 Min. langem Aufkochen mißlangen 2; von 7 anderen Stämmen konnte nur mit 022 A ein ähnliches Ergebnis erzielt werden. Offenbar gibt es für die Resistenzerhöhung empfängliche u. unempfindliche Sporen u. Stämme. (Ann. Inst. Pasteur **82**. 497—99. April 1952.)
KLINGMÜLLER. 4350

J. Paraf, J. Desbordes und Et. Fournier, *Erwerbung neuer Autoagglutinationseigenschaften von Tuberkelbakterien, die durch oberflächenaktive Kräfte ihrer Säure-Alkohol-Festigkeit beraubt wurden: Das Problem der Wachshülle der Bakterien.* Die Auflösung der Lipoide des *Tuberkelbakteriums* gelingt mit einer oberflächenakt., komplexen Mischung von *laurinsulfosaurem Na* u. *dodecylbenzosulfosaurem Na* in wss. Lsg. von p_H 7 besser als mit einem reinem anionenakt. Netzmittel wie Igepal (reines konz. Laurylsulfat). Virulente Stämme sind gegen diesen Eingriff sehr resistent, Paratuberkulosestämme empfindlich, BCG steht dazwischen. Die Autoagglutination der Paratuberkelbacillen ändert sich ohne Hülle nicht, die der virulenten ist vermehrt. (Ann. Inst. Pasteur **82**. 493—95. April 1952.) KLINGMÜLLER. 4350

Heinrich Weber, *Untersuchungen über die Grossche Serumreaktion (Quecksilberflockungsreaktion bei Tuberkulose).* 34 Literaturangaben. (Acta Tubercul. scand. **26**. 191—211. 1952. Leysin, Bernisches Sanator. Le Chamossaire.) LOCH. 4370

C. W. Hiatt, Nathaniel Rothstein und Robert H. Yager, *Adsorptionstechnik für die teilweise Reinigung des Virus der Japanischen Encephalitis in Suspensionen von Hühnerembryonengewebe.* Zur Reinigung von Rohsuspensionen von Hühnerembryonengewebe, das mit dem Virus der Japan. Encephalitis infiziert worden war, eignet sich ein natürlich vorkommender Lehm, *Attaclay SF*, in Pulverform, mit dem die Suspension 5 Min. geschüttelt wird. Der Teilchendurchmesser dieses Adsorptionsmittels liegt bei 400 bis 600 mμ. Der beste Effekt wird mit 20 ml Lehm je 100 ml Fl. erreicht. Es werden 75% des N entfernt ohne Verlust an Virusaktivität. (Proc. Soc. exp. Biol. Med. **78**. 703—05. Dez. 1951. Washington, Army Med. Serv. Graduate School, Veterin. Div.)
WIEDEMANN. 4374

W. E. Pontowitsch, *Über die Möglichkeit der Ausnutzung von Kohlensäure bei den synthetischen Prozessen heterotropher Organismen.* Die Verss. wurden an Oberflächen- u. submersen Kulturen von *Aspergillus flavus* u. *Aspergillus oryzae* (Asp.) bei ganz regelmäßiger Zufuhr von Normalluft, CO_2-freier Luft oder mit CO_2 (5%) angereicherter Luft in die aus KNOOPscher Lsg. bestehende Nähr-Fl. durchgeführt. CO_2 steigert den Glucoseverbrauch, das Mycelwachstum, die spezif. Verbrennungswärme des Pilzgewebes, den Geh. an Gesamt- u. Eiweiß-N, den ökonom. u. Energienützungskoeff. u. bei Asp. die Bldg. von Flavinferment. Der Grad der Steigerung wird von den Redoxbedingungen bestimmt. Stärkere Aeration bremst. Vf. vermutet Carboxylierungsvorgänge mit Bldg. von Dicarbonsäuren. (Известия Академии Наук СССР, Серия Биологическая [Nachr. Akad. Wiss. UdSSR, biol. Ser.] **1951**. 120—35. Sept./Okt.)
LINDNER. 4380

Lucien Oddoux, *Vergleich der Verwertung von natürlicher Sorbose und Fructose durch ca. hundert Homobasidiomyceten.* Es wurde die Verwertbarkeit von *d-Fructose* (I) bzw. *l-Sorbose* (II) als alleiniger C-Quelle in synthet. Nährmedium (0,5 g NH_4Cl, 0,5 g $MgSO_4$, 0,5 g KH_2PO_4, 0,05 g $Fe_2(SO_4)_3$, 40 γ Thiamin, 0,4 γ Biotin, 1 Liter dest. W., 1% Agar, 1% I bzw. II) durch 95 höhere Basidiomyceten untersucht. Mit II entwickelten sich 3 Arten (*Schizophyllum commune Fr., Pellicularia flavescens Bon., Coriolus hirsutus* WULF.) gut, 21 mäßig, 21 schlecht (einige Hyphen), 50 nicht. Alle Arten zeigten in Ggw. von I gutes Wachstum. Die Entw. von 19 Arten auf einem Glucose (1%)-haltigen Nährboden wurde durch 1% II nicht gehindert. (C. R. hebd. Séances Acad. Sci. **234**. 654—57. 4/2. 1952.) K. MAIER. 4380

Jacques Dirkx, *Die Ribonucleinsäuren von Schimmelpilzen.* 1. Mitt. *Eine Schnellbestimmung.* Es werden Bestimmungen des *Ribonucleinsäure* (I)-Geh. von Schimmelpilzen durchgeführt. Das Prinzip der einen Meth. beruht auf der Extraktion der I durch $HClO_4$ (5 oder 10%) bei 4° unter Schütteln (15 Std.) [OGUR, Federation Proc. Am. Soc. Exp. Biol. **8**. [1949.] 234; Science [Washington] **110**. [1949.] 472). Die andere Meth. schließt sich an den histolog. Nachw. der I von ROBINOW (Addendum zu Bacterial Cell de R. J. DUBOS. Harvard Univ. Press [1947.]) an. 2 ml gewaschene Sporensuspension (10^8—10^{10} Sporen/ml) wurden entweder mit 2 ml $HClO_4$ (5%) bei Zimmertemp. über Nacht geschüttelt oder mit 2 ml HCl (1 n) bei 60° 10 Min. behandelt u. die zentrifugierten Lsgg. spektrophotometriert (260 mμ). Zum Vgl. diente authent. I-Lsg. bekannten

Gehaltes. In Vorverss. wurde festgestellt, ob Protein stört. Dazu wurden Gemische von Protamin- oder Albumin- mit I-Lsgg. im Verhältnis 1 : 10 untersucht. Der sich bildende Nd. wird gewaschen, mit 1n HCl bei 60° hydrolysiert u. spektrometriert. Nach beiden Methoden wurde I quantitativ wiedergefunden. Auch bei biol. Material zeigte sich sehr gute Übereinstimmung. Bei Gehh. unter 10 γ/ml I ergibt die $HClO_4$-Meth. zu niedrige u. die HCl-(ROBINOW)-Meth. zu hohe Werte. Da I nach Behandlung mit HCl bei 60° nicht mehr durch A. fällbar ist, muß Depolymerisation von Polynucleotiden stattgefunden haben, die wegen Abwesenheit nennenswerter Mengen anorgan. P jedoch nicht zu Nucleosiden führt. Es können also entweder nur Purin- oder Pyrimidinbasen sowie Nucleotide entstehen. Weitere Schlüsse konnten nach Papierchromatographie (CARTER, C. **1952.** 111) gezogen werden. Dabei konnten keine Pyrimidine, sondern nur *Guanin* u. *Adenin* in kleinen Mengen gefunden werden. 81 % der Hydrolysenprodd. werden durch die Nucleotide bestritten. Die ROBINOW-Meth. eignet sich daher zur Schnellbest. von I in biol. Material mit geringem Desoxy-I-Gehalt. (Biochim. biophysica Acta [Amsterdam] **8.** 194—201. Febr. 1952.) LOCH. 4380

E_4. Pflanzenchemie. Pflanzenphysiologie. Pflanzenpathologie.

O. A. Sauralow, *Änderung der physiologischen Prozesse in den Blättern des Kohls unter dem Einfluß einer Beschattung.* Im August in Krasnodar durchgeführte Beschattungsverss. bei 2 verschied. Kohlsorten ergaben einen höheren Wassergeh. in den Blättern der beschatteten Exemplare, was bes. deutlich bei der hitzebeständigen Sorte hervortritt. Bei beschatteten Pflanzen liegt der Geh. an N stets niedriger, was hauptsächlich auf Kosten des Nichteiweiß-N geht; auch der Geh. an Monosacchariden ist geringer. Man hat mit einer geringeren fermentativen, hydrolyt. Tätigkeit innerhalb des Organismus gegenüber den nichtbeschatteten Kontrollpflanzen zu rechnen. (Доклады Академии Наук СССР [Ber. Akad. Wiss. UdSSR] [N. S.] **84.** 615—17. 21/5. 1952.) ULMANN. 4404

I. A. Wlassenko und M. W. Dombrowskaja, *Der Einfluß einer langwährenden Abdunklung auf den Chlorophyllgehalt bei Grabenkulturen von Citrusgewächsen.* Langdauernde Abdunklung zur Winterzeit schadet den Citrusarten nicht, der Chlorophyll (I)-Geh. steigt dabei sogar an. Der I-Geh. nimmt mit dem Alter der Blätter ab, ebenso bei Temperaturzunahme über 16°. Nur bei der Apfelsine findet bei 20° noch eine auffällige I-Speicherung statt. (Доклады Академии Наук СССР [Ber. Akad. Wiss. UdSSR] [N. S.] **82.** 465—68. 21/1. 1952.) LINDNER. 4404

Je. L. Ruban und N. N. Dolgopolow, *Über die Wirkung von Ultraschall auf die frühesten Entwicklungsphasen der Pflanzen.* Eine Behandlung von in W. eingetragenen Samen von Weizen, Hafer u. Hanf im Verlaufe von 2—3 Min. mit Ultraschall (1300 kHz, Anodenstrom 140 mA) führte zu einer geringen Erhöhung der Keimkraft. Ultraschall vergrößert das Quellungsvermögen der Samen u. bewirkt dadurch eine gesteigerte Durchtränkung mit W. oder Lsgg. chem. Stoffe, eine Aktivierung der Fermente u. eine intensivierte Atmung, was Vff. durch besondere Verss. nachweisen. Wie mit weiteren Kulturpflanzen gezeigt wird, ergeben behandelte Samen besser wachsende Pflanzen u. höhere Ernteerträge. (Доклады Академии Наук СССР [Ber. Akad. Wiss. UdSSR] [N. S.] **84.** 623—26. 21/5. 1952. Allunions Chem. Mendelejew-Ges., Chem. Labor.) ULMANN. 4404

W. A. P. Black und R. L. Mitchell, *Spurenelemente in den gewöhnlichen Braunalgen und im Seewasser.* Übersicht über einschlägige Forschungen. — In Pelvetia caniculata, Fucus spiralis, Asophyllum nodosum, F. vesiculosus, F. serratus u. Laminaria digitata wurden folgende Spurenelemente (I) festgestellt: Co, Ni, Mo, Fe, Pb, Sn, Zn, V, Ti, Cr, Ag, Rb, Li, Sr, Ba, Mn u. Cu. Die in Tabellen wiedergegebenen Gehh. unterliegen jahreszeitlichen Schwankungen u. variieren bei verschied. Species vom gleichen Standort beträchtlich. Der I-Geh. der Laminariaceen ist im allg. geringer als der I-Geh. der Fucaceen. Seewasserproben der Algenstandorte (Schott. Westküste) enthalten Co, Ni, Mo, Pb, Sn, Zn, V, Ti, Cr, Ag, Sr, Ba, Mn u. Cu. Die „Konzentrationsfaktoren" (Verhältnis des I-Geh. der Algen zum I-Geh. des Seewassers) betragen in einigen Fällen 1000; bei F. spiralis für Ti 10000. — 26 Literaturangaben. (J. Marine biol. Assoc. United Kingdom **30.** 575—84. Febr. 1952. Musselburgh, Inst. of Seaweed Res., u. Aberdeen, Macaulay Inst. for Soil Res.) RANG. 4410

Marcel Quillet und Robert Bourdu, *Über die Reservezucker der unterirdischen Organe der Kompositen zu Beginn der Ruheperiode.* Es wurden wss. u. alkoh. Extrakte folgender Kompositen untersucht: Circium oleraceum, C. palustre, Serratula tinctoria, Centaurea jacea, Doronicum plantagineum, Berardia subacaulis, Elephantopus cardinianus, Taraxacum dens-leonis, Hypochoeris radicata. Die Papierchromatogramme zeigten

neben Inulin, Fructose u. Saccharose 10 in A. bei 80° lösl. Fructoside, die den Zuckern von Topinambur entsprechen (vgl. C. **1952.** 2199). Die einzelnen Species weichen bzgl. ihres Anteils an einzelnen Zuckern in der komplexen Zuckerreserve erheblich voneinander ab. — Tabelle. (C. R. hebd. Séances Acad. Sci. **234.** 1079—81. 3/3. 1952.)
RANG. 4420

M. D. Ioffe, ***Über das Vorkommen von Chlorophyll im Endosperm von Kreuzblütlern.*** Junge Samen des Radieschens zeigen am 10. Tage nach der Befruchtung einen grünen Saum um die Höhlung des Embryosacks u. grüne Flecken in der Gegend der Chalaza u. der Mikropyle, die bisher nicht beobachtet wurden, weil man mit fixiertem Material arbeitete. Es handelt sich um grüne Plastiden, die sich um die Zellkerne des Endosperms scharen. Der Raum des Embryosacks trennt sich in zwei Schichten: Die äußere, einschichtige enthält die Chloroplasten u. ist offenbar für den gesteigerten Stoffwechsel des jungen Samens maßgeblich verantwortlich. Chlorophyll findet sich in gleicher Weise auch bei Sinapis alba, Brassica juncea, Mattiola annua, Hesperis matronalis u. vor allem der Levkoje. (Доклады Академии Наук СССР [Ber. Akad. Wiss. UdSSR] [N. S.] **82.** 473—76. 21/1. 1952. Botan. Komarow-Inst. der Akad. der Wiss. der UdSSR.)
LINDNER. 4420

Kjeld Ladefoged, ***Die Periodizität der Holzbildung.*** Ausführliche Übersicht mit 288 Literaturstellen. (Kgl. danske Vidensk. Selsk., biol. Skr. **7.** Nr. 3. 1—98. 1952.)
KLESSE. 4450

A. A. Mikulski. ***Änderungen des Gehalts an Trockensubstanz, Kohlenhydraten und stickstoffhaltigen Substanzen in Blättern und Knollen der Kartoffel beim Reifen.*** Das maximale Gewicht der Kartoffelblätter wurde um so eher erreicht, je stärker die Düngung war. Vor diesem Zeitpunkt war das Trockengewicht der oberen Blätter größer, nach diesem Zeitpunkt geringer als das der unteren Blätter. Bei Wasserknappheit wurde die Knollenbldg. mit steigenden Düngergaben stärker verzögert, während der Stärkegeh. abnahm. In der Reifeperiode von der Erreichung des maximalen Blättergewichtes bis zur Ernte besteht die Assimilatabnahme vorwiegend im Abtransport nach den Knollen. Mit Ausnahme der ungedüngten Pflanzen entspricht der größeren bzw. geringeren Knollenzunahme in der Reifeperiode ein höherer bzw. geringerer Stärkegeh. u. eine Abnahme bzw. Zunahme des Verhältnisses Saccharose/Monosaccharid. Mit steigendem Stärkegeh. nimmt dieses Verhältnis zu. Die Knollenreifung ist durch die Zunahme an Trockensubstanz, Stärke, Gesamt-N u. des Verhältnisses lösl. N/Eiweiß-N sowie durch die Abnahme des Verhältnisses Saccharose/Monosaccharid gekennzeichnet. (Доклады Академии Наук СССР [Ber. Akad. Wiss. UdSSR] [N. S.] **82.** 789—92. 11/2. 1952. Botan. Garten der Akad. der Wiss. der UdSSR.) LEBTAG. 4460

A. John G. Barnett, ***Zerstörung von Nitrat in Mischungen von gehäckseltem Gras und Wasser.*** Von 5 g zugefügtem KNO_3 wurden unter aeroben Verhältnissen 26 % Nitrat zu Nitrit reduziert. Unter anaeroben Bedingungen (N_2) wurde nur die Hälfte der Menge an Nitrat red. wie unter aeroben Verhältnissen. Die Red. des Nitrats beginnt aerob u. anaerob bei p_H 5,9, ist bei p_H 5 optimal u. endet bei p_H 4,2. (Nature [London] **169.** 459. 15/3. 1952. Aberdeen, Univ., Dep. of biol. Chem., Div. of Agric. Biochem.)
GRÜTZ. 4460

Roger David, Les Hormones végétales. Paris: Presses universitaires de France. 1952. (188 S. m. Abb. u. Taf.) fr. 500,—.

E₅. Tierchemie. Tierphysiologie. Tierpathologie.

B. Engfeldt, A. Engström, C. G. Helander, Å. Wilton und R. Zetterström, ***Biophysikalische Untersuchungen am Knochengewebe.*** 1. Mitt. *Pagets Krankheit.* Bei 2 Patienten mit PAGETs Krankheit (Ostitis deformans) wird die Verteilung der Mineralsalze im Knochengewebe mit Hilfe der Röntgenstrahlen u. mikroradiograph. untersucht. Zwischen dem Aufbau der Knochen dieser Kranken u. Knochen von n. Personen besteht ein großer Unterschied, der durch Abbildungen belegt u. beschrieben wird. (Acta pathol. microbiol. scand. **31.** 256—61. 1952. Stockholm, Karolinska Inst., Dep. of Path., Dep. for Cell Res.; Karolinska Sjukhuset, Ped. Clin.) PATZSCH. 4525

A. Engström, B. Engfeldt und R. Zetterström, ***Beziehung zwischen Kollagen und Mineralsalzen im Knochengewebe.*** Bei der Ablagerung von Mineralsalzen in Form von Hydroxylapatit in kollagenen Fasern liegt die c-Achse der hexagonalen Kristalle parallel zur Faserachse des Kollagens (I). I besitzt die Fähigkeit, die anorgan. Moll. zu orientieren. (Experientia [Basel] **8.** 259. 15/7. 1952. Stockholm, Karolinska Inst., Dep. for Cell Res.)
PATZSCH. 4525

H. J. A. Dartnall, ***Sehpigment 467, ein in der Retina der Schleie vorkommender lichtempfindlicher Farbstoff.*** (Vgl. C. **1952.** 3679.) Wss. Digitoninextrakte von dunkeladaptierter Schlei-Retina enthalten 2 lichtempfindliche Komponenten, von denen die eine ohne Beeinflussung der anderen durch langwelliges Licht gebleicht werden kann: Die rotempfindliche Komponente (λ_{max} 533 mμ) ist *Sehviolett* (I). I ist einheitlich u. folgt dem BEER-LAMBERTschen Gesetz. Die rotunempfindliche Komponente (II) (λ_{max} 467 mμ) ist ebenfalls ein homogener, dem BEER-LAMBERTschen Gesetz gehorchender Farbstoff. Das Differenzspektr. von II u. die Differenzspektren von *Sehpurpur* (III), I u. *Jodopsin* (IV) sind hinsichtlich der Form nahezu ident., wenn die Frequenz als Abszisse dient. Dies deutet auf eine chem. Verwandtschaft von I, II, III u. wahrscheinlich auch IV hin. Möglicherweise stellen die Chromophore dieser Sehfarbstoffe aufeinanderfolgende Glieder einer homologen Reihe dar. II geht nicht bei Behandlung mit sauren Pufferlsgg. in Lsg., ist im Dunkeln stabil, bleicht bei Lichtabsorption aus. Seine Lichtempfindlichkeit ist mit der von I vergleichbar. Das II-Absorptionsspektr. wird durch p_H-Werte 4,2—8,7 nicht wesentlich beeinflußt. Die Ausbleichungsprodd. besitzen stärkere Absorption im äußersten kurzwelligen Bereich des Spektr. als II. Zur Klärung der derzeitigen verwickelten Bezeichnung der Sehpigmente schlägt Vf. ein neues, auf der Wellenlänge der maximalen Absorption beruhendes Nomenklatursyst. vor: IV = *Sehfarbstoff 565*, I (*Porphyrhopsin*) *533*, III (*Rhodopsin*) *502* u. II *467*. (J. Physiology **116**. 257—89. 28/3. 1952. London, Inst. of Ophthalmol., Group for Res., Physiol. of Vision.) K. MAIER. 4525

Rafael V. García und M. Benezra R., *Untersuchung über das Variieren der Bestandteile des Hühnereies, bezogen auf das Eigewicht.* Nach einer Betrachtung der hormonalen u. klimat. Faktoren, welche die Größe des Hühnereies bestimmen, setzen Vff. Gewicht des Hühnereies zu 56—60 g fest, davon 10 % Schale, 59 % Eiklar, 31 % Eidotter. An Hand von Einzelwägungen wurde festgestellt, daß mit abnehmendem Gewicht stets der Anteil des Eiklars im Vgl. zum n. Ei geringer wird. Die Abnahme der Nährstoffe des Eies wird als eine der wesentlichen Ursachen der in trop. Gebieten beobachteten geringeren Fruchtbarkeit betrachtet. (Acta ci. venezolana **3**. 26—28. Jan./Febr. 1952. Venezuela, Univ. Central, Fac. de Ingeniería Agronómica.) KRUSEN. 4525

William A. Johnson, Smith Freeman und Karl A. Meyer, *Das Verschwinden von intravenös gespritztem, emulgiertem Fett aus dem Kreislauf bei Menschen und Tieren.* In bestimmten Zeiten wird Versuchspersonen u. -tieren 1 g Fett/kg Körpergewicht (Emulsion von 10 Teilen Olivenöl in 5 Teilen Glucose u. 1 Teil Lecithin) injiziert u. der Geh. an Gesamtserumfettsäuren, Cholesterin u. Phospholipoiden vor, während u. nach der Verabreichung analyt. verfolgt. Die Geschwindigkeit des Abtransportes aus dem Blutstrom wird bei n. Menschen von der Konz. des Blutfettes beeinflußt; er erfolgt sehr langsam bei Nierenentzündung u. Hunden mit bilateraler, ureteraler Ligation. Keine Erhöhung im Blutfettgeh. zeigt sich bei Cirrhosis u. ECKschen Fistelhunden, während bei Personen mit Thyreotoxikose ein rascher Abfall eintritt. Nichtbehandelte diabet. Hunde resorbieren injiziertes Fett langsamer als dieselben Tiere während einer Insulinbehandlung, jedoch ist der Gesamtabfall an Serumfettsäuren in beiden Gruppen während der Beobachtungszeit größer. — 39 Literaturzitate. (J. Lab. clin. Med. **39**. 414—19. März 1952. Chicago, Ill., Northwestern Univ., Med. School, Dep. of Exp. Med., u. Cook County Hosp.) VOGEL. 4550

H. Krüger und W. Pürschel, *Ergebnisse diagnostischer Hautproben bei Arzneimittelallergie.* Von 3875 Patienten, die in der Zeit vom 1. 7. 1945 bis 31. 12. 1951 diagnost. Hautproben (Epidermal- u. Intracutantest) unterworfen wurden, wiesen 617 positive Arzneimittel-Rkk. auf; diese Zahl erhöhte sich auf 763 durch polyvalente Überempfindlichkeit. Frauen waren mit 58,2 % stärker vertreten als Männer mit 41,8 %. Die meisten positiven Rkk. waren beim Alter von 20—45 Jahren nachweisbar. — Unter den oral u. parenteral angewandten Arzneimitteln ergaben sich folgende positive Rkk.: *Neo-Salvarsan* (dabei 7 mal Na-Salvarsan): 71; *Malonylharnstoff*-Verbb. bzw. Mischpräpp. mit einer Barbituratkomponente (*Luminal, Noctal, Quadronal, Veramon*): 8; Antineuralgica (*Phenacetin, Pyramidon, Aspiphenin*): 5; Sulfonamide (*Prontosil* u. *Badional*): 4; *Wismut*: 3; *Quecksilber* (*Kalomel, Sublimat*): 3; *Kodein*: 2; *Istizin*: 2; *Kolatabletten*: 1; *Ovibion*-Liquid.: 1; *Depotinsulin*: 1. Bei den lokal applizierten Therapeuticis ergab sich, nach der Häufigkeit geordnet, folgendes Bild: Sulfonamide: 169; *Sulfosellan*: 79; b) *Marfanil-Prontalbinpuder*: 72; andere Sulfonamide u. Kombinationspräpp., wie *Albucid, Prontalbin, Marfanil, Protocid, Sufortan*-Vaginalglobuli, *Marbadal*-Styli: 18. *Schwefel* (Salben, Puder, Öle), verschied. Krätzemittel, z. B. *Kreosulfur, Kreosulfit, Scabiunt, Mitigal*: 50; *Quecksilber* (Salben u. Puder): 49; *Rivanol*: 46; *Anästhesin*: 44; *Lebertransalbe* u. -öl: 44; *Jod*: 41; *Teer*-Präpp. u. Derivv.: 19; *Perubalsam* u. perubalsamhaltige Salben: 19; Desinfektionsmittel (*Formalin, Sapoform, Lysoform, Sagrotan, Zephirol, Kresolseifenlsg., Baktol, Chinosol*): 17; *Novocain* u.

Derivv.: 16; *Pellidol*: 14; *Combustin* (*Aluminium, Wismut, Zink, Anästhesin, Perubalsam*): 10; *Ichthyol*: 9; Antirheumatica (*Forapin, Rheumasan, Mediment*): 8; *Resorcin*: 7; *Zink* (Öle u. Pasten): 6; Augensalben bzw. -tropfen (*Atropin, Noviform* = *Tetrabrombrenzcatechin-Wismut*): 6; *DDC* (*Salicyl, Phenol, Campher, Thymol, A.*): 6; *Azogran*-Salbe (*Aminoazotoluol*): 5; *Thephorin*-Salbe: 5. *Dumex-Salbe* (*Campher, Phenol, Hamamelis, Plumbum*): 4; *Salicyl*: 4; *Argentum nitricum*: 4; *Menthol*: 4; *Antimykotica*: 4; *Ekzefug* (*Teer, Salicyl*): 3; *Hamametum-Salbe* (Extr. *Hamam.* u. Zusatz): 3; *Vitamin-F-99*-Salbe: 3; *Liqu. alum. acet.*: 3; *Penicillin* (Puder u. Salbe): 3; Haemorrhoidal-Salben (*Anaesthesin, Teer, Perubalsam, Menthol*): 2; *Carbol*-Salbe: 2; *Aknederm* (*Schwefel, Ichthyol, Resorcin*): 2; *Fissurin*-Salbe (*Bism. subgall., Extr. Hamam.*): 2; *Sanaliment* (*Sulfonamid* u. *Teer-KW-stoffe*): 2; *Ovis* (*Oxychinolin, Campher*): 2; *Antipyoderm*-Salbe: 2; SPRANGER*sche Heilsalbe, Jolly-Salbe,* REMMLER*sche Haussalbe, Dermalan-Salbe, Esraderm-Salbe, Inosept-Salbe, Creotion-Salbe, Apernit-Salbe, Linacin-Salbe* (ungesätt. Fettsäuren), *Oicidin, Cutelin-Salbe, Prurinol, Cornusept* (Teerderivv.), *Xeroform*-Puder (*Bismut. tribromphenyl.*), *Ingelan*-Salbe, *Ilon-Abszeß-Salbe* (äther. Öle, Phenol), *Pinal-Salbe* (Benzol, Terpene), *Solvex-Salbe* (äther. Öle), *Ormicet-Creme, Dextromon-Salbe* (42% Dextrose u. Salbengrundlage), *Tinctura Arnicae, Fissanpaste, Vasenolpuder* je 1. Die gewissenhafte Erhebung der Anamnese, die Durchführung diagnost. Hautproben bei bestehendem Verdacht auf allerg. Rkk. u. das Absetzen bzw. Vermeiden differenter Arzneimittel wird angeraten. Auf den leukopen. Index wird hingewiesen. (Z. Haut- u. Geschlechtskrankh. **12.** 447—554. 1/6. 1952. Berlin, Freie Univ., Hautklinik.) ZELLER. 4551

Herbert Moser, ***Anaphylaxie und Narkose.*** **Am Meerschweinchen gelang die Verhinderung** des anaphylakt. Schocks, wenn das Zwischenhirn durch tiefe Ae.-Narkose oder durch *Mesantoin* bzw. *Epilan* (*3-Methyl-5.5-phenyläthylhydantoin*) vor u. während der Sensibilisierung ausgeschaltet wurde. Dagegen war der Schock nicht zu vermeiden, wenn nach unbehinderter Sensibilisierung die Reinjektion unter Zwischenhirnausschaltung erfolgte. Die Ausschaltung des Zwischenhirns vermag also die Sensibilisierung, nicht aber die Antigen-Antikörper-Rk. zu verhindern. (Schweiz. med. Wschr. **82.** 707 bis 709. 5/7. 1952. Graz, Univ., Chir. Klin.) DAUTZENBERG. 4551

Joseph Harkavy, ***Cardiovasculäre Allergie, bedingt durch Penicillin, Sulfadiazin und bakterielle Sensibilisierung. Ergebnisse der Cortison- und ACTH-Behandlung.*** 4 Fälle schwerer cardiovasculärer Allergie mit ausgedehnten, zum Teil nekrot. Hautveränderungen, Lungeninfiltraten, Myocarditis, Splenomegalie u. Nierenschäden. In 2 Fällen wirkte *Penicillin*, in einem *Sulfadiazin* als sensibilisierendes Agens, im 4. Falle war wahrscheinlich eine bakterielle Infektion die Ursache der Überempfindlichkeit. In allen Fällen bestand auch eine Unverträglichkeit anderer Antibiotica u. Arzneimittel. Akute Krankheitsschübe wurden von Cortison u. ACTH vorübergehend symptomat. günstig beeinflußt, die Herz- u. Nierenschäden verhielten sich gegen die hormonale Therapierefraktär. (J. Allergy **23.** 104—22. März 1952. New York, Mount Sinai Hosp.) FISCHOEDER. 4551

W. Bolle, ***Beitrag zur hormonalen Kastration von Ziegenböcken.*** **Verss. mit synthet.** Präpp. mit Follikelhormonwrkg., wie *Cyren-A*-Preßling (subcutan; I), *Depot-Cyren* (Dimethyläther von I; intramuskulär) oder *p-Acetoxyphenylhexadien* erzielten bei Ziegenböcken keine hormonale Sterilisierung. Allein bei Böcken, die mit Ziegen zusammen gehalten wurden, verschwand der Geschlechtsgeruch, was nicht mit der Östrogenbehandlung, sondern, wie aus Unterss. an dem unbehandelten Kontrolltier hervorging, mit dem Aufhören der Brunst der Ziegen zusammenhing. Das Fleisch stark riechender Ziegenböcke kann durch das Abziehen der Haut unter genügenden Vorsichtsmaßregeln völlig geruchlos, also genußtauglich werden. (Tierärztl. Umschau **7.** 204—05. Juni 1952. Köln-Stammheim.) ITZEROTT. 4559

H. Adam, ***Ein Versuch zur Vermeidung der postoperativen Verwachsungen nach abdominalen Eingriffen.*** Ein Mittel zur Vermeidung postoperativer Verwachsungen bei abdominalen Eingriffen wird in der Einträufelung von *Cyren B* versuchsweise angewandt. Seine günstige Wrkg., die noch genauer untersucht werden muß, berechtigt zu weiteren Versuchen. (Med. Klin. **47.** 752—53. 30/5. 1952. Wittmund, Lager West.) ITZEROTT. 4559

Schayel R. Scheinberg und Harry C. Saltzstein, ***Wirkung von Cortison und Corticotrophin (ACTH) auf intraabdominale Verwachsungen.*** 10 mg *Cortison* (I) (MERCK & Co., INC.), 2mal täglich, oder 5 mg *ACTH*, 2mal täglich bei Hunden, u. 2 mg I, 1 mal täglich bei Ratten, vermochten nach Bestreuung des Peritoneums mit Talkum Verwachsungen zu verhindern. (A. M. A. Arch. Surgery **63.** 413—20. Okt. 1951. Detroit, Harper Hosp.) BROSEMANN. 4560

David Grob, Walter L. Winkenwerder und Edyth H. Schoenrich, *Die Wirkung der Applikation von adrenocorticotropem Hormon (ACTH) auf die Reaktivität der Haut, Bindehaut und Nasenschleimhaut gegenüber Histamin und Antigenen beim Menschen.* Intramuskuläre Injektionen von *ACTH* (I) über 10 Tage (87 mg I/Tag) hatten bei Patienten mit allerg. Krankheiten, sowie bei solchen mit „Überempfindlichkeit" trotz klin. Besserung keine Wrkg. auf die dermale oder allg. vasculäre Reaktivität gegenüber Histamin. Intravenöse Applikation von I (40 mg/Tag) nach intraarterieller Injektion von d-Tubocurarin hatte keinen Einfl. auf die Freisetzung histaminähnlicher Substanzen. I hatte keine Wrkg. auf die direkte, dagegen eine mäßige inhibitor. Wrkg. auf die verzögerte Reaktivität gegen Antigene. (Bull. Johns Hopkins Hosp. **90.** 301—12. April 1952. Johns Hopkins Univ., u. Hosp., Dep. of Med.) REISS. 4560

Victor F. Marshall, Willet F. Whitmore jr., A. T. Petro, J. W. Poppell, R. N. Grant und Rulon W. Rawson, *Behandlung von Osteitis pubis mit adrenocorticotropem Hormon.* Vff. konnten in 2 Fällen von akuter Osteitis pubis durch insgesamt 875 bzw. 1475 mg *ACTH* eine schnelle u. völlige Heilung erzielen. In einem Fall von chron. Osteitis pubis konnte nur eine begrenzte Besserung erzielt werden. (J. Urology **67.** 364—69. März 1952. New York, Memorial Center for Cancer and allied Diseases.) KRUSEN. 4560

Clara Torda und Harold G. Wolff, *Die Wirkungen der ACTH-Behandlung bei Patienten mit Myasthenia gravis.* 10 von 15 Patienten besserten sich deutlich auf *ACTH*-Darreichung von insgesamt 500 mg, während 4 Leichterkrankte keinen einwandfreien Erfolg erkennen ließen. Die bei der Behandlung eintretende Schwächung, die 1 Todesopfer erforderte, wird durch gleichzeitige KCl-Gaben hintangehalten. (A. M. A. Arch. Neurol. Psychiatry **66.** 163—170. Aug. 1951. New York.) HEINZE. 4560

Gordon H. Ekblad, *Die Anwendung von ACTH und Cortison bei Urticaria und Dermatitis venenata.* Von 20 Personen mit akuter Urticaria wurden 18 durch eine Kurzzeitbehandlung von 4 mal 10—20 mg *ACTH* (I) in Abständen von je 3 Std. deutlich gebessert. Bei 11 von 16 Personen war die 4 malige Applikation von je 75 mg *Cortison* (II) erfolgreich. Bei schwerer akuter Dermatitis venenata wurde in 7 von 10 Fällen durch verschied. Dosen von I u. II eine Besserung des Allgemeinzustandes, aber keine Heilungsbeschleunigung der Hautläsionen erzielt. Bei einzelnen Fällen von chron. Urticaria, atop. u. ekzematöser Dermatitis wurde durch I- u. II-Behandlung keine Besserung erzielt. Vf. weist auf die Erfolge hin, die bei derartigen Krankheiten durch kombinierte Verabreichung von *Antihistaminica* u. *Ca-Gluconat* erzielt werden können. (U. S. Armed Forces med. J. **3.** 839—46. Juni 1952. Corona, Calif., U. S. Naval Hosp.) KRUSEN. 4560

Léonardo Guzman, *Zwei Fälle von Xeroderma pigmentosum, die durch Cortison gebessert wurden.* (Vorläufige Mitt.) 2 Fälle werden beschrieben, die nach Anwendung von *Cortison* (25 mg 2 mal/Tag, insgesamt 3,5 bzw. 3 g) eine wesentliche Besserung zeigten, so daß sich nach Ansicht des Vf. für die Therapie dieser bisher als unheilbar betrachteten Krankheit neue Wege eröffnen. (Presse méd. **60.** 812. 31/5. 1952. Santiago, Chile, Inst. du Radium.) R. KÖNIG. 4561

Curtis A. Smith, Harry A. Oberhelman jr., Edward H. Storer, Edward R. Woodward und Lester R. Dragstedt, *Experimentell hervorgerufener Kretinismus bei Hunden durch radioaktive Jodgaben.* ^{131}J rief, wenn es dem Muttertier vor dem Werfen oder den Jungen während der ersten Lebensmonate gegeben wurde, bei diesen Kretinismus hervor. (A. M. A. Arch. Surgery **63.** 807—20. Dez. 1951. Chicago, Univ., Dep. of Surg.) BROSEMANN. 4562

Ss. M. Dionessow, *Einfluß der Entfernung der Speicheldrüsen auf den Zuckergehalt des Blutes bei Hunden.* An Hunden führt die Entfernung der Parotisdrüsen zu einer merklichen Insuffizienz der Inselfunktion, während die Entfernung der Submaxillardrüsen eine nicht deutlich ausgesprochene Erhöhung dieser Funktion bewirkt. Die Entfernung der Speicheldrüsen ruft — auch nach vielen Monaten — keine Verdauungstörungen oder Kachexie hervor. (Физиологический Журнал СССР имени И. М. Сеченова [Stetschenow J. Physiol. UdSSR] **38.** 326—31. Mai/Juni 1952. Pawlow-Inst. für Entwicklungsphysiol. u. Pathol. der höheren Nerventätigkeit der Akad. der Med. Wiss. der UdSSR, u. Kirgis. Med. Inst.) RENTZ. 4564

Leon L. Gershbein und Max Krup, *Untersuchungen über Sekretin.* 1. Mitt. *Darstellung wirksamer Sekretinkonzentrate.* Als Ausgangsmaterial zur Gewinnung hochwirksamer *Sekretin* (I)-Konzentrate dienen stabile gelbgrüne Pulver (DA), die durch Dehydratation mit Aceton aus salzhaltigen Schweinedarmextrakten gewonnen werden u. deren Geh. an Galle, Fett u. anderen Verunreinigungen gering ist. Durch A.-Behandlung von DA wird I angereichert. Die so erhaltenen Prodd. (ADA) werden durch Behandlung mit Trichloressigsäure in Aktiver Fraktionen umgewandelt, deren Wirksamkeit durch eine Behandlung mit anilin weiter gesteigert wird. Durch Behandlung dieser Prodd.

oder von ADA mit Pikrinsäure werden hochakt. Konzentrate erhalten. Das wirksamste erhaltene Prod. „PA-615-95% B" (mit 100 I-Einheiten/mg) hat ein Mol.-Gew. von 12500—14500 (bestimmt durch die Ausbreitung monomol. Schichten) u. enthält weniger als 1% anorgan. Bestandteile. Durch quantitative Papierchromatographie des Hydrolysats wurde folgende Aminosäurenzus. ermittelt: 4,98% *Asparaginsäure* + *Cystein* (+ Salzeffekt), 9,13% *Lysin*, 29,43% *Glutaminsäure* + *Serin* + *Glykokoll*, 3,72% *Arginin* + *Threonin*, 14,74% *Alanin* + *Tyrosin*, 5,98% *Valin*, 26,30% *Phenylalanin* + *Methionin* + *Leucin* + *Isoleucin*, 2,32 u. 3,42% sonstige Aminosäuren. (J. Amer. chem. Soc. **74**. 679—85. 5/2. 1952. Chicago, Ill., Univ., Coll. of Med., Dep. of Clin. Sci.) K. F. MÜLLER. 4569

Ss. E. Krassowitzkaja, L. A. Bljumenfeld und A. M. Tscharnyi, *Einfluß des narkotischen Zustandes auf die Festigkeit der Bindung zwischen Häm und Globin.* 9 Hunden wurde im Wachzustand aus Schenkelvene u. -arterie u. aus der Halsvene Blut entnommen, an dem für Oxyhämoglobin (I) die Schnelligkeit der Transhämierung bestimmt wurde. Bei 3 Hunden wurde subcutan 0,01 g Morphin (II) /kg Körpergewicht, bei 6 Tieren intravenös 1,8—2,0 cm³ einer 10%ig. Hexenallsg. auf II-Basis langsam injiziert. Nachdem die Tiere 2 Std. im Dämmerschlaf gelegen hatten, wurde erneut Blut entnommen. In allen Verss. hatte die Zeit, in der 50% der I-Menge zerfallen war, durchschnittlich von 440 auf 520 Sek. zugenommen. Die Transhämierung wird also durch Narkotisierung verlangsamt. (Доклады Академии Наук СССР [Ber. Akad. Wiss. UdSSR] [N. S.] **83**. 325—26. 11/3. 1952. Zentralinst. für Ärztefortbildg.) LINDNER. 4572

L. Carrère und P. Dautheribes, *Die Wirkung der Alkylarylsulfonate auf rote Blutkörperchen. Die Eigenart der Hämolyse. Na-Alkylarylsulfonat* (A.A.S.) hat eine große Oberflächenspannung u. ist ein starkes Netzmittel. In H_2O findet eine Dissoziation statt, die Anionen werden aber durch nicht dissoziierte Moleküle adsorbiert. Es entsteht ein negativ geladener koll. Ionenkomplex, der gegenüber cellulären Elementen stark akt. wirkt. Schon in schwacher Konz. bewirkt A.A.S. eine sofortige komplette Hämolyse (H.) einer Erythrocytenaufschwemmung; bei ½—12std. Einw. genügen Konzz. von 10^{-7} bis 10^{-8}. Die NaCl-Konz. darf aber nicht höher sein als 0,3%. Bei NaCl-Konzz. von 0,4—0,5% erfolgt keine H., sondern eine starke Zusammenballung der Blutkörperchen. Die NaCl-Lsg. zeigt dabei eine starke Flockung. Normalserum hemmt die H. durch A.A.S., spezif. Serumhämolysin löst Blutkörperchen in Anwesenheit von A.A.S., sofern dies nicht 6 Std. auf sie eingewirkt hatte. Das eigentümliche Verh. wird verglichen mit der H., die durch Säuren, Basen, Alkaloide, Ricinus, Aalserum u. Schlangengifte hervorgerufen wird. (Rev. Immunol. Thérap. antimicrobienne **15**. 182—91. 1951. Montpellier, Labor. de Microbiol., Fac. de Med.) FISCHOEDER. 4573

John Vaughn, *Die Stimulierung der Eosinophilen* (*Leukocyten*). *Ascaris suum*-Extrakte wurden auf ihre Wrkg., Eosinophile zu erzeugen, an n. Meerschweinchen geprüft. Ein in dieser Hinsicht wirksamer Extrakt enthielt eine Mischung von Polypeptiden u. anderen Proteinabbauprodd., unter denen die akt. eosinophilogene Substanz, die eine direkte Wrkg. auf das Knochenmark zeigt, oder ihr Vorläufer ermittelt werden muß. (J. Pathol. Bacteriology **64**. 91—102. Jan. 1951. London, St. Bartholomew's Hosp., Dep. of Pathol.) ITZEROTT. 4573

Himansu S. Chakravarti, *Untersuchungen an Plasmaprotein bei Mangelernährung mit speziellem Bezug auf Ernährungsödeme.* Untersucht wird Gesamtplasmaprotein- (I), Albumin- (II) u. Globulingeh. (III) bei chron. Mangelernährung u. Proteinmangel, u. zwar an 37 Fällen (A) infolge unzureichender Nahrungsaufnahme, speziell hinsichtlich des Proteinanteils (Symptome: Ödeme, Nachtblindheit, Dermatitis, Diarrhöe u. Entzündung der Zunge), u. an 13 Fällen von Pellagra (B). In 84% der Fälle A lag I u. in 95% II unter dem n. Wert, während in der III-Fraktion nur geringe Änderungen auftraten. Dementsprechend sank das Verhältnis II/III in 84% der Fälle A unter den Normalwert. Osmot. Druckmessungen an I zeigen bei 60% der Patienten einen unternormalen Wert. Da eine Proportionalität zwischen Abfall von I u. II u. Ödemanstieg besteht, war die Behandlung abgestellt auf Wiederherst. der Plasmaproteinwerte. Besprechung verschied. Behandlungsarten sowie ihre Überprüfung durch Best. von I, II u. III. (Calcutta med. J. **49**. 91—101. März 1952. Calcutta, School of Tropic. Med.) KÖNIGSDORF. 4574

Francisco de Venanzi, Marianna Masin und Francisco Masin, *Wirkung von Hunger auf die Abnahme des anorganischen Serumphosphates, bestimmt nach Verabreichung von Insulin und Glucose.* 10 Hunden, die 4 Tage hungerten, u. 12 Hunden, die 10 Tage ohne Nahrung blieben, wurden zu Beginn u. Ende der Hungerperiode 0,167 E. krist. Zn-Insulin u. je kg Körpergewicht 1 ml 50%ig. Glucoselsg. (I) intravenös injiziert. In vor, sowie 30, 45 u. 60 Min. nach der Injektion entnommenen Blutproben wurden I u. anorgan. Serumphosphat (II) bestimmt. Eine geringe Insulinempfindlichkeit war nur bei den 10 Tage hungernden Tieren festzustellen. Die bei n. Tieren festgestellte Abnahme von II war nicht deutlich verändert, so daß der Mechanismus, der den Einsatz von II bei I- u. Insulinverabreichung reguliert, durch Hunger nicht beeinflußt zu werden scheint. (Acta ci. venezolana 3. 22—26. Jan./Febr. 1952. Venezuela, Univ. Centr., Dep. de Patol. General y Fisiopatol.) KRUSEN. 4574

R. Marx, *Zum Problem des Fehlens oder einer erheblichen Verminderung des Fibrinolysins im Plasma von Patienten mit klassischer, erblicher Hämophilie.* Durch vergleichende Fibrinolyseverss. an hämophilen u. n. Citratplasmen konnte Vf. zeigen, daß im Plasma von Fällen klass. Hämophilie der *Fibrinolysin*-Geh. nicht erheblich vermindert ist. (Folia haematol. [Leipzig] **71.** 123—26. 1951. München, Univ., 1. Med. Klinik.) KRUSEN. 4574

R. Marx, *Zur vergleichend quantitativen Bestimmung und klinischen Deutung der Fibrinolyse im menschlichen Serum.* Verf. zur Best. der *Fibrinolyse*-Aktivität (I) im Serum, dad. gek., daß steril gewonnenes Citratplasma nach Recalcifierung 1, 24 u. 48 Std. bei 37° gehalten u. das restierende Fibrin nach Hydrolyse durch seinen Tyrosingeh. (colorimetr. Best. mit Phenolreagens) bestimmt wird. Mitt. der bei Anwendung des Verf. gesammelten Erfahrungen u. seine Grenzen, sowie ausführliche Diskussion des klin. Wertes der I-Bestimmung. Die sichere Diagnose einer nicht n. Beschaffenheit des Blutserums kann bei dem jetzigen Stand der I-Best. noch nicht getroffen werden. (Folia haematol. [Leipzig] **71.** 127—45. 1951. München, Univ., 1. Med. Klinik.) KRUSEN. 4574

Serafin Ladislas, *Über die erstmalige Verwendung von mit Alkohol versetztem Placentarblut als Therapeuticum in Polen.* Ausführliche Beschreibung eines Verf. zur Herst. von Blutkonserven aus dem bei Geburten anfallenden Placentar- u. Nabelschnurblut durch Konservierung mit 5—6 % Äthylalkohol. Da dieses Blut als Säuglingsblut bes. reich an Inhaltsstoffen ist, können damit viele Krankheiten therapeut. sehr günstig beeinflußt werden. (Semaine Hôpitaux Paris **28.** 654—65. 29/2. 1952. Warschau.) KRUSEN. 4576

Frank W. Hartman, *Gewebsveränderungen nach Gebrauch von Plasmaersatzmitteln.* Plasmaersatzmittel (*Gelatine, Dextran, Pektin, Polyvinylpyrrolidon*) werden relativ schnell ausgeschieden, bei längerer oder wiederholter Gabe können sie in Zellen des Reticuloendothels, Gefäßendothels sowie des Leber- u. Nierenparenchyms aufgenommen werden. Zur Vermeidung chron. Speicherung sollte der Plasmaersatz alle 24 Std. vermindert, gegebenenfalls das Mittel gewechselt werden. (A. M. A. Arch. Surgery **63.** 728—38. Dez. 1951. Detroit.) BROSEMANN. 4576

Jesse L. Bollman, Robert C. Knutson und John S. Lundy, *Symposium über Plasmaersatzmittel bei der Behandlung des Schocks. Voluminöse Substanzen zum Blutersatz.* Die Wrkg. von *Dextran, Gelatine, Periston, Acacia, Intradex* u. *Macrodex* als Plasmaersatzmittel wird experimentell geprüft. (A. M. A. Arch. Surgery **63.** 718—27. Dez. 1951. Rochester, Minn., Mayo Clinic.) BROSEMANN. 4576

Herbert Luckner und Rolf Magun, *Der notwendige Wandel in der Deutung der experimentellen B_1-Avitaminose und in der Auffassung des Vitamins B_1 als eines antineuritischen Wirkstoffes.* Im Vers. am Menschen u. an Versuchstieren läßt sich durch reinen *Vitamin-B_1-Mangel* keine Erkrankung oder Leistungsminderung an peripheren Nerven erzeugen; die B_1-Avitaminose ist daher nicht mit der polyneuropath. Form der Beriberi vergleichbar. Den bei mangelhafter Ernährung vorkommenden Erkrankungen peripherer Nerven liegt eine komplexere Schädigung als durch reinen B_1-Mangel zugrunde. Bei der Behandlung solcher Erkrankungen ist es hinsichtlich ihrer objektiven Erscheinungen u. ihres Verlaufs gleichgültig, ob B_1 in beliebiger Dosierung gegeben wird oder nicht. B_1 wirkt nicht antineurit. u. trägt nach Ansicht der Vff. seinen Namen Aneurin zu Unrecht. Die günstige Beeinflussung der Beschwerden von Kranken mit Polyneuritis durch B_1 beruht auf einer experimentell nachweisbaren, anhaltenden analget. Wrkg. des Vitamins u. nicht auf der Behebung eines Mangelzustandes. (Dtsch. med. Wschr. **77.** 225—29. 22/2. 1952. Hamburg, Univ., Physiol. Inst., u. Neurol. Klinik.) K. F. MÜLLER. 4587

A. Jones und S. Morris, *Mikrobiologische Bestimmung von Riboflavin in Hefe und Hefeprodukten. Verwendung von Lactobacillus helveticus bei einer 17-Stunden-Titrationsmethode.* Beschreibung einer Modifizierung der 72 Std.-Meth. von SNELL u. STRONG (vgl. Ind. Engng. Chem., analyt. Edit. **11.** [1939.] 346) der mikrobiol. Best. von *Riboflavin* (I) in Hefe u. Hefeprodd. unter Verwendung von *L. helveticus* (*L. casei ε*), wobei die Titration bereits nach 17 Std. erfolgt. Zugesetztes I wurde zu 88—108 % gefunden. Die Übereinstimmung der Resultate der 17- u. 72-Std.-Meth. ist gut. (Analyst 75. 608—13. Nov. 1950. Betchworth, Surrey, Beecham Res. Labors. Ltd.) K. Maier. 4587

Heinrich Hellmann und Oswald Wiss, *Ist 3.4-Dioxyanthranilsäure Zwischenprodukt bei der biologischen Synthese von Nicotinsäure? 3.4-Dioxykynurenin* (I) wird (ebenso wie *3-Oxykynurenin, Kynurenin* u. einige andere *α-Amino-γ-ketosäuren*) durch Kynureninase, die in *Neurospora crassa* ATCC 10767 vorhanden sein muß, in *Alanin* u. *3.4-Dioxyanthranilsäure* (II) gespalten. II, die aus Aminoveratrumsäure synthetisiert wurde, übt auf den nicotinsäurebedürftigen Stamm ATCC 10767 von *Neurospora crassa* keine wachstumsfördernde Wrkg. aus, während Parallelverss. mit *3-Oxyanthranilsäure* (III) ein kräftiges Wachstum zeigten. II stellt somit, zumindest für *Neurospora crassa*, keine Vorstufe der *Nicotinsäure* dar. In Verss. mit Schweineleberschnitten wurde weder mit III noch mit II eine Nicotinsäurebldg. beobachtet.

V e r s u c h e: *3.4-Dioxyanthranilsäure*(II)-*hydrobromidhydrat*, $C_7H_7O_4N \cdot HBr \cdot H_2O$, durch 12 Std. Kochen von Aminoveratrumsäure mit 48%ig. HBr, Nadeln aus HBr-haltigem W., F. 208° (Zers.); λ_{max} 217, 259 u. 293 mμ, ε = 19000, 10000 bzw. 6100 (in n HCl). *3.4-Dioxyanthranilsäure* (II), $C_7H_7O_4N$, aus dem Hydrobromid mit 2n Na_2CO_3-Lsg., Nädelchen aus W., F. 175° (Zers.); λ_{max} 225, 268 u. 322 mμ, ε = 40000, 9100 bzw. 3300 (in A.); R_F-Wert 0,7 (mit Butanol-Eisessig-W. auf Whatman-Papier Nr. 1); Sichtbarmachung auf dem Papier durch Besprühen mit ammoniakal. $AgNO_3$-Lsg. (Schwarzfärbung) oder mit alkoh.-salzsaurer Rohrzuckerlsg. u. Erwärmen auf 85° (citronengelber Fleck); kuppelt nach dem Diazotieren nicht zu einem Azofarbstoff. — *Protocatechusäure*, λ_{max} 217, 259 u. 294 mμ, ε = 15200, 8650 bzw. 4400. — I-*Hydrobromid*, λ_{max} 221, 281 u. (305) mμ, ε = 11200, 8700 bzw. (7500) (in n/10-HCl). I, λ_{max} 232, 288 u. 350 mμ, ε = 16300, 8500 bzw. 1300. (Hoppe-Seyler's Z. physiol. Chem. 289. 309—15. Juni 1952. Tübingen, Univ., Physiol.-chem. Inst., u. Max-Planck-Inst. für Biochem.) K. F. Müller. 4587

Alberto Carvalho da Silva, Rainer Fried und Rebecca Carlotta de Angelis, *Die Hauskatze als Versuchstier für experimentelle Ernährungsuntersuchungen.* 3. Mitt. *Nicotinsäurebedarf und Tryptophanstoffwechsel.* Vff. erzeugen *Nicotinsäure*(I)-Mangel an Katzen, kenntlich durch Verlust des Körpergewichtes, Diarrhöe u. Tod mit einem Futter, das 35% vitaminfreies Casein enthielt. Zulagen von 1—3 mg I sind gegen den Mangel wirksam, optimal scheint 10 mg oder mehr zu wirken. *Tryptophan*(II)-Zulagen waren wirkungslos, sowohl was das Wachstum als auch was die Ausscheidung von N^1-Methylnicotinsäureamid im Harn betrifft. Katzen mit *Pyridoxal*-Mangel scheiden nach II-Gaben keine Xanthurensäure aus. Vff. schließen daraus, daß der II-Stoffwechsel bei der Katze anders als bei anderen Species verläuft, zumindest von der Stufe des Kynurenins ab. (J. Nutrit. 46. 399—409. 10/3. 1952. São Paulo, Brazil, Univ. de São Paulo, Fac. de Med., Dep. of Physiol.) Nehring. 4587

G. N. Perschin und A. N. Dolguschewa, *Antifolsäure im mikrobiologischen Experiment.* Präpp. von *N-(p [2.4-Diaminopteridyl-(6)-methylamino]-benzoyl)-glutaminsäure* (I), sogenannte *Antifolsäure*, wurden im Vgl. zu *Folsäure* (II) auf tox. u. antagonist. Eigg. untersucht. Gegenüber dem Einfl. von I auf den Wuchs von Milchsäurestreptokokken zeigt II einen stark ausgeprägten Antagonismus. Ein u. dieselbe Konz. von I neutralisiert verschied. II-Mengen, direkt proportional der II-Konzentration. Die Abhängigkeit zwischen der I-Konz. x u. der verbleibenden Aktivität der II y läßt sich durch $y = b \cdot x^{-1,29}$ ausdrücken, wo b ein Koeff. ist, der von der Reinheit des Präp. u. der I-Konz. abhängt. Als Einheit schlagen Vff. die Aktivität einer solchen Menge I vor, die die Aktivität von II um 90% zu erniedrigen vermag. Die letale Dosis von I beträgt bei weißen Mäusen 1 mg/kg, die verträgliche 0,5 mg/kg. (Биохимия [Biochemie] 17. 339—42. Mai/Juni 1952. Moskau, Allunions Wiss. Chem.-Pharmaz. Ordshonikidse-Forschungsinst.) Ulmann. 4587

A. I. Minkina, *Über den Mechanismus der Wirkung von Thiamin auf die Oxydation der Ascorbinsäure.* (Vgl. Gerschenowitsch u. Minkina, C. 1951. II. 1915.) Im untersuchten Gebiet p_H 4,2—7,5 hemmt *Thiamin* (I) in Ggw. von Phosphatpuffer u. in reinen Lsgg. die Oxydation von *Ascorbinsäure* (II). *Aminopyrimidin* u. das *Hydrobromid* wirken auf II nicht stabilisierend, sondern führen zu einer Oxydationsbeschleunigung. Dagegen zeigt *Thiazol* (III) starke antioxygene Wrkg., in Abhängigkeit vom p_H bleiben im Verlaufe von 48 Std. 97—83% II erhalten. Die antioxygene Wrkg. von I dürfte auf dem in I vorliegenden III-Ring beruhen. — Biol. Verss. mit Meerschweinchen bei skorbutogener Diät ergaben, daß ein Überschuß von I wohl zu einem erhöhten Geh. an II in den tier. Geweben führt, aber doch nicht genügend Schutz gegen Skorbut gewährt. Gleichzeitige Gaben eines Überschusses von I u. II bedingen eine gesteigerte Speicherung der red. Form von II in den Geweben. Sämtliche Verss. sprechen dafür, daß I beim Umsatz von II im tier. Organismus eine Rolle spielt. (Биохимия [Biochemie] **17.** 272—81. Mai/Juni 1952. Rostow/Don, Univ., Wiss. Forschungsinst. für Biol.) ULMANN. 4587

H. García Arocha und Marcel Horande, ***Ascorbinsäurewerte in Nebennieren, Leber, Niere und Milz von Ratten, die starker und plötzlicher Abkühlung ausgesetzt wurden.*** Ratten, die plötzlich einer Umgebung von —4 bis —6° ausgesetzt wurden, zeigten gegenüber Kontrolltieren einen deutlichen Abfall der *Vitamin-C*-Werte in den Nebennieren, während Niere u. Milz bei den gleichen Tieren keine charakterist. Abweichungen aufwiesen. Dagegen wurde ein mäßiger Anstieg der Ascorbinsäurewerte in der Leber festgestellt, welches Phänomen nach anderen Autoren auch bei Leberhämorrhagien auftritt Eine Erklärung der Bedeutung dieser Tatsache kann noch nicht gegeben werden (Acta ci. venezolana **3.** 12—13. Jan./Febr. 1952. Venezuela, Univ. Central, Inst. de Med. Exper., Dep. of Fisiol.) KRUSEN. 4587

B. I. Goldstein, L. G. Kondratjewa und W. W. Gerassimowa, ***Der Einfluß von Vitamin C auf die Umwandlung von Nucleinsäuren in den Zellen des tierischen Organismus.*** (Vgl. C. **1948.** II. 868.) Ein Vgl. des Geh. an Nucleinsäuren in Milz, Niere, Nebenniere u. Leber des gesunden Meerschweinchens u. bei Avitaminose C ergab für den letzeren Fall eine Erniedrigung des Geh. an *Desoxyribonucleinsäure* (I) u. eine geringe Erhöhung des Geh. an *Ribonucleinsäure* (II), bes. deutlich bei Organen mit wesentlichen Mengen *Ascorbinsäure* (III) u. einer hohen mitot. Aktivität. Die Bldg. von I in der gesunden Leber wird durch II u. III nicht beeinflußt. Dagegen ließ sich bei malignen Geschwülsten im Rattenvers. die Bldg. von I aus II zeigen, wie auch der fördernde Einfl. von III auf die Bldg. von I. Verss. mit n., gesunden, hohe mitot. Aktivität zeigenden Geweben ergaben in den meisten Fällen eine positive Einw. von II u. III auf die Bldg. von I. Noch deutlicher trat diese Wrkg. bei Avitaminose hervor. In späteren Stadien der Avitaminose verlor sich hingegen dieser Effekt wieder, blieb jedoch bei teilweisem Hungern bestehen. Der Geh. der Gewebe an II erniedrigte sich bei allen Verss. stark. Die Teilnahme von III an der Bldg. von I im Zellkern ist möglicherweise seine Hauptfunktion im tier. Organismus, durch die die Kernbldg., Wachstum u. Geweberegeneration stimuliert werden. (Биохимия [Biochemie] **17.** 354—61. Mai/Juni 1952. Kiew, Gesundheitsminist. der UkrSSR, Wiss. Forschungsinst. für Ernährung, Biochem. Labor.) ULMANN. 4587

B. I. Goldstein, L. G. Kondratjewa und W. W. Gerassimowa, ***Der Einfluß des Vitamin C auf die Umwandlung von Nucleinsäuren in den Zellen des tierischen Organismus.*** Gekürzte Darst. der vorst. referierten Arbeit. (Доклады Академии Наук СССР [Ber. Akad. Wiss. UdSSR] [N. S.] **83.** 453—56. 21/3. 1952.) ULMANN. 4587

Hans-Olof Mossberg, ***Vitamin K bei der Behandlung der akuten Hepatitis.*** Bei 178 untersuchten Fällen von akuter Hepatitis beeinflußte *Vitamin K* den Krankheitsverlauf nicht. Im Vgl. mit den Kontrollen war der Einfl. des Vitamins K auf den Blutprothrombinspiegel nur in Fällen von schwerer akuter Hepatitis (MEULENGRACHT-Werte >80) deutlich; in diesen Beispielen war der Einfl. von oral verabreichtem Vitamin K gut. Die gleich guten Wrkgg. von Vitamin K auf den Prothrombinspiegel in Fällen von akuter Hepatitis u. obstruktiver Gelbsucht zeigen, daß sogar bei Leberschädigung durch schwere Hepatitis die prothrombinerzeugende Fähigkeit der Leber nur wenig beeinflußt wird. (Brit. med. J. **1952.** I. 1382—84. 28/6. Stockholm, Hosp. for Communicable Diseases.) K. F. MÜLLER. 4587

Julia O. Holmes, ***Zahncaries bei der Ratte, Mus norvegicus. 1. Mitt. Auftreten und Umfang der Zahnschäden bei 3 Rattenstämmen, die mit feingepulverter synthetischer Nahrung gefüttert wurden.*** Während frühere Untersucher die Anwesenheit harter Partikel in der Nahrung als Voraussetzung für das Auftreten von Caries bei der norweg. Ratte ansahen, fütterte Vf. seine Tiere mit einer synthet. u. feingepulverten Futtermischung, die alle lebensnotwendigen Substanzen sowie Glucose in einem Anteil von 63 bzw. 73% enthielt. Ein weißer Stamm (Stamm C) entwickelte 60% mehr Schadenstellen, 160% größere Ausdehnung der Schadenstellen u. 400% mehr Höhlungen als der andere weiße Stamm. Der schwarze Stamm stand in bezug auf die Cariesempfänglichkeit in der Mitte der weißen Stämme. Beim Stamm C genügte bereits eine Fütterungsperiode von 60 u. sogar noch weniger Tagen zur Ausbldg. der Symptome. (J. Nutrit. **46.** 323—33. 10/3. 1952. Amherst, Univ. of Massachusetts, Home Economics Res. and Exp. Stat. Chem.) NEHRING. 4589

B. L. Lawton, A. R. Curreri und J. W. Gale, ***Gebrauch von Invertzuckerlösungen zur parenteralen Ernährung operierter Patienten.*** 10%ig. Lsg. von Invertzucker erwies sich Dextrose überlegen: sie kann schneller zugeführt werden u. wird vollständiger ausgenutzt (100 Kalorien mehr bei 200 cm^3 zugeführter Lsg.). (A. M. A. Arch. Surgery 63. 561—67. Okt. 1951. Madison, Wis., Univ. of Wisconsin, Med. School.) BROSEMANN. 4589

Charles Upton Lowe und **Charles D. May**, *Stoffwechseluntersuchungen an Patienten mit Intoleranz gegenüber komplexen Kohlenhydraten.* Bei 4 Kindern, die Stärkeprodd. (I) („komplexe Kohlenhydrate") nicht vertrugen, wurde der Einfl. von I auf die Fett- (II) u. N-Resorption untersucht. Bei dem 4. Kind wurde außerdem das Elektrolyt- u. N-Gleichgewicht mit dem eines gesunden verglichen. — Die II-Resorption betrug bei einer Diät, die außer Milch noch I in Form von Weizen, Haferflocken u. Maisstärke enthielt, nur 33%. Wenn die Verwertung von I durch parenterale Lebertherapie herbeigeführt war, stieg die Verwertung von II auf ca. 60%, u. wenn I aus der Diät weggelassen wurde, stieg sie auf 80%; auch das Körpergewicht stieg an. — Bei einem gesunden Kind wurde bei I-reicher Kost Na u. Cl entsprechend dem Bedürfnis des extracellulären Gewebes aufgenommen; auch die N-Bilanz war normal. Beim I-intoleranten Kind Nr. 4 waren diese Werte nur bei I-armer Diät n., bei I-reicher Kost stieg bes. die Cl-, aber auch Na-Resorption an. (Amer. J. Diseases Children 81. 81—93. Jan. 1951. Minneapolis, Univ. of Minnesota, Med. School, Dep. of Pediatr.) KLINGMÜLLER. 4596

K. Salfelder, *Ein Fall von Glykogenspeicherkrankheit mit Ablagerung von Glykogen in Elementen des peripheren vegetativen Nervensystems.* Es wird ein Fall von seltener Glykogenspeicherkrankheit bei einem 1½ Jahre alten Knaben mit letalem Ausgang besprochen. Die Ätiologie u. Pathogenese dieser Stoffwechselkrankheit ist noch völlig ungeklärt. (Zbl. allg. Pathol. pathol. Anatom. 88. 304—09. 5/4. 1952. Frankfurt/M., Univ., Senckenbergisches Pathol. Inst.) LOCH. 4596

Pierre Louyot, *Das Salz im menschlichen Organismus.* Übersichtsreferat. (Alimentat. et la Vie 39. 228—37. 1951. Nancy.) ITZEROTT. 4596

Lucie Randoin und **Jean Causeret**, *Das Calcium in der Biologie und in der menschlichen Ernährung.* Ca-Stoffwechsel u. Ca-Mangelerscheinungen werden besprochen. (Alimentat. et la Vie 39. 249—66. 1951.) ITZEROTT. 4596

Paul Boulanger, *Der Schwefel.* Übersichtsref. über die Bedeutung S-haltiger Aminosäuren für Ernährung, Stoffwechsel u. Entgiftungsvorgänge. (Alimentat. et la Vie 39. 215—27. 1951. Lille, Fac. de Med. et de Pharmacie.) ITZEROTT. 4596

Michel Polonovski und **Pierre Cartier**, *Der Phosphor im Organismus.* Übersichtsreferat. (Alimentat. et la Vie 39. 238—48. 1951. Paris.) ITZEROTT. 4596

L. Langeron, M. Paget und **J. Liefooghe**, *Untersuchung der renalen Rückresorption von Chloriden in der Humanklinik.* Die Rückresorption von NaCl in den Tubuli contorti der Niere wurde untersucht, wobei Vff. den von ihnen entwickelten Test mit Na-Hyposulfit (vgl. Annales de Biol. Clin. 9. [1951.] 287. 347. 467) benutzten. Der Einfl. von verschied. Hormonen, Diureticis, Geh. der Diät an NaCl auf den Umfang der Resorption wurde mit dieser Meth. festgestellt. Es wurde ferner die Rückresorption bei einzelnen Nieren- u. Kreislauferkrankungen verfolgt. Abschließend versuchen Vff., den Mechanismus der Rückresorption zu erklären. (Presse méd. 60. 861—62. 11/6. 1952.) WÖRFFEL. 4597

Joel Hartley und **Stanley S. Tanz**, *Experimentelle Osteogenese im Kaninchenmuskel.* In einigen Fällen konnte mit verschied. Extrakten (50%ig. A., Lipoiden, Phospholipoiden, Fettsäuren) aus Knochen u. Knochenmark von Kaninchen u. Kälbern eine Knochen- oder Knorpelbldg. im Skelettmuskel des Kaninchens hervorgerufen werden. (A. M. A. Arch. Surgery 63. 845—51. Dez. 1951. New York, Mount Sinai Hosp.) BROSEMANN. 4597

Oskar Kellner, Grundzüge der Fütterungslehre. 11., völlig neubearb. Aufl. v. **Arthur Scheunert**. Berlin, Hamburg: Parey. 1952. (VIII + 323 S.) 8°. DM 18,80.

Wilhelm Stepp, Joachim Kühnau u. **Hermann Schroeder**, Die Vitamine und ihre klinische Anwendung. Band 1. 7. umgearb. Aufl. Stuttgart: Enke 1952. (XII + 535 S. m. Abb.) gr. 8°. DM 56,—.

E₆. Pharmakologie. Therapie. Toxikologie. Hygiene.

Hugh A. Frank, T. Newlin Hastings und **T. W. Brophy**, *Flüssigkeits- und Elektrolytversorgung bei chirurgischen Fällen in der Kinderheilkunde.* Die Schwierigkeit der parenteralen Flüssigkeitsbehandlung wird besprochen. Bes. in der Kinderheilung ist eine sorgfältige differenzierte Berechnung der Flüssigkeitszufuhr unbedingt erforderlich. Hierfür wird in mehreren Tabellen der Bedarf an W., Na u. K, sowie die Zus. parenteral u. per os zu verabfolgender Lsgg. angegeben. (Western J. Surgery, Obstetr. Gynecol. 60. 25—31. Jan. 1952. Los Angeles, Children's Hosp.) HEINZE. 4600

Bernard Levine, *Anwendung von Helium bei der perirenalen Insufflation.* (Vorl. Mitt.) Die Anwendung von *Helium* als Röntgenkontrastmittel für die Nieren führt zu erheblich deutlicheren Bildern als Luft. Nebenwirkungen wurden an 8 untersuchten Fällen nicht beobachtet. (J. Urology 67. 390—92. März 1952. New York, Beth Israel Hosp.) KRUSEN. 4601

Shelley N. Chou, J. Bradley Aust, William T. Peyton und George E. Moore, *Radioaktive Isotope in der Lokalisierung intracranieller Läsionen.* Vor- u. Nachteile der Lokalisierung von Hirnläsionen mit ^{32}P, ^{42}K, ^{131}J (Dijodfluorescein) u. bes. radioakt. jodiertem menschlichen Serumalbumin (RIHSA) werden erörtert. (A. M. A. Arch. Surgery 63. 554—60. Okt. 1951. Minneapolis, Univ. of Minnesota, Med. School.) BROSEMANN. 4601

Harold F. Berg, *Lokalisation der Radioaktivität von kolloidalem* ^{198}*Gold.* (Vorl. Mitt.) Koll. ^{198}*Au* (Teilchengröße 0,003—0,004 μ; Konz. 200 mC/12—13 cm³ = 54 mg metall. Au; Halbwertszeit 2,73 Tage; maximale Energie der β-Strahlen 0,97 MeV, der γ-Strahlen 0,44 MeV; ^{198}Au kann ohne Aktivitätsverminderung im Autoklaven sterilisiert werden) wurde bei Hunden nach Applikation von je 5 mC in folgender Reihenfolge gespeichert: 1. intravenös (u. in linke Nierenarterie): Leber, Milz (linke Niere); 2. in Milzarterie u. -vene: Leber, Pankreas; 3. intrapleural: Pleura, Leber, Lunge, Milz; 4. intraperitoneal: Omentum, Peritoneum; 5. intravesikal: Harnblase. ^{198}Au ging nur in Spuren auf einen Föten über. Bei einem 7jährigen Jungen mit malignem Lebertumor war ^{198}Au (60 mC intravenös) kaum in dem Tumor vorhanden. (A. M. A. Arch. Surgery 63. 545—53. Okt. 1951. Louisville, Ky., Univ., School of Med., u. Oak Ridge, Inst. of Nucl. Stud.) BROSEMANN. 4601

Donald F. Farmer, Clifford P. Sullivan und William B. Sullivan, *Die Anwendung der Blutbestrahlung (Technik nach Knott) bei Augeninfektionen.* Vff. berichten über günstige Beeinflussung verschied. infektiöser Augenkrankheiten durch ultraviolette Bestrahlung des Blutes. Dem Patienten wird 1,5 cm³ pro pound theoret. Blutmenge aus einer Vene entnommen, in einem Vakuumgefäß mit *Natriumcitrat*-Lsg. gemischt u. dieses Citratblut im „*Hämo-Irradiator*" nach KNOTT durch ein Quarzfenster mit UV-Licht bestrahlt. Dann wird das bestrahlte Blut wieder in die Vene eingeführt. Unterss. bei *Iridocyclitis*, *Uveitis* u. a. ergaben mitunter Überlegenheit dieser Therapie gegenüber Behandlungen mit *Cortison*. Kombinierte Therapie wird außerdem empfohlen. — Krankenberichte. (Ind. Med. Surgery 21. 183—85. April 1952. Chicago.) REUSSE. 4601

Albrecht Struppler, *Ein Beitrag zur Frage der Thorotrastschädigung.* Das allg. Problem der möglichen Strahlenschädigung durch *Thorotrast* wird diskutiert, wobei auf die lange Halbwertszeit für die α-Radioaktivität bes. hingewiesen wird. Vf. beschreibt einen typ. Fall einer Spätschädigung, bei dem nach einer Latenzzeit von 21 Jahren als Folge einer Arteriographie der Carotiden mit Thorotrast ein Granulom im linken Kieferwinkel auftrat. Das gesamte Krankheitsbild (Th-Geh. von Leber u. Milz, deutliche Schwächung des reticulo-endothelialen Syst.) wird als Folge einer lokalen Depotwrkg. u. einer allg. Strahlenschädigung der Speicherorgane gedeutet. (Dtsch. med. Wschr. 77. 311—12. 7/3. 1952. München, Univ., II. Med. Klinik.) REUSSE. 4601

P. Genaud, *Die radioaktiven Gifte.* Es werden die schädigenden Wirkungen der radioakt. Strahlen besprochen, die bei akuten Vergiftungen meist über schwere Anämie zum Tode führen oder bei Überlebenden zu Krebs, Sterilität u. Kurzlebigkeit führen können. Es wird auf die Prophylaxe, Arbeitshygiene u. auf die Möglichkeit krimineller Ausnutzung hingewiesen. (Ann. Méd. légale Criminol. 31. 167—69. April 1951.) KRAFT. 4601

Thomas C. Butler, *Entmethylierung des 3-Methyl-5-äthyl-5-phenylhydantoins (Mesantoin) im Stoffwechsel.* Die Verteilungskoeffizienten für *Mesantoin* (I) betragen z. B. *Bzl./Pufferlsg.* p_H *6*: 40; *Äther/Pufferlsg.* p_H *6*: 26 u. für *Nirvanol* (II) 0,3 bzw. 8, so daß auf dieser Grundlage eine Trennung möglich ist. Bei 30° sind von *d-Nirvanol* in W. 0,22 mg/Liter lösl., von *dl-Nirvanol* 0,66 mg/Liter. Hunde erhielten I intramuskulär in *Propylenglykol* u. II intravenös, bzw. auch beide oral. I wurde an Menschen oral gegeben. Im Urin erschien bei Mensch u. Hund nach I- oder II-Gabe ausschließlich II, beim Hund im wesentlichen dl unter leichtem Überwiegen der *l*-Form, beim Menschen im wesentlichen *l*-Form. Da beim Hund die Ausbeute an II im Urin gleich groß ist, gleichgültig ob ursprünglich I oder II gegeben wurde, dürfte I im Organismus vollständig entmethyliert werden. (J. Pharmacol. exp. Therapeut. 104. 299—307. März 1952. Chapel Hill, Univ. of North Carolina, Dep. of Pharmacol.) JUNG. 4607

E. Ruckensteiner und A. Winkler, *Über das Auftreten von blasenbildenden Hauterscheinungen durch Rhus toxicodendron (Poison Ivy) in Tirol.* Vff. beschreiben an Hand eines Tiroler Falles von *Rhus*-Dermatitis den Verlauf dieses Krankheitsbildes, das wegen seiner Seltenheit als solche zunächst nicht erkannt worden war u. gefährliche Form angenommen hatte. Dadurch veranlaßt wurden Verss. mit Extrakten aus *Giftsumach* zur Klärung der Wrkg. gemacht. Interessant ist der phas. Verlauf. Zunächst treten örtliche Erscheinungen auf, die nach einigen Tagen abklingen. Nach einem Intervall tritt an der Kontaktstelle eine neue u. stärkere Rk. auf, die sich auch auf andere Körperteile ausbreiten kann. Zur Behandlung eignete sich bes. *Ascorbinsäure*, während Antihistaminica nach Ausbruch der Erscheinungen wirkungslos blieben. Nach Kontakt mit dem Gift kann ein Ausbruch vermieden werden durch sofortiges Waschen mit Seife oder mit Alkohol. (Z. Haut- u. Geschlechtskrankh. **12**. 485—494. 15/6. 1952. Innsbruck, Univ., Klinik für Dermatologie u. Syphilidologie.) BERGER. 4608

Boris Serebro, *Tägliche orale prophylaktische Sulfadiazintherapie. Ihre Wirkung auf zirkulierende Leukocyten. Sulfanilamid* erhöht in therapeut. Dosen sowohl das Verhältnis Polymorphe:Lymphocyten als auch das reziproke Gleichgewicht dieser Zellen; diese Veränderungen weisen auf Leukocytenzerstörung hin. Dagegen erzielt prophylakt. *Sulfadiazin*-Therapie (0,25—0,5 g/Tag) eine Umkehr des Verhältnisses Polymorphe:Lymphocyten ohne anomale Abnahme der Gesamtzahl der weißen Blutkörperchen u. eine relative Lymphocytose. (South African med. J. **26**. 317. 12/4. 1952. Johannesburg.) ITZEROTT. 4610

A. T. Roy, *Suspension von Diaminodiphenylsulfon bei Lepra.* Die Anwendung einer 20%ig. Suspension von *4.4'-Diaminodiphenylsulfon* (*DDS*; *DADPS*) in Erdnuß-, Hydnocarpus- u. raffiniertem Cocosnußöl bei 140 Leprakranken (Dosis: 1 cm^3 = 0,2 g 2mal/Woche, subcutan, 1 Jahr lang) führte bei 74,1% der Fälle zu einer Besserung, wobei sich eine ausgesprochene Depotbldg. feststellen ließ. Die Ergebnisse sind in 2 Tabellen, nach Geschlechtern getrennt, zusammengefaßt. (Leprosy Rev. **23**. 73—79. April 1952.) R. KÖNIG. 4610

H. Hurni, *Die Wirkung von Chaulmoograöl allein und kombiniert mit PAS oder Tb I auf die experimentelle Mäusetuberkulose.* Bei in vitro-Verss. mit Tuberkelbacillen, in denen die Wachstumshemmung durch *Chaulmoograöl* (I) allein u. mit unterschwelligen Konzz. von *PAS*, *Tb I* u. *Streptomycin* erfolgt, erwies sich die Kombination von PAS mit I als wirksam. Bei der Prüfung in vivo zeigte I allein u. kombiniert mit PAS oder Tb I keine Wrkg. auf den Verlauf der experimentellen Mäusetuberkulose. (Schweiz. med. Wschr. **82**. 685—86. 28/6. 1952.) GOHR. 4610

Ezra V. Bridge und Gerald N. Hofmann, *Tuberkulöse Meningitis vortäuschende Reaktion auf p-Aminosalicylsäure.* Vff. berichten über einen Fall, bei welchem oral verabreichte *PAS* Fieber, Kopfschmerz, steifen Nacken u. ein Ansteigen der Zellzahl in der Cerebrospinal-Fl. hervorrief. (Amer. Rev. Tubercul. **64**. 682—85. Dez. 1951. Cannon Falls, Minn., Mineral Springs Sanatorium.) RUTKOWSKI. 4610

A. Ravina, *Die Hydrazinderivate der Isonicotinsäure bei der Behandlung der experimentellen und menschlichen Tuberkulose.* In dieser Arbeit gibt Vf. einen Überblick über die neueste amerikan. Literatur über die Ergebnisse der Tuberkulosebehandlung mit den Hydrazinderivv. der Isonicotinsäure. Im einzelnen werden die Arbeiten von BERNSTEIN, STEENKEN u. WOLINSKY, BENSON, STEFKO u. ROE, RUBIN u. Mitarbeiter, ELMENDORF, ROBITZECK u. SELIKOFF aus der April-Ausgabe der „American Review of Tuberculosis" referiert. (Presse méd. **60**. 764—65. 21/5. 1952. Paris.) BERGER. 4610

W. Schröder, *Das Friedmann-Mittel und „Utilin" — nicht das „Friedmann-Mittel Utilin". „Utilin"* u. das *Friedmann-Mittel* stellen bakteriolog. 2 völlig verschied. Lebendkulturen dar. Ihre klin. Prüfung als Tuberkulosebekämpfungsmittel soll erneut erfolgen. (Tierärztl. Umschau **7**. 201—03. Juni 1952. Hamburg.) ITZEROTT. 4610

C. R. Robinson, *Cetrimid und Ps. pyocyanea-Infektion.* Eine 1%ig. Lsg. von *Cetrimid* (I) in 70% A. bewirkte bei Pseudomonas-pyocyanea-Infektion Sterilität der Haut innerhalb von 2 Minuten. Die Organismen blieben in vitro in einer I-Salzlsg. mindestens 15 Min. am Leben. Die Wrkg. von I auf den Bacillus scheint demnach vom Lösungsm. abhängig zu sein. (Lancet **262**. 163. 19/1. 1952. London, St. George's Hosp., Med. School, Bacteriol. Dep.) DOSSMANN. 4610

Helmuth Sikorski, *Die Behandlung der Syphilis mit Spirotrypan.* Es wurde über die therapeut. Erfahrung mit dem Antisyphiliticum *Spirotrypan* bei der Behandlung von 106 Patienten berichtet. Nach den Erfahrungen des Vf. besitzt das Präp. eine gute therapeut. Wirkungsbreite vor allem bei Neurolues. Seine gute Verträglichkeit wird bes. hervorgehoben. Bei salvarsanresistenten Fällen wird eine Kombination von Spirotrypan mit künstlicher Fieberbehandlung angeraten. (Dtsch. med. Wschr. **77**. 214—15. 15/2. 1952.) GOHR. 4610

A. M. Beemer und **B. A. Dormer**, *Bakterielle Empfindlichkeit für antimikrobielle Agentien. Eine Warnung gegen übermäßige Verschwendung von Antibioticis und chemotherapeutischen Substanzen.* Vf. gibt eine Meth. an, die es dem Kliniker innerhalb 48 Std. erlaubt, Bakterien auf ihre Empfindlichkeit gegen Antibiotica u. chemotherapeut. Substanzen zu prüfen, um dadurch das geeignete Therapeuticum in entsprechender Dosierung verordnen zu können. (South African med. J. **26**. 311—13. 12/4. 1952. Durban, C. S. I. R. Tuberculosis Res. Unit., King George V. Hosp.) ITZEROTT. 4610

Harry F. Dowling, Mark Lepper, Eston R. Caldwell und **Harold W. Spies**, *Staphylokokkenendokarditis: Analyse von 25 mit Antibioticis behandelten Fällen, zusammen mit einer Übersicht über die neuere Literatur.* Unter Hinweis auf neuere Veröffentlichungen (49 Literaturzitate) besprechen Vff. eingehend 25 Fälle von Staphylokokkenendokarditis, die mit Antibioticis [*Penicillin* (I), *Streptomycin*, *Aureomycin*] behandelt wurden, wobei es gelang, 13 Patienten zu heilen. Zweckmäßig wird mit intramuskulären Injektionen von 1000000 E. I in 2std. Intervallen begonnen. Die weitere Dosierung sollte mindestens das 4fache der minimalen Hemmungskonz. im Blut betragen. Bei bestehender I-Resistenz müssen andere Antibiotica, gegebenenfalls in Kombination, Anwendung finden. (Medicine **31**. 155—76. Mai 1952. Illinois, Univ., Coll. of Med., Dep. of Med.) R. KÖNIG. 4611

Paul A. Bunn und **George Peabody**, *Behandlung der Pneumokokkenmeningitis mit großen Dosen von Penicillin. Eine Reihe von zwanzig aufeinanderfolgenden Fällen.* Bericht über 20 Patienten mit Pneumokokkenmeningitis, von denen 15 mit hohen Dosen *Penicillin* geheilt werden konnten. Als Dosis werden 1000000 E. alle 2 Std., mindestens 1 Woche lang, vorgeschlagen. Zusätzliche Verwendung von Sulfonamiden oder Aureomycin bringt keine weiteren Vorteile. (A. M. A. Arch. intern. Med. **89**. 736—42. Mai 1952. New York, State Univ., Syracuse Coll. of Med., Dep. of Med.) R. KÖNIG. 4611

Ada Propers, *Über Osteomyelitis im frühen Kindesalter.* Vf. konnte in 26 Fällen von Osteomyelitis im Säuglingsalter durch täglich 100000—200000 E. *Penicillin* 7—34 Tage lang Heilung oder deutliche Besserung erzielen. (Arch. Kinderheilkunde **144**. 223—36. 1952. Bochum, Provinzial-Säuglings- u. Kinderklinik.) KRUSEN. 4611

Fritz Fühner, *Zur Frage der antibiotischen Leptospirosebehandlung.* Für *Penicillin* als antibiot. Leptospirosemittel werden Richtlinien für Behandlungsbeginn, die Art der zu behandelnden Fälle, nötige Dosierung u. klin. Bewährung auf Grund bakteriolog. Unterss. u. klin. Unterlagen zusammengestellt. *Aureomycin* zeigte nach den wenigen erprobten Fällen ebenfalls gute Wirkung. Bzgl. der Resistenzbest. zeigten 2 frisch gezüchtete, noch virulente WEIL-Stämme 10fach geringere Penicillinresistenz als alte Laboratoriumsstämme. Abgesehen von einer schwach baktericiden Wrkg. von Penicillin bei Überdosierung erzielte eine n. therapeut. Dosis in vitro nur eine Wachstumshemmung. (Dtsch. Z. Verdauungs- u. Stoffwechselkrankh. **12**. 82—90. April 1952. Hamburg, Hygien. Inst., Medizinalunters.-Anstalt.) ITZEROTT. 4611

Richard D. Hahn, unter Mitarbeit von: **Bernard I. Lewis, Richter H. Wiggall** und **Ernest S. Cross jr.**, *Die Behandlung von Neurosyphilis mit Penicillin und mit Penicillin plus Malaria.* Das Ziel der Arbeit besteht in der Unters. der therapeut. Wirksamkeit von *Penicillin* (I) bei den verschied. Formen der Neurosyphilis. 589 Fälle; davon wurden 479 mit I allein, 110 mit I + *Malaria* (II) behandelt. In allen Fällen wird der Liquor durch I inaktiv. Zusätzliche II-Therapie bringt keine Vorteile. I allein ist die Therapie der Wahl bei den Syphilisformen, die durch Pupillenstarre gekennzeichnet sind. Bei Sehnervenatrophie ist I + II indiziert. Nach I-Therapie sind HERXHEIMER-Rkk. häufig, aber ernsthafte Nebenwirkungen treten nur bei Parese u. Taboparalyse auf. Bei Parese u. den paret. Komponenten der Taboparalyse ist I allein indiziert. In allen anderen Fällen sind die Ergebnisse nicht eindeutig. (Amer. J. Syphilis, Gonorrhea, vener. Diseases **35**. 433—70. Sept. 1951. Baltimore, Md., Johns Hopkins Hosp. u. Univ.) DOSSMANN. 4611

Rowland V. Rider, *Untersuchung von penicillinbehandelten frühen Syphilisfällen mit Vorbehandlung cerebrospinaler Anomalitäten.* Nach den Akten der CENTRAL STATISTICAL UNIT über 21528 Fälle von Frühsyphilis wurde festgestellt, daß bei 85% n. Zus. der cerebrospinalen Fl. vorlag. Die Abweichungen von der Norm nehmen mit höherem Lebensalter zu. Der Begriff „normal" wird definiert. Bzgl. Rasse u. Geschlecht schälen sich bei n. u. anomalem Liquor keine Unterschiede heraus. Auf prim. Syphilis entfallen 37% mit n. u. 27% mit anomalem Liquor, letzterer stellt keine ungünstige Prognose für die mit Penicillin zu behandelnde Frühsyphilis dar. Wie der Liquortest nach abgeschlossener Kur auszuwerten ist, bedarf noch der Untersuchung. (Amer. J. Syphilis, Gonorrhea, vener. Diseases **35**. 471—74. Sept. 1951. Baltimore, Md., Johns Hopkins Univ.) DOSSMANN. 4611

Evan W. Thomas, Charles R. Rein, Simeon Landy und Delmas K. Kitchen, *Ergebnisse der Behandlung der Frühsyphilis mit einer einmaligen Injektion von Procain-Penicillin G in Öl und Aluminiummonostearat.* 97 Fälle, die bis zu 2 Jahren beobachtet wurden, erhielten eine einmalige Dosis von $1{,}2 \cdot 10^6$ E. *Procain-Penicillin G + Al-Monostearat* (I), die für die meisten Fälle mit seronegativer u. -positiver prim. Syphilis ausreichend war. Für sek. Syphilis sind nach Literaturangaben mindestens $2{,}4 \cdot 10^6$E. notwendig. Vff. standen zur Auswertung mit der hohen Dosis I nur 22 Fälle zur Verfügung, davon 12 mit sek. Syphilis. Das Ergebnis läßt keinen bindenden Schluß zu. (Amer. J. Syphilis, Gonorrhea, vener. Diseases **35.** 475—78. Sept. 1951. New York, N. Y., Post-Graduate Med. School, u. Bellevue Hosp.) DOSSMANN. 4611

Walter H. Sheldon, Albert Heyman und Lilian D. Evans, *Hervorrufung von Herxheimer-ähnlichen Reaktionen bei Kaninchen mit Spirillum minus-Infektionen durch Verabreichung von Penicillin oder Immunserum.* Mit Spirillum minus infizierten Kaninchen wurde *Penicillin* (I) injiziert, um die HERXHEIMER-Rk. hervorzurufen, die bei ca. 28 % der Patienten mit Rattenbißkrankheit nach Behandlung mit *As* oder I auftritt. Die Unterss. zeigen, daß es durch Verabreichung von I oder spezif. Immunserum gelingt, eine entzündliche Rk. bei den Tieren hervorzurufen, wie sie auch bei experimenteller Syphilis entsteht. Diese im Tiervers. erzielten Veränderungen gleichen offenbar den Vorgängen, wie sie bei Patienten mit Rattenbißkrankheit bei spirillicider Therapie auftreten. (Amer. J. Syphilis, Gonorrhea, vener. Diseases **35.** 411—15. Sept. 1951. Atlanta, Ga., Emory Univ., School of Med., u. Grady Mem. Hosp.) DOSSMANN. 4611

G. A. C. Summers, *Die Verteilung penicillinresistenter Staphylokokken unter ambulanten Patienten.* Verss. zur Klärung der Frage, ob Klinikaufenthalt die Entw. der *Penicillin* (I)-Resistenz begünstigt. 568 ambulante a) u. 426 Klinikpatienten b); I-resistente Fälle: a) 24, b) 50 %. Die meisten resistenten Fälle wurden in der Hals-, Nasen-, Ohrenpoliklinik beobachtet, die wenigsten in der Unfallstation. Je häufiger während der Behandlung der Kontakt mit der Klinik war, um so größer war der %-Satz der resistenten Fälle. Bei offenen Wunden ist im Vgl. zu geschlossenen das Verhältnis der Resistenz 37 : 6 %. Bereits früher durchgeführte I-Kuren beeinflussen die Ausbldg. der Resistenz. (Lancet **262.** 135—37. 19/1. 1952. Oxford, Radcliffe Infirmary.) DOSSMANN. 4611

D. Janke, *Penicillinbedingte Krankheitserscheinungen an Haut, Schleimhaut, Prostata und Nebenhoden nach Sensibilisierung durch hefeähnliche Pilze (Gruppe Candida).* Bericht über 11 Fälle (Prostatitis, Epididymitis, Lingua nigra, Exazerbationen mykot. Herde, Salvarsandermatitis) von *Penicillin* (I)-Rkk. nach vorhergegangener spontaner Sensibilisierung durch hefeähnliche Pilze der Gruppe Candida. In vitro-Verss. ließen eine indirekte Stimulierung durch I infolge der Unterdrückung der bakteriellen Begleitflora erkennen. Dieser Befund wurde durch Unterss. am Menschen (Filternutschenabsaugverf.) bestätigt. Vf. betrachtet diese mikrobakteriellen Vorgänge als Ursache der geschilderten Erkrankungen. Auf das neuere Schrifttum wird hingewiesen, wobei die Bedeutung der intracutanen Testung in Herdnähe hervorgehoben wird. (Dermatol. Wschr. **125.** 525—34. 1952. Marburg/Lahn, Univ., Hautklinik.) R. KÖNIG. 4611

A. Yuval, *Reaktion auf Procain-Penicillin.* Bericht über 1 Patienten, der nach intramuskulärer Injektion von $3 \cdot 10^5$ E. *Procain-Penicillin* in 2 ml Salzlsg. zu stöhnen anfing u. bewußtlos wurde. Nach intracardialer *Adrenalin*-Injektion konnte der Zustand wieder behoben werden. (Lancet **262.** 163. 19/1. 1952. Ramat Gan, Israel.) DOSSMANN. 4611

E. Hoen, *Anaphylaktische Reaktion nach intrathekaler Penicillingabe. (Kasuist. Beitrag.)* Es wurde über den letalen Verlauf einer eitrigen Meningitis, die mit 5 intralumbalen *Penicillin*-Injektionen behandelt wurde, berichtet. Am 14. Krankheitstag kam es zu zentralen Atemstörungen unter ton.-klon. Krämpfen u. Versagen des Kreislaufes zum Exitus. Vf. nimmt an, daß es sich um eine anaphylakt. Rk. nach voraufgegangener Sensibilisierung gegenüber Penicillin gehandelt hat. Er bespricht krit. die Indikation zur intrathekalen Penicillinapplikation. (Dtsch. med. Wschr. **77.** 204—06. 15/2. 1952.) GOHR. 4611

Ph. Erlacher, *Die moderne Behandlung der Knochen- und Gelenktuberkulose.* Vf. fordert Tuberkuloseprophylaxe durch obligator. BCG-Impfung, intensive medikamentöse Bekämpfung der Lungenfrühinfiltrate, beginnende Gelenkinfektion durch Lokalbehandlung u. tuberkulöse Herde durch Ausräumung unter *Streptomycin*-Schutz zu beseitigen. (Wiener med. Wschr. **102.** 159—62. 1/3. 1952. Wien, Orthopäd. Spital Neue Hofburg.) KRUSEN. 4611

Ferdinand May, *Chemotherapie der Urogenitaltuberkulose.* Überblick über die Erfahrungen mit *Streptomycin* (I), *Conteben* (II) u. *PAS* (III) u. ihre Wirkungsweise

Vf. wendet I als Schutz bei Operationen u. bei kurz dauernder Behandlung an, II u. III bei allen lang dauernden Erkrankungen. Besprochen wird die Indikationsstellung bei Frühfällen u. die Behandlung doppelseitiger, Blasen- u. Genitaltuberkulose. Betont wird das gute Ansprechen von Schleimhautprozessen auf I, II u. III. Angabe der Dosierung. (Therap. d. Gegenwart **90.** 336—42. Sept. 1951. München, Städt. Urolog. Krankenhaus.) DOSSMANN. 4611

Walfried Oberbauer, *Zur Behandlung des Keuchhustens mit Streptomycin und Aureomycin.* Bei 45 mit täglich 50 mg *Streptomycin* je kg Körpergewicht u. 31 mit der gleichen Dosierung *Aureomycin* behandelten Säuglingen u. Kindern mit Keuchhusten konnte gegenüber 64 Kontrollen eine deutliche Verkürzung des Stadium convulsivum u. wesentliche Herabsetzung von Schwere u. Zahl der täglichen Anfälle erzielt werden. Komplizierende Encephalopathien verschwanden in wenigen Tagen. Nebenerscheinungen traten nur vereinzelt auf. — 38 Literaturangaben. (Arch. Kinderheilkunde **144.** 236—51. 1952. Graz, Univ., Kinderklinik, Infektionsabt.) KRUSEN. 4611

John H. McClement, Attilio D. Renzetti jr., Douglas Carroll, Aaron Himmelstein und **Andre Cournand,** *Cardiopulmonale Funktion bei hämatogener Lungentuberkulose von mit Streptomycin behandelten Patienten.* Die vor der Behandlung der Miliartuberkulose mit *Streptomycin* (I) vorhandene Störung des O_2-Transportes in der Lunge wird durch I gebessert. (Amer. Rev. Tubercul. **64.** 583—601. Dez. 1951. New York City, Columbia Univ., Coll. of Phys. and Surg., Dep. of Med., u. Bellevue Hosp.) RUTKOWSKI. 4611

A. S. Walker und Edith Whetnall, *Taubheit durch Dihydrostreptomycin.* Bericht über 3 Fälle mit Tuberkulose, bei denen nach Verabreichung von *Dihydrostreptomycin* Ertaubung eintrat. Diese Erscheinung wurde mit *Streptomycin* (I) nur bei Meningitis beobachtet; neuerdings gelang es, die bei dieser Krankheit durch I entstehende Taubheit mit Hörübungen erfolgreich zu bekämpfen. (Lancet **262.** 159. 19/1. 1952. London.) DOSSMANN. 4611

Raymond C. V. Robinson und William P. Galen, *Aureomycin bei der Behandlung der Gonorrhöe des Mannes, weitere Beobachtungen.* 13 Fälle mit Gonorrhöe erhielten eine einmalige Dosis von 0,5—0,75 g *Aureomycin* (I), 7 wurden mit dieser Dosis nicht geheilt. Der Heilungserfolg bei einer einmaligen Dosis von 1,0, 1,5 oder 2,0 g I betrug bei 120 Patienten 79 %. Es wurde also nicht der %-Satz von 95 % wie bei Verabreichung von 75000 E. *Procain-Penicillin* in Öl erreicht. (Amer. J. Syphilis, Gonorrhea, vener. Diseases **35.** 488—89. Sept. 1951. Baltimore, Md., Johns Hopkins Hosp., u. Univ.) DOSSMANN. 4611

Hanns Kreuziger und **Günther Hildebrandt,** *Über die Wirkungsbreite von Terramycin.* Nach einer Besprechung der chem. u. physiol. Eigg. sowie der therapeut. Anwendbarkeit von *Terramycin* schildern Vff. ihre eigenen klin. Erfahrungen. Danach erwies sich das Präp. als wertvoll für die Behandlung von Bronchopneumonie, Infektionen der Harnwege, Rickettsio-Infektionen u. Paramyeloblasten-Leukämie. Weniger gut waren die Erfahrungen bei Sepsis, hämolyt. Streptokokkenmeningitis, Meningokokkenmeningitis, Colitis ulcerosa u. Parotitis epidemica. Die Verträglichkeit war im allg. gut. (Dtsch. med. Wschr. **77.** 210—14. 15/2. 1952.) GOHR. 4611

J. C. Gould, J. G. Macleod und J. Dermot O'Flynn, *Terramycin bei der Behandlung von Infektionen der Harnwege.* Behandlungsverss. an 25 Patienten, die an Infektionen der Harnwege erkrankt waren, ergaben, daß *Terramycin* (I) nicht als das Mittel der Wahl bezeichnet werden darf u. nur genommen werden sollte, wenn die Kranken auf andere Therapeutica nicht ansprechen. Klin. waren die Ergebnisse zwar befriedigend, bakteriolog. aber enttäuschten sie. Auffallend war, daß sich rasch eine I-Resistenz ausbildete. (Brit. J. Urol. **24.** 138—45. Juni 1952. Edinburgh, Univ., Dep. of Bacteriol., Med. and Surg.) R. KÖNIG. 4611

Louis T. Wright, Aaron Prigot, James C. DiLorenzo, James C. Whitaker und **Milton Marmell,** *Orales Terramycin bei der Schnellbehandlung von Gonorrhöe und anderen venerischen Krankheiten.* 177 Männer mit akuter Urethritis gonorrhoica wurden oral mit *Terramycin* (I) behandelt. Heilungserfolg 92,6 %. 13 Recidive, 1 Versager. Verabreicht wurde 2 mal 0,5 g im Abstand von 6 Stunden. 20 Fälle mit Lymphogranuloma venereum u. 11 Fälle mit Granuloma inguinale wurden gleichfalls erfolgreich mit I ohne Rückfälle behandelt. Nebenwirkungen waren nie so ausgesprochen, daß die Therapie hätte abgesetzt werden müssen. (Amer. J. Syphilis, Gonorrhea, vener. Diseases **35.** 490—95. Sept. 1951. New York, N. Y., Harlem Hosp.) DOSSMANN. 4611

Meyer L. Niedelman, Harold E. Pierce jr., Louis D. Hoffstein und Walter V. Matteucci, unter Mitarbeit von **Mary E. Roecker und Dorothy H. Klinedinst,** *Terramycin bei der Behandlung von Schanker, Lymphogranuloma venereum und Granuloma inguinale.* Behandlung mit *Terramycin* (I) ergab: 4 Fälle mit Schanker, Heilung innerhalb von

1—4 Wochen, die Dosis betrug 1 g 6stündlich, 5 Tage lang; 6 Fälle mit Lymphogranuloma venereum, 1 Versager, Dosis 1 g 6stündlich, 10 Tage. I ist bei Frühfällen wirksamer als bei späten Manifestationen; 6 Fälle Granuloma inguinale, 1 Versager u. 1 Fall, dessen Läsionen innerhalb von 4 Monaten noch nicht geheilt waren, Gesamtdosis 40 g. Allg. gute Verträglichkeit von I. (Amer. J. Syphilis, Gonorrhea, vener. Diseases 35. 482—87. Sept. 1951. Philadelphia, Pa., General Hosp.) DOSSMANN. 4611

Harry M. Robinson und Harry M. Robinson jr., *Terramycin bei der Syphilisbehandlung. Bericht über 5 Fälle.* 4 Patienten mit früher Hautsyphilis erhielten oral *Terramycin*, insgesamt 48 g. Alle 4 wurden seronegativ, 1 Recidiv. Ein 5. Fall, der die gleiche Therapie erhielt, starb an FRIEDLÄNDER-Pneumonie. (Amer. J. Syphilis, Gonorrhea, vener. Diseases **35.** 479—81. Sept. 1951. Baltimore, Md., Univ. of Maryland.) DOSSMANN. 4611

E. M. Bavin, A. S. Beach, R. Falconer und Rosa Friedmann, *Nisin bei experimenteller Tuberkulose.* Die Wrkg. von *Nisin* (I), das durch Streptococcus lactis erzeugt wird, wurde in vitro an einer Reihe von Organismen mit der von *Penicillin G* (II) u. *Streptomycin* (III) verglichen. Es ergab sich, daß im Hinblick auf Microbacterium tuberculosis (M.t.) I dem III gleichwertig, aber verglichen mit II gegenüber den meisten grampositiven Bakterien unterlegen ist. Im Tiervers. an Mäusen die, mit M.t. infiziert wurden, war die intraperitoneale u. orale I-Medikation, verglichen mit III u. *PAS*, wertlos. Bei Meerschweinchen gelang es prakt. nicht, den zur Bekämpfung der M.t.-Bacillen notwendigen I-Spiegel im Blut aufrecht zu erhalten. Die letale I-Dosis liegt bei 100 mg/kg bei intravenöser Verabreichung. Die I-Wirkungen auf Atmung, isoliertes Herz, Uterus u. Ileum werden beschrieben. (Lancet **262.** 127—29. 19/1. 1952. Loughborough, Fisons Res. Labors.) DOSSMANN. 4611

Howard G. Reiser, Richard Patton und L. C. Roettig, *Tryptisches Debridement nekrotischen Gewebes. Tryptar* (Trypsinpräp. der ARMOUR LABORR.) wurde als Puder oder Verband bei fibrinopurulenten Prozessen erfolgreich angewandt. Schnelle trypt. Wrkg., keine Nebenwirkungen bei oberflächiger, gegebenenfalls histaminähnliche Rkk. beim Beginn innerer Anwendung. (A. M. A. Arch. Surgery **63.** 568—75. Okt. 1951. Columbus, O., Ohio State Univ., u. White Cross Hosp.) BROSEMANN. 4614

A. C. LaBoccetta und K. E. Dawson, *Priscolin bei akuter Poliomyelitis. Klinische Beobachtung von 71 Patienten. Priscolin* (I; CIBA, Pharmaceutical Products, Summit, N. J.) = *Benzylimidazolinhydrochlorid* wurde an 72 Patienten mit akuter Poliomyelitis mit Muskelschmerzen u. Krämpfen verabreicht. I-Dosierung angepaßt an Alter u. Schmerzen, maximal 100 mg oral u. 75 mg intramuskulär. Völlige Erleichterung bei 27 % der Patienten, teilweise bei 37 %, ohne Wrkg. 37 %. (J. Amer. med. Assoc. **148.** 1083—88. 29/3. 1952. Philadelphia, Hosp. for Contageons Diseases.) DOSSMANN. 4621

Walter Hamburger, *Beobachtungen über das Auftreten von Cliradonsucht.* **Vf.** beschreibt 3 Fälle von *Cliradon*-Mißbrauch. Entsprechend seiner chem. Verwandtschaft zum *Morphin* wird auch bei *Cliradon* die Dosis mit der Zeit erheblich gesteigert, u. es treten ähnlich schwere Entziehungserscheinungen auf. Vf. fordert daher Unterstellung unter das Betäubungsmittelgesetz. (Münchener med. Wschr. **94.** 939—41. 2/5. 1952. Regensburg, Heil- u. Pflegeanst.) DAUTZENBERG. 4621

Edward W. Pelikan und Klaus R. Unna, *Die funktionelle Bedeutung der quartären Stickstoffatome im 1.2.3-Tris-[diäthylaminoäthoxy]-benzoltriäthyljodid (Flaxedil): eine Untersuchung zur Frage Struktur und Wirksamkeit.* Vgl. der Wirksamkeit des *Flaxedils* (I), des *2.6-Bis-[diäthylaminoäthoxy]-benzophenondiäthyljodids* (*SKF 2015*) (II) u. des *Tubocurarins* (III) ergibt, daß II in seinen Eigg. qualitativ I u. III entspricht. Seine Wirksamkeit liegt zwischen der des I u. III. Auf Grund dieser Feststellung wird vermutet, daß die Gruppe in 2-Stellung des I lediglich eine ster. u. keine spezif. funktionelle Bedeutung hat. Durch ihre Ggw. erhalten die Gruppen in 1- u. 3-Stellung den optimalen Abstand. (J. Pharmacol. exp. Therapeut. **104.** 354—62. März 1952. Chicago, Univ. of Illinois, Coll. of Med., Dep. of Pharmacol.) JUNG. 4628

Ewart A. Swinyhard, Lawrence C. Weaver und Louis S. Goodman, *Wirkung von Leberschädigung und Nephrektomie auf die krampfhemmende Wirksamkeit einiger klinisch nützlicher Hydantoine.* An Ratten wurde die ED_{50} als Schutzdosis gegenüber der ton. Extensorkomponente des Elektroschocks unter Behandlung mit *5.5-Diphenylhydantoin-Na* (*Dilantin-Na*) (I), *5-Thienyl-5-phenylhydantoin-Na* (*Thiantoin-Na*) (II) u. unter *5-Äthyl-5-phenyl-3-methylhydantoin* (*Mesantoin*) (III) bestimmt. I u. II wurden als solche, III in *Propylenglykol* intraperitoneal gegeben. Einmalige subcutane Gabe von 1 ml CCl_4 führt innerhalb 36—48 Std. die zum Test verwandte Leberschädigung herbei. Die Wrkg. von I wird durch eine solche etwa verdreifacht (Sinken der Schutzdosis von 29,3 mg/kg auf 6,7 mg/kg), Nephrektomie beeinflußt sie dagegen nicht. Beide Eingriffe sind ohne Einfl. auf die Dauer der Wirkung. Leberschädigung u. Nephrektomie förderten die Wrkg. von III mäßig, u. zwar vor allem nach der 12. Std. der III-Gabe. Ebenso wird die Wirkungsdauer durch beide Eingriffe verlängert. Leberschädigung fördert die Wrkg. von II vor allem in den späteren Stadien sehr erheblich (Sinken der Schutzdosis von 100 mg/kg auf 20 mg/kg in der 5. Std.), auch Nephrektomie ist sehr wirksam. Die Dauer der Wrkg. wird ebenfalls sehr gesteigert. (J. Pharmacol. exp. Therapeut. **104**. 309—16. März 1952. Salt Lake City, Utah, Univ. of Utah, Coll. of Pharmacy and Coll. of Med., Dep. of Pharmacy, u. Dep. of Pharmacol.) JUNG. 4628

James Y. P. Chen und **Harry Beckman**, *Krampflösende Wirkung und Toxizität des N-Äthyl-3-piperidyldiphenylacetathydrochlorids (JB-305), insbesondere Wirkung am Sphinkter Oddi des Hundes.* (Method. Angaben über Messung des Tonus des Sphinkter Oddi am Hund.) 4 mg/kg *N-Äthyl-3-piperidyldiphenylacetat-HCl* (I) bewirkt ähnlich wie *Trasentin* (II) eine ca. 20—30 Min. anhaltende Tonusred. des Sphinkter, dieselbe Dosis *Papaverin* (III) wirkt nur 3—4 Min. lang. Im Gegensatz zu II u. III hat diese Dosis I keine Wirkungen an Atmung u. Kreislauf. Am Ureter u. Duodenum zeigt sich I wirksamer als II u. auch III. Dosen um 22 mg/kg I sind für Hunde tödlich. An der weißen Maus beträgt die LD_{50} oral 1040 mg/kg u. intravenös 26 mg/kg, die entsprechenden Werte für II sind 690 u. 21,5 mg/kg. Tox. Wirkungen werden an Mäusen bei Dosen über 330 mg/kg deutlich. $^1/_5$ der oralen LD_{50} wird über eine Woche täglich ohne Störungen von Mäusen vertragen. (J. Pharmacol. exp. Therapeut. **104**. 269—76. März 1952. Milwaukee, Marquette Univ., School of Med., Dep. of Pharmacol.) JUNG. 4628

S. Kolonja, *Tetanus und Schwangerschaft. Myocain* beeinflußte den muskulären Spannungszustand bei einem schweren genitalen Tetanus günstig, ohne hämolyt. Nebenwrkg. (täglich 4—12 g, 16 Tage lang). Es kam zur Geburt eines gesunden Kindes (Geburtshilfe u. Frauenheilkunde **12**. 267—70. März 1952. Wien, Univ., I. Frauenklinik.) DAUTZENBERG. 4628

L. Acierno, F. Burno, F. Burstein und **J. R. Palma**, *Wirkung von Adenosintriphosphat auf das isolierte Atrium der Katze und sein Antagonismus gegenüber Acetylcholin. ATP*-Konzz. über 0,0001 μg/ml vermehren die Rheobase des ruhenden Vorhofs des Katzenherzens. Die Chronaxie wird nicht wesentlich verändert. Ist durch Zugabe von *Acetylcholin* (I) prim. die Erregbarkeit red., so wird sie durch *ATP* dagegen vermehrt u. zwar über die Ausgangswerte für Rheobase u. Chronaxie hinaus. Umgekehrt steigt die Erregbarkeit auch an, wenn nach Steigerung der Rheobase durch *ATP* I gegeben wird, die Rheobase sinkt dann wieder ab. *ATP* bis 4 μg/ml beeinflußt Kontraktilität, Spontanrhythmus u. Refraktärphase nicht; die durch I red. Kontraktilität wird durch *ATP* nicht verbessert, die Refraktärphase weiter verlängert. (J. Pharmacol. exp. Therapeut. **104**. 264—68. März 1952. Philadelphia, Pa., Hahnemann Med. Coll. and Hosp., u. Brooklyn, State Univ. of New York, Med. Center at New York, Dep. of Med.) JUNG. 4630

John H. Moyer und **Carroll A. Handley**, *Renale Hämodynamik und Blutdruckreaktion auf N-Phenoxyisopropyl-N-benzyl-β-chloräthylamin (SKF 688 A). N-Phenoxyisopropyl-N-benzyl-β-chloräthylamin* (I) besitzt am Hund nicht die zentralen Wirkungen des *Dibenamins*. Es führt *Adrenalin*-Umkehr, Blutdrucksenkung u. orthostat. Rk. herbei. Die Nierenfunktion wird unter I nicht verändert (Messung der glomularen Filtration, des renalen Plasmastroms u. der Glucosereabsorption). (J. Pharmacol. exp. Therapeut. **104**. 329—33. März 1952. Houston, Tex., Baylor Univ., Coll. of Med., Dep. of Med., u. Dep. of. Pharmacol.) JUNG. 4630

M. Pelloja und **J. Oudot**, *Therapie auf intraarteriellem Wege bei peripheren Gefäßerkrankungen.* Vff. weisen auf die von PRATESI (La terapia endoarteriosa nelle malattie vascolari periferiche. Riv. critica di Clin. med., 1950) gewonnenen Erkenntnisse über die Vorteile der intraarteriellen Zuführung von Arzneimitteln hin: Erhöhte Wirksamkeit, verringerte Toxizität u. keine Umwandlung von Therapeuticis durch Blutfermente. Im Gegensatz zur intravenösen Injektion soll es bei der intraarteriellen nicht zu Konträreffekten kommen. Eine große Anzahl von Arzneimitteln sind für diese Injektion geeignet: Nicotinsäureamid, Papaverin, Eupaverin, vasodilator., sympatholyt. Mittel, Novocain, Curare, Antihistaminica, Hypophysenhinterlappenextrakte. Es wird auf den Wirkungsmechanismus dieser Therapeutica eingegangen. Die günstigsten Erfahrungen mit der Meth. der intraarteriellen Injektion wurden gemacht bei Beeinflussung des peripheren Capillarsystems. (Presse méd. **60**. 869. 11/6. 1952.) WÖRFFEL. 4630

Frank B. Kelly jr., C. Bruce Taylor und **George M. Hass**, *Experimentelle Atheroarteriosklerose. Lokalisation von Lipoiden bei der experimentell erzeugten Schädigung der Arterien bei Kaninchen mit Hypercholesterinämie.* Bei alten u. jungen Kaninchen wurde durch eine entsprechende Kost eine Hypercholesterinämie erzeugt. Dann wurde zusätzlich eine Schädigung von Aorta, Arteria iliaca u. Arteria renalis durch Vereisung gesetzt u. die Degeneration u. Regeneration der Gefäßwand untersucht. Die dabei auftretenden geweblichen Veränderungen an Media u. Intima u. die Lokalisation der Atherome gleichen in vielen Beziehungen mehr der menschlichen Arteriosklerose als der einfachen Intima-Arteriosklerose beim Kaninchen mit Hypercholesterinämie. (A. M. A. Arch. Pathology **53.** 419—36. Mai 1952.) GOHR. 4630

K. W. Essen und **H. Siefert,** *Was leistet der Mutterkorntest in der Differentialdiagnose funktioneller und organischer EKG-Veränderungen?* An 55 Patienten mit EKG-Veränderungen wurde der Mutterkorntest unter Verwendung von *Hydergin* (I) nachgeprüft. Die EKG-Veränderungen wurden bei 18 vegetativ Labilen durch I rückgängig gemacht, bei Klappenfehlern, Myocarditiden u. Coronarsklerosen fiel der I-Vers. negativ aus. Der positive I-Test läßt mit großer Wahrscheinlichkeit auf eine funktionelle Deformierung des EKG schließen, bietet aber keine sichere Gewähr für das Nichtvorhandensein organ. Veränderungen am Herzen oder den Coronargefäßen. (Z. Kreislaufforsch. **41.** 430—39. Juni 1952. Eutin, Kreiskrankenhaus, Inn. Abt.) BÖHM. 4630

Adolphe Perrot und **Georges Chanal,** *Hypertrophische Pylorusstenose (an Hand von 45 operierten Fällen).* Die chirurg. Behandlung (extramuköse Pylorotomie nach FREDET bzw. WEBER-RAMSTEDT) hat vor der medikamentösen (mit *Eumydrin* = *Atropinmethylnitrat* u. *Skopyl* = *Scopolaminmethylnitrat* in hohen Dosen) den Vorteil des geringeren Aufwandes an Zeit u. pfleger. Maßnahmen. Die Mortalität (6 %) ist bei beiden Verff. etwa gleich. (Rev. méd. Suisse romande **72.** 268—79. Mai 1952. Genève, l'Hôpital Gourgas.) DAUTZENBERG. 4645

T. R. L. Finnegan und **J. R. Trounce,** *Empfindlichkeit gegenüber Hexamethoniumbromid.* Beschreibung eines Falles von Unverträglichkeit gegenüber *Hexamethoniumbromid* bei einem ♂ Patienten (53 Jahre alt, mit Duodenalulcus), der insgesamt 1,5 g in 2 Tagen erhalten hatte (Erbrechen, Ohnmacht, erniedrigter Blutdruck). Der Blutdruck stieg nach i.v. Injektion von 0,3 ml Adrenalinhydrochloridlsg. 1 : 1000 von 65/49 auf 125/65. Da nach 1 Std. der Blutdr uckjedoch auf 75/40 absank, erhielt der Patient i.m. Injektionen von Ephedrinhydrochloridlsg. (50 mg) für einige Tage, wonach der Zustand sich besserte. Albumingeh. im Urin 6‰, Harnstoffgeh. im Blut 142 mg/100 ml, Blutbromgeh. 30 mg/100 ml. Die Nieren waren durch eine früher durchgemachte BRIGHT-Krankheit geschädigt. (Brit. med. J. **1952.** II. 75—76. 12/7.) PATZSCH. 4645

W. Bleier und **A. Siegert,** *Die Behandlung des Trichomonadenfluors mit Rathimed. Rathimed* (I) ist ein Protozoengift, das *4-Oxy-3-acetylaminophenylarsinsäure* (pro Tablette 0,2 g) als freie Säure sowie Borsäure (0,036 g) u. eine CO_2 abgebende Komponente enthält. In einer Reihenbehandlung bei 100 Patientinnen mit Trichomonadenkolpitis erwies sich I als sehr wirksames Therapeuticum. Im Vgl. mit *Devegan* u. *Yatren* verschwinden die Trichomonaden wesentlich früher, durchschnittlich am 3. u. 4. Behandlungstag. (Med. Mschr. **6.** 381—84. Juni 1952. Erlangen, Univ.-Frauenklinik.) K. MAIER. 4649

H. Neuhaus, *Lipoidregenerationsvermögen der menschlichen Haut nach Seifeneinwirkung.* Die Schutzfunktion der menschlichen Haut wird durch Seifeneinw. gestört. Da auch der Lipoidgeh. der Haut durch Seifenwaschung herabgesetzt wird, liegt es nahe, diesen als Maß für die Seifenwrkg. zu verwenden. Vf. untersuchte drei handelsübliche Seifen in ihrer Wrkg. auf das Lipoidregenerationsvermögen. Es handelt sich um Seifen, deren Hersteller eine bes. geringe Störung der Haut behaupten: a) eine überfettete, bes. für Kleinkinder empfohlene Seife, b) eine mit einem Schutzstoff versehene Seife u. c) eine mit einem *Physiogen* genannten Wirkstoff versehene Feinseife. Mit Hilfe der Red. von Bichromat wird in Abständen von 10 Min. der Lipoidgeh. gemessen. Dabei ergibt sich ein n. Lipoidregenerationsvermögen der Haut von ca. 60 Minuten. Bei Einw. von a) u. b) ist nach dieser Zeit der Lipoidgeh. der Haut erst zu $^2/_3$ wieder hergestellt, bei c) mit dem sogenannten Wirkstoff Physiogen nach 30 Minuten. Über die Natur des Wirkstoffes wird nichts berichtet, er scheint jedoch auf fermentativem Wege eine starke Neubldg. von Fett zu verursachen. (Z. Haut- u. Geschlechtskrankh. **12.** 507—13. 15/6. 1952.) BERGER. 4661

Harold E. Clybourne, *Klinischer Versuch mit Physostigmin zur Behandlung von Arthritis und verwandten Krankheiten.* Bericht über ein neues Präp. *Artho-E Aqueous* (I; COLUMBUS PHARMACAL COMP.) aus *Physostigminsalicylat*, *Homatropinmethylbromid* u. *Vitamin E* in einem wss. Vehikel. Es wurden 1250 Injektionen damit vorgenommen, die Nebenerscheinungen waren auf ein Minimum reduziert. Verabreichung von 1 cm³ I intramuskulär alle 3 Tage. 5 Fälle werden besprochen. (J. Amer. osteopath. Assoc. **51.** 341—43. März 1952. Columbus, O.) DOSSMANN. 4670

Woodrow R. Byrum und **J. Leon Lichtin,** *Der Einfluß verschiedener Verbindungen auf die akute Toxizität von Gold-Natriumthiosulfat.* 9 Verbb. wurden auf ihre Wrkg. gegen die akute Toxizität von Gold-Natriumthiosulfat (I) an Ratten u. Mäusen untersucht. Mäuse erhielten 2,8 mg/20 g Körpergewicht I intravenös, Ratten 78 mg/kg Körpergewicht intraperitoneal. Die Beobachtungszeit erstreckte sich über 14 Tage, die zu prüfenden Substanzen wurden 20 Min. vor der I-Gabe gegeben. Vitamin-B-Komplex war das wirksamste Antidot. Bei Ratten folgt dann Nebennierenrindenextrakt (II), Inosit, Coff.-Natrium benzoicum (III) u. Mercurophyllin (IV), bei Mäusen Theobrominnatriumaceticum, II, III u. IV. Ammoniumchlorid, Biotin u. Cholinchlorid waren als Antidot unwirksam. (J. Amer. pharmac. Assoc., sci. Edit. Part 1. **41.** 105—07. Febr. 1952.) BÖHM. 4675

Sully Ledermann, *Der Einfluß des Wein- und Alkoholverbrauchs auf Krebs, Lungentuberkulose und auf andere Krankheiten.* (Semaine med. Beilage zu Semaine Hôpitaux Paris **28.** 221—35. 30/5. 1952.) ITZEROTT. 4675

L. Dérobert und **R. Martin,** *Tod im Verlaufe einer Varizenverödung durch Monoäthanolaminoleat.* Eine 39 jährige Frau, 1½ Monate gravide, mit Varizen der unteren Extremitäten, erhielt eine Injektion von 1 cm^3 *Monoäthanolaminoleat* u. nach 8 Tagen eine zweite. Nach weiteren 9 Tagen verstarb sie nach kurzem Unwohlsein. Die Obduktion zeigte Kongestion der Lunge mit Ödem u. Volumenerweiterung. Venae femoroiliacis kein Befund. Vff. halten den Fall für ein allerg. Phänomen, das 9 Tage nach der 2. Injektion auftrat. Wenn auch die Rk. im allg. wenige Min. nach dem Eingriff einzutreten pflegt, kann sie gelegentlich auch später erfolgen. (Ann. Méd. légale Criminol. **31.** 176—79. April 1951.) KRAFT. 4675

Richard Poirier und **Richard Corbet,** *Akute Vergiftung mit Salicylaten bei Kindern.* Vff. beschreiben 6 Fälle von akuter Aspirinvergiftung bei 2—6 jährigen Kindern. Die ersten Anzeichen der Vergiftung treten nach 8 Std. bis zu 6 Tagen auf. Die Behandlung besteht in Verabreichung von $^2/_3$—$^1/_6$ mol. Na-Lactat in Traubenzuckerlsg. intravenös, außerdem sind Magenspülungen erforderlich. (Canad. med. Assoc. **67.** 117—20. Aug. 1952.) FAHRNLAENDER. 4675

Charles Romano, *Über die Pathogenie der Schädigungen des Zentralnervensystems bei der experimentellen Intoxikation mit Trinitrotoluol.* Vf. führte experimentelle Vergiftungen von Kaninchen mit *Trinitrotoluol* (I) aus u. beschreibt ihre Symptomatologie u. patholog. Histologie. Er hält die Wrkg. des I auf das Zentralnervensyst. seinem Mechanismus nach der der aromat. Lösungsmittel für sehr ähnlich. Auch hier handelt es sich um ein Phänomen der Löslichkeit. Der Nachw. des I erfolgt beim Lebenden nach der Rk. von WEBSTER, bei Leichen auf üblichem chem. Wege. (Ann. Méd. légale Criminol. **31.** 143—52. April 1951. Neapel, Univ., Inst. Méd. légale.) KRAFT. 4675

L. Serfaty und **R. Le Breton,** *Ein Selbstmordversuch mit Diäthylbarbitursäure.* Der klin. Verlauf u. die Behandlung einer 22 Jahre alten Patientin nach der Einnahme von 8,0 g *Veronal* (I) werden beschrieben. Die Kranke erhielt insgesamt 0,74 g *Strychnin* u. 2,2 g *Maxiton* (*d-1-Phenyl-2-aminopropantartrat*) intravenös. Der I-Blutgeh. betrug nach 30 Std. 200 mg/Liter, nach 5 Tagen 80 mg/Liter u. nach 9 Tagen 20 mg/Liter. Die Patientin war mit einem Blutspiegel von 80 mg/Liter I schon wieder bewegungsfähig, eine Menge, welche zu Beginn der I-Vergiftung schon Coma erzeugt. (Ann. Méd. légale Criminol. **31.** 398—401. Sept. 1951. Paris, Préfecture de Police, Labor. de Toxicologie.) HOHENSEE. 4675

Ed. Sidi und **J. Lo Jacono,** *Durch Gummi hervorgerufene Dermatitis.* Vff. beobachteten 54 Fälle von Dermatitis, die durch Gummiteile von Kleidungsstücken hervorgerufen wurde. Durch Unterss. über die einzelnen in der Kautschuk (I)-Verarbeitung verwendeten Substanzen konnte festgestellt werden, daß ein hierbei zugesetzter Vulkanisationsbeschleuniger, der in 2 Moll. *Mercaptobenzothiazol* zerfällt, für die meisten Fälle von Dermatitis verantwortlich ist. Prodd. aus natürlichem I waren ebenso schädlich wie aus synthetischem. — 50 Literaturangaben. (Semaine Hôpitaux Paris **28.** 665—71. 1952, Paris, Hôp. St. Louis, Labor. des Tests.) KRUSEN. 4675

J. Rodier, *Tödliche Vergiftung durch einen Infus von Mylabris oleae.* Die in Marokko vorkommenden Käfer der Gattungen *Meloe* u. *Mylabris* enthalten *Cantharidin.* Zu einem Suicid wurden ca. 3,0 g M. oleae (= ca. 30 mg Cantharidin) von einer Eingeborenenfrau als Infus getrunken. Die Patientin starb nach 6—7 Std., nachdem kurze Zeit nach der Einnahme heftige Schmerzen im Oberbauch eingesetzt hatten. Der Giftnachw. nach STASS-OTTO u. SCHOOFS wird beschrieben. (Ann. Méd. légale Criminol. **31.** 404—06. Sept. 1951. Rabat, Marokko, Labors. de Toxicol. et Médico-Légale.) HOHENSEE. 4675

H. Klein, *Zur pathologischen Anatomie der Alarmreaktion nach Kerngiften.* Auf morpholog. Basis wird die Alarm-Rk. nach Applikation von Kerngiften an Ratte, Maus u. Meerschweinchen studiert. Die Ergebnisse experimenteller *Colchicin*-Vergiftung werden mit der Colchicinvergiftung des Menschen verglichen. — 191 Literaturangaben. (Virchow's Arch. pathol. Anatom. Physiol. klin. Med. **320.** 93—137. 1951. Heidelberg, Univ., Inst. für gerichtl. Med.) REISS. 4675

Françoise de Ferré-Pouget, Contribution à l'étude des shocks graves au cours de la sulfamidothérapie. Toulouse: Imp. de Cleder. 1951. (32 S.)

F. Pharmazie. Desinfektion.

M. W. Lindner, *Das internationale Arzneibuch, Band I, erste Auflage.* Nach Überblick über redaktionelle Grundsätze u. Begriffsbestimmungen berichtet Vf. über Stoffe u. Einzelpunkte, die das DAB VI nicht enthält, sowie über den Inhalt der 43 Anlagen. (Apotheker-Ztg. **4.** 76—80. April 1952. Berlin, Inst. für Lebensmittel-, Arzneimittel- u. gerichtliche Chemie.) RANGNICK. 4750

A. Lütje, *Grenzflächenerscheinungen bei Emulsionen.* Vf. beschreibt die Grenzflächenzustände bei Zweistoffsystemen nach Anwendung echter u. unechter Emulgatoren u. gibt Hinweise auf die notwendigen Voraussetzungen für die Herst. pharmakol. wirksamer Emulsionen. (Apotheker-Ztg. **4.** 81—83. April 1952. Bremen.) RANGNICK. 4790

L. Dérobert und R. Le Breton, *Veränderung des Heroinhydrochlorids in wässeriger Lösung und die Anwendung des Betäubungsmittelgesetzes.* Vff. untersuchten im Jan. 1951 einige Ampullen mit wss. Lsg. von Heroinhydrochlorid (I), die im Okt. 1949 bzw. Dez. 1950 geliefert waren. Auf verschied. Wegen wurde festgestellt, daß sich das I in beiden Lieferungen zu ca. 90 % in α-Monoacetylmorphin, Essigsäure u. Morphin zers. hatte. Der Mindergeh. an I in den Ampullen war also nicht, wie ursprünglich angenommen, durch einen Betrugsvers. des Herstellers bedingt. Zur Abstellung solcher Mißstände schlagen Vff. die Verwendung eines indifferenten Lösungsm. oder noch einfacher die Auslieferung der reinen Substanz vor. Der letztgenannten Möglichkeit stehen aber die Bestimmungen des französ. Betäubungsmittelgesetzes entgegen. (Ann. Méd. légale Criminol. **31.** 116—23. März 1951.) IPPEN. 4806

P. C. Spensley, *Cortison vom gemeinen Sisal?* Im *Hecogenin* (I) aus den Blättern der in Plantagen angebauten Agave sisalana Perrine wurde ein neues Ausgangsprod. zur Herst. des *Cortisons* (II) entdeckt, das bisher aus der Chol- u. Desoxycholsäure hergestellt wurde. Während der Standort auf den I-Geh. von geringem Einfl. ist, steigt er mit zunehmendem Alter der Pflanze an. Zur Darst. wird vom Blattsaft ausgegangen u. durch Extraktion u. Reinigungsoperationen I gewonnen (ohne Einzelheiten). Der II-Darst. aus I könnte industrielle Bedeutung zukommen. (Chemist and Druggist **158.** 84—86. 19/7. 1952. London, National Inst. for Med. Res.) HERRMANN. 4808

E. Soos und M. Hausknost, *Die Früchte von Schinus Molle L., dem Pfefferstrauch (Anacardiaceen). Ein Beitrag zur Identifizierung von Verfälschungen der Früchte von Piper nigrum L.* Beschreibung des Pfefferstrauches (*Schinus Molle L.*), speziell der Früchte (Abb.). Als Ersatz für schwarzen Pfeffer kommen die Früchte infolge des Fehlens von Piperin u. des ganz andersartigen Geruchs u. Geschmacks nicht in Frage. Sie sind makroskop. u. vor allen Dingen auch mkr. leicht vom Pfeffer zu unterscheiden. Die vom Epicarp befreiten Früchte besitzen eine rötlichbraune Farbe u. eine stark gerunzelte Oberfläche. An Schnitten erkennt man, daß sich der Same leicht von dem stark sklerosierten Endocarp ablösen läßt. Mkr. sind vor allem die großen Sekreträume im Mesocarp u. die drei Sklereidenschichten des Endocarps (zwei Reihen Mikrosklereiden u. eine Reihe Makrosklereiden) bes. hervorzuheben. (Scientia pharmac. **19.** 213—19. 31/12. 1951. Wien, Univ., Pharmakognost. Inst.) KERN. 4880

Gen-ichiro Fukuchi, *Bestimmung von Anthrachinonderivaten in rohen Drogen.* Eine Nachprüfung der Verff. von TSCHIRCH (Arch. Pharmaz. Ber. dtsch. pharmaz. Ges. **1907.** 150), MAURIN (Bull. Sci. pharmacol. **1927.** Nr. 10) u. DAELS (C. R. hebd. Séances Acad. Sci. [8] 2. [1925.] 427) führte zu folgendem verfeinertem Verf.: Zu 5 g der Droge werden 50 cm³ 25 %ig. H_2SO_4 u. 200 cm³ Chlf. gegeben u. 2 Std. warm maceriert, nach dem Erkalten filtriert. 160 cm³ Chloroformlsg. aus dem Filtrat werden mit 100 cm³ 10 %ig. $NaHSO_3$-Lsg. wiederholt ausgeschüttelt u. 120 cm³ des Chlf. abgedampft, der Rückstand mit 8 cm³ 80 %ig. H_2SO_4 30 Min. auf 150—160° erhitzt, nach dem Abkühlen in Eiswasser gegossen u. die Ausscheidung abfiltriert. Das Filter mit dem Rückstand wird mit 100 cm³ Chlf. 1 Std. warm digeriert u. das Chlf. mit 5 %ig. KOH, solange noch Anfärbung auftritt, ausgezogen, durch kurzes Erwärmen das vereinte KOH von

Chlf. befreit, mit H_2SO_4 angesäuert u. mit 100 cm³ Chlf. wiederholt ausgeschüttelt, aus den vereinigten Chloroformauszügen nach dem Trocknen das Chlf. abdest., der Rückstand gewogen u. der Geh. auf die ursprüngliche Drogenprobe als Anthrachinon umgerechnet. (J. pharmac. Soc. Japan [Yakugakuzasshi] 71. 143—45. März 1951. Sankyo Co. Ltd., Takamine Res. Labor. [Orig.: japan.; Auszug: engl.]) SCHULER. 4880

Jens Hald, *Die Bestimmung kleiner Mengen von nichtionisiertem Chlor in Phenacetin.* 1. Mitt. Die Meth. von ZACHERL u. KRAINICK (Mikrochemie 11. [1932.] 61) wird zur Best. kleiner Mengen *Acet-4-chloranilid* (I) in *Phenacetin* (II) verwendet. Ausführung: Eine Lsg. von 0,200 γ Probe in 5 ml konz. H_2SO_4 läßt man auf 2 g $Kr_2Cr_2O_7$, die sich in einem auf 50—80° geheizten Reaktionsgefäß befinden, tropfen, spült mit 5 ml H_2SO_4 nach u. erhitzt auf 140—150°. Bei dieser Temp. leitet man 30 Min. einen O_2-Strom durch die Mischung, um das gebildete CrO_2Cl_2 in ein mit $NaOH + H_2O_2$ gefülltes Absorptionsrohr zu spülen, wo die Umsetzung zu $CrCl_3$ erfolgt. Das Destillat wird mit Natriumcitrat-HNO_3-Pufferlsg. auf ein p_H 1,5—2,0 eingestellt, u. das Chlorid wird mit 0,01n Mercurinitratlsg. gegen Diphenylcarbazon als Indicator titriert. 1 ml 0,01n Mercurinitratlsg. entsprechen 1,696 mg I. Eine geeignete App. (Abb.) für die Best. ist angegeben. Bei Verwendung von II-Proben mit bekanntem I-Geh. ergibt die Meth. befriedigende Werte. (Acta pharmac. int. [Copenhagen] 2. 79—85. 1951. Kopenhagen, Medicinalko Ltd.) K. F. MÜLLER. 4880

Jens Hald, *Die Bestimmung von nichtionisiertem Chlor in Phenacetin.* 2. Mitt. (1. vgl. vorst. Ref.) Zur Best. von *Acet-4-chloranilid* (I) in *Phenacetin* (II) wird eine vereinfachte u. rascher ausführbare Meth. beschrieben (vgl. l. c.). Ausführung: 0,500 g II werden mit 5 ml 96%ig. A., 0,05 g RANEY-Ni u. 10,0 ml 0,2n NaOH 10 Min. auf dem Wasserbad erhitzt, wodurch das aus dem I stammende nichtionogene Cl zum Cl-Ion red. wird. Nach dem Abkühlen wird filtriert, mit 5 ml u. 2mal mit 3 ml W. gewaschen. Das Filtrat wird mit 2,0 ml 2n HNO_3, 2,0 mol. Pufferlsg. (210 ml 0,25 mol. Na-Citratlsg. u. 790 ml 0,25 mol. HNO_3) u. 10 Tropfen Indicatorlsg. (0,2% Diphenylcarbazon in 96%ig. A.) versetzt u. mit 0,01n Mercurinitratlsg. titriert. 0,1—0,2% I in II-Präpp. lassen sich so bestimmen. (Acta pharmac. int. [Copenhagen] 2. 87—94. 1951.) K. F. MÜLLER. 4880

C. J. de Wolff, *Die Identifizierung der Barbitale.* Zur Identifizierung von 23 *Barbitursäurederivv.* (*Amytal, Dial, Diogenal, Eldoral, Eunarcon, Evipan, Isopral, Kemithal, Luminal, Medonin, Narconumal, Noctal, Pentobarbital, Pentothal, Pernocton, Phanodorm, Prominal, Proponal, Rectidon, Rutonal, Sandoptal, Soneryl, Veronal*) wird eine systemat. Untersuchungsmeth. beschrieben, die mit 2 mg Substanz zur Erkennung einer der genannten Verbb. auskommt. Die Grundgedanken dieser Meth. sind: 1. Qualitative Prüfung auf S u. Br. 2. Die Na-Salze der Barbitursäurederivv. zers. beim Erwärmen ihrer wss. Lsg. unter Bldg. von unlösl. *Acetylharnstoffderivv.*, deren Eigg. beschrieben sind u. die unter dem Mikroskop größere Unterschiede in der Kristallform zeigen (Abb.) als die entsprechenden Barbitale oder Salze. Die Zersetzungsgeschwindigkeit beim Erhitzen der Lsg. in 0,1n NaOH auf 150° ist für die einzelnen Barbitale verschieden; sie kann deshalb als Unterscheidungsmerkmal benutzt werden. Die Barbitale können in Gruppen eingeteilt werden, die durch die Erhitzungsdauer gek. sind, die zum Hervorrufen einer Trübung in der Lsg. nach dem Abkühlen erforderlich ist. 3. Die Geschwindigkeit der Entfärbung von 0,1n $KMnO_4$-Lsg. durch Barbitale, die eine ungesätt. Gruppe enthalten, kann zur Unterscheidung dienen. 4. Die Oxydation von phenylgruppenhaltigen Barbitalen mit alkal. $KMnO_4$ liefert Benzoesäure. 5. Beim Erhitzen mit 4n NaOH auf 150° liefern die Barbitale substituierte Malonsäuren u. Harnstoff, der sich weiter unter NH_3-Bldg. zersetzt. Ist eine an N gebundene CH_3-Gruppe anwesend, so entsteht neben NH_3 das mit Tetrachlorchinon nach TSALAPATANI (J. analytic. Chem. 50. [1911.] 768) nachweisbare CH_3NH_2. (Acta pharmac. int. [Copenhagen] 2. 107—15. 1951. Utrecht, Rijks Univ., Pharm. Labor.) K. F. MÜLLER. 4880

A. Soldi, *Die Vitamin-B$_{12}$-Gruppe und die neuen Richtlinien der US-Pharmakopoe.* Kurze Übersicht über die verschied. Vitamine der B_{12}-Gruppe, ihre Chemie, Physiologie u. klin. Bedeutung. Außerdem werden kurz die Bestimmungen erwähnt, die in den 3. Ergänzungsband der XIV. US-Pharmakopoe über das Vitamin B_{12} (I) aufgenommen wurden. Dabei wird erwähnt, daß die Antiperniciosa-Einheit zur Standardisierung von Leberpräpp. u. ähnlichen mehr u. mehr zugunsten des krist. I als Standardpräp. verlassen wird. — 29 Literaturangaben. (Farmaco [Pavia] 6. 752—55. Nov./Dez. 1951.) IPPEN. 4880

M. Piliego, *Die mikrobiologische Bestimmungsmethode des 3. Ergänzungsbandes der XIV. US-Pharmakopoe für die Vitamin-B$_{12}$-Aktivität.* Ausführliche Wiedergabe der in den 3. Ergänzungsband der XIV. US-Pharmakopoe aufgenommenen Bestimmungsmeth. der Vitamin-B_{12}-Aktivität mit Lactobacillus Leichmannii. (Farmaco [Pavia] 6. 756—60. Nov./Dez. 1951.) IPPEN. 4880

A. Ercoli und **L. de Giuseppe**, *Über Identifizierung und Bestimmung von Steroidhormonen in pharmazeutischen Präparaten.* 1. Mitt. *Eine Methode zur Kontrolle öliger Lösungen von Testosteronpropionat.* Für die chem. Best. von Testosteronpropionat (I) u. anderen androgenen Hormonen in öliger Lsg. als pharmazeut. Zubereitung entwickelten Vff. ein Verf., das einen Fehler von —2,8—6% aufweist gegenüber einem solchen von ±20% bei der biol. Meth. der US-Pharmakopoe. Außerdem erlaubt dieses Verf. gegenüber der biol. Meth. eine Identifizierung des vorliegenden Androgens. Für die Best. verwendeten Vff. 2 ml der Lsg. von 5—100 mg I in Sesamöl. Zunächst wird das Öl mit Ricinuslipase verseift u. das erhaltene I-Fettsäure-Gemisch dann an Al_2O_3 chromatographiert. Aus der Säule wird das I mit Ae. eluiert, der Ae. abgedampft, der Rückstand in A. gelöst u. aus dieser Lsg. das I als 2.4-Dinitrophenylhydrazon gefällt, das gewogen u. durch den F. (217—218°) identifiziert wird. Eine weitere Identifizierung ist aus dem UV-Spektr. oder durch Spaltung des 2.4-Dinitrophenylhydrazons u. Unters. des freien Hormons möglich. Die FF. u. zum Teil die UV-Absorptionsmaxima für Testosteronester u. andere androgene Hormone werden angegeben. (Farmaco [Pavia] 6. 702—12. Nov./Dez. 1951. Como, Casatenovo Brianza, Labor. ricerche „Vister".) IPPEN. 4880

Cilag Akt.-Ges. (Erfinder: **Carl Richter und Walter Frey**), Schaffhausen, Schweiz, *Herstellung von 4-Amino-4'-chlordiphenylsulfon* (I). Man löst 55 (g) 4-$ClC_6H_4SO_2Cl$ u. 36 Acetanilid in 200 cm³ $C_6H_5NO_2$, erwärmt auf 80° u. gibt unter Rühren portionsweise 150 $AlCl_3$ zu, hält 3 Std. unter Rühren auf 120—125°, gießt die abgekühlte Lsg. in 0,5 Liter W. + 500 Eis, saugt den Nd. ab, wäscht mit Bzl., nimmt in 200 (cm³) A. + 100 NaOH (35%ig) auf, kocht 2 Std., dest. den A. ab, filtriert I ab u. wäscht mit Wasser. Ausbeute: 45 (64,5%); aus den Benzol- u. $C_6H_5NO_2$-Laugen erhält man weitere 8—9 I. F. 184°; leicht lösl. in A., schwer in Wasser. — *Acetylverb.*, F. 188—190°. — Oder man trägt 100 $AlCl_3$ bei 100° allmählich in eine Lsg. von 65 p-Acetylaminobenzolsulfonsäurechlorid in 250 cm³ C_6H_5Cl (III) ein, rührt 3 Std., gießt auf Eis, stellt mit festem NaOH auf p_H 12, bläst III mit Wasserdampf ab, kocht 3 Std. unter Rückfluß u. erhält beim Abkühlen 61 (82%) I. — Verwendung zur *Behandlung von Streptokokken- u. TB-Infektionen.* (**Schwz. P. 278 939** vom 29/9. 1949, ausg. 16/2. 1952.) MÜLLER-MEININGEN. 4807

May & Baker Ltd., London (Erfinder: **Arthur James Ewins, Harry James Barber**, Romford, **George Newbery**, Hutton Mount, **Julius Nicholson Ashly**, Upminster, und **Alan David Henderson Self**, Hornchurch), England, *Herstellung von Diamidinderivaten des Typus Am·R·X·R·Am*, worin Am die Amidingruppe, R einen Phenylenrest u. X eine direkte Bindung R—R darstellt oder eine Alkylenkette —$(CH_2)_n$, worin n 1—12 bedeutet u. eine oder mehrere der CH_2-Gruppen durch O, S oder NH ersetzt sein können, dad. gek., daß die entsprechenden Dicyanverbb. CN·R·X·R·CN mit trockenem HCl oder HBr in absol. alkoh. Lsg. behandelt u. die so erhaltenen Iminoätherhydrohalogenide mit NH_3 umgesetzt werden. — 4.4'-Dicyanphenylbenzyläther wird in A. suspendiert u. bei 0—5° mit trockenem HCl gesättigt. Man erhält nach 48 Std. das Iminoätherhydrochlorid, nachdem überschüssiger A. u. HCl im Vakuum entfernt wurden. Man versetzt mit 10%ig. alkoh. NH_3-Lsg. u. erhitzt im geschlossenen Gefäß 2 Std. bei 60°. Es fällt das Amidinhydrochlorid an. Nach Zugabe von NaOH zu der wss. Lsg. erhält man den freien *4.4'-Diamidinophenylbenzyläther*, kristallin. feste Substanz, F. 224 bis 225° (Zers.). — Es werden ferner hergestellt: *4.4'-Diamidinodiphenyläthan*, weißes mikrokristallin. Prod., F. 239—240° (Zers.); *-α.β-diphenoxyäthan*, F. 231—232°; *-α.γ-diphenoxypropan*, F. 193—194° (Zers.); *-β-phenoxyäthylanilin*, F. 204° (Zers.); *-dibenzylsulfid*, F. 195°; *-dibenzyläther*, glitzernde Plättchen, F. 195° (Zers.); *-1.5-diphenoxypentan*, F. 236°. Die Verbb. besitzen *trypanocide Eigenschaften.* (**D. B. P. 844 897** Kl. 12o vom 9/12. 1938, ausg. 24/7. 1952. E. Priorr. 10/12. 1937, 12/1., 1/2., 22/2., 9/3., 14/4. u. 25/11. 1938.) G. KÖNIG. 4807

F. Hoffmann-La Roche & Co. Akt.-Ges., Basel (Erfinder: **Edouard Masset**, Nyon), Schweiz, *Herstellung eines Benzilsäurederivates*, dad. gek., daß Benzilsäureamid in Ggw. von H_2SO_4 mit Essigsäureanhydrid umgesetzt wird. Das erhaltene α-*Acetoxydiphenylessigsäureacetylamid* krist. in farblosen Nadeln vom F. 143° u. dient als *Spasmolyticum.* (**D. B. P. 839 937** Kl. 12o vom 26/11. 1949, ausg. 26/5. 1952. Schwz. Prior. 5/9. 1947.) SCHINDLER. 4807

Parke, Davis & Co., Detroit, übert. von: **George Rieveschl jr.**, Grosse Pointe Woods, Mich., V. St. A., *β-Oxyalkylfluorenylamine* der Formel I, worin R ein niederes Alkyl oder Alkenyl u. R_1 = H oder CH_3 bedeuten, dienen zur Herst. *sympatholyt. Verbindungen.* — (II = -β-oxyäthyl-9-fluorenylamin; III = -β-oxypropyl-9-fluorenylamin.) — *Methyl*-II. Aus Methyläthanolamin, 9-Fluorenylchlorid u. K_2CO_3 in sd. Xylol. — *Äthyl*-II, gelbliche Fl.; *Pikrat*, F. 136°. — *Isopropyl*-II. — *n-Butyl*-II. — *Allyl*-II. — *n-Hexyl*-II, helles Öl. — *Methyl*-III. — *Allyl*-III. (**A. P. 2 573 607** vom 11/4. 1949, ausg. 30/10. 1951.)

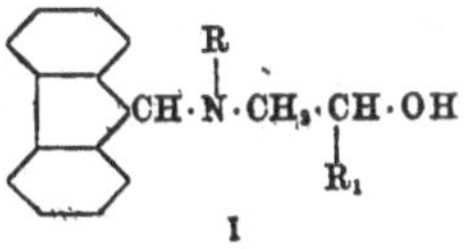

I

Langer. 4807

Schering Corp., Bloomfield, N. J. (Erfinder: **Nathan Sperber**, Bronx, **Domenick Papa**, Brooklyn, N. Y., und **Erwin Schwenk**, Shrewsbury, Mass.), V. St. A., *Pyridylamine* der Formel II erhält man durch Rk. von Verbb. der allg. Formel I (R_1 = niedrigmol. Alkylengruppe, R_2 = Alkyl, Aryl-, Aralkyl-, Cycloalkyl- oder heterocycl. Rest, der auch durch Halogenatome oder niedrigmol. Alkyl-, Alkoxy- oder Dialkylaminogruppen substituiert sein kann) oder solche Derivv. dieser Verbb., welche im Pyridinrest durch Halogenatome, Alkoxy- oder niedrigmol. Alkylgruppen substituiert sind, in Ggw. von Alkaliamid, -hydrid oder Alkoholat oder einer Alkali- oder erdalkalimetallorgan. Verb. mit einem Dialkylamino-, Imidazolyl-, Piperidyl- oder Morpholylalkylhalogenid, das in dem mit dem austauschbaren Halogenatom verbundenen Alkylrest 2 oder 3 C-Atome aufweist. Als Pyridylverb. verwendet man bes. im Alkylrest arylsubstituierte Pyridylalkylverbb., bes. 2-Benzylpyridin, u. als bas. substituierte Alkylhalogenide bes. β-Dimethylaminoäthylhalogenide. — Beschrieben wird die Herst. von: *3-Phenyl-3-(2'-pyridyl)-N.N-dimethylpropylamin* (III), $Kp._{1-2}$ 139—142°. — *3-(2'.3'-Dimethoxyphenyl)-3-(2'-pyridyl)-N.N-dimethylpropylamin*, $Kp._{1-2}$ 195—200°. — *3-(3'.4'-Dimethoxyphenyl)-3-(2'-pyridyl)-N.N-dimethylpropylamin.* — *3-(2'.4'-Dichlorphenyl)-3-(2'-pyridyl)-N.N-dimethylpropylamin.* — *3-(2'.4'-Dimethylphenyl)-3-(2'-pyridyl)-N.N-dimethylpropylamin.* — *3-(4'-Dimethylaminophenyl)-3-(2'-pyridyl)-N.N-dimethylpropylamin*, $Kp._{1,5}$ 183—185°. — *3-(3'-Aminophenyl)-3-(2'-pyridyl)-N.N-dimethylpropylamin.* — *3-Phenyl-3-(2'-pyridyl)-N-piperidylpropan*, $Kp._{1-2}$ 160—165°. — *3-Phenyl-3-(2'-pyridyl)-N-morpholylpropan.* — *1-(2'-Pyridyl)-2-(2'-thiemyl)-äthan*, $Kp._{0,5}$ 106 bis 110°, n_D^{24} 1,5780. — *1-(5'-Brom-2'-thienyl)-2-(2'-pyridyl)-äthan*, $Kp._{0,5}$ 129—133°, n_D^{26} 1,6039. — *4-(5'-Brom-2'-thienyl)-3-(2'-pyridyl)-N.N-dimethylbutylamin*, $Kp._{0,5}$ 145 bis 148°. — *4-(5'-Chlor-2'-thienyl)-3-(2'-pyridyl)-N.N-dimethylbutylamin*, $Kp._{0,5}$ 140 bis 144°. — *3-(2'-Pyridyl)-N.N-dimethyloctylamin*, $Kp._{1,5}$ 104—105°, n_D^{31} 1,4840. — III-*Monohydrat*, F. 117 bis 119° (aus absol. A. u. Ae.). — III-*Tartrat*, F. 114 bis 115°. — *Saures* III-*Oxalat*, F. 152 bis 152,5° (aus Aceton). — *Saures* III-*Succinat*, F. 99,5—100° [aus Pentanol (IV)]. — *Saures* III-*Maleinat*, F. 106—107° (aus IV). — *Antihistaminica.* (**D. B. P. 831 696** Kl. 12p vom 1/7. 1950, ausg. 18/2. 1952. Schwz. Prior. 28/10. 1947.)

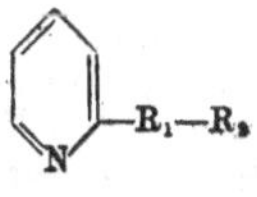

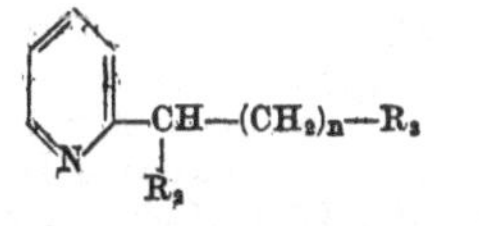

(R_3 = Dialkylamino-, Piperidyl-, Morpholyl- oder Imidazolylrest; n = 2 oder 3)

Müller-Meiningen. 4807

Imperial Chemical Industries Ltd., London (Erfinder: **Francis Henry Swinden Curd**, **Gilbert Joseph Stacey**, **Henry William Thompson** und **Charles Henry Vasey**, Manchester), England, *Herstellung von diquartären Salzen von Pyrimidylaminochinolinen* der Formel PqNHQq, worin P einen in 2-Stellung durch eine Aminogruppe oder eine Gruppe eines niedrigmol. Alkylamins substituierten Pyrimidinkern bezeichnet, der an das —NH-Brückenglied in der 4-Stellung gebunden ist u. der in der 6-Stellung weiter durch eine niedrigmol. Alkylgruppe substituiert sein kann, wobei Q einen Chinolinkern bezeichnet, der in der 4-Stellung durch eine Amino- oder niedermol. Alkylaminogruppe substituiert ist u. der weiter durch eine niedermol. Alkylgruppe oder -gruppen substituiert sein kann u. das —NH-Brückenglied in der 6-Stellung aufweist, worin die Symbole q anzeigen, daß die vorangehenden entsprechenden Kerne P u. Q in Form ihrer quartären Salze vorliegen. Man setzt NH_3 oder ein niedermol. Alkylamin mit einer Verb. der Formel I um, worin die Symbole qq anzeigen, daß die Verb. ein diquartäres Salz ist, welches eine quartäre Gruppe im Chinolinkern aufweist u. die andere im Pyrimidinkern, u. worin X u. Y Amino- oder niedermol. Alkylaminogruppen oder die Gruppen —SR oder —OR bezeichnen, worin R einen KW-stoffrest bezeichnet, vorausgesetzt, daß von X u. Y mindestens eines aus der Gruppe —SR oder —OR besteht, u. wo A ein H-Atom oder eine niedermol. Alkylgruppe u. B ein Wasserstoffatom oder eine niedermol. Alkylgruppe bezeichnet. — Z. B. werden 20 (Teile)

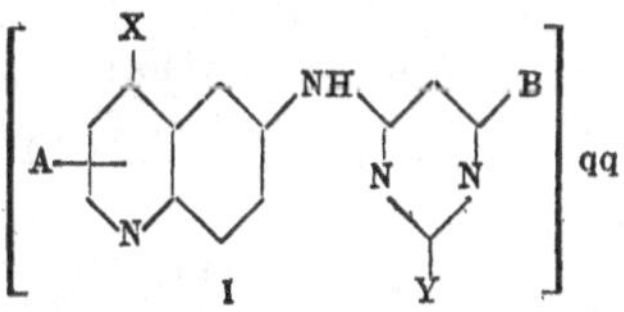

I

einer Lsg. von 1,8 *4-Amino-6-(2'-methylthio-6'-methylpyrimidyl-4'-amino)-chinaldin-1.1'-dijodmethylat* in A., der mit NH_3 gesätt. ist, 16 Std. bei 135—145° in einem geschlossenen Gefäß gehalten. Reaktionsprod. wird mit 50 W. verrührt, p_H mit HJ auf 5 eingestellt; farblose Nadeln von *4-Amino-6-(2'-amino-6'-methylpyrimidyl-4'-amino)-chinaldin-1.1'-dijodmethylat*, F. 310—311°. Weitere Beispiele zur Herst. von *4-Amino-6-(2'-amino-6'-methylpyrimidyl-4'-amino)-chinaldin-1.1'-dichlormethylat*, F. 316—317°. — *4-Methylamino-6-(2'-amino-6'-methylpyrimidyl-4'-amino)-chinaldin-1.1'-dijodmethylat*, F. 294—295°. — *4-Amino-6-(2'-aminopyrimidyl-4'-amino)-chinolin-1.1'-dijodmethyllatmonohydrat*, F. 317—318°. — *4-Amino-6-(2'-aminopyrimidyl-4'-amino)-chinaldin-1.1'-dijodmethylatmonohydrat*, F. 300—301°. — *4-Amino-6-(2'-methylamino-6'-methylpyrimidyl-4'-amino)-chinaldin-1.1'-dijodmethylatdihydrat*, F. 303—305°. — *6-(2'-Äthylamino-6'-methylpyrimidyl-4'-amino)-4-äthylaminochinaldin-1.1'-dijodmethylatmonohydrat*, F. 319°. — *Trypanocide Eigenschaften*. (**D. B. P. 823 294** Kl. 12p vom 5/11. 1949, ausg. 3/12. 1951. E. Prior. 5/11. 1948.) HEINZE. 4807

Karl-Heinz Jaeger, München, *Herstellung leicht wasserlöslicher Molekularverbindungen von in Wasser schlecht löslichen Purinkörpern*, dad gek., daß Purinderivv., wie Coffein oder Theophyllin oder Theobromin, mit Hexamethylentetramin u. einer aralipHat. oder heterocycl., pharmakol. eigenwirksamen Säure in W. gelöst werden u. die Lsg. im Vakuum eingedampft wird. Als Säure ist p-Sulfaminobenzoesäure genannt. (**D. B. P. 841 331** Kl. 30h vom 2/2. 1951, ausg. 16/6. 1952.) SCHINDLER. 4807

Égéma G. m. b. H., Paris, Frankreich, *Herstellung des Morpholinsalicylats*. Doppelte Umsetzung von Ag-Salicylat mit Morpholinchlorhydrat in wss. Lösung. Weiße Kristalle vom F. 110—111°. — Mittel gegen *rheumat*. Schmerzen. (**Schwz. P. 279 110** vom 9/12. 1947, ausg. 1/3. 1952. Belg. Priorr. 13/11. 1946 u. 20/3. 1947.) BRÖSAMLE. 4807

Soc. Générale d'Applications Therapeutiques „Theraplix", Frankreich, *Herstellung von Lösungen des Cholesterins*. Zum Löslichmachen wird das Cholesterin mit einer Fettsäure verestert, z. B. mit Ölsäure oder Isolinoleinsäure, u. danach wird der Ester in einem anderen Ester dieser Fettsäuren, z. B. in dem Methyl- oder Äthylester der Ölsäure oder Isolinoleinsäure, gelöst. Die Lsgg. sollen *therapeut*. Verwendung finden, z. B. zur Injektion. (**F. P. 992 111** vom 11/5. 1944, ausg. 15/10. 1951.) M. F. MÜLLER. 4807

Farbwerke Hoechst, vormals Meister Lucius & Brüning, übert. von: **Heinrich Ruschig**, Frankfurt/M., *Herstellung von 21-Jodpregnen-(5)-ol-(3)-on-(20)* aus Pregnen-(5)-*ol-(3)-on-(20)-oxalsäure-(21)* in Form ihres Alkalisalzes durch Behandlung mit Jod bei tiefen Tempp. in einem mit W. mischbaren Lösungsm. unter Zusatz einer Alkalisalzlösung. (**Can. P. 477 057** vom 25/4. 1949, ausg. 18/9. 1951. D. Prior. 1/10. 1948.) M. F. MÜLLER. 4809

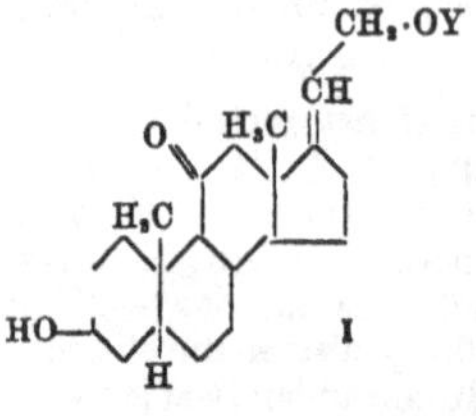

Merck & Co., Inc., übert. von: **Lewis H. Sarett**, Rahway, N. J., V. St. A., *Herstellung von $\Delta^{17.20}$-3.11-Diketopregnenen* aus Verbb. der allg. Formel I, worin Y ein oxydationswiderstandsfähiger Rest ist, der leicht in eine OH-Gruppe überführbar ist. Durch Oxydation mit CrO_3 entsteht eine 3-Ketoverbindung. Durch Verseifung u. anschließende Acylierung entsteht die entsprechende $\Delta^{17.20}$-3.11-Diketo-21-acyloxyverbindung. (**Can. P. 476 881** vom 11/7. 1946, ausg. 11/9. 1951. A. Prior. 14/7. 1945.) M. F. MÜLLER. 4809

Merck & Co., Inc., übert. von: **Lewis H. Sarett**, Rahway, N. J., V. St. A., *Herstellung von $\Delta^{4.5}$-3.11.20-Triketopregnenen*. $\Delta^{4.5}$-3.11-Diketo-17.20.21-trioxypregnen wird mit der theoret. Menge Essigsäureanhydrid zur Veresterung einer Hydroxylgruppe umgesetzt. Der Monoester wird darauf mit CrO_3 oxydiert. Es entsteht dabei ein Gemisch von *$\Delta^{4.5}$-3.11.20-Triketo-17-oxy-21-acyloxypregnen* u. von *$\Delta^{4.5}$-3.11.17-Triketoandrosten*. Vgl. F. P. 942 260; C. **1950**. I. 583. (**Can. P. 476 883** vom 11/7. 1946, ausg. 11/9. 1951. A. Prior. 14/7. 1945.) M. F. MÜLLER. 4809

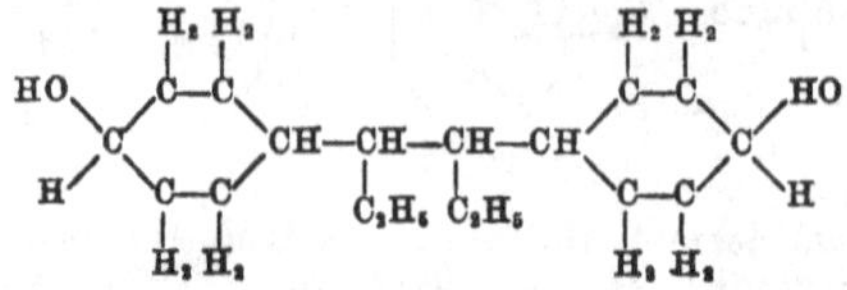

Merck & Co., Inc., Rahway, übert. von: **Randolph T. Major, Clarence C. Christman** und **Karl Folkers**, Plainfield, N. J., V. St. A., *Hydrieren von Diäthylstilboestrol* mit RANEY-Ni oder Pt. Dabei entsteht das Prod. I. (**Can. P. 478 018** vom 20/5. 1941, ausg. 23/10. 1951. A. Prior. 12/7. 1940.) K. F. MÜLLER. 4809.

F. Hoffmann-La Roche & Co. Akt.-Ges., Basel, Schweiz, *threo-2-Methyl-4-oxymethyl-5-phenyloxazolin* erhält man durch Veresterung von β-Phenylserin mit A., Rk. des Esters mit Acetiminoäthyläther u. Red. des erhaltenen 2-Methyl-4-carbäthoxy-5-phenyloxazolins mit $LiAlH_4$. Farblose Kristalle, F. 115—118°. — *Zwischenprod.* zur Herst. von *Chloramphenicol.* (**Schwz. P. 279 289** vom 22/12. 1949, ausg. 1/3. 1952.) BRÖSAMLE. 4811

Farbenfabriken Bayer, Leverkusen, *Herstellung von Actinochrysin* (I). Man züchtet mittels einer Nährlsg. (II) einen Vertreter einer Gruppe von Actinomyceten, welche I bilden. I färbt II in der natürlichen Konz. gelb; es wird als ziegelrotes Prod. (F. ca. 254°) aus den I-haltigen Kulturfiltraten gewonnen. — *Antibioticum*; auch *tumorhemmend.* (**Schwz. P. 279 103** vom 10/9. 1949, ausg. 1/3. 1952.)] BRÖSAMLE. 4811

E. Merck's Jahresbericht über Neuerungen auf den Gebieten der Pharmakotherapie und Pharmazie Jg. 64. 1950. Weinheim a. d. Bergstr.: Verl. Chemie. 1951. (432 S.) 8°. DM 20,—.

G. Analyse. Laboratorium.

Frank D. Werner und **Alson C. Frazer**, *Eine neue Methode zur Auswertung von Widerstandsmessungen mit Platin in Grad Celsius.* Vff. entwickeln ein rechner. Verf., das es erlaubt, die Widerstandsmessung eines Pt-Draht-Widerstandsthermometers ohne umfangreiche Maßnahmen in Temperaturgraden auszuwerten. Grundlage ist die Gleichung von CALLENDAR u. VAN DUSEN, in der neben dem Meßwiderstand bei der Temp. t derjenige bei 0° sowie 3 Konstanten auftreten. Die letzteren sind für das betreffende Thermometer charakteristisch. Für einen Satz von Standardwerten teilen Vff. eine umfangreiche Tabelle für die Temperaturwerte von —190 bis +600° mit. (Rev. sci. Instruments **23.** 163—69. April 1952. Minneapolis, Minn., Univ., Inst. of Technol., Dep. of Aeronaut. Engng.) REUSSE. 5016

Robert W. Jones, *Bemerkung zu der Beschreibung eines Tieftemperatur-Flüssigkeits-Thermostaten.* (Vgl. Chemist-Analyst **40.** [1951.] 69.) Um in einem Thermostaten die Temp. bei der Benutzung von festem CO_2 unter —65° konstant zu halten, ist es notwendig, eine Zahnradpumpe zu benutzen u. die Hähne des Wärmeaustauschers parallel zu schalten. Der Durchfluß durch die Pumpe soll vom Kontrollbad in den Wärmeaustauscher erfolgen. (Chemist-Analyst **41.** 23. März 1952. Washington, D. C., Nat. Bur. of Stand., Rubber Section.) MOSLÉ. 5046

E. C. Crittenden jr., A. A. Hudimac und **R. I. Strough**, *Ein Meßgerät für die magnetische Hysteresisschleife langer Proben mit extrem kleinem Querschnitt.* Es wird eine Anordnung zur Messung der magnet. Eigg. dünner Schichten bei niedrigen Frequenzen unter Verwendung eines Kathodenstrahloscillographen beschrieben. (Rev. sci. Instruments **22.** 872—77. Dez. 1951. Cleveland, O., Case Inst. of Technol.) v. HARLEM. 5048

Harold Aspden, *Ein Potentiometer zur Messung der ferromagnetischen Hysterese.* Es wird eine Anordnung zur Messung der Hysteresisschleife ferromagnet. Stoffe nach der n. Fluxmetermeth. beschrieben. Der wesentlich neue Teil der App. ist ein Potentiometer, das so konstruiert ist, daß bei einer vollen Umdrehung des Kontaktarmes eine volle Hysteresisschleife durchlaufen wird. (Rev. sci. Instruments **22.** 869—71. Dez. 1951. Cambridge, Univ., Engng. Labors.) v. HARLEM. 5048

J. F. W. Bell, *Konstruktion und Gebrauch einer Wechselstrombrücke für piezoelektrische Kristalle.* Kurze Beschreibung einer App. zur raschen Best. des Widerstandes u. der Admittanz von piezoelektr. Kristallen für 250 kHz. (Brit. J. appl. Physics **2.** 324—27. Nov. 1951. Newcastle-on-Tyne, Univ. of Durham, King's Coll.) FUCHS. 5048

J. Marx *Die Verwendung des piezoelektrischen Wechseldruckmessers zur Bestimmung der inneren Reibung.* Die Messung der inneren Reibung wird wie folgt vorgenommen: Ein Quarzstab mit quadrat. Querschnitt wird elektr. zu Längsschwingungen angeregt u. überträgt diese auf einen angekitteten Stab aus dem zu messenden Material, der auf Resonanzlänge geschnitten ist. Auf das andere Ende des Quarzstabes (driver) ist ein zweiter Resonanzquarzstab aufgekittet, dessen elektr. Achse senkrecht zu der des „drivers" steht. Die Schwingungen des zweiten (Meß-) Quarzes werden als elektr. Wechselspannung von aufgebrachten Elektroden abgenommen. Aus der Höhe der abgenommenen Meßspannung kann die mechan. Schwingungsamplitude der Probe u. aus dem Verhältnis zwischen Erregerspannung am „driver" u. derjenigen am Meßquarz die innere Reibung in der Probe berechnet werden. Die Berechnungsgrundlagen u. Ergebnisse werden dargestellt. (Rev. sci. Instruments **22.** 503—09. Juli 1951. Pittsburgh, Pa., Carnegie Inst. of Technol.) REUSSE. 5048

H. A. Thomas, *Zur Anwendung der Elektronik in der Meßtechnik.* Beschreibung verschied. Meßgeräte für Dicken, Dickenänderungen, Drücke, bei denen elektr. Größen durch die zu messenden mechan. verändert u. quantitativ erfaßt werden, wobei die nahezu trägheitslose Bewegung der Elektronen maßgebend für die Arbeitsweise der Geräte ist. Weitere elektron. Meßanordnungen für opt. u. chem. Größen. (Chem. and Ind. 1951. 588—95. 7/7. Port Sunlight, Cheshire, Lever Bros u. Unilever Ltd.) REUSSE. 5054

Gideon E. Livingston, *Vereinfachter Verschluß für Kalomel-Elektroden.* Um die Einfüllöffnung der Kalomelelektroden zu schließen, wird ein Gummiband über die Öffnung gezogen u. mit einem Quetschhahn befestigt. (Chemist-Analyst 41. 18. März 1952. Amherst, Mass., Univ. of Massachusetts, Dep. of Food Technol.) MOSLÉ. 5054

M. C. Alvarez Querol, *Abgeänderte, sparsame und brauchbare Einrichtungen für die Ultramikroanalyse.* Für die Ultramikroanalyse, welche Probemengen von 1—0,001 γ verwendet u. vornehmlich der Unters. reiner radioakt. Elemente dient, werden einfach herzustellende Geräte beschrieben: ein Mikromanipulator, der außer den 3 Bewegungsrichtungen, welche die üblichen Konstruktionen erlauben, noch eine vierte Möglichkeit, die der Drehbarkeit (Rotation) besitzt; ein Mikrokolben zur Übertragung der Druckänderungen auf die Pipette zwecks Aufsaugens oder Ausdrückens, ohne dabei die Verbindung zu unterbrechen, u. eine zur Kuppelung mit dem Mikroskopschlitten geeignete Feuchtkammer. Auch eine einfache Herst. der Mikropipette wird angegeben, wobei ihr Ende im Innern mit Paraffin oder, für quantitative Arbeiten, mit *Teddol* (*Methylchlorsilangemisch*) ausgekleidet ist, um Störungen durch Capillarkräfte zu vermeiden. (An. Real Soc. españ. Física Quím., Ser. B 47. 877—84. Dez. 1951.) METZENER. 5056

P. H. Monaghan, P. B. Moseley, T. S. Burkhalter und **O. A. Nance,** *Nachweis chromatographischer Zonen durch Hochfrequenzoscillatoren.* Vff. geben einen kurzen Überblick über frühere Verss. der Anwendung von Hochfrequenzoscillatoren bei der Analyse von Lsgg. u. beschreiben die entsprechenden eigenen Verss. zum Nachw. des Ortes u. der Wanderung von Zonen gelöster Stoffe auf der chromatograph. Säule (9 mm Borsilicatglasröhre mit 2 halbkreisförmigen Kondensatorplatten — Al-Folien bzw. Cu-Siebe — die im Säulenmaterial [Florisil] angebracht wurden; Plattenentfernung 1 cm), die mit einer Heterodyneanlage verbunden ist. Es wurden die R-Werte von *Anilin, Aceton, Phenol, Methanol* u. *A.* bestimmt (0,5 n. Lsg. in Bzl.) u. mit den nach üblichen Strichtesten erhaltenen verglichen, die Trennung von *Nitrobenzol* u. *Methanol,* von *Aceton* u. Nitrobenzol (stets Bzl. als Entwickler) u. von jeweils 33,3 % Ligroin, Bzl. u. A. (95 %ig. A. als Entwickler) verfolgt. Die Ergebnisse werden diskutiert u. weitere Angaben experimenteller Einzelheiten gemacht. (Analytic. Chem. 24. 193—95. Jan. 1952. Baton Rouge, La., Louisiana State Univ.) WINGCHEN. 5062

E. Cremer und **R. Müller,** *Trennung und Bestimmung von Substanzen durch Chromatographie in der Gasphase.* Vff. bauen ein kürzlich von CREMER u. PRIOR (C. 1952. 4416) angegebene Meth. zur Trennung von Gasen u. leichtflüchtigen Stoffen durch in der Gasphase durchgeführte Chromatographie weiter aus u. vervollkommnen die dazu verwendete Apparatur. Charakterist. für eine adsorbierbare Substanz ist ihre Durchtritts- (Durchbruchs-) zeit t_m u. daher für ein Gemisch von zwei (verschied. stark adsorbierbaren) Substanzen die Energiegröße $\Delta\lambda = RT (\ln t_2 - \ln t_1)$, wo $t_{1(2)} = t_m - t_0$ = Durchtrittszeit der Substanz 1 (2) minus Durchtrittszeit des Gasstromes ist. Meßgröße ist die Wärmeleitfähigkeit im Gasstrom, aus der auf die jeweilige Konz. geschlossen werden kann. — Als Trägergas wurde H_2 benutzt, als Adsorbens meist Kieselgel verschied. Porenweite. Es gelang die Trennung der Komponentenpaare *Acetylen/Äthylen,* CO_2*/Acetylen* u. *Äthylen/Propylen.* Weiterhin wurden die Bedingungen untersucht, unter denen die Voraussetzung der Konstanz der Durchbruchszeiten erfüllt ist u. unter denen $\Delta\lambda$ temperaturunabhängig ist. Am günstigsten erwies sich die Verwendung von feinporigem Kieselgel u. langer Adsorptionssäule. $\Delta\lambda$ wurde außer nach obiger Formel auch auf anderen Wegen ermittelt; meist wurde genügende Übereinstimmung festgestellt. Die Meth. wird zur qualitativen u. quantitativen Analyse von Gasgemischen empfohlen. (Z. Elektrochem. angew. physik. Chem. 55. 217—20. April 1951. Innsbruck, Univ., Phys.-Chem. Inst.) DEWALD. 5062

R. E. Fox, W. M. Hickam, T. Kjeldaas jr. und **D. J. Grove,** *Direkte Messung von Ionisierungswahrscheinlichkeit und Erscheinungspotential mit Hilfe eines Massenspektrometers.* (Sitzungsbericht.) Durch Anwendung einer Verzögerungsspannung zur Entfernung der langsamen Elektronen u. einer pulsierenden Zeitabhängigkeit von Ionisierungs- u. Beschleunigungsspannung ist es möglich, im Massenspektrometer Ionisierungswahrscheinlichkeit u. Erscheinungspotential zu messen. (Physic. Rev. [2] 85. 707. 15/2. 1952; Bull. Amer. physic. Soc. 26. Nr. 6. 11. 24/10. 1951. Westinghouse Res. Labor.) CONRAD. 5063

G. Careri, *Bemerkung zur Überlagerungsmethode in der Massenspektrometrie.* Zur massenspektrometr. Häufigkeitsbest. ist die lineare Überlagerung der einzelnen Intensitäten im Auffänger eine Voraussetzung, die im allg. als gegeben angesehen wird, sobald die Gasströmung durch das Massenspektrometer mol. Charakter besitzt. Es wird theoret. gezeigt, daß auch bei Bestehen von Molekularströmung die Überlagerungsmeth. nicht anwendbar ist, wenn nicht die Ionenverluste durch Streu- u. Neutralisationsprozesse unter ein gewisses, durch die Meßgenauigkeit der App. gegebenes Maß gesenkt werden. Es darf z. B. bei einem zugelassenen Fehler von $^1/_{1000}$ der Druck in der Ionisationskammer $2 \cdot 10^{-5}$ mm Hg, der in der Analysatorkammer 10^{-6} mm Hg nicht übersteigen. Es werden einfache Regeln zur Best. der Anzahl der Gaseinlaßöffnungen bestimmter Größe aus dem Gasvorratsbehälter in die Ionisationskammer gegeben. (Nuovo Cimento [9] **9.** 128—33. 1/2. 1952. Roma, Univ., Ist. di Fis., Centro di Stud. per la Fis., Nucl. del C. N. R.) CONRAD. 5063

J. N. Pitts jr., J. G. Calvert und F. E. Blacet, *Anwendung analytischer Hilfsmethoden auf die Massenspektrometrie.* Vff. haben zur massenspektrometr. Identifizierung von *n-Propyl-* u. *Isopropyljodid* bei der Photolyse von *n-* oder *Isobutyraldehyd*, infolge deren die zur Erkennung dienenden Alkylfragmentionen durch Beimengungen verdeckt sind, die relativen Intensitäten der Erzeugungsionen benutzt, die in diesem Falle genügend verschieden voneinander sind. Das Verf. besteht in der genauen Messung der Massenspitze m/e = 170 u. in einer mikrochem. Analyse des gesamten Jodidgehaltes. Das Verhältnis der beiden Werte, das vorher für die reinen Jodide an reinen Proben ermittelt worden war, erlaubt in den Fällen, in denen nur das eine oder andere Jodid zugegen sein kann, zwischen beiden zu entscheiden. Die Meth. ist auch auf andere isomere Verbb. anwendbar. (Analytic. Chem. **23.** 1710. Nov. 1951. Los Angeles, Calif., Univ.) CONRAD. 5063

H. E. Lumpkin und B. W. Thomas, *Molekulargewichtsverteilung von Aromaten und totaler Aromatengehalt. Bestimmung durch Massenspektrometrie.* Da die Massenspektren der *Paraffine, Olefine* u. *Naphthene* keinen Beitrag zu den Massenzahlen, die zur Best. von Aromaten benutzt werden, liefern, ist es möglich, in einem komplexen KW-stoffgemisch die Aromaten unabhängig von anderen Komponenten massenspektrometr. zu bestimmen. Zur Durchführung der Meth. haben Vff. an Eichaufnahmen reiner Aromaten von C_6—C_9 die geringe gegenseitige Beeinflussung quantitativ festgestellt u. ein Berechnungsschema für einzelne Komponenten u. Isomerengruppen gegeben. Die Meth. wurde an unbekannten KW-stoffgemischen durch Vgl. mit anderen Analysenmethoden u. außerdem an synthet. Mischungen geprüft. Ihre Genauigkeit wird mit ± 1% für die verschied. Aromatengruppen u. für den Gesamtaromatengeh. angegeben. (Analytic. Chem. **23.** 1738—40. Dez. 1951. Baytown, Tex., Humble Oil and Refining Co.) CONRAD. 5063

C. J. Milner, *Ein Kaltkathoden-Massenspektrometer als Lecksucher.* Beschreibung eines Massenspektrometers zur Lecksuche nach der He-Meth., das im Unterschied zu den üblichen Typen eine kalte Kathode mit Stoßionisation verwendet. Die Vorteile sind eine erheblich verlängerte Lebensdauer der Ionenquelle (einige 100 Std.) u. die Vermeidung gekühlter Fallen. Das ganze Instrument mit Elektromagnet, rotierenden u. Diffusionspumpen, Verstärkeranordnung usw. ist fahrbar in einen kleinen Wagen eingebaut. Undichtigkeiten von $< 10^{-5}$ μLiter/Sek. können bei einem Gasausstoß von ca. 1 μLiter/Sek. aus dem Rezipienten noch entdeckt werden. (J. sci. Instruments, Suppl. Nr. **1.** 29—36. 1951. Rugby, British Thomson-Houston Co., Ltd., Res. Labor.) CONRAD. 5063

J. Blears, *Anwendung des Massenspektrometers auf Hochvakuumprobleme.* Mit Hilfe zweier Massenspektrometer (eines für extrem hohe Vakua, das andere von der üblichen Metallbauart) wurden die Evakuierungs- u. Entgasungsvorgänge der üblichen Laboratoriumsoperationen beim Arbeiten mit Hochvakuum untersucht. An einigen Beispielen (Restgasanalyse beim Ausheizen u. beim Erreichen des äußersten Vakuums, Bldg. von CO aus KW-stoffdämpfen am Ionisationsmanometer, therm. Zers. der Diffusionspumpenöldämpfe, Gasaustauschvorgänge an den Wänden der App.) wird gezeigt, wie das Massenspektrometer Einzelheiten erkennen läßt, die durch einfache Druckbeobachtung nicht zu erfassen sind. (J. sci. Instruments, Suppl. Nr. **1.** 36—42. 1951. Trafford Park, Manchester, Metropolitan-Vickers Electr. Co. Ltd.) CONRAD. 5063

J. H. Förch, *Ein Gasanalysengang gemäß einem abgeänderten Hempel-Verfahren (mit der Explosionspipette).* Die Abänderung besteht darin, daß man mehrmals einen neuen Teil der Probe anwendet, wobei man mit jedem nachfolgenden Teil die vorhergehenden Komponenten zusammen mit den folgenden auswäscht. Die infolge des „Atmens" der Pipetten auftretenden Fehler werden durch die nunmehr erhaltene Differenzanalyse ausgeschaltet. Auf diese Weise kann die Zeit für die Analyse von

7 Bestandteilen auf 20 Min. vermindert werden; die Genauigkeit des Verf. entspricht sicherlich der des ORSAT- oder BUNTE-Verfahrens. (Chem. Weekbl. **48.** 145—47. 8/3. 1952.) WESLY. 5086

I. N. Popow, Je. F. Tscherkassow und O. L. Trachtman, ***Bestimmung der Schwellenkonzentration von Schwefeldioxyd nach dem Geruch.*** Die Best. des Schwellenwertes der noch riechbaren Menge SO_2 (I) in der Atemluft erfolgte durch Zumischung abgestufter SO_2-Mengen zu einem Luftstrom, der durch eine 0,002n J_2-Lsg. (Rücktitration mit 0,002n $Na_2S_2O_3$) geleitet wurde. — Vff. fanden, daß unterhalb 0,004 mg/Liter I geruchmäßig nicht, bei 0,004—0,0065 kaum merklich, bei 0,006—0,0085 deutlich, oberhalb 0,0085 scharf wahrgenommen wurde. — Der gefundene Schwellenwert 0,004 mg/Liter liegt unter den Literaturwerten (0,006—0,008). (Гигиена и Санитария [Hyg. u. Sanitätswes.] **1952.** Nr. 5. 16—20. Mai. Moskau, I. Med. Inst., Lehrstuhl für allg. Hygiene.) v. WILPERT. 5088

a) Elemente und anorganische Verbindungen.

P. M. Issakow, ***Die Methode der Verreibung in der analytischen Chemie.*** Der qualitative Mikronachw. nach dem als Verreibungsmeth. bezeichneten Verf. erfolgt durch innige Verreibung von 1—2 Kristallen der Prüfsubstanz mit dem festen Reagens u. Beobachtung der hierbei auftretenden Färbung. Zum Nachw. von *Fe(III)* wird mit 1—2 Kristallen *KCNS* oder NH_4CNS verrieben. An der rotbraunen Färbung sind 2 μg Fe nachweisbar, mit $K_4Fe(CN)_6$ an der Blaufärbung 0,29 μg Fe. Der Nachw. von *Co* in Ggw. von Fe(III) erfolgt durch Verreiben mit NH_4CNS (rotbraune Fe-Färbung) u. Zugabe von $Na_2S_2O_3$. Nachweisbar 0,19 μg Co an der Blaufärbung. Andere Elemente stören nicht. An der Blaufärbung mit *Dimethylglyoxim* sind 2,1 μg *Ni* erkennbar. Der Nachw. von *Mn* erfolgt durch Verreiben mit Na_2CO_3 u. $AgNO_3$ (Schwarzfärbung). Nachweisbar 0,23 μg Mn. Im Mineral *Erythrin* ist Co an der grünblauen Färbung beim Verreiben mit NH_4CNS oder KCNS u. Behandlung mit konz. HCl erkennbar. In *Garnierit* ist Ni an der Rotfärbung beim Verreiben mit Dimethylglyoxim erkennbar. Durch NH_4OH wird die Färbung verstärkt. In *Antimonit* ist *Sb* durch die Gelbfärbung mit KOH oder NaOH nachzuweisen, die an der Luft in Rotorange übergeht. Zum Nachw. von *Pb* in *Cerussit, Galenit* u. *Anglesit* wird die Substanz mit $KHSO_4$ verrieben, durch Anhauchen angefeuchtet, 1—2 Kristalle von KJ zugesetzt u. erneut verrieben. Die gelbe Farbe von PbJ_2 wird durch Zugabe eines Tropfens W. verstärkt. Ist diese Behandlung nicht ausreichend, dann wird im Mikrotiegel mit 1—2 Tropfen konz. H_2SO_4 behandelt, eingedampft u. das weiße Pulver wie oben behandelt. (Журнал Аналитической Химии [J. analyt. Chem.] **6.** 281—87. Sept./Okt. 1951. Leningrad, Shdanow-Univ.) LEBTAG. 5100

J. Hoste, ***Der Gebrauch von organischen Reagentien in der analytischen Chemie.*** 1. Mitt. *8-Oxychinolin und Derivate.* Allg. Übersicht, Besprechung der Komplexbildung. (Meded. vlaamse chem. Veren. **13.** 89—97. Juli/Aug. 1951.) FREYTAG. 5100

Albert C. Holler und Rosemary Klinkenberg, ***Schwefelbestimmung mit einem modifizierten Lindberg-Hochfrequenzverbrennungsofen.*** Es werden einige Abänderungen des LINDBERG-Hochfrequenzverbrennungsofens beschrieben, wie er für die S-Best. in Metallen, Legierungen, Kohle u. Koks Verwendung findet. So benützen Vff. an Stelle der bisherigen Anordnung einen Pfropf aus Glaswolle am oberen Ende des VYCOR-Verbrennungsrohres, u. die Abschlußhaube aus einer Al-Legierung wird durch eine gleiche aus Borsilicatglas ersetzt. Durch diese Abänderungen werden genauere Resultate erzielt als bei der Analyse mit dem Ofen in der bisherigen Form. (Analytic. Chem. **23.** 1696—97. Nov. 1951. St. Paul, Minn., Chem. Div., Twin City Testing and Engng. Labor.) FRETZDORFF. G 253

J. Gillis, M. Van Doorselaer und J. Ramírez-Muñoz, ***Spektrographische Mikroanalyse einiger archäologischer Bronzen.*** Für das von dem einen der Vff. angegebene Verf. (Quantitatieve spectrochem. Analyse van oude Bronzen. Verh. Kon. V. Acad. voor Wetensch. Lett. en Sch. K. van Belgie, 1950), das auf der Spektrographie eines auf eine Graphit- oder Kohleelektrode aufgebrachten Tropfens in Säure gelöster Bronze beruht, mußten neue Eichkurven bestimmt werden, da Unterschiede des Elektrodenmaterials (Porosität usw.) die Anregung der Elemente verschieden beeinflussen. Ferner wurde die HCl-Menge der Lsgg. stark erhöht, um das in den Bronzen vorkommende Ag in Lsg. zu halten. Doch wurde gefunden, daß die Linienintensität um so geringer ist, je stärker sauer die von den Elektroden absorbierten Lsgg. sind. Dem wurde durch eine Änderung des opt. Syst. abgeholfen, indem hinter der Lichtquelle ein mit Al bekleideter Hohlspiegel aufgestellt wurde, dessen Brennpunkt mit der Lichtquelle zusammenfiel, wodurch die Lichtintensität um 30—70% zwischen 2300 u. 3800 Å gesteigert wurde. Für die Best. der Hauptbestandteile, *Cu, Sn* u. *Pb*, wird der kondensierte FEUSSNER-Funken benutzt, für die der accesor. Elemente u. für Gehh. von Sn u. Pb < 1% der Dauerbogen nach PFEILSTICKER (Z. Elektrochem. angew. physik. Chem. **43.** [1937.] 719). Herst. der Eichlsgg. u. -kurven für das Mengenverhältnis der betreffenden Elemente zum Cu s. Original. Von dem wertvollen Material wurden nur je 5 mg entnommen, von den nichtmetall. Teilen mechan. befreit u. in 0,027 ml Königswasser (1 HNO_3: 3 HCl) gelöst, dann 0,074 ml konz. HCl + 0,067 ml konz. HNO_3 zugegeben, so daß die Säurekonzz. denen der Eichlsgg. entsprachen. Berechnungsschema nach einem Näherungsverfahren. Außer den Hauptbestandteilen fanden sich in 3 Mustern wechselnde Mengen Ag, Sb, Ni, As u. Fe, kein Au, Bi, Co oder Zn. Die Ggw. von Si stört infolge Mitfällung von $SnO_2 \cdot nH_2O$ u. Adsorption anderer Metalle das Verfahren. (An. Real Soc. españ. Física Quím., Ser. B **47.** 609—18. Sept./Okt. 1951. Gent, Belgien, Univ., Labor. für analyt. Chem.) METZENER. G 358

b) Organische Verbindungen.

R. Belcher und **J. C. Tatlow**, *Die Bestimmung von Fluor in organischen Verbindungen.* Die organ. Substanz wird mit Na zers. u. das gebildete Fluorid gravimetr. nach einer für F-Mengen von 30—60 mg modifizierten PbClF-Meth. bestimmt. Bei Einwaagen mit nur 20 mg F fallen die Ergebnisse ca. 0,5%, bei 10 mg F ca. 1% zu niedrig aus. — Die Substanz wird mit der 2—3fachen Gewichtsmenge Na in einer Ni-Bombe (Abb. im Original) mindestens 1 Std. auf 550—600° erhitzt; einige Fluorkohlenstoffe erfordern 650—700°. In dem erkalteten Bombeninhalt wird das überschüssige Na durch vorsichtige Zugabe von 1 cm³ A. u. tropfenweisen Zusatz von W. zerstört. Dann wird der Inhalt mit W. aufgenommen, die Lsg. durch eine PREGLsche Glasfritte filtriert, mit 8 Tropfen 0,1%ig. Methylrotlsg. versetzt u. mit 5n HNO_3 eben angesäuert. Nach Zugabe von 0,25 cm³ 30 vol.-%ig. Essigsäure wird auf 60—70° erwärmt u. die warme Lsg. zu 200 cm³ einer 0,5 cm³ Essigsäure enthaltenden u. bis fast zum Sieden erhitzten gesätt. PbClF-Lsg. gegeben. Nach zweimaligem Nachspülen mit je 15 cm³ PbClF-Lsg. wird das Gemisch zum Sieden erhitzt u. wenigstens 4 Std. (vorzugsweise über Nacht) stehengelassen. Der Nd. wird dann durch einen Glasfrittentiegel abfiltriert, mit PbClF-Lsg. u. anschließend mit Aceton ausgewaschen u. 20—30 Min. bei 110° getrocknet. — Beleganalysen von *m-Trifluormethylbenzoesäure*, die sich auch als Standardsubstanz eignet, sowie von *2-Nitro-5-acetamidobenzotrifluorid*, *m-Acetamidobenzotrifluorid*, *3.3'-Bis-[trifluormethyl]-azobenzol*, *N-Trifluoracetyl-2.5-dichloranilin*, *N-Trifluoracetylbenzylamin*, *Benzotrifluorid*, *1.1-Bis-[p-fluorphenyl]-2.2.2-trichloräthan*, *Perfluordimethyldekalin*, *Perfluordicyclohexyläthan*, *Trifluoracetamid*, *4.6-Benzylidentrifluoracetyl-α-methylglucosid*, *N-Trifluoracetylanilin*, *Heptafluorbuttersäure* u. *Perfluordicyclohexylpentan.* (Analyst **76.** 593—95. Okt. 1951. Birmingham, Univ., Dep. of Chem.) FORCHE. 5352

R. Leclercq und **J. Mathé**, *Bestimmung von Nitratgruppen in Nitrocellulosen mit Ferroammoniumsulfat.* Zur Best. der NO_3-Gruppen in Nitrocellulose lösen Vff. eine Probe von 0,2 g in 30 ml konz. H_2SO_4 von 0° u. titrieren mit einer gegen $NaNO_3$ eingestellten Lsg. von 120 g $Fe(NH_4)_2(SO_4)_2 \cdot 6H_2O$ in 400 ml W. + 500 ml 50 vol.-%ig. H_2SO_4. Der Endpunkt läßt sich an der charakterist. violetten Färbung der Verb. $FeSO_4 \cdot NO$ erkennen. Die Genauigkeit der sehr einfachen u. raschen Bestimmungsmeth. beträgt ca. 0,5%. Die Ergebnisse zeigen gute Übereinstimmung mit Werten nach LUNGE u. DEVARDA. Ferner wird eine mit steigender Temp. zunehmende Umwandlung der in H_2SO_4 gelösten Nitrocellulose gefunden, bei der man erhebliche Minderwerte erhält. Das Verf. ist auf die Best. der NO_3-Gruppen in *Nitroglycerin* u. *Penthrit* sowie der an N gebundenen NO_2-Gruppen in *Nitroguanidin* u. *Tetryl* anwendbar, nicht dagegen auf die Best. von an C gebundenen NO_2-Gruppen wie in *Nitrotoluol* u. *Nitromethan.* (Bull. Soc. chim. belges **60.** 296—300. Juli/Aug. 1951. Zwyndrecht, Service d'Inspection des Poudres et Explosifs de Guerre, Labor.) WEITBRECHT. 5352

W. M. Belikow, *Quantitative Bestimmung von Methylgruppen, die an ein Kohlenstoffatom gebunden sind.* Bei der Oxydation von Methylgruppen mit Chrom- u. Schwefelsäure bei der Analyse organ. Verbb. wird die Gruppierung $CH_3C\lessdot$ zu Essigsäure umgewandelt u. abgespalten. Die Essigsäure kann abdest. u. bestimmt werden. Vf. beschreibt u. beleuchtet krit. folgende Verff. zur Best. von CH_3-Gruppen: KUHN u. ROTH (Ber. dtsch. chem. Ges. **66.** [1933.] 1274), GINGER (J. biol. Chemistry **156.** [1944.] 453), BARTHEL u. LA FORGE (Ind. Engng. Chem., analyt. Edit. **16.** [1944.] 434), WIESENBERGER (Mikrochim. Acta **33.** [1947.] 51) u. zeigt in einer tabellar. Zusammenstellung von 56 nach diesen 4 Verff. analysierten organ. Verbb., daß die beiden erstgenannten Verff. immerhin noch Abweichungen vom Mittelwert von 23,6 bzw. 16,6% aufweisen. Das Verf. von BARTHEL-LA FORGE besitzt den Vorzug eines geringeren mittleren Fehlers

(9,5 %) sowie den der großen Einfachheit, während das WIESENBERGER-Verf. sehr teuer u. zeitraubend ist, jedoch hohe Genauigkeit aufweist (mittlerer Bestimmungsfehler 0,23 %). (Успехи Химии [Fortschr. Chem.] **21**. 496—507. April 1952.) v. WILPERT. 5364

Takeru Higuchi, Jesusa Concha und Roy Kuramoto, *Titration sehr schwacher Säuren mit Lithium-Aluminium-Amiden.* Lsgg. von Li-Al-Amiden an Stelle von $Li(AlH_4)$ (vgl. HIGUCHI u. ZUCK, J. Amer. chem. Soc. **73**. [1951.] 2676) zur Titration von sehr schwachen Säuren (wie Alkohole, Amine u. verschied. KW-stoffe) verwandt, werden dargestellt durch Zugabe äquivalenter Mengen n-Butylamin, n-Dibutylamin, Anilin, Pyrrolidin oder Piperidin zu einer eingestellten Lsg. von $Li(AlH_4)$ in Tetrahydrofuran. Li-Al-Amide zeigen keine so stark reduzierenden Eigg. wie $Li(AlH_4)$ u. gestatten deshalb die Unters. von Carbonyl- oder Estergruppen enthaltenden Verbb. auf ihre sauren Eigenschaften. Die „Neutralisation" von z. B. Alkohol durch ein Metallamid kann durch folgende Gleichung wiedergegeben werden: $R_2NMe + HOR \rightleftharpoons MeOR + R_2NH$. Das Gleichgewicht ist weitgehend nach rechts verschoben, weil die Protonenaffinität des Stickstoffs gewöhnlich viel größer ist als die des Sauerstoffs. Die Ausführung der Titration entspricht den Angaben von HIGUCHI u. ZUCK (l. c.). Als Indicator dient p-Phenylaminoazobenzol. — Verss. mit *Äthyl-*, *n-Propyl-*, *n-Butyl-*, *n-Amylalkohol* u. *α-Naphthol* stellen die Brauchbarkeit des Reagens unter Beweis. An Ketonen (*Acetophenon* u. *Benzophenon*), Estern (*Benzylbenzoat* u. *Phenylsalicylat*), einem Anhydrid (*Phthalsäureanhydrid*), Amiden (*Acetanilid* u. *Acetamid*), einem Imid (*Phthalimid*) u. *Carbazol* zeigen Vff., daß die CO-Gruppe, gleich in welcher Bindung, den Charakter einer einbasigen Säure gegenüber Li-Al-Amiden besitzt. (Analytic. Chem. **24**. 685—87. April 1952. Madison, Wis., Univ. of Wisconsin, School of Pharm.) BARCHET. G 810

Lowell E. Weller, Charles D. Ball und Harold M. Sell, *Benzylamin als Reagens zur Charakterisierung von Isothiocyanaten.* Zur Erfassung kleiner Mengen Isothiocyanate eignet sich die Umsetzung mit Benzylamin zu *N-Alkyl-N'-benzylthioharnstoff* (I). Die Rk. verläuft mit oder ohne A. als Lösungsm. u. ist nach kurzem Erwärmen beendet. Folgende I wurden erhalten: *Methyl-*, $C_9H_{12}N_2S$, F. 78°. — *Äthyl-*, $C_{10}H_{14}N_2S$, F. 103°. — *Allyl-*, $C_{11}H_{14}N_2S$, F. 94,5°. — *n-Propyl-*, $C_{11}H_{16}N_2S$, F. 88°. — *Isopropyl-*, $C_{11}H_{16}N_2S$, F. 126°. — *n-Butyl-*, $C_{12}H_{18}N_2S$, F. 50°. — *sek.-Butyl-*, $C_{12}H_{18}N_2S$, F. 78°. — *Isobutyl-*, $C_{12}H_{18}N_2S$, F. 112°. — *Crotyl-*, $C_{12}H_{16}N_2S$, F. 49,5°. — *n-Amyl-*, $C_{13}H_{20}N_2S$, F. 62°. — *Isoamyl-*, $C_{13}H_{20}N_2S$, F. 54°. — *2-Methoxyäthyl-*, $C_{11}H_{16}ON_2S$, F. 71°. — *3-Methoxypropyl-*, $C_{12}H_{18}ON_2S$, F. 51°. — *2-Methylmercaptoäthyl-*, $C_{11}H_{16}N_2S_2$, F. 58°. — *Phenyl-*, $C_{14}H_{14}N_2S$, F. 153°. — *Benzyl-*, $C_{15}H_{16}N_2S$, F. 148°. — *2-Phenyläthyl-*, $C_{16}H_{18}N_2S$, F. 118°. — *Naphthyl-(1)-*, $C_{18}H_{16}N_2S$, F. 173°. (J. Amer. chem. Soc. **74**. 1104. 20/2. 1952. East Lansing, Mich., State Coll., Dep. of Agricult. Chem. and Chem.) LEHWALD. G 890

F. A. Gunther, R. C. Blinn, M. J. Kolbezen, J. H. Barkley, W. D. Harris und H. S. Simon, *Mikrobestimmung von 2-[p-tert.-Butylphenoxy]-isopropyl-2-chloräthylsulfit-Rückständen.* Vff. beschreiben eine Meth. zur Best. von *2-[p-tert.-Butylphenoxy]-isopropyl-2-chloräthylsulfit* (*Aramit*; I), einem Acaricid von beträchtlicher entomolog. Bedeutung, in Sprührückständen auf pflanzlichen Geweben. Die Meth. beruht auf der quantitativen Abspaltung von Äthylenoxyd beim Kochen von I mit NaOH in Isopropanol. Das Äthylenoxyd reagiert mit Lepidin in Ggw. von Diäthylenglykol bei 170° unter Bldg. eines intensiv blauen Farbstoffes (λ_{max} 610 mμ, λ_{min} 490 mμ). Mit Hilfe dieser Meth. lassen sich noch 5 mg I, entsprechend weniger als 1 mg Äthylenoxyd, erfassen. Diese Rk. ist spezif. für 3gliedrige cycl. Oxyde, Imine u. Sulfide mit einer maximalen Empfindlichkeit für die Oxyde. Die Intensität der blauen Farbe steht in direkter Beziehung zu dem Grad der Substitution der cycl. C-Atome; Äthylenoxyd liefert die größte Farbintensität/Mol. Die beschriebene Meth. eignet sich auch für die Best. von Epoxyden. (Analytic. Chem. **23**. 1835—42. Dez. 1951. Riverside, Calif., Univ. of California, Citrus Exp. Stat., Naugatuck, Conn., U. S. Rubber Co., Chem. Div.) FRETZDORFF. G 1490

W. R. Fearon und W. A. Boggust, *Anwendungen der Nitrosoferricyanidreaktion: der Nachweis von Prolin und Oxyprolin. Pyrrolidin* u. *Pyrrolidin*-Derivv., einschließlich *Prolin* (I) u. seiner Derivv., geben mit Acetaldehyd u. verd. *Nitroprussid-Na* (II) bei bestimmten p_H-Werten Blaufärbungen, die zum Nachw. dienen können. 5 cm^3 der annähernd neutralen Lsg. mit 1 Tropfen 25 %ig. wss. *Aldol* (an Stelle des weniger beständigen Acetaldehyds) versetzen, p_H auf 9,3 durch Schütteln mit gepulvertem Na-Tetraborat einstellen, 2 Tropfen 1 %ig. II-Lsg. zugeben. Bei Ggw. von >0,05 % I oder *Oxyprolin* (III) entsteht nach wenigen Min. eine Blaufärbung. Sarkosin reagiert in Konzz. >0,5 % ähnlich, jedoch langsamer. Von bislang geprüften Eiweißbestandteilen zeigen nur I u. III die blaue Rk., bei $p_H > 10$ liefern Glycin u. Methylamin violette Färbungen, die bei p_H 9,3 nur langsam entstehen. Cystein, red. Glutathion u. andere freie Thiole, die mit II bei p_H 9,3 sofort eine Violettfärbung entwickeln, werden vorher durch J_2 in die nichtreagierenden Disulfide verwandelt. Die übrigen Aminosäuren zeigen keine Rk.; unhydrolysierte Proteine entwickeln bei > ca. 3% blaue bis violette Töne. NH_3, Amide, Harnstoff, substituierte Harnstoffe u. Guanidine, Kreatin, Kreatinin, Harnsäure, Nicotinsäure u. -amid, Thiamin, Pyridoxin, p-Aminobenzoesäure, Riboflavin u. Folsäure sind im Test negativ. Bei $p_H > 10$ geben sek. Amine, einschließlich cycl., intensive Blaufärbung. Beim Arbeiten mit bestimmten p_H-Werten u. Verwendung gewisser Sensibilisatoren, wie NH_3, Aminen, können die bekannten I-Farb-Rkk. zur Unterscheidung verschied. Verbindungsklassen dienen. $p_H \geq 10$: *freie Thiole*, R—SH, rotviolette, säurelabile Färbungen, die bald ausbleichen (Bldg. von R—S—S—R); *Thioäther*, CH_3—S—CH_2— keine Färbung in alkal. Lsg., beim Ansäuern Rotfärbung; *Methylencarbinole*, Aldehyde vom Typ —CH_2·CHO, säurelabile, orangerote Färbungen, *Ketone*, —CH_2—CO—CH_2—, rot bis violette, cycl. Methylencarbinolverbb. u. einige ungesätt. Lactone, flüchtige, säurelabile, orangerote; Hydrazine, Pyrrole u. Indol violette, beim Ansäuern nach Blau umschlagende Färbungen; p_H 9,3 ± 0,1: Thiole gleiche Rkk. wie bei $p_H \sim 10$, jedoch weniger unbeständige Färbungen; Aldehyde, Methylketone, Kreatinin u. andere Hydantoine negative oder schwache Reaktion. Die Verwendung von Puffern zeigt, daß die Empfindlichkeit der angeführten Rkk. bei CO-Verbb. nicht allein von einem günstigen p_H-Bereich abhängig ist, sondern auch von Zusätzen wie NH_3, Aminen usw., die eine sensibilisierende Wrkg. auf die CO-Gruppe ausüben. (Analyst 76. 667—69. Nov. 1951. Dublin, Trinity Coll., Dep. of Biochem.) K. MAIER. G 4070

d) Medizinische und toxikologische Analyse

Anthony A. Albanese, Reginald A. Higgons, Betty Vestal und Loukia Stephanson, *Photochromatische Analyse von Aminosäuren in Körpersäften.* Vff. beschreiben App. u. Methoden der aufsteigenden 1- u. 2dimensionalen Papierchromatographie von verschied. Körpersäften. Als papierchromatograph. Lösungsmittel werden Butanol-Essigsäure, Phenol-W. u. W.-Phenol verwandt; angefärbt werden die Chromatogramme mit Ninhydrinlösung. Von den erhaltenen Papierchromatogrammen werden zur Dokumentation Kontaktabzüge auf photograph. Papier hergestellt. Es werden verschied. Anwendungen für Probleme des Stoffwechsels beim Menschen angeführt: Die Verwertung von d-Aminosäuren, Aminosäuren bei Nephrose im Kindesalter, Einfl. der adrenal-corticalen Hormone auf die Aminosäuren u. die Beziehung von Aminosäuren zur N-sparenden Wrkg. von Glucose. (J. Lab. clin. Med. 37. 885—93. Juni 1951. New York, St. Luke's Hosp.) NEHRING 5725

T. Manners, *Eine neue Verdünnungsflüssigkeit zum Zählen der Eosinophilen.* Die Verdünnungs-Fl. besteht aus 50 g Harnstoff, 0,6 g Trinatriumcitrat, aqua dest. ad 100 ml, 5 ml 2%ig. wss. Phloxin. Sie färbt die Eosinophilen rosa bis blaßrot u. löst sie nicht auf, während andere Leukocyten u. auch Erythrocyten gelöst werden. (Brit. med. J. 1951. I. 1429—30. 23/6. Sunderland, Royal Infirmary, Central Labor., Registrar.) G SCHULZE. 5725

Michael Finkelstein, *Fluorometrische Bestimmung von natürlichen Östrogenen im Urin; Ausschaltung von Fluorescenz erzeugenden Verbindungen.* Bei der vom Vf. früher (Proc. Soc. exp. Biol. Med. 64. [1947.] 64; 69. [1948.] 181) beschriebenen fluorometr. Meth. zur *Östrogen*(I)-Best. zeigten sich insofern Schwierigkeiten, als in Urinproben mit niedrigem I-Geh. (z. B. von n. Männern oder Frauen) ein höherer I-Geh. gefunden wurde, als der biol. Auswertung im ALLEN-DOISY-Test entsprach. Es wurde deshalb ein Verf. zur Darst. der Urinextrakte ausgearbeitet, um die „nicht spezif. Fluorescenz" soweit als möglich auszuschalten u. die Ausbeute an zugesetztem I zu erhöhen. Das Prinzip der Meth. besteht darin, den Urin mit Ae. statt wie früher mit Bzl. zu extrahieren, die äther. Lsg. mit 1n NaOH zu extrahieren, die die I enthaltende alkal. Phase auf p_H 8 einzustellen u. erneut mit Ae. zu extrahieren. Der Rückstand des Ae.-Extraktes wurde zwischen Bzl.-PAe.-Gemisch (1:1) u. W. verteilt, wobei *Östradiol* u. *Östron* (II) in der organ. Phase verblieben, während *Östriol* (III) in W. überging. Die beiden Phasen wurden in passender Weise gereinigt u. fluorometr. analysiert. Nach Vf. wurden 85 ± 15% von zugesetztem I wiedergefunden u. die störenden fluorescierenden Substanzen stark vermindert, so daß noch 20 γ II u. ca. 30 γ III/Liter bestimmt werden konnten. (Nature [London] 168. 830—31. 10/11. 1951. Jersualem, Hebrew.Univ., Hadassah Med. School.) VINCKE. 5732

Bernhard Zondek und Michael Finkelstein, *Bestimmung und Vorkommen von fluorescierenden Substanzen in der Neutralfraktion von Urinextrakten.* Bei Verss., die

Östrogen-Fraktionen des Urins von ebenfalls fluorescierenden Begleitsubstanzen (I) zu reinigen (vgl. vorst. Ref.), wurde gefunden, daß ein großer Teil von ihnen aus nichtphenol., neutralen Stoffen besteht. Die Darst. der Neutralfraktion wird kurz beschrieben. Die I scheinen im Zeitpunkt der Ovulation vermehrt ausgeschieden zu werden, ferner in Fällen von Pseudohermaphroditismus, Arrhenoblastom, in den letzten Schwangerschaftsmonaten u. nach Applikation von *Adrenocorticotropin*. Es wird vermutet, daß die I aus der Nebennierenrinde stammen. (Nature [London] **168**. 831—32. 10/11. 1951. Jerusalem, Hebrew Univ , Hadassah Med. School.) VINCKE. 5732

Wilhelm Biltz, Ausführung qualitativer Analysen anorganischer Stoffe. 11. weitgehend umgearb. u. erw. Aufl. v. **Werner Fischer**. Leipzig: Akademische Verl. Ges. 1952. (XII + 189 S. m. 13 Abb. u. 1 Taf.) gr. 8°. DM 10,50.

Johann Jakob, Chemische Analyse der Gesteine und silikatischen Mineralien. Basel: Birkhäuser. 1952. (180 S. m. Abb.) gr. 8° = Lehrbücher u. Monographien aus d. Gebiete d. exakten Wissenschaften. Chem. Reihe. Bd. 7. Sfr. 18,70.

Walter Otting, Der Raman-Effekt und seine analytische Anwendung. Berlin, Göttingen, Heidelberg: Springer-Verl. 1952. (VI + 161 S. m. 33 Abb.) 8° = Anleitung für die chem. Laboratoriumspraxis. Bd. 5. DM 12,60.

H. Angewandte Chemie.

I. Allgemeine chemische Technologie.

Henri George, Seine, Frankreich, *Verfahren zur Hydratation von Glas.* Man behandelt Glaspulver (<Sieb 80), das in einer wasserdampfdurchlässigen Form eingebracht wird, 1 Std. in einem Autoklaven unter einem Druck von 40 kg bei 285° mit Wasserdampf. Danach ist das Pulver zusammengeballt. Nach dem Trocknen erhält man eine feste Substanz, die das Aussehen eines Gipsformlings hat. Sie weist eine bestimmte Porosität auf u. kann als *Filter* Verwendung finden. (**F. P. 988 889** vom 26/1. 1944, ausg. 3/9. 1951.) BEWERSDORF. 5831

Audas & Thomson Ltd., Eaglescliffe, England, *Kontinuierliche Entfernung von Schwefelwasserstoff aus industriellen Gasen.* Die Gase werden in einem Behälter mit SO_2 in Ggw. eines festen Adsorptionsmittels, z. B. aktivierter Tonerde, behandelt u. dabe S niedergeschlagen. Am einen Ende des Behälters wird laufend das beladene Adsorptionsmittel abgezogen u. am anderen Ende laufend durch frisch regeneriertes ersetzt. Die Regenerierung erfolgt durch Erhitzen unter Durchleiten eines oxydierenden Gases, wobei der S als SO_2, das zum Teil wieder zur Behandlung weiterer zu reinigender Gase verwendet wird, anfällt. (**E. P. 653 317** vom 14/10. 1947, ausg. 16/5. 1951.) DEMMLER. 5851

Keith Williams, Sydney, übert. von: **Paul Xavier Spillane**, Ashfield, New South Wales, Australien, *Entschwefelung von Gasen.* Andere als oxyd. S-Verbb. enthaltei de Gase werden bei 80—400° mit einem Alkalicarbonat (I) u. metall. Fe enthaltenden Katalysator (II) behandelt, der durch Red. einer nichtwss. Paste aus I u. Fe_2O_3 mittels Wassergases erhalten wurde. Durch die katalyt. Behandlung werden die S-Verbb. in S u. SO_2 übergeführt u. diese durch Kondensation bzw. durch Absorption abgeschieden. — Außer auf Koksofengas u. Abgase von Zellstoffkochern ist das Verf. auf andere CO u. CO_2 enthaltende Gase anwendbar. — Als II kann auch ein Gemisch aus 5—66% Alkalisulfid u. dem Sulfid von Ni, Co, Mn, Sn oder Al dienen. (**A. PP. 2 559 324** vom 16/11. 1948, ausg. 3/7. 1951. Aust. Prior. 12/4. 1946 u. **2 559 325** vom 21/7. 1949, ausg. 3/7. 1951. Aust. Prior. 31/5. 1946. **E. PP. 657 045** vom 26/3. 1947, ausg. 12/9. 1951. Aust. Prior. 12/4. 1946 u. **657 088** vom 21/2. 1949, ausg. 27/6. 1951. **Zusatz zu E. P. 657 045**.) BRÄUNINGER. 5851

Aktiebolaget Linderoths Patenter, Stockholm, Schweden, *Ausscheidung von Staub oder anderen Teilchen aus Gasen.* Man bläst die Gase in einem spitzen Winke, gegen die Außenseite eines Filterkegels, wobei das staubfrei gemachte Gas durch die Öffnungen des Filters (I) abgeführt wird. G eichzeitig wird außerhalb des I eine kleine Gasmenge (II) mit angereichertem Staub von der Filterfläche abgezogen. Die Gaszuführung erfolgt an der Basis des Kegels in der Weise, daß auf der ganzen Kegellänge unter Berücksichtigung der abgesaugten II etwa die gleiche Geschwindigkeit aufrechterhalten wird u. daß das abgezogene staubhaltige Restgas an der Filterspitze abgeführt wird. — Vorr., Zeichnung. (**N. P. 78 355** vom 16/11. 1949, ausg. 2/4. 1951.) J. SCHMIDT. 5851

Adrianus Blom, Rotterdam, Holland, *Einstellung des Feuchtigkeitsgehaltes von Gasen.* Man leitet das Gas durch eine Absorptionsschicht (I), in der eine gewünschte Entnahme oder Zuführung von Feuchtigkeit erfolgt. I ist als flache horizontale Schicht ausgebildet, die in mehrere Sektoren unterteilt ist. Die Schicht ist um eine senkrechte Achse drehbar u. so angeordnet, daß gleichzeitig ein Teil zum Konditionieren des

Behandlungsgases u. ein anderer Teil zum Regenerieren dient. — Vorr., Zeichnungen. (**N. P. 78 549** vom 25/11. 1948, ausg. 15/5. 1951.) J. SCHMIDT. 5855

United States of America, übert. von: Allan P. Colburn, Newark, Del., V. St. A., *Luftreinigung durch Kälteerzeugung* in abgeschlossenen Räumen, bes. in *Unterseebooten.* In einem Wärmeaustauscher (I) läßt man zunächst durch Abkühlung die gesamte Feuchtigkeit kondensieren. Die getrocknete Luft wird in einem Verdampfer geleitet, indem durch Verdampfung von fl. O_2 feste CO_2 (II) ausgeschieden wird u. darauf der verdampfte O_2 mit der gereinigten Luft gemischt wird. Ein Teil der Mischung dient zur Kühlung von I, ein weiterer Teil wird erhitzt u. in den Verdampfer zum Auftauen von II geleitet. (**A. P. 2 571 014** vom 16/11. 1945, ausg. 9/10. 1951.) REICHELT. 5859

Richard Klar, Frankfurt/M., *Kontinuierliche Molekularrektifikation bei Unterdruck.* Bei der Kühlung des Destillates durch Kondensation wird das zu rektifizierende Gemisch auf mechan. Wege im Gegenstrom zu dem anfallenden Kondensat gefördert. Z. B. kann das rücklaufende Kondensat stufenweise dem zu destillierenden Gemisch wieder zugeführt werden. — Vorrichtung. (**Schwz. P. 277 016** vom 11/4. 1949, ausg. 16/11. 1951.) SCHINDLER. 5865

Atlantic Refining Co., übert. von: James B. Hunter, Philadelphia, Pa., V. St. A., *Herstellung eines $SiO_2 \cdot Al_2O_3$-Katalysators* aus einem säurestabilisierten SiO_2-Sol (p_H 1—3) durch Zusatz eines säureadsorbierenden Al_2O_3 (Adsorptionswert von wenigstens 300 u. einer Stabilität von mindestens 200), bis der p_H-Wert ca. 3 beträgt. Das säureadsorbierende Al_2O_3 wird erhalten durch Rk. von Al-Sulfat mit einem Alkalibicarbonat. Das $SiO_2 \cdot Al_2O_3$-Gelgemisch wird mit W. gewaschen, bis die Säure u. die lösl. Salze daraus entfernt sind. (**Can. P. 481 188** vom 26/7. 1946, ausg. 19/2. 1952.) M. F. MÜLLER. 5905

Farbwerke Hoechst, vormals Meister Lucius & Brüning (Erfinder: Otto Horn), Frankfurt/M., *Feste Katalysatoren.* Zwecks Formgebung u. Aufbringung auf Trägern werden der Katalysatormasse synthet., organ., hochmol. Polymerisate (von Vinylacetat, Acrylestern, Styrol, Vinylalkohol, Vinyläthern, KW-stoffen) zugemischt. Die Aktivität wird nicht vermindert, Haftwrkg. u. Festigkeit werden gegenüber der Anwendung von bekannten Naturprodd. (Stärke, Tragant, Wasserglas) erhöht. (**D. B. P. 827 356** Kl. 12g vom 5/1. 1949, ausg. 10/1. 1952.) STEIL. 5905

Badische Anilin- & Soda-Fabrik, Ludwigshafen/Rh. (Erfinder: Wilhelm von Füner, Ludwigshafen/Rh., und Otto Göhre, Heidelberg), *Ausführung katalytischer Reaktionen,* bes. Verbesserungen von KW-stoffolen in Ggw. von Tonerde (I), die durch Erhitzen von Tonerdehydrat erhalten wurde, das aus Aluminiumsulfat oder -sulfit hergestellt u. mit NH_3-Lsg. bei mindestens 80° nachbehandelt wurde, u. die mit Metallverbb. von Metallen der 5. oder 6. Gruppe des Period. Syst. versehen ist. Die I wird während oder nach ihrer Herst. mit einer kleinen Menge (bis 30 %) Kieselsäure oder eines in W. nicht lösl. Silicats versehen. (**D. B. P. 828 237** Kl. 12g vom 19/5. 1949, ausg. 17/1. 1952. **Zusatz zu D. B. P. 816 115.**) STEIL. 5905

III. Elektrotechnik.

International General Electric Co., Inc., New York, N. Y., V. St. A., *Methylarylsilicone.* Man unterwirft Methylarylsiliciumdihalogenide, z. B. $CH_3C_6H_5SiCl_2$, der Hydrolyse u. entwässert das Hydrolysat, wobei eine Kondensation zu harzartigen Prodd. erfolgt, die bes. als *Isolierstoffe* für *elektr. Kabel* verwendet werden. Man kann auch von einem Gemisch aus Methylsiliciumhalogenid u. Phenylsiliciumdihalogeniden ausgehen. — Zeichnung. (**N. P. 78 310** vom 5/6. 1947, ausg. 27/3. 1951. A. Priorr. 27/9. 1939 u. 27/4. 1940.) J. SCHMIDT. 5957

N. V. Philips' Gloeilampenfabrieken, Holland, *Magnetkern.* Er besteht aus einem Manganferrit, in dem das Atomverhältnis von Fe : Mn zwischen 4 u. 1,5 liegt. Zur Herst. wird ein Gemisch von Mn-Oxyden u. akt. Fe-Oxyd bei 900° gesintert; das Sinterprod. wird aufgemahlen, geformt u. in einer N-Atmosphäre bei 1250° gebrannt. Die Magnetkerne erlauben eine Betriebstemp. über 50°, haben einen CURIE-Punkt über 250° u. eine magnet. Induktion von wenigstens 1500 Gauß. (**F. P. 983 712** vom 25/3. 1949, ausg. 27/6. 1951. Holl. Prior. 27/3. 1948.) REINHART. 5959

Richardson Co., Lockland, O., übert. von: Edward R. Dillehay, Glen Ellyn, Ill., V. St. A., *Batteriegefäß.* Es besteht aus einer M. von hartem Asphalt, Talk, Kohlenstaub u. Asbest. (**A. P. 2 562 532** vom 21/2. 1946, ausg. 31/7. 1951.) BAUR. 5971

Oldham & Sohn Ltd. (Erfinder: Frank Booth), *Trennplatten für elektrische Batterien und Akkumulatoren.* Die Grundmasse der Platten besteht aus Glasfasern u. Papierbrei, die mit einer stabilen Emulsion von Polyvinylchlorid imprägniert ist. Anschließend erfolgt Formung u. Trocknung. (**F. P. 990 051** vom 4/7. 1949, ausg. 17/9. 1951. E. Priorr. 7/7. u. 13/8. 1948.) Witthoiz. 5971

International General Electric Co., Inc., Schenectady, N. Y., V. St. A. *Niederdruck-Quecksilberdampflampe.* Die Lampe ist mit einem Fluorescenzbelag aus gelbfluorescierender M. (Zn–Be-Silicat) u. rotfluorescierender M. (Ca-Phosphat) im Verhältnis 3 ; 7 ausgerüstet. Das Zn–Be-Silicat ist mit Mn, das Ca-Phosphat mit Ce u. Mn aktiviert. Außerdem kann noch eine geringe Menge (<1 %) blaufluorescierender M., bes. $MgWO_4$. vorhanden sein. — Zeichnung. (**N. P. 78 867** vom 18/4. 1947, ausg. 30/7. 1951. A. Prior. 2/5. 1946.) J. Schmidt. 5973

N. V. Philips' Gloeilampenfabrieken, Eindhoven, Holland, *Herstellung von Oxydkathoden.* Die emittierenden Stoffe werden auf die Kathode als Suspension in einer Lsg. von Polyvinylacetat in organ. Lösungsmitteln, z. B. in einem Gemisch aus Amylacetat u. Methanol, aufgetragen. (**Dän. P. 72 831** vom 19/11. 1947, ausg. 30/7. 1951. E. Prior. 29/2. 1944.) J. Schmidt. 5975

International General Electric Co., Inc., New York, N. Y., V. St. A. (Erfinder: **C. G. Found** und **W. J. Winninghoff**), *Elektrische Niederdruckentladungsröhren mit positivem Licht, besonders Fluorescenzlampen.* Die röhrenförmigen Lampen enthalten in einem Abstand voneinander die Elektroden u. sind mit Hg-Dampf u. Kr, Xe oder beiden gefüllt. Hierbei soll der Dampfdruck der Edelgase 1—12 mm betragen u. die Röhre so dimensioniert sein, daß die Wandbelastung der Röhrenoberfläche zwischen 7 u. 21 mWatt je cm² beträgt. Die Röhrenwand soll bei Betriebstempp. zwischen 30 u. 50° bei einer Außentemp. von 25° liegen. (**Schwed. P. 131 816** vom 7/1. 1949, ausg. 29/5. 1951. A. Prior. 9/1. 1948.) J. Schmidt. 5975

General Electric Co. Ltd., London, und **Basil Noel Clack**, Wembley, Middlesex, England, *Niederdruck-Gasentladungsleuchtröhren* mit einer Gasfüllung aus H_2, N_2 oder CO_2, mit oder ohne Edelgaszusatz, enthalten Silicagel zur Wasserabsorption. (**E. P. 660 000** vom 29/3. 1949, ausg. 31/10. 1951.) Kessel. 5975

Land Württemberg-Baden, Stuttgart (Erfinder: **Georg Maurer**, Neuffen, Krs. Nürtingen), *Photokathode*, bes. für Elektronenvervielfacher. Die Photokathode wird nach ihrer Formierung auf hohe Gesamtempfindlichkeit einer therm. Behandlung bei einer Temp. ausgesetzt, die höher als die Formierungstemp. ist. Dadurch wird zwar die gesamte Lichtempfindlichkeit herabgesetzt, das Verhältnis zwischen dieser u. dem therm. Störpegel aber stark erhöht. Ebenso können auch die nachfolgenden Sekundärelektroden behandelt werden. (**D. B. P. 826 043** Kl. 21g vom 27/4. 1950, ausg. 27/12. 1951.) Kessel. 5977

Robert Volmer Müller, Frederiksberg, Dänemark, *Herstellung von elektrischen Kondensatoren.* Die Kondensatoren enthalten als Dielektrikum imprägniertes Papier u. sind zum Schutz gegen Feuchtigkeit in einem Isoliermaterial eingekapselt. Sowohl zur Imprägnierung als auch zur Einbettung verwendet man Polymerisate, bei deren Herst. ungesätt. Ester bei Tempp. <100° hergestellt wurden. — Z. B. polymerisiert man teilweise polymerisierten Bernsteinsäurediallylester (90 %) in Ggw. von Phthalsäureglykolester (8 %) u. Benzoylperoxyd (2 %) bei 40° unter Nachtrocknung bei 100°. (**Dän. P. 72 830** vom 4/2. 1949, ausg. 30/7. 1951.) J. Schmidt. 5983

IV. Wasser. Abwasser.

Karl Haller, *Beseitigung überschüssigen Fluors aus Trinkwasserversorgungen.* Kurzer Überblick über 3 Möglichkeiten der Beseitigung überschüssigen F aus Trinkwasseranlagen: 1. Magnesiaverf., 2. Alaunausfällung, 3. Durchfluß durch einen körnigen, regenerierfähigen Stoff (z. B. *Fluo-Karb*, ein aus bes. behandelten Knochen bestehendes Filtermaterial, das auf eine aus 3 verschied. Körnungen bestehende Kiesstützschicht geschüttet wird; Regenerierung mit einer 2—5 %ig. NaOH-Lsg.). (Städtehygiene **3**, 73—74. 3/3. 1952.) Winiker. 6024

Arnold E. Greenberg und **Harold B. Gotaas**, *Nutzbarmachung des Wassers im Abwasser.* Durch Bodenfiltration kann ein bakteriolog. einwandfreies u. in seiner chem. Beschaffenheit befriedigendes W. aus gut gereinigtem häuslichem Abwasser erhalten werden. Bei feinem sandigem Boden kann mit einer Versickerungsgeschwindigkeit von 0,03 m/Tag gerechnet werden. Moskitos (Encephalitisübertragung) u. stärkeres Algenwachstum kann Schwierigkeiten bereiten. (Amer. J. publ. Health Nation's Health **42**. 401—10. April 1952. Richmond, Calif., Univ.) Manz. 6040

V. G. MacKenzie, *Forschungsstudien über Einzelentwässerungsanlagen.* Mit der Herstellung von Hauskläranlagen ist die Versickerung des Abwassers im Boden verknüpft; neben ausreichendem Wasser- u. Schlammraum soll auch die Durchlässigkeit des

Bodens nach verbesserten Methoden untersucht werden, wobei auch die je nach Lebensstandard der Bewohner wechselnde Beanspruchung zu berücksichtigen ist. (Amer. J. publ. Health Nation's Health **42.** 411—16. April 1952. Cincinnati, O., U. S. Public Health Serv., Environmental Health Center.) MANZ 6040

Josef Wittmann, ***Die Behandlung von Penicillinabwässern.*** Der Geh. der Abwässer der Penicillinfabriken an BSB (Biochemischer Sauerstoff-Bedarf) ist hoch u. liegt im Mittel bei 12000 mg/Liter. Ebenfalls ist der Geh. an Schwebstoffen sehr hoch (bis zu 12000 mg/Liter). Die Rk. ist sauer (p_H 2—3), wird aber leicht durch die alkal. Reinigungswässer auf p_H 7,4—7,9 verschoben. Verss. mit dem Tropfkörper- u. Faulverf. zwecks biol. Reinigung der Abwässer ergeben eine Überlegenheit des ersteren. Beschreibung einer Kläranlage für einen Abwässeranfall von 2600 m^3/Tag, die zufriedenstellend arbeitet. Die bei der Schlammfaulung vorherrschende saure Gärung muß durch Kalkzusatz auf p_H 7,2 gebracht werden. Üble Geruche der Kläranlage können durch Verbrennung der Faulgase (Zumischen von Propan aus Druckflaschen) u. durch Versprühen von o-Dichlorbenzollsg. über die Schlammtrockenbeete beseitigt werden. (Pharmaz. Ind. **14.** 158—59. Juni 1952. Wiesbaden-Biebrich.) RÖSELER. 6044

Miroslav Polster und Karel Dlouhý, ***Bestimmung des Entsäuerungsvermögens von Marmorkies.*** Es werden vergleichende Verss. beschrieben, die mit verschied. Marmorkiessorten in einer modifizierten TILLMANSschen App. vorgenommen wurden. 200 cm^3 W. mit verschied. CO_2-Geh. wurden mit verschied. Geschwindigkeit jeweils über 1 kg Marmorkies filtriert. (Voda **31.** 103—05. Mai/Juni 1951. Brünn, Wasserwerk.) STEINER 6060

Harold F. Clark und Paul W. Kabler, ***Die Membranfilter für Wasseruntersuchungen.*** Mittels der Membranfilter können Wasserkeime quantitativ isoliert werden; der Colinachw. erfordert ca. 18 Stunden. Das Verf. ist auch bei pathogenen Keimen, *Salmonella typhosa* anwendbar. Die Zus. der Nährbrühen muß hinsichtlich Konz. meist etwas abgeändert werden. (Amer. J. publ. Health Nation's Health **42.** 385—88. April 1952. Cincinnati, O., Public Health Serv., Environmental Health Center.) MANZ. 6064

Paul W. Kabler und Harold F. Clark, ***Die Verwendung von Differentialnährböden bei den Membranfiltern.*** Durch die in der Technik bei Membranfiltern sehr einfache Anwendung verschied. Nährböden mit fördernden oder hemmenden Wirkstoffen kann die Entw. bestimmter Keimgruppen oder Arten erreicht werden. Es werden besondere, für die Verwendung geeignete Nährböden für die Coligruppe, für *S. typhosa* u. andere Salmonellakeime angegeben. (Amer. J. publ. Health Nation's Health **42.** 390—92. April 1952. Cincinnati, O., Public Health Serv., Environmental Health Center.) MANZ 6064

Joseph A. Shaw, ***Bestimmung von Phenolen in Abwässern von Kokereianlagen.*** Zur Best. sehr kleiner Phenolmengen wird ein Anreicherungsverf. (Ausschüttelung der mit H_2SO_4 u. $CaCl_2$ vorbehandelten, dann mit $NaHCO_3$ alkalisierten Probe mit Ae., Ausziehen der äther. Lsg. mit NaOH), ein Vorreinigungsverf. (Wasserdampfdest.) u. 2 Bestimmungsverff. (Trübungsmessung der mit Br_2-W. behandelten Proben bei 30—35 mg/Liter oder colorimetr. Best. mit 4-Aminoantipyrin u. Ferricyankalium) beschrieben. Bei günstigstem p_H 10,4 beträgt die Empfindlichkeit der colorimetr. Best. 20 Teile je Billion. Bei Gemischen von Teersäuren fallen die Ergebnisse mangels Einw. von p-Kresol auf 4-Aminoantipyrin u. wegen der Differenz der Molgewichte niedriger aus als für Reinphenol. (Analytic. Chem. **23.** 1788—92. Dez. 1951. Pittsburgh, Pa., Mellon Inst.) MANZ 6068

Erwin Schmidt, ***Kann man mittels des Permanganatverbrauches die Sauerstoffzehrung von Sulfitablauge im Vorfluter messen?*** Es wurde festgestellt, daß man die Sauerstoffzehrung im Fluß bei Sulfitablauge nicht mit dem Permanganatverbrauch bestimmen kann. Es hat sich gezeigt, daß die Ursache hierfür in der Art der Zus. der Sulfitablauge u. dem divergierenden Reaktionsmechanismus dieser Substanzen mit $KMnO_4$ zu suchen ist. Eine Verwendung des $KMnO_4$-Verbrauchs für die Best. der Menge an organ. Substanz in Abwässern von Sulfitzellstoffabriken u. für die Berechnung der Sauerstoffzehrung oder der durch Sulfitablauge verursachten „Abwasserlast" eines Vorfluters muß aus den angeführten Gründen abgelehnt werden. (Papier **6.** 222—25. Juni 1952.) P. ECKERT. 6068

V. Anorganische Industrie.

Pietro Guareschi, Genua, Italien, ***Herstellung von Schwefelsäure in einem Turmsystem.*** Die zwischen den GLOVER- u. GAY-LUSSAC-Türmen liegenden Reaktionstürme sind für das Gas nicht in Serie, sondern in Serie u. parallel geschaltet. Sämtliche Reaktionstürme werden mit stark nitrierter H_2SO_4 gleicher Konz. berieselt, so daß die Oxydation des SO_2 in der fl. Phase erfolgt. Werden 2 GLOVER-Türme verwendet, dann wird der 1. mit nitrierter Säure berieselt, die teils aus den Reaktionstürmen, teils aus den GAY-LUSSAC-Türmen stammt, während der 2. GLOVER-Turm mit Säure berieselt wird, die teils aus dem 1. GLOVER-Turm, teils aus dem GAY-LUSSAC-Turm kommt. Die Röstgase werden parallel in die beiden GLOVER-Türme geleitet. Aus dem 1. GLOVER-Turm gelangen sie in den 1. Reaktionsturm, aus dem 2. GLOVER-Turm werden sie parallel durch alle Reaktionstürme außer dem letzten geschickt. Diese Maßnahmen sollen eine zu weitgehende Red. der Stickoxyde im GLOVER-Turm verhindern u. ferner für ausreichende Zufuhr von SO_2 zu sämtlichen Reaktionstürmen sorgen. (**Schwz. P. 279 281** vom 31/12. 1947, ausg. 1/3. 1952. It. Prior. 26/11. 1946.) ZÜRN. H 253

Akt.-Ges. für Stickstoffdünger Knapsack Bez. Köln, Knapsack (Erfinder: **Herbert Polack,** Marl), *Herstellung von graphitischem Kohlenstoff.* Bei der Widerstandsbeheizung von z. B. Anthrazit wird durch Einbauten, die waagerecht in Richtung der Verbindungslinie zwischen den untersten Elektrodenenden unter diesen angeordnet sind, unter den Elektroden eine die Erhitzung lokalisierende Stelle ruhenden oder nur schwach bewegten Behandlungsgutes geschaffen. Hierdurch wird das Auswandern des zentralen Heizherdes zur Ofenwandung verhindert. Zweckmäßig verwendet man als Material für die Einbauten geformte Kohle. (**D. B. P. 841 447** Kl. 12i vom 18/5. 1944, ausg. 16/6. 1952.) ZÜRN. H 260

Deutsche Gold- und Silber-Scheideanstalt vormals Roessler, Frankfurt/M. (Erfinder: **Gustav Haas,** Kalscheuren), *Herstellung von Gasruß.* KW-stoffe bzw. deren Verbb. werden einzeln oder in Mischung unter Verwendung von Gasen mit hoher Zündgeschwindigkeit (> 150 cm/Sek.) in Brennern verbrannt; der gebildete Ruß wird an gekühlten Flächen niedergeschlagen. (**D. B. P. 841 316** Kl. 22f vom 31/8. 1943, ausg. 13/6. 1952.) NEBELSIEK. 260

John William Woodward, Barkingside, Essex, England, *Rußgewinnung.* Ein fl., brennbares C-haltiges Material, z. B. ein mineral., pflanzliches oder Abfallöl, wird mit Luft zusammen verstäubt u. bei ca. 150—200° verbrannt. Dabei wird die Brennerspitze auf einen langsam rotierenden Zylinder gerichtet, auf dem sich der Ruß niederschlägt. (**E. P. 665 583** vom 8/11. 1950, ausg. 23/1. 1952.) NEBELSIEK. H 260

Godfrey L. Cabot, Inc., Boston, übert. von: **Charles A. Stokes,** Wellesley, **Hills,** Mass., V. St. A., *Rußgewinnung.* Um möglichst kleine Rußpartikelchen zu bekommen, mischt man ein kontinuierlich im Kreislauf geführtes, N_2-freies Gas mit O_2 u. verbrennt dieses verd. O_2-Gemisch bei Reaktionstemp. mit Naturgas. (**A. P. 2 564 736** vom 8/3. 1947, ausg. 21/8. 1951.) NEBELSIEK. H 260

Badische Anilin- & Soda-Fabrik, Ludwigshafen/Rh., *Reinigen von Kohlendioxyd.* Um aus CO_2-Gas organ. S-Verbb., bes. COS, zu entfernen, behandelt man das Gas bei hohem Druck (100—200 at) mit O_2 über akt. Kohle, die aus Steinkohle nach D. R. P. 463 772 hergestellt ist. Anschließend kann das Gas noch unter Druck in Ggw. von Feuchtigkeit in der Wärme über S-bindende Massen, bes. solche, die CO oder Ni enthalten, geleitet werden. (**N. P. 78 333** vom 20/9. 1949, ausg. 2/4. 1951.) J. SCHMIDT. H 260

E. I. du Pont de Nemours & Co., Wilmington, Del., übert. von: **Joseph M. Rule,** Cleveland, O., V. St. A., *Herstellung stabiler Kieselsäuresole.* Zu einem SiO_2-Sol, dessen SiO_2-Teilchen amorph, dicht, nicht agglomerisiert u. kuglig sind u. 10—130 mμ Durchmesser besitzen, fügt man soviel Alkalihydroxyd, z. B. NaOH oder LiOH, daß das Verhältnis von $SiO_2 : Me_2O$ zwischen 130 : 1 u. 500 : 1 liegt. Die Sole lassen sich dann durch Eindampfen auf einen Geh. von 40—50 Gew.-% SiO_2 konzentrieren. Die Bedingungen über die Teilchenart des Ausgangssols werden auf Grund von Messungen der Viscosität u. Leitfähigkeit eingehalten. (**A. P. 2 577 485** vom 8/9. 1950, ausg. 4/12. 1951.) ZÜRN. H 261

Vereinigte Kaliwerke Salzdetfurth Akt.-Ges., Bad Salzdetfurth (Erfinder: **Rudolf Bachmann,** Hannover), *Schwimmaufbereitung von Kalium-, Natrium- und Magnesiumsalzen enthaltenden Salzgemischen.* Bei der Aufbereitung solcher Gemische mit Aminen oder Sulfonaten der cycl. u. acycl. KW-stoffe wurde gefunden, daß ein Zusatz von Pb-Salzen auf das Mitschwimmen von Steinsalz eine drückende Wrkg. ausübt u. die Ausbeute an KCl bei gleichem Schwimmittelverbrauch wesentlich erhöht. (**D. B. P. 840 682** Kl. 1c vom 23/4. 1943, ausg. 5/6. 1952.) H. HAUSWALD. H 275

Egon Wiberg und Richard Bauer, München, *Herstellung von Magnesiumaluminiumhydrid.* Magnesiumdialkyle oder GRIGNARD-Verbb. werden therm. zers., u. das entstehende MgH_2 wird mit Aluminiumhalogenid in Ggw. von J_2 umgesetzt. (**D. B. P. 845 338** Kl. 12m vom 7/3. 1951, ausg. 31/7. 1952.) NEBELSIEK. H 294

Columbian Carbon Co., New York, N. Y., übert. von: **John Martin**, Trenton, N. J., V. St. A., *Gewinnung von γ-Ferrioxyd.* Aus einer $FeSO_4$-Lsg. fällt mit Alkali- oder Erdalkalihydroxyd bei 150—200° F ein gelatinöser, später dicker Schlamm aus, der nach 10—15 Min. Digerieren dünn wird. Dann kühlt man schnell auf n. Temp. ab u. leitet Luft durch den Schlamm, bis ein reines, orangegelbes Prod. anfällt, das man nach dem Filtrieren wäscht u. trocknet. (**A. P. 2 560 970** vom 11/7. 1947, ausg. 17/7. 1951.) NEBELSIEK. H 354

VI. Silicatchemie. Baustoffe.

T. B. King, *Die Oberflächenspannung und die Struktur der Silicatschlacken.* Zur Messung der Oberflächenspannung der fl. Silicatschlacken wird die Ringabreißmeth. (mit einem Pt-10 % Rh-Zylinder) benutzt. Für die bin. Schlacken $CaO-SiO_2$, $MnO-SiO_2$, $FeO-SiO_2$ u. $Mg-SiO_2$ besteht ein annähernd linearer Verlauf der Kurven zwischen Oberflächenspannung u. Zusammensetzung. SiO_2 vermindert die Oberflächenspannung des bas. Oxyds, ist aber selber nicht sehr oberflächenaktiv. Schlacken, die Kationen mit hoher Feldstärke, wie Mn^{++}, enthalten, zeigen einen positiven Temperaturkoeff. der Oberflächenspannung; dieses anomale Verh. ist bei sauren Verbb. ausgesprochener als bei basischen. Es wird versucht, dieses Verh. auf Grund der Anschauung, daß diese Schlacken weitgehend ionisiert sind, u. in Analogie mit dem Verh. der Gläser zu erklären. Saure Schlacken, die Silicationen nach Art komplexer, ringförmiger oder kettenförmiger Ionen enthalten, neigen bei höheren Tempp. zum Zerfall in die einfacheren Ionen vom bas. Typ. Das Ausmaß dieses Zerfalls wird von der Feldstärke des anwesenden Kations bestimmt. Mit diesen Anschauungen lassen sich die experimentellen Befunde befriedigend deuten. (J. Soc. Glass Technol. **35.** Trans. 241—59. Okt. 1951.) HENTSCHEL. 6168

H. Moore und **R. C. de Silva**, *Untersuchung der elektrischen Eigenschaften von Alkali-Kalk-Kieselsäure-Gläsern, von denen einige Bor- oder Aluminiumoxyd enthalten, in Zusammenhang mit der Glasstruktur.* An fünf Serien von Gläsern mit systemat. variierter Zus. wurden spezif. Widerstand (ϱ), DK. u. dielektr. Verlustfaktor (tg δ) in Abhängigkeit von Zus. u. Temp. gemessen. Mit Na_2O u. Al_2O_3 steigt die DK. u. fällt ϱ. Bei konstantem Alkaligeh. wurde Na_2O gegen K_2O ausgetauscht. Für das Verhältnis $Na_2O : K_2O = 3 : 13$ zeigt sich ein Maximum für ϱ u. Minimum für die Dielektrizitätskonstante. Die experimentellen Ergebnisse werden durch theoret. Überlegungen gedeutet. (J. Soc. Glass. Technol. **36.** Trans. 5—55. Febr. 1952.) FROST. 6200

J. E. Stanworth, *Entwicklung von für bakterientötende Strahlen durchlässigen Gläsern.* Berichtigung eines Diagramms der in C. **1951.** II. 3081 referierten Arbeit. (J. Soc. Glass Technol. **34.** 273. Dez. 1950.) ANIKA. 6200

B. S. Kellett, *Der stetige Wärmefluß durch heißes Glas.* Ein Problem des stetigen Wärmeflusses durch Glas wird mathemat. behandelt. Wenn auch die infrarote Energie fast von jedem Glas schon in kleiner Schichtdicke absorbiert wird, so ist doch die Wiederausstrahlung der Energie durch das Glas ausreichend, um bei den Schmelztempp. einen beträchtlichen Wärmefluß zu verursachen. Bei 1200° ist der Wärmefluß durch Strahlung in einem n. Fensterglas ~50mal größer als der n. Fluß durch Wärmeleitung. Bei niedrigeren Tempp. ist dieser Effekt von viel geringerer Bedeutung, da die gesamte Strahlungsenergie geringer ist u. die meisten Gläser für das längerwellige Infrarot schon undurchlässig sind. (J. opt. Soc. America **42.** 339—43. Mai 1952. Lancashire, England, Pilkington Broth.'s St. Helens, Res. Labor.) EICHHOFF. 6200

W. J. Knapp und **W. D. van Vorst**, *Einige halbempirische Verfahren zur Abschätzung der Entropie von Oxyden, Silicaten und Titanaten und die Voraussage der Reaktionsgleichgewichte und Umsätze.* Die Mol.-Entropie S einer Verb. vom Mol.-Gew. M läßt sich nach der Formel $S = A \cdot \log M + B$ berechnen, wobei A u. B Konstanten bedeuten. Ferner läßt sich die Entropie der Silicate u. Titanate mit großer Annäherung aus der Summe der Entropiewerte der betreffenden Oxyde ($SiO_2 + MeO$) berechnen. Es werden die Mol.-Enthalpien u. -Entropien der keram. wichtigen Oxyde, Silicate u. Titanate angegeben u. die Berechnung der Gleichgewichtskonstanten u. der Wärmetönung an einem Zahlenbeispiel durchgeführt. (J. Amer. ceram. Soc. **34.** 384—87. Dez. 1951. Los Angeles, Calif., Univ.) HENTSCHEL. 6206

Fritz Gareis, *Über die Verwendung von Dolomitsteinen im Siemens-Martin- und Lichtbogenofen.* Dolomitsteine bewähren sich im laufenden Betrieb an den verschied. Stellen des SIEMENS-MARTIN-Ofens, Lichtbogenofens u. Konverters infolge ihrer großen Temperaturwechselbeständigkeit, Infiltrationssicherheit u. ihrer geringen Nachschwindung. Entwickelt wurden bindende Spezialmörtel für Temperaturbereiche über 1200°. Da ein Dolomitstein beim Lagern mit dem Wassergeh. der Luft reagiert

u. diese Rk. bes. im Sommer in Abhängigkeit von der Höhe der Luftfeuchtigkeit u. Temp. auftritt, konnte durch Entw. geeigneter Tauchmassen die Lagerfähigkeit der Dolomitsteine verbessert werden. (Stahl u. Eisen **72.** 345—47. 27/3. 1952. Halden.) HOCHSTEIN. 6218

B. Tavasci, ***Die Struktur von Steatitmaterialien.*** **Durch mkr. Unters. in Durchsicht** u. Aufsicht mit u. ohne vorheriges Ätzen mit HF (1: 20) wird bei 3 Proben von Steatit neben Klinoenstatit, $MgO \cdot SiO_2$, eine glasige, manchmal rekrist. Phase nachgewiesen, ferner bei einer Probe *Quarz* (I), *Tridymit* (II) u. vermutlich aus ungelöstem Kaolin stammende Körner, bei einer anderen Probe II allein. Vf. nimmt an, daß gegenseitige Umwandlung von I u. II vorliegt. (Chim. e Ind. [Milano] **33.** 549—53. Sept. 1951. Cagliari, Univ., Ist. di Chim. appl., u. Mailand, Politecn. Labor. prove mater.) R. K. MÜLLER. 6220

P. Clarkson, ***Wärmebehandlung von Beton.*** **Verss. zur Beschleunigung der Er**härtung des Betons mit Hilfe von Wasserdampf unter Druck wurden bei verschied. Mischungsverhältnissen, W.-Zement-Faktoren, Lagerungsbedingungen u. Alter des Betons durchgeführt. Die Dampfbehandlung wurde ebenfalls variiert. Es wurden erhebliche Festigkeitszunahmen beobachtet. (Indian Concrete J. **26.** 121—24. April 1952.) K. SEIDEL. 6224

—, *Richtlinien für die Bestimmung der Korngrößen. Mitteilung des Materialprüfungsausschusses Feinkeramik der DKG.* Es werden die Richtlinien zur Korngrößenbest. nach ANDREASEN gegeben, nebst den dazugehörigen Auswertungstabellen. (Ber. dtsch. keram. Ges. e. V. Ver. dtsch. Emailfachleute e. V. **28.** 496—501. Sept. 1951.) SCHÜTZ. 6240

J. Baron, ***Vorschlag für ein Volumenmeßgerät zur Bestimmung der absoluten Dichte von feuerfesten Produkten.*** Ein neues Volumenmeßgerät, bestehend aus einem Kolben mit flachem Boden von ca. 100 cm^3 Inhalt, einer darüber befindlichen Erweiterung von 5 cm^3 u. einem in cm^3 graduierten Rohr von 20 cm Länge (2 cm je 1 cm^3), ermöglicht mit einer Probe von nur 20 g die Best. der Dichten von 1,33—4 mit einer Genauigkeit von 0,01 bei D. 3, während bisher 2 genormte Meßgeräte für den gleichen Bereich nötig waren u. eines von ihnen 120 g Probe von dem zu zerkleinernden, oft sehr harten Material erforderte. (Chim. analytique [4] **33.** 295—96. Okt. 1951. Nancy, École nation. supér. métallurgie et industrie des mines, Labor. contrôle prod. réfract.) METZENER. 6248

Kodak Ltd., London, England (Erfinder: K.-H. Sun), ***Germaniumhaltiges Glas,*** bestehend aus 15—32 Gew.-% Alkalifluorid, 15—32 Gew.-% TiO_2 u. über 38 Gew.-% GeO_2. Das Glas hat einen Brechungsindex $n_D > 1{,}70$ u. eine ABBÉ-Zahl zwischen 24 u. 28. (**Schwed. P. 131 826** vom 29/1. 1947, ausg. 29/5. 1951. A. Prior. 29/1. 1946.) J. SCHMIDT 6201

Amalgamated Research & Development Co. Ltd., England (Erfinder: **Reginald Percy Fraser und Alfred Luigi Cianchi),** ***Emaillezusammensetzung für Al-Oberflächen oder solche von Al-Legierungen*** mit weniger als 25% PbO u. einer Schmelztemp. von 600°. Das Email setzt sich zusammen aus 21—36 (%) aus Oxyden von K, Na u. gegebenenfalls Li, 17—30 aus Oxyden von Pb u. Ba, gegebenenfalls Ca, Sr oder Zn, 5—13 Boroxyd, 0—4 Al_2O_3 u. 18—36 SiO_2. Für den Fall eines opaken Emails fügt man noch 0—15 TiO_2 hinzu. Man kann einen Teil des TiO_2 durch z. B. 0—5 CrO_2 u./oder 0—5 SnO_2 ersetzen. Das Email wird in üblicher Weise als Fritte auf die Metalloberfläche aufgebracht u. im Ofen etwas unterhalb von 600° gebrannt. (**F. P. 989 883** vom 29/6. 1949, ausg. 14/9. 1951. Brit. Prior. 11/5. 1949.) BEWERSDORF. 6213

Carborundum Co., übert. von: Herbert S. Schroeder, Niagara Falls, und **Jan M. Logan,** Lewiston, N. Y., V. St. A., *Feuerfeste Tonerdeerzeugnisse.* Verhältnismäßig reine Tonerde wird mit soviel SiO_2 zusammengeschmolzen, daß in dem erstarrten Material 2—8% SiO_2 enthalten sind. Verunreinigungen, wie Eisen- u. Titanoxyd, sollen in dem Schmelzmaterial nicht vorhanden sein. Die erstarrte Schmelze wird auf verschied. Korngrößen zerkleinert, mit Ton u. etwas Sulfitablauge gebunden, unter hohem Druck geformt u. die Formlinge nach dem Trocknen bei Sk. 16 gebrannt. Es werden bei hohen Tempp. standfeste Körper erhalten. Alkaliverbb. in Mengen um ½% können in den Massen enthalten sein, ohne die Standfestigkeit wesentlich zu verschlechtern. (**A. P. 2 569 430** vom 20/6. 1949, ausg. 25/9. 1951.) REINHART. 6219

Kaiser Aluminum & Chemical Corp., Del., übert. von: Leslie W. Austin, San Jose, Calif., V. St. A., *Forsteriterzeugnisse.* Eine M. aus 63—93 (Gew.-%) MgO, 6,5—37 SiO_2 u. 2,5—3,5 Verunreinigungen, wie CaO, Fe_2O_3, Al_2O_3 u. B_2O_3, wird nach innigem Durchmischen bei Tempp. von 1650—1750° gebrannt. Es entwickelt sich ein Prod. aus Magnesiakristallen, eingebettet in eine kristalline Grundmasse aus MgO u. Forsterit.

Feuerfeste Steine aus dieser M. zeigen eine hohe Feuerfestigkeit u. sind bis zu 1790° druckfeuerbeständig. — Zeichnung. (**A. P. 2 571 102** vom 25/9. 1947, ausg. 16/10. 1951.) REINHART. 6219

Carl Schusterius, Königshofen, Ufr., *Titandioxydmassen.* La_2O_3 als Zusatz zum TiO_2 ermöglicht die Herst. eines Scherbens mit guten keram. u. elektr. Eigg. schon bei ca. 3 % La_2O_3. Durch Zusatz von 30 % La_2O_3 läßt sich der hohe negative Temperaturkoeff. des TiO_2 erheblich vermindern, so daß die DK. des Dielektrikums u. damit die Kapazität des mit ihm erzeugten Kondensators bei Temperaturänderungen nur geringen Schwankungen unterworfen ist. Weiterhin wird durch den Zusatz von La_2O_3 eine gleichmäßige Oxydation des TiO_2 erreicht u. die häufig auftretende Red. des TiO_2 vermieden, so daß der dielektr. Verlust gering wird; er wurde bei 300 m Wellenlänge mit tg $\delta = 5 \cdot 10^{-4}$ gemessen. (**D. R. P. 767 316** Kl. 80 b vom 6/10. 1938, ausg. 15/4. 1952.) REINHART. 6221

Porzellanfabrik C. M. Hutschenreuther Akt.-Ges., Hohenberg/Eger (Erfinder: **Max Linseis, Arzberg, Ofr.,** und **Werner Heckmann,** Hohenberg/Eger), *Feuerfeste Einbettmasse für Dentalkeramik* besteht aus Gips, Cristobalit u. Al_2O_3, bes. in dem Gewichtsverhältnis von 30 (%) Gips, 20 Cristobalit u. 50 Al_2O_3. Es entsteht eine feste Einbettmasse, die Tempp. bis zu 1300° bei vielen aufeinanderfolgenden Bränden ohne jede Formveränderung aushält. (**D. B. P. 836 158** Kl. 80 b vom 9/12. 1950, ausg. 10/4. 1952.) REINHART. 6221

Johnson & Johnson, Buckinghamshire, England, *Verzögerung des Erstarrens von Gipsmörtel* (I). Man stellt sich eine Mischung aus trocknem I, W., H_3BO_3 (II) u. NH_3 (**III**) her, wobei man II in W. löst u. allmählich III zufügt. In einem Mischer setzt man I zu u. verarbeitet dieses Gemisch bis zur Pastenkonsistenz. Die Paste trägt man in dünner Schicht auf Gaze oder ähnlich loses u. poröses Trägermaterial auf u. erhitzt. Das entstandene $NH_4 \cdot BO_2$ zers. sich zu III u. II. (**E. P. 666 563** vom 8/6. 1948, ausg. 13/2. 1952.) NEBELSIEK. 6227

Victor Trief, Deux Acren, Belgien, *Herstellung von zur Verwendung als hydraulisches Bindemittel geeigneter feinpulveriger Schlacke.* Granulierte Hochofenschlacke wird naß vermahlen, so daß eine teigartige M. entsteht. Das mehr als 20 % ausmachende W. wird entfernt, um einen formbaren dickfl. Teig zu erhalten. Die Formlinge läßt man bis zu einem Wassergeh. von ca. 5 % oder noch weniger trocknen, u. es erfolgt eine Pulverisierung der M., die trocken oder naß erfolgen kann. Im ersten Falle wird das Pulver unter Zusatz eines Katalysators (verd. Sodalsg.), Sand u. Feinkies zu Betonmörtel angemacht, wobei infolge des Katalysatorzusatzes die Abbindung des Pulvers sichergestellt ist. Bei der Naßvermahlung wird der Katalysator vorher zugesetzt. (**Oe. P. 170 906** vom 19/7. 1950, ausg. 10/4. 1952. Belg. Prior. 20/7. 1949.) BEWERSDORF. 6227

Reinhard Ernst Vogel, Leutkirch, Allgäu, *Herstellung poröser Bausteine aus Braunkohlenfilterasche.* Die Filterasche mit einer durchschnittlichen Kornfeinheit von 2 bis 5 μ, deren Ca-Geh. mindestens zur Hälfte aus hochgebranntem CaO besteht u. deren Gewichtsverhältnis von CaO zu $Fe_2O_3 + MgO$ 1,5 bis höchstens 3 beträgt, wird mit nicht mehr als der Hälfte ihres Gewichts in W. unter Zusatz eines Schaummittels zu einem porenhaltigen Brei geschlagen, der nach dem Formen in stark CO_2-haltiger, feuchter Luft gehärtet wird. Feiner Sand kann der M. zugesetzt werden. Auch kann $^1/_3$ der Asche durch doppelt gebrannten Gips ersetzt werden. (**D. B. P. 841 728** Kl. 80b vom 30/6. 1950, ausg. 19/6. 1952.) HANS HOFFMANN. 6229

Steinholzwerk L. Stoss & Co., Hamburg (Erfinder: Antom Cmentek, Hamburg-Blankenese), *Masse für fugenlose Fußböden.* Einer gebräuchlichen, feuchten $MgO-MgCl_2$-Bindemasse wird Lignin als Füllstoff neben anderen anorgan. oder organ. cellulosefreien oder -armen Beimengungen zugesetzt. (**D. B. P. 839 327** Kl. 80b vom 10/9. 1950, ausg. 19/5. 1952.) HANS HOFFMANN. 6229

Keasby & Mattison Co., Ambler, übert. von: Harvey R. Anderson, Eureka, Pa., V. St. A., *Wärmeisolierende Asbestpappe.* Verwendet wird eine weitgehend zerteilte Asbestfaser, deren Vol. nach dem Anfeuchten, gemessen nach einer Standardmeth., 655 cm^3/453 g beträgt. Sie wird mit SiO_2 (Diatomeenerde) u. $Ca(OH)_2$, gegebenenfalls auch Zement, zu einem wss. Brei angerührt u. abgepreßt; die Bögen werden 2—5 Tage gelagert u. im Autoklaven getrocknet. (**A. P. 2 565 340** vom 8/6. 1949, ausg. 21/8. 1951.) SALZMANN. 6235

VII. Agrikulturchemie. Schädlingsbekämpfung.

K. Böttcher, *Ein Beitrag zur Bodenfruchtbarkeit.* An Hand der Literatur (unter besonderer Bezugnahme auf sowjet. Arbeiten) macht Vf. Bedenken gegen die Anwendung von Düngemitteln mit hohem Kochsalzgeh. (Kainit) geltend. — 9 Literaturangaben. (Dtsch. Landwirtsch. 3. 302—04. Juni 1952. Berlin.) WINIKER. 6304

H. L. Jensen, *Über die mikrobiologische Zersetzung von Stalldung. 1. Mitt. Nitrifikation der organischen Stickstoff-Fraktion im Boden.* Die mikrobiol. Zers. organ. N-Verbb. u. ihre Mineralisation wird vor allem durch Actinomyceten der Gattungen Streptomyces u. Micromonospora bewirkt. Bei einer Temp. von 5—10° verläuft die Mineralisation sehr langsam, beste Wirkungstemp. zwischen 20 u. 30°. Die Zers. dauert ca. 10 Wochen. (Tidsskr. Planteavl **55.** 237—64. 1952.) GRIMME. 6304

Karsten Iversen und G. Dorph-Petersen, *Stalldungkonservierung mit Superphosphat. 1947—1950.* Eine Zumischung von Superphosphat (I) zu Stalldung (II) wirkt stark konservierend auf den NH_3-Geh. desselben. Die konservierende Kraft ist direkt proportional der zugesetzten I-Menge. Bestes Mischungsverhältnis 100 kg I/5000 kg **II.** (Tidsskr. Planteavl **55.** 282—302. 1952.) GRIMME. 6304

K. Lenz, *Einige Versuche über die Möglichkeit der Verwendung von Braunkohlenflugaschen als Kalkdüngemittel.* Gefäßverss. mit Bohnen u. Zuckerrüben auf vollgedüngten mittleren u. schweren Böden zeigen, daß Gaben von Braunkohlenaschen nicht immer eine gewisse Kalkwrkg. ausüben, was auf die heterogene Zus. der verschied. Aschen zurückzuführen ist. Der Bor- u. Sulfidgeh. hatte keine bzw. nur eine schwach ertragsmindernde Wirkung. (Kühn-Arch. **64.** 99—106. 1951. Halle, Univ., Inst. für Pflanzenernährung u. Bodenkunde.) RANG. 6304

Denizot und Mathieu, *Kalifixierung im Boden.* Fixierung von K_2O im Boden findet vor allem durch akt. Tonverbb. statt. Bes. auf den schweren Böden kann die Fixierung stärkeres Ausmaß annehmen. Bei der Aufstellung des K_2O-Düngungsplanes ist stets eine vorherige Tonbest. nötig, um die K_2O-Gabe dementsprechend einzustellen. (C. R. hebd. Séances Acad. Agric. France **38.** 31—32. 1952. Dijon.) GRIMME. 6304

M. L. M. Salgado, *Die Löslichkeit des Bodenkalis in Beziehung zur Kalidüngung von Cocosnüssen.* Die Zusammenhänge verschied. Löslichkeitsformen des Kaliums werden unter Berücksichtigung der verschied. Bodentypen von Ceylon übersichtlich dargestellt. Für die Beurteilung der K_2O-Bedürftigkeit hat sich die K_2O-Best. im W. der Cocosnüsse als wertvoll erwiesen. (Trop. Agriculturist **107.** 92—99. April/Juni 1951. Ceylon, Coconut Res. Inst.) WALTER SCHULTZE. 6304

Ss. Ss. Basslawskaja, O. I. Koblenz-Mischke, L. A. Udalowa und Je. A. Tschisstjakowa, *Der Einfluß von Düngemitteln auf die photosynthetische Tätigkeit des Phytoplanktons in Teichen.* Die in verschied. Teichen vom Gesamtplankton synthetisierte u. angereicherte organ. Substanz mit u. ohne Zugabe von K, P u. N wurde aus dem O_2-Geh. in der oberen Wasserschicht ermittelt, der nach 24 Std. mit u. ohne Lichtzutritt bestimmt wurde. Bei Zugabe von 42 (kg/ha) P_2O_5 als $Ca_3(PO_4)_2$, 38 N als $(NH_4)_2SO_4$ u. 11 K als K_2SO_4 zu 4 verschied. Zeitpunkten nahm jedesmal einige Tage nach der Düngung die Intensität der Photosynth. stark zu, deren Dynamik dem P-Geh. des W. entspricht. Im Laboratoriumsvers. war die gleichzeitige Düngung mit N u. P von starker, ihre getrennte Gabe von schwacher positiver Wrkg. auf die Photosynth. (P stärker als N). Bei getrennter Teichdüngung wurde die Rk. der Pflanze allmählich schwächer. Die Rk. auf N dagegen stieg allmählich an. Die positive Wrkg. gleichzeitiger Düngung mit N u. P nahm im August ab. K war unwirksam. (Доклады Академии Наук СССР [Ber. Akad. Wiss. UdSSR] [N. S.] **82.** 777—80. 11/2. 1952. Moskau, Lomonossow-Univ.) LEBTAG. 6304

R. H. Gruenhagen, P. A. Wolf und E. E. Dunn, *Phenolische Fungicide in Landwirtschaft und Industrie.* An Beispielen wird die Vielseitigkeit in der Anwendung der Phenole als Baktericide u. Bakteriostatica gezeigt u. der Mechanismus ihrer Wrkg. bes. unter Berücksichtigung ihrer Beziehung zum Eiweißstoffwechsel diskutiert. (Contr. Boyce Thompson Inst. **16.** 349—56. Juli/Sept. 1951.) LIPPOLD. 6312

O. M. Minjajewa, *Agrotechnische Maßnahmen zur Bekämpfung der Anthraknose des Rotklees.* Zur Bekämpfung der Anthraknose des Rotklees empfiehlt Vf. neben verschied. agrotechn. Maßnahmen Desinfektion des Saatgutes mit 150 g *Granosan* auf 1 dz Kleesaat oder 200 g Granosan auf 1 dz Klee-Timotheussaatgut. (Кормовая База [Futtermittel-Versorg.] **3.** Nr. 7. 54—57. Juli 1952. Allunions Wiss. Williams-Forschungsinst. für Futtermittel.) LINTER. 6312

M. Tilemans, *Einige Neuheiten auf dem Gebiete der Insekticide.* Besprochen werden DDT, Hexachlorcyclohexan, Tetraäthylpyrophosphat (TEPP), Parathion, Chlordan, Toxaphen, Aldrin, Dieldrin, sowie die Insekticide aus pflanzlichen Rohstoffen, wie Rotenon, Pyrethrin u. Quassiin. (Bull. agric. Congo belge **43.** 71—94. März 1952. Gembloux.) GRIMME. 6312

Gabor Reichart, *Der Apfelblütenstecher (Anthonomus pomorum L.).* Als wirksamste Maßnahme zur Bekämpfung des Apfelblütenstechers wird Besprühen mit 1,5—2 %ig.

Dinitro-o-kresollsg. zu Beginn des Frühjahrsschwärmens empfohlen, die im Gemisch mit 2%ig. Bordelaiser Brühe auch gegen andere Schädlinge wirksam ist. Daneben kommen biol. Bekämpfungsmaßnahmen in Betracht. (Acta agronom. Acad. Sci. hung. **1.** 58—106. 1950. [Orig.: russ.; Ausz.: engl.]) R. K. MÜLLER. 6312

Dora Godan, *Untersuchungen zur Bekämpfung der Kohlschotenrüßler- und Kohlschotenmückenlarven mit Ester und γ-Hexamitteln.* Verss. mit Estermitteln (*E 605 forte* u. *E 605-Staub*, BAYERWERKE, Leverkusen) u. γ-Hexamitteln (*Nexen-Neu-Spritzmittel* u. *Nexit-Neu-Staub*, CELA G. M. B. H., Ingelheim) zeigten, daß für die Bekämpfung im Rapsfeld 1—1,5%ig. E 605 forte ausreichend ist. Nexen-Neu ist erst bei höherer Konz. wirksam. Die Stäubemittel sind wegen der erforderlichen hohen Dosierung (10—20 kg/ha) zu unwirtschaftlich. (Anz. Schädlingskunde **25.** 33—36. März 1952. Berlin-Dahlem.) WINIKER. 6312

Edmund H. Twight, *Reblausbekämpfungsversuche in Kalifornien.* Bei den Spritzverss. bewährte sich vor allem eine Emulsion von 45 g DDT + 45 cm^3 Triton B 1956 + 225 cm^3 Dichloräthyläther in 5,6 Liter Wasser. (Progr. agric. viticole **137.** (**69.**) 129—34. 2—9/3. 1952.) GRIMME. 6312

C. Gori, *Wirkung kleinster 2.4-D-Gaben auf Tabakpflanzen.* Tabakpflanzen sind sehr empfindlich gegenüber 2.4-Dichlorphenoxyessigsäure. Schon kleinste Mengen führen zu typ. Blattverdrehungen u. -verkümmerungen. — Abb. im Original. (Agric. ital. **51.** [N. S. 6.] 56—60. März 1951. Sep. Pisa.) GRIMME. 6312

R. G. Menzel und M. L. Jackson, *Die Bestimmung von Kupfer und Zink in Böden und Pflanzen. Polarographische Bestimmung in der gleichen Lösung.* Die zu untersuchende Substanz wird mit konz. HNO_3 bei 100—190° unter Zugabe von $HClO_4$ aufgeschlossen. Bei Bodenaufschlüssen wird vorher SiO_2 mit HF abgeraucht. Unter Verwendung von NH_4-Citrat als Pufferlsg. werden Cu u. Zn mit 0,1 g Dithizon u. CCl_4 ausgeschüttelt. Nach Eindampfen des Extraktes wird der Rückstand nochmals mit der oben angegebenen Aufschlußmischung oxydiert. Die polarograph. Best. beginnt mit einem Potential von 0,2 V. Bei 0,5 V wird die Red. des Cu u. bei 1,23 V die des Zn gemessen. Co stört die polarograph. Bestimmung. Die Fehler der Best. liegen bei 2—6%. Dauer der Best. 11 Stunden. (Analytic. Chem. **23.** 1861—63. Dez. 1951. Madison, Wis., Univ. of Wisconsin.) GRÜTZ. 6324

J. Deom, *Die Methoden zur Bestimmung von γ-Hexachlorcyclohexan.* An Hand der Literatur bespricht Vf. bewährte biol., chem. u. physikal. Methoden. — 24 Literaturangaben. (Bull. agric. Congo belge **43.** 123—34. März 1952.) GRIMME. 6328

Werner Perkow, *Zur Bestimmung von Dichlordiphenyltrichloräthan und Hexachlorcyclohexan in Gemischen beider Stoffe.* Dichlordiphenyltrichloräthan (DDT) u. Hexachlorcycloxan (HCCH) werden in Handelspräpp. nebeneinander als Insekticide verwandt, weshalb eine analyt. Trennung der beiden Komponenten von Interesse ist. Es wird zunächst eine Differenzmeth. beschrieben, die darauf beruht, daß man einmal die Farbtiefe der Blaufärbung mißt, die das mit Nitriersäure gewonnene Tetranitroderiv. des DDT in Benzollsg. bei Zugabe von Na-Methylat gibt, u. indem man zum andern den durch Kochen mit alkoh. Lauge sowohl von DDT als auch von HCCH abgespaltenen HCl bestimmt. DDT spaltet 1 Mol HCl u. HCCH dagegen 3 Mol HCl ab. Die Differenz des nach dem colorimetr. Verf. erhaltenen DDT-Geh., als HCl-Wert umgerechnet, zu dem als HCl-Wert erhaltenen Gesamtgeh. beider Stoffe ergibt das Verhältnis beider Substanzen. Eine 2. Bestimmungsmeth. beruht auf der Berechnung des Geh. an DDT u. HCCH aus dem Ergebnis der Gesamtchlorbest. u. aus dem Ergebnis der HCl-Abspaltung. (Z. analyt. Chem. **134.** 267—73. 1951. Hamburg, Norddeutsche Affinerie, Labor.) FRETZDORFF. 6328

D. G. Clarke, Harry Baum, E. L. Stanley und **W. F. Hester,** *Bestimmung von Dithiocarbamaten.* Die Verwendung von Dithiocarbamaten (I) als *Fungicide* in der Landwirtschaft macht ihre quantitative Best. notwendig. Es wird eine Makrometh. beschrieben, bei der die I durch Kochen mit 1,1n H_2SO_4 zers. werden. Es bildet sich CS_2, der mit Bleiacetat gewaschen (Entfernung von H_2S) u. in 2n methanol. KOH absorbiert wird. Die quantitative Best. des CS_2 erfolgt durch Titration mit J_2-Lösung. Diese Meth. ist auch für den Halbmikromaßstab anwendbar. Bei der Analyse im Mikromaßstab wird CS_2 colorimetr. als Cupridimethyldithiocarbamat bestimmt. (Analytic. Chem. **23.** 1842—46. Dez. 1951. Philadelphia, Pa., Rohm u. Haas Co.) FRETZDORFF. 6328

American Research Associates, Inc., N. J., übert. von: Charles H. Allen jr., Slocum, R. I., V. St. A., *Unkrautvertilgungsmittel.* Phenyl-Hg-acetat (I), W., ein Alkanolamin u. Borsäure (II) werden innig vermischt, wobei II in solchen Mengen zugefügt wird, daß der p_H-Wert der Lsg. 7,0—9,5 beträgt, während auf 1 (Teil) I 1000—80000 W. kommen. Die Lsg. ist bes. zur Bekämpfung von Digitaria sanguinalis oder dgl. in Rasenflächen geeignet, auf die sie in Abständen von 5—30 Tagen während dreier Monate aufgesprüht wird. (**A. P. 2 552 388** vom 22/4. 1947, ausg. 8/5. 1951.) KARST. 6313

Henkel & Cie. G. m. b. H. (Erfinder: **Wolfgang Gündel, Eckart Meyer** und **Hedwig Fuchs**), Düsseldorf, *Unkrautbekämpfungsmittel*, gek. durch einen Geh. an Arylestern niederer aliphat. Carbonsäuren, die im aromat. Kern mindestens ein Halogenatom u./oder mindestens eine Nitrogruppe enthalten. Fettlösende u./oder weitere das Pflanzenwachstum beeinflussende Agenzien können zugesetzt werden. — Beispiele: 4-Chlorphenylacetat, 4-Chlor-2-methylphenylpropionat, 2.4-Dibromphenylacetat, 2.4.5-Trichlorphenylpropionat, 1.2.3.4.5-Pentachlorphenylacetat, 1-Chlornaphthyl-(2)-acetat, 4-Nitronaphthyl-(1)-acetat u. dgl. Sie sind bes. zur Bekämpfung von Ackersenf in Haferfeldern u. dgl. geeignet. (**D. B. P. 830 431** Kl. 451 vom 23/11. 1948, ausg. 4/2. 1952.) KARST. 6313

Monsanto Chemical Co., St. Louis, übert. von: Charles M. Eaker, Affton, Mo., V. St. A., *Herbicide Mittel.* Die stabilen Öl-in-W.-Emulsionen enthalten 0,05—10% eines Alkyltrichloracetats der allg. Formel $Cl_3CCOOCHR_1R_2$, in welcher R_1 u. R_2 Alkylradikale mit zusammen nicht mehr als 7 C-Atomen darstellen, als tox. Bestandteil. — Beispiele: Isopropyl-sek.-butyl- u. 1-Methylheptyltrichloracetat. (**A. P. 2 550 049** vom 3/1. 1950, ausg. 24/4. 1951.) KARST. 6313

Standard Oil Development Co., Del., übert. von: Richard C. Brandon, Elizabeth, und Minor C. K. Jones, Westfield, N. J., V. St. A., *Herstellung von Ölen für die Parasitenbekämpfung.* Petroleumgasöl wird unter niedrigem Druck von einigen at bei 600—815° in Ggw. von Dampf einer Crackung unterworfen, worauf das erhaltene, bei 150—370° sd. Gasöl durch akt. Ton, Fullererde u. dgl. unter Druck bei 205—315° gepreßt u. dann zu 85% überdest. wird. Das mit Ton behandelte Prod. kann mit konz. H_2SO_4 oder fl. SO_2 behandelt u. zu 90% überdest. werden. Das erhaltene Öl hat gute parasitentötende Eigg. u. löst bis zu 30% DDT. (**A. P. 2 553 355** vom 29/8. 1947, ausg. 15/5. 1951.) KARST. 6313

Farbenfabriken Bayer, Leverkusen (Erfinder: **Gerhard Schrader**, Opladen-Bruchhausen), *Schädlingsbekämpfungsmittel*, bestehend aus oder enthaltend neutrale Ester der Selenolphosphorsäure der Zus. $(R_1O)(R_2O)P(=O)—Se\cdot CH_2\cdot CH_2\cdot S—R_3$, wobei R_1 u. R_2 für Alkylreste stehen u. R_3 ein gegebenenfalls substituierter Alkyl- oder Arylrest sein kann. Außer kontaktinsekticiden zeigen diese Verbb. auch chemotherapeut. Wirkungen bei lebenden Pflanzen, die den Wirkstoff aus den wss. Spritzlsgg. aufnehmen. Derart gespritzte Pflanzen zeigen auch an solchen Stellen abtötende Wirkungen gegen Insekten, die nicht unmittelbar von der Spritzlsg. getroffen wurden. (**D. B. P. 830 262** Kl. 451 vom 11/10. 1949, ausg. 4/2. 1952.) KARST. 6313

Badische Anilin- & Soda-Fabrik (Erfinder: **Fritz Müller**), Ludwigshafen/Rh., *Schädlingsbekämpfungsmittel*, bestehend aus porösem Kunststoff, bes. porösem Harnstofformaldehydkondensationsprod., als Trägerstoff u. leicht verdampfbaren, zur Schädlingsbekämpfung geeigneten Fll. außer HCN, bes. *Methylformiat, Acrylnitril, Trichloracetonitril* u. dergleichen. Die Fll. werden von dem Kunststoff in großer Menge schnell aufgesaugt u. in den zu begasenden Räumen langsam wieder abgegeben. Die Mittel werden in Drahtkörbe gefüllt u. in den Räumen aufgehängt. (**D. B. P. 830 429** Kl. 451 vom 9/1. 1949, ausg. 4/2. 1952.) KARST. 6313

Eilhard Alfred Mitscherlich, Erkenntnisse bei der Pflanzendüngung. Ein Festvortrag. Berlin: Akademie-Verl. 1952. (24 S.) 8° = Deutsche Akad. d. Wiss. zu Berlin. Vorträge u. Schriften. H. 44. DM 1,80.

Herbert Ulbricht, Grundriß der pflanzlichen Rohstoffkunde. Ein Lehr- u. Nachschlageb. Leipzig: Hirzel. 1952. (VIII + 147 S. m. 20 Abb.) gr. 8°. DM 8,20.

VIII. Metallurgie. Metallographie. Metallverarbeitung.

R. W. Müller, *Kokillen für Leichtmetallguß.* Für die Kokillen haben sich Gußeisen folgender Zuss. bewährt: 2,9 (%) Graphit-C, 0,4 gebundener C, 1,5 Si, 0,9 Mn, 0,5 P, 0,05 S oder 3,35 graphit. C, 0,15 gebundener C, 2,4 Si, 0,43 Mn, 1,3 P, 0,1 S oder 2,76 graphit. C, 0,89 gebundener C, 2,02 Si, 0,29 Mn, 0,89 P u. 0,09 S. Für Kerne ist ein Werkzeugstahl mit 0,4 C, 0,1 Si, 0,65 Mn, 2,1 Cr u. 0,35 V bes. geeignet. (Giesserei-Praktiker **1951.** 72—73. 10/3. 1951.) HOCHSTEIN. 6382

Franz Linden, *Die Möglichkeiten der Verbesserung des Thomasstahls durch Sauerstoffzusatz zum Gebläsewind.* Zu der C. **1952.** 4998 referierten Arbeit von DICK wird festgestellt, daß bereits seit längerer Zeit weiche, windgefrischte Austauschstähle an Stelle von SIEMENS-MARTIN-Stählen für solche Zwecke verwendet werden, wo es auf gute Kaltverformbarkeit, gute Schweißeigg. u. Sprödbruchunempfindlichkeit ankommt. Die Windfrischstähle waren den entsprechenden SIEMENS-MARTIN-Stählen gleichwertig. (Stahl u. Eisen **72.** 773—74. 19/6. 1952. Troisdorf.) HOCHSTEIN. 6408

Karl Daeves, *Die Möglichkeiten der Verbesserung des Thomasstahls durch Sauerstoffzusatz zum Gebläsewind.* (Vgl. vorst. Ref.) Zu der Arbeit von DICK (C. **1952.** 4998) wird festgestellt, daß in windgefrischten, unter O_2-Zusatz erblasenen Stählen eine enge Verknüpfung zwischen N_2- u. P-Geh. nicht besteht. Auch bei einem N_2-Geh. von nur 0,004 % muß damit gerechnet werden, daß ein Geh. von 0,044 % P überschritten wird. Bei 0,010 % N_2 wird mit gleicher Wahrscheinlichkeit ein Geh. von 0,070 % P noch überschritten. Die Tiefziehfähigkeit von windgefrischten Stählen in Form von Blechen u. Band bei im übrigen n. Analyse wird nur durch den N_2- u. P-Geh. bestimmt. (Stahl u. Eisen **72.** 774—76. 19/6. 1952. Düsseldorf.) HOCHSTEIN. 6408

Walther Dick, *Die Möglichkeiten der Verbesserung des Thomasstahls durch Sauerstoffzusatz zum Gebläsewind.* Entgegnung zu den Bemerkungen von LINDEN u. von DAEVES (vgl. vorst. Reff.). (Stahl u. Eisen **72.** 776. 19/6. 1952. Oberhausen/Rhld.) HOCHSTEIN. 6408

R. J. Stoup, *Beeinflussung der Leistungsfähigkeit von Überwurf-Gewindemuffen für Tiefbohrgestänge durch metallurgische Maßnahmen.* Es wird meistens ein Stahl mit 0,4 bis 0,5 (%) C, 1 Cr u. 0,2 Mo verwendet, der im warmausgewalzten Zustand kaltausgebohrt wird. Die geeignete Wärmebehandlung besteht in Härten u. Anlassen, wobei zur Abschreckung neben Luft- oder Ölkühlung auch eine Wasserkühlung unter der Voraussetzung angewendet werden kann, daß zwecks Vermeidung von Rißbldg. die Abschreckung unterbrochen wird, bevor das Stück völlig erkaltet. Hierauf folgt sofort das Anlassen. Das Werkstück muß eine hohe Schlagfestigkeit besitzen u. darf sich nicht werfen. Es muß gerichtet werden u. wird anschließend zur Spannungsentfernung bei Tempp. kurz unter der Anlaßtemp. vorgeglüht. (Steel **128.** Nr. 20. 90. 92. 94 u. 97. 14/5. 1951. Ambridge, Pa., Spang-Chalfant Div.) HOCHSTEIN. 6410

Otto Schaaber, *Über den Wärmetransport in Metallschmelzen in unmittelbarer Nähe der Phasengrenze flüssig/fest.* Unterss. über den Wärmetransport am F. ergaben, daß bei waagerechter stationärer Wärmeströmung in dem an die Erstarrungsfront angrenzenden fl. Teil kein Temperaturgradient vorhanden ist, obwohl Wärmemengen von 40000—75000 kcal/m 2 Std. durchfließen. Bei senkrechter Wärmeströmung tritt der nach der Wärmeleitungstheorie zu erwartende Temperaturverlauf auf. Eine Konvektion konnte bei *Zn* u. *Al* bei dem nichtleitungsmäßigen Wärmetransport nicht beobachtet werden, wohl aber bei KNO_3. Ein Vers. zeigt, daß der Wärmeinhalt der fl. Schmelze trotz Fehlens eines Temperaturgradienten verschieden groß ist. Es wird angenommen, daß die fl. Schmelze noch einzelne diskrete Bereiche mit höherer Ordnung u. kleinerem Energieinhalt aufweist, die durch Auflösen u. Neubilden den Wärmetransport übernehmen. (Z. Metallkunde **43.** 251—58. Juli 1952. Schorndorf.) HOCHSTEIN. 6420

E. R. Thews, *Betrachtungen über die desoxydierende und reduzierende Wirkung des Phosphorkupfers in Metallschmelzen.* Im Hinblick auf die bekannte Ansicht, daß unter den in geschmolzenen *Cu*-Legierungen bestehenden Bedingungen der Zusatz von Phosphorkupfer in den n. Mengen keine chem. Redd. auslösen kann u. die beobachteten Desoxydationswirkungen u. physikal. Erscheinungen auch nur physikal. Ursprunges sind, werden einige mögliche chem. Rkk. zwischen P u. fl. u. gasförmigen Oxyden u. absorbierten Gasen erörtert, durch welche die festgestellten Temperaturerhöhungen u. Viscositätsverminderungen der Schmelzen ohne weiteres erklärt werden können, ohne daß eine durch diese Erscheinungen verursachte u. nebenhergehende physikal. Desoxydation bestritten wird. (Chem. Techn. **3.** 151—53. Mai 1951.) HABBEL. 6432

L. M. Tichvinsky, *Hochbeanspruchte Schleuderguß-Bronzetraglager.* Die in Sand gegossenen Bronzetraglager sind den hohen Beanspruchungen z. B. in Dieselmaschinen nicht gewachsen. Die Schleudergußtraglager besitzen höhere Festigkeit, bessere Dehnung u. ein feineres, gleichmäßigeres Gefüge. Die Legierung enthält 86—90 (%) *Cu*, 5,5—12 *Sn*, 0,5—5 *Zn*, 0—1 *Ni*. Es werden die Einrichtungen u. die Gießverff. beschrieben. Eine scharfe Kontrolle ist für die Gleichmäßigkeit der Lager erforderlich. (Trans. Amer. Soc. mechan. Engr. **73.** 391—98. Mai 1951.) BÜLTMANN. 6432

H. M. Miekk-oja, *Kaltverarbeitung von Kupferlegierungen.* Untersucht wird der Einfl. des Kristallgefüges u. der Korngröße auf die Tiefzieheigg. von α-Messing. Es wird festgestellt, daß auf die Gleichförmigkeit der Kornausbldg. u. auf die Herst. eines Kornes von mittlerer Größe bes. geachtet werden muß. Es wird empfohlen, daß die in

Europa üblicherweise benutzten P-Zusätze zum α-Messing zwecks Erzielung einer hohen Tiefziehfähigkeit vermieden werden sollen. (Metal Ind. [London] **81**. 10—13. 4/7. 1952.) HOCHSTEIN. 6432

A. R. Bailey, *Hochfestes β-Messing.* Eine Unters. über den Einfl. der Zus. u. der Behandlung von β-Messing ergab, daß Al-Gehh. über 2% unerwünscht sind, da sie innere interkristalline Sprödigkeit verursachen, wodurch der Werkstoff gegen korrosive Mittel wie NaCl-Lsgg. oder Meerwasser anfällig wird. Die gleichzeitige Anwesenheit von Fe u. Mn in einem Al-haltigen β-Messing verringert die Neigung zur interkristallinen Versprödung. Zuguntersss. mit in einer 3%ig. NaCl-Lsg. eingetauchten Proben können die Empfindlichkeit des Messings gegen interkristalline Versprödung nachweisen. — Schrifttumsangaben. (Metal Ind. [London] **80**. 519—22. 526. 27/6. 1952.) HOCHSTEIN. 6432

R. Irmann, *Auswahl der Aluminiumgußlegierungen nach ihrer Gießbarkeit in Sand und Kokille.* Es wird über die Eignung der wichtigsten in der Schweiz verwendeten Al-Legierungen für Gußzwecke unter Berücksichtigung ihres Formfüllvermögens u. ihrer Volumenverminderung während u. nach dem Erstarren berichtet. Ferner wird noch auf die mechan. u. chem. Eigg. sowie auf ihre Eignung für dekorative anod. Oxydation eingegangen. Besprochen werden: *Anticorodal*-5 Si (Al-5 Si-Mg), *Silafont-3* u. -5 (Al-10 Si-Mg), *Silafont-1* (Al-12 Si), *Silafont-2* (Al-12 Si-Mg), *Alufont-3* (Al-Cu-Ti), *Peraluman-30 G* (Al-3 Mg), *Peraluman-50 G* (Al-5 Mg), *Unifont* (Al-Zn-Mg) u. *Gontal 2* (Al-Zn-Mg). (Aluminium Suisse **1951**. 26—31. Jan.) MEYER-WILDHAGEN. 6442

H. J. Sharp, *Spritzpreßguß von Aluminium.* 1. u. 2. Mitt. *Formgebung und Legierungsauswahl.* Überblick über die Zus., Gießeigg., Korrosionsbeständigkeit u. Festigkeitswerte von zum Spritzpreßguß verwendeten Al-Legierungen. Es kommen Legierungen mit 0,1—7 (%) Cu, 0,1—0,3 Mg, 2—13 Si, 0,6—1 Fe, 0,3—0,6 Mn, 0,1—2 Ni, 0—1,2 Zn, 0—0,2 Ti, Rest Al zur Verwendung. (Metal Ind. [London] **81**. 6—7. 4/7. 1952.) HOCHSTEIN. 6442

A. Roth und H. W. Fulda, *Über die Ferngasbeheizung von Leichtmetallschmelzöfen.* Neben der Feuchtigkeit, die bei Einsatz von festem Metall aus der Zers. des durch Korrosion entstandenen Aluminiumhydroxyds in der Hitze entsteht, kommen bei gasgeheizten Öfen der Feuchtigkeit der Heizgase u. dem durch die Verbrennung von H_2 gebildeten Wasserdampf eine erhöhte Bedeutung zu. Infolge Zers. der auf diese Weise zugeführten Feuchtigkeit durch die Al-Schmelze entsteht atomarer Wasserstoff, der sehr reaktionsfähig ist u. infolge seines kleinen Atomradius leicht in das fl. Al einwandern kann. Es ist ein Inlösunggehen in fester Phase, u. der Vorgang verläuft unter Wärmeabgabe. Die Konz. des gelösten Wasserstoffs nimmt mit steigender Temp. zu. Bei der Erstarrung scheiden sich im festen Zustand Gase, darunter auch H_2, ab, wobei die Restschmelze sich bis zur Übersättigung mit Gas anreichert. Es wird hierdurch eine Auflockerung des Korngrenzenverbandes mit all seinen Nachteilen, Warmrisse usw. verursacht. Durch Einführung des Wassergußverf. jedoch wird die Verwendung von hochwasserstoffhaltigen Heizgasen in Leichtmetallgießereien ermöglicht. (Giesserei **39**. 315—17. 26/6. 1952. Lünen.) HOCHSTEIN. 6442

Kurt Albrecht, *Fehler beim Aluminiumschmelzen durch Gasaufnahme und Oxydbildung.* Die Höhe der Gasaufnahme ist von der Temp. des Al-Bades u. vom Druck im Schmelzofeninnern abhängig. Dieser Druck wird erhöht durch die Verdampfung der an dem Einschmelzmaterial haftenden Feuchtigkeit u. Fremdbestandteile. In elektr. beheizten Öfen wird der Druck im Schmelzofeninnern durch den Schmelzprozeß bes. erhöht. Zur Vermeidung oder Entfernung von Gasen u. Oxyden haben sich für den Einschmelzprozeß Salzbadschmelzverff. entwickelt, die aber bei elektr. Beheizung wegen der Salzdämpfe der verdampfenden Flußmittel nicht anwendbar sind. Auf der Badoberfläche schwimmende Oxydhäutchen gelangen durch Zusatz von Einschmelzmaterial u. durch die verschiedenartigen Bewegungen im fl. Al in das Bad u. sind dort in einem schwebenden Zustand; durch die Nichtanwendbarkeit von Gemischen mit Chloridsalzen im Elektroofen entstehen keine wirksamen Auftriebsströmungen, so daß die eingeschlossenen Oxyde im Bade verbleiben. (Giesserei-Praktiker **1951**. 43—46. 10/2. 1951.) HOCHSTEIN. 6442

A. Rühenbeck, *Das neue Leichtmetall-Lager K 4.* Die neu entwickelte Lagerlegierung besteht aus 4,8—5,2 (%) *Zn*, 1,8—2,3 *Mg*, 4—6 *Cd*, Rest *Al*. Bei der gießtechn. Herst. wird nach Vorlegierung der Grundmasse gemäß dem Legierungstyp Al-Zn-Mg der fl. Schmelze Cd zugegeben. Nach geeigneter Wärmebehandlung wird vergossen, wobei sich infolge der Mischungslücke zwischen Cd u. Al Cd-Kügelchen regelmäßig verteilt ausscheiden, die einen Durchmesser von 0,0001—0,05 mm aufweisen. Die Reibung dieser Cd-Kügelchen in der Schmelze hebt die sedimentierende Wrkg. der

Schwerkraft weitgehend auf. Infolge der Eigenart des Gießverf. hat die Legierung die Eig. einer Automatenlegierung. Sie ist verformbar, solange der F. des heterogen eingelagerten Cd mit 321° nicht überschritten wird. Die Legierung ist aushärtbar, wodurch die Festigkeitseigg. des Guß- oder Preßzustandes gesteigert werden. Hierfür werden die Proben 3 Std. bei 500° geglüht, wobei die Überschreitung des F. von Cd infolge der Kugelform der Cd-Einlagerungen unschädlich ist. Anschließend wird in kaltem W. abgeschreckt u. bei 100—140° ca. 500 Std. angelassen. Die Festigkeitseigg. im ausgehärteten Zustande werden angegeben. Die Erprobung als Flugmotorenlager ergab eine volle Bewährung. (Metall **6.** 291—98. Juni 1952. Karlsruhe.) HOCHSTEIN. 6442

Jean Hérenguel, *Betriebsverhalten von Leichtmetallteilen für die Konstruktion von Eisenbahngüterwagen.* Die Haltbarkeit von Leichtmetallblechen ist größer als die von Eisenmaterial. Trotz der großen mechan. Beanspruchungen durch Stoß u. auf Verschleiß durch Reibung in Kohlen- u. Eisenerzförderwagen zeigen Leichtmetallegierungen der Marken *A-U 4 G* u. *A-G 5* eine sehr gute Haltbarkeit. (Rev. de l'Aluminium **28.** 89—93. März 1951.) HOCHSTEIN. 6442

Gustav Siebel, *Die technischen Magnesiumlegierungen und die magnesiumhaltigen Aluminiumlegierungen.* Zusammenfassender Bericht über die Forschungs- u. Entwicklungsarbeiten der IG.-Farbenindustrie Akt.-Ges., Bitterfeld, von 1920 bis 1945. (Z. Metallkunde **43.** 238—44. Juli 1952. Singen.) HOCHSTEIN. 6444

H. G. Warrington, *Gewinnung hochreiner Magnesiumlegierungen.* Beschreibung der Gewinnungsverff. der DOMINION MAGNESIUM Ltd. (Canad. min. Metallurg. Bull. **44.** 424—28. Juni 1951.) GOY. 6444

J. Lomas, *Tantal.* Kurzer Überblick über Vork., Gewinnung, Eigg. u. Verwendung. (Mine Quarry Engng. **18.** 245—47. Aug. 1952.) WINIKER. 6448

H. W. Greenwood, *Neuere Entwicklung auf dem Gebiete der Pulvermetallurgie.* (Vgl. C. **1951.** I. 2799. II. 742.) Ein pulvermetallurg. hergestelltes Stahl- oder Fe-Skelett wird mit Cu oder anderen niedriger schm. Elementen getränkt. Nach diesem Verf. ist die Zugfestigkeit von 26 auf 72 kg/mm² erhöht u. der Formenverschleiß erheblich herabgesetzt. Bei gesinterten Hartmetallen werden durch Verwendung feinster Körnungen von WC, TaC u. TiC Co-freie dichte Sinterlinge hergestellt. Fortschritte sind beim Strangpressen der Pulver durch Düsen erzielt. Gesinterte Verbb. von hitzebeständigen Metallen mit Oxyden, Carbiden, Boriden u. anderen Werkstoffen werden für Gasturbinenschaufeln u. dgl. verwendet. Ein weiteres Anwendungsgebiet der Pulvermetallurgie ist die Herst. von Ti u. Zr. Auf magnet. Werkstoffgebiet nimmt das Sintern von Dauermagneten einen immer größeren Umfang an, u. a. auch bei magnet. weichen Kernen für Transformatoren der Stark- u. Schwachstromtechnik, wo zur Verringerung der Wirbelstromverluste ein flockiges Fe-Pulver verwendet wird. (Metall **5.** 16—18. Jan. 1951. London.) FAHLENBRACH. 6474

R. J. M. Payne, *Einrichtung für Dauerstandversuche bei Temperaturen bis 200°.* Die Proben werden in einem Ölbad erwärmt. — Beschreibung, Abbildungen u. Zeichnungen. (Metallurgia [Manchester] **45.** 322—24. Juni 1952. J. Stones & Co., Metallurgical Res. Labor.) K. STEIN. 6480

Albert Keil, *Eine spezifische Korrosionserscheinung an Wolframkontakten.* Verss. haben gezeigt, daß sich auf W-Oberflächen in abgeschlossenen Geräten bei gleichzeitiger Anwesenheit gewisser phenolhaltiger Isolierstoffe u. ausreichender Luftfeuchtigkeit prakt. bereits bei Raumtemp. über die Gasphase organ. Verbb. bilden können. Es handelt sich dabei um eine spezif. Reaktionsbereitschaft des W, da andere Metalle sich unter gleichen Bedingungen kaum sichtbar verändern. Die Korrosionsprodd. bilden sich nur bei längerer Lagerung. Sie sind meist wasserlösl. u. lassen sich leicht entfernen. — Abbildungen u. Schrifttumsangaben. (Werkstoffe u. Korrosion **3.** 203—05. Juli 1952. Pforzheim, Platinschmelze Dr. E. Dürrwächter.) MARKHOFF. 6538

L. G. Gindin und **M. W. Pawlowa,** *Korrosion von Kupfer und Blei durch Lösungen von Jod in Kohlenwasserstoffen.* 9. Mitt. *Über Arbeiten auf dem Gebiete der Korrosion von Metallen durch Nichtelektrolyte.* (8. vgl. GINDIN u. KASAKOWA, Журнал Прикладной Химии [J. angew. Chem.] **24.** [1951.] 958.) Bei der durch Jodlsgg. in *Bzl.* bewirkten Korrosion von Cu entsteht CuJ. Bei allen Verss. wird ein geringerer als theoret. zu erwartender J_2-Verbrauch beobachtet. Mit zunehmender Versuchsdauer wird dieser Minderverbrauch geringer. Dies wird damit erklärt, daß neben der Bldg. von CuJ eine Cu-Oxydation durch den Luft-O_2 erfolgt. Die Jodlsg. in *Isooctan* (I) bewirkt etwa die gleiche Cu-Korrosion wie in Benzol. Bei der Korrosion von Pb in J_2-Bzl. findet neben der Bldg. von PbJ_2 ebenfalls eine Oxydation durch den Luftsauerstoff statt. Die Jodlsg. in I korrodiert Pb um ein Mehrfaches stärker als J_2 in Benzol. (Журнал Прикладной Химии [J. angew. Chem.] **24.** 1026—32. Okt. 1951.) LEBTAG. 6538

L. G. Gindin und **M. W. Pawlowa,** *Korrosion von Eisen durch benzolische Jodlösungen.* 10. Mitt. *Über die Korrosion von Metallen durch Nichtelektrolyte.* (9. vgl. vorst. Ref.) Bei der Einw. von Jodlsgg. in Bzl. auf Fe enthält das Korrosionsprod. neben 3—7% FeJ_2 hauptsächlich Fe_2O_3, das aus FeJ_2 durch Oxydation mit Luft-O_2 entsteht. Bei der Korrosion in N_2 sind die Korrosionsprodd. im Gegensatz zur Korrosion an der Luft fast völlig lösl. in W. u. enthalten nur FeJ_2. In N_2 wird Fe durch die Jodlsg. in Bzl. in 20 Monaten viel schwächer korrodiert als in 15 Tagen an der Luft. In N_2 bildet FeJ_2 eine Schutzschicht auf Fe. In Ggw. von Luft-O_2 wird neben der Zerstörung der FeJ_2-Schutzschicht auf Fe durch die FeJ_2-Oxydation fortwährend J_2 nachgebildet, so daß die Korrosion stark intensiviert wird. (Журнал Прикладной Химии [J. angew. Chem.] **24**. 1151—55. Nov. 1951.) LEBTAG. 6538

R. Wilbaux und **A.-G. Neybergh,** *Korrosionsversuche mit verschiedenen bei der Destillation und zur Verpackung ätherischer Öle verwendeten Metallen und Legierungen.* Äther. Öle von Eucalyptus citriodora (I), Eucalyptus Dives (II), Eucalyptus Smithii (III), Mentha piperita (IV), Pelargonium radula, var. Rosat (V) u. Vetiveria zizanoides (VI) wurden auf ihren Korrosionseingriff an verschied. Metallen u. Legierungen geprüft, u. zwar an *Cu*-Blech (**a**), *Zn*-Blech (**b**), Schwarzblech (**c**), *Al* A-G 5 mit 5 (%) Mg (**d**), Al mit 1,5 Si u. 0,8 Mg; *Almasilium* (**e**), 99,5%ig. Al, kalt gehämmert (**f**), Al wie f, halbhart (**g**), Al *A-G 3* mit 3% Mg (**h**), Al mit 0,1—0,2 Si, 0,01—0,1 Fe, Mn, Zn u. Mg, 0,001—0,01 Cu, Pb, Sn, Co u. Ni, 0,1—1,0 Ga (**i**), *Weißblech* (**j**). — Al u. seine Legierungen sind am widerstandsfähigsten, bes. **d** u. **e**. Am stärksten angegriffen wird Zn. Galvanisiertes Material kommt daher nicht in Betracht. Bes. angriffsfähig sind **III** u. **V**. Fe wird durch **III** stark korrodiert, wobei dieses verharzt, weniger durch **IV**. Cu ist bes. gegen **I** u. **V** empfindlich, sonst weniger, doch verfärben Spuren nach grün u. wirken als Oxydationskatalysatoren. **i** wird von **V** u. weniger von **III** angegriffen. **III** verharzt wie durch Fe. **IV** läßt Metallproben unverändert, **VI** greift sie wenig an. In der Korrosionsreihe steht **III** an 1., **IV** an 2. Stelle. Die Korrosionsverss. wurden durch Kochen einer Fl., bestehend aus 400 ml dest. W. u. 40 mm äther. Öl, unter Rückfluß ausgeführt, wobei sich die Metallproben in einem Aufsatz befanden. Die Veränderungen der Konstanten nach 40std. Kochen wurden ebenfalls untersucht. Beobachtet wurde Hydrolyse der Ester. Der Brechungsindex nimmt zu, was auf Bldg. von Verbb. mit Doppelbindung u. Öffnung von Ringen hindeutet, ebenso auf Polymerisationen u. Isomerenbildung. Das spezif. Drehungsvermögen nimmt ab. Bei **II** rufen alle Al-Legierungen eine Minderung des Piperitongeh. hervor. Bei **V** schwankt die Esterhydrolyse. In Ggw. von Zn u. **h** erfolgt Esterbldg., während **g**, das wie **h** korrodiert wird, weder Hydrolyse noch Veresterung bewirkt. In Ggw. von Cu, Zn u. Fe kommt es bei **IV** zur Bldg. von Säuren u. zur Veresterung. **VI** zeigt Zu- u. Abnahme des spezif. Drehungsvermögens, ohne daß eine Beziehung zum Ausmaß der Korrosion oder zur Metallart erkennbar wäre. (Bull. agric. Congo belge **42**. 309—18. Juni 1951. Costermannsville, Labor. de l'Office des Produits Agricoles.) FREYTAG. 6538

B. I. Kelly, *Korrosion der Blechwandungen von Eisenbahngüterwagen.* **Unterss. über** atmosphär. Korrosionsbeständigkeit u. Betriebsverh. bei auf Verschleiß beanspruchten Güterwagenblechwandungen an den Stählen: *NSSCor-Ten* mit 0 08 (%) C, 0,23 Mn, 0,82 Si, 0,39 Cu, 1,01 Cr, 0,144 P u. 0,021 S, sowie an Mn-Cu-Stahl mit 0,24 C, 1,4 Mn, 0,20 Si, 0,28 Cu, 0,019 P u. 0,022 S u. an Cu-Stahl mit 0,13 C, 0,50 Si, 0,28 Cu, 0,021 P u. 0,036 S ergaben, daß der Mn-Cu-Stahl wegen seiner höheren Festigkeit bei gleicher Korrosionsbeständigkeit dem Cu-Stahl überlegen war. Der *Cor-Ten*-Stahl ergab bei Beladung der Eisenbahngüterwagen mit bituminöser Kohle u. Eisenerz eine 1,5—2fach höhere Betriebsdauer als der Cu-Stahl bei gleichen Blechdicken. (Corrosion [Houston] **7**. 196—201. Juni 1951. Pittsburgh, Pa., US Steel Co.) HOCHSTEIN. 6538

Bethlehem Steel Co., übert. von: **Carle R. Hayward, Quincy, Mass., V. St. A.,** *Behandlung von nickel- und chromhaltigen Eisenerzen mit Verunreinigungen.* Eisenerze mit über 0,25 (%) Ni u. über 0,5 Cr, die an Verunreinigungen noch Al_2O_3 u. SiO_2 aufweisen, bes. Mayari-Erze, werden in einer wss. Lsg. von H_2SO_4 u. SO_2 unter Bldg. einer Schlämme ausgelaugt. Darauf wird die Schlämme zum Absitzen gebracht, die überstehende Fl. davon entfernt u. dieser Fl. metall. Fe zugesetzt, um eine Ni- u. Cr-haltige Ausscheidung zu erhalten. Darauf wird die Ausscheidung von der Rest-Fl. geschieden u. diese zwecks Erzeugung eines Eisensalzes eingedampft. Durch Röstung des erhaltenen Eisensalzes wird Eisenoxyd erhalten. — Abbildung. (**A. P. 2 584 700** vom 24/8. 1948, ausg. 5/2. 1952.) HOCHSTEIN. 6391

Armand Descy, Lüttich, und **René Evrard,** Grivegnee, Belgien, *Graphitisierung von Gußeisen.* Die Graphitisierung wird durch einen Zusatz von metall. Zn oder einer Zn-

Legierung zu irgendeiner Zeit vor der endgültigen Erstarrung des Gußeisens gefördert. Der Zusatz kann im Hochofen, im Vorherd, in der Abstichrinne, in der Pfanne, im Kupolofen, im Schmelzofen, im Mischer u. in der Gießform vorgenommen werden. (E. P. **664 124** vom 25/8. 1949, ausg. 2/1. 1952. Belg. Prior. 1/9. 1948.) HOCHSTEIN. 6403

Soc. Française des Charbonnages du Tonkin (Erfinder: **Paul Beauchesne** und **René Sainte-Claire Deville**), **Paris**, *Metallgewinnung im Drehofen.* Die aus oxyd. Erzen, bes. Fe-Erzen, Reduktionskohle u. Zuschlägen bestehende Beschickung wird in dünner Schicht auf die Drehofenwand aufgebracht. Der beheizte Ofen wird mit so hoher Geschwindigkeit gedreht, daß die Stoffe an der Wand haften bleiben. Je nach den Bedingungen kann man aus Fe-Erzen Gußeisen oder Stahl gewinnen. (**D. B. P. 840 439** Kl. 40 a vom 5/11. 1949, ausg. 9/6. 1952.) HANS HOFFMANN. 6403

Oesterreichisch-Alpine Montan-Gesellschaft, Wien, Österreich (Erfinder: **Viktor Vacek,** Donawitz), *Herstellung von insbesondere von Einschlüssen freien Stählen in einem basischen Elektroofen.* Das Stahlbad wird nach der Entschwefelung u. Desoxydation mittels einer bas. Schlacke vollständig von Schlacke befreit u. darauf mit den n. Zusätzen bis über den im Enderzeugnis gewünschten C-Geh., z. B. auf 0,2 %, aufgekohlt. Anschließend wird der End-C-Geh. durch einen Zusatz von oxydierenden Mitteln oder durch O_2-Einführung eingestellt, wobei die gebildeten Oxydschlacken auf dem Bade verbleiben, bis dieses abgegossen wird. (**E. P. 659 955** vom 8/6. 1949, ausg. 31/10. 1951. Oe. Prior. 10/6. 1948.) HOCHSTEIN. 6409

Administration-Séquestre des „Röchling'sche Eisen- und Stahlwerke G. m. b. H.", Saargebiet, *Herstellung von Stahl mit niedrigem Phosphorgehalt.* Mittels eines in das fl. Stahlbad eintauchenden Rohres werden im Konverter oder SIEMENS-MARTIN-Ofen Alkalien, bes. Soda, unter völligem oder teilweisem Ersatz für Kalk unter die Schlackendecke pneumat., durch Druckluft oder mittels O_2 eingeblasen. Bei der einsetzenden Rk. der Alkalien mit dem fl. Stahl wird der im Bade enthaltene P-Geh. oxydiert u. durch Einw. des O_2 vor einer Verdampfung der Alkalien verschlackt. (**F. P. 986 191** vom 13/5. 1949, ausg. 27/7. 1951.) HOCHSTEIN. 6409

Westfalenhütte Dortmund A. G., Dortmund, *Stahlherstellung.* Zur Verringerung der Frischdauer u. zur Minderung der Eisenabbrandverluste wird bei der Herst. von Stahl mit geringen N- u. P-Gehh. im Konverter während des Frischens Wasserdampf als Frischmittel zugeführt. Auch kann mit Wasserdampf angereicherte Luft eingeblasen werden. Die Menge des eingeblasenen Wasserdampfes richtet sich nach der Zus. des Roheisens. (**F. P. 987 751** vom 2/6. 1949, ausg. 20/8. 1951. D. Prior. 1/10. 1948.) HOCHSTEIN. 6409

Jack Sydney Gerber, Cape Town, Südafrikan. Union, *Stahlherstellung.* Nach Zusatz von Eisenoxyd zu einem Roheisenbad im BESSEMER-Konverter erfolgt das Blasen mit Luft, O_2 oder einem Gemisch aus Luft u. O_2 durch oder über die Badoberfläche. Zweckmäßig beträgt die zugesetzte Eisenoxydmenge, z. B. Walz- oder Schmiedezunder oder Eisenerz, 2—6 % der Metallmenge des Bades. Die chem. Rkk. im Konverter werden beschleunigt. (**E. P. 663 266** vom 21/1. 1949, ausg. 19/12. 1951.) HOCHSTEIN. 6409

Bruno B. A. Luzzatto, V. St. A., *Elektrolytische Herstellung von Aluminium aus Tonerde.* Als Elektrolyt wird eine Tonerde-Kryolith-Schmelze benutzt, die an der Oberfläche zur Krustenbldg. neigt u. gleichzeitig brennbare Gase entwickelt. Die Arbeitstemp. beträgt 920—925° bei 15 KWh je kg **Al**. Durch geeigneten Wärmeaustausch bei Ergänzung des Elektrolyten wird eine Erhöhung der Al-Ausbeute erzielt. (**F. P. 989 557** vom 25/6. 1949, ausg. 11/9. 1951. A. Prior. 28/6. 1948.) WITTHOLZ. 6443

Régie Nationale des Usines Renault, Frankreich, *Herstellung von nicht pyrophorem Metallpulver.* Nach der Red. der Metalle im H_2-Strom wird das Metallpulver in red. Atmosphäre abgekühlt u. ohne Berührung mit der Luft bis zum Verschwinden der pyrophoren Eigg. weiterbehandelt, ohne daß das Korn sich vergrößert. Die Behandlung erfolgt durch Lagern oder Wenden im kalten reduzierenden oder inakt. Gas, durch Evakuieren des Behälters oder durch kräftiges Abkühlen. Reduziertes WO_3 z. B. wird vorteilhaft zwischen 0 u. —40° gekühlt. Das Metallpulver wird bes. zur Herst. von Metallcarbiden verwendet. (**F. P. 985 140** vom 22/4. 1949, ausg. 16/7. 1951.) HOLM. 6475

Davide Primavesi, Lugano, Schweiz, *Dichte Sinterkörper.* Um den Preßvorgang zu erleichtern, wird dem Metallpulver bis 3 % einer nicht duktilen, spröden Verb. beigemischt, z. B. Oxyde, die die Reibung zwischen den Metallpartikelchen vermindern, während des Sinterns in reduzierender Atmosphäre in den metall. Zustand übergehen u. zwischen den Teilchen eingebettet werden. (**E. P. 655 165** vom 29/12. 1947, ausg. 11/7. 1951. Schwed. Prior. 10/5. 1946.) GÖTZE. 6475

Stora Kopparbergs Bergslags Aktiebolag, Schweden, *Herstellung von metallischem Eisenschwamm.* Ein horizontaler Drehofen wird mit dem zerkleinerten Mineral u. einem Reduktionsmittel (Kohle oder Koks) getrennt oder gemischt beschickt. Ein über die Beschickung geleitetes O_2-haltiges Gas liefert durch Verbrennen eines Teils des Reduktionsmittels die Wärme zum Reduzieren des Minerals. Das überflüssige Reduktionsmittel (50 % über der zur Red. erforderlichen Menge) wird im Ofen durch Sieben oder elektromagnet. von dem Metall getrennt u. wiederverwendet. Das nicht geschmolzene u. nicht gefrittete Metall wird am Ausgang des Ofens aus gasdichten Kammern ausgeschleust, während die Gase am Eingang des Ofens abgezogen werden. — Zeichnung. (**F. P. 984 697** vom 13/4. 1949, ausg. 9/7. 1951. Schwed. Priorr. 25/8. u. 27/11. 1948.) HOLM. 6475

Walram Hartmetallwerk und Hartmetallwerkzeugfabrik Mentsch, Voigtländer & Co., Essen, *Herstellen von harten Auflagen für Messer, Schneidwerkzeuge und sonstige Arbeitsgeräte.* Auf die der Abnutzung unterliegenden Flächen wird eine Suspension von Metallcarbiden- -nitriden oder -boriden u. gegebenenfalls einem Hilfsmetall aufgestrichen u. durch Erhitzen aufgesintert bzw. eindiffundiert. (**D. R. P. 764 144** Kl. 48b vom 5/9. 1939, ausg. 24/7. 1952.) MARKHOFF. 6477

Soc. le Carbone-Lorraine, übert. von: **Marcel Oswald,** Paris, Frankreich, *Reinigung von Carbiden des Titans, Zirkoniums, Tantals und Niobs.* Zwecks Entfernung des chem. gebundenen O werden die damit verunreinigten Carbide innig mit W- bzw. Mo-Carbid u. C in annähernd stöchiometr. Verhältnis zum O-Geh. des verunreinigten Carbids vermischt, z. B. 100 (Teile) Titancarbid mit ca. 1 % O mit 108 W-Carbid u. ca. 1,5 C. Das Gemisch wird im Vakuum 1—3 Std. auf 1600—2000° erhitzt, im Vakuum gekühlt, dann auf mindestens 1300° erhitzt u. in 2—4 Std. auf ca. 1000° gekühlt. (**A. P. 2 568 251** vom 20/10. 1947, ausg. 18/9. 1951. F. Prior. 4/8. 1941.) HARDER. H 6477

W. C. Heraeus G. m. b. H. (Erfinder: **Konrad Ruthardt und Gretelore Raunecker**), Hanau/M., *Hartmetalle, besonders für Schreibfederspitzen* bestehen aus 10—60 (%) *Pt*-Metallen, 0,2—7 *C*, der teilweise oder ganz durch *B* oder *N* oder beiden ersetzt sein kann, Rest ein oder mehrere carbidbildende Metalle, bes. *W, Ta, Mo, Rh, Zr, Ti, Hf, V* u. *Nb.* Bei einem Pt-Geh. unter 40 sollen wenigstens 2 Pt-Metalle zugegen sein, unter 30 soll *Pd* mindestens die Hälfte ausmachen u. über 40 sollen die schwereren Metalle *Ir* u. Pt einzeln oder gemeinsam neben leichteren Pt-Metallen vorhanden sein, u. zwar die leichteren bis 40, *Os* aber bis höchstens 10. Außer den genannten Bestandteilen können die Hartmetalle noch bis 20 Metalle der *Fe*-Gruppe, vor allem *Ni* u./oder *Cu, Ag* oder *Au,* letzteres bis 5, enthalten. (**D. B. P. 832 804** Kl. 40b vom 2/10. 1948, ausg. 28/2. 1952.) GÖTZE. 6477

Établissements Skoda, Tschechoslowakei, *Hartmetallformstücke.* Sie besitzen einen zähen Kern von geringerer Härte, der eine größere Menge an Hilfsmetallen der Fe-Gruppe enthält als die härtere Oberflächenzone. Letztere besteht aus WC-Co u. TiC, während der Kern dieselben Bestandteile außer TiC enthält. Beträgt der Geh. des Kernes z. B. 13 (%) Co, so enthalten die Oberflächenschichten 4—5 dieses Metalles. Solche Körper besitzen eine hohe Zugfestigkeit u. Zähigkeit. — Zeichnung. (**F. P. 977 873** vom 20/12. 1948. ausg. 6/4. 1951. Tschech. Prior. 19/12. 1947.) GÖTZE. 6477

Comp. de Produits Chimiques & Électrométallurgiques Alais, Froges & Camargue, Paris, übert. von: **Jos Patrie,** Chambery, Frankreich, *Polieren von Aluminium auf elektrolytischem Wege.* Verwendung findet ein Elektrolyt mit 35—45 % HNO_3, 8—24 % H_3PO_4 u. 3—10 % CrO_3 bei 3—7 V, einer Stromdichte von 10—50 A/dm² u. einer Temp. <20°. (**A. P. 2 553 937** vom 11/1. 1949, ausg. 22/5. 1951. F. Prior. 17/1. 1948.) BRÄUNINGER. 6515

Hubert Vlk, Wien, Österreich, *Galvanisches Vorbehandlungsbad für die Galvanisierung von Aluminium und dessen Legierungen* besteht aus einer Lsg. von Alkalihydroxyd, -carbonat, Zn- u. Alkalicyanid, z. B. aus einer Lsg. aus 1000(g) W., 7—25 NaOH, 7—25 Na_2CO_3, 1—15 $Zn(CN)_2$ u. 1—15 KCN. Der zu galvanisierende, auf Hochglanz polierte Al-Gegenstand wird nach der Entfettung 5—60 Sek. bei einer Spannung von 2—10 V u. einer Stromdichte von 10—50 A/dm² in dem Bad kathod. unter Verwendung von Ni-Anoden bei 18—40° behandelt. Danach werden die Gegenstände in den üblichen galvan. Bädern weiterbehandelt. Man erhält festhaftende Metallniederschläge. (**Schwz. P. 279 300** vom 30/11. 1949, ausg. 1/3. 1952.) MARKHOFF. 6515

American Steel and Wire Co. of New Jersey, Cleveland, O., V. St. A., *Vorbehandeln von Drähten vor dem Aufbringen von Gummiüberzügen.* Die Drähte werden in nicht oxydierender Atmosphäre, z. B. N_2, He, bei 1450—1900 ° F (788—1038° C) geglüht, ohne mit der Luft in Berührung zu kommen in einem Pb-Bad auf 800—1100° F (427 bis 593° C) abgekühlt, in HCl gebeizt u. dann elektrolyt. mit einer Legierung aus 50 bis

95 (%) Cu u. 5—50 Zn oder Sn, bes. 65—76 Cu u. 25—35 Zn überzogen u. kalt weitergezogen, wobei eine Querschnittsverminderung von mindestens 10% erzielt werden soll. Auf der so behandelten Drahtoberfläche haftet ein Gummiüberzug fest. (**E. P. 667 369** vom 10/8. 1948, ausg. 27/2. 1952. A. Prior. 30/9. 1947.) MARKHOFF. 6517

Commonwealth Engineering Co. of Ohio, übert. von: **Albert O. Fink,** Dayton, O., V. St. A., *Erzeugen von Metallüberzügen durch thermische Zersetzung von Metallverbindungen.* In der Hitze zersetzliche Metallverbb., wie Nitrosyle, Carbonyle, Hydride, werden mit einer Geschwindigkeit von 40—90 ft./Sek. (12—27 m/Sek.) der zu überziehenden, auf die Zersetzungstemp. erhitzten Metalloberfläche zugeleitet. Die Überzüge sind dicht u. porenarm. — Abbildung. (**A. P. 2 576 289** vom 2/12. 1949, ausg. 27/11. 1951.) MARKHOFF. 6517

Soc. Nouvelle de Métallisation, Frankreich (Erfinder: **Jacques Cauchetier**), *Erzeugen harter, festhaftender Spritzmetallüberzüge.* Mittels bes. ausgebildeter Metallspritzpistolen werden Metalle mit einem F. von über 2000° auf die Unterlage aufgespritzt. Außer einer Entfettung der zu überziehenden Oberfläche sind keine weiteren Vorbehandlungen notwendig. Z. B. werden Leichtmetalle mit Mo festhaftend überzogen. — Abbildung. (**F. P. 986 454** vom 7/3. 1949, ausg. 1/8. 1951.) MARKHOFF. 6517

Westfälische Union Akt.-Ges. für Eisen- und Drahtindustrie, Hamm/Westf. (Erfinder: **Wilhelm Püngel,** Dortmund-Kirchhörde), *Herstellung von Spritzüberzügen aus Stahl mit hohem Verschleißwiderstand.* Die Schicht wird aus einem Stahl gespritzt, der so hohe Anteile an Schlackeneinlagerungen besitzt oder während des Spritzens erhält, daß der Schlackenanteil mindestens 35% der aufgespritzten Schicht beträgt, u. daß diese Schicht vor der Inbetriebnahme oder während des Betriebes auf Tempp. bis ca. 700°, vorzugsweise von 550—650°, angelassen wird. Der Geh. an Schlacke kann dem Stahl bereits beim Vergießen in der Kokille oder durch Paktieren zugeführt werden. Es ergeben sich nach dem Anlassen erhebliche Härtesteigerungen der Spritzschicht. (**D. B. P. 838 533** Kl. 48b vom 9/2. 1951, ausg. 8/5. 1952.) MARKHOFF. 6517

Max Schenk, Basel, Schweiz, *Erzeugen von Schutzschichten auf Aluminium und seinen Legierungen.* Die Gegenstände werden bei Raumtemp. in einer wss. Lsg. von Ätzalkali u. einem Chromat behandelt. Der Ätzalkaligeh. soll mindestens 2,5 gMol/Liter betragen u. das Mol-Verhältnis zwischen Ätzalkalien u. Chromaten soll zwischen 2,2 : 1 u. 45 : 1 liegen. Der Lsg. können außerdem noch capillarakt. Stoffe, Phosphate u. Permanganate zugesetzt werden. Nach dem Spülen der behandelten Teile mit W. werden sie in W. von 95° mindestens 5 Min. nachbehandelt. Man erhält abriebfeste, saugfähige, gut haftende Oxydschichten. — Beispiel: die Teile aus Al werden in einer wss. Lsg. von 200 (g/Liter) NaOH u. 100 Na_2CrO_4 behandelt. (**Schwz. P. 275 809** vom 17/9. 1948, ausg. 1/9. 1951.) MARKHOFF. 6529

Westinghouse Electric Corp., East Pittsburgh, übert. von: **Clifford C. Horstman,** Sharpsville, und **Fritz J. Nagel,** Emlenton, Pa., V. St. A., *Erzeugen eines elektrisch isolierenden Überzugs auf Eisen.* Eine Mischung von H_3PO_4 u. einer Dispersion von Kieselsäuregel mit 11% SiO_2 wird auf die Fe-Oberfläche aufgetragen u. bei ca. 700° eingebrannt. Es entsteht eine gut haftende u. isolierende Schicht. — Beispiel: 100 (Teile) W., 70 H_3PO_4 (85%ig.), 70 Kieselsäuregel werden gemischt u. eine Gal. (3,78 Liter) auf 320 sq.ft. (28,8 m^2) der Oberfläche eines Fe-Si-Bleches aufgebracht u. bei 700° während 15 Sek. eingebrannt. (**A. P. 2 554 250** vom 11/12. 1947, ausg. 22/5. 1951.) MARKHOFF. 6529

M. Ballay, J. Bénard, G. Chaudron, J. Dufiot, P. Lacombe et A. Portevin, Introduction à l'étude de la corrosion métallique dans les industries pétrolières et chimiques. Paris: Soc. d'édition d'enseignement supérieur. 1952. (220 S. m. Abb.) fr. 1750,—.

H. Borchers, Metallkunde. T. 2. 2. Aufl. Berlin: Verlag Walter de Gruyter & Co. 1952. (154 S.) kl. 8° — Sammlung Göschen Bd. 433. DM 2,40.

Jacques Lanthony, L'Aluminium et des alliages légers. Paris: Presses universitaires de France. 1952. (128 S.) fr. 150,—.

Fritz Toussaint, DK 669. 1. Der Weg des Eisens. Bilder aus d. Werdegang d. Eisens vom Erz zum Stahl. 3. Aufl. Düsseldorf: Verl. Stahleisen. 1952. (127 S. m. 138 Abb.) 8°. DM 3,80.

—, Jahrbuch der Galvanotechnik 1952. Bearb. v. **Oskar P. Krämer.** 8. Aufl. Berlin: Metall-Verl. (336 S. m. Abb.) kl. 8°. DM 5,40.

—, Die Gewinnung von Stahl. Sammlung von Abhandlungen. Swerdlowsk und Moskau: Metallurgisdat' 1952. (144 S. m. Abb.) 8 Rbl. 50 Kop. [russ.]

IX. Organische Industrie.

—, *Technisches Vinylchlorid.* In den Werken der ROYAL SHELL in Holland wird Vinylchlorid hergestellt, indem Äthylen in fl. Dichloräthan bei 5 kg/cm² Druck u. 45° mit $FeCl_3$ als Katalysator zu 1.2-Dichloräthan chloriert u. aus diesem bei 480—500° u.

1,5—2 kg/cm² Druck therm. HCl abgespalten wird. (Chem. Age 65. 801—03. 15/12. 1951.) SCHNELL. H 520

Ruhrchemie Akt.-Ges. (Erfinder: Walter Rottig und Karl Schenk), Oberhausen, *Feinstreinigung von Gasen*, die einer katalyt. Behandlung, bes. der Methanisierung, unterworfen werden, dad. gek., daß dieselben nach einer vorhergegangenen Behandlung mit Ni-Kontakten (I) nebst anschließender Reinigung durch Eisenoxydmassen (II) nochmals über I u. II geleitet werden. Der S-Geh. wird dadurch auf unter 0,1 g/100 m³ Gas herabgesetzt. (**D. B. P. 840 235** Kl. 12o vom 2/10. 1948, ausg. 29/5. 1952.) G. KÖNIG. H 510

United States of America, übert. von: Walter S. Beaublossom, Niagara Falls, N. Y., *Chlorieren von Paraffinkohlenwasserstoffen* (I) mit 5 u. mehr C-Atomen im Mol. in der fl. Phase, bis 50—90% H durch Cl ersetzt sind, wird in 2 Oberschnitten ausgeführt. Man beginnt die Chlorierung mit elementarem Cl; das durch HCl verd. ist (vorteilhaft 1 : 1) unter Einw. von aktin. Licht u. hält die Reaktionstemp. vorzugsweise zwischen 25 u. 30°. Sobald die partiell chlorierten Prodd. die Gefahr einer heftigen Rk. ausschließen, chloriert man unter Lichteinw. mit unverd. Cl_2 weiter, wobei die Reaktionstemp. allmählich erhöht wird. An Stelle von I können als Ausgangsstoffe auch partiell chlorierte Prodd., die bei einer Chlorierung mit elementarem Cl eine heftige Rk. auslösen, Anwendung finden. — C_7H_{16} wird bei 27° mit einer Mischung von Cl_2 + HCl (1 : 1) unter Einw. von Licht behandelt, bis die Gefahr einer Explosion vermieden ist (ca. 24 Std.). Die Temp. steigt während dieser Zeit auf 32°. Man erhöht sie allmählich bis 129° u. läßt unverd. Cl_2 einwirken. Man erhält $C_7H_5Cl_{11}$. (**A. P. 2 566 052** vom 28/6. 1944, ausg. 28/8. 1951.) G. KÖNIG. H 510

Purdue Research Foundation, übert. von: Earl T. McBee, La Fayette, Ind., und **Richard M. Robb,** Wilmington, Del., V. St. A., ***Fluorieren gesättigter polyhalogenierter** Kohlenwasserstoffe* (I), die mindestens 1 anderes Halogen als F enthalten, erfolgt mittels PbF_4 bei 0—500° sowie n., erhöhtem oder erniedrigtem Druck, gegebenenfalls in Ggw. inerter Gase. Wird die Reaktionstemp. überschritten, so tritt in manchen Fällen Fluorinolyse ein. Als I kommen gesätt. aliphat., alicycl., polyalicycl. u. kondensierte Ringe enthaltende Halogen-KW-stoffe in Betracht. PbF_4 gibt 2 F ab u. fällt als PbF_2 an, das mit F_2 regeneriert wird. — 1,5 (Mol.) CCl_4 leitet man bei 150° in PbF_4, kühlt die Reaktionsgase, wäscht mit Alkali u. dest., wobei hauptsächlich $CClF_3$, CCl_2F_2 u. CCl_3F erhalten werden. CCl_2F_2 u. CCl_3F können mit PbF_4 erneut behandelt werden u. ergeben die höher fluorierten Verbindungen. — Trichlornonanfluorcyclohexan leitet man im N_2-Strom über PbF_4 bei 300—350° u. erhält überwiegend *Dichlordekafluor-*, *Monochlorundekafluor-* u. *Perfluorcyclohexan*. — Hexachloräthan, in gleicher Weise behandelt, ergibt hauptsächlich *Dichlortetrafluor-* u. *Trichlortrifluoräthan*. (**A. P. 2 544 560** vom 20/12. 1945, ausg. 6/3. 1951.) G. KÖNIG. H 510

N. V. de Bataafsche Petroleum Mij., Den Haag (Erfinder: Eduard Cornelis Kooyman, Amsterdam), Holland, *Herstellung von 1.1-Dihalogen-1.3-alkadienen*, dad. gek., daß ein 1.1.1.3-Tetrahalogenalkan oder ein 1.1.1-Trihalogen-2-alkan mit mindestens 4 C-Atomen in einer geraden Kette in der Dampfphase der Pyrolyse vorteilhaft bei 350—600°, unterworfen wird. Mild wirkende Katalysatoren, wie $BaCl_2$ oder $MgCl_2$, können angewendet werden. Die Pyrolyse kann auch in Ggw. inerter Gase ausgeführt werden. — Aus 1.1.1.3-Tetrachlorbutan ($Kp._{16}$ 60,5°) erhält man bei 460° *1.1-Dichlor-1.3-butadien*, $Kp._{90}$ 42—43°, n_D^{20} 1,5022, $D._{20}$ 1,1831. — 1.1.1.3-Tetrachlorhexan ($Kp._{30}$ 108°, n_D^{20} 1,4788, $D.^{20}{}_4$ 1,2832) wird bei 450° zers. u. gibt *1.1-Dichlor-1.3-hexadien*, $Kp._{12}$ 51—53°, n_D^{20} 1,5011, $D._{20}$ 1,117. Die Verbb. polymerisieren sich leicht zu kautschuk- oder harzartigen Prodd. u. sind als Zwischenprodd. für Diensynth. bes. geeignet. (**D. B. P. 844 442** Kl. 12o vom 24/12. 1950, ausg. 21/7. 1952.) G. KÖNIG. H 520

Standard Oil Development Co., Elizabeth, Del., V. St. A., ***Polymerisieren von** Olefinen mit 2—5 C-Atomen* erfolgt in Ggw. von H_3PO_4 in mehreren Stufen, wobei in den einzelnen Stufen in Richtung des Gasstromes die Reaktionsbedingungen durch Verwendung aktiv wirkenden Katalysatoren u. höherer Reaktionstempp. gesteigert werden. Bei einem 2-Stufenverf. wird z. B. die Reaktionstemp. in der 1. Stufe zwischen 330 u. 400° u. in der 2. Stufe auf 430—500° u. der Druck in beiden Stufen auf $>$500 lbs./sq.in. gehalten. — Zeichnung. (**E. P. 663 080** vom 13/7. 1948, ausg. 19/12. 1951. A. Prior. 22/10. 1947.) G. KÖNIG. H 520

Badische Anilin- & Soda-Fabrik (Erfinder: Ludwig Raichle und Anton Wegerich), Ludwigshafen/Rh., *Zerlegung von Gemischen aus Isobutyl- und Methylalkohol*, bes. solchen, die mit Hilfe einer unter Druck arbeitenden Destillationskolonne aus den Umsetzungsprodd. von CO u. H_2 gewonnen wurden, dad. gek., daß man das Gemisch unter Druck, bes. unter ca. dem Druck, bei dem das Alkoholgemisch entstanden ist, bis nahe unter die krit. Temp. erhitzt, wobei man ein methanolfreies oder -armes Gas hindurchleitet. Zweckmäßig verwendet man ein Gas aus der Isobutylalkoholsynth. oder von dem Kreislaufgas. — Skizze. (**D. B. P. 844 738** Kl. 12o vom 28/7. 1950, ausg. 24/7. 1952.) G. KÖNIG. H 560

Badische Anilin- & Soda-Fabrik (Erfinder: Hans Nienburg und Wilhelm Friedrichsen), Ludwigshafen/Rh., *Herstellung von primären Alkoholen*, dad. gek., daß man 1.3-Dioxane der Einw. von H_2 unter erhöhtem Druck (> 100 at) u. bei erhöhter Temp. (200 bis 280°) in Ggw. von Hydrierungskatalysatoren (I) unterwirft. Inerte Verdünnungs- oder Lösungsmittel können vorhanden sein. Bes. wertvolle Prodd. erhält man aus 1.3-Dioxanen, die in 4- u. gegebenenfalls in 5- u./oder 6-Stellung durch mindestens eine Alkylgruppe substituiert sind. Als I eignen sich bes. aktivierte Cu-Katalysatoren. — 4.4-Dimethyldioxan-(1.3) ergibt *Isoamylalkohol*, Kp. 131°. — Aus 4.4.5-Trimethyldioxan-(1.3) erhält man *2.3-Dimethylbutanol-(1)*, Kp. 145°; aus 4.4.5.5-Tetramethyldioxan-(1.3) *2.2.3-Trimethylbutanol-(1)*, Kp. 156°. — 4-Methyldioxan-(1.3) ergibt *n-Butylalkohol*, Kp. 117°. (**D. B. P. 844 891** Kl. 12o vom 19/7. 1944, ausg. 24/7. 1952.) G. KÖNIG. H 560

Distillers Co. Ltd., Edinburgh (Erfinder: **David James Hadley**, Epsom, und **Robert James Nichol**, Belfast), England, *Herstellung von ungesättigten Aldehyden*, dad. gek., daß man Olefine der allg. Formel $(R)(CH_3)C = CHR_1$, worin R u. R_1 H-Atome oder gesätt. Alkylgruppen mit geradlinigen oder verzweigten C-Ketten bedeuten, in der Gasphase mit mol. O_2 bei erhöhten Tempp. in Ggw. von elementarem Se u. einem festen, Kupfersilicat enthaltenden Kontakt oxydiert. Se wird vorteilhaft als Dampf mit dem Olefin u. O_2 bei 200—400° in die Reaktionszone geleitet. O_2 kann verd. angewendet werden. Die Menge Olefin u. O_2 sollen unterhalb der Explosionsgrenze liegen. — Aus Propylen erhält man *Acrolein*, aus Isobutylen *Methylacrolein*; aus Diisobutylen C_8-Aldehyde (*α-Neopentylacrolein* u. *α-Methyl-β-tert.-butylacrolein*). Es bildet sich immer CO_2. (**D. B. P. 845 040** Kl. 12o vom 23/3. 1950, ausg. 28/7. 1952. E. Priorr. 25/3., 8/4., 24/9., 26/10. u. 28/10. 1949.) G. KÖNIG. H 670

Farbwerke Hoechst, vormals Meister Lucius & Brüning (Erfinder: **Ludwig Orthner** und **Hans Koch**), Frankfurt/M.-Höchst, *Herstellung von ungesättigten Bisformalen*, dad. gek., daß man Chlormethyläther (I) von Dioxyverbb. (II) mit Alkoholaten von ungesätt. Alkoholen (III) oder Gemischen von Alkoholaten von ungesätt. u. Alkoholaten von gesätt. III kondensiert, oder daß man I von ungesätt. III oder Gemische von I von ungesätt. oder gesätt. III auf Alkaliverbb. von Dioxyverbb. einwirken läßt. Reaktionstemp. 0—80°. Ggw. von Lösungsmitteln zweckmäßig. Ungesätt. u. gesätt. III sind z. B. Methyl-, Isoamyl-, Allyl-, Cyclohexyl-, Benzyl-, Chlorallylalkohole. Als II sind geeignet: Äthylen-, Butylen-, Hexamethylenglykol, Butendiol-(1.4), Butindiol-(1.4), Diglykol, Thioglykol, Hydrochinon, 4.4'-Dioxydiphenylamin, 4.4'-Dioxydiphenylsulfon. — Aus Allylalkohol (IV), Na u. Butandiol-(1.4)-bis-chlormethyläther, verd. mit Bzl., erhält man bei 45—50° *Butandiol-(1.4)-bis-allylformal*, $Kp._{4-5}$ 115—120°. IV u. Diglykol-bis-chlormethyläther ergeben *Diglykol-bis-allylformal*, ölige Fl., $Kp._{4-5}$ 135—140°. Hydrochinon (V) u. Chlormethylallyläther (VI) geben *Hydrochinon-bis-allylformal*, nicht destillierbares Öl, Aus V, VI u. Chlormethyl-n-propyläther erhält man *Hydrochinon-allyl-n-propylformal*, nicht destillierbares Öl. Die ungesätt. Bisformale finden z. B. Verwendung als: *Schädlingsbekämpfungsmittel*, als *Insektenabschreckmittel*, als *Unkrautvertilgungsmittel* u. als Ausgangsstoffe bei der Herst. von *Kunststoffen*. (**D. B. P. 831 992** Kl. 12o vom 18/4. 1950, ausg. 18/2. 1952.) G. KÖNIG. H 670

General Aniline & Film Corp., New York, N. Y., übert. von: **Charles F. Jelinek**, Easton, Pa., und **Roger F. Kleinschmidt**, Belvidere, N. J., V. St. A., *Herstellung von Malonaldehyddianilen*. Malonaldehyddiacetale der Formel $(RO)_2CH \cdot CHX \cdot CH(OR)_2$, worin X Wasserstoff, Halogen, einen Alkyl-, Aralkyl- oder Arylrest u. R einen Alkyl- oder Arylrest darstellt, werden in saurer Lsg. auf prim. aromat. Amine mit/ohne Erhitzen u. unter Rühren zur Einw. gebracht. Aus den abgeschiedenen Malonaldehyddianilsalzen werden, gegebenenfalls nach Entfernung von Verunreinigungen u. Nebenprodd. durch Waschen, die Basen durch Behandlung mit Alkali in Freiheit gesetzt. Z. B. wird ein aus 51,5 (Teilen) Methyltriäthylmalonaldehyddiacetal u. 15 verd. HCl bestehendes Gemisch unter Rühren gelinde erhitzt, die entstehende gelbe einphasige Lsg. mit 46,5 Anilin in überschüssiger verd. HCl tropfenweise unter Rühren versetzt, der Nd. abfiltriert, mit 2:1-Lsg. von Methylalkohol u. verd. HCl gewaschen u. an Luft getrocknet. Salzsaures Dianil 68 % (44 Teile); F. 209—211° (aus A.). Freie Base, F. 112 bis 114°. Statt Anilin können auch seine Substitutionsprodd., ferner Naphthylamine, Aminoanthracene, Aminoanthrachinone sowie alle prim. aromat. Amine als solche oder in Form ihrer Salze mit starken Säuren oder anderer in saurer Lsg. wieder in das Amin umwandelbarer Verbb., wie Fettsäureamide, verwendet werden. — Zwischenprodd. bei der Herst. von *Farbstoffen*. (**A. P. 2 549 097** vom 1/12. 1948, ausg. 17/4. 1951.) SCHMAUSER. H 680

Soc. Organico (Erfinder: Paul Gregory, Michailas Genas und Oscar Kostelitz), Paris, Frankreich, *Undecensäure, deren Ester*, und *Heptanal*, $Kp._{15}$ ca. 100°, erhält man durch therm. Spaltung von Ricinolsäureestern, auch von Ricinusöl, in dem man diese in fl. Zustand über einen auf 400—650°, bes. 500—600°, erhitzten inerten Körper leitet, so daß unmittelbare Verdampfung erfolgt. Aus dem Kondensat gewinnt man durch Dest. die einzelnen Spaltprodukte. Der erhitzte Körper soll zweckmäßig aus einem festen Metall oder anderen hitzebeständigen Stoffen oder einem Metall oder einer Metalllegierung bestehen, welche bei der Spalttemp. geschmolzen sind, jedoch vorzugsweise nicht aus Gußeisen oder n. Stahl. Geeignet sind bas. Salzschmelzen oder Fe-Legierungen mit Ni, Co, Cr, Mo, V u. Ta, Quarz u. feuerfeste Steine. Durch Spaltung von mit Methanol umgeestertem Ricinusöl erhält man *Undecensäuremethylester*, $Kp._5$ 130—135°, u. Heptanal. Das nicht umgesetzte Prod. kann in die Spaltzone zurückgeführt werden. (**D. B. P. 832 747** Kl. 12o vom 15/7. 1950, ausg. 28/2. 1952.) KRAUSS. H 810

Bergwerksverband zur Verwertung von Schutzrechten der Kohlentechnik G. m. b. H. (Erfinder: Walter Klempt), Dortmund, *Herstellung eines für die Harnstoffsynthese geeigneten Gasgemisches aus Ammoniakwasser* (I). Zunächst entsäuert man das verd. oder verdichtete I, gegebenenfalls unter Anwendung von Druck u./oder unter Zufuhr von CO_2, entschwefelt den Entsäurerschwaden trocken mit Gasreinigungsmasse u. treibt das entschwefelte NH_3-W. unter einem solchen Druck ab, daß das abziehende NH_3–CO_2-Gemisch (II) weniger als 10 % W. enthält dann verdichtet man das bei der trockenen Entschwefelung gewonnene CO_2 gegebenenfalls unter Zugabe von weiterem CO_2, zusammen mit dem II oder getrennt davon. (**D. B. P. 840 391** Kl. 12k vom 11/8. 1942, ausg. 3/6. 1952.) NEBELSIEK. H 880

Minnesota Mining & Mfg. Co. (Erfinder: Edward A. Kauck und Joseph H. Simons), St. Paul, Minn., V. St. A., *Tertiäre Fluoramine* entstehen aus gesätt. oder ungesätt. aliphat. oder aromat. Aminen beim Elektrolysieren in wasserfreiem fl. HF bei einer Spannung, die nicht ausreicht, um freies F_2 zu erzeugen. — Triäthylamin (I) liefert bei Elektrolyse in fl. HF in einer eisernen Zelle mit Ni-Anode bei 5,6 V u. 0,022 A/cm² u. 0° ziemlich reines *Tris-(pentafluoräthyl)-amin*, Kp. 68—69°; $D.^{25}$ 1,708; n^{25} 1,258; $DK._{20}$ 1,86. Ein ähnlicher Vers. mit I lieferte unter Molekülspaltung *Trifluormethyl-bis-(pentafluoräthyl)-amin*, Kp. 45°; n^{25} 1,253. — Analog: *Tris-(enneafluorbutyl)-amin*, $Kp._{755,8}$ 177,2°. — *Tris-(undecafluoramyl)-amin* (Isomerengemisch), Kp. 215—216,5°. — *Tris-(trifluormethyl)-amin*, Kp. —11°. — *Pentafluoräthyl-bis-(heptafluorisopropyl)-amin*, Kp. 108°. — *Bis-(trifluormethyl)-undecafluorcyclohexylamin*, Kp. 110—111°. — *Bis-(pentafluoräthyl)-(tridecafluorcyclohexylmethyl)-amin*, Kp. 163—165°. (**D. B. P. 841 151** Kl. 12q vom 26/5. 1949, ausg. 13/6. 1952. A. Prior. 28/5. 1948.) LANGER. H 910

Farbenfabriken Bayer (Erfinder: Robert Mittag), Krefeld-Uerdingen, *Oxydationsprodukte von Methylbenzolen* erhält man in fl. Phase bei erhöhter Temp. u. 1—2,9 at mit O_2 oder O-haltigen Gasen in Ggw. von Schwermetallkatalysatoren u. unter Ausschluß von Wasser. — Z. B. werden 1000 (Gewichtsteile) reines Toluol mit 2 Co-Naphthenat versetzt, 25 Std. bei 105° ein lebhafter O_2-Strom durchgeleitet, das Reaktionsprod. mit $NaCO_3$-Lsg. gewaschen u. angesäuert. Man erhält 90 *Benzoesäure* (u. wenig Benzaldehyd u. Benzylalkohol). — Weiter werden hergestellt: *o-Chlorbenzoesäure, o-Chlorbenzaldehyd, o-Chlorbenzylalkohol, o-, m-* u. *p-Toluylsäure, o-Toluylaldehyd, o-Toluylalkohol, Isophthalsäure, 4-Chlor-3-methyl-* u. *3-Chlor-4-methylbenzoesäure, Mesitylensäure, 2.4-Dimethyl-* u. *3.4-Dimethylbenzoesäure, 2-Methylterephthal-* u. *4-Methylisophthalsäure*. (**D. R. P. 767 366** Kl. 12o vom 14/7. 1940, ausg. 19/6. 1952.) MÜLLER-MEININGEN. H 1200

Richard T. Arnold, Zürich, Schweiz, *Allyldiphenylessigsäure*, F. 140,5—142°, der Formel $(C_6H_5)_2C(CH_2—CH{=}CH_2)—COOH$ erhält man durch Umlagerung von Diphenylessigsäureallylester in Ggw. einer stark bas. Verb. (Hydride, Amide, Metallalkoholate, Organo-Mg-Halogenide) u. Freisetzung der Säure aus dem erhaltenen Salz. Beispiel für die Umlagerung mit NaH in wasserfreiem Toluol, Ausbeute 75,2 %. (**Schwz. P. 279 627** vom 28/12. 1948, ausg. 17/3. 1952. A. Prior. 31/12. 1947.) KRAUSS. H 210

Steinkohlenbergwerk Rheinpreußen, Chemische Werke, Homberg/Ndrh. (**Erfinder: Walter Grimme und Heinrich Schmitz**, Moers), *Ester der Oxyaminobenzoesäuren mit N-substituierten Aminoalkoholen* entstehen aus Oxyaminobenzoesäuren (I) u. N-substituierten Alkoholen in Ggw. eines großen Überschusses starker Mineralsäure (II) oder Arylsulfonsäuren (III), oder aus I u. einem halogenierten Alkohol in Ggw. von II oder

III bei nachfolgender Rk. mit einem Amin. — *p-Aminosalicylsäure-β-diäthylaminoäthylester; Hydrochlorid*, F. 154—155°; *Pikrat*, F. 198°. — *2-Oxy-3-aminobenzoesäure-β-diäthylaminoäthylester*, helles Öl. — *p-Aminosalicylsäure-β-chloräthylester*, F. 121 bis 122°. — *p-Aminosalicylsäure-β-piperidinoäthylester; Hydrochlorid*, F. 226—227° (**D. B. P. 842 944** Kl. 12q vom 23/10. 1949, ausg. 3/7. 1952.) LANGER. H 1350

Farbenfabriken Bayer, Leverkusen, *Herstellung eines Gemisches von Phenylchlorsilanen*, bestehend aus $C_6H_5SiCl_3$, $(C_6H_5)_2SiCl_2$ u. $(C_6H_5)_3SiCl$. Man setzt $Si(C_6H_5)_4$ (I) mit $SiCl_4$ (II) im Verhältnis von mindestens 1,5 (Mol) II auf 1 I im geschlossenen Gefäß bei 200—500°, bes. bei 300—350°, um. — Zwischenprodd. zur Herst. von Phenylsiliconen. (**Schwz. P. 279 623** vom 6/8. 1949, ausg. 17/3. 1952.) BRÖSAMLE. H 1380

John B. Pierce Foundation, New York, N. Y., V. St. A., *Tetraarylorthosilicate.* Man erhitzt $SiCl_4$ (II) mit einem 1-wertigen Phenol (I) unter Rühren, läßt 24 Std. stehen, erhitzt nochmals u. dest dann. I wird mindestens mit 50 %ig. Überschuß über die theoret. erforderliche Menge angewandt, d. h. mindestens 6 (Mol) auf 1 II. Geht man von einem Kresolgemisch aus, das 80 (%) o-, 15 p- u. 5 m-Kresol enthält, u. erhitzt auf ca. 60°, so erhält man ein Gemisch von *Tetrakresylorthosilicaten* in Form einer orangegelben öligen Fl. vom Kp. 426—430° (ENGLER). (**E. P. 664 488** vom 14/7. 1947, ausg. 9/1. 1952. A. Prior. 12/4. 1941.) BRÖSAMLE. H 1380

Badische Anilin- & Soda-Fabrik (Erfinder: Walter Reppe und Tim Toepel), Ludwigshafen/Rhein, *Cycloparaffine* erhält man durch katalyt. Hydrierung von Cyclooctatetraen oder höheren Cyclopolyolefinen der Formel $C_{2n}H_{2n}$ ($n > 4$) bei n. oder erhöhter Temp. in Ggw. von Katalysatoren, die Fe, Co, Ni oder Cu enthalten, zweckmäßig Skelett-, Legierungs- oder auf Trägern aufgebrachten Katalysatoren. Die Hydrierung kann in fl. oder Gasphase, auch unter erhöhtem Druck, kontinuierlich oder diskontinuierlich, vorteilhaft im Rieselverf. im Gleich- oder Gegenstrom, erforderlichenfalls in Ggw. von Lösungs- oder Verdünnungsmitteln, bei 0—300° durchgeführt werden. — Aus Cyclooctatetraen durch Hydrierung mit einem Ni-Skelettkatalysator (erhalten aus Ni-Al-Legierung mit 34 % Ni) in Methanol bei 150 at u. Zimmertemp. in 93 %ig. Ausbeute *Cyclooctan*, $Kp._{750}$ 148,5—149,5°. — Aus einem Gemisch von Cyclodecapentaen u. Cyclododecahexaen, $Kp._{20}$ 170—180°, erhält man nach der Hydrierung durch Dest. *Cyclodecan*, $Kp._{18}$ 100—140° u. *Cyclododecan*, $Kp._2$ 140—180°. (**D. R. P. 767 317** Kl. 12o vom 7/5. 1941, ausg. 28/7. 1952.) KRAUSS. H 1810

Soc. An. des Manufactures des Glaces & Produits Chimiques de St. Gobain, Chauny & Cirey, Paris, Frankreich, *Herstellung von 1.1-Di-(p-chlorphenyl)-äthan*, dad. gek., daß man Vinylchlorid in Ggw. von $AlCl_3$ auf Monochlorbenzol, bes. bei einer Temp. zwischen 40 u. 100°, einwirken läßt. Als Destillationsrückstand erhält man Anthracene. (**D. B. P. 839 491** Kl. 12o vom 17/1. 1950, ausg. 19/5. 1952. F. Prior. 3/2. 1946.) G. KÖNIG. H 2210

N. V. Organon, Oss, Holland (Erfinder: Cyril Anthony Grob-Rainer, Basel, Schweiz), *α-Alkyl-1.4-diketonaphthalinderivate* erhält man durch Kondesation von Benzochinon mit einer Verb. der Formel $(R_1)(R_2)C{=}CH{-}CH{=}CH_2$ (R_1 u. R_2 = einwertiges Alkyl, wobei R_1 auch H sein kann) bei ca. 50° in Eisessig. — Reines Piperylen wird mit Benzochinon 1½ Std. in Eisessig auf 50° erhitzt, nach dem Aufarbeiten u. der Dest. erhält man *1.4-Diketo-5-methyl-1.4.5.8.9.10-hexahydronaphthalin*, $Kp._{0,002}$ 111—116°; F. 146 bis 147° (aus Ae.-PAe.). (**D. B. P. 829 891** Kl. 12o vom 28/9. 1949, ausg. 10/3. 1952.) KRAUSS. H 2700

Imperial Chemical Industries Ltd., London (Erfinder: **Frederick Starkey und John George McKay Bremner,** Norton-on-Tees), England, *Hydrierung von Furfurol zu Furfurylalkohol, Tetrahydrofurfurylalkohol*, 1.2- u. 1.5-Pentandiolen u. Pentanolen. Man arbeitet kontinuierlich in fl. Phase bei 50—400 at in Ggw. eines porigen Co- oder Cu-Katalysators. (**D. B. P. 827 804** Kl. 12q vom 25/11. 1948, ausg. 14/1. 1952. E. Priorr. 26/2. u. 3/7. 1946.) FABEL. H 3061

Imperial Chemical Industries Ltd., London (Erfinder: **John George McKay Bremner und David Gwyn Jones,** Norton-on-Tees), England, *Gewinnung von reinem Tetrahydrofurfurylalkohol* (I) aus einem durch Hydrierung von Furfurol (II) erzeugten Gemisch, das noch II u. Furfurylalkohol enthält. Man erhitzt mit einer sauren Substanz, z. B. p-Toluolsulfonsäure, u. trennt I ab, z. B. durch Destillation. (**Schwz. P. 277 302** vom 21/2. 1949, ausg. 16/11. 1951 u. **D. B. P. 839 502** Kl. 12q vom 2/12. 1948, ausg. 19/5. 1952. E. Prior. 27/2. 1946.) FABEL. H 3061

International General Electric Co., Inc., New York, N. Y., V. St. A., *Herstellung neuer hydrolysierbarer Organosilane* durch Umsetzung von Siliciumverbb. mit GRIGNARD Reagentien, dad. gek., daß eine Thienyl-GRIGNARD-Verb. mit einer Si-Verb., die einen

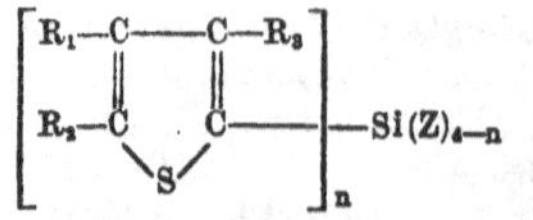

I

an Si gebundenen hydrolysierbaren Substituenten enthält, der ein Halogen oder ein Alkoxyrest sein kann, zur Rk. gebracht wird, so daß Verbb. der allg. Formel I, in welcher R_1, R_2 u. R_3 H oder einwertige KW-stoffreste bedeuten, Z = ein an Si gebundenes hydrolysierbares Glied ist, das ein Halogen oder ein Alkoxyrest sein kann, u. n = 1—3 ist, erhalten werden. — Als GRIGNARDsches Reagens wird z. B. das 2-Thienyl-Mg-bromid (II) u. als Si-Verb. ein Si-Tetrahalogenid oder ein Alkoxysilan, z. B. ein organ. Orthosilicat, verwendet, dessen organ. Rest ein einwertiger aliphat. KW-stoffrest ist. — Aus $SiCl_4$ u. II wird *2-Thienyltrichlorsilan*, Kp. 196—197°, gebildet. Als Nebenprod. entsteht *Di-(2-thienyl)-dichlorsilan*, Kp. 305—308°. Ebenso wird *Tri-(2-thienyl)-chlorsilan* hergestellt. Weiter sind genannt *2-Thienyltriäthoxysilan*, $Kp._{50}$ 150°, $D.^{20}$ 1,050, u. *Di-(2-thienyl)-diäthoxysilan*, $Kp._{50}$ 209°. (**Oe. P. 171 154** vom 13/6. 1950, ausg. 10/5. 1952. A. Prior. 25/6. 1949.) M. F. MÜLLER. H 3071

Riedel-de Haën Akt.-Ges., Seelze bei Hannover (Erfinder: **Friedrich Boedeker** und **Albrecht Heymons**, Berlin), *Herstellung von Nicotinsäureestern.* Oxychinolin wird mit HNO_3 in üblicher Weise, jedoch in Abwesenheit von HCl u. deren Oxydationsprodd., oxydiert; das rohe Nicotinsäurenitrat wird als solches direkt mit Alkoholen verestert. (**D. B. P. 817 910** Kl. 12p vom 12/10. 1948, ausg. 22/10. 1951.) LANK. H 3231

Alexis J. M. Moussalli, André Soubiran und Pierre Chabrier, Paris, Frankreich, *Herstellung von wasserlöslichen quaternären Ammoniumverbindungen von Dimethylxanthinen*, bes. von *Theophyllin* (I) u. *Theobromin*, dad. gek., daß man die Dimethylxanthine in alkal. Medium mit tert. Halogenalkylaminen umsetzt u. die erhaltenen Basen in die quaternären NH_4-Verbb., bes. in die Jodmethylate, überführt. — Als tert. Halogenalkylamin kommen z. B. in Betracht: Chloräthyldimethylamin, Chloräthyldiäthylamin (II), Chloräthylmorpholin u. Chloräthylpiperidin. — Das aus I u. II erhaltene *Diäthylaminoäthyltheophyllin* wird als *Jodmethylat* isoliert, F. 234°. — *Jodmethylat* des *Dimethylaminoäthyltheophyllins*, F. 230°; *Brommethylat*, F. 246°; *Methylcamphosulfonat* des *Diäthylaminoäthyltheophyllin*, F. 193°; *Jodmethylat* des *Diäthylaminoäthyltheobromins*, F. 192°. (**Oe. P. 170 616** vom 23/6. 1949, ausg. 10/3. 1952. F. Prior. 28/6. 1948.) M. F. MÜLLER. H 3272

C. H. Boehringer Sohn (Erfinder: **Wilhelm Konz**), Ingelheim/Rh., *Herstellung von Guanin* durch Behandlung von 2.4.5-Triamino-6-oxypyrimidin bzw. dessen Salzen mit Formamid, zweckmäßig bei 170—180°. (**D. B. P. 841 751** Kl. 12p vom 21/4. 1944, ausg. 19/6. 1952.) SCHINDLER. H 3272

C. H. Boehringer Sohn (Erfinder: **Bruno Walach**), Ingelheim/Rh., *Herstellung von synthetischem Coffein* durch Methylierung von Monoformyl-4.5-diamino-2.6-dioxypyrimidin, dad. gek., daß die Methylierung mit überschüssigem CH_3Cl bei 70—95° u. in Ggw. eines Alkaliüberschusses, d. h. mit >3 Mol Alkali, vorgenommen wird. Ausbeuten über 90% der Theorie. (**D. B. P. 842 060** Kl. 12p vom 5/3. 1942, ausg. 23/6. 1952.) SCHINDLER. H 3272

May & Baker Ltd., Dagenham, England, *Herstellung von N-Dialkylaminoalkylphenthiazinen*, dad. gek., daß die entsprechenden N-Dialkylaminoalkyldiphenylamine mit S in Ggw. von J in einem inerten organ. Lösungsm. auf über 150° erhitzt werden. Die Reaktionsprodd. können mit anorgan. Säuren in Salze übergeführt werden. — Z. B. werden 3,2 (g) N-Diäthylaminoäthyldiphenylamin u. 0,9 S in Ggw. eines J-Kristalls 1 Std. auf 180—185° erhitzt. Vakuumdest. des Reaktionsprod. ergibt *N-Diäthylaminoäthylphenthiazin*, $Kp._{0,05}$ 165—175°. Weiteres Beispiel zur Herst. der Hydrochloride von *N-(7-Diäthylamino-2-methyläthyl)-phenthiazin*, F. 223—225°, u. *N-(2-Diäthylamino-1-methyläthyl)-phenthiazin*, F. 166—168°. (**D. B. P. 825 993** Kl. 12p vom 21/10. 1950, ausg. 27/12. 1951. E. Prior. 20/10. 1949.) HEINZE. H 3292

American Cyanamid Co., New York, N. Y., V. St. A., *Melamin* (I). **Man setzt eine** I liefernde Verb. (II), bes. Dicyandiamid oder Harnstoff, bei 400—550° mit NH_3 um, indem man eine höchstens 150° heiße Lsg. von II in NH_3 in einen Reaktionsraum einführt u. dann 500—600° heißes NH_3 einleitet, so daß die Temp. auf 400—550° bei einem Druck von 50—350 at gehalten wird, u. zieht das I enthaltende Reaktionsgemisch nach 5—30 Sek. ab. — Zeichnungen. (**Schwz. P. 279 630** vom 17/3. 1948, ausg. 17/3. 1952. A. Prior. 20/3. 1947.) LANGER. H 3313

Ruhrchemie Akt.-Ges., Oberhausen-Holten (Erfinder: **Karl Büchner** und **August Hagemann, Duisburg**), *Terpenformylierungsprodukte.* **Die aus Naturstoffen gewonnenen Terpenfraktionen werden durch katalyt. Wassergasanlagerung formyliert u. dabei zur Entfernung der Peroxyde zunächst mit reduzierend wirkenden Stoffen behandelt, bes. mit einer** $FeSO_4$**-Lsg. mehrmals gewaschen. Anschließend wäscht man die Terpene**

unter Ausschluß von O_2 mit Alkalicarbonaten u. W. u. trennt die O-haltigen Begleitstoffe durch Feinfraktionierung ab, wobei man zweckmäßig unter O_2-freien Schutzgasen arbeitet. Vor der Wassergasanlagerung können die Terpene mit inerten Lösungsmitteln, wie KW-stoffen oder Äthern, verd. werden. Die nach der Anlagerung erhaltenen Reaktionsprodd. werden mit Säuren vom $p_H > 2$, bes. Citronensäure, behandelt, um den Katalysator zu entfernen. — Eine Orangenterpenfraktion mit n_D^{20} 1,4738; JZ. 362; $D.^{20}$ 0,846; Mol.-Gew. 141 wird mit 500 g $FeSO_4 \cdot 7 H_2O$ in 1 Liter W. 15 Min. geschüttelt. Die durch Feinfraktionierung erhaltene Fraktion mit Kp. 175—176° wird mit Hexan verd. u. in Ggw. von Co–Th–Mg–Kieselgur-Katalysator bei 138° u. 150 kg/cm² Wassergasdruck formyliert. Man erhält einen *Terpenaldehyd* mit $D.^{20}$ 920; n_D^{20} 1,4746; JZ. 124; VZ. 16,6; OH-Zahl 22; CO-Zahl 237; Mol.-Gew. 175. (**D. B. P. 829 890** Kl. 12o vom 18/3. 1949, ausg. 31/1. 1952.) KRAUSS. H 3600

Dr. A. Wander A.-G., Bern (Erfinder: **Hermann Schaltegger**, Flamatt, Freiburg), Schweiz, *7-Bromsterinester* erhält man durch Rk. eines in einem inerten Lösungsm. gelösten Sterinesters mit Br_2 unter UV-Bestrahlung. — Cholesterylbenzoat wird in CCl_4 mit UV-Licht bestrahlt; man gibt in der Siedehitze Br_2 in CCl_4 zu, wobei sich HBr entwickelt; nach 7—10 Min. erhält man *7-Bromcholesterylbenzoat-(3)*, F. 143—144°. Es erfolgt keine Addition an die Doppelbindung, sondern Substitution. (**D. B. P. 842 792** Kl. 12o vom 31/8. 1949, ausg. 30/6. 1952. Schwz. Prior. 6/10. 1948.) KRAUSS. H 3700

X. Färberei. Organische Farbstoffe.

Franz Nestelberger, *Das Metallbad in der Textilveredlung.* Eigene Verss. des Vf. werden mit später entwickelten Metallbadverff. verglichen. Die Fixierung von Küpenfarbstoffen u. einiger substantiver Farbstoffe sowie von Pigmentdruck auf Kunstharzbasis u. beim Pigmentklotzverf. durch kurze Passagen durch ein Metallbad von 120 bis 140° hat zu guten Ergebnissen geführt. Die Fragen des Zwischentrocknens, Dämpfens usw. werden diskutiert. (Melliand Textilber. **32.** 955—58. Dez. 1951.) ROSSOW. 7020

H. Rath und **H. Merk**, *Beeinflussung des Färbens durch Schallwellen.* 2. Mitt. (1. vgl C. **1952.** 5979.) Im Anschluß an die 1. Mitt. wird über die Egalisierwrkg. des Hörschalls sowie über die Beeinflussung des Aufziehvermögens von Farbstoffen beim Färben von tier., synthet. u. Acetatfasern berichtet. Die Beschallung fördert die Aufziehgeschwindigkeit, die Egalisierung u. die Durchdringung beim Färben tier. Fasern, die Wrkg. ist jedoch geringer als bei Cellulosefasern. Bewegung der Flotte oder des Materials entspricht in seiner Wrkg (Aufziehgeschwindigkeit) der der Beschallung. Kombination von Bewegung u. Beschallung steigert die Aufziehgeschwindigkeit. Bei Acetat- oder synthet. Fasern, also schwer quellbaren Fasern, wirkt sich die Beschallung stärker aus als bei Wolle u. Seide. (Melliand Textilber. **33.** 311—14. April 1952. Reutlichen/Stuttgart, Forschungsinst. für Textilindustrie.) P. ECKERT. 7020

G. Seyffarth, *Neuartige Stückfärbeverfahren bei Verwendung von Küpenfarbstoffen.* Kurze Ausführungen über das Heißöl-Kontinue-Verf. u. über das Färben im Metallbad. (Dtsch. Textilgewerbe **54.** 715—16. 5/8. 1952.) P. ECKERT. 7020

—, *Schwierigkeiten beim Färben von Baumwoll- und Kunstseidenwaren.* Es werden Hinweise gegeben über Schmiermittel für Färbemaschinen, über den gleichmäßigen mechan. Durchgang des Stoffes durch das Farbbad, um bei leichten Geweben, z. B. Voile u. Bembergseide, Faltenbldg. zu vermeiden; über das Trocknen nach dem Färben (um Streifenbldg. bei Acetatseide infolge der plast. Eigg. bei Hitze u. Feuchtigkeit zu verhindern) u. über die Waschechtheit von Druckfärbungen. Ein wichtiger Faktor für das Färben im Stück u. den Farbdruck ist das Abstimmen der Größe der Farbpartikel auf die Porenweite des Gewebes. Mischgewebe erfordern eine Vorbehandlung vor der Farbgebung. Ein Beispiel wird angeführt: Acetatseide mit Bembergkrepp. Weitere Beispiele: Beseitigung einer durch Musterdruck mit Anilinschwarz verursachten Fleckenbldg. auf gefärbtem Gewebe, Eisennachwrkg. in Wasser. (Textile Manufacturer **78.** 144—46. März 1952.) SCHOENMANN. 7020

—, *Neuzeitliche Verfahren des Färbens und Ausrüstens von Strümpfen.* Voraussetzung für eine gleichmäßige Färbung der Strümpfe ist eine gründliche dem Farbbad vorangehende Wäsche durch ein Reinigungsmittel mit einem p_H-Wert von 9—10. Um die Ringelbldg. zu verhindern, ist es vorteilhaft, das Garn zu fetten; das gespulte, gefettete Garn darf nicht für längere Zeit dem Licht ausgesetzt sein, um Oxydationswirkungen zu verhindern. Die allg. Färbedauer beträgt 1—1½ Stunden. Bei Nylon 2—3 Stunden. Das Finish erfolgt durch die Bariummeth. ($Ba(OH)_2$ bzw. $BaCO_3$) u. anschließendem Bad in $(NH_4)_2SO_4$. (Textile Manufacturer **78.** 147—48. März 1952.) SCHOENMANN. 7020

Fritz Stather, *Lederdeckfarben in neuer Entwicklung und ihre Bedeutung für die Lederindustrie der Deutschen Demokratischen Republik.* Allg. Ausführungen. (Dtsch. Schuh- u. Leder-Z. **1.** 181—83. Juli 1952. Freiberg/Sa., Deutsches Lederinstitut.) Winiker. 7024

General Aniline & Film Corp., V. St. A. (Erfinder: **Donald Edward Marnon**), *Dispergierbare Farbstoffpulver.* Eine Mischung aus einem unlösl. Farbstoff, sek. Süßholzextrakt (I) u. gegebenenfalls einem wasserlösl. anorgan. Salz u. einem Netzmittel wird verknetet u. getrocknet. I besteht im wesentlichen aus Alkalisalzen harzartiger Stoffe. — Man behandelt z. B. eine Paste aus 10 (Teilen) Indanthrenblau BC, 10 I u. 5 W. in einem mit Dampf geheizten Werner-Pfleiderer, setzt nach Verdampfen des W. das Zerreiben noch ½ Std. fort u. treibt durch ein feines Sieb. Das Pulver gibt mit W. eine koll. Dispersion, die auch beim Kochen beständig ist. — Weitere Beispiele, bes. für zum Färben von Celluloseacetat geeignete Farbstoffe. (**F. P. 972 147** vom 17/9. 1948, ausg. 25/1. 1951. A. Prior. 22/10. 1947.) Hoppe. 7007

Ciba Soc. An., Schweiz, *Färben von Wolle* mit sauren Wollfarbstoffen in Ggw. von *Tannin* (I) oder synthet. Gerbmitteln, z. B. „Tannigan", „Katanol" u. dergleichen. — Man geht z. B. mit 100 (Teilen Wolle in ein Bad aus 3 Tartrazin, 20 H_2SO_4 (10 %ig.), 10 I u. 4000 W. bei 50° ein, treibt zum Kochen u. färbt unter Zusatz von 20 H_2SO_4 (10 %ig.) u. 10 Na_2SO_4 1½ Std. kochend. Die gelbe Färbung ist wesentlich besser seewasserecht als dieselbe ohne I. Ähnliche Wrkg. erzielt man bei anderen sauren Farbstoffen oder deren Cr-Komplexverbindungen. — Weitere Beispiele. (**F. P. 975 824** vom 3/12. 1948, ausg. 9/3. 1951. Schwz. Prior. 23/12. 1947.) Hoppe. 7021

Soc. An. de Matières Colorantes et Produits Chimiques Francolor, Frankreich (Erfinder: **Georges Kopp, Alfred Baron und René Gangneux**), *Färben von künstlichen Fasern aus Celluloseestern* oder anderen plast. Massen. Man verwendet Färbepräpp. aus Mischungen von diazotierbaren Basen, Kupplungskomponenten u. gegebenenfalls Dispergiermitteln oder anderen Hilfsmitteln. — Man färbt z. B. 100 (Teile) Acetatseide mit 5 einer innig vermahlenen Mischung aus 16,5 m-Nitro-p-toluidin, 585 Acetessigsäure-o-chloranilid u. 250 eines Dispergiermittels aus Naphthalinsulfonsäure u. CH_2O, gelöst in 3000 W., ½ Std. bei 85° u. entwickelt bei 60° mit einer Lsg., die 5 g $NaNO_2$ u. 10 g HCOOH im Liter enthält. Die citronengelbe Färbung ist sehr echt. — Weitere Beispiele. (**F. P. 994 785** vom 25/1. 1945, ausg. 22/11. 1951.) Hoppe. 7021

Interchemical Corp., New York, N. Y., übert. von: **Norman S. Cassel,** Ridgewood, **und Alfred T. Clifford,** Fair Lawn, N. J., V. St. A., *Bedrucken von Textilien mit wasserunlöslichen Pigmentfarbstoffen.* Man stellt eine wss. koll. Lsg. von zwei verschied. Celluloseäthern (I) her, von denen nur einer gelatinierbar ist, fügt ein Gelatinierungsmittel (II) hinzu. In dieser Lsg. dispergiert man den Farbstoff. Der gelatinierbare I ist z. B. Na-Carboxymethylcelluloseäther oder Oxymethylcellulose. Die Lsg. enthält ferner ein wasserlösl., wärmehärtbares Harz. Der gelatinierbare I kann auch durch Na-Alginat ersetzt, als nicht gelatinierbarer I kann Oxyäthylcellulose u. als II ein Salz eines mehrwertigen Metalls verwendet werden. (**A. PP. 2 579 793** u. **2 579 794** beide vom 14/6. 1950, ausg. 25/12. 1951.) v. Schiller. 7023

Ciba Akt.-Ges., Basel, Schweiz, *Azofarbstoffderivate.* 1 (Mol) eines Azofarbstoffs der Formel I wird mit mindestens 2 eines Halogenides der Formel II umgesetzt, in der ein Y ein Halogenatom, das andere eine OH-Gruppe darstellt. Orangefarbene, rotbraune, leicht in W. lösl. Pulver, aus denen durch Verseifung mit Alkalien leicht wieder das unlösl. Ausgangspigment entsteht. — In analoger Weise erhält man aus dem blauen Azofarbstoff III ein braunes wasserlösl. Pulver, das mit verd. NH_3 leicht wieder in das Ausgangsprod. zurückverwandelt werden kann. (**Schwz. PP. 276 417** u. **276 418** beide vom 22/7. 1949, ausg. 16/10. 1951.) Kalix. 7053

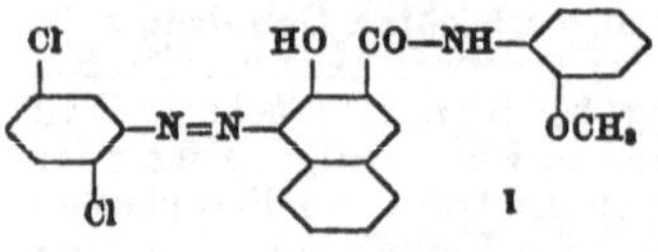
I

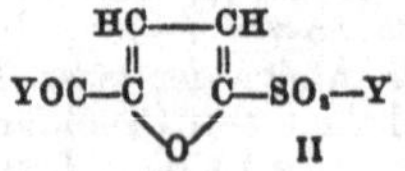
II

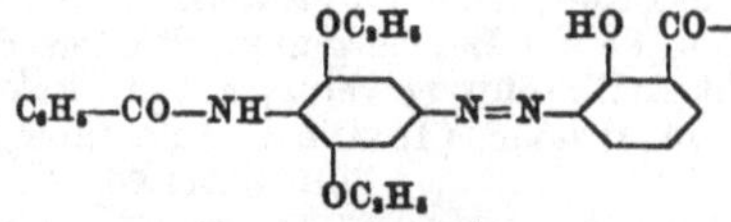
III

Ciba Akt.-Ges., Basel, Schweiz, *Azofarbstoff.* 30 (Teile) 2-Oxynaphthalin-6-sulfonsäurephenylester werden mit einer Lsg. von 22,5 diazotierter 4-Chlor-2-amino-1-oxybenzol-6-sulfonsäure + 4 NaOH in 100 W. gekuppelt. Blauviolettes Pulver, das Wolle im Einbad- oder Nachchromierungsverf. echt rotviolett färbt. (**Schwz. P. 276 720** vom 6/4. 1949, ausg. 16/10. 1951.) Kalix. 7053

General Aniline & Film Corp., V. St. A. (Erfinder: **Charles H. Stratton**), *Polyazofarbstoffe und Färbeverfahren.* Man färbt Cellulosefasern aus wss. Flotte mit Polyazofarbstoffen der allg. Formel **Z**, worin A_1 u. A_2 Phenylenreste, X eine einfache Bindung oder eine acycl. Brücke, z. B. —NH—CO—NH—, —CO—NH—, —C=$(CH_3)_2$—, —(NO)=N—, —CH=CH—, ein Y jedes Naphthalinkerns OH oder Alkoxy, das andere Y H bedeuten, führt

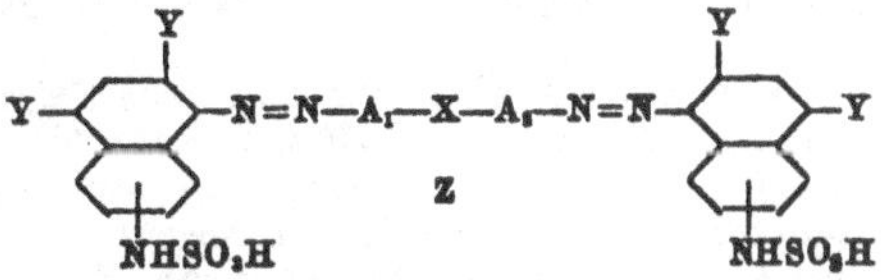

durch Diazotieren die $NH-SO_3H$-Gruppe in die Diazogruppe über u. entwickelt mit einer Kupplungskomponente ohne wasserlösl. machende Gruppen, z. B. β-Naphthol (I), Phenylmethylpyrazolon, m-Toluylendiamin. Die Färbungen sind sehr waschecht. — Die Erzeugung folgender Farbstoffe auf Baumwolle ist beschrieben: *o-Dianisidin* ⇄ 2 Mol *2-Oxy-7-naphthylsulfaminsäure* (II) oder *4-Oxy-6-naphthylsulfaminsäure* (III) ⇄ I_2, violett bzw. grau; *N-(p-Aminobenzoyl)-p-phenylendiamin* ⇄ II_2 oder III_2 ⇄ I_2, braunrot bzw. violett. (**F. P. 988 979** vom 24/12. 1948, ausg. 3/9. 1951. A. Prior. 30/12. 1947.) HOPPE. 7055

Sandoz Akt.-Ges., Basel, Schweiz, *Cu-haltige Trisazofarbstoffe.* 1 (Mol) 5.5'-Dioxy-2.2'-dinaphthylamin-7.7'-disulfosäure (I), 1 tetrazotiertes o-Dianisidin, 1 einer Naphtholsulfosäure der allg. Formel I u. 1 einer Diazoverb. eines Anilinderiv. der allg Formel III läßt man so aufeinander einwirken, daß das Tetrazodianisidin einerseits in 2-Stellung von II u. andererseits in 6-Stellung von I, u. III in 6'-Stellung von I eingreift. Das Reaktionsprod. wird dann mit Cu-abgebenden Mitteln behandelt. Es bedeutet das eine X eine SO_3H-Gruppe, das andere ein H-Atom, Y u. Z H-Atome oder SO_3H-Gruppen, A eine OH-,

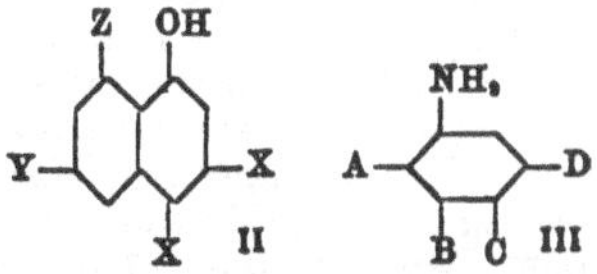

COOH- oder OCH_3-Gruppe, B ein H- oder Halogenatom, eine Alkyl-, NO_2- oder SO_3H-Gruppe, C ein H-Atom, eine NO_2- oder SO_3H-Gruppe, D ein H- oder Halogenatom, eine Alkyl-, NO_2-, OCH_3-, SO_3H-, SO_2NH_2-, SO_2NH-Alkyl- oder SO_2NH-Phenyl-Gruppe. — Beispiel: 3.3'-Dimethoxy-4.4'-diaminodiphenyl werden tetrazotiert u. zunächst mit 1-Oxynaphthalin-3.6.8-trisulfosäure gekuppelt, das Reaktionsprod. wird dann mit I gekuppelt u. schließlich nochmals mit 5-Nitro-4-chlor-2-amino-1-oxybenzol. Nach Überführung in eine Cu-Komplexverb. färbt das Reaktionsprod. Baumwolle u. regenerierte Cellulose lebhaft blau u. lichtecht. (**Schwz. P. 277 659** vom 15/8. 1949, ausg. 16/1. 1952.) KALIX. 7055

XIa. Farben. Anstriche. Lacke. Naturharze.

Bruno Waeser, *Die Technik der Emulsionen.* Überblick über den derzeitigen Stand der Emulsionstechnik unter besonderer Berücksichtigung der Lackindustrie. (Dtsch. Farben-Z. **6.** 219—22. Juni 1952. Elmshorn bei Hamburg.) WINIKER. 7090

Erich Stock und **Heinz Blum**, *Bleicyanamid als Rostschutzpigment.* Die Härte von Bleicyanamidfilmen ist etwas größer als die der Mennigefilme, während die Elastizität geringer, aber ausreichend zur Gewährung eines ausreichenden Rostschutzes ist. Bzgl. des Verschnittes liegt die obere Grenze beim Schwerspatzusatz bei 60% u. bei Eisenoxydrotzusatz bei 40%. (Dtsch. Farben-Z. **5.** 317—21. Sept. 1951. Krefeld, Textilingenieurschule (Färbereischule), Abt. für Farben u. Lacke.) WINIKER. 7092

F. Ijak, *Die Metallstearate in der Lack- und Farbenindustrie.* Anwendung der Stearate von Al, Zn, Ca, Mg als Antisedimentations- u. Mattierungsmittel. (Chim. Peintures **15.** 148—51. April 1952.) SCHEIFELE. 7096

J. D. von Mikusch, *Über die Zusammensetzung des Leinöls.* Die vergleichende Unters. argentin., uruguay., ind., mexikan., deutscher u. nordamerikan. Leinöle (I) ergab, daß die Unterschiede in der Zus. von I verschied. Provenienz (aber im handelsüblichen Jodbereich) wesentlich geringer sind als auf Grund der stark divergierenden Literaturangaben anzunehmen wäre. Für I im n. Jodbereich (170—190) gilt etwa folgende Zus. (%) der Gesamtfettsäuren: Linolensäure 51 ± 4, Linolsäure 16 ± 3, Ölsäure 23 ± 3, gesätt. Fettsäuren 10 ± 2. Entgegen weitverbreiteten Ansichten ist der Linolsäureanteil also bedeutend geringer als der Linolensäureanteil. (Farbe u. Lack **58.** 303—06. Juli 1952. Hamburg-Harburg, F. Thörl's Vereinigte Harburger Ölfabriken A.-G.) WINIKER. 7096

D. Kohr jr., *Emulsionsfarben.* Allg. Ausführungen. (Canad. Paint Varnish Mag. **26.** 26—33. Aug. 1952. Chicago, Sherwin-Williams Co.) WINIKER. 7106

Erich Buchholz, *Zur Kolloidik der Lacke.* Überblick über Viscosität u. deren Meßmethoden, Beziehungen zwischen Viscosität u. Dispersionsgrad, Strukturviscosität, Viscosität u. Absetzgeschwindigkeit. (Dtsch. Farben-Z. **5.** 309—16. Sept. 1951.) Winiker. 7106

Karl Letters, *Über alte und neue Geigenlacke.* Vf. untersuchte 5 Lackproben altitalien. Geigen, um die Auffassung von Michelman nachzuprüfen, derzufolge der altitalien. Geigenlack aus einem Organosol bestand, hergestellt durch Lösen von Metallresinaten in Terpentinöl unter Zusatz von rohem Leinöl als Weichmacher. Bei dieser Unters. wurden deutliche Gehh. an Metall (Fe) gefunden, während die Analyse des Lackkörpers kein einheitliches Bild ergab. Für die Michelmansche Ansicht spricht der Erfolg, der mit Metallresinaten-Leinöl beim Anfärben von Transparentlacken hinsichtlich der Schönheit der Farbtöne erzielt werden konnte. Weitere Verss. ergaben, daß Mowilith (Polyvinylacetat) sich bes. als Basis für Geigenlacke eignet. Die Herst. derartiger Lacke wird an einem Beispiel gezeigt. (Farbe u. Lack **58.** 293—97. Juli 1952. Köln-Lindenthal.) Winiker. 7106

E. Immendörfer, *Preßluft und Taupunkt.* Kurzer Überblick über die physikal. Gesetze, die beim Spritzen von in organ. Lösungsmitteln gelösten Lacken zu beachten sind, um Ausflockung, milchiges Auftrocknen u. mangelnde Haftfestigkeit zu vermeiden. (Leder **3.** 132—33. 15/6. 1952. Ludwigshafen/Rh., BASF, Ledertechn. Abt.) Winiker. 7106

K. Meier, *Einfaches lichtelektrisches Titrationscolorimeter für die Anstrichtechnik.* 1. Mitt. *Bestimmung von Kennzahlen dunkler Stoffe.* Beschreibung eines bequem zu handhabenden Instruments zur lichtelektr. Absorptionsmessung von bei der Titration in Ggw. von Indicatoren auftretenden Farbänderungen. Die Messung kann auch mit stark eigengefärbten Lsgg. genauestens ausgeführt werden. Das Titrationscolorimeter eignet sich zur Best. von Kennzahlen dunkler Harze, Peche u. Öle sowie zum Studium anderer chem. Vorgänge, wie z. B. der Einw. von Sikkativen auf Peroxyde, wie sie in trocknenden Ölfilmen vorliegen. (Farbe u. Lack **58.** 255—59. Juni 1952. Berlin-Charlottenburg, Techn. Univ., Labor. für Anstrichforsch.) Winiker. 7154

Herbert Niesen, *Mikroskopische Studien an polierten Holzoberflächen.* Vf. zeigt an einigen Beispielen wie mkr. Unterss. zur Aufklärung von Rißbildungen in der Lackoberfläche herangezogen werden können. — 5 Abbildungen. (Dtsch. Farben-Z. **5.** 117—19. April 1951. Detmold.) Winiker. 7158

Heyden Chemical Corp., übert. von: **Harry Burrell,** Garfield, N. J., V. St. A., *Tallölpentaerythritesterharze.* Man erhitzt Tallöl, das Säuren des Originalharzes enthält, eine α.β-ungesätt. Carbonsäure oder deren Anhydrid oder Oxycarbonsäuren, die solche Säuren unter Reaktionsbedingungen entwickeln, u. Pentaerythrit u./oder Polypentaerythrit, nimmt hierbei 2—10 Gew.-% (des Tallöls) der Säure u. eine dem Tallöl u. der Säure stöchiometr. äquivalente Menge Pentaerythrit u. erhält eine *Lackbasis.* Als ungesätt. Säuren sind Fumar- u. Maleinsäure genannt. (**Can. P. 476 278** vom 30/8. 1945, ausg. 21/8. 1951. A. Prior. 7/11. 1944.) Pankow. 7097

André-Paul Chambionnat, Marokko, *Anstrichfarben.* Als Farbstoff verwendet man Cu_2C_2 oder dessen Derivate. Man leitet Acetylen in eine ammoniakal. Cu_2Cl_2-Lsg. ein, die z. B. auf 15 g Cu_2Cl_2 85 g $BaSO_4$ oder einen anderen inerten Trägerstoff in feinster Verteilung enthält. Der so erhaltene Nd. kann nach dem Waschen getrocknet u. sogar auf Tempp. über 100° erhitzt u. auch vermahlen werden, ohne zu explodieren. Die so hergestellten Carbide eignen sich für Wasser- u. Ölfarben, als Zusatz zu Kalk, Firnis, Gips, Zement, Bohnerwachs usw. u. sind bes. für Schiffsanstriche geeignet. Durch Zusatz einer geringen Menge eines Hg-Salzes zur Ausgangslsg. kann die insekticide u. fungicide Wrkg. verstärkt werden. (**F. P. 973 053** vom 6/10. 1948, ausg. 7/2. 1951. Marokkan. Prior. 27/10. 1947.) Gräger. 7107

Antony Vila und **André Thomas,** Frankreich, *Herstellung von Pigmentpasten für Anstrichfarben.* An Stelle von fetten Ölen, wie z. B. Leinöl, wird zum Anreiben der Pigmente eine aus entsäuertem Holzteer durch Wasserdampfdest. gewonnene hochsd. organ. Fl. verwendet. Die Fl. wird zur Entfernung von Phenolen u. Aldehyden mit einer Lsg. von NaOH oder KOH in Methanol behandelt u. bei 6 mm Hg im Vakuum destilliert. Verwendet wird die Fraktion zwischen 80 u. 125°. Diese erhält einen Zusatz von 5% Chlorkautschuk u. 1% Butylenglykol, um die gleiche Viscosität u. die gleichen plast. Eigg. zu bekommen, wie sie fette Öle, z. B. Leinöl, haben. Die Pasten werden durch Anreiben des obigen Prod. mit den Pigmenten auf dem Walzenstuhl hergestellt. (**F. P. 972 886** vom 31/5. 1941, ausg. 5/2. 1951.) Heyne. 7107

Aluminum Co. of America, Pittsburgh (Erfinder: **Robert Isom Wray,** New Kensington, und **Wayne Barr Roberts,** Mt. Lebanon), Pa., V. St. A., *Wasseremulgierbare*

Metallpigmentpaste, bestehend aus z. B. Al-Schuppen, einem flüchtigem KW-stoff u. zumindest einer Fettsäure aus der Gruppe Stearin-, Öl-, Palmitin- u. Ricinolsäure, in Mischung mit Tallöl u. zumindest einer wasserlösl. seifebildenden Aminoverb. mit höchstens 7 C-Atomen. (**D. B. P. 843 125** Kl. 22g vom 5/8. 1949, ausg. 3/7. 1952. A. Prior. 19/11. 1948.) KRANZ. 7107

Ciba Akt.-Ges., Basel, Schweiz, *Herstellung von Lackrohstoffen*. Man erhitzt 1 (Mol) eines harzartigen Kondensationsprod. aus Äthylenoxyd u. merhwertigen Phenolen, das mindestens 2 Äthylenoxydgruppen im Mol. aufweist, in einem Lösungsm. mit 1/8 bis höchstens 6/5 Äquivalenten an mehrbas. Carbonsäuren, deren Carboxylgruppen mindestens durch 2 C-Atome voneinander getrennt sind, u. 0,06—0,6 Dicyandiamid. Die erhaltenen Lsgg. ergeben hochwertige Einbrennlacke, die bei hohen Tempp. beständig sind. (**Finn. P. 25 540** vom 22/6. 1949, Auszug veröff. 31/1. 1952. Schwz. Prior. 5/7. 1948.) J. SCHMIDT. 7107

Standard Dyewood Co., Medford, übert. von: **Kenneth Potter Monroe**, Boston, Mass., V. St. A., *Überzugsmasse*, bestehend aus einer Lsg. von gleichen Teilen eines Quebrachomonocarboxyalkyldibenzyläthers oder seinem CH_2O-Kondensationsprod., einem alkohollösl., in A., Alkali oder NH_4OH, gegebenenfalls unter Zusatz von $Na_2B_4O_7$, gelösten Prolamin (Zein) u. einer Mischung von o- u. p-Toluoläthylsulfonamid. Weitere, namentlich aufgeführte Natur- u. Kunstharze können mitverarbeitet werden. Der *Lack* dringt nur wenig in die Holzporen ein, läßt sich aber gut schleifen, so daß weitere Schichten aufgespritzt oder -gestrichen werden können. (**A. P. 2 582 500** vom 14/7. 1950, ausg. 15/1. 1952.) SALZMANN. 7107

Brycel Ltd., Brentford, Middlesex (Erfinder: **Walter Eduard Asmus Simon**, Watford, Hertfordshire), England, *Überzugsmittel zum Schutz von Metallen*, z. B. rostigem Fe, gegen Korrosion, gek. durch die Mischung (I) aus einem Phenol- oder Kresolharz der B-Stufe, einem Lösungsm. für das Harz, einer Lsg. von $FeCl_3$ oder $FeBr_3$, z. B. in A., u. einer Alkaliverbindung. — Beipiel: I aus o-Kresolharz (Säure kondensiert) der B-Stufe, Methanol (II), $FeCl_3$ in II, NH_3-W. u. Trikresylphosphat. (**D. B. P. 843 276** Kl. 22g vom 23/1. 1951, ausg. 7/7. 1952. E. Prior. 3/2. 1950.) SCHINDLER. 7107

Romain Liberman, Frankreich, *Feuerfester Überzug*. Folien, Schilder, Bretter, Tafeln aus brennbarem Material, wie Holz, vegetabil. u. animal. Fasern, werden nach oder während ihrer Herst. mit einem Gel, Lack, Emulsion oder Suspension von koll. Tonen, z. B. Bentonit, Badeillit, Montmorillonit, behandelt. (**F. P. 996 703** vom 24/5. 1945, ausg. 26/12. 1951.) WITTHOLZ. 7107

Egon Meier, Friedberg, Hessen, *Feuerschutzanstriche*. Zunächst wird ein wss. schaumschichtbildender Anstrich aus aufgeschlossener Stärke Leim Harnstoff- oder verwandten Harzen. gegebenenfalls mit Zusatz von Netzmitteln u. Feuerschutzsalzen, aufgebracht, dann ein wasserfester, witterungsbeständiger, kalthärtender Lack, z. B. aus Harnstoffharz. (**D. B. P. 831 658** Kl. 75c vom 7/6. 1950, ausg. 14/2. 1952.) KITTLER. 7107

Dr. Alexander Wacker, Gesellschaft für elektrochemische Industrie G. m. b. H. (Erfinder: **Alfred Arnold** und **Hermann Unterguggenberger**), München, *Herstellen von Überzügen*, die gegen Säuren, Alkalien, Lösemittel, Wärme beständig u. für elektr. Strom nichtleitend sind. Die Gegenstände werden mit Polyvinylchlorid (I), in Lsg. oder Pastenform, mit oder ohne Weichmacher, Pigment oder dgl. überzogen u. bis zur Zers. des I erhitzt. (**D. B. P. 833 611** Kl. 75c vom 8/12. 1950, ausg. 10/3. 1952.) KITTLER. 7107

Arthur Höfert, Einführung in die Lackbereitung. Berlin-Lichterfelde: G. Achterberg. 1951. (52 S.) 8°. DM 3,—.

XIb. Plaste (Kunstharze. Plastische Massen).

M. Déribéré, *Die vielfachen neuen Anwendungen der plastischen Stoffe*. Vf. beschreibt die Verwendung von Polyplasten in der elektrotechn. Industrie u. für spezielle Anwendungsgebiete (Wasserstoffelektrode, mkr. Dünnschnitte u. a.). (Rev. gén. Matières plast. **27**. 9—13. Jan. 1951.) MOLL. 7170

Andrew F. Fitzhugh und **Robert N. Crozier**, *Der Zusammenhang zwischen Zusammensetzung und physikalischen Eigenschaften von Polyvinylacetalen*. 1. Mitt. *Acetale gesättigter aliphatischer Aldehyde*. An Polyvinylacetalen (I) untersuchten Vff. den durch verschied. Aldehyde hervorgerufenen Effekt der „inneren Weichmachung". Bei der Acetalisierung von Polyvinylalkohol (ca. 1% restliche Acetylgruppen) wurden folgende Aldehyde verwendet: Acetaldehyd, Propionaldehyd, n- bzw. Isobutyraldehyd, 2-Äthylbutyraldehyd, n-Hexylaldehyd, n-Heptylaldehyd, 2-Äthylhexylaldehyd. An den Harzen mit bzw. ohne Weichmacher ermittelten Vff. den scheinbaren Elastizitätsmodul bei verschied. Tempp., die Kältebruchtemp., Zugfestigkeit u. Dehnung u. die Löslichkeit. Bei der Auswertung der Messungen wird gefunden, daß steigender Acetalisierungsgrad die Umwandlungstemp., die Steifheit beim Umwandlungspunkt, den Umwandlungsbereich u. die Zugfestigkeit verringert, die Kältebruchtemp. erhöht u. die Löslichkeit nach Lösungsmitteln mit niedrigerer DK. verschiebt. I aus höheren n. Aldehyden haben tiefere Umwandlungs- u. Kältebruchtempp., geringere Zugfestigkeit u. Löslichkeit — im Gegensatz zu I aus verzweigten Aldehyden, deren Umwandlungs- u. Kältebruchtempp. höher liegen als bei I aus den n. isomeren Aldehyden. (J. Polymer Sci. **8**. 225—41. Febr. 1952. Springfield, Mass., Shawinigan Resins Corp., Res. Labor.) SCHÄFF. 7172

Gerhard Beck, *Verarbeitung von PVC-Pasten. Untersuchungen über die Gelatinierfähigkeit und die Flüchtigkeit verschiedener Weichmacher.* Vf. untersuchte die Flüchtigkeit der bekanntesten Weichmacher für PVC (DOP, Edenol PV, IW 40, Mesamoll, Palatinol C, Plastomoll WH) in Abhängigkeit von der Verarbeitungstemp. u. der Weichmacherkonz., ferner die Abhängigkeit der mechan. Eigg. weichgemachter PVC-Filme von der Natur der Weichmacher, von der Gelatinierungstemp. u. -zeit, von der Mitverwendung wss. Butadien-Acrylnitril-Emulsionen sowie von Cyclohexanon als vermittelndem Lösungsmittel. An Hand der Ergebnisse (12 graph. Darstellungen) werden prakt. Hinweise für die PVC-Pastenverarbeitung zu Kunstleder gegeben. (Kunststoffe **42**. 37—40. Febr. 1952. Wuppertal-Elberfeld.) WINIKER. 7172

A. Rosenberg, *Stabilisatoren für Polyvinylchlorid.* Vf. gibt einen Überblick über die theoret. Grundlagen der Stabilisierung von PVC sowie über die verschied. Stabilisatortypen u. weist auf neue, von den CHEMISCHEN WERKEN HÜLS G. M. B. H., Marl, entwickelten Stabilisatoren hin. Es handelt sich hierbei um *p*- u. *m-Epoxyphenylharnstoff* sowie Verbb. vom Typus des *Benzalphthalimids* (I; im Orig. fälschlich Benzalphthalid. Die Red.). I besitzt für sich allein keine stabilisierenden Eigg., bedingt aber eine wesentliche Verbesserung der Wrkg. von Pb-, Cd- u. Ca-Stearat. (Kunststoffe **42**. 41—43. Febr. 1952. Marl, Kr. Recklinghausen.) WINIKER. 7172

B. F. Goodrich Co., New York, N. Y. (Erfinder: **John Race Powers**, Wilmington, Del., und **Walter Eric Brown**, Cambridge, Mass.), V. St. A., *Emulsionspolymerisation monomerer Vinylverbindungen.* Man setzt dem Polymerisationsgemisch eine bestimmte Menge eines vorher bereiteten Polyvinyllatex mit mittlerem Teilchendurchmesser u. bestimmter Teilchenanzahl zu. Nach einer abgeleiteten Formel kann die zur Erzeugung einer 20—60%ig. unimol. Beladung der Polymerisationsteilchen erforderliche Menge an Dispergierungsmittel berechnet werden. Man erhält so hochpolymere lineare Polymerisate (oder Mischpolymerisate) mit Teilchengröße (I) von 500—20000, bes. 500 bis 3000 Å. — 3 Beispiele über die Polymerisation von *Vinylchlorid* in Ggw. von $K_2S_2O_8$ u. unter Verwendung von Elfenbeinseife u. Alkylarylsulfonat als Emulgator mit Tabellen über die Abhängigkeit der I von Art u. Menge des verwendeten Keimlatex. (**D. B. P. 843163** Kl. 39c vom 29/9. 1950, ausg. 7/7. 1952. A. Priorr. 6/11. u. 16/11. 1945.) MÖLLERING. 7173

Monsanto Chemical Co., übert. von: **Elmer E. Cowell**, St. Louis, und **Joseph R. Darby**, Richmond Heights, Mo., V. St. A., *Stabilisierte Polyvinylchloridmasse*, bestehend aus z. B. 60 (Teilen) Polyvinylchlorid, 37 2-Äthylhexyldiphenylphosphat u. 3 des Tetrahydrofurfurylesters einer ungesätt., 10—20 C-Atome aufweisenden Fettsäure, z. B. Ölsäure, als Stabilisierungsmittel. (**A. P. 2 568 989** vom 27/4. 1949, ausg. 25/9. 1951.) SALZMANN. 7173

Shell Development Co., San Francisco, Calif., V. St. A., übert. von: **Willem Leendert Johannes de Nie** und **Christiaan Nicolaas Jacobus de Nooijer**, Amsterdam, Holland, *Stabilisieren von halogenhaltigen Polymeren*, bes. zur Verhinderung einer Verfärbung. Als Zusatz dienen 0,5—5% Tetrahydronaphthalinhydroperoxyd (I), das mit dem Polyvinylchlorid oder Halogenkautschuk bis zu 6 Min. bei 100° gemahlen u. dann verpreßt wird. Auch Schwermetallsalze (Pb) der Wollfettsäuren können noch zugesetzt werden. Die geformten Gebilde können auch mit einer 15—20%ig. Lsg. von I in Cyclohexanon entsprechend nachbehandelt u. 48 Std. auf 80° erwärmt werden. (**A. P. 2 546 631** vom 5/8. 1946, ausg. 27/3. 1951. Holl. Prior. 29/9. 1945.) SALZMANN. 7173

Wingfoot Corp., Akron, übert. von: **Fred Ward Cox**, Cuyahoga Falls, und **James Mayrant Wallace jr.**, Akron, O., V. St. A., *Wärmebeständigmachen von Vinylhalogenidharzen*, wie einem Mischpolymerisat aus Dialkylfumarat mit wenigstens 10 Gew.-% Vinylhalogenid, durch Einmischung von 0,2—10 Gew.-% eines Alkalimetallmonosulfids, wie Na_2S. (**Can. P. 481 579** vom 10/2. 1944, ausg. 4/3. 1952. A. Prior. 14/9. 1943.) PANKOW. 7173

Shell Development Co., San Francisco, Calif., V. St. A., übert. von: **Christiaan Pieter van Dijk und Heino Tonnis Voorthuis**, Amsterdam, Holland, *Hitze- und lichtstabilisierte Massen aus Polyvinylchlorid*, gek. durch einen Geh. an 0,1—2 (%) Alkalicarbonat u. 0,05—3 p-Acetylphenyl-, p-Carbäthoxyphenyl-, p-Chlorphenyl-, N.N'-Di-(p-chlorphenyl)-, m-Nitrophenyl-, o.p-Dinitrophenyl- oder p-Diäthylaminophenylharnstoff. (**A. P. 2 555 107** vom 30/7. 1949, ausg. 29/5. 1951. Holl. Prior. 11/8. 1948.) SALZMANN. 7173

Cosmos Dental Products, Inc., New York, übert. von: **Philander B. Taylor**, Larchmont, N. Y., V. St. A., *Herstellung einer plastischen Masse.* Ein pulverförmiges Mischpolymerisat aus 90% Vinylchlorid u. 10% Vinylacetat wird mit einem Weichmacher (Dibutylphthalat, Trikresylphosphat, Äthylhexylphthalat, Triäthylenglykol-di-2-äthylbutyrat) angerührt, der mit einem Verdünnungsmittel von niedrigem Kp., das gleichzeitig Quell- oder Lösungsm. für das Polymerisat ist, z. B. Aceton, Ae., Chlf., CCl_4, Diäthylcarbonat oder Äthylacetat, vermischt ist. (**A. P. 2 567 978** vom 5/8. 1947, ausg. 18/9. 1951.) SALZMANN. 7173

Argus Chemical Laboratory, New York, übert. von: **William E. Leistner und Olga H. Knoepke**, **Brooklyn**, **und Arthur C. Hecker**, Richmond Hill, V. St. A., *Klarbleibende Vinylharzmasse*, enthaltend (außer einem Weichmacher) ein Pb-, Cd-, Zn-, Sn- oder Erdalkalisalz der Kiesel-, Stearin-, Olein-, Ricinol-, Laurin- u. Schwefelsäure, Cd-Äthyladipat, Dibutylzinnoxyd, -maleat oder $(C_6H_5)_4Sn$, bes. in Form einer Mischung, als Stabilisierungsmittel u. ein Trübung verhinderndes Mittel, wie Alkyl-, Aryl- oder Aralkylphosphit, -sulfid, -phenol, -kresol oder -xylenol. (**A. P. 2 564 646** vom 8/2. 1950, ausg. 14/8. 1951.) SALZMANN. 7173

Monsanto Chemical Co., St. Louis, übert. von: **William R. Richard**, **Ann Arbor**, Mich., V. St. A., *Plastifizieren von Polyvinylformal.* Als Weichmacher dient ein Dialkoxyäthylester (Dimethoxyäthyl-, Dibutoxyäthylester) der 3- bzw. 4-Chlorphthalsäure, in dem die Alkoxygruppe weniger als 5 C-Atome enthält; außerdem kann noch Glycerindiacetat, Diäthylphthalat, Dibutyltartrat oder Triäthylcitrat zugesetzt werden. (**A. P. 2 541 667** vom 13/10. 1947, ausg. 13/2. 1951.) SALZMANN. 7173

Dow Chemical Co., übert. von: **Eugene D. Serdynsky, James S. Gowing, Ralph M. Wiley**, Midland, und **Carl B. Havens**, Hope, Mich., V. St. A., *Plastische Massen aus Polyvinylidenchlorid* für Formkörper mit geringer elektrostat. Aufladung, gek. durch einen Geh. von 0,5—5% Pentaalkyltri- oder Hexaalkyltetrapolyphosphat mit Alkylgruppen mit 3—8 C-Atomen, z. B. Pentabutyltripolyphosphat. Herst. von Filmen u. Fäden. (**A. P. 2 577 635** vom 2/3. 1949, ausg. 4/12. 1951.) SALZMANN. 7173

Cassella Farbwerke Mainkur (Erfinder: **Werner Zerweck, Carl Theo Schultis und Wilhelm Kunze**), Frankfurt/M., *Herstellung von N-Aryl-N-vinylisoharnstoffäthern*, dad. gek., daß man N-Aryl-N-(β-halogenäthyl)-cyanamide mit Ätzalkalien in Ggw. eines niedermol. Alkohols behandelt. Aus N-(β-Bromäthyl)-N-phenylcyanamid entsteht z. B. mit A. u. KOH *N-Phenyl-N-vinylisoharnstoffäthyläther*, $Kp._{15}$ 130—131°; entsprechend der *N-(p-Tolyl)-N-vinylisoharnstoffäthyläther*, $Kp._3$ 118—120° sowie mit Methanol die analogen *Methyläther.* — *Zwischenprodd.*, bes. zur Herst. von *Polymerisaten.* (**D. B. P. 842 791** Kl. 12o vom 12/9. 1944, ausg. 30/6. 1952.) SCHINDLER. 7173

Eddy W. Eckey, Wyoming, O., V. St. A., *Umesterung von Polyvinylestern.* Bei Tempp. $<120°$, bes. bei 40—80°, u. in Ggw. von Katalysatoren, bes. NaH, werden Ester aus aliphat. Alkoholen u. Fettsäuren, bes. Fettsäuren aus trocknenden Ölen, wie Methyl- oder andere Ester der Sojaöl-, Leinölfettsäuren oder Fettsäuren aus hydrierten Tranen, mit Polyvinylalkoholestern, bes. Polyvinylacetat, umgeestert. Die erhaltenen Öle kristallisieren auch bei niedrigen Tempp. nicht u. eignen sich als Zusatz zu Schmiermitteln, zu trocknenden Ölen, zu Kaugummigrundstoffen u. dergleichen. — Beispiele. (**A. P. 2 558 548** vom 20/6. 1950, ausg. 26/6. 1951.) MÖLLERING. 7173

Sun Oil Co., Philadelphia, übert. von: **Herbert L. Johnson**, Media, und **Archibald P. Stuart**, Norwood, Pa., V. St. A., *Polymerisation von Vinylcyclohexen* zu einem öligen Prod. mit einem Mol.-Gew. über dem der dimeren Verb. erreicht man durch Erhitzen auf 35—130° in Ggw. von BF_3, H_2SO_4 oder $SnCl_4$ als Katalysatoren. (**A. P. 2 576 515** vom 18/3. 1948, ausg. 27/11. 1951.) MÖLLERING. 7173

Koppers Co., Inc., übert. von: **Thomas E. Robbins**, Pittsburgh, Pa., V. St. A., *Acrylnitril* (I)-*Isobutylen* (II)-*Mischpolymerisate* erhält man als Latex, wenn man in wss. Emulsion in Ggw. eines Emulgators u. eines Peroxyds 25—100° polymerisiert, wobei man nach 60—80%ig. Umsetzung je 100 (Teile) I + II 0,2—2 NH_3 zusetzt, bevor nicht umgesetzte Monomere entfernt werden. Mit steigendem NH_3-Zusatz steigt die Gelierungszeit des Latex. (**A. P. 2 575 750** vom 25/8. 1948, ausg. 20/11. 1951.) MÜLLER-MEININGEN. 7173

Povaszkéchemické Závody, Národní Podnik, Zilina, Tschechoslovakei (Erfinder: **J. Pinkava** und **M. Mitánek**), *Herstellung von Polyamiden.* Man erhitzt Lactame mit wss. Oxalsäure (I). Z. B. werden 15 (Teile) ε-Caprolactam, 150 W. u. 0,8 Mol. I 5 Std. auf 130° erhitzt, wobei ca. 85 % Lactam zu ε-Aminocapronsäure aufgespalten werden; das Gemisch wird dann in Abwesenheit von O_2 erhitzt, wobei eine viscose geschmolzene M. erhalten wird, die zu Fäden mit hoher Zugfestigkeit versponnen werden kann. (**Schwed. P. 131 845** vom 27/4. 1950, ausg. 29/5. 1951. Tschech. Prior. 29/4. 1949.)
J. SCHMIDT. 7181

Deutsches Hydrierwerk Rodleben VEB, Rodleben bei Roßlau/Elbe (Erfinder: **Winfried Hentrich,** Rodleben bei Dessau, und **Kurt Stickdorn,** Dessau-Roßlau), *Herstellung von Polykondensationsprodukten* aus Diaminen der Formel R'HN·$CH\langle{}^{CH_2-CH_2}_{CH_2-CH_2}\rangle CH \cdot X \cdot CH\langle{}^{CH_2-CH_2}_{CH_2-CH_2}\rangle CH \cdot NHR''$ (X = Alkylengruppe oder kann fehlen, R' u. R'' = gleiche oder verschied. organ. Reste oder H) u. Polyamide, Polyurethane oder Polyharnstoffe bildenden bifunktionellen Verbb., wie Glutar-, Adipin-, Sebacin-, Diglykolsäure, deren Estern oder Diamiden, Pentamethylen- oder Heptamethylendiisocyanat, Diurethanen, Hexamethylendiharnstoff. Als Diamine sind z. B. genannt (4.4'-Diamino = I): I-dicyclohexyl, I-3.3'-dimethyldicyclohexyl, I-dicyclohexylmethan, α.α-(I-dicyclohexyl)-äthan, β.β-(I-dicyclohexyl)-propan. Glykole, ω-Aminocarbonsäuren oder Lactame können mitkondensiert werden. Äquimol. Mengen von Adipinsäure u. von β-(I-3.3'-dimethylcyclohexyl)-propan werden im Autoklaven unter Luftausschluß in Ggw. von CO_2 2 Std. auf 220—230° u. dann unter n. Druck einige Std. auf 270—280° erhitzt. Fast farblose Schmelze, die sich nach einiger Zeit zu hochelast., kalt verstreckbaren Fäden ziehen läßt. (**D. P. [D. D. R.] 315** vom 17/2. 1943, ausg. 7/2. 1952 [Wirtschaftspatent].)
PANKOW. 7181

Soc. Rhodiaceta, Paris (Erfinder: **Pierre Justin Crez,** Lyon), Frankreich, *Herstellung von Mischpolyamidlösungen,* dad. gek., daß man wenigstens zwei verschied. Mischpolyamide, z. B. aus Hexamethylendiammoniumadipat (bzw. -sebacat) u. ε-Aminocapronsäure (oder deren Lactam) gleichzeitig oder sukzessive löst. Für eine 30 %ig. Lsg. wird ein Gemisch von niedrigmol. aliphat. Alkoholen u. chlorierten aliphat. KW-stoffen, für eine 55 %ig. Lsg. werden wss. Alkohole als Lösungsmittel verwendet. Filme, Bänder, Fäden, Auskleidungen, Anstriche, Imprägnierungen, Verklebungen. (**D. B. P. 841 361** Kl. 39b vom 3/8. 1950, ausg. 16/6. 1952. F. Prior. 16/7. 1947.)
SALZMANN. 7181

Vereinigte Glanzstoff-Fabriken A.-G., Wuppertal-Elberfeld (Erfinder: **Heinz Gehlen,** Niederramstadt, und **Theodor Lieser,** Darmstadt), *Herstellung hochmolekularer Kondensationsprodukte aus Dicarbonsäuredihydraziden.* Dihydrazide der allg. Formel $H_2N \cdot HN \cdot CO \cdot R \cdot CO \cdot NH \cdot NH_2$, wobei R ein beliebiger zweiwertiger, vorzugsweise Heteroatome, wie O, S, N enthaltender Rest sein kann, werden mit Aldehyden, bes. Formaldehyd (I) oder dessen Polymerisationsprodd., umgesetzt. — Z. B. werden 3,6 Teile Formalinlsg. (38 Vol.-%) zu einer Lsg. von 5 Azelainsäuredihydrazid in 125 sd. W. gegeben. Der weiße Nd. wird mit W. gewaschen u. getrocknet; er bildet bei 160° eine hochviscose farblose Schmelze, die auf Kunststoffe, Filme oder Fäden verarbeitet werden kann. Analoge Prodd. können aus I u. Dihydracrylsäuredihydrazid, Hexamethylendiäthyläther-β.β'-dicarbonsäuredihydrazid oder Thiodihydracrylsäuredihydrazid erzeugt werden. Glasartige harte Kunststoffe. (**D. B. P. 840 917** Kl. 39c vom 23/4. 1944, ausg. 9/6. 1952.)
HERBST. 7181

XII. Kautschuk. Guttapercha. Balata.

Michel Montu, *Chemische Untersuchung der Kautschukplastifizierungsbeschleuniger.* Die Unters. der Oxydierbarkeit des Kautschuks in Ggw. von Plastitizierungsbeschleunigern (namentlich aromat. Mercaptane (I), bes. 2-Mercaptonaphthalin u. 3-Mercapto-o-xylol) zeigt, daß dieselben den Kautschuk für O_2 sensibilisieren. Die Ggw. von Spuren S, Se oder Te hebt die Beschleunigerwrkg. auf. ZnO, Dibutylamin u. Stearylamin wirken verzögernd, Phenyl-β-naphthylamin in Ggw. von 2-Mercaptonaphthalin wirkt nur schwach verzögernd. Bei Verwendung von Mercaptobenzimidazol konnte keine verzögerte Wrkg. beobachtet werden. Bzgl. des Reaktionsmechanismus der I vertritt Vf. die Ansicht, daß die Ggw. einer bestimmten Menge I die rasche Absorption einer entsprechenden Menge O_2 bewirkt. Hierbei gehen die I in Disulfide (II) über, womit die Sensibilisierung aufhört. Die II ähneln in ihrer Struktur den Desaktivatoren. Daher weist eine mit 2-Mercaptonaphthalin plastifizierte Mischung eine bessere Alterung auf als eine lediglich durch Mastikation plastifizierte. Ebenso hat eine 2-Mercaptonaphthalin + Phenyl-β-naphthylamin enthaltende Mischung bessere Alterungseigg.

als eine Mischung, die nur Phenyl-β-naphthylamin enthält. (Rev. gén. Caoutchouc **29.** 506—10. Juli 1952. Paris, Inst. Franç. de Caoutchouc.) WINIKER. 7226

Eugène Stalinsky, *Einige bei der Herstellung von Mischungen auftretende Probleme.* Eine bessere Dispersion mengenmäßig geringer Mischungsbestandteile im Kautschuk kann durch Homogenisierung sämtlicher Mischungsbestandteile vor der Beimischung zum Kautschuk erzielt werden. So war es z. B. möglich, auf diese Weise die Verwendung von S-master-batch zu vermeiden u. den S direkt zuzumischen. — Die Füllstoffe lassen sich schneller zumischen, wenn sie zuvor auf 150° erhitzt werden. Bei $MgCO_3$ z. B. betrug die Zeitersparnis ca. 33 %. — Ebenso scheint die in den Füllstoffen eingeschlossene Menge Luft die Mischdauer zu beeinflussen. Bei Verwendung von entgastem $MgCO_3$ statt des n. $MgCO_3$ z. B. wurde eine 30 %ig. Zeitersparnis erzielt. (Rev. gén. Caoutchouc **29.** 510—14. Juli 1952. Bezons, Soc. „Le Caoutchouc S. I. T.") WINIKER. 7226

D. C. Thompson, R. H. Baker und R. W. Brownlow, *Ozonbeständigkeit von Neoprenvulkanisaten. Einfluß der Mischungsbestandteile.* Eine umfassende Unters. des Einfl. der Mischungsbestandteile auf die Ozonbeständigkeit (Oz) von Neoprenvulkanisaten ergab, daß die Ggw. von Beschleunigern bzw. ihr Einfl. auf den Modul in keiner Beziehung zur Oz stehen. Füllstoffe vermindern mit zunehmender Menge u. Teilchengröße die Oz. Weichmacher des Erdöltyps beeinträchtigen die Oz nur sehr wenig, während Weichmacher des Estertyps (z. B. Dibutylphthalat, Dioctylsebacat) eine nachteilige Wrkg. haben. Vegetabil. Öle u. ihre Derivv. erhöhen die Oz. Bei den Antioxydantien wurden hinsichtlich ihrer Wirksamkeit 5 Gruppen unterschieden: Gruppe I (höchste Oz): Diphenyl-p-phenylendiamin (*DPPD*), Di-p-methoxydiphenylamin (*Thermoflex*). Gruppe II (gute Oz): Diphenylaminaceton (*BLE, Aminox*), Phenyl-2-naphthylaminaceton (*Betanox*). Gruppe III (mäßige Oz): Aceton-Anilin (*Flectol H*), Aceton-p-Aminodiphenyl (*Santoflex B*), polymerisiertes Trimethyldihydrochinolin (*Agerite Resin D*), symm. Di-2-naphthyl-p-phenylendiamin (*Agerite White*), p-(p-Tolylsulfonylamido)-diphenylamin (*Aranox*). Gruppe IV (relativ unwirksam): Butyraldehyd-Anilin (*Antox*), Dialkylphenolsulfid (*Santowhite Crystals*), Diphenyläthylendiamin (*Stabilite*), Phenyl-1-naphthylamin (*Neozone A*), Phenyl-2-naphthylamin (*PBN, Neozom D, Agerite Powder*), Diphenylamin, heptyliertes Diphenylamin (*Agerite Stabilite*). Gruppe V (unwirksam): 2.5-Di-tert.-butylhydrochinon, 2.2'-Methylen-bis-(4-methyl-6-tert.-butylphenol (*Antioxidant 2246*), p-Phenylphenol (*Parazone*), Hydrochinonmonobenzyläther (*Azerite Alba*). Diese Klassifizierung der Antioxydantien ist gültig für eine Konz. von 1 %. Bei höheren Konzz. (2 %) rücken einige Antioxydantien der Gruppe IV in die Gruppe II auf (namentlich die Phenylnaphthylamin, Diphenyläthylendiamin u. Butyraldehyd-Anilin) u. die Antioxydantien der Gruppe V beeinträchtigen ein Oz. (Ind. Engng. Chem. **44.** 850—56. April 1952. Wilmington, Del., E. I. du Pont de Nemours & Co., Rubber Labor.) WINIKER. 7228

David Craig, A. E. Juve, W. L. Davidson, W. L. Semon und D. C. Hay, *Mischpolymerisationstheorie der Kautschukvulkanisation.* 6. Mitt. *Einfluß von Schwefelwasserstoff und einige Effekte bei der Vulkanisation.* (5. vgl. C. **1951.** II. 2955.) Die S-Vulkanisation von Kautschuk wird auf die Bldg. von S-Radikalen zurückgeführt, die vermutlich mit den Doppelbindungen im Kautschukmol. mischpolymerisieren. Es wird angenommen, daß sich aus H_2S durch Oxydation diese S-Radikale bilden, welche die Ketten-Rk. auslösen, u. daß H_2S, wenn es in genügender Menge vorhanden ist, als Kettenabbrecher durch Bldg. von HS-Radikalen wirkt. Auf Grund dieser Theorie werden einige Beobachtungen bei der S-Vulkanisation gedeutet, u. zwar wird vermutet, daß die optimale Vulkanisationstemp. (ceiling temp.) dadurch zustande kommt, daß der Temperaturkoeff. der H_2S-Bildungs-Rk. steiler ist als der der Mischpolymerisations-Rk., H_2S sowohl als Katalysator als auch als Kettenabbrecher wirken kann u. bei ZnO-haltigen Kautschukmischungen das ZnO sich leicht mit ZnS überzieht, so daß die Pufferung des H_2S vermindert wird. Die verzögerte Wrkg. der Beschleuniger hängt vermutlich mit der Fähigkeit zusammen, in Kontakt mit ZnO H_2S zu absorbieren, das bei der Rk. von S-Radikalen mit dem akt. H des Kautschuks entsteht. (J. Polymer. Sci. **8.** 321—35. März 1952. Brecksville, O., B. F. Goodrich Co., Res. Center.) SCHÄFF. 7228

G. M. Bartenew, *Einige Gesetzmäßigkeiten der Zerreißfestigkeit von Gummi.* Die Unterss. wurden an einem Gummi aus 100 Teilen Buna S (Butadienstyrolkautschuk), 3 Teilen Schwefel, 5 Teilen Zinkoxyd, 2 Teilen Stearinsäure, 1 Teil Mercaptobenzothiazol, vulkanisiert im Festigkeitsoptimum (20 Min. bei 143°), durchgeführt. Der Dickeneinfl. auf die Prüfergebnisse wurde an Proben von 2,2; 1,2 u. 0,4 mm Dicke untersucht. Außer der auf den Ausgangsquerschnitt bezogenen Festigkeit (P_f) wurde auch die wahre Festigkeit (P_σ) nach der Formel $P_\sigma = \lambda_{zerr.} \cdot P_f$ bestimmt, worin λ_{zerr} die relative Zerreißlänge bedeutet. Die Festigkeitsverteilung ϱ wurde nach der Formel $\varrho(P) = 1/N \times \Delta N/\Delta P$ bestimmt, worin N die Anzahl der Proben einer Serie (mindestens

100), ΔN die Anzahl der Proben mit einer Festigkeit von P bis $P + \Delta P$ bedeuten. Im Gegensatz zum ungefüllten Gummi wird beim gefüllten keine symm. Verteilung der Festigkeitswerte (P_f) um das Häufigkeitsmaximum, sondern eine Bevorzugung kleinerer Werte festgestellt, was durch Inhomogenitäten u. Einschlußfehler im gefüllten techn. Gummi, die eine Verringerung der Reißwerte bedingen, erklärt wird. Eine Analyse der experimentell gefundenen Werte zeigt, daß weder das Ausstanzen der Proben mit dem Stanzmesser, noch die Kristallisation des Gummis beim Dehnen eine Störung der Symmetrie der Verteilungskurven verursacht. Diese ist nur durch Füllstoffe bedingt. Es wird vorgeschlagen, die Größe der Störung als Kriterium für die Güte des Einmischens der Füllstoffe zu benutzen. Die mittlere Zerreißfestigkeit steigt mit Abnahme der Dicke um so mehr, je geringer die Probendicke ist. Die Abhängigkeit der Zerreißfestigkeit von der Deformationsgeschwindigkeit $v = d\varepsilon/dt$, dargestellt in den Koordinaten log P — log v ist linear. Mit Verringerung der Dehnungsgeschwindigkeit um eine Größenordnung fallen die Werte von P_f u. P_σ um 20 bzw. 30 %. (Доклады Академии Наук СССР [Ber. Akad. Wiss. UdSSR] [N. S.] 82. 49—52. 1/1. 1952. Wissenschaftl. Forschungsinst. der Gummiind.) ZELLENTIN. 7228

Feldmühle Papier- und Zellstoffwerke Akt.-Ges., Hillegossen, Kr. Bielefeld (Erfinder: **Gustav-Adolf Schröter**, Wesseling, Bez. Köln), *Viscositätsverringerung* von Kautschuk (I) oder seinen Derivv. durch Behandlung, bes. in Lsg., mit geringen Mengen ClO_2 oder dessen Lsg. in einem Lösungsm. für I. (**D. B. P. 837 773** Kl. 39b vom 5/7. 1942, ausg. 2/5. 1952.) OVERBECK. 7223

Firestone Tire & Rubber Co., übert. von: **Harry E. Albert**, Akron, O., V. St. A., *Di-(4.6-dialkyl-m-kresol)-sulfide* der allg. Formel I (R_1 u. R_2 = Alkyl mit zusammen 6—20 C-Atomen, wobei R_1 u. R_2 jedes für sich 3—10 C-Atome bedeutet, x = 1—4) erhält man durch Rk. von Dialkylkresolen in einem Lösungsm. (CCl_4) mit S-Chloriden (z. B. S_2Cl_2, SCl_2), zweckmäßig bei Raumtemperatur. — *Di-(4.6-di-tert.-butyl-3-methylphenol)-sulfid*, rotbraunes, bei 100° fl. Harz. E. 180°, aus Bzl. F. 296—298°.

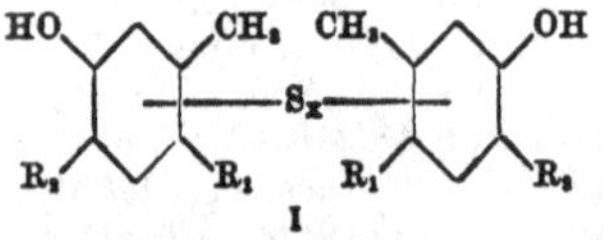

I

— *Di-(3-methyl-4.6-di-tert.-butyl-* bzw. *-amylphenol)-disulfid.* — *Di-(3-methyl-4.6-diheptylphenol)-mono-* bzw. *-disulfid.* — *Di-(3-methyl-4.6-di-tert.-butylphenol)-polysulfid.* — *Di-(3-methyl-4.6-diisopropylphenol)-mono-* bzw. *-di-* bzw. *-polysulfid.* — *Di-(3-methyl-4-tert.-butyl-6-isopropylphenol)-monosulfid.* — *Di-(3-methyl-4-äthyl-6-undecylphenol) monosulfid.* — *Di-(3-methyl-4-undecyl-6-äthylphenol)-monosulfid.* — *Di-(3-methyl-4.6-didecylphenol)-monosulfid.* — *Di-(3-methyl-4-butyl-6-octylphenol)-monosulfid.* — *Di-(3-methyl-4-tert.-butyl-6-octylphenol)-disulfid.* Verwendung als *Stabilisierungs-* u. *Weichmachungsmittel* für *Kautschuk*, Kautschukmilch u. Butadien-Styrol-Mischpolymere. (**A. P. 2 581 919** vom 26/1. 1946, ausg. 8/1. 1952.) KRAUSS. 7227

Baker Castor Oil Co., Jersey City, übert. von: **Malcolm Kent Smith**, Elizabeth, N. J., V. St. A., *Ätherester*, die selbst oder in Form ihrer Acetylderivv. gute Weichmacher für Natur- u. Synthesekautschuk sowie sonstige Kunstharze sind, erhält man durch Umesterung von möglichst fettsäurefreiem Ricinusöl mit Alkylen- u. Polyalkylenglykolmonoalkyl- oder -aryläthern unter vorwiegend wasserfreien Bedingungen bei 20—35° in Ggw. von 0,01—1,0 % Alkalihydroxyd. (**A. P. 2 562 218** vom 17/7. 1947, ausg. 31/7. 1951.) MÜLLER-MEININGEN. 7227

Firestone Tire & Rubber Co., übert. von: **Harry E. Albert und George E. P. Smith jr.**, Akron, O., V. St. A., *Stabilisieren von kautschukartigen Butadien-(1.3)-Acrylnitril-Mischpolymerisaten* durch Zusatz von 0,1—10 % Antimonylbrenzcatechinat (I; R = H). In mehreren Beispielen wird die Verwendung für verschieden zusammengesetzte Massen erläutert. — Von Homologen werden bes. Antimonyl-p-phenylbrenzcatechinat u. Antimonylpyrogallolat (I; R = OH) empfohlen. (**A. PP. 2 581 909, 2 581 910** u. **2 581 911** vom 30/3. 1949, ausg. 8/1. 1952.) SALZMANN. 7227

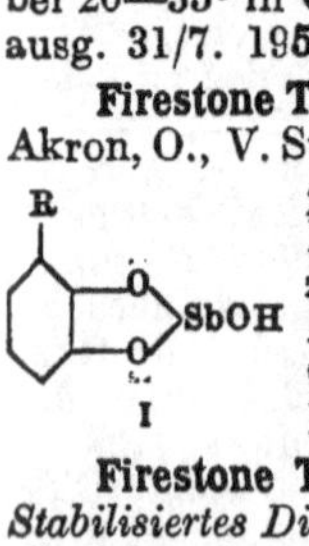

I

Firestone Tire & Rubber Co., übert. von: **Harry E. Albert**, Akron, O., V. St. A., *Stabilisiertes Dien-Styrol-Mischpolymerisat.* Als Stabilisierungsmittel wird ein Halogenalkylphenol verwendet, z. B. 2-Chlor-4.6-di-(tert.-butyl)-phenol, das durch Chlorieren von in CCl_4 gelöstem 4.6-Di-(tert.-butyl)-phenol bei 0—5° erhalten wird; geeignet als Zusatz für weißpigmentierte Kraftfahrzeugdecken. (**A. P. 2 560 044** vom 10/5. 1950, ausg. 10/7. 1951.) SALZMANN. 7227

English Clays Lovering Pochin Co. Ltd., St. Austell, Cornwall, England, *Behandlung von Ton.* Um Ton als *Füllstoff* für *Kautschuk* (I) zu verwenden, wird er mit einem Amin, quaternären Ammoniumhydroxyd oder einem bas. Farbstoff, z. B. mit Benzylamin,

Cetyltrimethylammoniumhydroxyd, auf einen p_H-Wert von ca. 6,3—7 eingestellt. Bes. erfolgt diese Einstellung nach voraufgehender HCl-Behandlung. Hierdurch wird die Bindung zwischen I u. Ton stark verbessert. (**N. P. 78 875** vom 10/11. 1948, ausg. 30/7. 1951. E. Priorr. 11/11. 1947 u. 22/10. 1948.) J. SCHMIDT. 7227

Farbenfabriken Bayer (Erfinder: Erwin Müller und Siegfried Petersen, Leverkusen, und Friedrich Löblein, Bergisch-Gladbach), *Treibmittel* für natürlichen Kautschuk u. polymerisierte oder härtbare Kunststoffe, bestehend aus Nitrosoverbb., die die Gruppierung —N(NO)—CO— ein oder mehrere Male enthalten, z. B. Nitrosourethane u. Nitrosoharnstoffe, die durch Nitrosieren von N-substituierten Urethanen bzw. Harnstoffen erhalten werden. Genannt sind: $H_3COOC—N(NO)—(CH_2)_4—N(NO)—COCCH_3$; $H_3C—N(NO)—COO—CH_2—CH_2—OOC—N(NO)—CH_3$; $H_5C_2OOC—N(NO)—CH_2—CH_2—N(NO)—COOC_2H_5$; $C_6H_5CH_2—N(NO)—CO—NH_2$; $H_3COOC—N(NO)—(CH_2)_3—O—(CH_2)_3—N(NO)—COOCH_3$ u. $H_3C—N(NO)—CO—(CH_2)_4—CO—N(NO).—CH_3$ (**D. B. P. 831 319** Kl. 39b vom 9/4. 1949, ausg. 14/2. 1952.) OVERBECK. 7227

„Semperit" Österreichisch-Amerikanische Gummiwerke Akt.-Ges., Wien (**Erfinder: Karl Tüchy,** Wien-Atzgersdorf), Österreich, *Herstellung von Formkörpern, Überzugsmassen, Belägen und dergleichen.* Man versetzt eine hochkonz., viscose, Alkalisilicat (I) enthaltende Latexmischung, bes. nach dem Einmischen körniger, faseriger oder pulverförmiger Stoffe, mit solchen Mengen von I zers. u. Latex fällenden Mitteln, daß bei Raumtemp. nur I zers. wird u. beim Erwärmen auf ca. 50—100° der Latex koaguliert. Dann wird unter Entwässerung verformt, getrocknet u. vulkanisiert. — Eine Mischung aus 135 (Teilen) 70 %ig. Latexkonzentrat, 35 S, 5 ZnO, 2 Benzothiazyldisulfid, 10 15 %ig. ammoniakal. Caseinlsg. u. 30 „Vultamol" in 5 %ig. Lsg. wird mit 100 35 %ig. Wasserglaslsg., 400 Carborundum u. schließlich 320 einer 3 %ig. wss. Lsg. von wasserfreiem $CaCl_2$ gemischt. Die M. wird auf dem kochenden Wasserbad bis zur Fällung erhitzt, in Preßformen gepreßt, getrocknet u. vulkanisiert. Verwendung für Reib- u. Schleifkörper wie Schmirgelscheiben, Wetzsteine, Kupplungs- u. Bremsbelag, Bodenbelag, Isolierschichten. (**Oe. P. 171 164** vom 15/7. 1948, ausg. 10/5. 1952. D. Prior. 16/3. 1939.) PANKOW. 7231

Karl Moll, Königseggwald, *Elastische Masse aus Kautschuk* oder Kunstkautschuk, gek. durch eingebettete Metallteilchen von Fe oder Ni, die magnet. beeinflußbar sind u. so die Gestalt der M. unter dem Einfluß dieser Kraft verändern. In der oder um die M. kann eine Magnetspule angeordnet sein. Verwendung bei der Herst. von Kupplungs-, Schließ- u. Warnvorr., bei kleinen Hämmern, Meißeln, Feilen, Massierapparaten, Erschütterungs- u. Koaguliergeräten. (**D. B. P. 830 109** Kl. 39b vom 26/4. 1950, ausg. 31/1. 1952.) SALZMANN. 7231

Chemische Werke Hüls G. m. b. H. (Erfinder: Wilhelm Klein und Paul Kränzlein), Marl, Kr. Recklingshausen, *Fußbodenbelag.* Als Bindemittel für die Füllstoffe dienen mit Alterungsschutzmitteln versetzte Styrol-Butadien-Mischpolymerisate mit überwiegendem Styrolgehalt. (**D. B. P. 839 716** Kl. 39b vom 2/10. 1948, ausg. 23/5. 1952.) OVERBECK. 7231

Bernhard Steinborn, Wuppertal-Soonborn, *Herstellung von Fußbodenplatten oder dergleichen.* In einem Arbeitsgang wird die aus gemahlenen *Altkautschukabfällen* u. *Vulkanisiermitteln,* Sägemehl, Gewebeabfällen u. Torf bestehende Preßmasse zu einem festen Körper verdichtet u. die Kautschukauflage vulkanisiert; beide Teile werden dann miteinander zu einer einheitlichen Platte verbunden. (**D. B. P. 835 939** Kl. 39a vom 2/10. 1948, ausg. 7/4. 1952.) SCHLITT. 7231

Dunlop Rubber Co., Ltd. London (**Erfinder: Ernest Frederick Powell,** Erdington, Birmingham), England, *Ausbessern von Fahrzeugluftreifen.* Der Grund der Ausbesserungsstelle wird mit Kord- oder Fasermaterial angefüllt, der Rest der Aussparung mit einer in der Zus. derjenigen der Lauffläche entsprechenden Mischung ausgefüllt u. im Hochfrequenzfeld vulkanisiert. (**D. B. P. 832 802** Kl. 39a vom 3/10. 1950, ausg. 28/2. 1952. E. Priorr. 12/2. 1946 u. 6/2. 1947.) SCHLITT. 7231

Hercules Powder Co., übert. von: John R. Lewis, Wilmington, Del., V. St. A., *Aufbereitung von Altkautschuk.* Naturkautschuk, polymerisiertes 2-Chlor-1.3-butadien oder ein Butadien-Styrol-Mischpolymerisat wird in Ggw. von „Solvenol" (einem Terpen-Lösungsm.) mit 0,1—50 % (α.α-Dimethyl-p-methylbenzyl)-hydroperoxyd oder (α.α.α'.α'-Tetramethyl-p-xylylen)-dihydroperoxyd 8 Tage auf 100° erwärmt. Das Regenerat wird mit etwa gleichen Mengen frischen Kautschuks verarbeitet. (**A. P. 2 558 764** vom 30/6. 1948, ausg. 26/6. 1951.) SALZMANN. 7233

Firestone Tire & Rubber Co., Akron, O., **übert. von: Wendell S. Cook,** Houghton, Mich., V. St. A., *Aufarbeitung von kautschukartigen Dienpolymerisaten,* bes. von Abfällen der Butadien-Styrol- oder -Arylnitril-Mischpolymerisate, des Poly-2-chlorbutadiens oder ihrer Mischungen, dad. gek., daß sie in Ggw. eines Bisphenolsulfoxyds [z. B. Bis-(4.6-dimethylphenol)-sulfoxyd] erhitzt werden. Das Regenerat ist bes. weich, zügig u. nervig. (**A. P. 2 560 050** vom 29/6. 1949, ausg. 10/7. 1951.) SALZMANN. 7233

XIII. Ätherische Öle. Parfümerie. Kosmetik.

J. Murray und B. G. Stanley, ***Ätherisches Öl aus Nothopanax simplex.*** Die Blätter der Araliacide Nothopanax simplex, eines Baumes auf Neuseeland, geben je nach Jahreszeit 0,15—0,06 % äther. Öl. Das Herbstöl mit den Eigg. $D.^{20}{}_4$ 0,84; $n_D{}^{20}$ 1,476; $[\alpha]_D$ —2° enthält viel *Myrcen* u. geringe Mengen (—)-α- u. (—)-*β-Pinen,* α- u. *γ-Camphoren,* (—)-*Aromadendren, Dipenten* u. andere nicht identifizierte Terpene u. Sesquiterpene. (J. appl. Chem. **2.** 5—7. Jan. 1952. Otago, Univ., New Zealand.) MÜHLMEISTER. 7262

F. Châtelain, ***Orangenblütenöle. Nelken- und absolute Öle.*** Reine Nelkenöle, bes. das Bigaradeöl (I), werden oft verfälscht, u. zwar vornehmlich mit Petitgrainöl (II). Der Verschnitt kann gegebenenfalls durch Prüfung der A.-Löslichkeit festgestellt werden: reines I muß in 1—2,5 Vol. 80 %ig. A. lösl. sein, bei stärkerer Verdünnung tritt Trübung ein. Bleibt die Trübung aus, ist Verschnitt wahrscheinlich. Wird II im Vakuum fraktioniert, so können die anfallenden Fraktionen leicht zur Herst. von künstlichem I verwendet werden (Rezeptbeispiele). Auch verseiftes u. anschließend fraktioniertes II (das Herstellungsverf. wird ausführlich beschrieben) ist ebenfalls zur Herst. von künstlichem I brauchbar (Rezepte). Werden reines I u. nach den angegebenen Rezepten hergestelltes I zu gleichen Teilen gemischt, werden gute Kompositionen erhalten. Um reines Nelkenöl in bitteres zu verwandeln, ist lediglich die Zugabe von 1,5 (Teilen) Bittermandelöl u. 4,5 Methylanthranilat zu 994 Nelkenöl erforderlich. (Perfum. essent. Oil Rec. **42.** 405—07. Dez. 1951.) FIEDLER. 7262

H. Führer, ***Anisaldehyd.*** **Vf. gibt einen kurzen Überblick über Herst. u. Eigg. von** *Aubepine* (Anisaldehyd) u. teilt 3 Rahmenrezepte mit, in denen die Verwendung desselben angezeigt ist (Flieder für Puder, Wallflower, Extraitkomposition). (Parfümerie u. Kosmet. **33.** 280. Aug. 1952.) WINIKER. 7276

K. Bergwein, ***Räuchermittel und exotische Gerüche.*** **Prakt. Hinweise zur Herst. von** Räucherkerzen, -stangen, -pulvern u. -papieren. (Parfümerie u. Kosmet. **33.** 282—83. Aug. 1952. Holzminden, Dragoco, Fachlabor. für Parfümerie-Grundstoffe.) WINIKER. 7276

H. Führer, ***Über die Verwendung von Schwefel in der Kosmetik.*** **Allg. Ausführungen.** (Parfümerie u. Kosmet. 33. 288. Aug. 1952.) WINIKER. 7284

H. Goldschmiedt, ***Das Chlorophyll. Seine Herstellung und Verwendung in der kosmetischen Industrie.*** Kurzer Überblick über amerikan. Herstellungsverff., sowie über Analysenmethoden u. Verwendungsmöglichkeiten in der Kosmetik. — 11 Literaturangaben. (Parfümerie u. Kosmet. **33.** 284—86. Aug. 1952.) WINIKER. 7284

Karl Bergwein, ***Beobachtungen über den Einfluß mersolathaltiger Waschhilfsmittel auf verschiedenen Anwendungsgebieten.*** *Paraffinchlorsulfonsäure* (*Mersolat*) (I) hat in saurer u. alkal. Lsg. starke Schaumfähigkeit u. Reinigungskraft, entfettet aber auch stark. In 5jähriger Beobachtung konnte an Haarwaschmitteln auf I-Basis (35—40 %) festgestellt werden, daß bei p_H 5,2 gute Verträglichkeit besteht, bei p_H 8 allerdings Kopfhautspannen u. Juckreiz auftreten können. Die Wäschen fanden bei n. Haar alle 2—3 Wochen, bei trockenem alle 4—6 Wochen statt. Trocknes Haar wird infolge völliger Entfettung struppig, für n. Haar ist schwachsaures I brauchbar. Nachteile waren nicht feststellbar, auch nicht auf gefärbtem Haar. Da bis zu 25 cm Länge Haare von den Talgdrüsen gefettet werden können, so wirkt sich die Capillarentfettung bei modernem Kurzhaar nicht nachteilig aus. Für die Haut ist I ungünstig, es treten allerg. Rkk. auf. Verwendung in Zahnpasten ist möglich, auch in Rasiercreme als Anschäumungsmittel. I bewährte sich als Gleitmittel in Antirheumatica- u. Badepräparaten. In der Textilindustrie vermag I die Seife nicht zu ersetzen. (Seifen-Oele-Fette-Wachse **77.** 352—54. 18/7. 1951.) FREYTAG. 7284

Walter Wittenberger, ***Die Chemie der Haarfarbstoffe.*** **Allg. gehaltene Ausführungen.** (Seifen-Oele-Fette-Wachse **77.**, Beil. Kosmetik **24.** 314—15. 20/6. 1951. Bofors, Schweden.) FREYTAG. 7284

—, ***Rasiercremes und ihre Herstellung.*** Allg. Ausführungen u. Rahmenrezepte für schäumende u. nichtschäumende Rasiercremes. (Parfümerie u. Kosmet. **33.** 286—87. Aug. 1952.) WINIKER. 7284

Karl Rothemann, ***Hautcremes.*** **Vf. gibt einen Überblick über die Herst. von Hautcremes mit Rezeptbeispielen für Reinigungs-, Tages-, Tag- u. Nacht-, Nacht-, Hautnähr-,**

Hormon-, adstringierende, desodorisierende, Sonnenschutz- u. Fondcremes. (Dtsch. Drogisten-Ztg. 7. 167—68. 1/4. 197—98. 15/4. 221—22. 1/5. 253. 15/5. 274—75. 1/6. 1952. Vill bei Innsbruck.) WINIKER. 7284

W. P. Pepper, ***Grundlagen der kosmetischen Fertigung.*** **2. Mitt.** ***Gesichtspuder.*** **(1. vgl. C. 1952. 6619.)** Ausgehend von den Anforderungen an Gesichtspuder werden Talcum, TiO_2, ZnO, Zn- u. Mg-Stearat, $CaCO_3$, $MgCO_3$, Kaolin u. Stärke bzgl. ihrer Eignung als Pudergrundlage besprochen, ebenso die Ansprüche an Duft- u. Farbstoffe, Herstellungsverf. u. Apparate. (Perfum. essent. Oil Rec. 43. 77—79. März 1952. Ponds Extrakt Co. Ltd.) MÜHLMEISTER. 7284

Denise de Dortan, ***Standardmethoden für die Analyse ätherischer Öle.*** Zusammenstellung von Standardmethoden, sowie weniger bekannten u. neuen Verff. zur Analyse äther. Öle. — 57 Literaturangaben. (Ind. Parfumerie 7. 67—73. März 1952. Grasse, Éts. Antoine Chiris.) WINIKER. 7286

XIV. Zucker. Kohlenhydrate. Stärke.

Dietrich Becker, *Die Vorscheidung nach Brieghel-Müller.* Beschreibung des Verf., bei welchem im Gegensatz zu früherem Verff. eine Koagulation der Kolloide erst im letzten Teil der Vorscheidung stattfindet u. die Zugabe der Vorscheidekalkmilch erst in der letzten Kammer, also dort, wo der Saft die Vorscheidung verläßt, erfolgt. (Zucker 5. 383—85. 1/9. 1952. Dormagen.) WINIKER. 7412

G. Quentin, *Versuche zur kontinuierlichen Filtration des Schlammsaftes.* (Zucker 5. 299. 1/7. 1952.) WINIKER. 7412

A. I. Alexenko und Ss. L. Gutina, *Bestimmung des Gesamtstickstoffs in Produkten der Zuckerindustrie.* Es werden 10 g Zuckerrübenpulpe, 15 g Diffusions- oder 25 g Saturationssaft, 5 g Sirup oder 1,5 g Futtermelasse mit 25—30 ml H_2SO_4 (1,84) unter Zusatz von 0,1—0,15 g Se wie üblich verbrannt, anschließend $^1/_{10}$ des Reaktionsprod. mit 50 ml 33%ig. NaOH unter Zusatz von Methylrot mit Wasserdampf 15—20 Min. überdest. u. mit 0,01n NaOH titriert. (Сахарная Промышленность [Zucker-Ind.] 26. Nr. 2. 43—44. Febr. 1952. Allunions Wiss. Zentr. Forschungsinst. für Zuckerindustrie.) v. WILPERT. 7470

Andres, *Die Schnellbestimmung von Pektin im Rohsaft.* 52 g durchgesiebter Rohsaft werden auf 200 cm³ aufgefüllt. Die Hälfte dieser Lsg. wird mit ca. 1 g trockenem, bas. Pb-Acetat (I) nach HORNE (MERCK, Darmstadt) versetzt, geschüttelt, gefiltert u. polarisiert. Die andere Hälfte wird nach Zugabe von 4 g I geschüttelt u. 30 Min. auf dem Wasserbad (78—80°) erhitzt. Nach Abkühlen wird das Filtrat dann ebenfalls polarisiert. Die zweite Probe weist eine Minderpolarisation auf, deren Größe nach WEISBERG (Oest.-Ung. Z. für Rübenzuckerind. u. Landwirtschaft Wien [1908.] 734) ein Maß für den Pektingeh. darstellt. Das Verf. scheint nur auf Rohsaft anwendbar. (Zucker 5. 207—08. 1/5. 1952. Waghäusel.) WINIKER. 7474

Andrew Vanhook und Walter F. Biggins, *Oberflächenspannungen reiner und unreiner Rohrzuckerlösungen.* Zur Messung der Oberflächenspannung von Rohrzuckerlsgg. werden die Meth. des hängenden Tropfens u. die Ringmeth. angewandt. Die letztere wurde ausgeführt mittels einer ROLLER-SMITH-Oberflächenspannungswaage bei einer Raumtemp. von 27°. Capillarröhren (Thermostat) wurden ebenfalls angewandt, u. bei niederen Konzz. stimmten die Resultate gut mit den obigen beiden Methoden überein. Es wird der Verlauf der Spannungskurven für 3 verschied. Zuckerrüben, Melassen u. 2 Zuckerrohre u. für verschied. andere Beispiele im Überblick dargelegt. (Int. Sugar J. 54. 7—10. Jan. 1952.) WALCKER. 7488

Corn Products Refining Co., übert. von: Ralph W. Kerr, New York, N. Y., V. St. A., *Umwandlung von Stärke in Pyrodextrin* durch Behandeln derselben mit Al-Chloridhexahydrat (I) bei ca. 90—105°, wobei die zusätzliche Menge an I ca. 0,05—0,5%, bezogen auf Trockenstärke, beträgt. Die Rk. geht vor sich bei einem p_H-Wert von 2,8 bis 3,4. Die Umwandlung wird gestoppt durch Behandeln der Reaktionsprodd. mit gasförmigem NH_3. (**Can. P. 476 056** vom 18/7. 1946, ausg. 14/8. 1951. A. Prior. vom 13/12. 1945.) WITTHOLZ. 7449

Laevosan-Gesellschaft Chem. Pharm. Ind. Franck & Dr. Freudl, Linz, Österreich, *Darstellung von Lävulose aus inulinhaltigen Pflanzenstoffen,* wobei von einem inulinhaltigen, inulasefreien Trockenprod. ausgegangen wird, dad. gek., daß man dieses Trockenprod. der Extraktion unter Anreicherung des Extraktes (Saftes) an Inulin unterwirft, den mit Inulin angereicherten Extrakt mit so geringen Mengen an alkal. Stoffen versetzt, daß der p_H-Wert von 10—11 nicht wesentlich überschreitet u. daß man nach Abtrennung der ausgefallenen Begleitstoffe das Inulin aus der Lsg. auskrist. u.

der Hydrolyse unterwirft. Der Extrakt wird durch Diffusion auf eine Konz. von wenigstens 18 % an Inulin, bes. auf 24 % u. darüber an Inulin angereichert. Zur Ausfällung der Begleitstoffe wird $Ca(OH)_2$ verwendet. — Aus den mit Inulin durch Diffusion angereicherten Säften wird ein Teil des Inulins unmittelbar u. der restliche Teil nach dem Eindicken im Vakuum ausgeschieden. (**Oe. P. 169 340** vom 23/1. 1948, ausg. 10/11. 1951.) M. F. MÜLLER. 7461

XV. Gärungsindustrie.

Ju. Je. Falkowitsch und **Je. L. Mndshojan,** *Rektifikationskoeffizienten für die Beimengungen von Äthylalkohol.* Durch Rektifikation von 1—40 %ig. A. wurden die Verdampfungs- u. Rektifikationskoeffizienten von *Acetaldehyd, Acetal, Fuselöl* (Isoamylalkohol) u. *Furfurol* bestimmt. Es konnte bestätigt werden (vgl. C. **1952.** 3260), daß die Anreicherung dieser Beimengungen im Destillat nicht vom Verdampfungskoeff., sondern vom Rektifikationskoeff. abhängt. (Виноделие и Виноградарство СССР [Weinbereit. Weinbau UdSSR] **12.** Nr. 2. 26—28. Febr. 1952. Krasnodar, Inst. für Nahrungsmittelind.; Inst. für Weinbereitung u. Weinbau des Ernährungsminist. der ArmSSR.) v. WILPERT. 7536

Kurt Wöger, *Über Trübungen in Spirituosen.* Allg. Ausführungen. (Alkohol-Ind. **65.** 312—14. 1/6. 1952. Köln, Univ., Inst. für Gärungswissenschaft.) WINIKER. 7536

K. Silbereisen, *Malzuntersuchungen im III. Quartal 1951.* (Vgl. C. **1952.** 1256.) Unters. von 201 Malzproben vom Pilsener Typ (ausgenommen 3 Münchener Malze) auf Wassergeh., Extraktausbeute, Extraktdifferenz, Malzauflsg., Blattkeimentw., Verzuckerung, Farbentiefe, Eiweißgeh. u. Eiweißlösungsgrad u. Vgl. mit den Ergebnissen der beiden ersten Quartale 1951. (Brauerei, wiss. Beilage **4.** 89—90. Nov. 1951. Berlin, Vers.- u. Lehranst. für Brauerei, Analyt. Labor.) GRAU. 7540

W. Kleber, *Die Hopfung des Bieres.* Zusammenstellung der verschied. Verff. zur Hopfeneinsparung in der Bierbrauerei. Nicht bewährt hat sich das ältere Verf. der Extraktion der naß bzw. trocken zerkleinerten Dolden, da die zwar weitgehend extrahierten Bitterstoffe zum großen Teil unverwandelt in Trub u. Treber gehen. Die in Amerika angewandte Extraktion mit organ. Lösungsmitteln u. W. zur Herst. von Hopfenextrakt gestattet nach eigenen u. fremden Verss. je nach der Höhe des Einsatzes von Hopfenextrakt bis zu ca. 30 % Hopfenersparnis. Weitere Verff., die Bitterstoffe mit alkal. W. auszuziehen u. diesen Extrakt der Würze zuzugeben, konnten zwar nicht nachgeprüft werden, scheinen aber nach Vf. dem Reinheitsgebot zu widersprechen. (Brauwelt, Ausg. B **1951.** 812—16. 27/9. München, Wissensch. Stat. für Brauerei, u. Worms, Versuchsstat. für Brauerei u. Mälzerei.) GRAU. 7540

Georges Chabot, *Stabilität der Biere.* Vf. bespricht die biol. Stabilität, die durch die Entw. von Mikroorganismen gekennzeichnet ist. Für klare u. helle Biere ist die Stabilität der Kolloide maßgeblich. Für Abweichungen vom n. Geschmack erörtert Vf. Störungen in der organolept. Stabilität. Es werden Maßnahmen zur Erhöhung der 3 Stabilitäten angegeben. (Fermentatio [Gand] **1951.** 113—23. 153—64.) HAEVECKER. 7550

Ernst Klenk, *Ein neues Gärverfahren.* Vf. beschreibt ein neues, „Tankautomatik" genanntes Tankgärverf., welches die mit der bisherigen Drucktankvergärung für Weiß- u. Rotwein verbundenen Nachteile vermeidet u. eine dem Gärgut entsprechende uneingeschränkte Gärführung ermöglicht. — 3 Abbildungen. (Dtsch. Weinbau **7.** 413—16. 20/8. 1952. Weinsberg, Württemberg, Lehr- u. Versuchsanst. für Wein- u. Obstbau.) WINIKER. 7554

Ernst Klenk, *Die Kühlung der Weine.* Eine ausreichende Weinsteinausscheidung sowie eine bessere Klärung der Weine, ohne daß dabei Extrakt, Farbe u. andere Weinbestandteile übermäßig vermindert werden, kann durch Kühlung (in Verbindung mit dem ersten Abstich) während 48—72 Std. (—1 bis —2°) erzielt werden. Die Entfernung von Schwermetallsalzen ist ebenfalls bis zu einem gewissen Grade möglich, jedoch kann die Blauschönung dadurch nicht ersetzt werden. (Dtsch. Weinbau **7.** 417—21. 20/8. 1952.) WINIKER. 7554

K. Hennig, *Die Schönung der Weine mit Aferrin.* 20 g *Aferrin* (Inosittetracalciumtetraphosphat) reichen zur Schönung von 100 Litern Wein mit n. Fe-Geh. aus. Eine Veränderung in der Zus. des Weines, im Geschmack, im Aschegeh. u. im p_H-Wert tritt nicht ein. Das Verf. eignet sich sowohl für Rot- u. Süßweine als auch für Weißweine u. kann mit anderen Schönungsverff. (z. B. Tannin oder Gelatine) kombiniert werden. (Dtsch. Wein-Ztg. **88.** 226—27. 15/6. 1952. Geisenheim/Rh., Inst. für Biochem. u. Weinchem.) WINIKER. 7554

Rolie O'Neal und **W. V. Cruess,** *Klärung von Wein und Essig.* Besprechung der in den USA benutzten Mittel zur Schönung von Wein u. Essig u. die damit gemachten neueren Erfahrungen. Es sind dies: Gelatine, Tannin, Casein, Hausenblase, Bentonit, Sparkolloid (ein neues Schönungsmittel nicht bekanntgegebener Zus.) sowie Filtrationsenzyme. — Literaturangaben. (Wines and Vines **32**. Nr. 12. 26—28. 1951. Univ. of California, Food Technol. Div.) KIELHÖFER. 7554

F. Seiler, ***Zusammensetzung von 1950er naturreinen Moselweinen.*** (Dtsch. Wein-Ztg. **88**. Nr. 11. Wein u. Rebe **34**. 236—38. 15/6. 1952. Trier.) WINIKER. 7554

Michel Contet, ***Über die Alkoholanalyse.*** **2. Mitt.** ***Nachweis von Estern und Aldehyden.*** (1. vgl. ANDRES u. TOULIÈRE, Ind. agric. aliment. **68**. [1951.] 469.) Beschreibung einer Meth. zur Best. von Estern in Alkoholen durch Verseifung u. von Aldehyden in rektifiziertem Alkohol durch Jodstärkefärbung. (Ind. agric. aliment. **68**. 587—91. Nov./Dez. 1951.) HAEVECKER. 7596

J. Méjane, ***Über die Alkoholanalyse.*** **3. Mitt.** ***Versuche zur Verseifung von Formiaten in der Kälte.*** (2. vgl. vorst. Ref.) Äthyl- u. Butylformiat sind in der Kälte in Ggw. eines Überschusses von NaOH restlos (oder fast) in 5 Min. verseifbar. Äthylacetat ist nur zum Teil verseifbar. (Ind. agric. aliment. **69**. 33—34. Jan. 1952.) HAEVECKER. 7596

E. Nitschké, ***Nachweis einer Aromatisierung von Weißweinen durch „Coriandrum sativum L".*** Durch J-Absorption u. eine Farb-Rk. wird der Nachw. kleinster Mengen äther. Öle in Weißwein erbracht, was die Folgerung einer Aromatisierung mit Coriandrum sativum L. oder dessen Extrakt zuläßt. (Mitt. Gebiete Lebensmittelunters. Hyg. [Bern] **42**. 7—13. 1951. Luxemburg, Labor. de l'État.) LIEBNER. 7606

P. Jacquin und J. Tavernier, ***Beitrag zur Kenntnis der alkoholischen Gärung von Apfelweinen und Birnenmosten.*** Vff. beschreiben die analyt. Methoden zur Best. von Glycerin, Sorbit, Estern u. Aldehyden in Apfelweinen u. Birnenmosten. Die Bldg. von Glycerin in den verschied. Stadien der Gärung u. die durch die Gärung verursachte Veränderung in der Zus. der organ. Säuren werden untersucht. Analysentabellen über die Zus. von 16 Apfelweinen u. 11 Birnenmosten verschied. Reinheit. (Ind. agric. aliment. **68**. 599—607. Nov./Dez. 1951. Rennes, Inst. Nat. de la Rech. agro.) HAEVECKER. 7608

H. Hadorn und R. Jungkunz, ***Die Untersuchung und Beurteilung von Citronenessig.*** Bekannte Analysenmethoden für die Unters. von Citronenessig werden überprüft. Aus Citronensaft, Essigsäure, Wein- oder Obstessig selbst hergestellte Citronenessige sowie 2 Handelspräpp. werden untersucht. Die Forderung der schweizer. Lebensmittelverordnung auf mindestens 20 g Extrakt u. 2 g Extraktrest je Liter genügt nicht immer, um Fälschungen zu erkennen. Zum Nachw. von Gärungsessig empfiehlt sich Prüfung auf Acetylmethylcarbinol u. Sorbit. Angabe eines Analysenganges. (Mitt. Gebiete Lebensmittelunters. Hyg. [Bern] **42**. 55—66. 1951. Basel, Labor. V. S. K.) LIEBNER. 7612

Aktieselskabet Dansk Gaerings-Industri, Kopenhagen, Dänemark, ***Herstellung von Hefe.*** Bei der Herst. von Hefe unter Belüftung bei der Gärung in mehreren Stufen u. Zusatz von Hefe u. Würze zu den einzelnen Gärstufen soll die Zusatzhefe (I) mindestens 20 % der umgesetzten Kohlenhydrate betragen, bezogen auf die gesamte Gärung. Außerdem sollen der 1. Stufe soviel Würze u. Nährstoffe zugefügt werden, wie I entspricht. (**N. P. 78 503** vom 18/2. 1947, ausg. 7/5. 1951. Dän. Prior. 20/2. 1946.) J. SCHMIDT. 7507

Mojmir Ruzicka, Brünn, Tschechoslowakei, ***Erzeugung von Grünmalz in übereinander angeordneten pneumatischen Keimkästen.*** Der Keimguthaufen wird in gleichmäßiger Schicht auf einem luftdurchlässigen, schrägliegenden Boden des Keimkastens (I) verteilt u. nach jeder Keimperiode in den nächstfolgenden, in umgekehrter Richtung schrägliegenden I unter gleichzeitigem Wenden übergeleitet. Die keimenden Haufen (II) in den einzelnen Kästen sind in mehrere Schichten geteilt, die selbständig u. in beliebiger Reihenfolge in den nachfolgenden I herabgelassen werden. Es kann den II nach Bedarf entweder die an CO_2 reichere Luft aus dem Unterteil des Schachtes oder an O_2 reiche Luft aus dem Oberteil des Abluftschachtes nach üblicher Anfeuchtung u. Abkühlung als Rückluft zugeführt werden. — Vorrichtung. (**E. P. 661 183** vom 14/7. 1948, ausg. 21/11. 1951.) KETTNER. 7541

Hugo Haehn, Biochemie der Gärungen. Unter bes. Berücks. d. Hefe. Für Studierende d. Naturwissenschaften u. d. Gärungsgewerbe, Techniker, Gärungsbiologen u. Chemiker. Berlin: de Gruyter. 1952. (XII + 499 S. m. 44 Abb., 4 Kurventaf. sowie 2 Absorptionsspektren) gr. 8°. DM 64,—.

XVI. Nahrungs-, Genuß- und Futtermittel.

M. von Schelhorn, ***Untersuchungen über Konservierungsmittel.*** **5. Mitt.** ***Zur Frage des Vergleichs der Wirksamkeit von Konservierungsmitteln.*** (4. vgl. C. **1951**. II. 150.) Vf. untersucht die konservierende Wrkg. von Salicylsäure (I), Benzoesäure (II), p-Chlorbenzoesäure (III), Ameisensäure (IV), Propionsäure (V) u. p-Oxybenzoesäureäthylester (VI) gegenüber Saccharomyces cerevisiae, Pichia membranaefaciens, Penicillium glaucum u. B. coli unter konstanten Bedingungen. Die stärkste Wrkg. zeigte undissoziierte I. Auf Grund der hohen Dissoziationskonstanten sowie der gesundheitlichen Bedenklichkeit hat dieser Befund nur theoret. Wert. Gegenüber B. coli genügten sehr geringe Mengen I. Undissoziierte II u. III haben stärkere Wrkg. als IV. IV scheint spezif. wirksam gegenüber B. coli zu sein. V u. VI waren lediglich gegenüber Penicillium glaucum von guter Wirkung. (Dtsch. Lebensmittel-Rdsch. **47**. 16—18. Jan. 1951. München, Inst. für Lebensmitteltechnol.) REISS. 7634

A. Grüne und **K. Philippi**, *Würzkräuteranalysen.* 19 Analysen deutscher Würzkräuter auf Geh. an Gesamtasche, Sand bzw. Ton u. Rohfaser u. Vgl. mit bisher bekannten Normen. (Dtsch. Lebensmittel-Rdsch. **47**. 37—40. Febr. 1951. Wuppertal, Chem. Nahrungsmitteluntersuchungsamt, u. Langenberg, Rhld., C. Poullig, Nährmittelwerke.) v. GIZYCKI. 7714

Zeki Akkoyunlu und **Samin Aksu**, *Die chemische Zusammensetzung türkischer Tabake und das Gesundheitsproblem.* Unterss. an verschied. türk. Tabaken zeigten, daß dieselben weniger gesundheitsschädlich sind als Virginiatabake, da sie weniger Nicotin enthalten. (Nicotingeh. im Mittel 0,85% gegenüber 2,84% bei Virginiatabaken. Tabacco **56**. 123—26. April 1952.) WINIKER. 7734

J. Rivière und **O. Pied**, *Einfluß von Natriumbicarbonat auf die Umwandlung von Nitrat in Nitrit in Pökelwaren.* Um die beim Pökeln durch Luft-O_2 mögliche u. unerwünschte Bldg. von braunem Methämoglobin zu unterbinden, sind Verss. mit Schinken unternommen worden, $NaHCO_3$ (I) der Pökellake zuzusetzen. Bei der üblichen Naßpökelung verringert ein Zusatz von 5% I die Nitritmenge, erhöht aber durch p_H-Steigerung den Geh. an Anaerobiern, so daß die Schinken geschmacklich abweichen u. weniger haltbar waren. Bei der Spritz- oder Schnellpökelung sehen Vff. in dem Zusatz von 2,5% I einen Vorteil durch bessere Farbhaltung. Durch Erniedrigung der I-Menge auf die Hälfte wurden geschmackliche Abweichungen vermieden. (Ind. agric. aliment. **68**. 49—54. Jan./Febr. 1951.) GRAU. 7750

Herbert Winter, *Zur Frage der Entfernung des fischigen Geruchs und Geschmacks aus Seetier-, vornehmlich Fischabfällen.* Nach Diskussion der bisher angewandten Verff. zur Beseitigung der Ursachen (bes. Trimethylamin [I] u. I-Oxyd) des fischigen Geruchs u. Geschmacks von Seetierabfällen u. den Prodd. der damit gefütterten Nutztiere werden Verss. beschrieben, nach denen es möglich ist, durch Extraktion mit reduzierenden Säuren, bes. H_2SO_3, I u. I-Oxyd in für die Praxis ausreichendem Maß zu entfernen. (Dtsch. Lebensmittel-Rdsch. **47**. 28—33. Febr. 61—64. März 1951. Berlin-Dahlem, Inst. für Ernährungs- u. Verpflegungswiss.) v. GIZYCKI. 7752

Maurice Beau, *Die industrielle Herstellung von Sterilmilch.* Beschreibung der Verff. von STORK u. WEBSTER. (Ind. laitière [N. S.] 1952. 163—72. Aug.) WINIKER. 7756

Karl-Heinz Suttor, *Das Mojonnier-Verfahren für Milcheindickung.* Beschreibung des Verf., welches auf der Verwendung eines neuartigen, nach dem Prinzip der Wärmegrenze arbeitenden Verdampfers zur Eindickung von Fll. beruht, u. Vgl. mit den bisher üblichen Verff. (Brühenkompression mit Dampfstrahlverdichter u. Brühenkompression mit mechan. Verdichter). (Milchwissenschaft **6**. 205—07. Juni 1951. Stuttgart.) WINIKER. 7756

R. Springer und **G. Köchl**, *Beobachtungen bei Versuchen zur Keimfreimachung mittels Ultraschall.* Nach einem Überblick über bisher bekanntgewordene „phonochem. Effekte" u. biol. Wirkungen des Ultraschalls wird über Verss. berichtet, aus denen hervorgeht, daß die Beschallung von Milch zwar eine gewisse Keimverminderung bewirkt, der gleichzeitige starke Vitaminabbau aber zu einer starken Wertminderung führt. (Dtsch. Lebensmittel-Rdsch. **47**. 56—61. März 1951. München, Deutsche Forschungsanst. für Lebensmittelchem.) v. GIZYCKI. 7756

N. Petersen, *Einwirkung verschiedener Säuren auf Milchfett und Rahmsäuerung.* Einige bei der biol. Rahmsäuerung (Rs) gebildeten Nebenprodd. fördern die Oxydation des Milchfettes. Deshalb ist eine chem. Rs besser geeignet. HCl u. HCOOH sind unbrauchbar. Ein Milchsäure–Essigsäure-Gemisch zeigt bes. bei der Herst. von Sauerrahmlagerbutter die besten Ergebnisse. — Der p_H-Wert sollte nicht $<4,7$ sein, da sonst die als Oxydationsschutz fungierenden Eiweißhüllen der Fettkügelchen zerstört werden. — Stark alkal. Rkk. fördern die Autoxydation des Milchfettes. (Fette Seifen einschl. Anstrichmittel **54**. 359—61. Juni 1952. Kiel.) HÜCKSTÄDT. 7756

Edmund Baertich, *Die Aminosäuren. Der Nährwert der Milch wird durch ihren Gehalt an Aminosäuren im Eiweiß maßgeblich bestimmt.* Übersicht mit Tabellen. (Molkerei-Ztg. **5**. 560—62. 24/5. 1951.) HÜCKSTÄDT. 7756

Erkki Peltola, ***Quartäre Ammoniumverbindungen und aktives Chlor als Desinfektionsmittel in Molkereien.*** Die Vorteile u. Nachteile von Chlor u. quartären Ammoniumverbb. als Desinfektionsmittel für Molkereien werden gegenübergestellt u. erörtert. (Karjantuote **34.** 299—302. 1/6. 1951.) BECKMANN. 7756

Jean Montigny, ***Das „Fritz"-Verfahren.*** Beschreibung u. Diskussion des „Fritz"-Verf. zur kontinuierlichen Herst. von Süßrahmbutter. (Ind. laitière [N. S.] **1952.** 127—30. Juni. Mareau-aux-Prés, Loiret, Laiterie Coopérative.) WINIKER. 7758

R. Hoyos, ***Wasser- und Bakterienverteilung in der „Fritz"-Butter.*** In „FRITZ"-Butter ist die Wasserverteilung relativ fein. Mindestens 40 % des W. liegt in Form von Tröpfchen mit einem Durchmesser von über 6 μ (aber selten > 15 μ) vor, bei einer Tröpfchenzahl von ca. 40 + 107 je cm³. Es wurde festgestellt, daß Bakterien in Tröpfchen bis zu 6 μ hinab Vermehrungsmöglichkeiten haben, I kann also jede beliebige Anfangsinfektion aufnehmen. (Milchwissenschaft **6.** 201—05. Juni 1951. Weihenstephan, Bakteriol. Inst. der Südd. Vers.- u. Forschungsanst. für Milchwirtschaft.) WINIKER. 7758

A. Kulebjakin, ***Die Untersuchung der Haltbarkeit von Sauerrahmbutter bei der Lagerung.*** Lagerungsverss. bei —10 bis —16° zeigten, daß einwandfreie Sauerrahmbutter nach 2 Jahren sich kaum verändert hatte. (Молочная Промышленность [Milch-Ind.] **13.** Nr. 3. 32—33. März 1952.) KRAFT. 7758

E. G. Hood und K. N. Smith, ***Bakterielle Verderbnis in Käseansätzen.*** Bericht über die Isolierung einiger Vertreter der Clostridiumgruppe aus verdorbenen Käsen u. Käseansätzen. Mit Cl. pasteurianum, Cl. sporogenes u. Cl. sp. (A u. B) war eine experimentelle Verderbnis zu erzielen, nicht aber mit Cl. tertium Cl. perfringens u. Cl. sp. (C u. D). Die Verderbnis wird durch eine Salzkonz. von 4 % bei einem p_H von 5,2 gehemmt. (Sci. Agric. **31.** 530—40. Dez. 1951. Ottawa, Can., Dep. of Agric., Sci. Serv., Div. of Bacteriol. and Dairy Res.) REISS 7760

E. R. Hiscox, J. Harrison und J. Z. Wolf, ***Zur Reifung von Stilton-Käse: Änderung des Gehaltes an flüchtiger Säure.*** Der Geh. an fettlösl. flüchtiger Säure nimmt mit dem Wachstum des Schimmels zu. (J. Dairy Res. **18.** 296—304. Okt. 1951. Reading, Univ., Nat. Inst. for Res. in Dairying.) HÜCKSTÄDT. 7760

Günther Baschin, ***Der Gorgonzola. Seine Herstellung in französischen Käsereien.*** (Molkerei-Ztg. **6.** 447—48. 1/5. 1952. La Murette.) WINIKER. 7760

Isfendiyar Esat-Kadaster, ***Über den Nährwert des Schilfrohres (Fragmites).*** Aus der Analyse von 3 Fragmitesproben (vor, während u. nach der Blüte geerntet) sowie aus Fütterungsverss. an 2 Schafen geht hervor, daß das Schilfrohr als Ersatz für Heu Verwendung finden kann. (Türkiye genel Kimyagerler Kurumu Dergisi B [Z. allg. türk. Chemiker-Ver., Abt. B] **5.** 1—13. März 1951. Ankara, Univ., Landwirtsch. Fakultät, Inst. für Agrikulturchemie.) REISS. 7786

L. C. Snook, ***Phosphorbeifutter für Milchkühe.*** Kopfdüngung mit schwerlösl. Phosphatdüngern auf der Weide bzw. Beigabe von Superphosphat zum Tränkwasser wirkte sich sehr günstig bei der Weidefütterung von Kühen aus. (J. Agric. Western Australia **28.** [2] 390—95. Dez. 1951.) GRIMME. 7786

H. Hadorn, Rob. Jungkunz und K. W. Biefer, ***Analyse und Beurteilung von Tomatenkonserven.*** Vff. stellen einen Analysengang für Tomaten u. deren Zubereitungen auf hinsichtlich der Best. von W., Trockensubstanz, unlösl. Stoffen, wss. Extrakt, Zucker, titrierbarer Säure (berechnet als Citronensäure), NaCl, flüchtiger Säure, Asche, Aschenalkalität, Phosphorsäure, Formoltitration (berechnet als Glutaminsäure) u. künstlicher Färbung.) (Mitt. Gebiete Lebensmittelunters. Hyg. [Bern] **42.** 37—49. 1951. Basel, Labor. V. S. K.) LIEBNER. 7810

Th. v. Fellenberg, ***Versuche zur Bestimmung bromhaltiger Konservierungsmittel in Fruchtsäften.*** In käuflichen Fruchtsäften (Ananas, Citrusfrüchte) u. in Citrusfrüchten verschied. Herkunft sind organ., ätherlösl. Br-Verbb. vorhanden, die möglicherweise durch Spritz- oder Konservierungsmittel in kleinsten Mengen hineingelangt sind. Vf. zieht die Br-Verbb., die aus Alkoholen u. Estern bestehen, mit Ae. aus, verseift mit alkoh. KOH, dampft ab u. glüht. In der Lsg. des Rückstandes geben $KMnO_4 + H_2SO_4$ elementares Br_2, das mit Fluorescein Eosin bildet. (Mitt. Gebiete Lebensmittelunters. Hyg. [Bern] **42.** 72—76. 1951. Müri bei Bern.) LIEBNER. 7818

Anne Tardent und O. Högl, ***Versuch einer angenäherten Bestimmung von Glutaminsäure in einigen konzentrierten Fleischbrühen.*** Glutaminsäure wird in Bouillonpräpp. wie folgt bestimmt: Man fällt durch Sättigung mit HCl-Gas, löst den Nd. in wenig W. u. bringt das p_H zum isoelektr. Punkt (3,2), wobei nur Glutaminsäure gefällt wird. Hierbei kann ein Zusatz bekannter Glutaminsäuremengen dem Auskristallisieren förderlich sein.

(Mitt. Gebiete Lebensmittelunters. Hyg. [Bern] **42.** 1—7. 1951. Bern, Labor. du Service fédéral de l'hygiène publique.) LIEBNER. 7838

H. Thiel, *Zur Berechnung des Fremdwassers in Würsten beim Vorliegen von Streckungsmitteln.* Vf. weist darauf hin, daß bei der Fremdwasserbest. in ein Streckmittel enthaltender Wurst nicht nur das organ. Nichtfett des Streckmittels, sondern auch dessen übrige Bestandteile in die Berechnung einzubeziehen sind. Sämtliche Werte sind auf die nach Abzug des Streckmittels verbleibende Wurstmasse zu beziehen. Dies ist bes. bei der Best. nach GRAU wichtig. (Z. Lebensmittel-Unters. u. -Forsch. **94.** 409—12. Juni 1952. Hagen.) WINIKER. 7850

H. Hadorn und **Rob. Jungkunz,** *Vergleichende Untersuchungen über die Fettbestimmungsmethoden in Eikonserven.* Vff. bestimmen an Handels- u. selbst hergestelltem Trockeneigelb den Gesamtlipoidgeh. nach verschied. Methoden. Die Zus. der jeweiligen Extrakte wird durch Best. des Lecithins (I), des Cholesterins (II), der Fettsäuren (III) u. der Kennzahlen untersucht. Bei Extraktion mit PAe. verbleiben ca. 30—38 % des Gesamt-I als Restfett in den Extraktionsrückständen, während bei Verwendung von Ae. ca. 77 % extrahiert werden. II, III u. die Glyceride werden bei Verwendung von PAe. oder Ae. quantitativ extrahiert. Nach der Meth. von TERRIER werden ca. 90 % des Gesamt-I erfaßt. Extraktion mit heißem A. führt zu noch höheren Ausbeuten an Gesamtlipoiden. Als bestes Verf. erweist sich das nach GROSSFELD in der Modifikation der Vff. (warme Extraktion mit einem Gemisch von gleichen Teilen A. u. Bzl.). Die Meth. von BAUR u. BARSCHALL liefert ein chem. verändertes Fett. Hierbei wird I vollständig aufgespalten, während die Glyceride praktisch nicht angegriffen werden. (Z. Lebensmittel-Unters. u. -Forsch. **93.** 277—86. Nov. 1951. Basel, Labor. des Verbandes Schweiz. Konsumvereine.) REISS. 7854

Udo Manthey, *Zuverlässige Bestimmung des Durchschnittsfettgehaltes der Anlieferungsmilch.* Beschreibung eines Probenehmers, der in anteilmäßiger Entnahme während der Wägung zuverlässige Durchschnittsproben der gesamten täglich angelieferten Milchmengen liefert. (Dtsch. Molkerei-Ztg. **73.** 717—18. 6/6. 1952. Hannover.) WINIKER. 7856

G. G. Frary, *Bericht über Asche und Säuregrad von Milch und evaporierter Milch.* Vf. empfiehlt Verbesserung der in den USA offiziellen Methoden zur Asche- u. Säuregradbest. von Milch. Bei der letzteren soll die Milchprobe von 20 ml mit der doppelten Menge W. verdünnt u. gegen 2 ml 1 %ig. Phenolphthaleinlsg. titriert werden. Bei der Aschebest. empfiehlt Vf., nur 5 g Milch anzuwenden. (J. Assoc. off. agric. Chemists **34.** 239—43. 15/5. 1951. Vermillion, S. D., V. St. A., Univ., Chem. Bldg., State Chem.) KRUSEN. 7856

Johan Ernst Nyrop, Kopenhagen, Dänemark, *Herstellung eines Austauschstoffes für Frauenmilch,* bestehend in der Überführung von Kuhmilch in Casein u. Albumin u./oder Hydrolyseprodd. dieser Eiweißstoffe enthaltende Erzeugnisse unter Zusatz von Fett, Zucker, Folsäure u. Nicotinsäure in ca. solchem Verhältnis, wie sie in der Frauenmilch vorkommen. (**E. P. 665 204** vom 30/9. 1948, ausg. 16/1. 1952.) MAASS. 7757

Hendrik Wond, Westzaan, Holland, *Herstellung von Trockenkäse.* Man mischt freie Säuren, bes. Citronensäure, enthaltenden Käse in Ggw. genügender Mengen W. mit Emulsionsmitteln u. erhält bei mäßig erhöhter Temp. eine weiche Masse. Durch Alkalien neutralisiert man die Säuren im Käse u. stellt auf $p_H > 6{,}3$ ein. Dann trocknet man die weiche M. im Heißluftstrom. (**Schwz. P. 279 269** vom 26/12. 1947, ausg. 1/3. 1952. Holl. Prior. 8/6. 1945.) MAASS. 7761

Soc. An. Comp. Continentale d'Importation (France), Frankreich, *Käseherstellung.* Saure dicke Milch oder Magermilch läßt man gut abtropfen u. verrührt bei Tempp. zwischen 12 u. 20° mit Bierhefe unter Lichtabschluß. Die Reifung wird durch mehrmaliges Durchkneten u. dauerndes Belüften gefördert. Sobald die M. eine gelatinöse Konsistenz aufweist, wird etwas gesalzen. Die Reifung ist beendet, wenn die M. viscos geworden ist u. ihre Farbe geändert hat. Dann wird das Prod. bei Tempp. zwischen 35 u. 40° kräftig durchgeknetet, darauf vorsichtig bei Tempp. bis zu 60° geschmolzen, während 45 Min. gerührt u. so pasteurisiert. (**F. P. 977 622** vom 1/9. 1942, ausg. 3/4. 1951.) GRÄGER. 7761

Raoul Bernat und Henri Bernat, Frankreich, *Neues Nahrungsmittel.* Der aus einer Mischung des Bruches (Fett u. Casein) von Süßmilch mit den Festbestandteilen der Molken (Milchzucker u. Mineralsalze) gewonnene *Lactokäse* erhält erfindungsgemäß zur Haltbarmachung einen Zusatz von 50—100 % gewöhnl. Zucker u. zur Geschmacksverbesserung eine Beigabe von Kaffee, Kakao, Fruchtsaft, Spirituosen. (**F. P. 993 302** vom 17/6. 1949, ausg. 30/10. 1951.) HEYNE. 7771

XVII. Fette. Seifen. Wasch- u. Reinigungsmittel. Wachse. Bohnermassen usw.

R. N. Moore und W. G. Bickford, *Eine vergleichende Bewertung einiger Antioxygene in Nahrungsfetten.* Hinweis auf die im Schrifttum vorhandenen, mitunter widersprechenden Angaben über die Wirksamkeit der in der Praxis angewandten Fettantioxygene. Um den Einfl. der Verschiedenartigkeit der einzelnen Fette auszuschalten, werden alle Verss. ausgeführt einmal mit einem Baumwollsaatöl für Genußzwecke, zum andern mit einem partiell gehärteten Baumwollsaatöl (shortening) sowie mit Dampfschweineschmalz (frei von natürlichen Antioxygenen). Als Antioxygene finden Anwendung (Konz. 0,01; 0,05; 0,10 %): α- u. γ-Tocopherol, Lecithin, α- u. β-Conindendrol, Norconidrendrin, Nordihydroguajaretsäure, Guajakharz, Hydrochinon, Sesamol, Propylgallat, Butyloxyanisol u. Di-tert.-butyl-p-kresol; die Präpp. werden den Fetten in alkoh. Lsg. (1—3 ml) einverleibt. Die Proben (20 g) werden unter Durchleiten von gereinigter Luft (2,33 ml/Sek.) bei 97,7° autoxydiert; Ermittlung des Peroxydwertes in gewissen Zeitabständen, der als Milliäquivalente auf 1 kg Substrat berechnet wird. Die krit. Auswertung der Ergebnisse lehrt, daß keines der geprüften 13 Antioxygene gegenüber dem Baumwollsaatöl eine Hemmwrkg. entfaltet, wenn es in einer Konz. von 0,01 % angewendet wird; Schweineschmalz wird unter den gleichen Bedingungen stabilisiert. Propylgallat erweist sich als das wirksamste Antioxygen für die 3 Fettarten. Es wird hervorgehoben, daß der Vgl. der fettantioxygenen Wrkg. bei Fetten, die frei von natürlichen Antioxygenen sind, gut diskutierbare Resultate liefert, wenn man einen Peroxydspiegel von 100 Milliäquivalente auf 1 kg Substrat zugrunde legt. (J. Amer. Oil Chemists' Soc. **29.** 1—4. Jan. 1952. New Orleans, La., Southern Regional Res. Labor.)
TÄUFEL. 7894

C. H. Mack, R. N. Moore und W. G. Bickford, *Wirkung der „Winterization" auf die Zusammensetzung und Stabilität von Baumwollsaatöl.* Mit der Zielsetzung, die Veränderungen zu untersuchen, die sich bei der Entstearinisierung („Winterization") von Ölen hinsichtlich Farbe, Zus. der Glyceride, Geh. an Tocopherolen u. Stabilität gegen Autoxydation ergeben, werden analyt. eingehend geprüft ein n. raffiniertes Baumwollsaatöl, dasselbe Prod. nach der Entstearinisierung sowie der abgetrennte Stearinpreßkuchen. Ermittelt werden JZ. (WIJS), Rhodanzahl, Gesamttocopherole nach PARKER u. MCFARLANE (Canad. J. Res., Sect. B **18.** [1940.] 405), Autoxydationsstabilität (Ermittlung des akt. Sauerstoffes in üblicher Weise), Farbe (Meth. der AMER. OIL CHEMISTS SOC.); der Geh. an gesätt. Glyceriden wird nach der Meth. von BERTRAM (PELLIKAN u. VON MIKUSCH, Oil and Soap **15.** [1938.] 149) bestimmt, derjenige an Olein u. Linolin auf rechner. Wege aus JZ. u. Rhodanzahl nach der Vorschrift der AMER. OIL CHEMISTS SOC. Die Ergebnisse lehren, daß bei der Entstearinisierung der Grad des ungesätt. Charakters im Öl ansteigt; Hand in Hand damit reichert sich das Öl an Tocopherolen an. Umgekehrt liegen die Verhältnisse beim Stearinpreßkuchen. Die Farbe (gelbe u. rote Töne) bleibt unverändert. Die Autoxydationsstabilität wird durch die Entstearinisierung prakt. nicht beeinflußt, weil die zu erwartende Steigerung der Sauerstoffanfälligkeit (Erhöhung der JZ. durch die Anreicherung an Tocopherolen (Antioxygen) ausgeglichen wird. (J. Amer. Oil Chemists' Soc. **29.** 14—16. Jan. 1952. New Orleans, La., Southern Regional Res. Labor.) TÄUFEL. 7894

F. A. Norris, K. F. Mattil und W. J. Lehmann, *Die Wirkung von Trichloräthylen bei der Hydrierung von Soja- und Baumwollsamenöl.* Im Hinblick auf die zunehmende Verwendung von Trichloräthylen (I) als Fettextraktionsmittel werden systemat. Hydrierverss. (Laboratoriumsapp. sowie Großvers.) mit gepreßtem, raffiniertem Soja- u. mit Baumwollsaatöl (Ni als Katalysator; ca. 0,1 %) durchgeführt, denen bekannte Mengen von I zugesetzt werden; der Verlauf der Härtung bei Atmosphärendruck wird bei 165° messend verfolgt. Aus den Ergebnissen (s. Original) wird abgeleitet, daß bei Konz. an I, die größer sind als 0,003 %, eine Hemmung der Hydrierung eintritt, ohne daß die Selektivität beeinflußt wird. I erweist sich aber nicht als ein irreversibles Katalysatorgift. Bei höherer Konz. an I gelingt es, die Hemmwrkg. prakt. auszuschalten, wenn das Öl in der Härteapp. anfänglich im Vakuum vorerhitzt (Entfernung des I), wenn die Katalysatormenge erhöht bzw. wenn der Katalysator in Teilmengen nacheinander zugesetzt wird. Es wird ferner gezeigt, daß bei den üblichen Raffinationsmethoden anwesendes I weitgehend entfernt wird. Es liegt kein Anlaß zu der Annahme vor, daß mit I extrahierte Öle bei der Härtung im großen bes. Schwierigkeiten bereiten. (J. Amer. Oil Chemists' Soc. **29.** 28—32. Jan. 1952. Chicago, Ill., Swift and Comp.)
TÄUFEL. 7894

A. Doadrio und M. Antonia de Lamo, *Fraktionierung eines Fischöls und des daraus durch Wärmepolymerisation erhaltenen Produkts.* Die Unterss. wurden ausgeführt an einem techn. *Bonitoöl* (I) (Bonito = Scomber pelamis, nach engl. Auszug Thunfisch, der Referent), dessen Konstanten angegeben werden. Bei der Kristallisation des mit der 4fachen Menge *Aceton* (II) gelösten I bei —15° bleiben 61 % des Öls in Lsg., dessen JZ. von 186,4 auf 198—200,7 erhöht u. dessen Farbindex von 100 auf 43 erniedrigt wird, das schnell trocknet u. einen harten, wenig klebenden Film gibt, während das auskrist. Fett den Hauptteil der festen Fettsäuren enthält. Als techn. leichter ausführbar wurde die Extraktion mit wss. II geprüft, wobei die 6fache Menge II mit 2 % W. sich als die vorteilhafteste erwies u. bei 0° eine Ausbeute an extrahiertem Öl von 47,6 % mit JZ. 200 u. Farbindex 77 ergab, während der Rückstand JZ. 178, Farbindex 180 hatte. Im Vgl. zur Extraktion mit Furfurol (C. **1951**. II. 1076) ist zwar die Erhöhung der JZ. geringer, die Entfärbung u. der niedrige Kp. des II jedoch sind ein Vorzug. Die langsame Polymerisation des durch geringen NaOH-Überschuß entsäuerten u. mit Entfärbungserde behandelten I bei Tempp. zwischen 260 u. 265°, um Neben-Rkk. zu vermeiden, ergab Prodd., deren Viscosität viel weniger erhöht u. deren JZ. weniger erniedrigt worden war als bei anderen bei höherer Temp. erfolgten Polymerisationen. Durch II-Extraktion des polymerisierten I wird im Gegensatz zur Extraktion des nicht polymerisierten I die Viscosität u. JZ des extrahierten Öls noch weiter erniedrigt, so daß in diesem Falle das Raffinat infolge höherer JZ. u. Viscosität ausgezeichnete Trockeneigg. besitzt. Schließlich wurde noch entsäuertes u. entfärbtes I erst aus der 4fachen Menge wss. II bei 0° krist. u. dann das Extraktöl wie zuvor polymerisiert. In diesem Falle schreitet die Polymerisation infolge des Fehlens der gesätt., als Hemmungskatalysatoren wirkenden Glyceride viel schneller fort u. entspricht mehr der des chines. Holzöls als der des Leinöls. (An. Real Soc. espafi. Fisica Quim., Ser. B **48**. 169—78. Febr. 1952. Inst. Alonso Barba, Sec. Quim. analit.) METZENER. 7898

Carl Graf v. Klinckostroem, *Die Seife vor hundert Jahren.* [Kurze geschichtliche Darstellung. (Dtsch. Drogisten-Ztg. **7**. 38—39. 15/1. 1952.) FREYTAG. 7910

—, *Hexachlorophen in Seife.* Hexachlorophen, Di-(2-oxy-3.5.6-trichlorphenyl)-methan, enthaltende Seifen haben keimtötende Eigenschaften. Testverss. zeigten eine bakterienreduzierende Wrkg. von 95 % gegen 15 % der üblichen Seifen. Mit einem Geh. von 2 % Hexachlorophen eignen sie sich für den Gebrauch in der kosmet. u. medizin. Praxis, außer, wegen der tox. Eigg., für offene Wunden. (Chem. Products chem. News. [N. S.] **14**. 370. Okt. 1951.) SCHOENMANN. 7910

E. H. Armbruster und G. M. Ridenour, *Reinheitsmessung.* Die bisher gebräuchlichen Meßmethoden zur Best. der Reinheit einer Oberfläche sind nicht zufriedenstellend; an Stelle der gravimetr. Methoden oder der Verwendung von Ruß oder Fluorescenzfarben hat die Verwendung von Radioisotopen ein völlig neues Gebiet eröffnet. Die Vorteile dieses neuen Verf. sind darin zu sehen, daß Genauigkeit u. Empfindlichkeit die bei Lichtmessungen erhaltenen Resultate weit übertreffen, auch bei kleinsten Schmutzmengen. Nur bei hoher Schmutzkonz. ist das erhaltene Resultat nicht linear, weil wegen der Stärke der Schmutzschicht sich eine Selbstabsorption der Radioaktivität bemerkbar machen kann. Die Nachteile liegen darin, daß je nach Art der verwendeten Isotope — verwendet wurden ^{32}P u. ^{14}C — die Strahlungsgefahr für die mit der Messung Beschäftigten verschieden groß ist u. daß die Entfernung der übrig gebliebenen radioakt. Substanz mit den derzeitigen Reinigungsmitteln sehr schwierig ist. Die Messungen erstreckten sich auf den Bakteriengeh. von aus der Wäscherei kommender Wäsche u. auf Eßgeräte, die beide mit mit radioakt. Stoffen geimpften Bakterien versetzt u. mit dem GEIGER-Zähler gemessen wurden. (Soap Sanit. Chemicals **28**. 83—89. Juni 1952. Michigan, Univ., School of Public Health.) BÖSS. 7912

Vincenzo Vignolo, *Rechentabelle zur Bestimmung des Säuregehaltes und anderer Kennzahlen.* Eine Tabelle zur direkten Ablesung von SZ., VZ. u. % Ölsäure in Fetten aus dem Verbrauch an n/2 NaOH bei Einwaage von 5 g Öl oder Fett. (Olii minerali, Grassi, Saponi, Colori Vernici **29**. 1—2. Jan. 1952. Bologna.) GRIMME. 7932

Scipione Anselmi und Adriana Cesari, *Der Nachweis von Sesamöl in mit Farbstoffen versetzter Margarine und ähnlichen Fetten.* Der Nachw. der für Sesamöl charakterist. chromogenen Beimengung mit HCl-Furfurol wird durch Farbstoffe, die den Kunstfetten zugesetzt sein können, gestört, gelingt aber einwandfrei, wenn ein alkoh. Extrakt des Fettes durch wenig Kohle entfärbt u. nach Einengen zur Rk. gebracht wird. (Ist. super. Sanità, Rend. **14**. 624—38; Ann. Chimica **41**. 573—86. Aug. 1951.) KIMPEL. 7934

Lever Brothers & Unilever Ltd., Port Sunlight, England, *Bactericides Reinigungsmittel*, gek. durch den Zusatz von <6 % halogeniertem 2.2'-Dioxydiphenyläther. (**Schwz. P. 279 637** vom 22/12. 1949, ausg. 17/3. 1952. E. Prior. 31/12. 1948.) LÜTTGEN. 7917

Henkel & Cie. G. m. b. H., Düsseldorf (Erfinder: **Johann Heinrich Helberger**, Tucuman, Argentinien), *Sulfonate* erhält man durch Rk. von Sultonen mit den Salzen organ. Mono- oder Polycarbonsäuren nach der Gleichung:

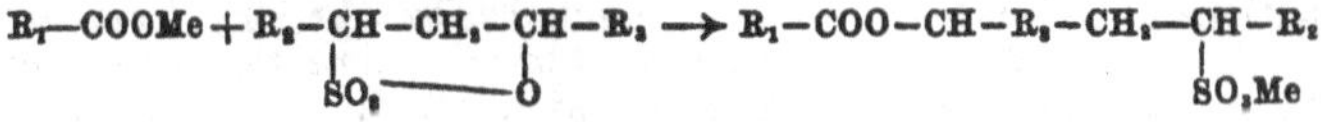

Beispiele: 41 (Teile) frisch geschmolzenes wasserfreies Na-Acetat werden mit 70 des Sultons der Oxybutansulfonsäure (Butansulton) (I) zu einem homogenen Brei verrieben u. im Ölbad 2½ Std. auf 140—150° erhitzt. Dann löst man das bräunliche Prod. in W., entfärbt mit Kohle u. dampft auf dem Wasserbad ein. Nach dem Trocknen über $CaCl_2$ erhält man als hygroskop. Kristallisat das *Dihydrat* des *acetylierten oxybutansulfonsauren Na*. — Analog: Na-Benzoat + I → *benzoyloxybutansulfonsaures Na*. Ferner werden umgesetzt: phenylessigsaures Na (II), Na-Caprylat, Na-Laurat, Na-Stearat, Na-Oleat, Na-Succinat u. Na-Adipat mit I. Tolylsulton mit II, Na-Laurat oder Na-Stearat. Verwendung als Wasch-, Reinigungs-, Dispergier-, Emulgier- u. Netzmittel. (**D. B. P. 814 595** Kl. 12o vom 2/10. 1948, ausg. 24/9. 1951.) Krauss. 7917

Chemische Fabrik Joh. A. Benckiser G. m. b. H. (Erfinder: **Hermann Rudy**, Mannheim, **Hildegard Schloeßer** und **Gustav Warnecke**), Ludwigshafen/Rh., *Pastenförmiges Handreinigungs- und Körperpflegemittel*, bestehend aus Salzen von Phosphorsäuren, die wasserärmer sind als Orthophosphorsäure, u. untergeordneten Mengen eines Dispergier- u./oder Emulgiermittels, z. B. Seife, u. gegebenenfalls Fettlösungs- u. Netzmittels. (**D. R. P. 751 038** Kl. 23c vom 5/2. 1941, ausg. 21/7. 1952.) Lüttgen. 7917

Procter & Gamble Co., Cincinnati, O., übert. von: **Richard C. Wood**, Westbury, N. Y., V. St. A., *Pastenförmiges Reinigungsmittel*. Fettalkylsulfate u. -sulfonate werden mit Seifen u. W. in solchem Verhältnis gemischt, daß sich ein in der Seifensiederei als „Mittelschicht" bekannter Zustand ausbildet u. ein dem Petrolatum ähnelndes Prod. entsteht, z. B. 24,0 (%) Na-Alkylbenzolsulfonat, 25 Triäthanolaminseife aus Cocosöl, 50,7 Wasser. — Abbildungen. (**A. P. 2 580 713** vom 26/2. 1947, ausg. 1/1. 1952.) Lüttgen. 7917

Karl Axel Linné Narvall, Stockholm, Schweden, *Mittel zum Reinigen von Möbelbezügen*. Man behandelt die Möbelbezüge mit einer wss. Lsg. von ca. 0,5—2 (%) Pottasche u. 0,1—0,5 calciniertem Weinstein. Die Lsg. wird mit einem Mundstück unter Druck aufgespritzt u. unmittelbar darauf mit einem Staubsauger wieder abgesaugt. (**N. P. 78 891** vom 7/12. 1949, ausg. 6/8. 1951.) J. Schmidt. 7917

Otto Klarhack, Berlin, *Dauerbrenner*. Man stellt aus dem Kerzenmaterial (Paraffin) (II) einen kon. Formkörper (I) mit einer zentr. Bohrung her, in die der Docht eingezogen wird. Der I wird mit einer in W. eingeweichten Glashaut (III), z. B. aus acylierter Cellulose, umhüllt, worauf die Kanten der III verklebt u. die beiden Enden der Kerze in fl., die Stoßkanten der III bedeckendes II eingetaucht werden. — Zeichnung. (**D. B. P. 822 866** Kl. 23d vom 22/2. 1949, ausg. 29/11. 1951.) Lüttgen. 7921

Soc. d'Électro-Chimie, d'Électro-Métallurgie & des Aciéries Électriques d'Ugine, Paris, Frankreich (Erfinder: **Ernest Stossel** und **Ernest Zerner**, New York, N. Y., V. St. A.), *Bleichen von Wachs- und Ölestern* (I). Man behandelt I mit kleinen Mengen NaO_2Cl bis zur gewünschten Bleichung u. zerstört durch Zugabe von Säuren, z. B. H_3PO_4, die gebildete Emulsion. (**D. B. P. 843 132** Kl. 23a vom 23/9. 1950, ausg. 7/7. 1952. A. Prior. 9/9. 1942.) Lüttgen. 7925

Shell Development Co., San Francisco, übert. von: **Karekin G. Arabian**, El Cerrito und **August A. Schaerer**, Berkeley, Calif., V. St. A., *Carnaubawachsersatz*, bestehend jeweils aus ca. 30—70 % eines Mineralöles (Viscosität eines Schmieröles) u. einer Mischung mikrokrist. KW-stoffwachse (mindestens 90 % geradkettig, 10 % nichtgeradkettig), deren Mol.-Gew. 550—900, bes. 600—750, beträgt (I). Man kann auch 10—20 (%) Carnaubawachs mit 1—10 I vermischen u. als Ausgleichsmittel den Ester eines einwertigen aliphat. Alkohols einer Fettsäure (beide enthalten mindestens 18 C-Atome) hinzugeben. Das Wachsprod. läßt sich in Öl-in-Wasser-Emulsion verwenden. (**A. P. 2 546 328** vom 27/9. 1948, ausg. 27/3. 1951.) Schreiber. 7925

Badische Anilin- & Soda-Fabrik (Erfinder: **Emil Finck**), Ludwigshafen/Rh., *Herstellung von Hartwachsen*, dad. gek., daß man Amide aus natürlichen Wachsen u. einoder mehrwertigen Aminen mit solchen Mengen von Ca-Salzen mindestens 18 C-Atome enthaltender Fettsäuren (I) vereinigt, daß die Gemische zwischen ca. 1 u. 4 % Ca in Form der Ca-Salze enthalten. Den Gemischen können noch so viel freie I zugesetzt werden, daß die SZ. der Endprodd. zwischen 10 u. 30 liegt. — Es wird z. B. ein aus rohem Montanwachs u. Dimethylcyclohexylamin erhaltenes Amidgemisch auf 120° erhitzt u. das Ca-Salz der Behensäure eingetragen. Schließlich wird die M. mit gehärteter Rübölfettsäure u. Montansäure verschmolzen. — *Schuhcreme* oder *Bohnerwachs.* (D. B. P. 843 127 Kl. 22g vom 14/3. 1950, ausg. 3/7. 1952.) SCHINDLER. 7927

Comptoir Général de Vente de Matières Premières, Frankreich, *Aromatische Amine und daraus hergestellte Produkte als Glanzpflegemittel.* Kondensationsprod. von aromat. Aminen (z. B. Anilin) mit Phenolen (z. B. β-Naphthol), in einem organ. Lösungsm. gelöst oder in W. emulgiert, sind als Glanzpflegemittel für Metall, Holz, Leder, Linoleum usw. geeignet u. können pflanzliche, tier. u. mineral. Wachse ersetzen. Es werden z. B. 60 (Teile) β-Phenylnaphthylamin (I) in 160 W. emulgiert, oder 25 I in 75 A. oder Trichloräthylen gelöst. (F. P. 972 441 von 15/3. 1941, ausg. 30/1. 1951.) HEYNE. 7927

Carl Ebel, Die Fabrikation von Schuhcreme und Bohnerwachs. 2. Aufl. Halle/S.: Knapp. 1952. (XII + 266 S. m. 15 Abb.) gr. 8° = Monographien über chemisch-technische Fabrikationsmethoden. Bd. 45. DM 14,—.

XVIIIa. Holz. Cellulose. Zellstoff. Papier. Papierdruck. Celluloid. Linoleum.

I. Je. Fliss und Je. Ja. Perlstein, *Anwendung von Pufferstoffen beim Bleichen der Cellulose.* Hypochloritlsgg., wie sie bei der Bleiche von *Cellulose* (I) verwendet werden, können durch Stoffe, wie *MgO, Na-Metasilicat,* Na_2CO_3 oder *Kalk,* gepuffert werden. Durch elektrometr. Titration mit HCl zeigen Vff., daß die genannten Stoffe das p_H der Bleichlsgg. im Gebiet von p_H 9—11 gut stabilisieren. Bleichverss. mit Stabilisatorzusatz von 2 verschied. techn. I ergaben günstige Resultate. Die Kennzahlen der I werden durch den Bleichprozeß teilweise sogar verbessert, der α-I-Geh. ist nach der Bleiche ein höherer. Es wird empfohlen, in der Praxis nicht bei p_H 7,5—8,5 zu arbeiten, sondern nach Pufferzusatz bei p_H 9—11. (Журнал Прикладной Химии [J. angew. Chem.] 25. 766—72. Juli 1952. Leningrad, Technolog. Molotow-Inst., Lehrstuhl für physikal. Chem. u. Kolloidchemie.) ULMANN. 7954

Terje Enkvist, *Die Chemie der Sulfatzellstoffkochung.* Übersicht über neuere Arbeiten über die Bedeutung des Na_2S-Geh. der Sulfatlauge für die Löslichmachung des Lignins in Alkali durch Bldg. von Thiolignin. (Suomen Kemistilehti A 25. 77—87. 1952.) BECKMANN. 7960

Kinshiji Yamaoka, *Druckerei und Chemie.* Kurzer Überblick mit systemat. Liste der modernen Buchliteratur. (Chem. and chem. Ind. [Kagaku to Kogyo] 4. 354—56. Sept. 1951. [Orig.: japan.].) SCHULER. 7988

G.-A. Schröter und H. Schwerdt, *Prüfung und Bewertung der Schlackenwolle in der Rohdachpappenindustrie.* Beschrieben wird eine Meth. zur Best. des Perlenanteils von Schlackenwolle. Faser u. Schmelzperle werden in einem Aufschlaggerät getrennt u. anschließend durch Schlämmen sortiert. Die größten noch zum Faseranteil zu rechnenden Perlen der Schlackenwolle für die Fabrikation von Rohpappen sollen einen Durchmesser von 0,1 mm besitzen. Angaben über die Reproduzierbarkeit der nach der angeführten Meth. erhaltenen Werte werden gemacht. (Wbl. Papierfabrikat. 80. 372. 374. 376. 378. 380. 382. Juni 1952. Wesselin bei Köln, Feldmühle Papier- u. Zellstoffwerke A.-G., Labor. der Hauptverwaltung.) P. ECKERT. 7992

Charley Gustafsson, Jacobus Sundman und Thorsten Lindh, *Quantitative Methode zur Bestimmung von Kohlenhydraten mittels Papierverteilungschromatographie.* Die Best. von *Glucose, Xylose, Galaktose, Mannose* u. *Arabinose* nebeneinander in Lsgg. gelang durch Aufbringen auf Papierstreifen (neben Lsgg. bekannter Zus.), Entwickeln des Chromatogramms durch mit W. gesätt. n-Butanol (zur Best. der letzten beiden Zucker neben den anderen mit wss. n-Amylalkohol + Essigsäure) unter Zusatz von Phthalsäure, Trocknen, Sichtbarmachen der Zonen durch Baden in 2 %ig. Lsg. von Anilin in Ae. u. kurzes Erhitzen auf 105° u. schrittweises Photometrieren mit einem Schnellphotometer von ZEISS, wobei in den erhaltenen Diagrammen die Eigenabsorption des Papiers die Nullinie ist. Die maximalen Absorptionen (logarithm. Galvanometerskala) sind den Konzz. proportional. — Angabe der Genauigkeit (auf einige %), der erforderlichen Mengen in γ u. störender Überschüsse. (Paperi ja Puu B 33. 1—3. 15/1. 1951. Ab, Centrallabor. [Orig.: engl.].) BLUMRICH. 8006

Standard Oil Development Co., Elizabeth, N. J., V. St. A., *Entfernen von* O_2, *S und* SO_3 *aus* SO_2. SO_2 enthaltende Röstgase werden bei 700—1000° durch eine Wirbelschicht von Fe_2O_3 u. Fe_3O_4 geleitet. Der Geh. an jedem dieser Oxyde, der sich durch die Rkk. ändert, darf nicht $<$10 % sinken. Man stellt den Geh. an Oxyden dadurch ein, daß man abwechselnd mit einem Überschuß u. einem Unterschuß an O_2 röstet. Man kann auch andere Gemische verwenden, z. B. CuO-Cu_2O, CuO-Cu, MnO_2-MnO,

MnO_2-Mn_3O_4 u. Fe_2O_3-Cu_2O. Das gereinigte SO_2 dient bes. für die Herst. von *Bisulfitlaugen* für die *Papierindustrie.* (**E. P. 665 007** vom 26/9. 1949, ausg. 16/1. 1952. A. Prior. 22/12. 1948.) ZÜRN. 7963

Dow Corning Corp. (Erfinder: Melvin J. Hunter), Midland, Mich., V. St. A., *Triorganosilylcellulose.* Celluloseäther oder -ester werden mit Triorganohalogensilanen $R_2R'SiX$ (R = Aryl, R' = Aryl oder Alkyl, X = Halogen) umgesetzt, bes. in Ggw. eines HCl bindenden Stoffes. (**D. B. P. 842 044** Kl. 12o vom 23/9. 1950, ausg. 23/6. 1952. A. Prior. 23/2. 1949.) FABEL. 7971

Deutsche Rhodiaceta Akt.-Ges. (Erfinder: Arnulf Gippel), Freiburg/Br., *Herstellung von Celluloseacetat mit erhöhtem Polymerisationsgrad.* Feingemahlenes techn. Celluloseacetat wird bei n. Temp. mit Gemischen von Lösern (Aceton, Essigsäure) u. Nichtlösern (W.) unter mechan. Bewegung extrahiert. (**D. B. P. 840 990** Kl. 12o vom 9/2. 1951, ausg. 9/6. 1952.) FABEL. 7971

St. Regis Paper Co., New York, übert. von: Frederic C. Goodwill, Watertown, N. Y., und Peter J. Massey, River Forest, Ill., V. St. A., *Aufarbeitung von bedruckten Papieren.* Die Entfernung der Druckfarbe erfolgt durch Mahlen bei einer Stoffdichte von 3—5 (%) in der Hitze, unter Zusatz von 0,8—5 Na_2O_2 u. 4—8 Na-Silicat (Na_2O: SiO_2 = 1:1,3—1,4 Mol), 3—5 Std. langes Kochen der Mischung bei ca. 52—93° u. gründliches Waschen des Stoffes (**A. P. 2 582 496** vom 9/10. 1947, ausg. 15/1. 1952.) VOGEL. 7975

Ecusta Paper Corp., übert. von: Milton O. Schur, Asheville, und Robert M. Levy, Brevard, N. C., V. St. A., *Zigarettenpapier.* Eine weißgraue u. an der Tabakasche festhaftende, feinflockige Papierasche entsteht, wenn dem mit $CaCO_3$ gefüllten Papierstoff folgende Stoffe zugesetzt werden: je 0,5—5 % NaOH u. H_3PO_4, bes. 2,5 % NaOH u. 1,25 % H_3PO_4 (25 %ig.), oder 0,05—0,6 % PO_4 in Form von quaternären NH_4-Phosphaten u. -Phosphiten mit einem Kation der allg. nebenst. Formel.

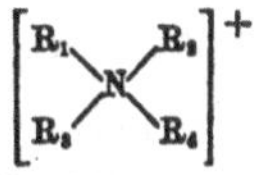

(R_1—R_4 Alkyl, Oxalkyl, Aralkyl, alicycl. Rest bis 20 C-Atome), oder 0,1—1 % PO_4 als NH_4-Salz u. 0,002—0,5 % H_3PO_4. Je 0,5—5 % NaOH u. H_3PO_4 können auch vor $CaCO_3$ zugesetzt werden. (**A. PP. 2 580 608** u. **2 580 611** vom 25/4. 1946, **2 580 609** vom 2/8. 1950 u. **2 580 610** vom 29/5. 1951, alle ausg. 1/1. 1952.) VOGEL. 7987

Ludwig Lang, Schotten, Oberhessen, *Umhüllungen für Tabakwaren, wie Zigarren, Stumpen usw.* Dem fermentierten Pflanzengut, z. B. Tabakabfällen, werden mit W. die unter 100° herauslösbaren Stoffe entzogen u. das Gut wird, zweckmäßig nach Vorquellen in schwacher NaOH, bei geeignetem Mahlungsgrad mit oder ohne Zusatz von anderem Zellstoff zu einer Bahn für Um- u. Deckblätter geformt. Die n. oder eine besondere Fermentierung wird, z. B. mit Hefe, Bacterium adametz, so geführt, daß Pektinabbau vermieden u. viel schleimige Stoffe gebildet werden. Die Glimmfähigkeit des Prod. kann durch pyrophore Stoffe, bes. semipyrophores Fe oder Al-Pyroschliff, verbessert werden. (**D. B. P. 844 250** Kl. 55f vom 5/8. 1949, ausg. 17/7. 1952.) VOGEL. 7987

Röhm & Haas Co., Philadelphia (Erfinder: Robert Wilson Auten, Jenkintown, und Charles Le Grande Smith, Wayne), Pa., V. St. A., *Papier mit hoher Festigkeit,* bes. in nassem Zustand. Dem Stoff werden 0,1—5 % eines in W. lösl. wärmehärtenden Harzprod. mit Sulfonatgruppen zugesetzt, das durch Rk. von Form-, Acet-, Butyr-, Benzaldehyd oder/u. Furfurol mit in W. lösl. Metallsulfiten (bes. $NaHSO_3$) u. Carbamiden (bes. Harnstoff), Polyaminodi- oder/u. -triazinen mit mindestens 2 NH_2-Gruppen (bes. Melamin) vorzugsweise bei 60—105° erhalten wird, wobei auf jede reaktionsfähige Aminogruppe 0,5—2 (Mol) Aldehyd (I) u. auf 1 I 0,05—0,4 Bisulfit verwendet werden. Der Stoff wird auf p_H 4—5,5 eingestellt. (**D. B. P. 844 703** Kl. 55f vom 10/3. 1950, ausg. 24/7. 1952. A. Prior. 20/11. 1943.) VOGEL. 7987

American Cyanamid Co., New York, N. Y. (Erfinder: Lucius Havington Wilson, Riverside, Chester Grey Landes, New Canaan, und Charles Sidney Maxwell, Old Greenwhich, Conn.), V. St. A., *Überziehen oder Imprägnieren von Cellulosefasermaterial,* bes. für *Papier, Pappen* u. *Platten.* Das Imprägniermittel (I), z. B. Harze aller Art, bes. Polystyrol, wird gleichmäßiger u. vollständiger an die Faser gebunden, wenn es dem Stoff in wss. Dispersion (flockenfrei) zugesetzt u. mit einer koll. Dispersion von positiv geladenem Melamin-Aldehyd-Kondensat (II) ausgeflockt wird. Es kann auch zuerst II u. dann I zugesetzt werden. (**D. B. P. 845 311** Kl. 55f vom 1/10. 1950, ausg. 31/7. 1952. A. Prior. 13/7. 1945.) VOGEL. 7987

Aschaffenburger Zellstoffwerke Akt.-Ges., Redenfelden über Raubling, Obb. (Erfinder: Paul Lagally, Aschaffenburg/M.), *Imprägnieren von Papier und ähnlichen Faserprodukten,* dad. gek., daß als Imprägnierungsmittel Harzkoll. aus Umsetzungsprodd.

von Ureidopropylenharnstoff u. dessen Derivv., bes. Alkyl-, Aralkyl- u. Halogenderivv., mit Aldehyden, bes. HCHO, verwendet werden. (**D. B. P. 843 808** Kl. 55c vom 26/10. 1948, ausg. 14/7. 1952.) VOGEL. 7987

Monsanto Chemical Co., St. Louis, Mo., übert. von: John Mann Butler, V. St. A., *Imprägnieren und Überziehen von Faserstoffen aller Art, besonders Papier.* Die M. besteht aus einem Mineralwachs (I) u. einem Reaktionsprod. aus Polystyrol (II), z. B. mit einem Mol.-Gew. von 70000, u. Polypropylen (mit durchschnittlich 12 C-Atomen), wobei der I-Anteil 40—99,98 % beträgt. — Beispiel: 85 (Teile) Paraffinwachs (F. 78°) u. 15 alkyliertes II werden zusammengeschmolzen. (**E. P. 664 778** vom 9/5. 1949, ausg. 9/1. 1952. A. Prior. 16/7. 1948.) VOGEL. 7987

XVIIIb. Textilfasern.

E. F. Zaalberg van Zelst, *Das Schlichten von Cellulosegarnen mit Salzen der Carboxymethylcellulose.* Beschrieben wird die Herst. der Na-Carboxymethylcellulose, deren Eigg. u. deren bes. Eignung als Schlichtemittel für Cellulosegarne. Behandelt wird ferner der Schlichtprozeß sowie das Trocknen der geschlichteten Stränge. (Indian Text. J. **62.** 369—71. 360. März 1952.) P. ECKERT. 8030

—, *Feuerfeste Gewebe.* 3. Mitt. *Verfahren zur feuerbeständigen Ausrüstung durch Veresterung.* (2. vgl. C. **1952. 7757.**) Gewebe können feuerbeständig gemacht werden, indem sie zu einem gewissen Grade mit PO_4H_3 in Ggw. von Harnstoff verestert werden. (BANCROFT-Verf.). Das Gewebe wird mit Harnstoff u. PO_4H_3 getränkt u. bei 125—175° ausgehärtet. Die feuerbeständige Imprägnierung wird durch Kochen in 1 %ig. NaOH nicht verändert. Beim Aushärten erleiden die Gewebe eine gewisse Schwächung, auch ist die Aufnahmefähigkeit für substantive Farbstoffe etwas verringert. Ein anderes Verf. benutzt Sb_2O_3 u. ein chloriertes Paraffin. (Textile Mercury Argus **126.** 736—41. 25/4. 1952.) FRIEDEMANN. 8036

H. Sommer, ***Knittereigenschaften an Geweben.*** Verkürzte Wiedergabe der in **C. 1952.** 2604 referierten Arbeit. (Melliand Textilber. **33.** 301. April 1952.) P. ECKERT. 8040

T. P. Urussowa, ***Absorption von Dichloräthan durch die Gewebe der Kleidung.*** Die Best. der Aufnahme u. Abgabe von *Dichloräthan* (I) durch verschied. Stoffarten im Hinblick auf ihre Verwendung als Arbeiterschutzkleidung erfolgt in der Weise, daß der Stoff verschieden lang im Exsiccator mit 0,25 oder 0,5 ml I bei 45° aufgehängt u. I durch einen Luftstrom von 2—3-Liter/Std. entfernt wird. Die I-Absorption ist direkt proportional der I-Konz. u. der Verweilzeit in I-haltiger Luft. Durch Öltränkung steigt die I-Absorption auf das 28fache. Die im Vgl. zu Tuch geringere I-Absorption von Baumwolle ist von der Porosität des Gewebes abhängig. Während bei Öltränkung nach 24std. Entlüftung noch 10—20 % I zurückgehalten werden, ist die I-Entfernung aus unbehandeltem Gewebe nach 3 Std. nahezu beendet. (Гигиена и Санитария [Hyg. u. Sanitätswes.] **1951.** Nr. 12. 50—51. Dez. Leningrad, Inst. für Arbeitshygiene u. Berufskrankh., Toxikol. Labor.; Kemerowo, Städt. Sanit.-Epidemiol. Station.) v. SCHROEDER. 8040

William P. Utermohlen jr., Mary E. Ryan und Doris O. Young, ***Verbesserung von Baumwolltuch gegen Verschmutzung und bezüglich der Waschbarkeit.*** Um die experimentellen Möglichkeiten, die Widerstandsfähigkeit gegen Verschmutzung von Baumwolltextilien zu erhöhen, zu untersuchen, wurden diese auf den Einfl. folgender Stoffe bzw. Behandlungen geprüft: Feuchtigkeit, Stärke, kation. u. anion. Weichmacher, dauerhafte u. nicht dauerhafte Hydrophobiermittel, Emulsionen von Vinylpolymeren, Harnstoff- u. Melamin-Formaldehyd-Kondensate, partielle Acetylierung oder Carboxymethylierung. Geprüft wurde die Verschmutzung mit fl. dispergiertem Schmutz (Dispersion in CCl_4 u. in W.) sowie die Leichtigkeit der Aufnahme trockenen Schmutzes. Am meisten bewährte sich die partielle Carboxymethylierung (1 COOH-CH_2-Gruppe auf 30 Glucosereste), Behandlung mit einem Carboxylgruppen enthaltenden Harz u. Anwendung bestimmter Weichmacher. Hierbei erhalten die Gewebe eine elektr. Aufladung u. verhalten sich wie Kationaustauscher. (Textile Res. J. **21.** 510—21. Juli 1951. Charlottesville, Va., Inst. of Textile Technol.) ZAHN. 8044

R. W. Moncrieff, ***Die Subcuticula der Wolle.*** Chem. Unterss. als auch photograph. Mikroaufnahmen haben die Annahme erhärtet, daß sich zwischen der Grundsubstanz u. der schuppigen Cuticularschicht der Wollfaser eine zylinderförmige Membran — die Subcuticula der Wolle — befindet. Diese Haut — ca. 10 Gew.-% der gesamten Faser — ist gegen chem. u. mechan. Einww. äußerst widerstandsfähig. Ungeklärt ist die Beobachtung, daß sie strukturell aus β-Keratin besteht, während die Analyse der Röntgenstrukturaufnahme der Wollfaser nur α-Keratin ergibt. (Textile Manufacturer **78.** 149—50. März 1952.) SCHOENMANN. 8060

Otto Mecheels, *Physiologisch-chemische Eigenschaften der Wolle.* Die Unterss. haben gezeigt, daß der Wasserhaushalt u. das Wärmeübertragungsvermögen eng miteinander zusammenhängen u. vom chem. u. physikal. Aufbau abhängig sind. Die für die Bekleidung günstigen Eigg. der Wolle werden durch chem. Eingriffe oder durch Gebrauchsbeanspruchung beeinträchtigt. Die Aufnahme des Schweißes u. der darin enthaltenen Säuren entspricht im großen u. ganzen dem Färbevorgang, wobei ein Gleichgewichtszustand eintritt. Durch Störung dieses Gleichgewichtes durch Reinigung wird die Wolle wieder regeneriert. Durch Mischen der Wolle mit anderen Faserstoffen werden die Eigg. der Wolle verändert. Angaben hierüber werden gemacht. An Hand von Beispielen wird das Verh. der Wolle gegenüber von Mikroorganismen u. Duftstoffen gezeigt. (Melliand Textilber. **33.** 275—80. April 1952. Hohenstein/Wttbg., Forschungsinst. Hohenstein.) P. ECKERT. 8060

—, *Der Einfluß von Alkali auf Wolle. Beobachtungen bei den verschiedenen Verarbeitungsstufen.* An Hand der wichtigsten Literatur der letzten Jahre bespricht der Vf. den Einfl. von Alkali beim Waschen, Färben, Carbonisieren, Dämpfen u. Sengen. In diesem Zusammenhang wird darauf hingewiesen, daß bei p_H-Werten über 10°, vor allem bei erhöhten Tempp. die Wollschädigung sehr deutlich wird. Daher dürfen die Bäder beim Waschen der Wolle nicht mehr als 0,2 % freies Alkali aufweisen. Beim Waschen von Gerberwolle müssen die Bäder zudem kalkbeständig sein. Stückware wäscht man am besten neutral-schwach alkalisch. Beim Spülen der gewaschenen Wolle ist bes. darauf zu achten, daß die Ware alkalifrei gespült wird, da sonst mit unangenehmen Störungen bei der Weiterverarbeitung zu rechnen ist. Die Spülbäder selbst sollen eine Temp. aufweisen, die über dem F. der Seife liegt. Alkalihaltige Ware führt u. a. beim neutralen Färben (z. B. Metachromprozeß) zu Schädigungen während des Kochprozesses. Beim Sengen u. Dämpfen vergilbt die Ware leicht, was bei bereits gefärbter Ware zu Trübungen führt. Weiterhin zeigt alkalihaltige Ware eine schlechtere Gebrauchstüchtigkeit, die sich in einem leichten Schimmel- u. Mottenbefall, in einem bakteriellen Angriff u. schlechter Reibfestigkeit auswirken. Bei einem Alkaligeh. von entsprechend p_H 7 ab, nimmt die Reibfestigkeit rapide ab. Sie beträgt bei p_H 10 nur noch die Hälfte des bei p_H 7 erhaltenen Wertes. Als bester Test zur Ermittlung der Wollschädigung wird die Alkalilöslichkeit derselben angegeben. Hierzu wird die Wollprobe 10 Min. bei 65° mit n/10 NaOH, Flotte 1:100 behandelt, gut gespült, mit verd. CH_3COOH neutralisiert, erneut gut gespült, getrocknet u. gewogen. Aus dem Gewichtsverlust wird dann die Alkalilöslichkeit berechnet. Sie beträgt bei der Ausgangswolle ca. 10 % u. darf nach einem n. Fabrikationsgang einen Wert von 18 % nicht überschreiten. (Wool Rec. Textile Wld. **81.** 1565—67. 5/6. 1639—42. 12/6. 1697—98. 1701. 19/6. 1952.) H. G. FRÖHLICH. 8060

G. Loasby, *Eine Geschichte des Reyon und der synthetischen Fasern.* Überblick über die geschichtliche Entw. der Chemiefasern. (Research **5.** 16—23. Jan. 1952. British Nylon Spinners Ltd.) H. G. SCHÄFER. 8070

H. Pupke, *Die mechanischen Vorgänge beim Streckspinnverfahren. Abschließende Bemerkung zu den gleichgenannten Arbeiten von V. Elsässer und G. Bozza.* (Vgl. C. **1951.** I. 674.) In Zusammenhang mit den Arbeiten von ELSÄSSER u. BOZZA werden noch verschied. Erscheinungen bei den mechan. Vorgängen des Streckspinnverf. geklärt. (Kolloid-Z. **125.** 171—73. März 1952.) P. ECKERT. 8074

Le Chanoine Pinte und Paul Rochas, *Die Konstitution und die Eigenschaften des durch Natriumhypochlorit abgebauten Reyon.* Vf. gibt einleitend einen Überblick über die chem. Natur der Cellulose u. geht dann auf die Durchführung der Verss. ein. Durch das Oxydationsmittel werden Aldehyd-, Keto- u. Säuregruppen gebildet. Der Nachw. der Aldehydgruppen erfolgte nach der Meth. von MÜLLER, Säuregruppen mittels Methylenblau u. Ketogruppen mittels Phenylhydrazin u. Methylenblau. Durch die Einw. des Na-Hypochlorits aus das Reyon tritt eine Verminderung der Gesamtquellung ein, u. zwar eine Verminderung der Längs- u. Querquellung. Angaben über die Bldg. von Brückenbindungen, die vor allem in den besser orientieren Gebieten der amorphen Bereiche erfolgen, werden gemacht. Weitere Hinweise über die chem. u. physikal. Veränderungen der Faser durch die Hypochloriteinw. werden gegeben. (Teintex **16.** 581. 583—84. 589—90. 593. 595—96. 599. 603. 605. 607. 609. 15/11. 1951.) P. ECKERT. 8074

—, *Ardil. Eigenschaften und Praxis.* „Ardil", eine cremefarbene, wollähnliche Eiweißfaser, wird aus einer ca. 30 %ig. alkal. Proteinlsg. nach einem ähnlichen Verf. wie die Viscoseseide hergestellt u. ohne Spannung in einem Säure-Salz-Formaldehyd-Bad gehärtet. Absorptionsvermögen für H_2O ist ähnlich dem für Wolle. Die Faser ist mottenfest, hat die gleiche Affinität gegenüber den für Wolle u. Seide gebräuchlichen Farbstoffen aber mit etwas verringerter Naßechtheit u. läßt sich mit direktziehenden

Baumwollfarbstoffen färben. Die Mischfaser mit Wolle oder Viscose verhält sich beim Tragen annähernd so wie reine Wolle. (Textile Manufacturer 78. 152. März 1952.) SCHOENMANN. 8078

I. L. Tripathi, *Glasfasern.* Allg. gehaltene Ausführungen über die Geschichte der Glasfaser, ihre Herst., ihre Eigg. u. ihre Verarbeitung u. Verwendung. (Indian Textile J. 62. 353—60. März 1952.) P. ECKERT. 8082

—, *Durchlässigkeitsprüfer für das Laboratorium.* App. zur Best. der Wasserdurchlässigkeit von Geweben. (Textielwezen 8. Nr. 2. 26—34. Febr. 1952.) ROSSOW. 8096

Badische Anilin- & Soda-Fabrik, Ludwigshafen/Rh., *Herstellung von nichtaromatischen thiosulfonsauren Salzen,* dad. gek., daß man nichtaromat. Sulfohalogenide mit Metallsulfiden oder -hydrosulfiden in Ggw. wasserfreier Lösungsmittel umsetzt, die beide Reaktionsteilnehmer lösen. Z. B. wird Propan-1.3-disulfochlorid mit einer mit H_2S gesätt. Lsg. von KOH in A. umgesetzt. Nach Entfernen des KCl u. A. erhält man reines *Kaliumdithiosulfonat.* Geeignet als *oberflächenakt. Textilhilfsmittel* oder zur Schwimmaufbereitung von Erzen. (**D. B. P. 840 693** Kl. 12o vom 30/9. 1942, ausg. 5/6. 1952.) SCHINDLER. 8029

N. V. W. A. Scholten's Chemische Fabrieken, Groningen, Holland, *Herstellung von Präparaten, deren wässerige Lösungen bzw. Suspensionen beim Eintrocknen auf einem Träger bei hoher Temperatur wasserunlösliche Schichten ergeben.* Man vereinigt ein in W. lösl. oder quellbares, freie OH-Gruppen enthaltendes Polysaccharid, ein Aminotriazin(I) u. einen Aldehyd (II) oder einen II abspaltenden Stoff bzw. ein aus einem II u. einem I aufgebautes, noch nicht zu Ende kondensiertes Prod. mit einer solchen Menge eines wenigstens in der Hitze sauer reagierenden Stoffes zu einer prakt. trockenen Mischung, daß eine höchstens 5 %ig. wss. Lsg. des Gemisches ein p_H von mindestens 5 aufweist, beim Eintrocknen der Lsg. bei hoher Temp. auf einem Träger sich jedoch die für die Kondensation zu einer wasserunlösl. Schicht die erforderliche saure Rk. einstellt. Vorzugsweise wird Stärke bzw. ein Stärkederiv. oder ein Cellulosederiv. verwendet. (**Schwz. P. 279 255** vom 18/10. 1947, ausg. 1/3. 1952. Holl. Priorr. 18/8. 1944 u. 28/8. 1946.) v. SCHILLER. 8033

American Cyanamid Co., New York, N. Y., übert. von: **Maurice Robert Burnell,** Noroton Heights, und **John Edward Lynn,** Old Greenwich, Conn., V. St. A., *Flammenfestes Textilgut* erhält man durch Imprägnierung mit einem Gemisch aus 2—20 (Teilen), bes. 5—10 hitzehärtbarem Harz aus CH_2O u. Harnstoff oder Melamin, 10—35, bes. 25 Mono-, Di- oder Trimethyloldicyandiamid u. 5—30 einer Sauerstoffsäure des P, bes. H_3PO_4 (85 %ig.). — 17 Beispiele. (**A. P. 2 582 961** vom 17/9. 1949, ausg. 22/1. 1952.) MÖLLERING. 8037

Frank H. Lee Co., Danbury, Conn., übert. von: **Harold H. Tucker,** Scarsdale, N. Y., und **Raymond I. Trimpert,** Newtown, Conn., V. St. A., *Beizen von Pelzen.* Man verwendet eine wss. Lsg., welche 3—5 (Gew.-%) eines nicht hydrolysierten Oxydationsmittels, z. B. H_2O_2, 1—3 einer flüchtigen hydrolysierten Säure, z. B. HNO_3, u. als Katalysator 0,1—0,4 Phosphorwolfram- oder Phosphormolybdänsäure enthält u. deren D. 3—5° Bé beträgt. (**A. P. 2 582 086** vom 23/12. 1949, ausg. 8/1. 1952.) v. SCHILLER. 8067

Courtaulds Ltd., London (Erfinder: **Horace James Hegan,** Coventry, und **John Harrison Givens,** Meriden), England, *Fäden, Fasern oder Filme aus Erdalkalialginaten.* Ca- oder Ba-Alginat wird in einer Alkalioxalate, -phosphate oder -carbonate enthaltenden Fl. aufgelöst u. die Alginatlsg., in der das in W. wenig lösl., ausgefallene Erdalkalisalz fein verteilt ist, in einem wasserlösl. Erdalkalisalze enthaltenden sauren Bad verformt. Die Fäden können mit einer gesätt. Lsg. von $Ca(OH)_2$ nachbehandelt werden. Ammoniumalginat, erhalten durch Lösen des Erdalkalialginats in Ammoniumsalzlsg., wird trocken verformt. (**D. B. P. 842 828** Kl. 29b vom 24/11. 1948, ausg. 3/7. 1952. E. Priorr. 20/1., 20/6. 1942 u. 19/1. 1943.) SALZMANN. 8073

Phrix-Werke Akt.-Ges., Hamburg (Erfinder: **Erich Torke,** Hamburg, und **Josef König,** Krefeld-Linn), *Herstellung von Cellulosehydrat-Kunstfäden oder -fasern mit erhöhter Affinität zu sauren Farbstoffen.* Man verspinnt eine über 14° HOTTENROTH reife Viscose in ein mindestens 10 g/Liter $ZnSO_4$ enthaltendes Bad u. behandelt das frisch gesponnene Material mit Lsgg., die gleichzeitig oder getrennt NH_3 oder NH_4OH-Salze, bei denen für die Freimachung des NH_3 Sorge getragen wird, u. ein Chlorierungsmittel enthalten. (**D. B. P. 844 635** Kl. 29b vom 14/3. 1950, ausg. 24/7. 1952.) SALZMANN. 8075

Aktiengesellschaft Cilander, Herisau (Erfinder: **Paul Walter Steinlin,** Basel), Schweiz, *Transparente zellwollehaltige Gewebe.* Das gegebenenfalls mit einem Reservierungsdruck versehene Gut wird vor oder nach einer Quellbehandlung mit alkal. u./oder sauren Mitteln mit einer Mercerisierlauge bei 25° u. höher mindestens 5 Sek. mit oder ohne Spannung behandelt. — Ein 100 %ig. Zellwollgewebe wird gesengt, gebleicht, ramiert u. trocken 8 Sek. mit H_2SO_4 (45° Bé) bei 15° behandelt. Nach dem Waschen u. Neutralisieren behandelt man 8 Sek. bei 50° mit einer NaOH-Lsg. von 30° Bé, worauf gekühlt, neutralisiert u. gegebenenfalls gefärbt oder nachgebleicht wird. (**D. B. P. 843 242** Kl. 8k vom 30/6. 1943, ausg. 7/7. 1952.) MÖLLERING. 8075

Courtaulds Ltd., London, England, *Naßspinnverfahren für Celluloseester*. Das Acetylierungsgemisch, d. h. eine Lsg. von Celluloseacetat in wss. CH_3COOH wird in ein K-Acetat (in einer Menge von 20 % bis zum Sättigungspunkt) u. 50—250 g/Liter CH_3COOH enthaltendes Bad gesponnen; Titer bis zu 1,5 den, Festigkeit 1,1 g/den, Dehnung bis 40 %. (**Schwz. P. 279 590** vom 23/1. 1949, ausg. 17/3. 1952. E. Prior. 24/11. 1948.) SALZMANN. 8077

Heinz Janssen, Die Textilhilfsmittel. Einführung, Tabellen, Übersicht. Krefeld: Verl. f. Textilchemie 1950. (176 S.) 8°. DM 6,—.

Hermann Rath, Lehrbuch der Textilchemie einschl. textil-chemischer Technologie. Berlin, Göttingen, Heidelberg: Springer-Verl. 1952. (XI + 627 S. m. 228 Abb.) DM 78,—.

XIX. Brennstoffe. Erdöl. Mineralöle.

I. I. Ammossow, *Die Hauptursachen für die ungleichmäßige Zusammensetzung und die Eigenschaften von Kohlen*. Durch Unters. der Entstehung der Kohle u. der Ursachen für ihre verschied. Eigg. wird festgestellt, daß die Kohleeigg. vom Ausgangsmaterial, den Anreicherungsbedingungen, dem Wassergeh. der Torflager, dem chem. Charakter des Mediums u. dem Metamorphismus abhängig sind. Bei der Beurteilung der Kohle für industrielle Zwecke ist die Unters. nach den Standardverff. nicht ausreichend. (Известия Академии Наук СССР, Серия Геологическая [Nachr. Akad. Wiss. UdSSR, geol. Ser.] 1952. Nr. 3. 27—38. Mai/Juni.) LEBTAG. 8126

D. W. Van Krevelen, *Steinkohle als chemischer Stoff und als chemischer Grundstoff*. Vf. gibt eine Übersicht über Untersuchungsmethoden von Steinkohle. Es werden besprochen die n. visuelle u. mkr. Betrachtung, physikal. Unterss. (rheolog. Verh. während der Erhitzung, Messung der inneren Oberfläche, Dichtemessungen, röntgenograph. u. opt. Unterss.) u. chem. Strukturunterss. (graph.-statist. Meth. an Hand des H/C- u. des O/C-Verhältnisses, hydrierender u. oxydativer Abbau). Die Verwendung von Steinkohle als Grundstoff für die chem. Industrie wird für folgende Prozesse besprochen: Vollständige Verbrennung — Verkokung — Extraktion — Hydrierung — Oxydation zu Huminsäuren u. niedermol. Säuren — totale Vergasung — Typenumwandlung — Steinkohlenkeramik — Chemikalien als Nebenprodd. der genannten Verfahren. (Ingenieur ['s-Gravenhage] 64. M1—9. 1/2. M11—19. 22/2. 1952.) GERHARD GÜNTHER. 8126

J. H. McKee, *Bewertung von Kohlen für die Verkokung*. Vf. behandelt die physikal. u. chem. Eigg. des Kokses für metallurg. Zwecke u. deren Bestimmung. Für den Hochofenprozeß sind bes. wichtig der Widerstand des Kokses gegen Zerfall, der Abrieb, sein Geh. an S u. P sowie das plast. Verh. (Blähen, Treiben, Zusammenbacken). Den besten Koks soll man aus einer Kohle mit 89—91 % C, 4,6—5 % H u. geringem O-Geh. erhalten. „Gefährliche Koks-Kohle (Druck gegen Ofenwände)" bläht sich stark auf (über 1 %) u. zeigt geringes Schwinden (unter 6 %). Ein Druck von mehr als 2 lbs./sq.in. spricht für eine gefährliche Kohle. Ein weiterer wichtiger Faktor ist die D. (lose 40 bis 50 lb./cft.; gestampft 60/70 lb./cft.). Die besten Ergebnisse erhält man bei Kohlemischungen mit 20 % wenig flüchtiger bituminöser Kohle. Pech (bis 15 %) u. Öl (bis 1 %) können zur Verbesserung der Schmelzbarkeit den Kohlemischungen zugegeben werden. Die vorherige genaue Kenntnis des Verh. von Kohlemischungen beim Verkoken sowie die passende Mahlung u. Mischung sind stets erforderlich. (Brit. Coal Utilisat. Res. Assoc., monthly Bull. 16. 41—51. Febr. 1952.) GEITZ. 8142

Stuart J. Young, *Methan als Kesselheizstoff. — Verwendung in Point of Ayr Colliery*. (Colliery Guardian 182. 477—84. 19/4. 1951.) FRIEDEMANN. 8186

P. W. Sherwood, *Kathodischer Schutz von Raffinerieausrüstungen*. Bei dem kathod. Schutz wird der Metalloberfläche negative Elektrizität zugeführt, so daß positive Ionen, z. B. H^+, neutralisiert werden u. ein gasförmiger Schutzfilm entsteht. Die anod. Auflösung des Metalls wird auf diese Weise verhindert. Neben der Zuführung von Gleichstrom ist die Anwendung von Hilfsanoden, die dann korrodieren, gebräuchlich. Auf die Verhältnisse in Petroleumraffinerien wird näher eingegangen. Als Hilfsanode dient häufig Mg. Auf die Schwierigkeiten, die die Bldg. von Lokalelementen bei Verwendung verschied. Stahllegierungen mit sich bringt, wird hingewiesen. Für Stahl unter verschied. Korrosionsbedingungen wird die benötigte Stromdichte angegeben. Auf die günstige Wrkg. der Härte des W. u. der Schutzanstriche wird eingegangen. (Ingenieur ['s-Gravenhage] 63. 13—14. 9/11. 1951.) WIEDEMANN. 8194

William J. Levedahl und **Frank L. Howard**, *Zweistufige Selbstzündung einiger Kohlenwasserstoffe.* Als Teil einer grundsätzlichen Unters. über die Ursachen des Klopfens von OTTO-Motoren führten Vff. eine Reihe von Experimenten in einem mechan. angetriebenen Motor durch. Hierbei wurden verschied. Kraftstoffe in Mischung mit Luft durch Kompressionswärme zur Selbstzündung gebracht. Es wurden Druck, Lichtemission u. Ionisation im Verbrennungsraum als Funktion der Zeit erfaßt. Der Vorgang der Selbstzündung verlief hierbei jeweils in 2 definierten Stufen. Die erste ergibt relativ geringe, die zweite starke Drucksteigerung u. Lichtemission sowie Ionisation der Gase. Aus dem Druckanstieg bis zum Ende der 1. Stufe wurde die in derselben freigewordene Wärme berechnet. Die Verss. wurden mit 17 aliphat. u. cycl. KW-stoffen u. sauerstoffhaltigen Verbb. mit jeweils 6 oder 7 C-Atomen/Mol. ausgeführt. Die Struktur des Kraftstoffes hatte Einfl. auf Druck u. Dauer der 1. Stufe u. auf die dabei freiwerdende Wärme. Das Klopfverh. des Kraftstoffes (performance number) ist eine Funktion des zur Einleitung der 1. Stufe nötigen Druckes u. eine inverse Funktion der dabei freiwerdenden Wärme. Der Verlauf der Rk. der 1. Stufe ist für das Eintreten der Rk. der 2. Stufe (Detonation) entscheidend. Zusatz von Peroxyden oder Ggw. von Aldehyden verschieben Zünddruck u. Zündtemp. nach unten, Ggw. von Keton- oder Alkoholgruppen nach oben. (Ind. Engng. Chem. **43.** 2805—14. 10/12. 1951. Washington, D. C., Nat. Bureau of Standards, Engine Fuel Sect.) GERHARD GÜNTHER. 8204

Trautmann, *Wiederverwendung verbrauchter Betriebsöle.* Kurze Beschreibung einer Regenerationseinrichtung. (Brauwelt, Ausg. B **1952.** 512—13. 5/6.) WINIKER. 8220

Visco Products Co., Houston, übert. von: **Willard H. Kirkpatrick**, Sugar Land, Tex., und **Doyne L. Wilson**, Bellflower, Calif., V. St. A., *Mittel zum Brechen von Petroleumemulsionen.* Alkylolamine mit wenigstens 2 OH-Gruppen, bes. Triäthanolamin, werden durch Erhitzen mit sauren Katalysatoren, z. B. $ZnCl_2$ unter Abspaltung von W. kondensiert u. darauf mit einem Fettstoff mit wenigstens 8 C-Atomen, z. B. Fett-, Harz- oder Naphthensäuren, oder Glyceriden, wie Ölsäure, Ricinolsäure, Tallöl, oder Ricinusöl im Verhältnis 1:3—6:1 in Ggw. eines zur azeotrop. Dest. geeigneten Lösungsm. 12 Std. auf 160—225° erhitzt, bis das bei der Kondensation entstehende W. abdest. ist. Das Prod. wird mit HCl neutralisiert. Bei Verwendung von ungesätt. Fettsäuren können diese vor der Kondensation durch Blasen mit Luft polymerisiert werden. Man setzt 1 (Teil) des Reaktionsprod. zu 2000—30000 einer Öl-in-W.-Emulsion. Ferner kann man noch eine Lsg. eines nichtionisierten Koll., z. B. Knochenleim, Stärke, Agar-Agar, Gummi arabicum oder Alkylcellulose, dem Mittel in einer Menge von 5—25Gew.-% zusetzen. (**A. PP. 2 568 738** vom 15/4. 1947, **2 568 743** vom 14/12. 1948 u. **2 568 748** vom 10/11. 1950, alle ausg. 25/9. 1951.) DERSIN. 8191

Visco Products Co., Houston, übert. von: **Willard H. Kirkpatrick**, Sugar Land, Tex., und **Doyne L. Wilson**, Pasadena, Calif., V. St. A., *Mittel zum Brechen von Petroleumemulsionen.* Eine Lsg. von Knochenleim oder Gelatine u. Harnstoff, Monomethylharnstoff oder Dicyandiamid wird in der Wärme mit einer Lsg. von $CaCl_2$ u. $ZnCl_2$ verrührt. Das Gemisch vermag Öl-in-W.-Emulsionen zu trennen. An Stelle der anorgan. Salze kann man auch eine Lsg. des Kondensationsprod. von Triäthanolamin u. Ricinusöl zusetzen. (**A. P. 2 568 740** vom 16/3. 1948, ausg. 25/9. 1951.) DERSIN. 8191

Edward G. Ragatz, San Marino, Calif., V. St. A., *Abscheiden von wachsartigen Stoffen* (I) *und Feuchtigkeit* (II) aus unter hohem Druck stehendem KW-stoffstrom erfolgt im wesentlichen durch Entspannen des Stroms auf niedrigeren Druck, z. B. von 2000 auf 1200 lbs./sq.in. durch eine Düse in eine kalte Träger-Fl., wobei I u. II (Hydratteilchen) als feste, feinverteilte Bestandteile sich ausscheiden. — Zeichnung. (**A. P. 2 538 947** vom 10/5. 1948, ausg. 23/1. 1951.) G. KÖNIG. 8195

Herausgeber u. verantwortlich für den Inhalt: Prof. Dr. Maximilian Pflücke, Berlin W 8, Jägerstraße 22/23, Fernsprecher: 200481, 201464. Redaktion: Chefredakteure Dr. Eugen Klever und Prof. Dr. Maximilian Pflücke. Verlag: Akademie-Verlag GmbH, Berlin NW 7, Schiffbauerdamm 19 (Fernsprecher 425571, Postscheckkonto Berlin 35021) u. Verlag Chemie, GmbH, Weinheim/Bergstraße (Postscheckkonto Frankfurt/M. 145314 u. Berlin [West] 7430, Fernsprecher: Weinheim 2017). Bestell- u. Verlags-Nr. dieses Heftes: 1007/123/49. Das Chemische Zentralblatt erscheint wöchentlich. Satz u. Druck: VEB Leipziger Druckhaus, Leipzig, III/18/203. XII. 52.
Veröffentlicht unter der Lizenznummer 1212 des Amtes für Literatur und Verlagswesen der Deutschen Demokratischen Republik.
Printed in Germany.

Kolibri 360 GmbH
Ferdinand-Jühlke-Straße 7
99095 Erfurt, Deutschland
produktsicherheit@kolibri360.de